Schaum's Outline
Überblicke/Aufgaben

Strömungslehre und Hydraulik

Theorie und Anwendung

RANALD V. GILES, B.S., M.S. in C.E.
Professor of Civil Engineering
Drexel Institute of Technology

Übersetzung und deutsche Bearbeitung:
Dr. Matthias Schramm
Universität zu Köln

McGraw-Hill Book Company GmbH
Düsseldorf Auckland Johannesburg Kuala Lumpur London Mexico
Montreal New Delhi New York Panama Paris San Francisco Sao Paulo
Singapore St. Louis Sydney Tokyo Toronto

Titel der englischsprachigen Originalausgabe: „Theory and Problems of Fluid Mechanics and Hydraulics“

ISBN 0-07-084362-7

Lektorat und Produktion: HAAG + HERCHEN Verlagsbüro, Frankfurt am Main
Satzherstellung und Reproduktion: wico grafik GmbH+CO KG, St. Augustin 1/Bonn
Druck und Bindung: grafik + druck, München
Printed in Germany

Vorwort

Dieses Buch ist vornehmlich als Ergänzung der Standardwerke über Strömungslehre und Hydraulik gedacht. Sein Konzept beruht auf der Überzeugung des Autors, daß ein wirkliches Verständnis der grundlegenden Zusammenhänge in allen Bereichen der Mechanik am besten mit Hilfe zahlreicher, anschaulicher Beispiele herbeigeführt wird.

Die erste Auflage des Buches fand ein sehr positives Echo. In dieser zweiten Auflage wurden viele Kapitel abgeändert und erweitert, um mit den neusten begrifflichen und methodischen Entwicklungen Schritt halten zu können. Um die Aufmerksamkeit früher auf die Dimensionsanalyse zu lenken, wurde dieser Stoff ausgeweitet und in Kapitel 5 untergebracht. Die umfassendsten Änderungen ergaben sich in den Kapiteln „Grundlagen für die Berechnung von Strömungen", „Strömung in Rohren" und „Strömung in offenen Gerinnen".

Der Stoff ist in Kapitel unterteilt, die die für Theorie und Studium wichtigen Teilgebiete behandeln. Jedes Kapitel beginnt mit einer Aufstellung der einschlägigen Definitionen, Grundlagen und Sätze; begleitet wird diese von veranschaulichenden Erläuterungen. Daran schließen sich Aufgaben mit Lösungen und Ergänzungsaufgaben an. Die gelösten Aufgaben illustrieren und vertiefen die Theorie, stellen Lösungsmethoden vor, liefern praktische Beispiele und zeigen die Feinheiten, die den Studenten in die Lage versetzen, die Grundprinzipien richtig und sicher anzuwenden. In diesem Buch werden durchweg Kräftebetrachtungen, Vektordiagramme, die Grundgesetze über Arbeit, Energie und Impuls und die Newtonsche Bewegungsgleichung benutzt. Besonderer Wert wurde darauf gelegt, Originalaufgaben vorzustellen, die vom Autor in den vielen Jahren, in denen er dieses Gebiet lehrte, entwickelt wurden. Zahlreiche Beweise von Sätzen und Ableitungen von Formeln befinden sich unter den gelösten Aufgaben. Die große Anzahl von Ergänzungsaufgaben ergibt einen vollständigen Überblick über das Stoffgebiet jedes Kapitels.

Dieses Buch wendet sich besonders an Ingenieurstudenten der Strömungstechnik. Es wird jedoch auch als Nachschlagewerk für den im Beruf stehenden Ingenieur von beträchtlichen Wert sein. Er wird sehr ausführliche Lösungen für viele praktische Probleme finden und kann, wenn sich die Notwendigkeit ergibt, im Abriß die Theorie nachschlagen. Darüber hinaus kann das Buch dem in der Praxis stehenden Ingenieur von Nutzen sein, wenn er sich für Ergänzungsprüfungen oder aus anderen Gründen einen Überblick über das Gebiet verschaffen will.

Ich möchte meinem Kollegen Robert C. Stiefel danken, der sorgfältig die Lösungen der vielen neuen Aufgaben nachrechnete. Darüber hinaus möchte ich den Damen und Herren der Schaum Publishing Company, insbesondere Henry Hayden und Nicola Miracapillo, meinen Dank für ihre wertvollen Vorschläge und die hilfreiche Zusammenarbeit aussprechen.

Philadelphia, Pa., Juni 1962

Ranald V. Giles

Vorwort zur deutschen Ausgabe

Wie schon der Autor in seinem Vorwort betont, kann und will dieses Buch keine Alternative zu den vorliegenden Lehrbüchern über Strömungslehre sein. Es soll diese vielmehr dadurch ergänzen, daß es die Möglichkeit schafft, den dargebotenen Lehrstoff anhand von vielen praktischen Beispielen zu veranschaulichen und zu vertiefen. Deshalb liegt das Schwergewicht dieses Bandes nicht so sehr auf der systematischen Erarbeitung der Theorie, sondern mehr auf deren Anwendung, die in zahlreichen, ausführlich gelösten Aufgaben erläutert wird. Darüber hinaus kann der Leser mit Hilfe einer Vielzahl von Ergänzungsaufgaben sein Wissen überprüfen. Aus diesen Gründen eignet sich das Buch besonders für Studenten der Technischen Universitäten, Technischen Hochschulen und Fachhochschulen, denen es eine wertvolle Hilfe beim Gebrauch neben Vorlesungen sein wird. Ferner wendet es sich an alle, die auf dem Gebiet der Strömungstechnik praktisch tätig sind. Durch bewußt gering gehaltenen formalen Aufwand wird einem breiten Leserkreis das Verständnis ermöglicht.

Bei der Übertragung ins Deutsche wurde das Wort „fluid“ mit „Flüssigkeit“ übersetzt und nicht, wie man gelegentlich findet, als „Fluid“ übernommen. Da aus dem Zusammenhang immer hervorgeht, ob man es mit tropfbaren Flüssigkeiten oder Gasen oder mit beiden zu tun hat, erschien eine genauere sprachliche Differenzierung nicht notwendig.

Aus praktischen Gründen wird in diesem Band das Technische Einheitensystem der Mechanik benutzt. Entsprechend dem Charakter des Buches erscheint es sinnvoll, die dem Praktiker geläufigeren Einheiten anstelle der Einheiten des SI-Systems zu verwenden. Um eine eventuell gewünschte (sehr leichte) Umrechnung in SI-Einheiten zu vereinfachen, wurde im Anhang eine Tabelle eingefügt, in der diese Umrechnung durchgeführt wird.

Um den Preis des Buches möglichst niedrig zu halten, wurden die Symbole der englischsprachigen Originalausgabe übernommen. Daher werden vielleicht einige Symbole dem Leser der deutschen Ausgabe nicht so geläufig sein. Dies dürfte das Verständnis des Sachverhaltes jedoch nicht beeinträchtigen, da alle Symbole genau erklärt werden.

Köln, Juli 1976 Matthias Schramm

Inhaltsverzeichnis

Anhang

TAFELN — Seite

DIAGRAMME

Symbole und Abkürzungen

In der unten stehenden Tabelle findet man die in diesem Buch verwendeten Abkürzungen und Symbole. Da das Alphabet begrenzt ist, ist es nicht zu vermeiden, daß manche Buchstaben mehrere Bedeutungen haben. Da jedoch jedes Symbol definiert wird, wenn es zum ersten Male auftaucht, sollten hierdurch keine Mißverständnisse entstehen. Aus technischen Gründen wurden im allgemeinen die Bezeichnungen der englischsprachigen Ausgabe übernommen, weshalb gelegentlich Abweichungen von den hier üblichen Benennungen auftreten.

a	Beschleunigung in m/s^2, Fläche in m^2
A	Fläche in m^2
b	Breite des Überfallwehres in m, Breite der Wasseroberfläche in m, Sohlenbreite von Gerinnen in m
c	Durchflußzahl, Geschwindigkeit von Druckwellen in m/s (Schallgeschwindigkeit)
c_c	Kontraktionszahl
c_v	Geschwindigkeitsziffer
C	Koeffizient (Chezy), Integrationskonstante
CG	Schwerpunkt (center of gravity)
C_p	Druckmittelpunkt (pressure), Leistungszahl für Propeller
C_D	Widerstandskoeffizient (drag)
C_F	Vortriebszahl für Propeller
C_L	Auftriebskoeffizient (Lift)
C_T	Drehmonetzahl (torque) für Propeller
C_1	Hazen-Williams-Koeffizient
d, D	Durchmesser in m
D_1	Durchmesser in cm
e	Wirkungsgrad
E	Kompressionsmodul in kp/m^2 oder kp/cm^2 oder kp/mm^2, spezifische Energie in kp m/kp.
f	Rohrreibungszahl (Darcy)
F	Kraft in kp, Schub in kp
g	Erdbeschleunigung in m/s^2 (9,81 m/s^2)
h	Höhe in m, Tiefe in m, Druckhöhe in m
H	Gesamthöhe (Energie) in m oder kp m/kp
H_L, h_L	Verlusthöhe in m (lost head)
I	Flächenträgheitsmoment in m^4 oder cm^4
I_{xy}	Zentrifugalmoment in m^4 oder cm^4
k	Isentropenexponent
K	Durchflußzahl für trapezförmige Kanäle, Verlusthöhenfaktor für Erweiterungen, beliebige Kontante
K_c	Verlusthöhenfaktor für Verengungen (contraction)
l	Mischungsweglänge in m
L	Länge in m
L_E	äquivalente Länge in m
LH	Verlusthöhe (lost head)
m	Rauhigkeitszahl in der Bazin-Formel, Wehrfaktor für Dämme
M	Masse in TME oder kp s^2/m, Molekulargewicht
n	Rauhigkeitszahl, Exponent, Rauhigkeitszahl in der Kutter-Formel und der Manning-Formel.
N	Rotationsgeschwindigkeit in UpM
N_s	spezifische Drehzahl in UpM
N_u	Einheitsgeschwindigkeit in UpM
N_F	Froude-Zahl
N_M	Mach-Zahl
N_W	Weber-Zahl
p	Druck in kp/m^2, benetzter Umfang in m
p'	Druck in kp/cm^2
P	Kraft in kp, Leistung in kpm/s
P_u	Einheitsleistung in kp m/s
q	Einheitsvolumenstrom in m^3/s pro Einheitsbreite
Q	Volumenstrom in m^3/s
Q_u	Einheitsdurchfluß in m^3/s
r	Radius in m

r_0	Rohrradius in m
R	Gaskonstante, hydraulischer Radius in m
R_E	Reynolds-Zahl
r.s.G.	relatives spezifisches Gewicht
S	Gefälle der Drucklinie, Gefälle der Energielinie
S_0	Gefälle der Kanalsohle
t	Zeit in s, Dicke in cm, Viskosität in Saybolt-Sekunden
T	Temperatur, Drehmoment in kp m, Zeit in s
u	periphäre Bahngeschwindigkeit eines rotierenden Elementes in m/s
UpM	Umdrehungen pro Minute
u, v, w	Geschwindigkeitskomponenten in X, Y und Z-Richtung
v	Volumen in m^3, lokale Geschwindigkeit in m/s, Relativgeschwindigkeit in hydraulischen Maschinen in m/s
v'_s	spezifisches Volumen = $1/w$ in m^3/kp
v_*	Schubspannungsgeschwindigkeit in m/s
V	Durchschnittsgeschwindigkeit in m/s (wenn nicht anders bestimmt)
V_c	kritische (critical) Geschwindigkeit in m/s
w	spezifisches Gewicht in kp/m^3
W	Gewicht in kp, Gewichtsstrom in kp/s = wQ
x	Abstand in m
y	Tiefe in m, Abstand in m
y_c	Grenztiefe in m
y_N	Normaltiefe in m
Y	Expansionsfaktor für kompressible Strömung
z	Höhe in m
Z	Höhe der Wehrkrone über der Kanalsohle

α (Alpha)	Winkel, Korrekturfaktor für die kinetische Energie
β (Beta)	Winkel, Impuls-Korrekturfaktor
δ (Delta)	Grenzschichtdicke in m
Δ (Delta)	Volumenstrom-Korrekturterm
ϵ (Epsilon)	Oberflächenrauhigkeit in m
η (Eta)	turbulente Scheinzähigkeit
θ (Theta)	Winkel
μ (My)	dynamische Viskosität in kp s/m^2 (oder Poise)
ν (Ny)	kinematische Viskosität in m^2/s (oder Stokes) = μ/ρ
π (Pi)	dimensionsloser Parameter
ρ (Rho)	Dichte in kp s^2/m^4 oder TME/m^3 = w/g
σ (Sigma)	Oberflächenspannung in kp/m, Zugspannung in kp/cm^2
τ (Tau)	Schubspannung in kp/m^2
ϕ (Phi)	Geschwindigkeitsfaktor, Geschwindigkeitspotential, Verhältnis
ψ (Psi)	Stromfunktion
ω (Omega)	Winkelgeschwindigkeit in rad/s

KAPITEL 1

Eigenschaften von Flüssigkeiten

STRÖMUNGSLEHRE UND HYDRAULIK

Strömungslehre und Hydraulik verkörpern den Zweig der angewandten Mechanik, der sich mit dem Verhalten von ruhenden und bewegten Flüssigkeiten beschäftigt. Für die Grundlagen der Strömungslehre spielen einige Flüssigkeitseigenschaften eine wesentliche Rolle, während andere nur von untergeordneter Bedeutung oder sogar völlig unwichtig sind. In der Hydro- und Aerostatik ist das spezifische Gewicht die wichtigste Eigenschaft, während für die Dynamik von Flüssigkeiten vornehmlich Dichte und Viskosität von Bedeutung sind. Treten nennenswerte Dichteveränderungen auf, so müssen die Grundregeln der Thermodynamik beachtet werden. Dampfdruck wird wichtig, wenn man es mit negativen Manometerdrücken zu tun hat, während Oberflächenspannung die statischen und dynamischen Verhältnisse in engen Röhren bestimmt.

DEFINITION EINER FLÜSSIGKEIT

Flüssigkeiten (im weiteren Sinne) sind Substanzen, die fließen können und sich der Form des Behälters, in dem sie sich befinden, anpassen. Befinden sich Flüssigkeiten im Gleichgewicht, so können keine Tangential- oder Scherkräfte auf sie wirken. Alle Flüssigkeiten sind bis zu einem gewissen Grade kompressibel und setzen einer Formänderung nur wenig Widerstand entgegen.

Man unterteilt Flüssigkeiten (im weiteren Sinne) in Flüssigkeiten (im engeren Sinne, tropfbar) und Gase. Geht aus dem Zusammenhang hervor, ob man es mit Flüssigkeiten im engeren oder weiteren Sinne zu tun hat, so werden wir auf eine genaue Kennzeichnung verzichten. Die Hauptunterschiede zwischen Flüssigkeiten und Gasen sind:

(*a*) Flüssigkeiten sind praktisch inkompressibel, während Gase kompressibel sind, was häufig auch berücksichtigt werden muß.

(*b*) Flüssigkeiten füllen ein bestimmtes Volumen aus und haben freie Oberflächen, während sich eine vorgegebene Menge Gas solange ausdehnt, bis sie das ganze Gefäß, in dem sie sich befindet, ausfüllt.

TECHNISCHES EINHEITENSYSTEM DER MECHANIK

Im Technischen Maßsystem hat man die drei ausgewählten Bezugsgrößen (Basisgrößen) Länge, Kraft und Zeit. In diesem Buch werden wir als zugehörige Grundeinheiten das Meter für die Länge, das Kilopond für die Kraft und die Sekunde für die Zeit benutzen. Alle anderen Einheiten können von diesen abgeleitet werden. Daher erhält man als Volumeneinheit m^3 und für die Beschleunigung m/s^2. Die Einheit für Arbeit ist kp m und für Druck kp/m^2. Sollten Daten in anderen Einheiten angegeben sein, so müssen sie umgerechnet werden, bevor man an die eigentliche Lösung des Problems geht.

Die Masseneinheit in diesem System, die *Technische Massen-Einheit* (TME), kann aus den Einheiten für Kraft und Beschleunigung abgeleitet werden. Ein im Vakuum frei fallender Körper erfährt nur die Erdbeschleunigung ($g = 9{,}81\ m/s^2$ in Meereshöhe), als einzige Kraft wirkt sein Gewicht. Nach der Newtonschen Bewegungsgleichung

$$\text{Kraft in kp} = \text{Masse in TME} \times \text{Beschleunigung in } m/s^2$$

erhält man

$$\text{Gewicht in kp} = \text{Masse in TME} \times g\ (9{,}81\ m/s^2)$$

oder

$$\text{Masse in TME} = \frac{\text{Gewicht } W \text{ in kp}}{g\ (9{,}81\ m/s^2)} \qquad (1)$$

Beachte auch das Vorwort zur deutschen Ausgabe zu diesem Abschnitt. Die Umrechnung aller wichtigen Einheiten in die entsprechenden Einheiten des SI-Systems findet man im Anhang, Tafel 15.

SPEZIFISCHES GEWICHT

Unter dem spezifischen Gewicht w einer Substanz versteht man das Gewicht pro Einheitsvolumen dieser Substanz. Für Flüssigkeiten kann w für alle in der Praxis vorkommenden Drücke als konstant angesehen werden. Das spezifische Gewicht von Wasser ist unter gewöhnlichen Temperaturbedingungen 1000 kp/m³. Siehe Anhang, Tafeln 1(*C*) und 2 für zusätzliche Werte.

Das spezifische Gewicht von Gasen kann mit Hilfe der allgemeinen Gasgleichung berechnet werden, oder mit

$$\frac{pv_s}{T} = R \tag{2}$$

Hierbei sind p der absolute Druck in kp/m², v_s das spezifische Volumen – das ist das Volumen pro Gewichtseinheit der Materie – in m³/kp, T die absolute Temperatur in Grad Kelvin (273° + Grad Celsius) und R die Gaskonstante in m/K (Grad Kelvin). Da $w = 1/v_s$, kann man die obige Gleichung auch schreiben als

$$w = \frac{p}{RT} \tag{3}$$

Beachte: Häufig versteht man unter dem spez. Volumen das Volumen pro Masseneinheit. Definiert man dann R wie in (*2*), so erhält man für R bei gleichem Zahlenwert die Einheit (kp m)/(kg K) = 9,81 (N m)/(kg K). Die in den Einheiten (N m)/(kg K) angegebenen Gaskonstanten unterscheiden sich von den hier verwandten um den Faktor 9,81. Siehe hierzu auch Anhang, Tafel 15.

DICHTE EINES KÖRPERS

Unter der Dichte ρ (Rho) eines Körpers versteht man die Masse pro Einheitsvolumen dieses Körpers. Zwischen Dichte ρ und spez. Gewicht w besteht also der Zusammenhang $\rho = w/g$.

Im Technischen Maßsystem ist die Dichte von Wasser 1000/9,80665 = 101,972 (≅ 102) TME/m³. Im SI-System ist die Dichte von Wasser bei 4 °C 1 g/cm³. Siehe Anhang, Tafel 1(*C*).

RELATIVES SPEZIFISCHES GEWICHT EINES KÖRPERS

Unter dem relativen spezifischen Gewicht (rel. spez. Gew. oder r. s. G) eines Körpers versteht man das Verhältnis des Gewichts des Körpers zum Gewicht einer Standardsubstanz gleichen Volumens. Dieses Verhältnis ist natürlich eine reine Zahl. Bei Festkörpern und Flüssigkeiten bezieht man sich auf Wasser (bei 4 °C), während man sich bei Gasen oft auf Luft (ohne CO_2 oder Wasserstoff) als Standard bezieht (bei 0 °C und 1 atm = $1{,}033 \times 10^4$ kp/m²).

Zum Beispiel:

$$\begin{aligned}&\text{relatives spezifisches Gewicht eines Körpers}\\ &= \frac{\text{Gewicht des Körpers}}{\text{Gewicht von Wasser gleichen Volumens}}\\ &= \frac{\text{spez. Gewicht des Körpers}}{\text{spez. Gewicht von Wasser}}\end{aligned} \tag{4}$$

Hat also z. B. ein bestimmtes Öl ein r. s. G. von 0,750, so ist sein spezifisches Gewicht $0{,}750 \times 10^3$ kp/m³. Das r. s. G. von Wasser ist 1 und von Quecksilber 13,57. Das r. s. G. ist unabhängig vom Maßsystem. Siehe Anhang, Tafel 2.

VISKOSITÄT EINER FLÜSSIGKEIT

Unter der Viskosität einer Flüssigkeit versteht man die Eigenschaft, die die Größe des Widerstandes bestimmt, den die Flüssigkeit einer Scherkraft entgegenbringt. Die Viskosität rührt hauptsächlich von der Wechselwirkung zwischen den Flüssigkeitsmolekülen her.

Betrachte wie in Abb. 1–1 zwei große parallele Platten, die sich in einem kleinen Abstand y voneinander befinden. Der Raum zwischen beiden sei mit einer Flüssigkeit gefüllt. Wirkt auf die obere Platte eine konstante Kraft F, so bewegt sie sich mit konstanter Geschwindigkeit U.

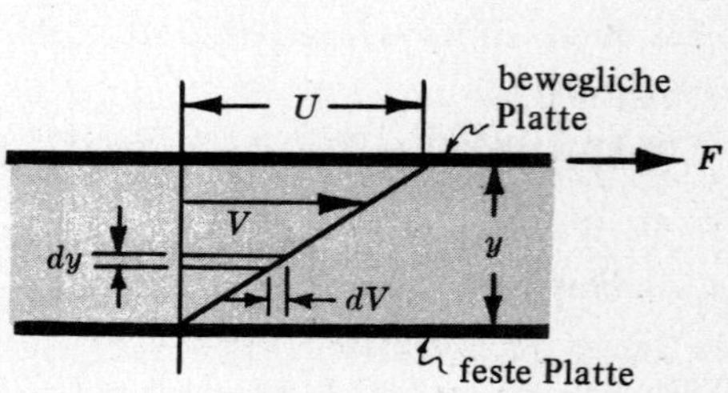

Abb. 1-1

Die Flüssigkeit, die mit der oberen Platte in Kontakt steht, wird an ihr anhaften und sich mit der Geschwindigkeit U bewegen, während die Flüssigkeit, die in Kontakt mit der festen Platte ist, ruht. Sind Abstand y und Geschwindigkeit U nicht zu groß, so wird die Geschwindigkeitsänderung (Gradient) eine gerade Linie sein. Experimente haben gezeigt, daß die Kraft F proportional zur Fläche A der Platte, zur Geschwindigkeit U und umgekehrt proportional zum Abstand y ist. Da $U/y = dV/dy$ (ähnliche Dreiecke), ergibt sich

$$F \propto \frac{AU}{y} \qquad \text{oder} \qquad \frac{F}{A} = \tau \propto \frac{dV}{dy}$$

Hierbei ist $\tau = F/A$ die Schubspannung. Führt man eine Proportionalitätskonstante μ (My), genannt die *dynamische Viskosität* oder auch einfach Viskosität, ein, so ergibt sich

$$\tau = \mu \frac{dV}{dy} \qquad \text{oder} \qquad \mu = \frac{\tau}{dV/dy} \tag{5}$$

μ hat die Einheit $\dfrac{\text{kp s}}{\text{m}^2}$, da $\dfrac{1 \text{ kp/m}^2}{(1 \text{ m/s})/1 \text{ m}} = \dfrac{1 \text{ kp s}}{\text{m}^2}$.

Flüssigkeiten, die Gleichung (*5*) gehorchen, heißen *Newtonsche Flüssigkeiten* (s. Aufgabe 9).

Ein anderer Zähigkeitskoeffizient, die *kinematische Viskosität* ν (Ny), wird definiert als

$$\text{kinematische Viskosität } \nu = \frac{\text{dynamische Viskosität } \mu}{\text{Dichte } \rho}$$

oder

$$\nu = \frac{\mu}{\rho} = \frac{\mu}{w/g} = \frac{\mu g}{w} \tag{6}$$

Als Einheiten für ν hat man $\dfrac{\text{m}^2}{\text{s}}$, da $\dfrac{(1 \text{ kp s/m}^2)(1 \text{ m/s}^2)}{1 \text{ kp/m}^3} = \dfrac{1 \text{ m}^2}{\text{s}}$.

In Handbüchern sind Viskositäten häufig in Poise bzw. Stokes angegeben, oder gelegentlich als Saybolt-Sekunden, wie man sie aus Viskosimetermessungen erhält. Die Umrechnungen in das kp-m-s-System werden in den Aufgaben 6–8 erläutert. Einige Viskositäten sind im Anhang in Tafeln 1 und 2 angegeben.

Die Viskositäten von Flüssigkeiten fallen mit steigender Temperatur, durch Druckänderungen werden sie nicht merklich beeinflußt. Die dynamische Viskosität von Gasen wächst mit wachsender Temperatur, wird aber durch Druck nicht merklich beeinflußt. Da sich das spez. Gewicht von Gasen mit dem Druck ändert (bei konstanter Temperatur), ändert sich die kinematische Viskosität umgekehrt wie der Druck. Aber es gilt natürlich die obige Gleichung $\mu g = w\nu$.

DAMPFDRUCK

Tritt in einem geschlossenen Raum Verdampfung auf, so nennt man den Partialdruck, der von den Dampfmolekülen herrührt, Dampfdruck. Der Dampfdruck hängt von der Temperatur ab und wächst mit ihr. Für Wasser findet man Dampfdruckwerte in Tafel 1 (*C*).

OBERFLÄCHENSPANNUNG

Auf ein Molekül im Innern einer Flüssigkeit wirken anziehende Kräfte in allen Richtungen, die Vektorsumme dieser Kräfte ist Null. Dagegen erfährt ein Molekül an der Flüssigkeitsoberfläche eine Vielzahl von einwärts gerichtete Anziehungskräften, deren Resultierende senkrecht zur Oberfläche gerichtet ist. Es erfordert also Arbeit, ein Molekül gegen diese Kräfte an die Oberfläche zu bringen; Oberflächenmoleküle sind energiereicher als Moleküle im Innern.

Unter der Oberflächenspannung einer Flüssigkeit versteht man die Arbeit, die nötig ist, genug Moleküle vom Innern der Flüssigkeit an die Oberfläche zu bringen, um damit eine neue Einheitsfläche auf der Oberfläche zu schaffen (kpm/m²).

Diese Arbeit ist numerisch gleich einer kontrahierenden Tangentialkraft, die entlang einer gedachten Linie mit Einheitslänge auf der Oberfläche wirkt (kp/m).

Für die meisten Probleme der elementaren Strömungslehre spielt die Oberflächenspannung keine wichtige Rolle. Tafel 1(*C*) enthält Werte für die Oberflächenspannung σ (Sigma) von Wasser, das mit Luft in Kontakt steht.

KAPILLARITÄT

Der Anstieg oder das Absinken einer Flüssigkeit in einer Kapillaren (oder unter ähnlichen Bedingungen , wie z. B. in porösen Medien) wird durch die Oberflächenspannung hervorgerufen. Es hängt ab von dem Größenverhältnis der Kohäsion der Flüssigkeit zur Adhäsion zwischen der Flüssigkeit und der Wand des Behälters, in dem sie sich befindet. Flüssigkeiten steigen in Röhren, die sie benetzen (Kohäsion $<$ Adhäsion), und sinken in Röhren, die sie nicht benetzen (Adhäsion $<$ Kohäsion). Kapillarität wird wichtig, wenn man es mit Röhren mit einem kleineren Durchmesser als ca. 1 cm zu tun hat.

FLÜSSIGKEITSDRUCK

Flüssigkeitsdruck wird mit gleicher Intensität in alle Richtungen übertragen und wirkt senkrecht auf jede Fläche. In derselben horizontalen Ebene sind die Druckstärken in einer Flüssigkeit gleich. Druckmessungen führt man mit verschiedenen Arten von Manometern durch. Wenn nicht ausdrücklich anders gesagt, werden in diesem Buch Manometer- oder relative Drücke angegeben. Unter Manometerdruck versteht man den Druck relativ zum Athomosphärendruck, er gibt also Werte oberhalb (+) oder unterhalb (–) des Atmosphärendrucks an. Wir werden bei Druckangaben häufig angeben, ob es sich um Manometerdruck (man.) oder absoluten Druck (abs.) handelt.

DRUCK

Unter Druck versteht man den Quotient aus Kraft *P* und Fläche *A*, auf die die Kraft wirkt. Allgemeiner:

$$p\ (\text{kp/m}^2) = \frac{dP\ (\text{kp})}{dA\ (\text{m}^2)}$$

Ist die Kraft auf der ganzen Fläche konstant, so ergibt sich

$$p\ (\text{kp/m}^2) = \frac{P\ (\text{kp})}{A\ (\text{m}^2)} \qquad \text{und} \qquad p'\ (\text{kp/cm}^2) = \frac{P\ (\text{kp})}{A\ (\text{cm}^2)}$$

DRUCKDIFFERENZ

Die Druckdifferenz zwischen zwei Punkten einer Flüssigkeit wird gegeben durch

$$p_2 - p_1 = w(h_2 - h_1) \quad \text{in} \quad \text{kp/m}^2 \tag{7}$$

Hierbei ist w das spezifische Gewicht der Flüssigkeit (kp/m^3) und $h_2 - h_1$ die Höhendifferenz (m) der beiden Punkte.

Befindet sich Punkt 1 an der freien Oberfläche der Flüssigkeit, und nimmt man h nach unten hin als positiv an, so wird aus der obigen Gleichung

$$p = w\,h\ (\text{in kp/m}^2\ \text{Manometerdruck}) \tag{8}$$

Drückt man mit p' den Druck in kp/cm^2 aus, so gilt

$$p' = \frac{p}{10000} = \frac{wh}{10000}\ (\text{in kp/cm}^2\ \text{Manometerdruck}) \tag{9}$$

Diese Gleichungen sind nur anwendbar, solange w konstant ist (oder sich nur so leicht mit h ändert, daß sich keine bedeutenden Fehler ergeben).

DRUCKÄNDERUNGEN IN EINER KOMPRESSIBLEN FLÜSSIGKEIT

Druckänderungen in einer kompressiblen Flüssigkeit sind gewöhnlich sehr klein, da bei Hydraulikberechnungen nur relativ geringe spezifische Gewichte und nur kleine Höhenunterschiede betrachtet werden. Müssen solche Unterschiede bei kleinen Höhenunterschieden dh berücksichtigt werden, so läßt sich das Gesetz über die Druckänderung schreiben als

$$dp = -w\,dh \tag{10}$$

Das negative Vorzeichen besagt, daß der Druck mit wachsender Höhe fällt, wenn man h nach oben hin als positiv annimmt. Anwendungen findet man in den Aufgaben 29–31.

DRUCKHÖHE

Unter der Druckhöhe h versteht man die Höhe einer homogenen Flüssigkeitssäule, die einen vorgegebenen Druck erzeugt. Damit ist

$$h \text{ (m Flüssigkeit)} = \frac{p\ (\mathrm{kp/m^2})}{w\ (\mathrm{kp/m^3})} \tag{11}$$

KOMPRESSIONSMODUL (DER ELASTIZITÄT)

Der Kompressionsmodul E ist ein Maß für die Kompressibilität einer Flüssigkeit. Er ist das Verhältnis von Druckänderung zu Volumenänderung pro Einheitsvolumen.

$$E = \frac{dp'}{-dv/v} = \frac{\mathrm{kp/cm^2}}{\mathrm{m^3/m^3}} = \mathrm{kp/cm^2} \tag{12}$$

KOMPRESSION VON GASEN

Kompression von Gasen ist möglich nach den verschiedenen Gesetzen der Thermodynamik. Für eine bestimmte Menge Gas, die zwei unterschiedlichen Bedingungen unterworfen ist, gilt:

$$\frac{p_1 v_1}{T_1} = \frac{p_2 v_2}{T_2} = WR \quad \text{und} \quad \frac{p_1}{w_1 T_1} = \frac{p_2}{w_2 T_2} = R \tag{13}$$

Hierbei sind: p = (abs.) Druck in kp/m², v = Volumen in m³
W = Gewicht in kp, w = spez. Gewicht in kp/m³
R = Gaskonstante in m/Grad Kelvin, T = absolute Temperatur in Grad Kelvin (273° + °C).

(Siehe hierzu auch den Abschnitt „SPEZIFISCHES GEWICHT“)

ISOTHERME VERHÄLTNISSE

Unter isothermen Verhältnissen (konstante Temperatur) wird aus den obigen Gleichungen (*13*)

$$p_1 v_1 = p_2 v_2 \quad \text{und} \quad \frac{w_1}{w_2} = \frac{p_1}{p_2} = \text{constant} \tag{14}$$

Für den Kompressionsmodul erhält man $E = p$ (in kp/m²) (*15*)

ADIABATISCHE VERHÄLTNISSE

Unter adiabatischen (oder isentropen) Bedingungen (kein Wärmeaustausch) benutzt man die Poisson-Gleichungen

$$p_1 v_1^k = p_2 v_2^k \quad \text{und} \quad \left(\frac{w_1}{w_2}\right)^k = \frac{p_1}{p_2} = \text{constant} \tag{16}$$

und

$$\frac{T_2}{T_1} = \left(\frac{p_2}{p_1}\right)^{(k-1)/k} \tag{17}$$

Für den Kompressionsmodul ergibt sich $E = kp$ (in kp/m²) (*18*)

Hierbei ist $k = c_p/c_v$ das Verhältnis der spezifischen Wärmen bei konstantem Druck und konstantem Volumen, der *Isentropenexponent.*

In Tafel 1 (*A*) im Anhang findet man einige typische Werte für R und k. Für viele Gase ist R mal Molekulargewicht ungefähr 848.

DRUCKSTÖRUNGEN

Druckstörungen, die einer Flüssigkeit auferlegt werden, pflanzen sich in Wellenform fort. Diese Druckwellen bewegen sich mit Schallgeschwindigkeit durch die Flüssigkeit. Die Geschwindigkeit (in m/s) läßt sich ausdrücken durch

$$c = \sqrt{E/\rho} \tag{19}$$

mit E in kp/m². Für Gase ergibt sich als Schallgeschwindigkeit

$$c = \sqrt{kp/\rho} = \sqrt{kg\,RT} \tag{20}$$

Aufgaben mit Lösungen

1. Berechne das spezifische Gewicht w, das spezifische Volumen v_s und die Dichte ρ von Methan bei 38 °C und einem absoluten Druck von 8,50 kp/cm².

Lösung:

Nach Tafel 1 (*A*) im Anhang ist $R = 53$.

Spezifisches Gewicht $$w = \frac{p}{RT} = \frac{8{,}50 \times 10^4}{53\,(273 + 38)} = 5{,}16 \text{ kp/m}^3$$

Spezifisches Volumen $$v_s = \frac{1}{w} = \frac{1}{5{,}16} = 0{,}194 \text{ m}^3/\text{kp}$$

Dichte $$\rho = \frac{w}{g} = \frac{5{,}16}{9{,}81} = 0{,}527 \text{ TME/m}^3$$

2. Berechne spezifisches Gewicht w, Dichte ρ und relatives spezifisches Gewicht einer Ölsorte, von der 6 m³ ein Gewicht von 5080 kp haben.

Lösung:

Spezifisches Gewicht $$w = \frac{5080 \text{ kp}}{6 \text{ m}^3} = 848 \text{ kp/m}^3$$

Dichte $$\rho = \frac{w}{g} = \frac{848 \text{ kp/m}^3}{9{,}81 \text{ m/s}^2} = 86{,}5 \text{ TME/m}^3$$

Rel. spez. Gewicht $$= \frac{w_{\text{Öl}}}{w_{\text{Wasser}}} = \frac{848}{1000} = 0{,}848$$

3. Bei 32 °C und einem abs. Druck von 2,10 kp/cm² beträgt das spez. Volumen v_s eines Gases 0,71 m³/kp. Bestimme die Gaskonstante R und die Dichte ρ.

Lösung:

$$\text{Da } w = \frac{p}{RT}, \text{ ergibt sich } R = \frac{p}{wT} = \frac{pv_s}{T} = \frac{(2{,}10 \times 10^4)\,(0{,}71)}{273 + 32} = 68{,}8$$

$$\text{Dichte} \quad \rho = \frac{w}{g} = \frac{1/v_s}{g} = \frac{1}{v_s g} = \frac{1}{0{,}71 \times 9{,}81} = 0{,}1436 \quad \text{TME / m}^3$$

4. (*a*) Wie ändert sich das Volumen von 1 m³ Wasser von 27 °C unter einer Druckerhöhung um 21 kp/cm²?

(*b*) Bestimme aus den folgenden experimentellen Werten den Kompressionsmodul für Wasser: Bei einem Druck von 35 kp/cm² beträgt das Volumen 30 dm³ gegenüber 29,70 dm³ bei 250 kp/cm².

Lösung:

(*a*) Nach Tafel 1 (*C*) im Anhang ist bei 27 °C $E = 22{,}90 \times 10^3$ kp/cm². Also ist nach Formel (*12*)

$$dv = -\frac{v\,dp'}{E} = -\frac{1 \times 21 \times 10^4}{22{,}9 \times 10^7} = -\,9{,}15 \times 10^{-4} \text{ m}^3$$

(*b*) Die mit Formel (*12*) verbundene Definition sagt klar, daß man gleichzeitig Druck- und Volumenänderung betrachten muß. Hier ist ein Druckanstieg mit einer Volumenverminderung verbunden.

$$E = -\frac{dp'}{dv/v} = -\frac{(250 - 35) \times 10^4}{(29{,}70 - 30) \times 10^3/30 \times 10^3} = 21{,}5 \times 10^7 \text{ kp/m}^2$$

5. Ein Zylinder enthält 356 dm³ Luft von 49 °C unter einem abs. Druck von 2,80 kp/cm². Man komprimiert die Luft auf 70 dm³.

(*a*) Wie sind unter der Annahme einer isothermen Kompression der Druck bei dem neuen Volumen und der Kompressionsmodul? (*b*) Wie sind bei adiabatischer Kompression Enddruck, Temperatur und Kompressionsmodul?

Lösung:

(*a*) Für isotherme Kompression gilt $\quad p_1 v_1 = p_2 v_2$

Dann ist $\quad 2{,}80 \times 10^4 \times 0{,}356 = p_2' \times 10^4 \times 0{,}070$ und $p_2' = 14{,}20$ kp/cm² (absolut)

Für den Kompressionsmodul ergibt sich $E = p' = 14{,}20$ kp/cm².

(*b*) Für adiabatische Verhältnisse gilt $p_1 v_1^k = p_2 v_2^k$, und nach Anhang, Tafel 1 (*A*) ist $k = 1{,}40$.

Dann ist $\quad 2{,}80 \times 10^4\,(0{,}356)^{1,40} = p_2' \times 10^4\,(0{,}070)^{1,40}$ und $p_2' = 27{,}22$ kp/cm² (absolut)

Die Endtemperatur berechnet man mit Hilfe von Gleichung (*17*)

$$\frac{T_2}{T_1} = \left(\frac{p_2}{p_1}\right)^{(k-1)/k}, \quad \frac{T_2}{273 + 49} = \left(\frac{27{,}22}{2{,}80}\right)^{0,40/1,40}, \quad T_2 = 616^\circ \text{ K} = 343 \text{ °C}$$

Für den Kompressionsmodul ergibt sich $\quad E = kp' = 1{,}40 \times 27{,}22 = 38{,}10$ kp/cm².

6. Nach den International Critical Tables beträgt die Viskosität von Wasser bei 20 °C 0,01008 Poise. (a) Berechne die dynamische Viskosität in kp s/m². (b) Berechne die kinematische Viskosität in m²/s, wenn das rel. spez. Gewicht (r. s. G.) bei 20 °C 0,998 beträgt.

Lösung:

Poise ist die Abkürzung für dyn s/cm². Da 1 kp = 9,81 x 10⁵ dyn und 1 m = 100 cm sind, ergibt sich

$$1\,\frac{\text{kp s}}{\text{m}^2} = \frac{9{,}81 \times 10^5 \text{ dyn}}{10^4 \text{ cm}^2} = 98{,}1 \text{ Poise}$$

(*a*) μ in kp s/m² = 0,01008/98,1 = 10,28 x 10^{-5}

$$(b) \quad \nu \text{ in m}^2/\text{s} = \frac{\mu}{\rho} = \frac{\mu}{w/g} = \frac{\mu g}{w} = \frac{10{,}28 \times 10^{-5} \times 9{,}81}{0{,}998 \times 1000} = 1{,}01 \times 10^{-6}$$

7. Drücke in m^2/s die kinematische Viskosität einer Flüssigkeit aus, deren dynamische Viskosität 15/14 Poise und deren rel. spez. Gew. 0,964 ist.

Lösung:

Ähnlich wie in Aufgabe 6 errechnet man

$$\nu = \frac{15{,}14 \times 9{,}81}{98{,}1 \times 964} = 1{,}57 \times 10^{-3}\ \text{m}^2/\text{s}$$

8. Rechne eine Viskosität von 510 Saybolt-Sekunden bei 15,5 °C um in kinematische Viskosität ν in m^2/s.

Lösung:

Man hat zwei Formelsätze für die Umrechnung, wenn ein Saybolt Universal Viscosimeter benutzt wird:

(*a*)	für $t \leqslant 100$, μ in Poise	$= (0{,}00226\ t - 1{,}95/t) \times$	r. s. G.
	für $t > 100$, μ in Poise	$= (0{,}00220\ t - 1{,}35/t) \times$	r. s. G.
(*b*)	für $t \leqslant 100$, ν in Stokes	$= (0{,}00226\ t - 1{,}95/t)$	
	für $t > 100$, ν in Stokes	$= (0{,}00220\ t - 1{,}35/t)$	

Hierbei sind t = Saybolt-Sekunden. Die Umrechnung von Stokes (cm²/s) in m²/s erfordert nur eine Division durch 10^4.

Nach Gruppe (*b*) ergibt sich, da $t > 100$,

$$\nu = (0{,}00220 \times 510 - \frac{1{,}35}{510}) \times 10^{-4} = 1{,}1194 \times 10^{-4}\ \text{m}^2/\text{s}.$$

9. Diskutiere die Schubspannungscharakteristik für die Flüssigkeiten, deren Kurven in Abb. 1–2 gezeichnet sind.

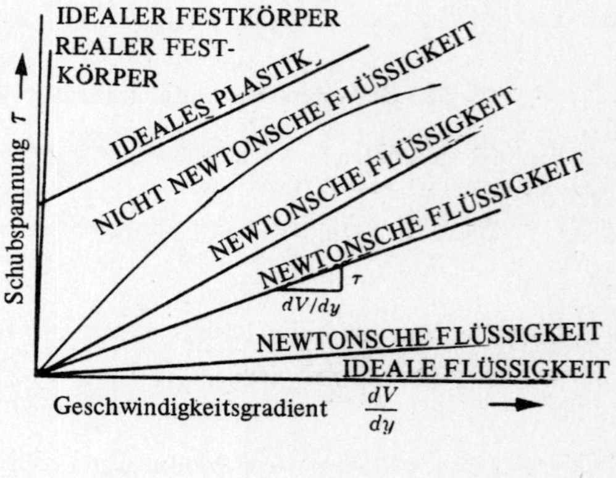

Abb. 1–2

Lösung:

(*a*) Newtonsche Flüssigkeiten verhalten sich nach dem Gesetz $\tau = \mu(dV/dy)$: Die Schubspannung ist dem Geschwindigkeitsgradienten oder der Scherwinkelgeschwindigkeit proportional. Daher ergibt sich für solche Flüssigkeiten eine Gerade durch den Ursprung, wenn man die Schubspannung gegen den Geschwindigkeitsgradienten aufträgt.

(*b*) Eine ideale Flüssigkeit setzt einer Scherdeformation keinen Widerstand entgegen, die entsprechende Kurve liegt daher auf der x-Achse. Obwohl es keine ideale Flüssigkeit gibt, ist in gewissen Fällen die Annahme einer idealen Flüssigkeit nützlich und gerechtfertigt.

(*c*) Für den idealen Festkörper tritt unabhängig von der Belastung keine Deformation auf, die zugehörige Kurve liegt auf der y-Achse. Reale Festkörper lassen sich deformieren, die zugehörige Kurve ist bis zur Proportionalitätsgrenze (Hookesches Gesetz) eine Gerade, die ziemlich vertikal verläuft.

(*d*) Nicht-Newtonsche Flüssigkeiten verformen sich so, daß die Schubspannung nicht proportinal der Scherdeformation ist, ausgenommen vielleicht bei sehr niedrigen Schubspannungen. Man könnte diese Verformungsart plastisch nennen.

(*e*) Das „ideale" plastische Material kann eine gewisse Schubspannung ohne Verformung aushalten, danach wird es sich proportional zur Schubspannung deformieren.

10. Betrachte Abb. 1-3. Eine Flüssigkeit hat die Viskosität $4{,}88 \times 10^{-3}$ kp s/m² und das rel. spez. Gewicht 0,913. Berechne den Geschwindigkeitsgradienten und die Schubspannung am Boden und in Abständen von 25 mm, 50 mm und 75 mm von diesem, wenn man als Geschwindigkeitsverteilung (*a*) eine Gerade und (*b*) eine Parabel annimmt. Die Parabel hat bei *A* ihren Scheitel, der Ursprung liegt bei *B*.

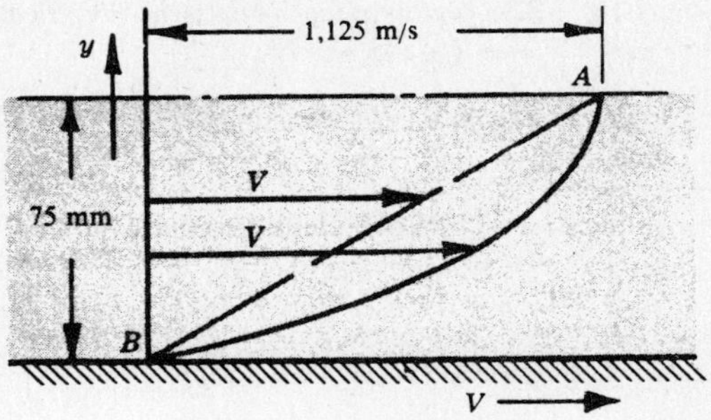

Abb. 1-3

Lösung:

(*a*) Unter der Annahme einer geraden Geschwindigkeitsverteilung ist die Beziehung zwischen Geschwindigkeit V und Abstand y $V = 15\,y$. Daher ist $dV = 15\,dy$, und damit der Geschwindigkeitsgradient $dV/dy = 15$.

Für $y = 0$, $V = 0$ ist $dV/dy = 15\,s^{-1}$ und

$$\tau = \mu\,(dV/dy) = 4{,}88 \times 10^{-3} \times 15 = 7{,}32 \times 10^{-2} \text{ kp/m}^2$$

Ähnlich ergibt sich für die anderen y-Werte $\tau = 7{,}32 \times 10^{-2}$ kp/m².

(*b*) Die Gleichung der Parabel muß im Punkt B der Randbedingung $V = 0$ genügen. Damit ergibt sich die Parabelgleichung $V = 1{,}125 - 200\,(0{,}075 - y)^2$, und man erhält $dV/dy = 400\,(0{,}075 - y)$. Daraus ergibt sich als Lösung der Aufgabe die folgende Tabelle:

$y \times 10^3$	V	dV/dy	$\tau = 4{,}88 \times 10^{-3}(dV/dy)$
0	0	30	0,1464 kp/m²
25	0,625	20	0,0976 kp/m²
50	1,000	10	0,0488 kp/m²
75	1,125	0	0

Beachte, daß an der Stelle, an der der Geschwindigkeitsgradient Null ist (was auf der Mittellinie einer Röhre, durch die unter Druck eine Flüssigkeit fließt, der Fall ist), die Schubspannung auch Null ist.

Beachte ferner, daß der Geschwindigkeitsgradient die Einheit s^{-1} hat und damit das Produkt $\mu(dV/dy) = (\text{kp s/m}^2)(s^{-1}) = \text{kp/m}^2$ die richtige Einheit für die Schubspannung liefert.

11. Ein Zylinder von 12 cm Radius rotiert konzentrisch im Innern eines festen Zylinders vom Radius 12,6 cm. Beide Zylinder sind 30 cm lang. Bestimme die dynamische Viskosität der Flüssigkeit, die den Raum zwischen den Zylindern ausfüllt, wenn man ein Drehmoment von 9,0 kp cm benötigt, um eine Winkelgeschwindigkeit von 60 Umdrehungen pro Minute zu erhalten.

Lösung:

(*a*) Das Drehmoment wird durch die Flüssigkeitsschicht auf den äußeren Zylinder übertragen. Da der Spalt zwischen den Zylindern klein ist, können die Rechnungen ohne Integration durchgeführt werden.

Tangentialgeschwindigkeit des inneren Zylinders $r\omega = (0{,}12 \text{ m})\,(2\,\pi \text{ rad/s}) = 0{,}755$ m/s. 0,754

Für den kleinen Raum zwischen den Zylindern kann der Geschwindigkeitsgradient als konstant angesehen werden und man erhält $dV/dy = 0{,}755/(0{,}126 - 0{,}120) = 125{,}8$ (m/s) m oder s^{-1}. 125,66 s⁻¹

Das angelegte Drehmoment ist gleich dem entgegengerichteten Drehmoment und es ergibt sich

$0{,}09 = \tau\,(\text{Oberfläche})\,(\text{Kraftarm}) = \tau\,(2\,\pi \times 0{,}123 \times 0{,}30)\,(0{,}123)$ und $\tau = 3{,}15$ kp/m² } dann hätte auch um genauer werden müssen!

Also erhält man $\mu = \tau\,(dV/dy) = 3{,}15/125{,}7 = 0{,}02500$ kp s/m².

(*b*) Der genauere mathematische Weg sieht folgendermaßen aus: Wie oben ist $0{,}09 = \tau\,(2\pi r \times 0{,}30)r$ oder $\tau = 0{,}0476/r^2$.

Damit ist $\frac{dV}{dy} = \frac{\tau}{\mu} = \frac{0{,}0476}{\mu r^2}$ mit den Variablen Geschwindigkeit V und Radius r. Die Geschwindigkeit ist 0,755 m/s am inneren und Null am äußeren Rand.

Durch Umstellen der obigen Gleichung und Einsetzen von $-dr$ für dy (das Minuszeichen sorgt dafür, daß r mit wachsendem V sinkt) erhält man

$$\int_{V_{\text{außen}}}^{V_{\text{innen}}} dV = \frac{0{,}0476}{\mu}\int_{1{,}126}^{0{,}120} \frac{-dr}{r^2} \quad \text{und} \quad V_{\text{innen}} - V_{\text{außen}} = \frac{0{,}0476}{\mu}\left[\frac{1}{r}\right]_{0{,}126}^{0{,}120}$$

Also ergibt sich $(0{,}755 - 0) = \frac{0{,}0476}{\mu}\left(\frac{1}{0{,}120} - \frac{1}{0{,}126}\right)$, und daraus $\mu = 0{,}02500$ kp s/m^2.

12. Zeige, daß der Druck auf einen Punkt von allen Richtungen her gleich groß ist.

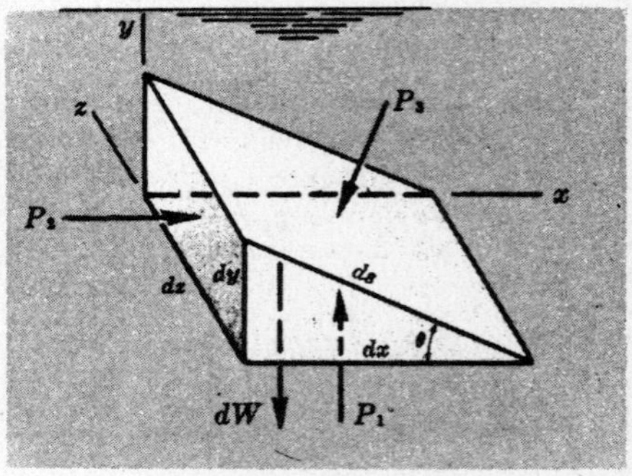

Abb. 1-4

Lösung:

Betrachte das kleine Dreiecksprisma einer ruhenden Flüssigkeit, auf das die Flüssigkeit der Umgebung wirkt. Die mittleren Drücke auf die drei Oberflächen seien p_1, p_2 und p_3. In z-Richtung sind die Kräfte gleich und einander entgegengerichtet, sie heben sich deshalb auf.

Summiert man die Kräfte in x- und y-Richtung, so erhalten wir

$$\Sigma X = 0, \quad P_2 - P_3 \sin\theta = 0$$

oder $$p_2(dy\,dz) - p_3(ds\,dz)\sin\theta = 0$$

$$\Sigma Y = 0, \quad P_1 - P_3\cos\theta - dW = 0$$

oder $$p_1(dx\,dz) - p_3(ds\,dz)\cos\theta - w(\tfrac{1}{2}\,dx\,dy\,dz) = 0$$

Da $dy = ds\sin\theta$ und $dx = ds\cos\theta$, reduzieren sich die Gleichungen folgendermaßen:

$$p_2\,dy\,dz - p_3\,dy\,dz = 0 \quad \text{oder} \quad p_2 = p_3 \qquad (1)$$

und $$p_1\,dx\,dz - p_3\,dx\,dz - w(\tfrac{1}{2}\,dx\,dy\,dz) = 0 \quad \text{oder} \quad p_1 - p_3 - w(\tfrac{1}{2}\,dy) = 0 \qquad (2)$$

Im Grenzfall wird aus dem Dreiecksprisma ein Punkt, dy wird Null und aus den Durchschnittsdrücken werden „Punkt"-Drücke. Setzt man $dy = 0$ in Gleichung (*2*) ein, so erhalten wir $p_1 = p_3$ und damit $p_1 = p_2 = p_3$.

13. Beweise den Ausdruck $p_2 - p_1 = w\,(h_2 - h_1)$.

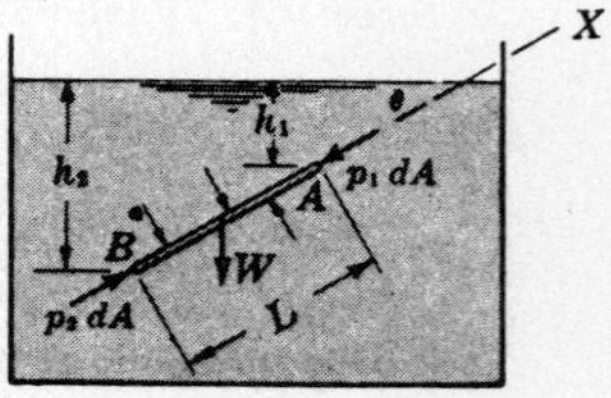

Abb. 1-5

Lösung:

Betrachte eine Flüssigkeitssäule AB mit der Querschnittsfläche dA (in Abb. 1–5) als freien Körper, der durch sein Eigengewicht und die Einflüsse der anderen Flüssigkeitsteilchen im Gleichgewicht gehalten wird.

Bei A wirkt die Kraft $p_1\,dA$ (Druck in kp/m^2 mal Fläche in m^2), bei B ist die Kraft $p_2\,dA$. Das Gewicht des freien Körpers AB ist $W = wv = wL\,dA$. Die anderen Kräfte, die auf den Körper wirken, stehen senkrecht auf seinen Seiten; von diesen sind nur wenige in der Abb. eingezeichnet. Diese Kräfte tauchen in der Gleichung $\Sigma X = 0$ nicht auf. Deswegen gilt

$$p_2\,dA - p_1\,dA - w\,L\,dA\,\sin\theta = 0$$

Da $L_{\sin}\,\theta = h_2 - h_1$, reduziert sich die obige Gleichung auf $(p_2 - p_1) = w\,(h_2 - h_1)$.

14. Bestimme den Druck in kp/cm^2 in einer Tiefe von 6 m unter der freien Wasseroberfläche.

Lösung:

Benutzt man für w den Wert 1000 kp/m^3, so ergibt sich

$$p' = \frac{wh}{10^4} = \frac{1000 \times 6}{10^4} = 0{,}60 \text{ kp/cm}^2 \text{ (man.)}$$

15. Bestimme den Druck in kp/cm^2 in einer Tiefe von 9 m in Öl des rel. spez. Gew. 0,750.

Lösung:

$$p' = \frac{wh}{10^4} = \frac{(0{,}750 \times 1000)9}{10^4} = 0{,}675 \text{ kp/cm}^2 \text{ (man.)}$$

16. Bestimme den absoluten Druck in Aufgabe 14, wenn das Barometer 75,6 cm Quecksilbersäule (r. s. G. 13,57) anzeigt.

Lösung:

Absoluter Druck = Atmosphärendruck + Wasserdruck von 6 m Wasser

$$= \frac{(13{,}57 \times 1000)(0{,}756)}{10^4} + \frac{1000 \times 6}{10^4} = 1{,}628 \text{ kp/cm}^2 \text{ (abs.)}$$

17. In welcher Tiefe herrscht in Öl (rel. spez. Gew. 0,750) ein Druck von 2,80 kp/cm^2? In welcher Wassertiefe?

Lösung:

$$h_{Öl} = \frac{p}{w_{Öl}} = \frac{2{,}80 \times 10^4}{0{,}750 \times 1000} = 37{,}30 \text{ m}, \qquad h_{Wasser} = \frac{p}{w_{Wasser}} = \frac{2{,}80 \times 10^4}{1000} = 28{,}00 \text{ m}$$

18. (*a*) Rechne eine Druckhöhe von 5 m Wasser um in die entsprechende Höhe für Öl des rel. spez. Gew. 0,750.

(*b*) Rechne eine Druckhöhe von 60 cm Quecksilber um in die entsprechende Höhe für Öl des rel. spez. Gew. 0,750.

Lösung:

(*a*) $$h_{Öl} = \frac{h_{Wasser}}{\text{r. s. G. Öl}} = \frac{5}{0{,}750} = 6{,}33 \text{ m}$$

(*b*) $$h_{Öl} = \frac{w_{Wasser}}{\text{r. s. G. Öl}} = \frac{13{,}57 \times 0{,}60}{0{,}750} = 10{,}85 \text{ m}$$

19. Stelle eine Grafik auf, in der man Manometerdruck und absoluten Druck leicht vergleichen kann. Weise auf die Grenzen hin.

Lösung:

In Abb. 1–6 stelle A einen absoluten Druck von 3,85 kp/cm^2 dar. Der Manometerdruck hängt vom augenblicklichen Atmosphärendruck ab. Benutzt man den Standardatmosphärendruck in Meereshöhe (1, 033 kp/cm^2), so ist der Manometerdruck in A 3,850 – 1,033 = 2,817 kp/cm^2. Ist jedoch der augenblickliche Manometerstand 1,014 kp/cm^2, so ist der Manometerdruck 3,850 – 1,014 = 2, 836 kp/cm^2.

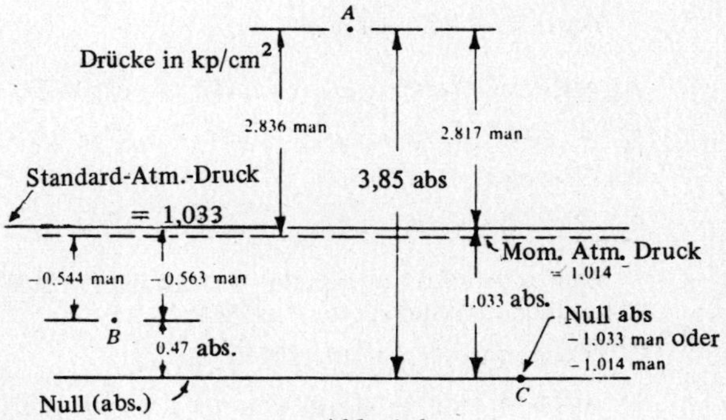

Abb. 1-6

B stelle einen Druck von 0,47 kp/cm^2 dar. Dieser Wert liegt graphisch unter dem Standardatmosphärendruck von 1,033 kp/cm^2, der Manometerdruck in B ist 0,470 − 1,033 = − 0,563 kg/cm^2 (man.). Ist der augenblickliche Atmosphärendurck 1,014 kp/cm^2, so ist der Manometerdruck für B 0,40 − 1,014 = − 0,544 kp/cm^2.

C stelle den absoluten Druck Null dar. Dem entspricht ein negativer „Standard"-Manometerdruck von − 1,033 kp/cm^2 und ein negativer Momentanwert für den Manometerdruck von − 1,014 kp/cm^2.

Daraus kann man wichtige Schlüsse ziehen: Negative Drücke können einen theoretischen Grenzwert, der durch den augenblicklichen Atmosphärendruck gegeben ist, oder den Standardwert von − 1,033 kp/cm^2 nicht unterschreiten. Absolute Drücke können keine negativen Werte annehmen.

20. In Abb. 1–7 sind die Grundflächen des Kolbens A und des Zylinders B 40 cm^2 bzw. 4000 cm^2. Das Gewicht von B beträgt 4000 kp. Der Behälter und die Verbindungsrohre sind mit Öl des rel. spez. Gew. 0,750 gefüllt. Wie groß muß die Kraft P sein, die das System im Gleichgewicht hält, wenn das Gewicht von A vernachlässigt wird?

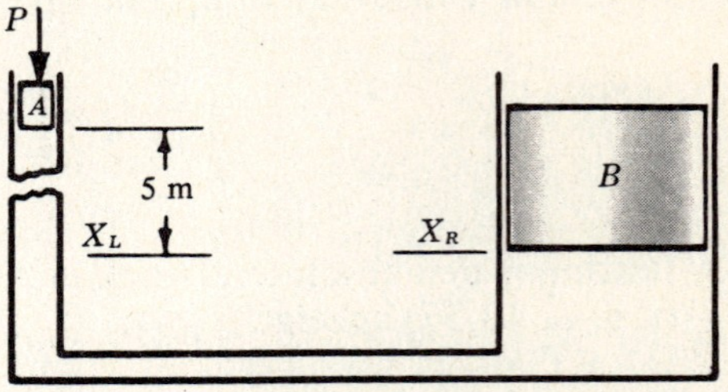

Abb. 1-7

Lösung:

Bestimme zuerst den Druck, der auf den Kolben A wirkt. Da X_L und X_R auf gleicher Höhe derselben Flüssigkeit liegen, ist

Druck in X_L in kp/cm^2 = Druck in X_R in kp/cm^2

oder Druck auf A + Druck durch 5 m Öl = $\dfrac{\text{Gewicht von } B}{\text{Grundfläche von } B}$

Man erhält

$$p'_A + \frac{wh}{10^4} = \frac{4000 \text{ kp}}{4000 \text{ cm}^2}$$

$$p'_A + \frac{750 \times 5}{10^4} \text{ kp/cm}^2 = 1{,}0 \text{ kp/cm}^2 \quad \text{und} \quad p'_A = 0{,}625 \text{ kp/cm}^2$$

Für die Kraft ergibt sich:

Kraft P = Druck x Fläche = $0{,}625 \text{ kp/cm}^2 \times 40 \text{ cm}^2 = 25{,}0$ kp.

21. Bestimme den Manometerdruck bei A in kp/cm^2, der von der Auslenkung des Quecksilbers (r. s. G. 13,57) im U-Rohr-Manometer in Abb. 1–8 herrührt.

Lösung:

B und C befinden sich in gleicher Höhe derselben Flüssigkeit Quecksilber. Daher können wir die Manometerdrücke (in kp/cm^2) in B und C gleichsetzen.

Druck in B = Druck in C

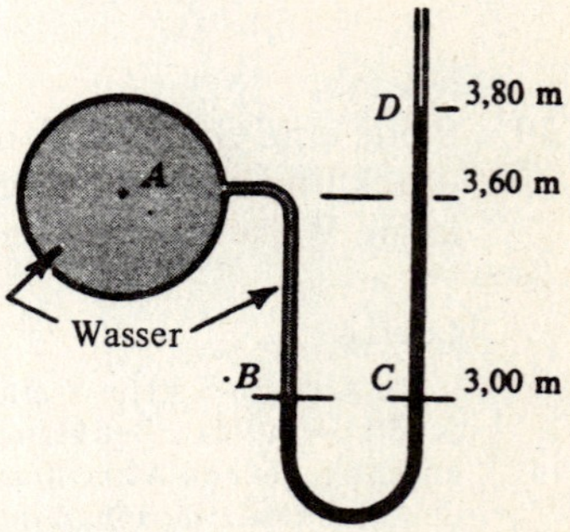

Abb. 1-8

$p_A + wh$ (für Wasser) = $p_D + wh$ (für Quecksilber)

$$p_A + 1000\,(3{,}60 - 3{,}00) = 0 + (13{,}57 \times 1000)\,(3{,}80 - 3{,}00)$$

Als Lösung ergibt sich

$p_A = 10256$ kp/m^2 und $p'_A = 10\,256/10^4 = 1{,}0256$ kp/cm^2 (man.).

Eine andere Lösung benutzt Druckhöhen in m Wassersäule, was gewöhnlich weniger Rechenaufwand erfordert:

Druckhöhe bei B = Druckhöhe bei C

$p_A/w + 0{,}60$ m Wasser = $0{,}80 \times 13{,}57$ m Wasser

Die Lösung lautet wie vorher

$p_A/w = 10{,}256$ m Wasser und damit $p'_A = (1000 \times 10{,}256)/10^4 = 1{,}0256$ kp/cm^2 (man.)

22. Öl des rel. spez. Gew. 0,750 fließt durch die in Abb. 1–9 gezeigte Düse und lenkt das Quecksilber im U-Rohr-Manometer aus. Bestimme h, wenn der Druck bei A 1,40 kp/cm² beträgt.

Lösung:

Druck bei B = Druck bei C

oder (in Einheiten kp/cm²): $p'_A + \frac{wh}{10^4}(\text{Öl}) = p'_D + \frac{wh}{10^4}$ (Quecksilber)

$$1{,}40 + \frac{(0{,}750 \times 1000)(0{,}825 + h)}{10^4} = \frac{(13{,}57 \times 1000)h}{10^4} \quad \text{und} \quad h = 1{,}14 \text{ m}$$

Andere Methoden:

Man benutzt die bequeme Einheit m Wassersäule

Druckhöhe bei B = Druckhöhe bei C

$$\frac{1{,}40 \times 10^4}{1000} - (0{,}825 - h)0{,}750 = 13{,}57h \quad \text{und} \quad h = 1{,}14 \text{ m,} \quad \text{wie vorher}$$

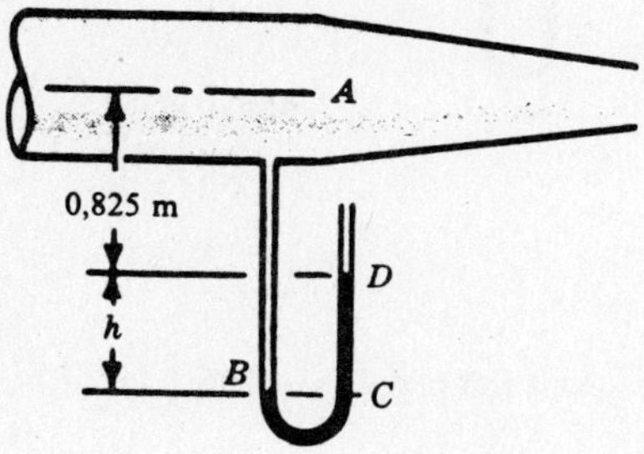

Abb. 1-9

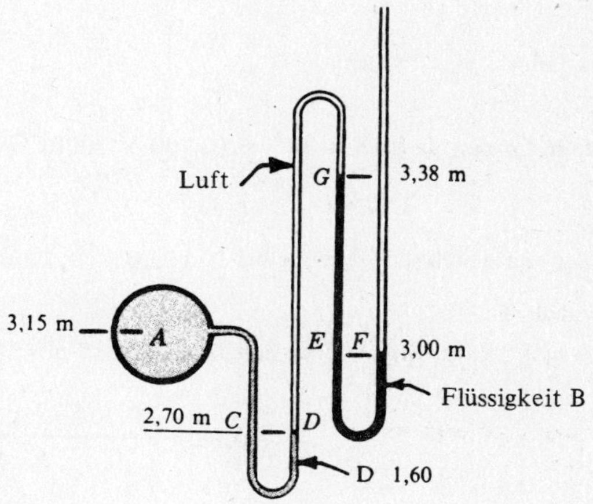

Abb. 1-10

23. Berechne das rel. spez. Gew. der Manometerflüssigkeit B in Abb. 1-10, wenn in A ein Manometerdruck von $-$ 0,11 kp/cm² herrscht.

Lösung:

Druck bei C = Druck bei D

$$p_A - wh = p_D$$

oder in kp/cm²

$$-0{,}11 \times 10^4 + (1{,}60 \times 1000)\ 0{,}45 = p_D = -380 \text{ kp/m}^2$$

Da ohne größeren Fehler das Gewicht von 0,68 m Luft vernachlässigt werden kann, ist $p_G = p_D = -380$ kp/m². Darüberhinaus sind die Manometerdrücke $p_E = p_F = 0$

Daher gilt: Druck bei G = Druck bei E – Druck von (3,38 – 3,00)m Manometerflüssigkeit.

$$p_G = p_E - (\text{D} \times 1000)(3{,}38 - 3{,}00)$$

$$-380 = 0 - (\text{D} \times 1000)\ 0{,}38 \text{ und D} = 1{,}00$$

24. An dem Manometer bei A liest man $-0{,}18$ kp/cm^2 ab. Bestimme (a) die Höhe der Flüssigkeiten in den offenen Piezo-Rohren E, F und G und (b) die Auslenkung des Quecksilbers im U-Rohr-Manometer in Abb. 1-11.

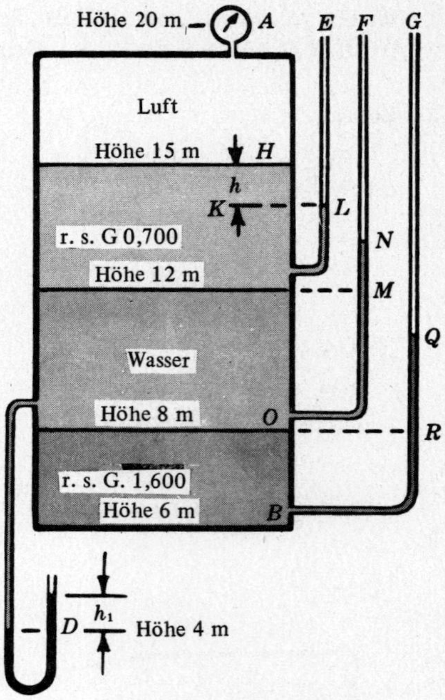

Abb. 1-11

Lösung:

(a) Da das spez. Gewicht von Luft (ca. 1,28 kp/m^3) sehr klein im Verhältnis zu dem der Flüssigkeiten ist, kann der Druck in 15 m Höhe noch mit $-0{,}18$ kp/cm^2 angegeben werden, ohne daß merkliche Fehler in den Rechnungen auftreten.

Für Rohr E:

Für den Manometerdruck bei L gilt nach Zeichnung $p_k = p_L$

und daher $p_H + wh = 0$

oder in kp/m^2 $-0{,}18 \times 10^4 + (0{,}700 \times 1000)\ h = 0$

und $h = 2{,}57$ m.

Daher ergibt sich für die Höhe bei L $15{,}00 - 2{,}57 = 12{,}43$ m.

Für Rohr F:

Druck in der Höhe von 12 m = Druck bei 15 m + Druck der Flüssigkeit mit r. s. G. = 0,700

$$= -0{,}18 + \frac{(0{,}700 \times 1000)\ (15 - 12)}{10^4} = 0{,}03 \text{ kp/cm}^2$$

Das ist der Druck in M. Daher ist die Druckhöhe bei M $\dfrac{0{,}03 \times 10^4}{1500} = 0{,}30$ m Wasser, und N liegt 30 cm über M. Die Höhe bei N ist also 12,30 m.

Für Rohr G:

Druck in 8 m Höhe = Druck in 12 m Höhe + Druck durch 4 m Wassersäule.

Also

$$p_O = 0{,}03 + \frac{1000 \times 4}{10^4} = 0{,}43 \text{ kp/cm}^2$$

was dem Druck bei R entspricht. Die Druckhöhe bei R beträgt $\dfrac{0{,}43 \times 10^4}{1{,}600 \times 1000} = 2{,}69$ m Flüssigkeit.

Q liegt 2,69 m über R und damit beträgt die Höhe von Q 10,69 m.

(b) Für das U-Rohr-Manometer benutzen wir die Einheit m-Wassersäule:

Druckhöhe bei D = Druckhöhe bei C

$13{,}57\ h_1$ = Druckhöhe bei 12 m Höhe + Druckhöhe von 8 m Wasser

$$13{,}57\ h_1 = 0{,}30 + 8{,}00$$

oder $h_1 = 0{,}61$ m.

25. Ein Differentialmanometer ist an zwei Punkten A und B eines horizontalen Rohres befestigt, in dem Wasser fließt. Die Auslenkung des Quecksilbers in dem Manometer beträgt 0,60 m, das Quecksilberniveau soll bei A niedriger sein als bei B. Berechne die Druckdifferenz in kp/cm^2 zwischen A und B. (Siehe hierzu Abb. 1-12).

Lösung:

Beachte: Eine Zeichnung wird bei der Verdeutlichung von Problemstellungen immer nützlich sein und wird Fehler vermeiden helfen. Häufig erweist sich schon eine einfache Kurve als nützlich.

Druckhöhe bei C = Druckhöhe bei D

oder, in m-Wassersäule: $p_A/w - z = [p_B/w - (z + 0{,}60)] + 13{,}57\ (0{,}60)$

Damit wird: $p_A/w - p_B/w$ = Druckhöhendifferenz = $0{,}60\ (13{,}57 - 1) = 7{,}54$ m Wasser

und $p'_A - p'_B = (7{,}54 \times 1000)/10^4 = 0{,}754\ kp/cm^2$.

Wäre $(p'_A - p'_B)$ negativ, dann müßte man das Vorzeichen so interpretieren, daß der Druck bei B um 0,754 kp/cm^2 größer war als bei A.

Bei Differentialmanometern sollte man vor dem Ablesen alle Luft aus den Rohren entfernen.

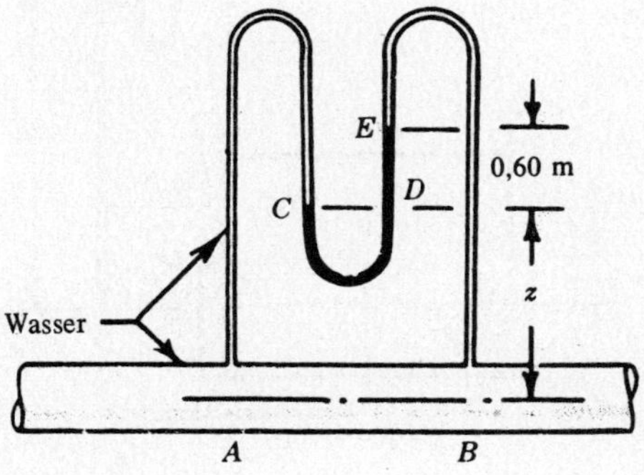

Abb. 1-12

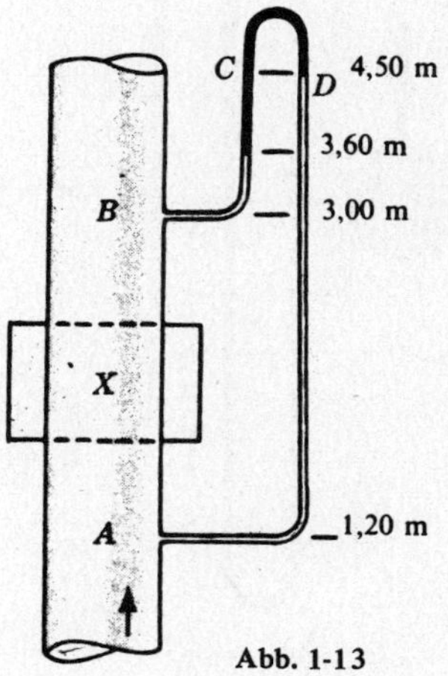

Abb. 1-13

26. Der Druckverlust durch einen Rohreinbau X soll mit einem Differentialmanometer gemessen werden, das Öl des rel. spez. Gew. 0,750 als Manometerflüssigkeit enthält. Die Strömungsflüssigkeit hat r. s. G. 1,50. Berechne den Druckhöhenunterschied zwischen A und B für die Ölauslenkung, die in der obigen Abb. 1-13 gezeigt ist.

Lösung:

Druck bei C in kp/m^2 = Druck bei D in kp/m^2

$$p_B - (1{,}50 \times 1000)\ 0{,}60 - (0{,}750 \times 1000)\ 0{,}90 = p_A - (1{,}50 \times 1000)\ 3{,}30$$

Also $p_A - p_B = 3375\ kp/m^2$ und Druckhöhendifferenz $= \dfrac{3375}{w} = \dfrac{3375}{1{,}50 \times 1000} = 2{,}25$ m Flüssigkeit.

Andere Methode:

In m Flüssigkeitssäule (r. s. G. 1,50)

Druckhöhe bei C = Druckhöhe bei D

$$\frac{p_B}{w} - 0{,}60 - \frac{0{,}750 \times 0{,}90}{1{,}50} = \frac{p_A}{w} - 3{,}30$$

Also $p_A/w - p_B/w$ = Druckhöhendifferenz = 2,25 m Flüssigkeit, wie vorher.

27. Behälter A und B enthalten Wasser unter einem Druck von 2,80 bzw. 1,40 kp/cm^2. Wie groß ist die Quecksilberauslenkung in dem Differentialmanometer in Abb. 1-14 unten?

Lösung:

Druckhöhe bei C = Druckhöhe bei D

$$\frac{2{,}80 \times 10^4}{1000} + x + h = \frac{1{,}40 \times 10^4}{1000} - y + 13{,}57\ h \quad \text{(in m Wasser)}$$

Umstellen ergibt $(10^4/1000)\ (2{,}80 - 1{,}40) + x + y = (13{,}57 - 1)\ h$. Setzt man $x + y = 2{,}00$ m ein, so ergibt sich $h = 1{,}27$ m.

Man sollte beachten, daß bei der Wahl der kp/m^2 oder kp/cm^2 Einheiten ein höherer Rechenaufwand erforderlich ist als bei Druckhöheneinheiten. Trotzdem sind im allgemeinen wegen der geringeren Fehlerwahrscheinlichkeiten diese Einheiten zu empfehlen.

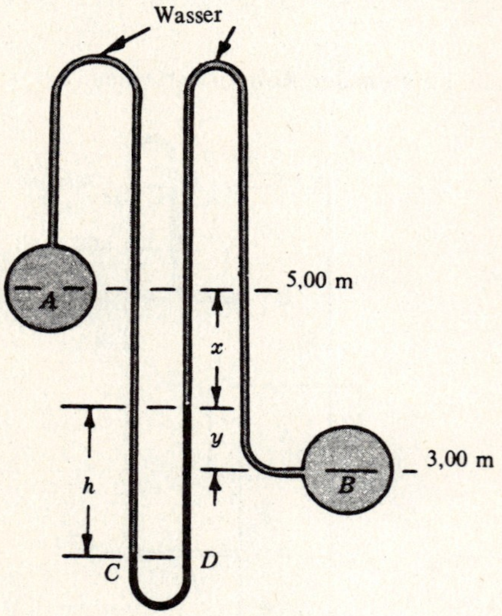

Abb. 1-14

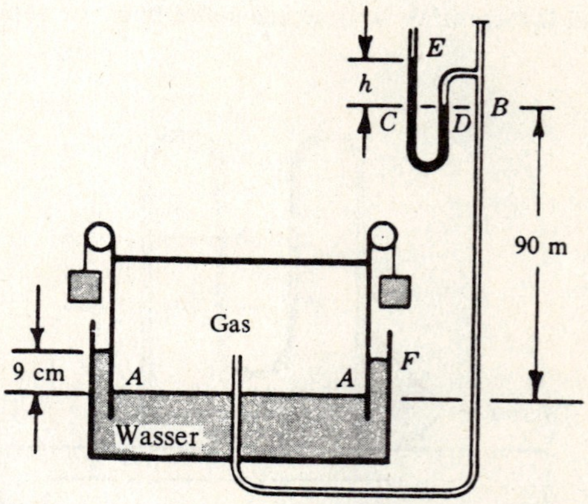

Abb. 1-15

28. Betrachte Abb. 1-15. Die Druckhöhe bei A-A beträgt 0,09 m Wasser. Die spezifischen Gewichte von Gas und Luft betragen 0,560 und 1,260 kp/m^3. Bestimme die Wasserauslenkung h im U-Rohr-Manometer, das den Gasdruck bei B mißt.

Lösung:

Wir nehmen an, daß die Werte von w für Luft und Gas über den Höhenunterschied von 90 m konstant sind. Da die spez. Gewichte von Luft und Gas von derselben Größenordnung sind, muß man die Änderung des Atmosphärendrucks mit der Höhe berücksichtigen. Es empfiehlt sich, mit absoluten Drücke zu rechnen.

Absoluter Druck p_C = Absoluter Druck p_D (kp/m^2)

Atmosphärendruck $p_E + 1000\ h$ = absoluter Druck $p_A - 0{,}560 \times 90$ $\quad (A)$

Als nächstes wird der absolute Druck bei A mit Hilfe des Atmosphärendrucks bei E ausgedrückt. Dabei erhält man zunächst den Atmosphärendruck bei F und dann p_A.

Absoluter Druck p_A = (Atmosphärendruck $p_E + 1{,}260\ (h + 90 - 0{,}09)) + 0{,}09 \times 1000\ (kp/m^2)$

Setzt man diesen Wert in (A) ein, so fällt p_E weg, und es ergibt sich unter Vernachlässigung sehr kleiner Terme

$$1000\ h = 90\ (1{,}260 - 0{,}560) + 0{,}09\ (1000) \quad \text{und} \quad h = 0{,}153 \text{ m Wassersäule.}$$

29. Welcher Druck herrscht im Ozean in einer Tiefe von 1500 m? Nimm an, daß (*a*) Salzwasser inkompressibel ist, und daß (*b*) Salzwasser kompressibel ist und an der Oberfläche 1025 kp/m^3 spezifisches Gewicht hat. $E = 21\,000\ kp/cm^2$ (konstant)

Lösung:

(*a*) Druck $p = wh = 1025 \times 1500 = 15{,}375 \times 10^5\ kp/m^2$ (man.).

(*b*) Da eine gegebene Menge Wasser nicht ihr Gewicht ändert, wenn sie komprimiert wird, ist $dW = 0$. Also

$$dW = d(wv) = w\,dv + v\,dw = 0 \quad \text{oder} \quad dv/v = -\,dw/w \qquad (A)$$

Nach Gleichungen (*10*) und (*12*) ist $dp = -\,w\,dh$ und $dv/v = -\,dp/E$

Setzt man das in (*A*) ein, so ergibt sich $\quad dp/E = dw/w \qquad (B)$

und durch Integration $p = E \ln w + C$. An der Oberfläche sind $p = p_0$, $w = w_0$, also ist $C = p_0 - E \ln w_0$

und $p = E \ln w + p_0 - E \ln w_0 \quad$ oder $\quad (p - p_0) = E \ln(w/w_0) \qquad (C)$

Setzt man $dp = -w\,dh$ in (*B*) ein, so ergibt sich $\dfrac{-\,w\,dh}{E} = \dfrac{dw}{w}$ oder $dh = -\dfrac{E\,dw}{w^2}$

Integration führt zu $\quad h = E/w + C_1 \qquad (D)$

An der Oberfläche sind $h = 0$, $w = w_0$, also ist $C_1 = E/w_0$, $h = (E/w - E/w_0)$ und damit

$$w = \frac{w_0 E}{w_0 h + E} = \frac{(1025)(21\,000 \times 10^4)}{(1025)(-1500) + (21\,000 \times 10^4)} = 1032{,}6\ kp/m^3$$

wenn h nach oben hin positiv gerechnet wird und man für E die Einheit kp/m^2 benutzt. Aus (*C*) ergibt sich

$$p = (21\,000 \times 10^4) \ln (1032{,}6/1025) = 15{,}476 \times 10^5\ kp/m^2 \text{ (man)}$$

30. Berechne den Barometerdruck in kp/cm^2 in einer Höhe von 1200 m, wenn der Druck in Meereshöhe 1,033 kp/cm^2 beträgt. Nimm isotherme Bedingungen bei 21 °C an.

Lösung:

Das spezifische Gewicht von Luft bei 21 °C ist $\dfrac{p}{29{,}3\,(273 + 21)}$. Also nach Gleichung (*10*)

$$dp = -\,w\,dh = -\frac{p}{29{,}3\,(294)}\,dh \quad \text{oder} \quad \frac{dp}{p} = -\,0{,}000116\,dh \qquad (A)$$

Integration von (*A*) liefert $\ln p = -\,0{,}000116\,h + C$, wobei C die Integrationskonstante ist. Zur Berechnung von C: Bei h = 0 ist $p = 1{,}033 \times 10^4\ kp/m^2$ (abs). Daher ist $C = \ln (1{,}033 \times 10^4)$ und

$$\ln p = -0{,}000116h + \ln (1{,}033 \times 10^4) \quad \text{oder} \quad 0{,}000116h = \ln (1{,}033 \times 10^4/p) \qquad (B)$$

Transformation von (*B*) in Zehnerlogarithmus liefert

$$2{,}3026 \lg (1{,}033 \times 10^4/p) = 0{,}0001/6(1200),$$

$$\lg (1{,}033 \times 10^4/p) = 0{,}06045, \quad 1{,}033 \times 10^4/p = \lg^{-1} 0{,}06045 = 1{,}14935$$

woraus man $p = \dfrac{1{,}033 \times 10^4}{1{,}14935} = 9{,}0 \times 10^3\ kp/m^2 = 0{,}90\ kp/cm^2$ erhält.

31. Leite eine allgemeine Beziehung zwischen Druck und Höhe für isotherme Bedingungen ab. Benutze $dp = -\,w\,dh$.

Lösung:

Für isotherme Verhältnisse wird aus der Gleichung $\dfrac{p}{wT} = \dfrac{p_0}{w_0 T_0}$ die Beziehung $\dfrac{p}{w} = \dfrac{p_0}{w_0}$ oder $w = w_0 \dfrac{p}{p_0}$.

Also $dh = -\dfrac{dp}{w} = -\dfrac{p_0}{w_0} \times \dfrac{dp}{p}$. Integration: $\displaystyle\int_{h_0}^{h} dh = -\frac{p_0}{w_0}\int_{p_0}^{p} \frac{dp}{p}$ und

$$h - h_0 = -\frac{p_0}{w}(\ln p - \ln p_0) = +\frac{p_0}{w}(\ln p_0 - \ln p) = \frac{p_0}{w} \ln \frac{p_0}{p}$$

In Wirklichkeit fällt die Temperatur der Atmosphäre mit der Höhe. Daher verlangt eine exakte Lösung die Kenntnis der Temperaturänderung mit der Höhe und die Anwendung der Gasgleichung p/wT = constant.

32. Leite einen Ausdruck für die Beziehung zwischen dem Manometerdruck p innerhalb eines Flüssigkeitströpfchens und der Oberflächenspannung σ ab.

Lösung:
Die Oberflächenspannung auf der Oberfläche eines kleinen Flüssigkeitströpfchens sorgt dafür, daß der Druck im Innern größer ist als der Außendruck.

Abb. 1-16 zeigt die Kräfte, die für ein Gleichgewicht in der X-Richtung der Hälfte eines kleinen Tropfens mit dem Durchmesser d sorgen. Die Kräfte σdL werden durch die Oberflächenspannung entlang des Umfanges hervorgerufen, während die Kräfte dP_x die X-Komponenten der pdA Kräfte sind (siehe Kapitel 2). Dann ergibt sich aus $\Sigma X = 0$

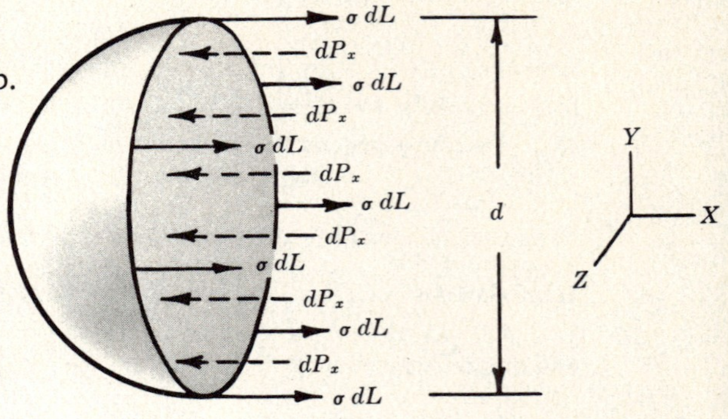

Abb. 1-16

Summe der nach rechts gerichteten Kräfte = Summe der nach links gerichteten Kräfte

$$\sigma \int dL = \int dP_x .$$

Oberflächenspannung x Umfang = Druck x Projektion der Oberfläche

$$\sigma(\pi d) = p(\pi d^2/4)$$

oder $p = 4\sigma/d$ in kp/m^2 (man.). Die Einheit der Oberflächenspannung ist kp/m.

Man sollte beachten, daß der Druck um so höher ist, je kleiner der Tropfen ist.

33. Ein kleiner Wassertropfen steht bei 27 °C mit Luft in Kontakt und hat einen Durchmesser von 0,50 mm. Wie groß ist die Oberflächenspannung, wenn der Druck im Innern des Tröpfchens um 5,80 x 10^{-3} kp/cm^2 größer ist als der Atmosphärendruck?

Lösung:

$$\sigma = \frac{1}{4} pd = \frac{1}{4}(58)\ \text{kp/m}^2 \times (0{,}5 \times 10^{-3})\ \text{m} = 0{,}029\ \text{kp/m}$$

34. Berechne die ungefähre Höhe, bis zu der Flüssigkeit, die Glas benetzt, in einer Glaskapillare unter Atmosphärendruck steigt.

Lösung:

Der Anstieg in einer Röhre kleinen Durchmessers kann annähernd berechnet werden, wenn man die Flüssigkeitsmasse $ABCD$ in Abb. 1-17 als freien Körper auffaßt.

Da ΣY gleich 0 sein muß, erhalten wir Kraftkomponente durch Oberflächenspannung nach oben – Gewicht des Volumens $ABCD$ nach unten + Druckkraft auf AB nach oben – Druckkraft auf CD nach unten = 0.

oder

$$+(\sigma \int dL)\sin\alpha - w(\pi d^2/4 \times h) +$$
$$p\,(\text{Fläche } AB) - p\,(\text{Fläche } CD) = 0.$$

Man sieht, daß sowohl bei AB als auch bei CD Atmosphärendruck herrscht. Daher verschwinden die beiden letzten Terme auf der linken Seite der Gleichung, und wir erhalten, da $\sigma \int dL = \sigma(\pi d)$

$$h = \frac{4\sigma \sin\alpha}{wd} \quad \text{in Meter}$$

Bei vollständigem Benetzen, wie z. B. bei Wasser auf sauberem Glas, ist der Winkel α annähernd 90°.

In Experimenten sollte man, um größere Fehler durch Kapillarität zu vermeiden, nur Röhren verwenden, deren Durchmesser nicht kleiner als 10 mm ist.

Abb. 1-17

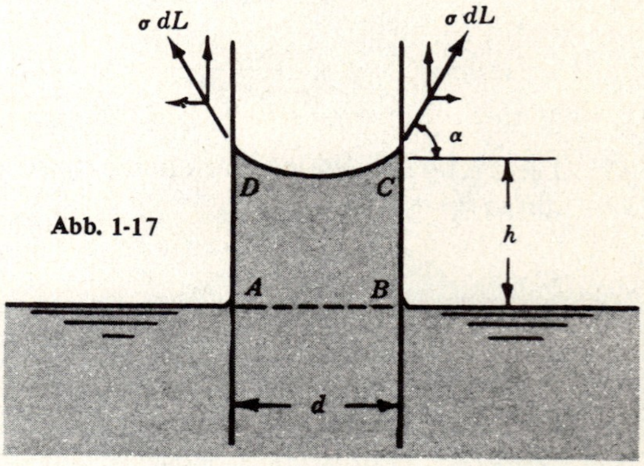

35. Schätze die Höhe, bis zu der Wasser von 21 °C in einer Kapillare von 3,00 mm Durchmesser steigen wird.

Lösung:

Nach Tafel 1 (*C*) ist $\sigma = 0{,}00740$ kp/m. Als Winkel nehmen wir $\alpha = 90°$ für ein sauberes Rohr an.

$$h = \frac{4\sigma}{wd} = \frac{4 \times 0{,}00740 \text{ kp/m}}{1000 \text{ kp/m}^3 \times 3 \times 10^{-3} \text{ m}} = 0{,}0099 \text{ m} = 9{,}90 \text{ mm}.$$

Ergänzungsaufgaben

36. Bestimme spez. Gewicht und rel. spez. Gew. einer Flüssigkeit, deren Dichte 85 TME/m³ ist. *Lösung:* 834 kp/m³, 0,834.

37. Prüfe die Werte für Dichte und spez. Gewicht von Luft bei 30 °C in Tafel 1 (*B*).

38. Prüfe die Werte für das spez. Gewicht von Kohlendioxyd und Stickstoff in Tafel 1 (*A*).

39. Bei welchem Druck wird Luft von 50 °C ein spez. Gewicht von 1,910 kp/m³ haben? *Antwort:* 1,80 kp/cm² (abs.).

40. Zwei Kubikmeter Luft von Atmosphärendruck werden auf 0,500 m³ komprimiert. Wie ist der Enddruck bei isothermer Kompression? *Antwort:* 4,132 kp/cm² (abs.).

41. Wie wäre in der vorhergehenden Aufgabe der Enddruck, wenn keine Wärme während der Kompression abgegeben würde?
Antwort: 7,20 kp/cm² (abs).

42. Bestimme die dynamische Viskosität von Quecksilber in kp/m², wenn die Viskosität in Poise 0,0158 beträgt. *Lösung:* $1{,}61 \times 10^{-4}$ kp s/m².

43. Wenn Öl eine Viskosität von 510 Poise hat, wie ist seine Viskosität im kp-m-s System? *Antwort:* 5,210 kp s/m².

44. Öl habe ein rel. spez. Gew. von 0,932. Wie sind die dynamische und kinematische Viskosität, wenn das Öl eine Saybolt-Viskosität von 155 Sekunden hat? *Antwort:* 315×10^{-5} und $33{,}3 \times 10^{-6}$.

45. Zwei große, ebene Flächen befinden sich in 25 mm Abstand voneinander, der Raum zwischen ihnen ist mit einer Flüssigkeit der dynamischen Viskosität 0,10 kp s/m² ausgefüllt. Nimm einen konstanten Geschwindigkeitsgradienten an und berechne die Kraft, die benötigt wird, eine sehr dünne Platte, die eine Fläche von 40 dm² hat, mit konstanter Geschwindigkeit von 32 cm/s zu ziehen. Die Platte befinde sich in einem Abstand von 8 mm von einer der beiden Flächen. *Lösung:* 2,35 kp.

46. Der Behälter in Abb. 1-18 enthält Öl des rel. spez. Gew. 0,750. Bestimme den Manometerstand *A* in kp/cm². *Lösung:* $-8{,}71 \times 10^{-2}$ kp/cm² (man).

47. Ein geschlossener Behälter enthält 60 cm Quecksilber, 150 cm Wasser und 240 cm Öl des rel. spez. Gew. 0,750. Über dem Öl befinde sich ein Luftraum. Bestimme den Manometerdruck an der Oberseite des Behälters, wenn auf seinem Boden ein Druck von 3,00 kp/cm³ herrscht. *Lösung:* 1,860 kp/cm² (man.).

48. Betrachte Abb. 1-19. Punkt *A* liegt 53 cm unter der Flüssigkeitsoberfläche (r. s. G. 1,25) des Behälters. Wie groß ist bei *A* der Druck in kp/cm² (man.), wenn das Quecksilber 34,30 cm in dem Rohr steigt?
Antwort: −0,40 kp/cm² (man.).

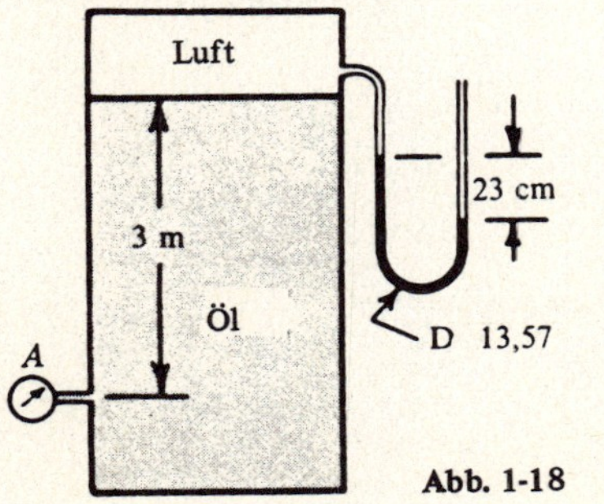

Abb. 1-18

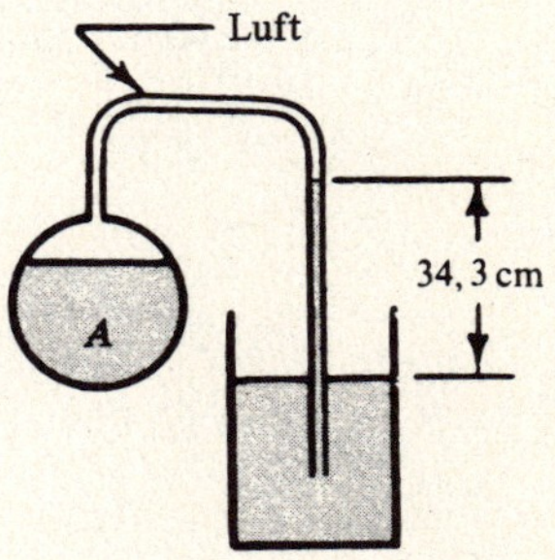

Abb. 1-19

49. Betrachte Abb. 1-20. Unter Vernachlässigung der Reibung zwischen Kolben A und dem Gasbehälter soll der Manometerstand bei B in cm Wassersäule bestimmt werden. Nimm für Gas und Luft ein konstantes spez. Gewicht von 0,560 und 1,200 kp/m^3 an. *Lösung:* 60,60 cm Wassersäule.

50. Zwei Behälter A und B, die Öl und Glyzerin des rel. spez. Gew. 0,780 bzw. 1,25 enthalten, sind durch ein Differentialmanometer verbunden. Der Quecksilberstand im Manometer beträgt auf der A-Seite 50 cm und auf der B-Seite 35 cm. Wie hoch ist die Öloberfläche in Behälter A, wenn die Glyzerinoberfläche in Behälter B sich in einer Höhe von 6,40 m befindet? *Antwort:* 7,60 m.

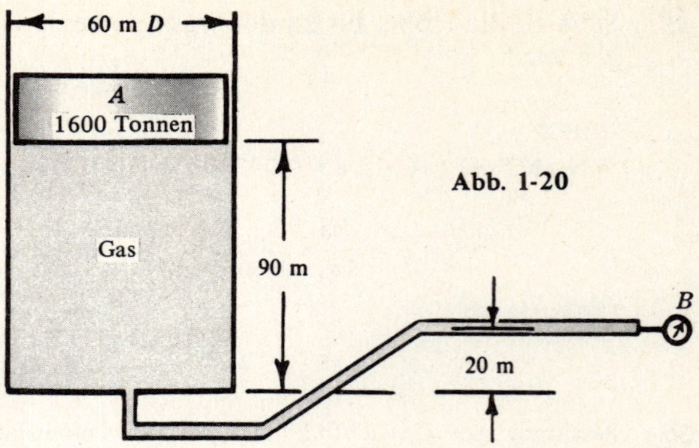

Abb. 1-20

51. Behälter A, in einer Höhe von 2,50 m gelegen, enthält Wasser unter einem Druck von 1,05 kp/cm^2. Behälter B enthält, bei einer Höhe von 3,70, m, eine Flüssigkeit unter einem Druck von 0,70 kp/cm^2. Wie groß ist das rel. spez. Gew. der Flüssigkeit in Behälter B, wenn die Auslenkung des Quecksilbers im Differentialmanometer 30 cm beträgt (die niedrigere Seite liegt bei A in 30 cm Höhe)? *Antwort:* 0,525.

52. Im linken Behälter in Abb. 1-21 beträgt der Luftdruck -23 cm Quecksilber. Bestimme die Auslenkung der Manometerflüssigkeit in dem rechten Schenkel bei A . *Lösung:* 26,30 m.

53. Die Abteilungen B und C des Behälters in Abb. 1-22 sind abgeschlossen und mit Luft gefüllt. Der Barometerstand ist 1,020 kp/cm^2. Wie groß ist x in Manometer E, wenn die Manometer A und D die angegebenen Werte anzeigen? (Alle Manometer sind mit Quecksilber gefüllt.) *Antwort:* 1,80 m.

54. Zylinder und Rohr in Abb. 1-23 enthalten Öl des rel. spez. Gew. 0,902. Wie groß ist das Gesamtgewicht von Kolben und Gewicht W, wenn das Manometer 2,20 kp/cm^2 anzeigt? *Antwort:* 60 100 kp.

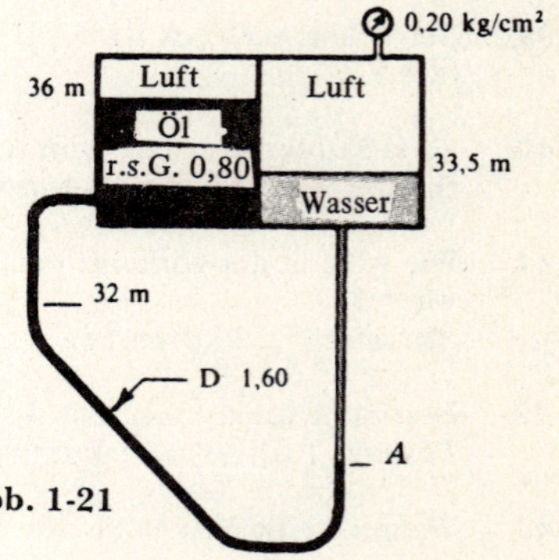

Abb. 1-21

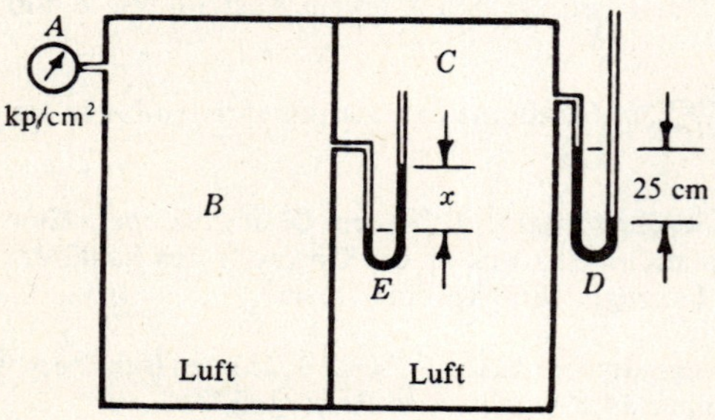

Abb. 1-22

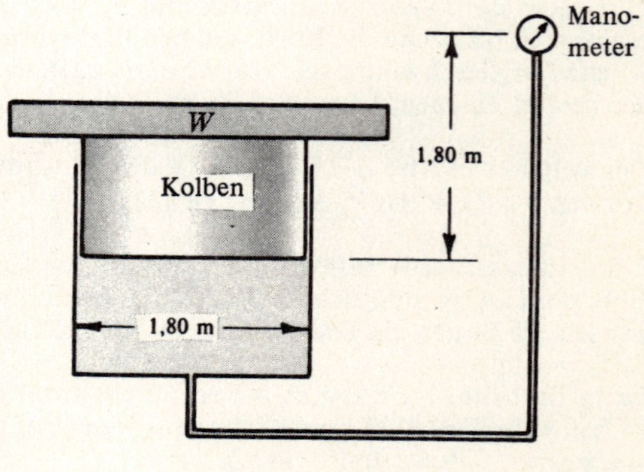

Abb. 1-23

55. Betrachte Abb. 1-24. Bei welchem Stand des Manometers *A* wird das Glyzerin bis *B* hochsteigen? Das spez. Gewicht von Öl und Glyzerin ist 832 bzw. 1250 kp/m³. *Antwort:* 0,35 kp/cm².

56. Ein hydraulisches Gerät soll einen 10-Tonnen-LKW hochheben. Wie groß muß der Durchmesser des Kolbens sein, wenn Öl des rel. spez. Gew. 0,810 mit einem Druck von 12 kp/cm² auf ihn wirkt? *Antwort:* 32,60 cm.

57. Das spez. Gewicht von Glyzerin beträgt 1260 kp/m³. Welcher Unterdruck wird benötigt, das Glyzerin in einer Röhre mit dem Durchmesser von 12,50 mm 22 cm senkrecht hochzusaugen? *Antwort:* -277 kp/cm² (man.).

58. Wie groß ist der Druck im Innern eines Regentropfens von 1,5 mm Durchmesser bei einer Temperatur von 21 °C? *Antwort:* 19,70 kp/cm² (man.).

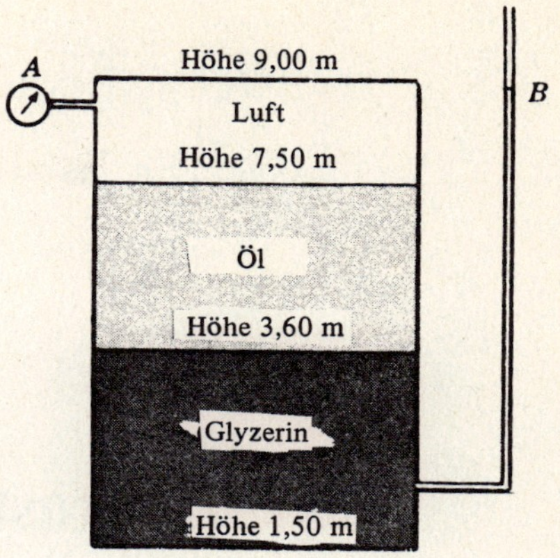

Abb. 1-24

KAPITEL 2

Hydrostatische Kraft auf Flächen

EINFÜHRUNG

Um zufriedenstellende Konstruktionen entwerfen zu können, müssen Ingenieure die Kräfte berechnen, die durch Flüssigkeiten ausgeübt werden. In diesem Kapitel werden die beiden charakteristischen Größen einer hydrostatischen Kraft berechnet: Betrag und Richtung. Zusätzlich wird jeweils der Angriffspunkt der Kraft bestimmt.

KRAFT EINER FLÜSSIGKEIT AUF EINE EBENE FLÄCHE

Die Kraft p, die eine Flüssigkeit auf eine ebene Fläche ausübt, ist gleich dem Produkt aus dem spez. Gewicht w der Flüssigkeit, der Tiefe h_{cg} des Flächenschwerpunktes (center of gravity cg) und der Fläche. Die Gleichung lautet

$$P = w\, h_{cg}\, A \qquad (1)$$

mit den Einheiten $\qquad \text{kp} = \text{kp/m}^3 \times \text{m} \times \text{m}^2$

Beachte, daß das Produkt aus dem spez. Gewicht w und der Tiefe h_{cg} des Flächenschwerpunktes den Druck am Flächenschwerpunkt ergibt.

Die *Angriffslinie* der Kraft geht durch den Druckmittelpunkt (center of pressure cp), dessen Lage wir durch Anwendung der Formel

$$y_{cp} = \frac{I_{cg}}{y_{cg}\, A} + y_{cg} \qquad (2)$$

bestimmen können, wobei I_{cg} das Flächenträgheitsmoment bzgl. der Schwerpunktsache ist (s. Aufgabe 1). Die y sind die Abstände zur Schnittlinie der Fläche (oder deren Verlängerung) mit der Flüssigkeitsoberfläche. Siehe hierzu auch Abb. 2-1.

Die *Horizontalkomponente* der hydrostatischen Kraft auf eine Fläche (eben oder uneben) ist gleich der Normalkraft auf die vertikale Projektion der Fläche. Die Komponente wirkt auf den Druckmittelpunkt der Vertikalprojektion.

Die *Vertikalkomponente* der hydrostatischen Kraft auf eine Fläche (eben oder uneben) ist gleich dem Gewicht des wirklichen oder gedachten Flüssigkeitsvolumens oberhalb der Fläche. Die Kraft geht durch den Schwerpunkt des Volumens.

RING- ODER TANGENTIALSPANNUNG

Ring- oder Tangentialspannung (kp/cm²) entsteht in Wänden von Zylindern, in denen ein Innendruck herrscht. Für dünnwandige Zylinder ($t < 0{,}1\, d$) gilt:

$$\text{Spannung } \sigma\ (\text{kp/cm}^2) = \frac{\text{Druck } p'\ (\text{kp/cm}^2)\ \times\ \text{Radius } r\ (\text{cm})}{\text{Wanddicke } t\ (\text{cm})} \qquad (3)$$

LÄNGSSPANNUNG IN DÜNNWANDIGEN ZYLINDERN

Die Längsspannung in dünnwandigen Zylindern, die an den Enden verschlossen sind, ist gleich der halben Ringspannung (kp/cm^2).

Aufgaben mit Lösungen

1. Stelle (*a*) die Gleichung für die hydrostatische Kraft auf eine ebene Fläche auf und bestimme (*b*) den Angriffspunkt der Kraft.

Lösung:

(*a*) Die Strecke AB in Abb. 2-1 stellt eine ebene Fläche dar, auf die eine Flüssigkeit wirkt. Diese Fläche bildet mit der Horizontalen einen Winkel θ. Betrachte ein Flächenelement, dessen Teile alle denselben Abstand h von der Flüssigkeitsoberfläche haben. Der in Aufsicht gezeigte, schraffierte Streifen dA stellt ein solches Flächenelement dar, auf dem der Druck konstant ist. Dann ist die Kraft auf die Fläche dA gleich dem konstanten Druck p mal der Fläche dA, oder

$$dP = p\,dA = wh\,dA$$

Die Summation aller Kräfte, die auf die Fläche wirken, führt unter Berücksichtigung von $h = y \sin\theta$ zu

$$P = \int wh\,dA = \int w(y \sin\theta)\,dA$$
$$= (w \sin\theta)\int y\,dA = (w \sin\theta)y_{cg}A$$

Hierbei sind w und θ Konstante, und es ist $\int y\,dA = y_{cg}A$, wie man aus der Statik weiß. Wegen $h_{cg} = y_{cg} \sin\theta$, erhält man

$$P = w\,h_{cg}A \qquad (1)$$

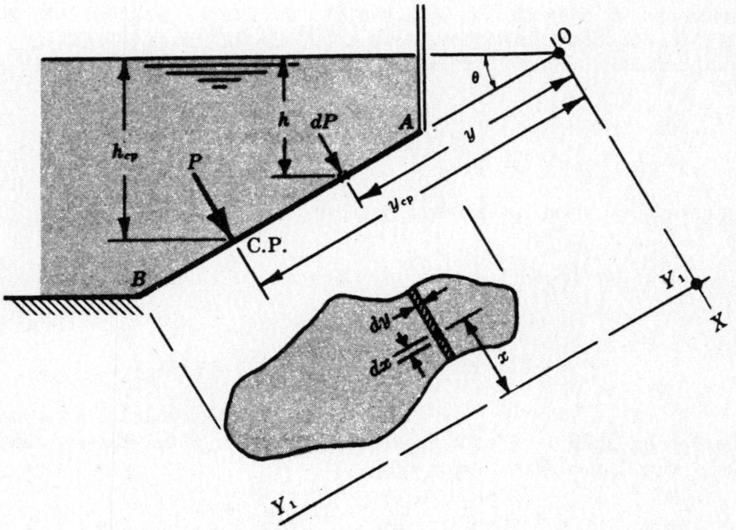

Abb. 2-1

(*b*) Um den Angriffspunkt dieser Kraft P zu bestimmen, betrachten wir, wie in der Statik üblich, Drehmomente. Den Ursprung 0 des Koordinatensystems legen wir auf die Schnittlinie der ebenen Fläche mit der Wasseroberfläche (oder deren Verlängerungen, wenn nötig). Alle Abstände y werden von dieser Schnittlinie, der X-Achse, aus gemessen. Den Abstand zum Angriffspunkt der resultierenden Kraft nennen wir y_{cp}, das ist der Abstand zum Druckmittelpunkt. Da Summe aller Drehmomente bzgl. des Ursprungs 0 = Drehmoment der resultierenden Kraft, erhalten wir

$$\int (dP \times y) = P \times y_{cp}$$

Mit $dP = wh\ dA = w(y \sin\theta)\ dA$ und $P = (w \sin\theta)\ y_{cg} A$ ergibt sich

$$(w \sin\theta) \int y^2\ dA = (w \sin\theta)(y_{cg}A)\ y_{cp}$$

Da $\int y^2\ dA$ das Flächenträgheitsmoment I_0 bzgl. der X-Achse ist, erhält man

$$\frac{I_o}{y_{cg}A} = y_{cp}$$

Häufig findet man diese Gleichung in der folgenden Form, die man durch Anwendung des Steinerschen Satzes erhält:

$$y_{cp} = \frac{I_{cg} + A\,y_{cg}^2}{y_{cg}A} = \frac{I_{cg}}{y_{cg}A} + y_{cg} \qquad (2)$$

Beachte, daß der Druckmittelpunkt immer unterhalb des Flächenschwerpunktes liegt, oder anders ausgedrückt: $(y_{cp} - y_{cg})$ ist immer positiv, da I_{cg} immer positiv ist.

2. Bestimme die seitliche Lage des Druckmittelpunktes. Benutze Abb. 2-1.

Lösung:

Zwar ist im allgemeinen die Kenntnis der seitlichen Lage des Druckmittelpunktes nicht erforderlich, gelegentlich benötigt man aber auch diese Information. Nach Abb. 2-1 wählt man dA als $(dx\ dy)$, so daß man x als Hebelarm benutzen kann. Berechnet man die Drehmomente bezüglich einer Achse $Y_1\ Y_1$, die die Fläche nicht schneidet, so ergibt sich

$$P\,x_{cp} = \int (dP\ x)$$

Benutzt man die in Aufgabe 1 abgeleiteten Werte, so erhält ma

$$(w\,h_{cg}A)\ x_{cp} = \int p(dx\ dy)\ x = \int wh\,(dx\ dy)\ x$$

oder

$$(w \sin\theta)(y_{cg}A)\ x_{cp} = (w \sin\theta) \int xy\,(dx\ dy) \qquad (3)$$

da $h = y \sin\theta$. Das Integral stellt das Zentrifugalmoment der Fläche bezüglich der gewählten X- und Y-Achsen dar und wird mit I_{xy} bezeichnet. Damit ergibt sich

$$x_{cp} = \frac{I_{xy}}{y_{cg}A} = \frac{(I_{xy})_{cg}}{y_{cg}A} + x_{cg} \qquad (4)$$

Sollte eine der Schwerpunktsachsen gleichzeitig eine Symmetrieachse der Fläche sein, so wird I_{xy} Null und der Druckmittelpunkt liegt auf der Y-Achse, die durch den Schwerpunkt geht (nicht in der Abb. eingezeichnet). Beachte, daß das Zentrifugalmoment bzgl. der Schwerpunktsachse $(I_{xy})_{cg}$ positiv oder negativ sein kann, so daß der Druckmittelpunkt auf jeder Seite der Schwerpunkt-y-Achse liegen kann.

3. Bestimme die durch Wasser hervorgerufene resultierende Kraft P auf die in Abb. 2-2 gezeigte rechteckige, 1 m x 2 m große Platte AB.

Lösung:

$$P = wh_{cg}A = (1000 \text{ kp/m}^3) \times (1{,}20 + 1{,}00) \text{ m} \times (1 \times 2) \text{ m}^2 = 4400 \text{ kp}$$

Diese resultierende Kraft wirkt auf den Druckmittelpunkt, der sich im Abstand y_{cp} von O_1 befindet,

und
$$y_{cp} = \frac{I_{cg}}{y_{cg}A} + y_{cg} = \frac{1(2^3)/12}{2{,}20(1 \times 2)} + 2{,}20 = 2{,}352 \text{ m von } O_1$$

4. Bestimme die durch das Wasser hervorgerufene resultierende Kraft auf die in Abb. 2-2 gezeigte, 1,20 m x 1,80 m große Dreiecksfläche CD. Die Spitze des Dreiecks ist bei C.

Lösung:

$$P_{CD} = 1000(1 + \tfrac{2}{3} \times 0{,}707 \times 1{,}8)(\tfrac{1}{2} \times 1{,}2 \times 1{,}8) = 1200 \text{ kp}$$

Diese Kraft wirkt in einem Abstand y_{cp} von O_2, wobei y_{cp} entlang der ebenen Fläche CD gemessen wird.

$$y_{cp} = \frac{1{,}2(1{,}8^3)/36}{(1{,}85/0{,}707)(\tfrac{1}{2} \times 1{,}2 \times 1{,}8)} + \frac{1{,}85}{0{,}707} = 0{,}07 + 2{,}61 = 2{,}68 \text{ m von } O_2$$

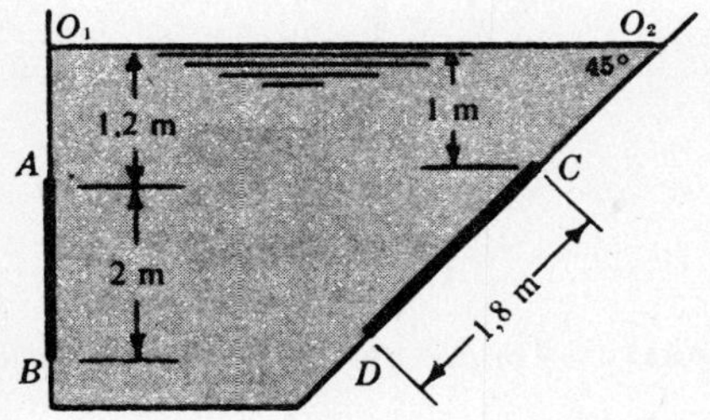

Abb. 2-2

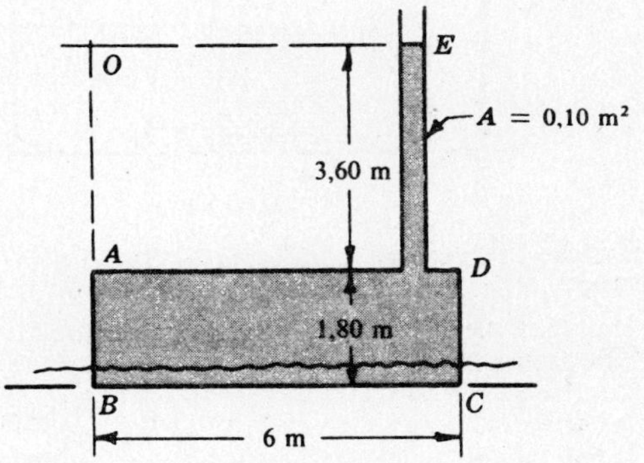

Abb. 2-3

5. In Abb. 2-3 steigt Wasser in dem an dem Behälter $ABCD$ angebrachten Rohr bis zum Punkt E. Bestimme unter Vernachlässigung der Gewichte von Behälter und Steigrohr (a) Betrag und Angriffspunkt der resultierenden Kraft, die auf die 2,40 m breite Fläche AB wirkt und (b) die Gesamtkraft auf die Behälterboden. Vergleiche (c) das Gesamtgewicht des Wassers mit dem Resultat von (b) und erkläre den Unterschied.

Lösung:

(a) Der Schwerpunkt der Fläche AB liegt 4,50 m unter der freien Wasseroberfläche bei E. Dann ist $P = whA = 1000\,(3{,}60 + 0{,}90)\,(1{,}80 \times 2{,}40) = 19440$ kp wirkt in einem Abstand

$$y_{cp} = \frac{2{,}4(1{,}8^3)/12}{4{,}5(1{,}8 \times 2{,}4)} + 4{,}5 = 4{,}56 \text{ m von } O.$$

(b) Der Druck ist an allen Stellen des Bodens BC gleich. Deshalb ergibt sich die Kraft

$$P = pA = (wh)A = 1000(5{,}40)(6 \times 2{,}40) = 77\,760 \text{ kp}$$

(c) Das Gesamtgewicht des Wassers beträgt $W = 1000(6 \times 1{,}8 \times 2{,}4 + 3{,}6 \times 0{,}10) = 26\,280$ kp

Betrachtet man den unteren Teil des Behälters als freien Körper (nach oben abgegrenzt durch eine horizontale Ebene direkt über dem Boden *BC*), dann wird dieser Körper eine abwärts gerichtete Kraft auf die Fläche *BC* von 77760 kp anzeigen. Darüberhinaus spürt er eine vertikale Spannung in den Tankwänden und die Reaktionskraft der Stützebene. Diese Kraft muß gleich dem Gesamtgewicht des Wassers von 26280 kp sein. Die Spannung in den Behälterwänden wird durch die aufwärts gerichtete Kraft auf die Behälteroberseite *AD* hervorgerufen. Diese ist

$$P_{AD} = (wh)A = 1000(3{,}6)(14{,}4 - 0{,}1) = 51\,480 \text{ kp nach oben}$$

Dadurch klärt sich ein scheinbares Paradoxon auf. Denn betrachtet man den freien Körper, so verschwindet die Summe der vertikalen Kräfte. Es ist

$$77\,760 - 26\,280 - 51\,480 = 0$$

Daher ist die Gleichgewichtsbedingung erfüllt.

6. Tor *AB* in Abb. 2-4 (*a*) ist 1,20 m breit und bei *A* drehbar befestigt. Das Manometer *G* zeigt -0,15 kp/cm² an, im rechten Behälter befindet sich Öl des rel. spez. Gew. 0,750. Welche horizontale Kraft muß man bei *B* aufwenden, um das Tor im Gleichgewicht zu halten?

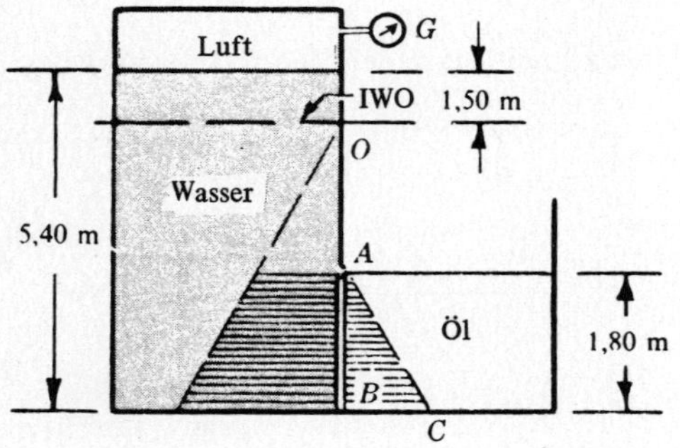

Abb. 2-4 (*a*)

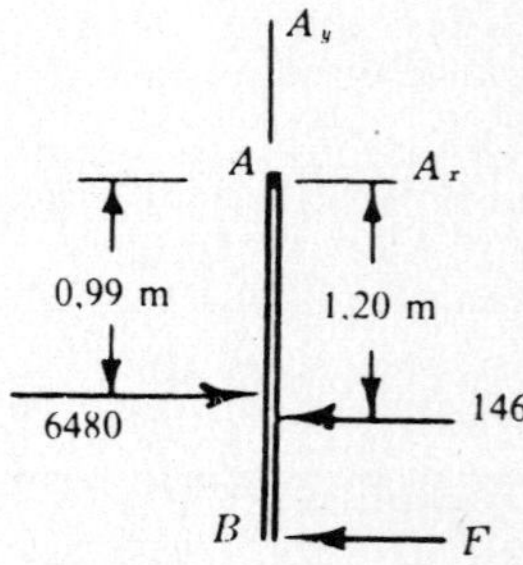

Abb. 2-4 (*b*)

Lösung:

Man muß die durch die Flüssigkeiten hervorgerufenen Kräfte auf das Tor und deren Angriffspunkte bestimmen. Für die rechte Seite gilt:

$$P_{Öl} = wh_{cg}A = (0{,}750 \times 10\,000)\,(0{,}9)\,(1{,}8 \times 1{,}2) = 1460 \text{ kp nach links}$$

in einem Abstand $$y_{cp} = \frac{1{,}2(1{,}8^3)/12}{0{,}9(1{,}2 \times 1{,}8)} + 0{,}9 = 1{,}20 \text{ m von } A.$$

Man sollte beachten, daß sich der Druck auf der rechten Seite des Rechtsecks *AB* linear von Null bis zu einem Wert, der 1,80 m Öl entspricht, verändert ($p = wh$ ist eine lineare Gleichung!). Das Belastungsdiagramm *ABC* veranschaulicht diesen Sachverhalt. Nur für eine rechteckige Fläche stimmt der Schwerpunkt dieses Belastungsdiagramms mit dem Druckmittelpunkt überein. Der Schwerpunkt liegt (wie oben) (2/3) (1,8)= 1,2 m von *A* entfernt.

Für die linke Seite muß man den negativen Luftdruck in die entsprechenden m – Wassersäule – Einheiten umrechnen.

$$h = -\frac{p}{w} = -\frac{0{,}15 \times 10^4 \text{ kp/m}^2}{1000 \text{ kp/m}^3} = -1{,}50 \text{ m}$$

Diese negative Druckhöhe entspricht einem um 1,50 m niedrigeren Wasserstand in der Zeichnung. Es ist nützlich, eine „imaginäre Wasseroberfläche" (IWO) 1,50 m unterhalb der wirklichen Oberfläche einzuführen und das Problem durch direkte Anwendung der Grundgleichung zu lösen. Daher $P_{Wasser} = 1000\,(2{,}1 + 0{,}9)\,(1{,}8 \times 1{,}2) =$ 6480 kp, nach rechts. Diese Kraft greift im Druckmittelpunkt an. Für die unter Wasser befindliche rechteckige

Fläche ergibt sich $$y_{cp} = \frac{(1{,}2)\,(1{,}8)^3/12}{3\,(1{,}8 \times 1{,}2)} + 3 = 3{,}09 \text{ m von } O,$$ oder: Der Druckmittelpunkt liegt

(3,09 – 210) = 0,99 m von *A*.

Der Kräfteplan in Abb. 2-4 (*b*) zeigt die auf das Tor *AB* wirkenden Kräfte. Die Summe der Drehmomente bzgl. *A* muß verschwinden. Betrachtet man die im Uhrzeigersinn wirkenden Kräfte als positiv, so ergibt sich $+ 1460 \times 1{,}2 + 1{,}8\,F - 6480 \times 0{,}99 = 0$ und $F = 2590$ kp nach links.

7. Der Behälter in Abb. 2-5 enthält Öl und Wasser. Berechne die resultierende Kraft auf die 1,20 m breite Seite *ABC*.

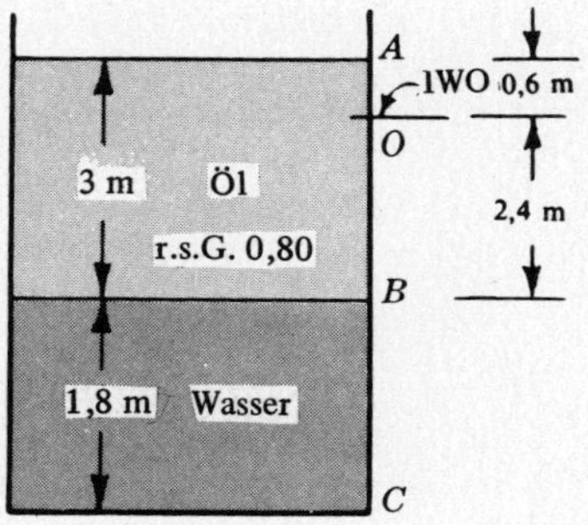

Abb. 2-5

Lösung:

Die Gesamtkraft auf *ABC* ist gleich $(P_{AB} + P_{BC})$. Berechne die einzelnen Kräfte und ihre Angriffspunkte und bestimme mit Hiⁱfe der Drehmomentaddition die Lage der Gesamtkraft auf *ABC*.

(*a*) Kraft $P_{AB} = (0{,}800 \times 1000)\ (1{,}5)\ (3 \times 1{,}2) = 4320$ kp wirkt an einem Punkt (2/3) (3) m oder 2 m von *A*. Denselben Abstand erhält man durch Anwendung der Formel wie folgt:

$$y_{cp} = \frac{1{,}2(3^3)/12}{1{,}5(1{,}2 \times 3)} + 1{,}5 = 0{,}5 + 1{,}5 = 2{,}00 \text{ m von } A$$

(*b*) Wasser wirkt auf die Fläche *BC*. Für jede darüberlagernde Flüssigkeit kann eine äquivalente Wasserhöhe berechnet werden. Führt man für diese zweite Rechnung eine imaginäre Wasseroberfläche ein, so erhält man deren Lage durch Ersetzen von 3 m Öl durch 0,800 x 3 = 2,40 m Wasser. Damit ergibt sich

$P_{BC} = 1000\ (2{,}4 + 0{,}9)\ (1{,}8 \times 1{,}2) = 7128$ kp, die auf den Druckmittelpunkt wirkt, und

$$y_{cp} = \frac{1{,}2\ (1{,}8^3)/12}{3{,}3\ (1{,}2 \times 1{,}8)} + 3{,}3 = 3{,}38 \text{ m von } O \text{ oder } 0{,}6 + 3{,}38 = 3{,}98 \text{ m von } A.$$

Die resultierende Gesamtkraft beträgt 4320 + 7128 = 11480 kp, die auf das Druckzentrum der gesamten Fläche wirkt. Das Drehmoment dieser Gesamtkraft = Summe der Einzeldrehmomente. Beziehen wir alles auf *A* als Achse, so ergibt sich

$$11\,448\ Y_{cp} = 4320 \times 2 + 7128 \times 3{,}98 \quad \text{und} \quad Y_{cp} = 3{,}23 \text{ m von } A$$

Es mag andere Methoden zur Lösung solcher Probleme geben, das hier beschriebene Verfahren scheint jedoch besonders gut geeignet zu sein, Fehler bei der Problembearbeitung zu vermeiden.

8. In Abb. 2-6 ist Tor *ABC* bei *B* drehbar befestigt. Es ist 1,2 m lang. Bestimme unter Vernachlässigung des Gewichtes des Tores das unkompensierte Drehmoment, das infolge des Wasserdrucks auf das Tor wirkt.

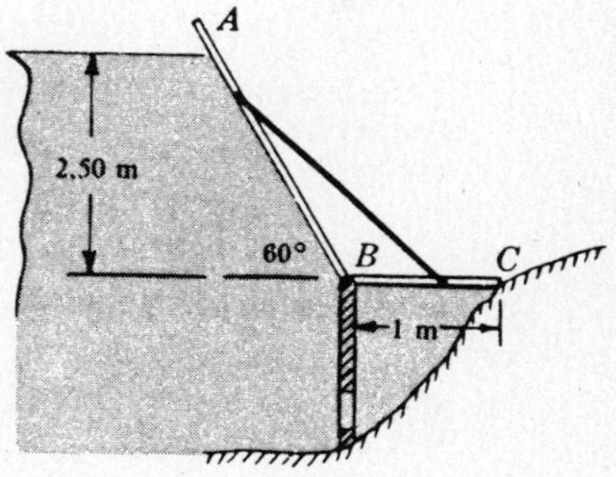

Abb. 2-6

Lösung:

$P_{AB} = 1000\ (1{,}25)\ (2{,}88 \times 1{,}2) = 4325$ kp wirkt $\frac{2}{3} = (2{,}88) = 1{,}92$ m von *A*.

$P_{BC} = 1000\ (2{,}5)\ (1 \times 1{,}2) = 3000$ kp wirkt auf den Schwerpunkt von *BC*, da der Druck an allen Punkten von *BC* gleich ist. Betrachtet man die Drehmomente bzgl. *B*. (im Uhrzeigersinn positiv), so ergibt sich unkompensiertes Drehmoment $= + 4325 \times 0{,}96 - 3000 \times 0{,}50$

$= + 2650$ m kp im Uhrzeigersinn.

9. Bestimme die resultierende Kraft des Wassers auf die senkrechte Fläche in Abb. 2-7 (*a*) und berechne die Lage des Druckmittelpunktes in *x*- und *y*-Richtung.

Lösung:

Teile die Fläche in ein Rechteck und ein Dreieck. Die Gesamtkraft ist gleich der Kraft P_1 auf das Rechteck plus der Kraft P_2 auf das Dreieck.

(*a*) $P_1 = 1000\ (1{,}2)\ (2{,}4 \times 1{,}2) = 3456$ kp wirkt $\frac{2}{3}(2{,}4) = 1{,}60$ m unter der Oberfläche *XX*.

$P_2 = 1000\ (3)\ \frac{1}{2} \times 1{,}8 \times 1{,}2) = 3240$ kp wirkt $y_{cp} = \dfrac{1{,}2\ (1{,}8^3)/36}{3(\frac{1}{2} \times 1{,}2 \times 1{,}8)} + 3 = 3{,}06$ m unter der Oberfläche *XX*.

Als Gesamtkraft ergibt sich $P = 3456 + 3240 = 6696$ kp. Berechnet man die Drehmomente bzgl. der Achse XX, so erhält man $6696\ Y_{cp} = 3456\ (1{,}6) + 3240\ (3{,}06)$ und $Y_{cp} = 2{,}31$ m unter der Oberfläche XX.

(*b*) Führe, um die Lage des Druckmittelpunktes (C. P.) in X-Richtung zu bestimmen (was nur selten verlangt ist), Drehmomentaddition durch, nachdem die Lagen x_1 und x_2 für Rechteck und Dreieck gesondert berechnet wurden. Für das Rechteck liegt das Druckzentrum für jeden Horizontalstreifen der Fläche dA 0,6 m von der YY-Achse entfernt. Deshalb befindet sich das Druckzentrum 0,6 m von dieser entfernt. Für das Dreieck hat jeder Streifen dA den Druckmittelpunkt im Flächenmittelpunkt. Deshalb liegen alle diese Druckzentren auf der Seitenhalbierenden. Nun kann man den Druckmittelpunkt für das gesamte Dreieck berechnen. Aus Abb. 2-7 (*b*) kann man durch Betrachtung ähnlicher Dreiecke entnehmen: $x_2/0{,}6 = 1{,}14/1{,}8$, woraus $x_2 = 0{,}38$ m von YY folgt. Betrachtung der Drehmomente liefert

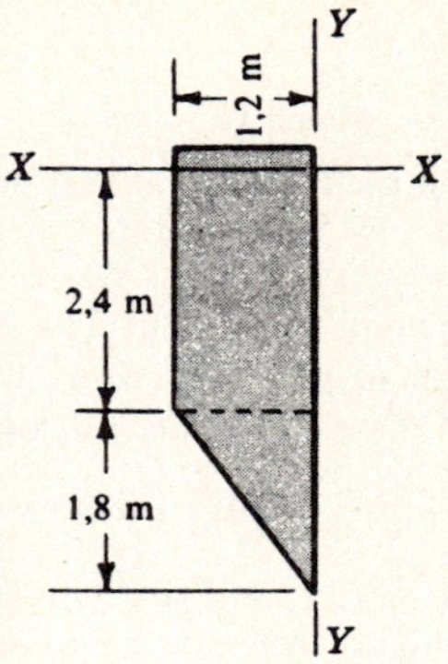

Abb. 2-7 (*a*)

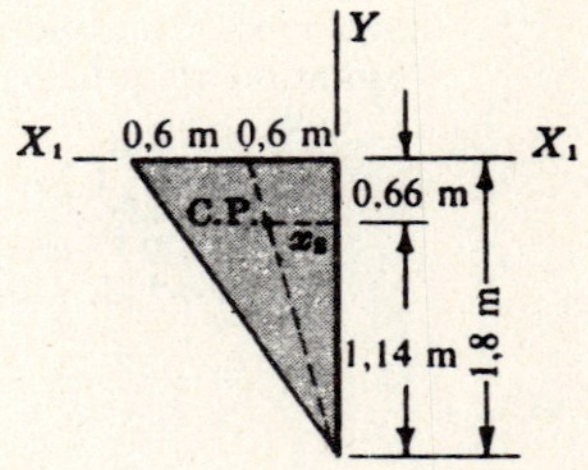

Abb. 2-7 (*b*)

$$6696\ X_{cp} = 3456(0{,}6) + 3240(0{,}38) \quad \text{und} \quad X_{cp} = 0{,}494 \text{ m von der } YY\text{-Achse}$$

Eine andere Methode zur Bestimmung des Druckmittelpunktes: Anstatt die Flächen in zwei Teile zu unterteilen, berechnet man die Lage des Schwerpunktes für die gesamte Fläche. Mit Hilfe des Steinerschen Satzes bestimmt man Trägheitsmoment und Zentralfugalmoment der gesamten Fläche bzgl. der Schwerpunktsachsen. y_{cp} und x_{cp} werden dann nach Formeln (*2*) und (*4*) in Aufgaben 1 und 2 berechnet. Im allgemeinen bietet diese Methode keine besonderen Vorteile, sondern ist mit größerem Rechenaufwand verbunden.

10. Das Tor AB in Abb. 2-8 hat einen Druchmesser von 1,80 m und ist um eine Achse C drehbar, die sich 10 cm unterhalb des Schwerpunktes C. G. befindet. Bis zu welcher Höhe h kann Wasser steigen, ohne ein nichtkompensiertes Drehmoment bzgl. C im Uhrzeigersinn hervorzurufen?

Lösung:

Stimmen Druckmittelpunk und Achse C überein, so wirkt kein nichtkompensiertes Drehmoment auf das Tor. Errechnet man den Abstand des Druckzentrums, so ergibt sich

$$y_{cp} = \frac{I_{cg}}{y_{cg}A} + y_{cg} = \frac{\pi d^4/64}{y_{cg}(\pi d^2/4)} + y_{cg}$$

Also $$y_{cp} - y_{cg} = \frac{\pi\ 1{,}8^4/64}{(h + 0{,}9)(\pi\ 1{,}8^2/4)} = 0{,}10 \text{ m} \quad \text{(angegeben)}$$

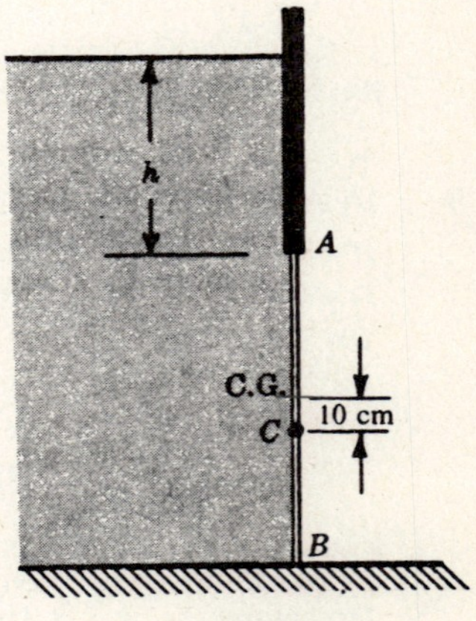

Abb. 2-8

Hieraus erhält man $h = 1{,}125$ m über A.

11. Betrachte Abb. 2-9. Welche Breite b muß der Fuß eines 30 m hohen Dammes mindestens haben, wenn auf ihn zusätzlich zum Wasserdruck an seinem oberen Ende infolge einer Eisschicht eine Kraft P_I von 18600 kp pro Meter Länge wirkt. Nimm an, daß die aufwärts gerichtete Druckkraft P_V auf die Unterseite des Dammes gleichförmig von der vollen hydrostatischen Druckkraft an der Wasserseite zu Null auf der anderen Seite abnimmt. Das Mauerwerk habe ein spez. Gewicht von 2,50 w, wenn w das spez. Gewicht von Wasser ist. Wir wollen für die Berechnung annehmen, daß die Resultierende der rücktreibenden Kräfte die Grundfläche des Dammes in der wasserabgewandten Ecke des mittleren Drittels der Grundseite schneidet (in O).

Lösung:

In der Abb. sind H und V die Komponenten der rücktreibenden Kraft des Fundaments auf den Damm, die durch O geht. Wir drücken die Kräfte auf 1 m Länge des Dammes mit Hilfe von w und b aus:

$P_H = w(15)(30 \times 1) = 450w$ kp

P_V = Fläche des Belastungsdiagramms
$= \frac{1}{2}(30w)(b \times 1) = 15wb$ kp

$W_1 = 2{,}50w(6 \times 30 \times 1) = 450w$ kp

$W_2 = 2{,}50w[\frac{1}{2} \times 30(b - 6)] \times 1$
$= 37{,}5w(b - 6)$ kp $= (37{,}5wb - 225w)$ kp

P_I = 18600 kp (angegebene Kraft durch das Eis)

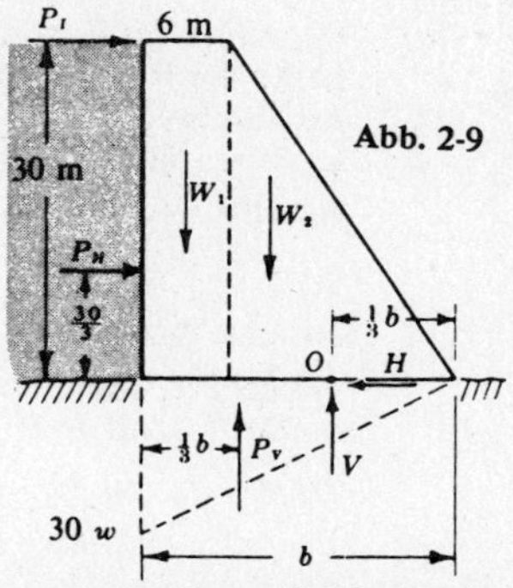

Abb. 2-9

Um den Wert von b für den Gleichgewichtsfall zu finden, betrachten wir die Drehmomente dieser Kräfte bzgl. der Achse O. Für den Gleichgewichtsfall (im Uhrzeigersinn positiv):

$$450w(\frac{30}{3}) + 15wb(\frac{b}{3}) - 450w(\frac{2}{3}b - 3) - (37{,}5wb - 225w)[\frac{2}{3}(b - 6) - \frac{b}{3}] + 18\,600(30) = 0$$

Dies führt zu $b^2 + 10\,b - 734{,}4 = 0$ und $b = 22{,}5$ m breit.

12. In Abb. 2-10 übt Wasser auf die gekrümmte Fläche AB eine Kraft aus. Bestimme deren Komponenten und deren Angriffspunkte, wenn die Fläche 1 m lang ist.

Lösung:

P_H = Kraft auf die vertikale Projektion $CB = w\, h_{cg} A_{CB}$
= 1000 (1) (2 x 1) = 2000 kp wirkt (2/3) (2) = 1,33 m von C.

P_V = Gewicht des Wassers oberhalb der Fläche $AB = 1000\,(\pi\, 2^2/4 \times 1) = 3140$ kp geht durch den Schwerpunkt des Flüssigkeitsvolumens. Der Schwerpunkt eines Kreisquadranten liegt im Abstand $4/3 \times r/\pi$ von beiden senkrecht aufeinanderstehenden Radien. Daher

$$x_{cp} = 4/3 \times 2/\pi = 0{,}85 \text{ m links der Linie } BC.$$

Beachte: Alle Kräfte dP wirken senkrecht auf die Fläche AB, ihre Verlängerungen würden also durch die Achse C gehen. Die Gesamtkraft muß deshalb auch durch C gehen. Um das zu bestätigen, betrachten wir die zu den einzelnen Komponenten gehörenden Drehimpulse bzgl. C:

$$\Sigma M_C = -2000 \times 1{,}33 + 3140 \times 0{,}85 = 0 \quad \text{(Bedingung erfüllt)}$$

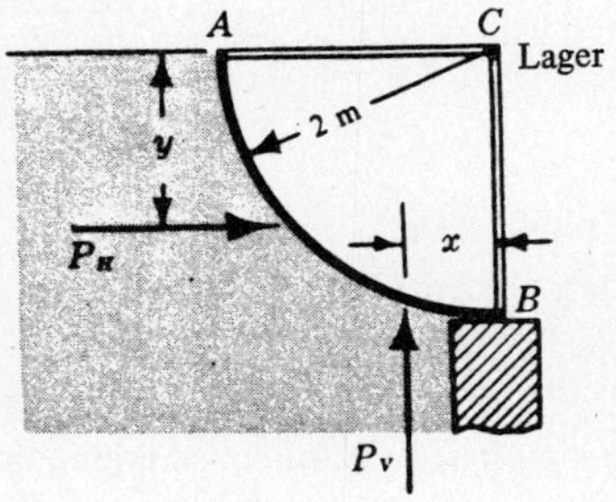

Abb. 2-10

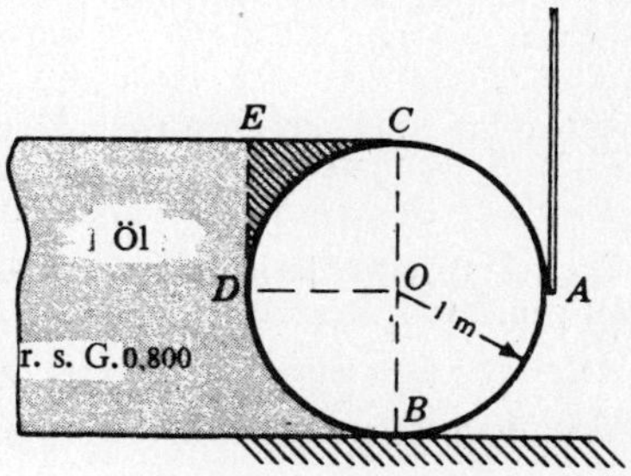

Abb. 2-11

13. Der Zylinder in Abb. 2-11 hat einen Durchmesser von 2 m, eine Länge von 1,60 m und ein Gewicht von 2500 kp. Bestimme die Gegenkräfte auf A und B, wenn man Reibung vernachlässigt.

Lösung:

(*a*) Die Gegenkraft bei A wird durch die Horizontalkomponente der Flüssigkeitskraft auf den Zylinder bestimmt. Diese ist

$$P_H = (0{,}800 \times 1000)(1)(2 \times 1{,}5) = 2400 \text{ kp}$$

nach rechts. Daher muß bei A eine rücktreibende Kraft nach links von 2400 kp herrschen.

(*b*) Die Kraft auf B ist die algebraische Summe des Gewichts des Zylinders und der effektiven Vertikalkomponente der Flüssigkeitskraft. Die gekrümmte Oberfläche *CDB*, auf die die Flüssigkeit wirkt, besteht aus einem nach unten konkaven Teil *CD* und einem nach oben konkaven Teil *DB*. Die vertikale Komponente ist die algebraische Summe aus abwärts gerichteter Kraft und aufwärts gerichteter Kraft.

aufwärts P_V = Gewicht der Flüssigkeit (wirklich oder gedacht) oberhalb der Kurve *DB*

= 0,800 x 1000 x 1,5 (Fläche des Sektors *DOB* + Fläche des Quadrats *DOCE*)

abwärts P_V = 0,800 x 1000 x 1,5 (schraffierte Fläche *DEC*)

Beachte, daß das Quadrat *DOCE* (aufwärts) minus der Fläche *DEC* (abwärts) gleich dem Kreisquadranten *DOC* ist. Die effektive Vertikalkomponente ist

effektiv P_V = 0,800 x 1000 x 1,5 (Sektoren *DOB* + *DOC*) nach oben

= 0,800 x 1000 x 1,5 $(\frac{1}{2}\pi\, 1^2)$ = 1894 kp nach oben

Endlich $\Sigma Y = 0$, $2500 - 1894 - B = 0$ und $B = 606$ kp nach oben

In diesem speziellen Beispiel ist die nach oben gerichtete Komponente (Auftrieb) gleich dem Gewicht der links von der Ebene *COB* verdrängten Flüssigkeit.

14. Bestimme die Horizontal- und Vertikalkräfte, die durch das Wasser auf den Zylinder in Abb. 2-12 mit 1,8 m Durchmesser pro Meter seiner Länge ausgeübt werden.

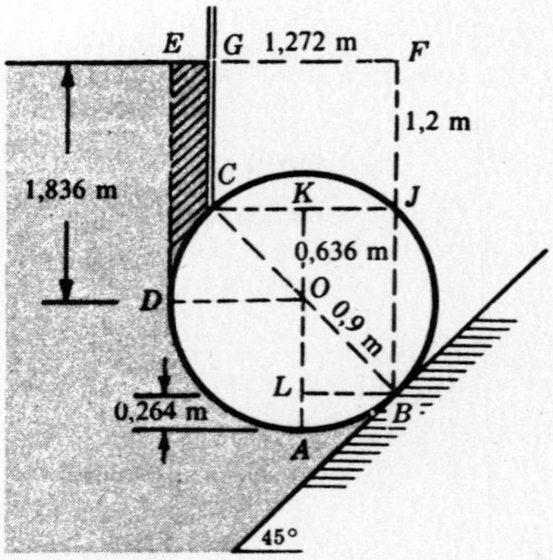

Abb. 2-12

Lösung:

(*a*) P_H effektiv = Kraft auf *CDA* – Kraft auf *AB*. Unter Benutzung der Vertikalprojektionen von *CDA* und *AB* ergibt sich

$$P_H\,(CDA) = 1000(1{,}2 + 0{,}768)(1{,}536 \times 1) = 3023 \text{ kp nach rechts}$$

$$P_H\,(AB) = 1000(1{,}2 + 1{,}404)(0{,}264 \times 1) = 687 \text{ kp nach links}$$

P_H effektiv = 3023 – 687 = 2336 kp nach rechts

(*b*) P_V effektiv = Kraft auf *DAB* nach oben – Kraft auf *DC* nach unten
= Gewicht von (Volumen *DABFED* – Volumen *DCGED*)

Die schraffierte Fläche (Volumen) ist in jedem der beiden obigen Volumina enthalten, eine zugehörige Kraft geht nach oben, die andere nach unten. Daher heben sie sich gegenseitig auf und

P_V effektiv = Gewicht des Volumens *DABFGCD*

Teilt man dieses Volumen in bequem zu berechnende geometrische Formen, so ergibt sich

P_V effektiv = Gewicht von (Rechteck *GFJC* + Dreieck *CJB* + Halbkreis *CDAB*)

$$= 1000(1{,}2 \times 1{,}272 + \tfrac{1}{2} \times 1{,}272 \times 1{,}272 + \tfrac{1}{2}\pi 0{,}9^2)(1)$$

$$= 1000(1{,}5264 + 0{,}809 + 1{,}2717) = 3600 \text{ kp nach oben}$$

Will man den Angriffspunkt dieser resultierenden Vertikalkomponente bestimmen, so muß man Drehmomentaddition durchführen. Jeder Teil der resultierenden 3600 kp wirkt durch den Schwerpunkt des Volumens, den es repräsentiert. Die Schwerpunkte werden nach den Gesetzen der Statik berechnet und die Drehimpulsgleichung aufgestellt (siehe Aufgaben 7 und 9 oben).

15. In dem Behälter in Abb. 2-13 verschließt ein Zylinder (Durchmesser 2,40 m) ein rechteckiges Loch von 0,90 m Länge. Mit welcher Kraft drückt 2,70 m tiefes Wasser den Zylinder gegen den Boden des Behälters?

Lösung:

Gesamtkraft P_V = Kraft auf *CDE* nach unten − Kraft auf *CA* und *BE* nach oben

$= 1000 \times 0{,}9[(2{,}1 \times 2{,}4 - \frac{1}{2}\pi 1{,}2^2) - 2(2{,}1 \times 0{,}162 + \frac{1}{12}\pi 1{,}2^2 - \frac{1}{2} \times 0{,}6 \times 1{,}038)]$

$= 2500 - 810 = 1690$ kp nach unten { ungenaue Rechnung!

17,413 kN

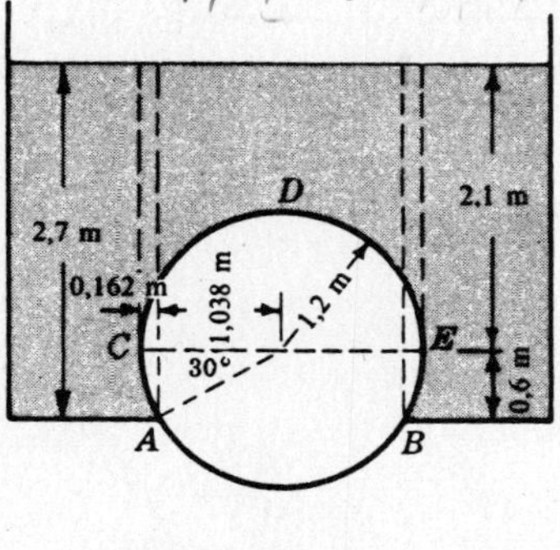

Abb. 2-13

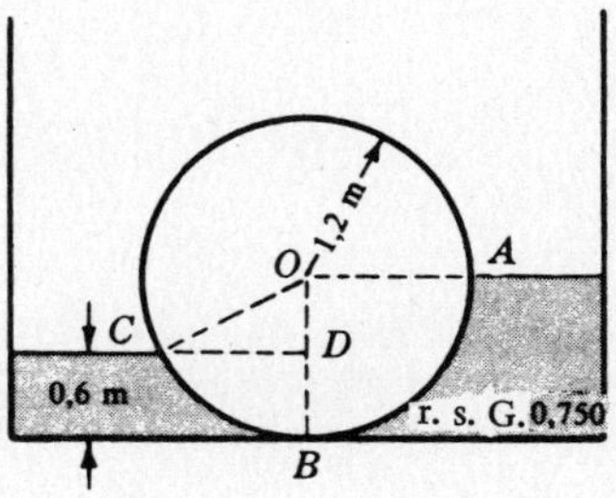

Abb. 2-14

16. Der Zylinder in Abb. 2-14 hat 2,40 m Durchmesser und ein Gewicht von 250 kp. Er ruht auf dem Boden eines Behälters, der 1 m lang ist. In die rechten und linken Teile des Behälters werden Wasser und Öl gegossen bis zu einer Höhe von 0,60 m bzw. 1,20 m. Bestimme die Beträge der horizontalen und vertikalen Kraftkomponenten, die dafür sorgen müssen, daß der Zylinder den Behälter in Punkt *B* berührt.

Lösung:

P_H effektiv = Komponente auf *AB* nach links − Komponente auf *CB* nach rechts

$= 0{,}750 \times 1000 \times 0{,}6\,(1{,}2 \times 1) - 1000 \times 0{,}3\,(0{,}6 \times 1) = 360$ kp nach links

P_V effektiv = Komponente auf *AB* nach oben + Komponente auf *CB* nach oben

= Gewicht des Quadranten voll Öl + Gewicht von (Sektor − Dreieck) voll Wasser

$= 0{,}750 \times 1000 \times 1 \times \frac{1}{4}\pi\, 1{,}2^2 + 1000 \times 1\left(\frac{1}{6}\pi\, 1{,}2^2 - \frac{1}{2} \times 0{,}6\sqrt{1{,}08}\right) = 1290$ kp nach oben

Die Kraftkomponenten, die benötigt werden, den Zylinder an seinem Platze zu halten, sind 360 kp nach rechts und 1040 kp nach unten.

17. Der halb-konische Pfeiler *ABE* in Abb. 2-15 muß einen halbzylindrischen Turm *ABCD* halten. Berechne die Horizontal- und Vertikalkomponente der Kraft, mit der Wasser auf den Pfeiler *ABE* wirkt.

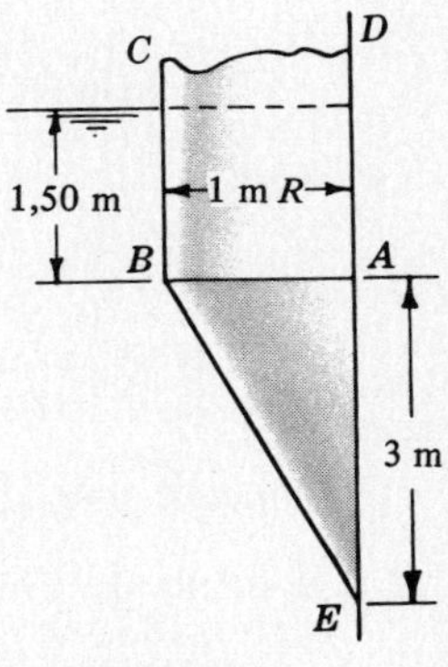

Abb. 2-15

Lösung:

P_H = Kraft auf die Vertikalprojektion des Halbkegels

$= 1000\,(1{,}5 + 1)\,(\frac{1}{2} \times 3 \times 2)$

$= 7500$ kp nach rechts

P_V = Gewicht des Wasservolumens oberhalb der gebogenen Oberfläche (gedacht)

= 1000 (Volumen des Halbkegels + Volumen des Halbzylinders)

$= 1000\,(\frac{1}{2} \times 3\,\pi\, 1^2/3 + \frac{1}{2}\pi\, 1^2 \times 1{,}5)$

$= 3925$ kp nach oben

18. Ein Stahlrohr mit einem Durchmesser von 120 cm und einer Wandstärke von 6 mm transportiert Öl des rel. spez. Gew. 0,822 mit einem Druck von 120 m Ölsäule. Berechne (*a*) die Spannung im Stahl und (*b*) die Stahldicke, die nötig ist, Öl unter einem Druck von 18 kp/cm² bei einer erlaubten Höchstspannung von 13 kp/mm² zu befördern.

Lösung:

(*a*)
$$\sigma\ (\text{Spannung in kp/cm}^2) = \frac{P'\ (\text{Druck in kp/cm}^2) \times r\ (\text{Radius in cm})}{t\ (\text{Wandstärke in cm})}$$

$$= \frac{(0{,}822 \times 1000 \times 120)/10^4 \times 60}{0{,}6} = 986\ \text{kp/cm}^2$$

(*b*) $\sigma = p'\, r/t, \quad 1300 = 18 \times 60/t, \quad t = 0{,}83$ cm.

19. Ein hölzernes Lagerfaß hat einen Außendurchmesser von 6 m und ist mit Salzwasser des rel. spez. Gew. 1,06 und einer Druckhöhe von 7,20 m gefüllt. Die Holzdauben werden von 5 cm breiten und 6 mm dicken Stahlbändern gehalten, deren erlaubte Höchstspannung 11 kp/mm² beträgt. In welchem Abstand befinden sich die Stahlbänder nahe dem Faßboden, wenn man jede Anfangsspannung vernachlässigt? Beachte Abb. 2-16.

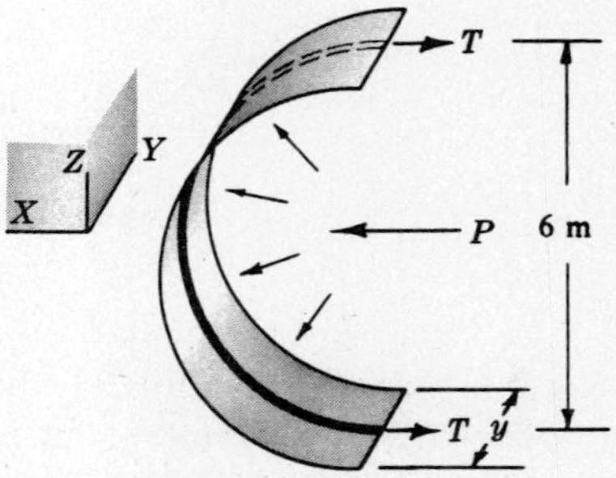

Abb. 2-16

Lösung:

Die Kraft P stelle die Summe aller Horizontalkomponenten der kleinen Kräfte dP dar, die über eine Faßlänge y wirken. Die Kräfte T stellen die Gesamtspannung in einem Band dar, das die zu dieser Strecke y gehörende Belastung zu tragen hat. Da die Summe aller Kräfte in X-Richtung Null sein muß, gilt:

$$2T\ (\text{kp}) - P\ (\text{kp}) = 0$$

$$2\ (\text{Stahlfläche} \times \text{Spannung im Stahl}) = p' \times \text{Projektion des Halbzylinders auf } ZY.$$

Also $\quad 2\,(5 \times 0{,}6)\,1\,100 = (1{,}06 \times 1000 \times 7{,}2/10^4)\,(600 \times y)$

und $\quad y = 14{,}40$ cm Bandabstand

Ergänzungsaufgaben

20. Das Tor AB in Abb. 2-17 hat eine Länge von 2,50 m. Bestimme die Kompression in der Stütze CD, die durch dem Wasserdruck hervorgerufen wird (B, C und D sind Bolzen).
Lösung: 7160 kp.

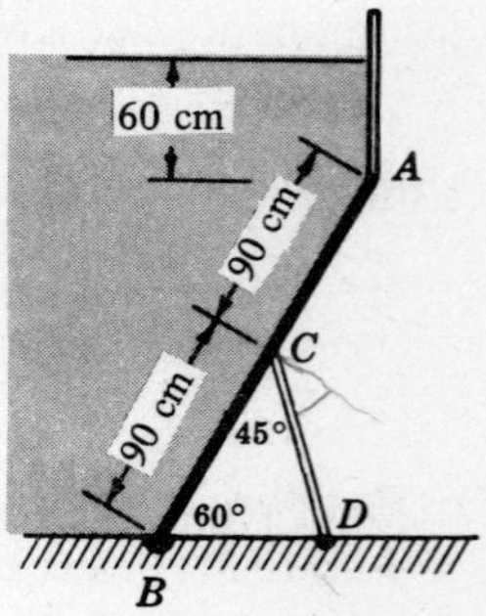

Fig. 2-17

21. Ein 3,60 m hohes und 1,5 m breites Tor AB ist senkrecht aufgehängt. Es ist um eine Achse drehbar, die sich 15 cm unterhalb des Schwerpunktes befindet. Die Gesamttiefe des Wassers beträgt 6 m. Welche horizontale Kraft F muß an der Unterseite des Tores angreifen, um es im Gleichgewicht zu halten?
Antwort: 1490 kp.

22. Bestimme die Größe z so, daß die Gesamtspannung in dem Stab BD in Abb. 2-18 nicht größer als 8000 kp wird. Der Stab ist an den Punkten B und D fest, und die Fläche AC hat eine Breite von 1,2 m.
Lösung: 1,84 m.

23. Öl des rel. spez. Gew. 0,800 wirkt auf eine senkrechte Dreiecksfläche, deren Spitze die Öloberfläche berührt. Das Dreieck ist 2.70 m hoch und 3,60 m breit. An der 3,60 m breiten Grundseite des Dreiecks ist eine senkrechte, rechteckige Fläche von 2,40 m Höhe befestigt. Auf diese Fläche wirkt Wasser. Bestimme Größe und Richtung der resultierenden Kraft auf die Gesamtfläche.
Lösung: 36029 kp, 3,57 m tief.

24. Das Tor *AB* in Abb. 2-19 ist bei *B* drehbar gelagert. Es ist 1,20 m breit. Wie groß muß eine vertikale Kraft, die am Schwerpunkt des Tores angreift, sein, um dieses im Gleichgewicht zu halten? Das Gewicht des Tores beträgt 2000 kp.
Antwort: 5200 kp.

25. Ein Behälter ist 6 m lang und hat den in Abb. 2-20 gezeigten Querschnitt. Er ist mit Wasser bis zum Stand *AE* gefüllt. Bestimme Größe und Richtung der Gesamtkraft (*a*) auf die Seite *BC* und (*b*) auf ein Ende *ABCDE*.
Lösung: 86400 kp, 42336 kp in 3,33 m Tiefe.

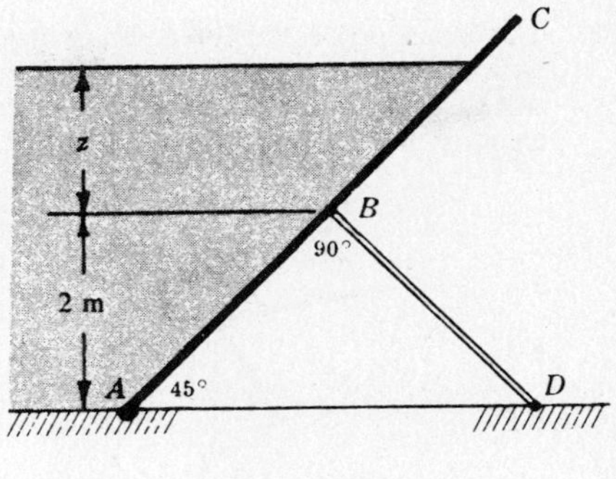

Abb. 2-18

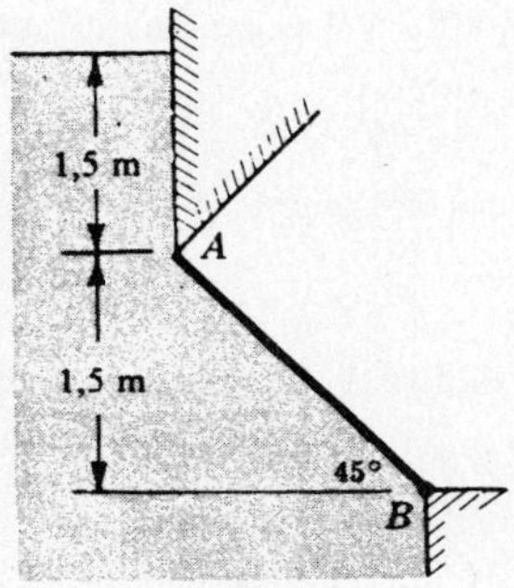

Abb. 2-19

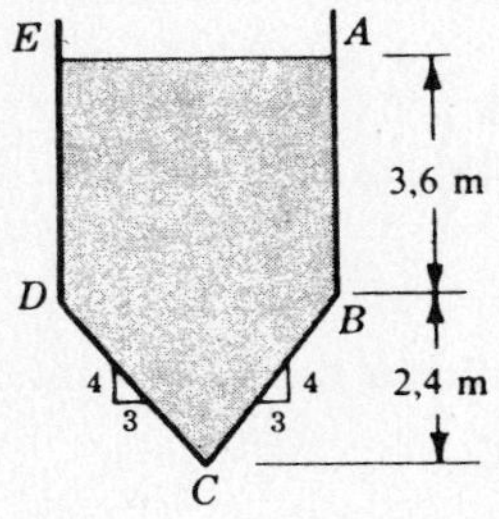

Abb. 2-20

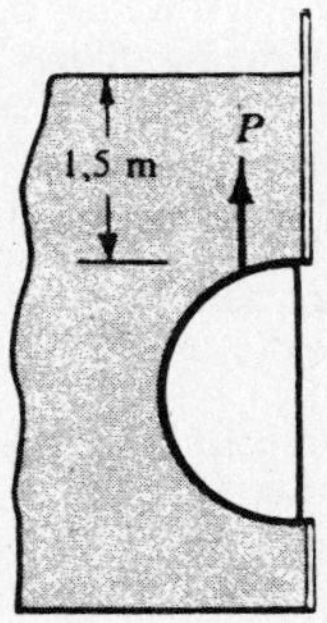

Abb. 2-21

26. Das halbzylindrische Tor in Abb. 2-21 hat einen Durchmesser von 1,20 m und ist 1 m lang. Bestimme die Kraft *P*, die nötig ist, das 500 kp Tor zu heben, wenn der Reibungskoeffizient für die Reibung zwischen Tor und den Führungen 0,100 beträgt.
Lösung: 187 kp.

27. Ein Behälter mit vertikalen Seiten enthält 1 m Quecksilber und 5,5 m Wasser. Bestimme die Kraft auf den quadratischen Teil einer Seitenwand, der eine Seitenlänge von 50 cm hat, und der halb in das Quecksilber eingetaucht ist. Die Seiten des Quadrats sind horizontal und vertikal.
Lösung: 1572 kp in einer Tiefe von 5,52 m.

28. Ein gleichschenkliges Dreieck mit einer Grundseite von 6 m und einer Höhe von 8 m wird senkrecht in Öl des rel. spez. Gew. 0,800 eingetaucht. Seine Symmetrieachse liegt horizontal. Bestimme die Kraft auf eine Dreiecksfläche und die vertikale Lage des Druckmittelpunktes, wenn die Druckhöhe über der horizontalen Symmetrieachse 4,3 m ist.
Lösung: 82560 kp, 4,56 m.

29. Wie weit unter der Wasseroberfläche muß ein Quadrat mit seiner Seitenlänge von 4 m (zwei Seiten sind horizontal) senkrecht eingetaucht werden, damit der Druckmittelpunkt 25 cm unterhalb des Schwerpunktes liegt? Wie groß ist dann die Gesamtkraft auf eine Quadratseite?
Antwort: 3,33 m (Oberkante); 85330 kp.

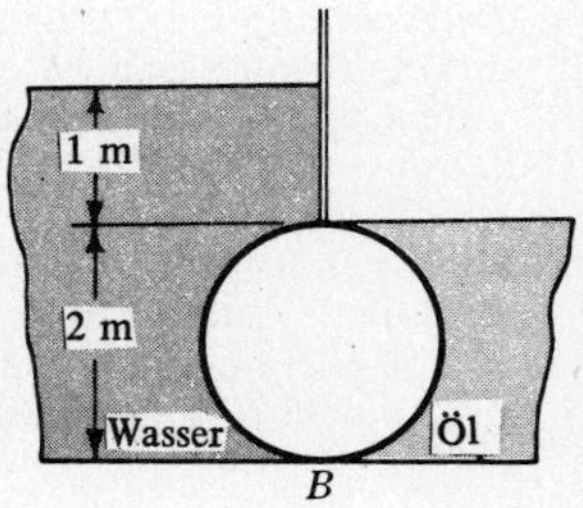

Abb. 2–22

30. Auf den Zylinder in Abb. 2-22, der einen Durchmesser von 2 m hat und 2 m lang ist, wirkt von links Wasser und von rechts Öl des rel. spez. Gew. 0,800. Bestimme (*a*) die Normalkraft auf *B*, wenn der Zylinder 6000 kp wiegt und (*b*) die Horizontalkraft infolge des Öls und des Wassers, wenn der Ölspiegel 0,50 m sinkt.
Lösung: 350 kp, 6200 kp nach rechts.

31. Die Anordnung in Abb. 2-23 hat eine Länge von 4 m. Bestimme das nicht-kompensierte Drehmoment bzgl. des Drehpunktes O, wenn das Wasser bis A steht.
Lösung: 18000 kpm im Uhrzeigersinn.

32. Der Behälter, dessen Querschnitt in Abb. 2-24 gezeigt ist, ist 2 m lang und mit Wasser, das unter Druck steht, gefüllt. Bestimme die Komponenten der Kraft, die nötig ist, den Zylinder in seiner Lage zu halten, wenn man das Gewicht des Zylinders vernachlässigt.
Lösung: 4690 kp nach unten, 6750 kp nach links.

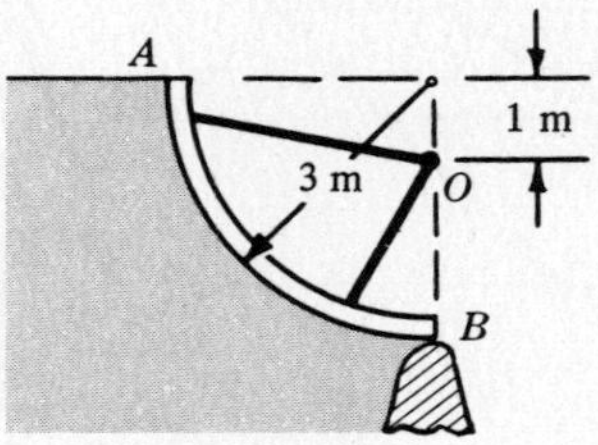

Abb. 2-23

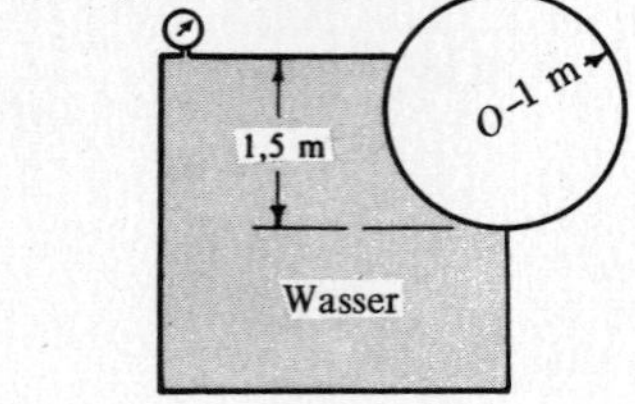

Abb. 2-24

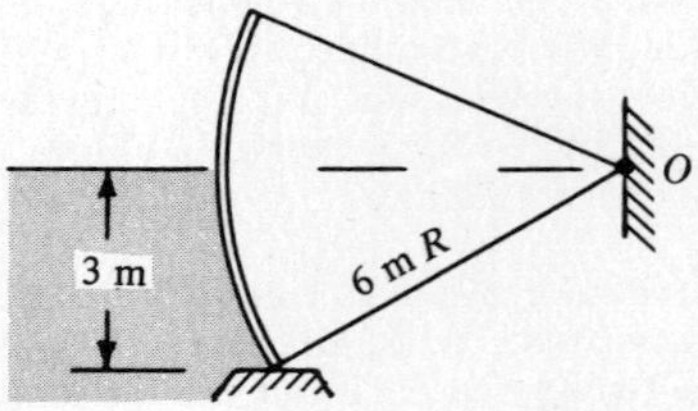

Abb. 2-25

33. Bestimme pro Meter Länge die Horizontal- und Vertikalkomponente der Druckkraft des Wassers, das auf das Tor (Tainter-Typ) in Abb. 2-25 wirkt.
Lösung: 4500 kp, 1630 kp.

34. Bestimme die Vertikalkraft auf die halbzylindrische Kuppel in Abb. 2-26, wenn das Manometer A 0,60 kp/cm^2 anzeigt. Die Kuppel ist 2 m lang.
Lösung: 12600 kp.

35. Wie groß ist die vertikale Kraft, wenn man die Kuppel in Aufgabe 34 durch eine Halbkugel desselben Durchmessers ersetzt?
Antwort: 6050 kp.

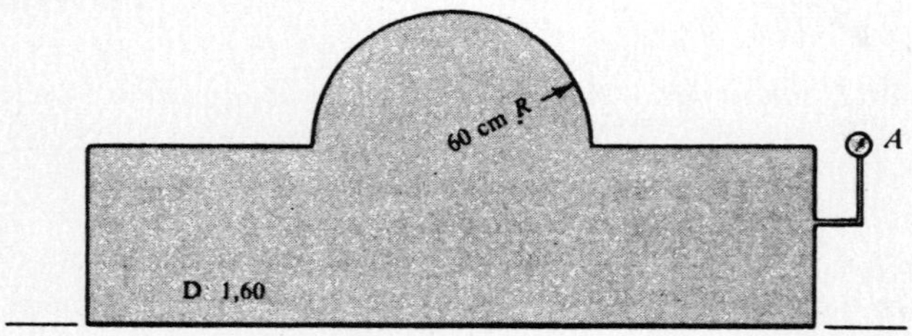

Abb. 2-26

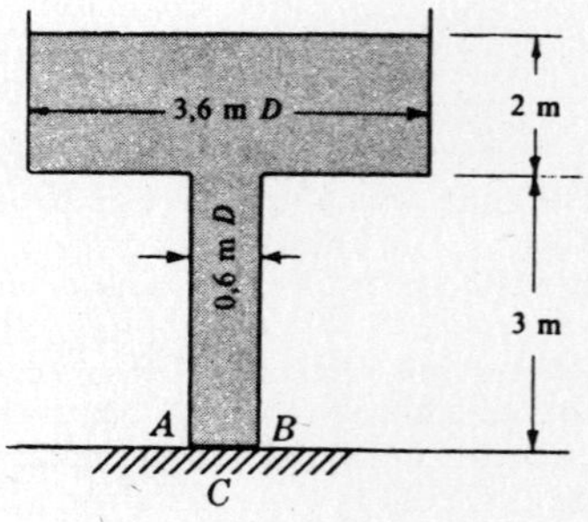

Abb. 2-27

36. Betrachte Abb. 2-27. Bestimme (a) die Kraft, die das Wasser auf die Grundplatte AB des Steigrohrs (60 cm Durchmesser) ausübt und (b) die Gesamtkraft auf die Fläche C.
Lösung: 1410 kp, 21200 kp.

37. Der Zylinder in Abb. 2-28 ist 3 m lang, Welches Gewicht muß der Zylinder haben, damit er nicht aufsteigt, wenn man wasserdichte Verhältnisse bei A annimmt und der Zylinder nicht rotieren kann?
Antwort: 5490 kp.

38. Ein hölzernes Daubenrohr von 1 m Durchmesser wird durch Stahlbänder von 10 cm Breite und 18 mm Dicke zusammengehalten. Bestimme den Abstand der Bänder, wenn die erlaubte Zugspannung im Stahl 12 kp/mm^2 beträgt und der Innendruck 12 kp/cm^2 beträgt.
Lösung: 36 cm.

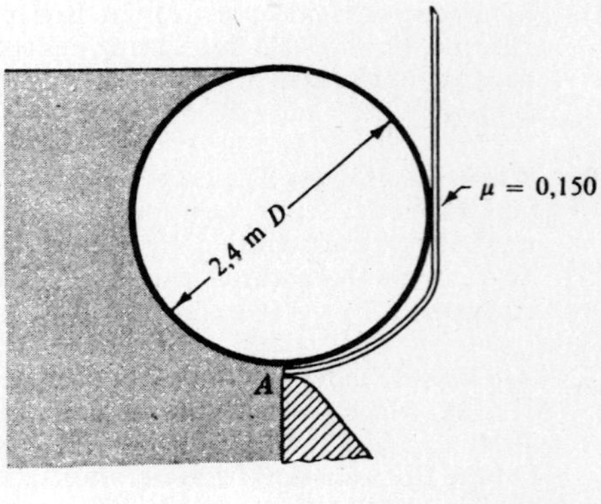

Abb. 2-28

39. Bestimme für das parabolische Deichprofil in Abb. 2-29 das Drehmoment bzgl. A pro Meter Deichlänge, das durch 3 m tiefes Seewasser ($w = 1025$ kp/m^3) hervorgerufen wird.
Lösung: 16200 kpm gegen Uhrzeigersinn.

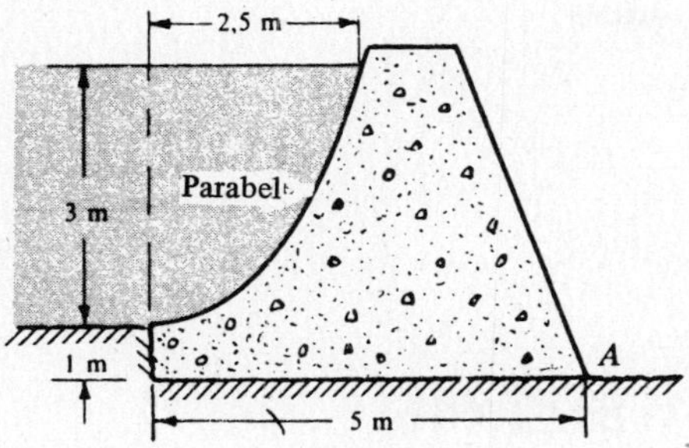

Abb. 2-29

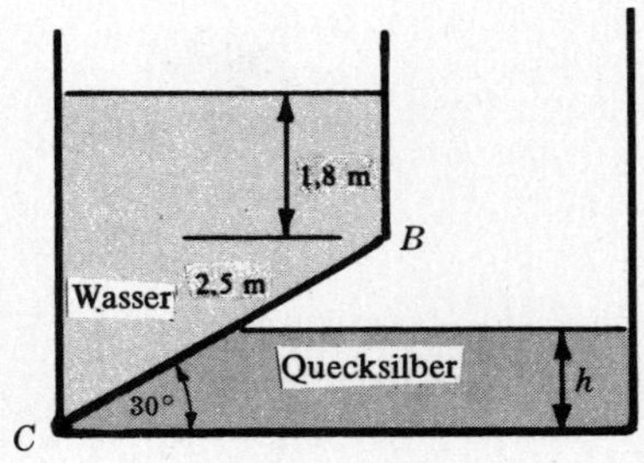

Abb. 2-30

40. Der Behälter in Abb. 2-30 ist 3 m lang; der schiefe Boden BC ist 2,5 m breit. Welcher Quecksilberstand wird ein durch die Flüssigkeiten hervorgerufenes resultierendes Drehmoment bzgl. C von 14000 kpm im Uhrzeigersinn hervorgerufen?
Antwort: 63 cm.

41. Das Tor in Abb. 2-31 ist 6 m lang. Wie groß sind die Kräfte auf das Lager O, die durch das Wasser hervorgerufen werden? Zeige, daß das Drehmoment bzgl. O Null ist.
Antwort: 12000 kp, 33300 kp.

42. Betrachte Abb. 2-32. Eine flache Platte ist bei C aufgehängt. Sie hat eine Form, die der Gleichung $x^2 + 0{,}5y = 1$ genügt. Mit welcher Kraft wirkt das Öl auf die Platte, und welches Drehmoment bzgl. C ruft das Öl hervor?
Antwort: 3800 kp, 5740 kpm.

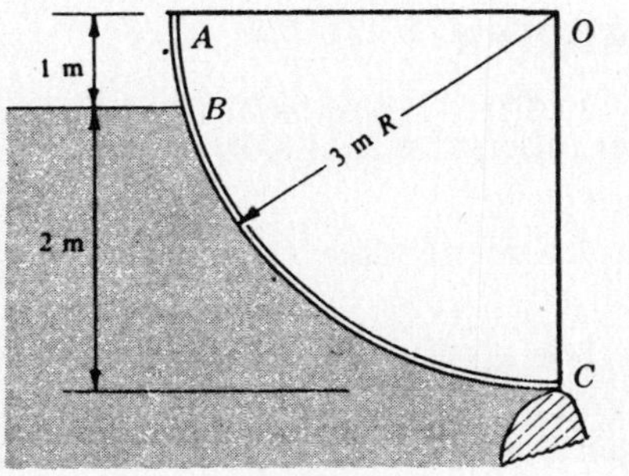

Abb. 2-31

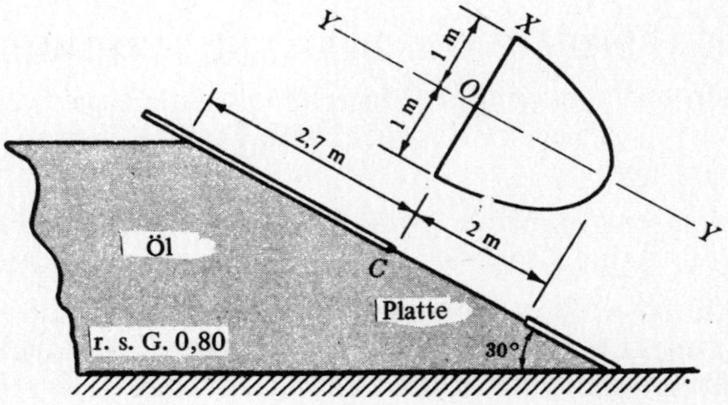

Abb. 2-32

43. Das parabolisch geformte Tor ABC in Abb. 2-33 ist bei A drehbar befestigt. Auf dieses wirkt Öl des spez. Gewichtes 800 kp/m^3. Welches Gewicht muß das Tor pro Meter Länge (senkrecht zur Papierebene) haben, damit Gleichgewicht herrscht, wenn der Schwerpunkt des Tores bei B liegt? Der Scheitel der Parabel liegt bei A.
Antwort: 590 kp/m.

44. Das automatische Tor ABC in Abb. 2-34 hat ein Gewicht von 3300 kp pro Meter Länge. Sein Schwerpunkt liegt 180 cm rechts von Lager A. Wird sich das Tor bei der angegebenen Wassertiefe öffnen?
Antwort: Ja.

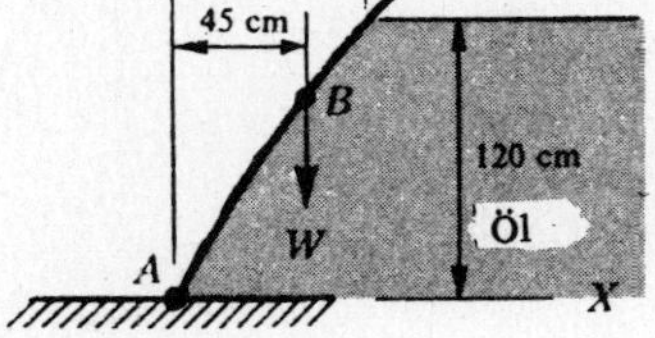

Abb. 2-33

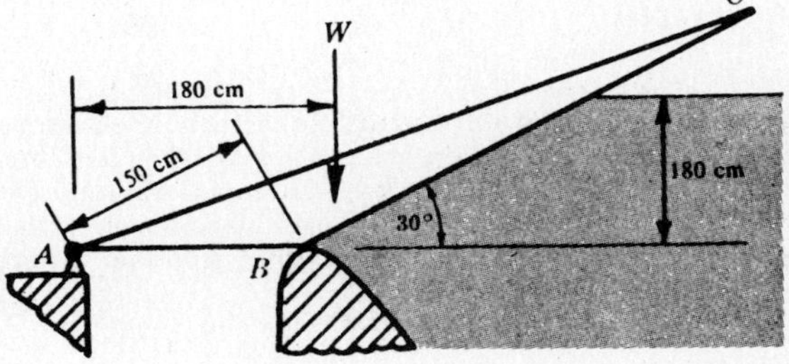

Abb. 2-34

KAPITEL 3

Auftrieb und Schwimmen

PRINZIP VON ARCHIMEDES

Das Prinzip von Archimedes wird seit ungefähr 2200 Jahren angewendet. Man kann das Volumen eines unregelmäßigen Körpers dadurch feststellen, daß man den scheinbaren Gewichtsverlust des Körpers beim Eintauchen in eine Flüssigkeit mit bekannten spez. Gewicht bestimmt. Das relative spezifische Gewicht von Flüssigkeiten ergibt sich aus der Eintauchtiefe von Aräometern. Das Archimedische Prinzip findet Anwendung bei der Behandlung allgemeiner Probleme, die mit dem Schwimmen zu tun haben, und im Schiffsbau.

Jeder Körper, der schwimmt oder in eine Flüssigkeit eingetaucht ist, unterliegt einer *Auftriebskraft*, die gleich dem Gewicht der von ihm verdrängten Flüssigkeit ist. Der Punkt, an dem die Kraft angreift, heißt *Verdrängungsschwerpunkt.* Er liegt im Schwerpunkt der verdrängten Flüssigkeit.

STABILITÄT UNTERGETAUCHTER UND SCHWIMMENDER KÖRPER

Damit ein untergetauchter Körper eine stabile Lage hat, muß sein Schwerpunkt unter dem Verdrängungsschwerpunkt liegen. Stimmen beide Punkte überein, so ist der untergetauchte Körper in jeder Lage im Gleichgewicht.

Damit sich schwimmende Zylinder oder Kugeln in stabiler Lage befinden, müssen die Schwerpunkte der Körper unterhalb der Verdrängungsschwerpunkte liegen.

Die Stabilität anderer schwimmender Objekte wird davon abhängen, ob sich ein aufrichtendes oder ein Kippmoment entwickelt, wenn sich die vertikale Ausrichtung von Schwerpunkt und Verdrängungsschwerpunkt infolge einer Verschiebung der Lage des Verdrängungsschwerpunktes ändert. Der Verdrängungsschwerpunkt wird im allgemeinen laufend seine Lage ändern, da ein schwimmendes Objekt immer unterschiedlich tief eintaucht, weshalb sich auch die Form der verdrängten Flüssigkeit und damit der Verdrängungsschwerpunkt ändert.

Aufgaben mit Lösungen

1. Ein Stein wiegt in Luft 54 kp und eingetaucht in Wasser 24 kp. Berechne sein Volumen und das relative spezifische Gewicht.

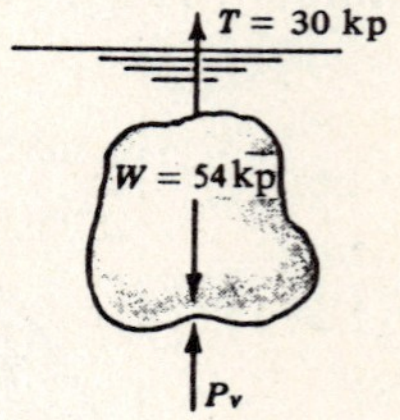

Abb. 3-1

Lösung:

Bei Ingenieurarbeiten auftretende Probleme können am besten mit Hilfe eines Kräfteplans gelöst werden. Wie aus der nebenstehenden Zeichnung hervorgeht, zieht das Gesamtgewicht von 54 kp nach unten, während die Spannung in dem Faden, der den Stein hält, nur 24 kp nach oben beträgt. Die resultierende Auftriebskraft P_V muß also nach oben gerichtet sein, und wir erhalten aus

$$\Sigma\, Y = 0$$

die Gleichung

$$54 - 30 - P_V = 0 \text{ und } P_V = 24 \text{ kp}$$

Da Auftriebskraft = Gewicht der verdrängten Flüssigkeit

$$24 \text{ kp} = 1000 \text{ kp/m}^3 \times v \text{ und } v = 0{,}024 \text{ m}^3$$

$$\text{rel. spez. Gew.} = \frac{\text{Gewicht des Steins}}{\text{Gewicht des gleichen Volumens Wasser}} = \frac{54}{24} = 2{,}25.$$

2. Ein Quader (Länge 40 cm, Breite 20 cm, Höhe 20 cm) wiegt in 50 cm Wassertiefe 5,0 kp. Wie ist sein Gewicht in Luft und wie sein rel. spez. Gewicht?

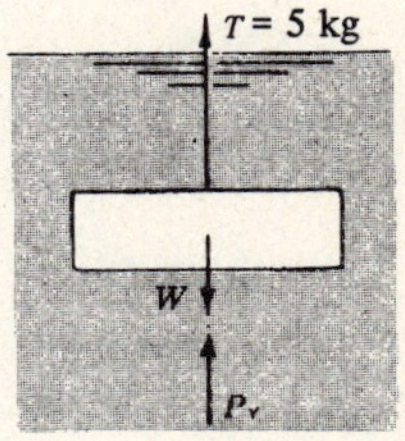

Abb. 3-2

Lösung:

Nach dem Kräfteplan in Abb. 3-2 und wegen $\Sigma Y = 0$ ergibt sich

$$W - P_V - 5{,}0 = 0 \quad \text{oder} \quad (1) \quad W = 5{,}0 + P_V$$

Auftrieb P_V = Gewicht der verdrängten Flüssigkeit

$$= 1000\,(0{,}2 \times 0{,}2 \times 0{,}4) = 16{,}0 \text{ kp}$$

Daraus ergibt sich nach (1), $W = 5 + 16 = 21$ kp und r.s.G. = 21/16 = 1,31

3. Ein Aräometer wiegt 2,20 p und besitzt am oberen Ende einen zylindrischen Hals mit 0,2800 cm Durchmesser. Um wieviel tiefer wird es in Öl des rel. spez. Gew. 0,780 eintauchen als in Alkohol des r. s. G. 0,821?

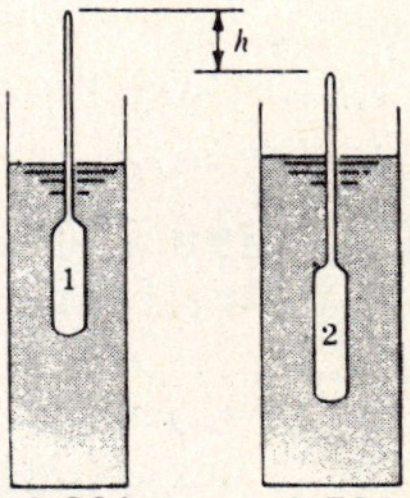

Abb. 3-3

Lösung:

Für Position 1 in Abb. 3-3 in Alkohol:
Gewicht des Aräometers = Gewicht der verdrängten Flüssigkeit

$$0{,}0022 = 0{,}821 \times 1000 \times v_1$$

oder $v_1 = 0{,}00000268 \text{ m}^3$ (in Alkohol).

Für Lage 2: $0{,}0022 = 0{,}780 \times 1000(v_1 + Ah)$
$= 0{,}780 \times 1000[0{,}00000268 + \frac{1}{4}\pi(0{,}28/100)^2 h]$
und daraus $h = 0{,}0228 \text{ m} = 2{,}28 \text{ cm}$.

4. Ein Holzstück (rel. spez. Gew. 0,651) hat einen quadratischen Querschnitt mit 7,5 cm Seitenlänge und ist 1,50 m lang. Wieviel kp Blei des spez. Gewichts 11200 kp/m³ müssen an einem Ende des Stabes befestigt werden, damit er senkrecht schwimmt und noch 30 cm aus dem Wasser sieht?

Lösung:

Gesamtgewicht von Holz und Blei = Gewicht des verdrängten Wassers

$$[0{,}651 \times 1000 \times 1{,}5\,(0{,}075)^2 + 11\,200 v] = 1000[(0{,}075)^2 \times 1{,}2 + v]$$

Daraus ergibt sich $v = 0{,}0001232 \text{ m}^3$ und als Gewicht des Bleis: $11\,200\, v = 11200 \times 0{,}0001232 = 1{,}38$ kp.

5. Welcher Volumenanteil eines festen Metallstückes des rel. spez. Gewichtes 7,25 schwimmt über der Oberfläche in einem Behälter voll Quecksilber (r. s. G. 13,57)?

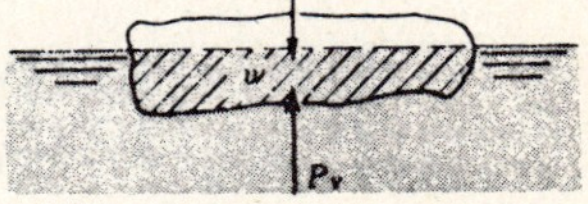

Fig. 3-4

Lösung:

Der Kräfteplan macht klar, daß infolge von $\Sigma Y = 0$ $W - P_V = 0$
oder
Gewicht des Körpers = Auftrieb (Gewicht der verdrängten Flüssigkeit)

$$7{,}25 \times 1000\, v = 13{,}57 \times 1000\, v'$$

Das Volumenverhältnis ist daher $v'/v = 7{,}25/13{,}57 = 0{,}535$.

Daher ist der Volumenanteil über dem Quecksilber = 1 − 0,535 = 0,465.

6. Ein rechteckiger, offener Kasten mit 10 x 4 m Grundfläche und einer Höhe von 5 m wiegt 54 Tonnen und schwimmt in Süßwasser. (*a*) Wie tief taucht er ein? (*b*) Wieviel Gewicht an Steinen muß man in den Kasten legen, damit er auf dem Gewässergrund aufsetzt, wenn das Wasser 5 m tief ist?

Lösung:

(*a*) Gewicht des Kastens = Gewicht des verdrängten Wassers

$$54 \times 1000 = 1000\,(10 \times 4 \times Y) \qquad Y = 1{,}35 \text{ m Eintauchtiefe}$$

(*b*) Gewicht von Kasten und Steinen = Gewicht des verdrängten Wassers

$$54 \times 1000 + W_S = 1000\,(10 \times 4 \times 5) \qquad W_S = 146000 \text{ kp Steine}$$

7. Ein Holzblock schwimmt im Wasser, wobei 5 cm aus dem Wasser heraussehen. Legt man ihn in Glyzerin des rel. spez. Gew. 1,35, so sehen 7,5 cm aus der Flüssigkeit heraus. Bestimme das rel. spez. Gew. *d* des Holzes.

Lösung:

Das Gesamtgewicht des Holzes ist (*a*) W = r. s. G. x 1000 ($A \times h$), und die Gewichte der verdrängten Flüssigkeiten sind (*b*) $W_W = 1000\ (h - 0{,}05)$ für Wasser und (*c*) $W_G = 1{,}35 \times 1000\ (h - 0{,}075)$ für Glyzerin.

Da das Gewicht jeder verdrängten Flüssigkeit gleich dem Holzgewicht ist, gilt (*b*) = (*c*) oder

$$1000\,A\,(h - 0{,}05) = 1{,}35 \times 1000\,A\,(h - 0{,}075) \qquad h = 0{,}1464 \text{ m}$$

und, da (*a*) = (*b*) $d \times 1000\,A \times 0{,}1464 = 1000 \times A\,(0{,}1464 - 0{,}05) \qquad d = 0{,}660$

8. Bis zu welcher Tiefe wird ein Holzblock (r. s. G. = 0,425) mit einem Durchmesser von 2,40 m und einer Länge von 4,50 m in Süßwasser eintauchen?

Lösung:

In Abb. 3-5 ist der Mittelpunkt *O* des Blockes oberhalb der Wasseroberfläche eingezeichnet, da das rel. spez. Gew. kleiner als 0,5 ist. Wäre r. s. G. = 0,5, so würde der Block gerade halb eintauchen.

Gesamtgewicht des Blocks = Gewicht der verdrängten Flüssigkeit

Sektor – 2 Dreiecke

$$0{,}425 \times 1000 \times \pi 1{,}2^2 \times 4{,}5 = 1000 \times 4{,}5\left(\frac{2\theta}{360}\,1{,}44\pi - 2 \times \tfrac{1}{2} \times 1{,}2\ \sin\theta \times 1{,}2\ \cos\theta\right)$$

Vereinfachung und Einsetzen von $\frac{1}{2}\sin 2\theta$ für $\sin\theta\cos\theta$ führt zu

$$0{,}425\,\pi = \theta\pi/180 - \frac{1}{2}\sin 2\theta$$

Lösung durch sukzessive Approximation:

Für $\theta = 85°$: $\quad 1{,}335 \overset{?}{=} 85\,\pi/180 - \frac{1}{2}(0{,}1737)$

$1{,}335 \neq 1{,}397$

Für $\theta = 83°$: $\quad 1{,}335 \overset{?}{=} 1{,}449 - \frac{1}{2}(0{,}242)$

$1{,}335 \neq 1{,}328$

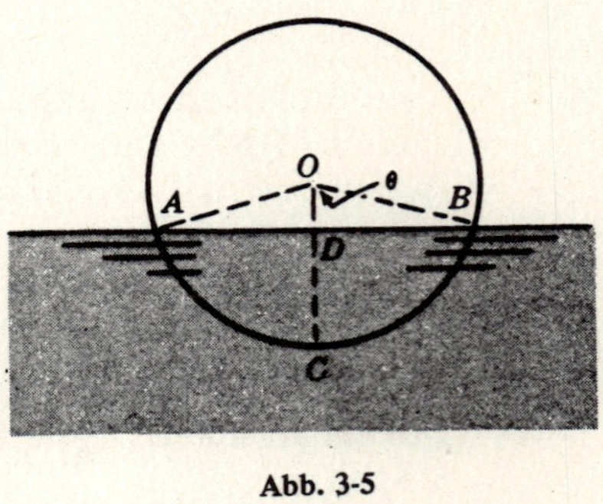

Abb. 3-5

Der wahre Winkel liegt zwischen 83° und 85°.

Versuche $\theta = 83°10'$: $\quad 1{,}335 \overset{?}{=} 1{,}451 - \frac{1}{2}(0{,}236)$

$= 1{,}333$ (hinreichend genau)

Die Eintauchtiefe beträgt $DC = r - OD = 1{,}2 - 1{,}2\cos 83°10'$

$= 1{,}2\,(1 - 0{,}119) = 1{,}057$ m.

9. (*a*) Vernachlässige die Dicke der Tankwände in Abb. 3-6 (*a*). Wie groß ist das Gewicht des Tanks, wenn er in der angegebenen Lage schwimmt? (*b*) Wie groß ist die Kraft auf die Tankdeckelinnenseite, wenn der Behälter, wie in Abb. 3-6 (*b*) gezeigt, 3 m unter Wasser gehalten wird?

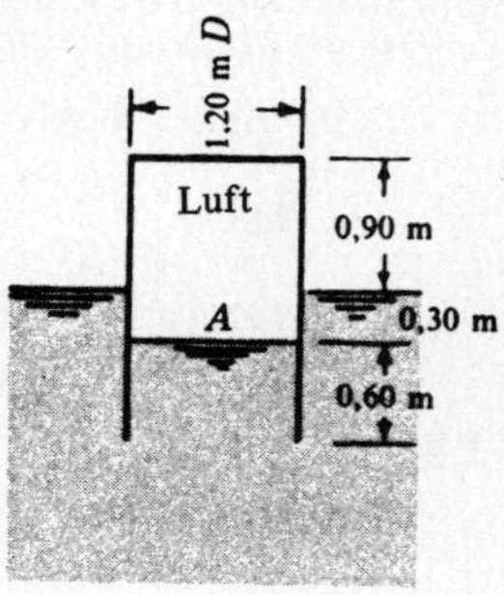

Abb. 3-6 (*a*)

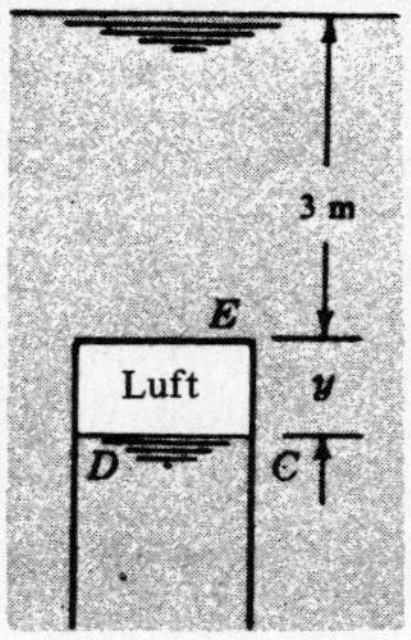

Abb. 3-6 (*b*)

Lösung:

(*a*) Gewicht des Tanks = Gewicht der verdrängten Flüssigkeit

$= 1000\ \pi\ 0{,}6^2\ (0{,}30) = 339$ kp

(*b*) Der Raum, der in Abb. 3-6 (*b*) durch Luft ausgefüllt ist, ist kleiner als der in Abb 3-6 (*a*). Unter der Annahme konstanter Temperaturen gilt für die Positionen (*a*) und (*b*)

$$p_A v_A = p_D v_D \text{ (man muß absolute Drücke betrachten)}$$

$$w\,(10{,}33 + 0{,}3)\,(1{,}2 \times \text{Fläche}) = w\,(10{,}33 + 3 + y)(y \times \text{Fläche})$$

was zu $y^2 + 13{,}33\,y - 12{,}75 = 0$ führt. Die gesuchte positive Wurzel ist $y = 0{,}90$ m.

Druck in D = 3,90 m Wassersäule (Manometerdruck) = Druck in E.

Daher ist die Kraft auf die Deckelinnenseite des Zylinders $w\,hA = 1000\,(3{,}9)\,(\pi\ 0{,}6^2) = 4410$ kp.

10. Ein Schiff mit senkrechten Seiten nahe der Wasseroberfläche wiegt 4000 Tonnen und taucht 6,60 m in Salzwasser ($w = 1025$ kp/m³) ein. Nach Entfernen von 200 Tonnen Wasserbalast hat sich der Tiefgang auf 6,30 m verringert. Wie groß wäre der Tiefgang d des Schiffes in Süßwasser?

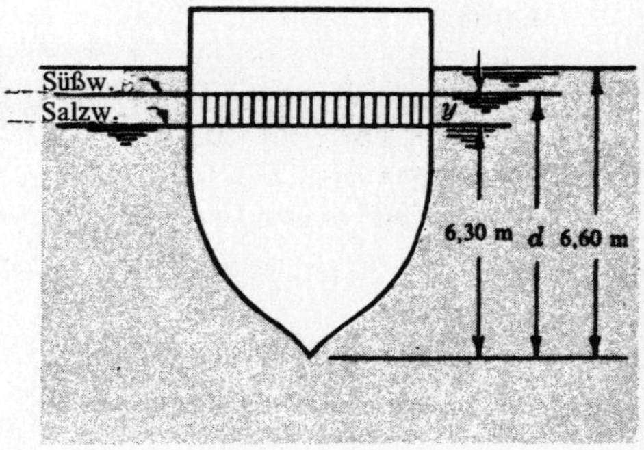

Abb. 3-7

Lösung:

Da die Unterwasserform des Schiffes nicht bekannt ist, löst man die Aufgabe am besten durch Betrachten der verdrängten Volumina.

Eine Verringerung des Gewichtes um 200 Tonnen hatte eine Verringerung des Tiefganges um 0,30 m zur Folge. Damit ergibt sich

$$200 \times 1000 = wv = 1025\,(A \times 0{,}3)$$

wobei v den Volumenunterschied zwischen Tiefgang 6,60 m und 6,30 m und ($A \times 0{,}3$) die Wasserlinienfläche mal 0,3 m, also dasselbe Volumen v bedeuten. Dann erhält man

$$v = A \times 0{,}3 = 200\,(1000)/1025 = 195 \text{ m}^3/0{,}3 \text{ m Tiefe} = 650 \text{ m}^3/\text{m Tiefe}$$

Auftriebskraft $B = w \times$ Volumen der verdrängten Flüssigkeit. Also B/w = Volumen der verdrängten Flüssigkeit. In der Abbildung ist das senkrecht schraffierte Volumen der Unterschied in der Wasserverdrängung zwischen Süßwasser und Salzwasser. Dieser Unterschied kann ausgedrückt werden als $\left(\dfrac{3800 \times 1000}{1000} - \dfrac{3800 \times 1000}{1025}\right)$, und dieses Volumen ist wieder gleich $650\,y$. Setzt man diese Werte gleich, so ergibt sich $y = 0{,}154$ m.

Für den Tiefgang ergibt sich $d = 6{,}3 + 0{,}154 = 6{,}454$ oder 6,50 m.

11. Ein Faß mit Wasser wiegt 128,5 kp. Welches Gewicht zeigt die Waage an, wenn wir ein Holz mit dem Querschnitt 5 cm mal 5 cm senkrecht 60 cm tief in das Wasser hineinhalten?

Lösung:

Für jede wirkende Kraft gibt es eine gleich große, aber entgegengesetzt gerichtete Kraft. Die Auftriebskraft, die das Wasser auf die Grundfläche des Holzes nach oben hin ausübt, wird ausgeglichen durch eine gleich große, aber entgegengesetzt wirkende Kraft, die die 5 cm x 5 cm große Grundfläche des Holzes auf das Wasser ausübt. Ein um diese Kraft vermehrtes Gewicht wird die Waage anzeigen:

P_V = 1000 x 0,05 x 0,05 x 0,60 = 1,50 kp. Anzeige = 128,5 + 1,5 = 130,0 kp

12. Ein Holzblock mit den Maßen 1,80 m mal 2,40 m mal 3,00 m schwimmt auf Öl des rel. spez. Gew. 0,751. Ein Kräftepaar (Drehmoment im Uhrzeigersinn) hält den Block in der in Abb. 3-8 gezeigten Lage. Bestimme (*a*) die Auftriebskraft auf den Block und ihren Angriffspunkt, (*b*) die Stärke des Kräftepaares, das auf den Block wirkt, und (*c*) die Lage des Metazentrums für die schräge Position.

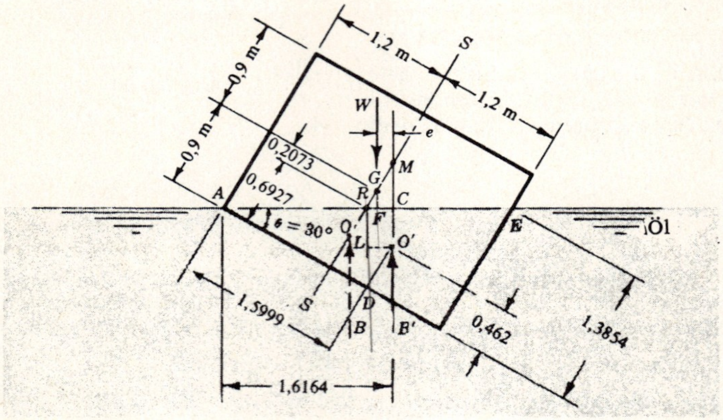

Abb. 3-8

Lösung:

(*a*) Gewicht des Blocks = Gewicht des Dreiecksprismas von Öl (oder die Auftriebskraft)

$$W = B' = (0{,}751 \times 1000)\left(\frac{1}{2} \times 2{,}40 \times 1{,}3854 \times 3\right) = 3746 \text{ kp}$$

Daher wirkt B' = 3746 kp nach oben durch den Schwerpunkt O' des verdrängten Öls. Der Schwerpunkt liegt 1,5999 m von A und 0,4620 m von D entfernt, wie in der Abb. gezeigt.

$$AC = AR + RC = AR + LO' = 1{,}5999 \cos 30^\circ + 0{,}4620 \sin 30^\circ = 1{,}6164 \text{ m}$$

Die Auftriebskraft von 3746 kp wirkt nach oben durch den Schwerpunkt des verdrängten Öls. Dieser befindet sich 1,62 m rechts von A.

(*b*) Eine Methode, die Größe des Rückstellmomentes zu erhalten (dieses muß wegen des herrschenden Gleichgewichtes betraglich gleich dem Moment der äußeren Kräfte sein), besteht im Aufsuchen der Exzentrizität *e*. Darunter versteht man den Abstand der beiden parallelen, gleichgroßen Kräfte W und B', die das Rückstellmoment bilden (siehe Abb.).

$$e = FC = AC - AF = 1{,}6164 - AF = 1{,}6164 - 1{,}4889 = 0{,}1275 \text{ m}$$

da

$$AF = AR + RF = AR + GR \sin 30^\circ = 1{,}3854 + 0{,}2073\left(\frac{1}{2}\right) = 1{,}4889 \text{ m}$$

Es ist We oder $B'e$ = 3746 x 0,1275 = 478 kpm. Daher ist das Drehmoment, das den Block in der gezeigten Lage hält, 478 kp m (im Uhrzeigersinn).

(*c*) Der Schnittpunkt der Auftriebskraft mit der Symmetrieachse *S-S* heißt Metazentrum (Punkt M in der Abbildung). Liegt das Metazentrum oberhalb des Schwerpunktes des schwimmenden Objektes, so bilden das Gewicht des Gegenstandes und die Auftriebskraft ein Rückstellmoment in Schräglage.

Die metazentrische Höhe ist $MG = MR - GR = \dfrac{RC}{\sin 30^\circ} - GR = \dfrac{0{,}231}{0{,}5} - 0{,}2073 = 0{,}255$ m.

Man sollte beachten, daß der Abstand MG, multipliziert mit dem sinus des Winkels θ, gerade die Exzentrizität e ergibt (diese war oben anders berechnet worden).

Im Schiffsbau nimmt man etwa 10° als äußersten Winkel für eine Schräglage, bei der die metazentrische Höhe MG als konstant angesehen werden kann. Man kann Formeln zur Bestimmung des Metazentrums ableiten, doch geht dies über den Rahmen einer Einführung in die Strömungslehre hinaus.

Ergänzungsaufgaben

13. Ein Gegenstand wiegt 30 kp in Luft und 19 kp in Wasser. Bestimme sein Volumen und das rel. spez. Gew..
Lösung: $1{,}1 \times 10^{-2}$ m^3 ; 2,73.

14. Ein Gegenstand wiegt 30 kp in Luft und 19 kp in Öl des rel. spez. Gew. 0,75. Bestimme sein Volumen und sein rel. spez. Gew..
Lösung: $1{,}47 \times 10^{-2}$ m^3 ; 2,04.

15. Aluminium hat ein spez. Gewicht von 2700 kp/m^3. Was wird eine Aluminiumkugel mit einem Durchmesser von 30 cm wiegen, wenn sie in Wasser eingetaucht ist? Was wiegt sie in Öl des rel. spez. Gew. 0,75?
Antwort: 24 kp; 27,5 kp.

16. Ein Aluminiumwürfel der Kantenlänge 15 cm wiegt in Wasser 5,5 kp. Wieviel wiegt er scheinbar, wenn er in eine Flüssigkeit des rel. spez. Gew. 1,25 eingetaucht ist?
Antwort: 4,66 kp.

17. Ein Stein wiegt 60 kp. Taucht man ihn in einem Behälter mit quadratischer Grundfläche (Kantenlänge 60 cm) in Wasser ein, so beträgt sein Gewicht nur noch 33 kp. Um wieviel steigt das Wasser in dem Behälter?
Antwort: 7,5 cm.

18. Ein Hohlzylinder hat einen Durchmesser von 1 m, ist 1,5 m lang und wiegt 400 kp. (*a*) Wieviel kp Blei des spez. Gew. 11200 kp/m^3 müssen an der Außenseite eines Bodens befestigt werden, damit der Zylinder senkrecht schwimmt und 1 m eintaucht? (*b*) Wieviel kp Blei muß man im Innern des Zylinders unterbringen?
Antwort: 423,2 kp; 385,4 kp.

19. Ein Aräometer wiegt 11 p, sein Hals hat einen Querschnitt von 0,16 cm^2. Wie groß ist der Unterschied in der Eintauchtiefe für Flüssigkeiten des rel. spez. Gew. 1,25 und 0,90?
Antwort: 21,4 cm.

20. Wie lang muß ein Holzbalken mit einem Querschnitt von 7,50 cm mal 30 cm sein, wenn er einen 45 kp schweren Jungen in Salzwasser tragen soll, der auf dem Stamm steht? Das rel. spez. Gew. von Holz sei 0,50.
Antwort: 3,81 m.

21. Man benötigt eine Kraft von 27 kp, um einen Gegenstand mit dem Volumen 170 dm^3 in Wasser untergetaucht zu halten. Wie groß ist das rel. spez. Gew. einer Flüssigkeit, in der man den Gegenstand mit einer Kraft von 16 kp untergetaucht halten kann?
Antwort: 0,935.

22. Eine Barke ist 3 m hoch und hat einen trapezförmigen Querschnitt (oben 9 m und unten 6 m breit). Sie ist 15 m lang und besitzt vertikale Enden. Bestimme (*a*) ihr Gewicht, wenn sie 1,8 m ins Wasser eintaucht, und (*b*) den Tiefgang, wenn sie 86 Tonnen Steine geladen hat.
Antwort: 186300 kp; 2,50 m.

23. Eine Kugel von 120 cm Durchmesser schwimmt halb eingetaucht in Salzwasser (w = 1025 kp/m^3). Wie schwer muß Beton (w = 2400 kp/m^3), den man als Anker benutzen will, mindestens sein, damit er die Kugel ganz unter Wasser ziehen kann?
Antwort: 810 kp.

24. Ein Eisberg mit dem spez. Gewicht 912 kp/m^3 schwimmt im Ozean (1025 kp/m^3). Sein sichtbares Volumen über der Wasseroberfläche beträgt 600 m^3. Wie groß ist das Gesamtvolumen des Eisberges?
Antwort: 5440 m^3.

25. Ein leerer Ballon wiegt mit Ausrüstung 50 kp. Wenn er mit Gas des spez. Gewichts 0,533 kp/m^3 gefüllt ist, ist er kugelförmig und hat einen Durchmesser von 6 m. Luft hat ein spez. Gewicht von 1,230 kp/m^3. Mit welchem Gewicht kann der Ballon maximal beladen werden, so daß er noch aufsteigt?
Antwort: 26,5 kp.

26. Ein würfelförmiges Floß, Kantenlänge 120 cm, wiegt 180 kp und ist mit Hilfe eines Betonblocks verankert, der in Luft 680 kp wiegt. Das Floß taucht 23 cm tief ein, wenn die Kette zum Betonblock gespannt ist. Bei welchem Wasseranstieg wird der Betonblock vom Boden hochgehoben? Das spez. Gewicht von Beton beträgt 2400 kp/m^3.
Antwort: 17,10 cm.

27. Eine quaderförmige Barke mit den Außenmaßen 6 m breit, 18 m lang und 3 m hoch wiegt 160000 kp. Sie schwimmt in Salzwasser (w = 1025 kp/m^3). Der Schwerpunkt der beladenen Barke liegt 1,35 m unter der Oberseite. Bestimme die Lage des Verdrängungsschwerpunktes, (*a*) wenn die Barke gerade schwimmt, und (*b*), wenn sie sich um 10° neigt. Bestimme (*c*) die Lage des Metazentrums bei 10° Neigung.
Lösung: 0,722 m über dem Boden auf der Symmetrielinie, 0362 m nach rechts verschoben, 1,152 m oberhalb des Schwerpunktes.

28. Ein Aluminiumwürfel, 15 cm Kantenlänge, hängt an einer Schnur. Die Hälfte des Würfels ist in Öl eingetaucht (r. s. G. = 0,80), die andere Hälfte befindet sich in Wasser. Bestimme die Zugspannung im Faden, wenn Aluminium ein spez. Gewicht von 2640 kp/m^3 hat.
Lösung: 5,87 kp.

29. Wie groß ist die Zugspannung im Faden, wenn der Würfel aus Aufgabe 28 halb in Luft und halb in Öl eingetaucht ist?
Antwort: 7,56 kp.

KAPITEL 4

Translation und Rotation von Flüssigkeiten

EINFÜHRUNG

Eine Flüssigkeit kann bei konstanten Beschleunigungen Translations- oder Ratationsbewegungen durchführen, ohne daß sich die Flüssigkeitsteilchen relativ zueinander bewegen. Unter diesen Bedingungen befindet sich die Flüssigkeit in einem relativen Gleichgewicht und ist frei von Scherkräften. Es existiert im allgemeinen keine Relativbewegung zwischen der Flüssigkeit und dem sie enthaltenden Behälter. Man kann weiterhin die Gesetze der Aero- und Hydrostatik anwenden, die nur leicht abgewandelt sind, um Beschleunigungseffekte zu erfassen.

HORIZONTALBEWEGUNG

Bei Horizontalbewegung wird die Flüssigkeitsoberfläche eine schiefe Ebene. Die Steigung der Ebene wird bestimmt durch

$$\tan\theta = \frac{a \text{ (lineare Beschleunigung des Behälters in m/s}^2\text{)}}{g \text{ (Erdbeschleunigung in m/s}^2\text{)}}$$

Der Beweis der allgemeinen Gleichung für Translationsbewegungen wird in Aufgabe 4 geführt.

VERTIKALBEWEGUNG

Bei vertikalen Bewegungen ist der Manometerdruck in allen Punkten der Flüssigkeit gegeben durch

$$p = wh\,(1 \pm \frac{a}{g})$$

wobei das positive Vorzeichen für konstante Beschleunigung nach oben und das negative Vorzeichen für konstante Beschleunigung nach unten gilt.

ROTATION VON FLÜSSIGKEITEN – OFFENE BEHÄLTER

Die freie Flüssigkeitsoberfläche in einem rotierenden Behälter hat die Form eines Rotationsparaboloids. Jede senkrechte Ebene durch die Rotationsachse, die die Flüssigkeit schneidet, produziert eine Parabel. Die Gleichung der Parabel lautet

$$y = \frac{\omega^2}{2\,g}\,x^2$$

wobei x und y die Koordinaten der Oberflächenpunkte (in m) sind, die vom Scheitel auf der Rotationsachse aus gemessen werden. ω ist die konstante Winkelgeschwindigkeit in rad/s. Der Beweis dieser Gleichung wird in Aufgabe 7 geführt.

ROTATION VON FLÜSSIGKEITEN – GESCHLOSSENE BEHÄLTER

In einem geschlossenen Behälter wird der Druck infolge der Rotation des Behälters ansteigen. (Siehe auch Kapitel 12).

Der Druck wächst zwischen einem Punkt auf der Rotationsachse und einem Punkt, der x Meter von der Achse entfernt ist, um

$$p\ (\mathrm{kp/m^2}) = w\,\frac{\omega^2}{2g}\,x^2$$

Für das Anwachsen der Druckhöhen gilt entsprechend

$$\frac{p}{w} = y = \frac{\omega^2}{2g}\,x^2$$

Diese Gleichung ähnelt sehr stark der Gleichung für rotierende offene Behälter. Da die Bahngeschwindigkeit $V = x\omega$ ist, ergibt sich $x^2\ \omega^2/2g = V^2\ /2\,g$, was wir später als Geschwindigkeitshöhe kennenlernen werden (in m).

Aufgaben mit Lösungen

1. Ein rechteckiger Behälter (8 m lang, 2 m breit, 3 m hoch) enthält 1,5 m Wasser. Er wird in Längsrichtung mit 2,45 m/s² horizontal beschleunigt. (*a*) Berechne die Gesamtkraft, die das Wasser auf jedes Tankende ausübt. (*b*) Zeige, daß die Kraftdifferenz gleich der resultierenden Kraft ist, die zur Beschleunigung der Flüssigkeit notwendig ist. Betrachte Abb. 4-1 unten.

Lösung:

(*a*) $\tan\theta = \dfrac{\text{lineare Beschleunigung}}{\text{Erdbeschleunigung}} = \dfrac{2{,}45}{9{,}80} = 0{,}250$ und $\theta = 14°2'$

Aus der Abb. ergibt sich für die Tiefe d am seichten Ende $d = 1{,}5 - y = 1{,}5 - 4\tan 14°\ 2' = 0{,}500$ m. Die Tiefe am anderen Ende ist 2,50 m. Dann ist

$$P_{AB} = wh_{cg}A = 1000(2{,}50/2)(2{,}50 \times 2) = 6250 \text{ kp}$$
$$P_{CD} = wh_{cg}A = 1000(0{,}500/2)(0{,}500 \times 2) = 250 \text{ kp}$$

(*b*) Benötigte Kraft = Masse des Wassers x Beschleunigung = $\dfrac{8 \times 2 \times 1{,}5 \times 1000}{9{,}80} \times 2{,}45 = 6000$ kp und ebenso ergibt sich $P_{AB} - P_{CD} = 6250 - 250 = 6000$ kp, was mit dem vorher gefundenen Wert übereinstimmt.

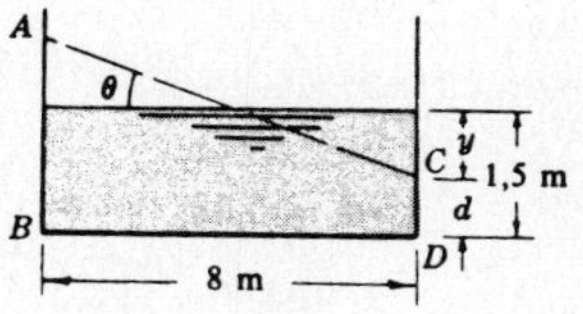

Abb. 4-1

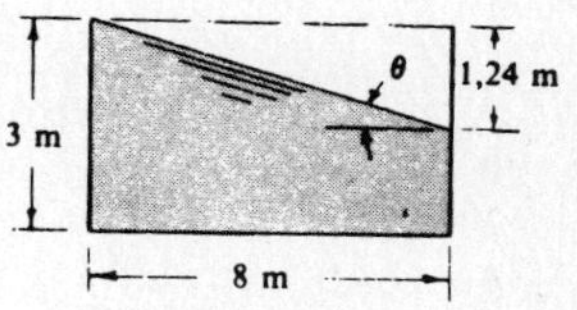

Abb. 4-2

2. Wieviel Wasser wird verschüttet, wenn der Behälter in Aufgabe 1 bis zum Rand mit Wasser gefüllt ist und dann mit 1,52 m/s² in Längsrichtung beschleunigt wird. Betrachte Abb. 4-2 oben.

Lösung:

Steigung der Oberfläche = $\tan\theta = 1{,}52/9{,}8 = 0{,}155$, der Höhenunterschied zwischen beiden Enden beträgt $8\tan\theta = 1{,}24$ m.

Verschüttetes Volumen = 2 x Dreiecksfläche in Abb. 4-2

$$= 2\left(\frac{1}{2} \times 8 \times 1{,}24\right) = 9{,}92\ \mathrm{m^3} = 9920\ \mathrm{l}.$$

3. Ein Tank mit einer Grundfläche von 1,5 m x 1,5 m enthält 1 m Wasser. Wie hoch müssen seine Seiten mindestens sein, damit bei einer Beschleunigung von 3,66 m/s² (parallel zu einem Paar Seiten) kein Wasser verschüttet wird?

Lösung:

Steigung der Oberfläche = $\tan\theta = 3{,}66/9{,}80 = 0{,}373$,
Anstieg (oder Abfall) der Oberfläche = $0{,}75 \tan\theta = 0{,}75 \times 0{,}373 = 0{,}28$ m.
Der Tank muß mindestens $1 + 0{,}28 = 1{,}28$ m tief sein.

4. Ein offener Wasserbehälter wird mit 3,66 m/s² eine schiefe Ebene (Steigung 30°) hinauf beschleunigt. Welchen Winkel bildet die Wasseroberfläche mit der Horizontalen?

Lösung:

Wie in der Abb. gezeigt, wirken auf jeden Massenpunkt dM das Gewicht W senkrecht nach unten und die Kraft P, die die umgebenden Flüssigkeiten auf dM ausüben. Diese Kraft steht senkrecht auf der Flüssigkeitsoberfläche, da keine Reibungskraft wirkt. Die resultierende Kraft F_x (Summe von W und P) für jedes Flüssigkeitsteilchen muß auf der Ebene XX liegen, die mit Horizontale einen Winkel von $\alpha = 30°$ bildet und muß die gemeinsame Beschleunigung a_x hervorrufen. Abb. (b) zeigt diese Vektorbeziehung. Damit können die folgenden Gleichungen aufgestellt werden:

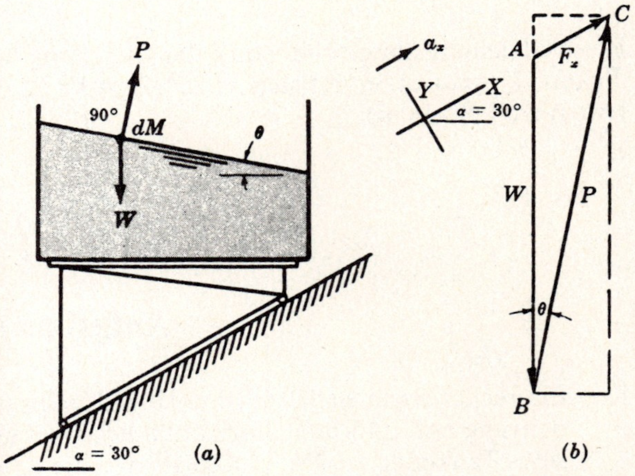

Abb. 4-3

$$(1)\quad F_x = \frac{W}{g} a_x \quad \text{oder} \quad \frac{F_x}{W} = \frac{a_x}{g}$$

$$(2)\quad F_x \sin\alpha = P\cos\theta - W$$

$$(3)\quad F_x \cos\alpha = P\sin\theta \qquad \text{nach dem Vektordiagramm}$$

Multipliziert man (2) mit $\sin\theta$ und (3) mit $\cos\theta$, so ergibt sich

$$F_x \sin\alpha \sin\theta + W\sin\theta - F_x\cos\alpha\cos\theta = 0 \quad \text{und} \quad \frac{F_x}{W} = \frac{\sin\theta}{\cos\alpha\cos\theta - \sin\alpha\sin\theta}$$

Einsetzen in (1) und Vereinfachen führt zu

$$(4)\quad \frac{a_x}{g} = \frac{1}{\cos\alpha \cot\theta - \sin\alpha} \qquad \text{woraus man, da } \alpha = 30°$$

$$(A)\quad \cot\theta = \tan 30° + \frac{g}{a_x \cos 30°} = 0{,}577 + \frac{9{,}80}{3{,}66 \times 0{,}866} = 3{,}68 \text{ und } \theta = 15°12' \qquad \text{erhält.}$$

Beachte: Für eine horizontale Ebene wird $\alpha = 0°$ und Gleichung (4) vereinfacht sich zu $a/g = \tan\theta$, der Gleichung, die für eine horizontal beschleunigte Bewegung angegeben wurde. Beschleunigt man die Ebene hinunter, so kommt vor tan 30° in Gleichung (A) ein Minuszeichen.

5. Ein würfelförmiger Behälter ist mit 1,50 m Öl des rel. spez. Gew. 0,752 gefüllt. Bestimme die Kraft auf die Behälterseiten, (a), wenn eine Beschleunigung von 4,90 m/s² senkrecht nach oben und (b), wenn die Beschleunigung von 4,90 m/s² senkrecht nach unten wirkt.

Lösung:

(a) Abb. 4-4 zeigt die Belastungsverteilung von Seite AB. Bei B beträgt der Druck in kp/m²

$$p_B = wh(1 + \frac{a}{g}) = 0{,}752 \times 1000(1{,}5)(1 + \frac{4{,}9}{9{,}8}) = 1692 \text{ kp/m}^2$$

Kraft P_{AB} = Fläche des Belastungsdiagramms x 1,5 m Länge

$$= (\frac{1}{2} \times 1692 \times 1{,}5)(1{,}5) = 1900 \text{ kp}$$

Eine andere Lösung ist

$$P_{AB} = wh_{cg}A = p_{cg}A = [0{,}752 \times 1000(0{,}75)(1 + \frac{4{,}9}{9{,}8})]\,(1{,}5 \times 1{,}5) = 1900 \text{ kp}$$

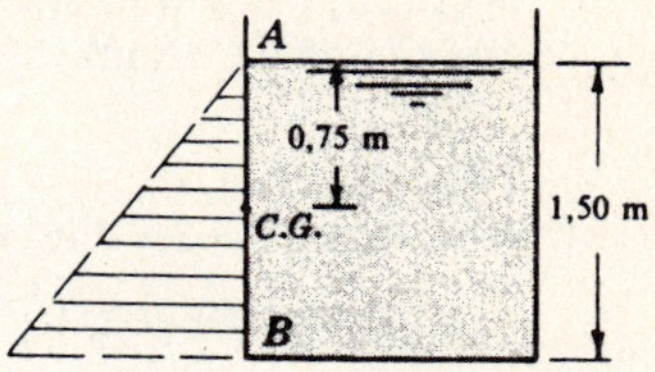

Abb. 4-4

(b) $$P_{AB} = [0{,}752 \times 1000(0{,}75)(1 - \frac{4{,}9}{9{,}8})]\,(1{,}5 \times 1{,}5) = 635 \text{ kp}$$

6. Bestimme den Druck am Boden des Behälters von Aufgabe 5, wenn er mit 9,8 m/s² nach unten beschleunigt wird.

Lösung:

$$p_B = 0{,}752 \times 1000\,(1{,}5)\,(1 - 9{,}8/9{,}8) = 0 \text{ kp/m}^2$$

Deshalb ist der Druck im Innern einer frei fallenden Flüssigkeit an jedem Punkt Null, d. h. gleich dem Druck der umgebenden Atmosphäre. Dieser Schluß ist wichtig für die Betrachtung eines durch Luft fallenden Wasserstromes.

7. Ein offener Behälter, der teilweise mit einer Flüssigkeit gefüllt ist, rotiert mit konstanter Winkelgeschwindigkeit um eine vertikale Achse. Bestimme die Gleichung für die freie Oberfläche der Flüssigkeit, nachdem diese dieselbe Winkelgeschwindigkeit wie der Behälter erreicht hat.

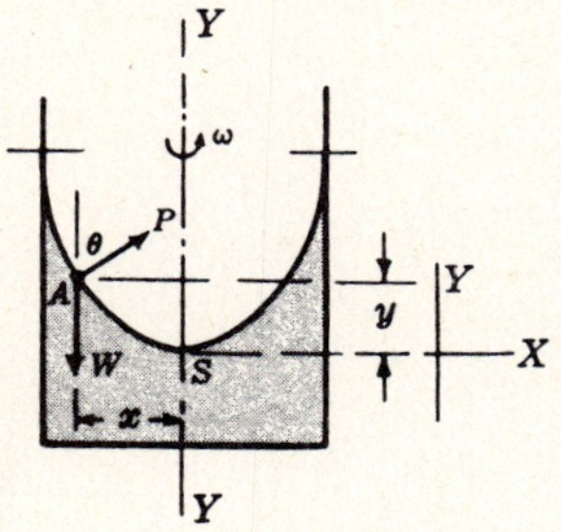

(a)

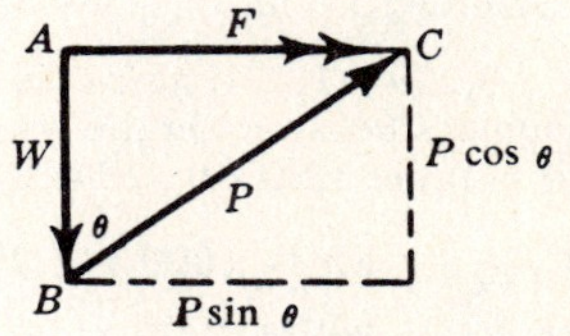

(b)

Abb. 4-5

Lösung:

Abb. (*a*) stellt einen Schritt durch den rotierenden Behälter dar, und jedes Teilchen A befindet sich in einem Abstand x von der Rotationsachse. Als Kräfte wirken auf den Massenpunkt A sein Gewicht W senkrecht nach unten und die Kraft P, die, da keine Reibung existiert, senkrecht auf der Flüssigkeitsoberfläche steht. Die Masse A wird mit $x\omega^2$ in Richtung der Rotationsachse beschleunigt. Die Richtung der aus W und P resultierenden Kraft muß die Richtung der Beschleunigung sein, wie in Abb. (*b*) gezeigt ist.

Nach der Newtonschen Bewegungsgleichung ist $F_x = Ma_x$ oder (*1*) $P \sin\theta = \frac{W}{g} x\omega^2$

Aus $\Sigma Y = 0$ (*2*) $P \cos\theta = W$

Division von (*1*) durch (*2*) führt zu (*3*) $\tan\theta = \frac{x\omega^2}{g}$

θ ist der Winkel zwischen der x-Achse und der Tangente an die Oberflächenschnittkurve in Punkt A (siehe Abb. (*a*)). Die Steigung dieser Tangente ist $\tan\theta$ oder dy/dx. Setzt man das in (*3*) ein, so ergibt sich

$\frac{dy}{dx} = \frac{x\omega^2}{g}$, und

hieraus durch Integration $y = \frac{\omega^2}{2g} x^2 + C_1$

Berechnung der Integrationskonstanten C_1: Bei $x = 0$ ist $y = 0$ und daher $C_1 = 0$.

8. Ein offener zylindrischer Behälter, 2 m hoch und 1 m Durchmesser, enthält 1,50 m Wasser. Der Zylinder rotiert um seine Symmetrieachse. (*a*) Wie groß kann maximal die Winkelgeschwindigkeit werden, ohne daß Wasser verschüttet wird? (*b*) Welche Drücke herrschen auf dem Behälterboden bei *C* und *D*, wenn $\omega = 6{,}00$ rad/s ist?

Lösung:

(*a*) Volumen des Ratationsparaboloids $= \frac{1}{2}$ (Volumen des begrenzenden Zylinders) $= \frac{1}{2}[\frac{1}{4}\pi 1^2 (0{,}5 + y_1)]$

Wird kein Wasser verschüttet, so ist dieses Volumen gleich dem Volumen über dem ursprünglichen Wasserstand *A*-*A*,

oder $\frac{1}{2}[\frac{1}{4}\pi 1^2 (0{,}5 + y_1)] = \frac{1}{4}\pi\ 1^2\ (0{,}5)$

und $y_1 = 0{,}5$ m.

Verallgemeinernd kann man sagen, daß der Schnittpunkt der Flüssigkeitsoberfläche mit der Rotationsachse im gleichen Maße sinkt, wie die Flüssigkeit an den Behälterwänden hochsteigt. Aus dieser Information erhält man die *x*- und *y*-Koordinaten von Punkt *B*, nämlich 0,50 m und 1 m bezüglich des Scheitels *S*. Damit ergibt sich

$$y = \frac{\omega^2}{2g}x^2$$

$$1{,}00 = \frac{\omega^2}{2 \times 9{,}8}(0{,}50)^2$$

und $\omega = 8{,}86$ rad/s.

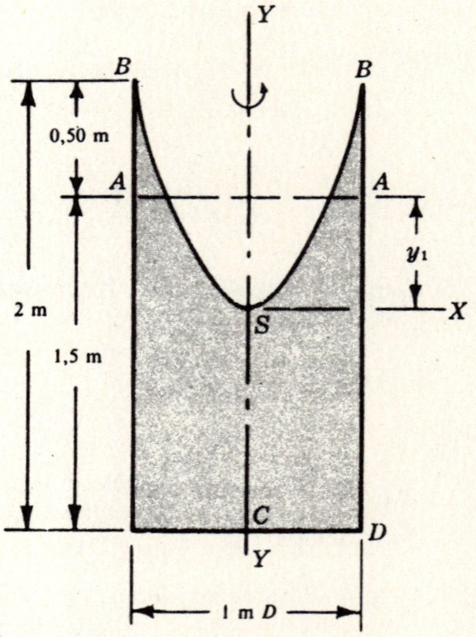

Abb. 4-6

(*b*) Für $\omega = 6{,}00$ rad/s ist

$$y = \frac{\omega^2}{2g}x^2 = \frac{(6)^2}{2(9{,}8)}(0{,}5)^2 = 0{,}458 \text{ m von } S$$

Der Ursprung *S* fällt um $\frac{1}{2}y = 0{,}229$ m und liegt jetzt $1{,}50 - 0{,}229 = 1{,}271$ über dem Boden des Tanks. An den Wänden des Behälters ist die Wassertiefe $1{,}271 + 0{,}458 = 1{,}729$ m (oder $1{,}60 + 0{,}229 = 1{,}729$ m).

In *C*, $p_C = wh = 1000 \times 1{,}271 = 1271$ kp/m²

In *D*, $p_D = wh = 1000 \times 1{,}729 = 1729$ kp/m²

9. Sieh den Behälter in Aufgabe 8 als abgeschlossen an. In dem Luftraum herrsche ein Druck von 1,09 kp/cm². Welche Drükke (in kp/cm²) herrschen in den Punkten *C* und *D* in Abb. 4-7, wenn die Winkelgeschwindigkeit 12,0 rad/s beträgt?

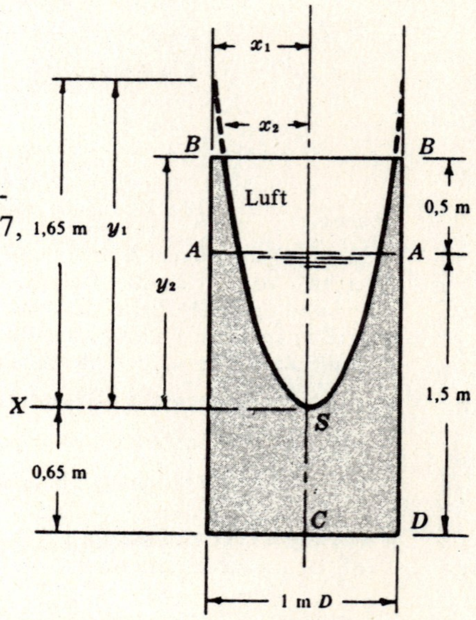

Abb. 4-7

Lösung:

Da sich das Luftvolumen innerhalb des Behälters nicht ändert, gilt:

Volumen oberhalb *A*-*A* = Volumen des Paraboloids

oder (*1*) $\frac{1}{4}\pi\, 1^2 \times 0{,}50 = \frac{1}{2}\pi x_2^2\, y_2$

und (*2*) $y_2 = \frac{(12{,}0)^2}{2(9{,}8)}x_2^2$

Einsetzen von (*2*) in (*1*) ergibt $x_2^4 = 0{,}034$. also ist $x_2 = 0{,}43$ m und $y_2 = 1{,}35$ m.

Nach der Abb. liegt dann *S* $2{,}00 - 1{,}35 = 0{,}65$ m oberhalb von *C*.

Dann ist $p_{C'} = 1{,}09 + wh/10^4 = 1{,}09 + 1000\,(0{,}65)/10^4 = 1{,}155$ kp/cm²

Zur Berechnung des Drucks bei D berechnet man die Druckhöhe y_1 über S und erhält $y_1 = \dfrac{(12{,}0)^2}{2 \times 9{,}8}(0{,}5)^2 = 1{,}65$ m

Damit ergibt sich $p_D' = 1000\,(1{,}65 + 0{,}65)/10^4 + 1{,}09 = 1{,}320$ kp/cm²

10. (*a*) Mit welcher Geschwindigkeit muß sich der Behälter in Aufgabe 9 drehen, damit am Bodenmittelpunkt kein Wasser steht? (*b*) Welche Spannung herrscht im Mantel des Zylinders in Bodenhöhe, wenn er 6 mm dick ist?

Lösung:

(*a*) Scheitel S liegt nun in Punkt C in Abb. 4-7.

Volumen über der Flüssigkeitsoberfläche = Volumen des Paraboloids

oder (*1*) $\frac{1}{4}\pi\, 1^2 \times 0{,}50 = \frac{1}{2}\pi\, x_2^2\,(2{,}00)$

und (*2*) $y_2 = 2{,}00 = \dfrac{\omega^2}{2 \times 9{,}8}\, x_2^2$

Aus (*1*) und (*2*) erhalten wir $\omega^2 = 313{,}6$ und $\omega = 17{,}7$ rad/s.

(*b*) $p_D' = 1{,}09 + \dfrac{wh}{10^4}$, mit $h = y_1 = \dfrac{(17{,}7)^2(0{,}5)^2}{2 \times 9{,}8} = 4{,}0$ m,

$= 1{,}09 + \dfrac{1000 \times 4}{10^4} = 1{,}49$ kp/cm². Spannung in D = $\sigma_D = \dfrac{p'r}{t} = \dfrac{1{,}49 \times 50}{0{,}6} = 124$ kp/cm².

11. Ein geschlossener zylindrischer Behälter, 2 m hoch und 1 m Durchmesser, enthält 1,50 m Wasser. Wieviel des Behälterbodens ist unbedeckt, wenn die Winkelgeschwindigkeit konstant 20 rad/s beträgt?

Lösung:

Um die Parabel, die in Abb. 4-8 eingezeichnet ist, bestimmen zu können, wird zuerst y_3 berechnet. Es ist

$$y_3 = \frac{(20)^2}{2 \times 9{,}8}(0{,}50)^2 = 5{,}10 \text{ m}$$

Die gekrümmte Wasseroberfläche kann jetzt eingezeichnet werden. Wie man sieht, liegt S unterhalb des Bodens. Dann

(*1*) $y_1 = \dfrac{(20)^2}{2 \times 9{,}8}\, x_1^2$

(*2*) $y_2 = 2 + y_1 = \dfrac{(20)^2}{2 \times 9{,}8}\, x_2^2$, und, da das Luftvolumen konstant ist,

(*3*) $\frac{1}{4}\pi\, 1^2 \times 0{,}50$ = Volumen von (Paraboloid SAB-Paraboloid SCD)

$= \frac{1}{2}\pi x_2^2 y_2 - \frac{1}{2}\pi x_1^2 y_1$.

Einsetzen der Werte aus (*1*) und (*2*) ergibt

$$x_1^2 = 0{,}0136 \text{ und } x_1 = 0{,}1166 \text{ m.}$$

Daher beträgt die unbedeckte Fläche $= \pi\,(0{,}1166)^2 = 0{,}0428$ m².

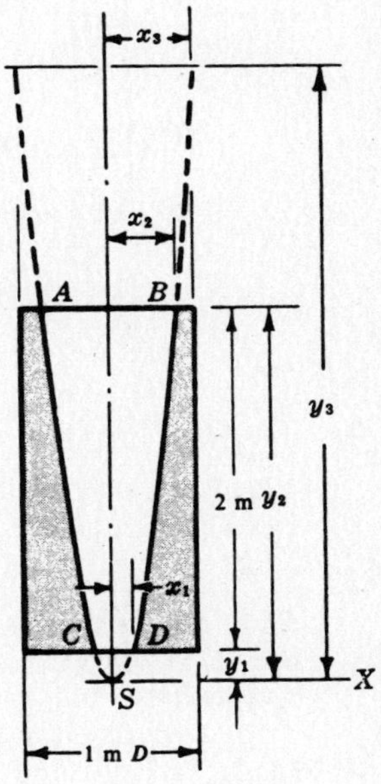

Abb. 4-8

12. Ein Zylinder von 1,80 m Durchmesser und 2,70 m Höhe ist vollgefüllt mit Glyzerin, r. s. G. = 1,60, das an der Oberfläche unter einem Druck von 2,5 kp/cm² steht. Die Stahlplatten, die den Zylinder bilden, sind 13 mm dick und können einer Spannung von 850 kp/cm² widerstehen. Welche maximale Umdrehungszahl pro Minute kann der Zylinder aushalten?

Lösung:

Aus den Daten des Behälters und der Formel für die Ringspannung $\sigma = p'r/t$ ergibt sich

$$p'_A = \sigma t/r = 850\ (1{,}3)/90 = 12{,}30\ \text{kp/cm}^2$$

Da $p'_A = \Sigma$ der Drücke (2,50 kp/cm² vorgegeben + Druck durch 2,70 m Glyzerin verursacht + Druck durch Rotation), ergibt sich:

$$12{,}30 = 2{,}50 + \frac{1{,}60 \times 1000 \times 2{,}70}{10^4} + \frac{\omega^2}{2 \times 9{,}8} \times 0{,}9^2 \times \frac{1{,}60 \times 1000}{10^4}\ \text{kp/cm}^2$$

woraus man $\omega = 37{,}58$ rad/s oder 360 Umdrehungen pro Minute erhält.

Die Druckverhältnisse sind nicht-maßstabsgetreu in Abb. 4-9 graphisch widergegeben. Die Linie *RST* zeigt eine Druckhöhe von 15,6 m Glyzerin über dem Tankdeckel vor der Rotation. Die parabelförmige Druckkurve mit dem Scheitel bei *S* wird durch die konstante Winkelgeschwindigkeit von 37,58 rad/s verursacht. Wäre der Behälter zwar voll aber stünde nicht unter Druck, so läge der Scheitel *S* gerade auf der Innenseite des Behälterdeckels.

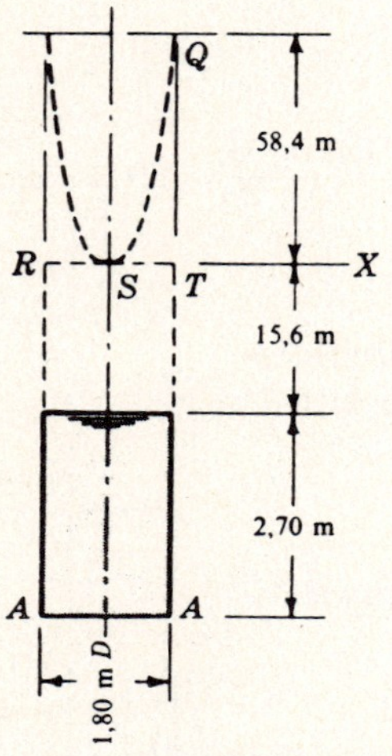

Abb. 4-9

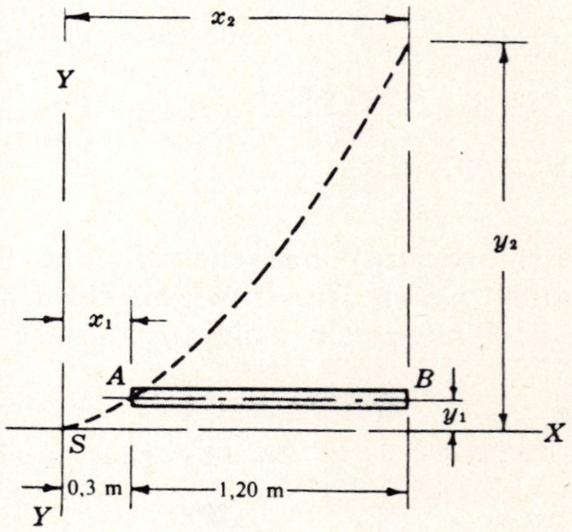

Abb. 4-10

13. Ein 1,20 m langes Rohr von 7,50 cm Durchmesser wird mit Öl des rel. spez. Gew. 0,822 gefüllt und dann verschlossen. In horizontale Lage gebracht läßt man es mit einer Winkelgeschwindigkeit von 27,5 rad/s um eine vertikale Achse rotieren, die 30 cm von einem Rohrende entfernt ist (siehe Abb. 4-10). Wie groß ist der Druck in kp/cm² an dem weiter entfernten Rohrende?

Lösung:

Wie vorher bemerkt, wird der Druck infolge der Rotation über die Länge *AB* hin ansteigen. Der durch die Rotationsgeschwindigkeit angewachsene Druck ist bestrebt, die Flüssigkeit zu komprimieren und damit einen Druckabfall bei *A* zu verursachen. Da aber Flüssigkeiten praktisch inkompressibel sind, wird durch die Rotation der Druck bei *A* weder sinken noch steigen. Der Druck zwischen *A* und *B* wird quadratisch mit dem Abstand von der *YY*-Achse ansteigen.

Um den Druck bei *B* zu bekommen, berechnen wir

$$(1)\quad y_1 = \frac{(27{,}5)^2}{2g} \times 0{,}3^2 = 3{,}47\ \text{m} \qquad (2)\quad y_2 = \frac{(27{,}5)^2}{2g} \times 1{,}5^2 = 86{,}8\ \text{m}$$

und erhalten $$p'_B = 0{,}822(1000)(86{,}8 - 3{,}47)/10^4 = 6{,}85\ \text{kp/cm}^2$$

Ergänzungsaufgaben

14. Ein Behälter ist teilweise mit Wasser gefüllt. Er wird konstant horizontal beschleunigt. Die Neigung der Wasseroberfläche beträgt 30°. Wie groß ist die Beschleunigung des Behälters?
Antwort: 5,66 m/s².

15. Ein offener Tank hat eine Grundfläche von 1,8 m x 1,8 m. Er wiegt 350 kp und enthält 90 cm Wasser. Auf ihn wirkt parallel zu einem Seitenpaar eine resultierende Kraft von 1060 kp. Wie hoch müssen die Seitenwände des Behälters sein, damit kein Wasser verschüttet wird? Wie groß ist die Kraft auf die Seite, bei der sich der höchste Wasserstand befindet?
Antwort: 1,192 m, 1280 kp.

16. Ein offener Behälter ist 9,00 m lang, 1,20 m breit und 1,20 m tief. Er enthält 1,00 m Öl des rel. spez. Gew. 0,822. Er wird gleichmäßig aus der Ruhelage auf eine Geschwindigkeit von 14 m/s beschleunigt. Wie ist die kürzeste Zeit, in der die Beschleunigung möglich ist, ohne daß Öl verschüttet wird?
Antwort: 32,1 s.

17. Ein offener, rechteckiger Tank ist 1,50 m breit, 3,00 m lang und 1,80 m hoch. Er enthält 1,20 m Wasser. Wieviel Wasser wird verschüttet, wenn er horizontal in Längsrichtung mit 4,90 m/s² beschleunigt wird?
Antwort: 0,675 m³.

18. Wie stark muß der Behälter aus der vorhergehenden Aufgabe beschleunigt werden, damit die Wassertiefe an der Vorderseite 0 m beträgt?
Antwort: 5,88 m/s².

19. Ein offener Wasserbehälter wird mit 4,90 m/s² eine um 15° geneigte Ebene hinab beschleunigt. Wie ist die Steigung der Wasseroberfläche?
Antwort: 23°9'.

20. Ein Behälter, der Öl des rel. spez. Gew. 0,762 enthält, bewegt sich unter einer Beschleunigung von + 2,45 m/s² senkrecht nach oben. Wie ist der Druck in einer Tiefe von 180 cm?
Antwort: 1715 kp/m².

21. Wie ist der Druck in einer Tiefe von 180 cm, wenn die Beschleunigung in Aufgabe 20 – 2,45 m/s² beträgt?
Antwort: 1029 kp/m².

22. Eine aufwärts gerichtete Kraft von 30 kp beschleunigt ein Wasservolumen von 45 l. Das Wasser steht 90 cm hoch in einem zylindrischen Behälter. Wie groß ist die Kraft auf den Behälterboden?
Antwort: 75 kp.

23. Ein offener zylindrischer Behälter hat einen Durchmesser von 120 cm, ist 180 cm tief und mit Wasser gefüllt. Er rotiert mit 60 Umdrehungen pro Minute um seine Symmetrieachse. Wieviel Flüssigkeit wird verschüttet, und wie tief steht das Wasser an der Symmetrieachse?
Antwort: 0,410 m³, 1,074 m.

24. Mit welcher Geschwindigkeit muß der Behälter in Aufgabe 23 rotieren, damit am Bodenmittelpunkt des Behälters die Wassertiefe Null ist?
Antwort: 9,90 rad/s.

25. Ein geschlossener Behälter von 60 cm Durchmesser ist vollständig mit Wasser gefüllt. Wie stark wird der Druck an der Seitenlinie des Behälterdeckels ansteigen, wenn dieser mit 1200 Umdrehungen pro Minute rotiert.
Antwort: 7,25 kp/cm².

26. Ein offener Behälter von 46 cm Durchmesser ist mit Wasser gefüllt. Er rotiert so schnell um seine vertikale Achse, daß die Wasseroberfläche in 10 cm Entfernung von der Symmetrieachse einen Winkel von 40° mit der Horizontalen bildet. Berechne die Rotationsgeschwindigkeit.
Lösung: 9,07 rad/s.

27. Ein U-Rohr mit rechtwinkligen Krümmungen ist 32 cm breit und enthält Quecksilber. Dieses steht 24 cm in jedem Schenkel, wenn das Rohr ruht. Mit welcher Geschwindigkeit muß das Rohr um eine Achse, die sich 8 cm von einem Schenkel befindet, rotieren, damit man in diesem Schenkel kein Quecksilber mehr hat?
Antwort: 15,65 rad/s.

28. Ein Rohr von 5 cm Durchmesser und 2 m Länge wird unter einem Druck von 0,88 kp/cm² mit Wasser gefüllt und dann verschlossen. In waagerechte Stellung gebracht läßt man es mit 3 rad/s um eine vertikale Achse durch ein Ende rotieren. Wie groß ist der Druck am anderen Ende?
Antwort: 9412 kp/m².

29. Das Laufrad einer geschlossenen Kreiselpumpe hat 1,50 m Durchmesser und rotiert mit 1500 Umdrehungen pro Minute. Wie ist die Druckhöhe infolge der Rotation, wenn das Gehäuse mit Wasser gefüllt ist?
Antwort: 700 m.

KAPITEL 5

Dimensionsanalyse und strömungsmechanische Ähnlichkeit

EINFÜHRUNG

Mathematische Theorie und experimentelle Daten haben zu praktischen Lösungen vieler Hydraulikprobleme geführt. Heute werden wichtige hydraulische Anlagen nur nach ausgiebigen Modellversuchen konstruiert und gebaut. Die Anwendung der Dimensionsanalyse und die Grundsätze der strömungsmechanischen Ähnlichkeit setzen den Ingenieur in die Lage, Experimente zu planen und so zu vereinfachen, daß die Ergebnisse gut analysiert werden können.

DIMENSIONSANALYSE

Die Dimensionsanalyse ist die Mathematik der Dimensionen physikalischer Größen. Sie ist ein brauchbares Werkzeug der modernen Strömungslehre. In einer Gleichung, die einen physikalischen Zusammenhang zwischen Größen ausdrückt, müssen auf beiden Seiten Zahlenwerte und Dimensionen gleich sein. Im allgemeinen können alle diese physikalischen Beziehungen auf Beziehungen zwischen den Grundgrößen Kraft F, Länge L und Zeit T (oder Masse M, Länge L, Zeit T) zurückgeführt werden. Anwendungen umfassen (*1*) Umwandlung eines Einheitensystems in ein anderes, (*2*) Aufstellen von Gleichungen, (*3*) Reduzierung der Anzahl der Variablen, die für ein experimentelles Programm benötigt werden und (*4*) die Festlegung der Grundprinzipien für die Modellkonstruktion.

Das Pi-Theorem von Buckingham wird in den Aufgaben 13-17 beschrieben und erläutert.

MODELLE

Unter Modellen versteht man im allgemeinen sowohl echte als auch verzerrte Modelle. Echte Modelle haben all die charakteristischen Eigenschaften des maßstabsgetreu nachgebauten Vorbildes (geometrisch ähnlich) und genügen den Konstruktionsanforderungen (kinematische und dynamische Ähnlichkeit). Vergleiche zwischen Modell und Großausführung haben klar gezeigt, daß die Übereinstimmung im Verhalten oft weit besser als erwartet ist. Das bestätigen die gelungenen Konstruktionen, die nach Modellversuchen gebaut wurden, immer wieder.

GEOMETRISCHE ÄHNLICHKEIT

Geometrische Ähnlichkeit besteht zwischen Modell und Großausführung (im folgenden häufig Prototyp genannt), wenn die Verhältnisse aller sich entsprechenden Dimensionen in Modell und Prototyp gleich sind. Man kann solche Verhältnisse (ratios) z. B. so schreiben:

$$\frac{L_{\text{modell}}}{L_{\text{prototyp}}} = L_{\text{ratio}} \quad \text{oder} \quad \frac{L_m}{L_p} = L_r \tag{1}$$

und

$$\frac{A_{\text{modell}}}{A_{\text{prototyp}}} = \frac{L^2_{\text{modell}}}{L^2_{\text{prototyp}}} = L^2_{\text{ratio}} = L^2_r \tag{2}$$

KINEMATISCHE ÄHNLICHKEIT

Modell und Großausführung sind sich kinematisch ähnlich, wenn (*1*) die Wege von sich homolog bewegenden Teilen geometrisch ähnlich sind, und wenn (*2*) die Geschwindigkeitsverhältnisse der homologen Teile gleich sind. Ein paar nützliche Verhältnisse folgen.

Geschwindigkeit: $$\frac{V_m}{V_p} = \frac{L_m/T_m}{L_p/T_p} = \frac{L_m}{L_p} : \frac{T_m}{T_p} = \frac{L_r}{T_r} \qquad (3)$$

Beschleunigung: $$\frac{a_m}{a_p} = \frac{L_m/T_m^2}{L_p/T_p^2} = \frac{L_m}{L_p} : \frac{T_m^2}{T_p^2} = \frac{L_r}{T_r^2} \qquad (4)$$

Volumenstrom: $$\frac{Q_m}{Q_p} = \frac{L_m^3/T_m}{L_p^3/T_p} = \frac{L_m^3}{L_p^3} : \frac{T_m}{T_p} = \frac{L_r^3}{T_r} \qquad (5)$$

DYNAMISCHE ÄHNLICHKEIT

Dynamische Ähnlichkeit besteht zwischen geometrisch und kinematisch ähnlichen Systemen, wenn die Verhältnisse aller homologen Kräfte in Modell und Prototyp gleich sind.

Die Bedingung für vollständige Ähnlichkeit wird aus der Newtonschen Bewegungsgleichung abgeleitet, $\Sigma F_x = M a_x$. Als Kräfte wirken einzelne (oder eine Kombination) der folgenden: Reibungskräfte, Druckkräfte, Schwerkräfte, Oberflächenspannungskräfte, und Elastizitätskräfte. Es ergibt sich das folgende Verhältnis zwischen Kräften in Modell und Großausführung:

$$\frac{\Sigma \text{ Kräfte von (Viskosität + Druck + Gravitation + Oberflächenspannung + Elastizität)}_m}{\Sigma \text{ Kräfte von (Viskosität + Druck + Gravitation + Oberflächenspannung + Elastizität)}_p} = \frac{M_m a_m}{M_p a_p}$$

VERHÄLTNIS DER TRÄGHEITSKRÄFTE

Das Verhältnis der Trägheitskräfte wird in der folgenden Form entwickelt:

$$F_r = \frac{\text{Kraft}_{modell}}{\text{Kraft}_{prototyp}} = \frac{M_m a_m}{M_p a_p} = \frac{\rho_m L_m^3}{\rho_p L_p^3} \times \frac{L_r}{T_r^2} = \rho_r L_r^2 \left(\frac{L_r}{T_r}\right)^2$$

$$F_r = \rho_r L_r^2 V_r^2 = \rho_r A_r V_r^2 \qquad (6)$$

Diese Gleichung drückt das allgemeine Gesetz der dynamischen Ähnlichkeit zwischen Modell und Prototyp aus und wird Newtonsche Gleichung genannt.

TRÄGHEITSKRAFT – DRUCKKRAFT-VERHÄLTNIS

Das Verhältnis von Trägheitskraft zu Druckkraft (*Euler-Zahl*) lautet (mit $T = L/V$)

$$\frac{M a}{p A} = \frac{\rho L^3 \times L/T^2}{p L^2} = \frac{\rho L^4 (V^2/L^2)}{p L^2} = \frac{\rho L^2 V^2}{p L^2} = \frac{\rho V^2}{p} \qquad (7)$$

TRÄGHEITSKRAFT – ZÄHIGKEITSKRAFT-VERHÄLTNIS

Das Verhältnis von Trägheitskraft zu Zähigkeitskraft *(Reynolds-Zahl)* ergibt sich zu

$$\frac{M a}{\tau A} = \frac{M a}{\mu \left(\frac{dV}{dy}\right) A} = \frac{\rho L^2 V^2}{\mu \left(\frac{V}{L}\right) L^2} = \frac{\rho V L}{\mu} \qquad (8)$$

TRÄGHEITSKRAFT – SCHWERKRAFT-VERHÄLTNIS

Als Verhältnis aus Trägheitskraft und Schwerkraft ergibt sich

$$\frac{M\,a}{M\,g} = \frac{\rho\,L^2\,V^2}{\rho\,L^3\,g} = \frac{V^2}{L\,g} \tag{9}$$

Die Quadratwurzel aus diesem Verhältnis, $\frac{V}{\sqrt{L\,g}}$, ist als *Froude-Zahl* bekannt.

TRÄGHEITSKRAFT – ELASTISCHE KRAFT-VERHÄLTNIS

Das Verhältnis aus Trägheitskraft und elastischer Kraft (*Cauchy-Zahl*) ist:

$$\frac{M\,a}{E\,A} = \frac{\rho\,L^2\,V^2}{E\,L^2} = \frac{\rho\,V^2}{E} \tag{10}$$

Die Quadratwurzel aus diesem Verhältnis, $\frac{V}{\sqrt{E/\rho}}$, ist als *Mach-Zahl* bekannt.

TRÄGHEITSKRAFT – OBERFLÄCHENSPANNUNGSKRAFT-VERHÄLTNIS

Als Verhältnis von Trägheitskraft und Oberflächenspannungskraft (*Weber-Zahl*) erhält man:

$$\frac{M\,a}{\sigma\,L} = \frac{\rho\,L^2\,V^2}{\sigma\,L} = \frac{\rho\,L\,V^2}{\sigma} \tag{11}$$

Im allgemeinen beschäftigt sich der Ingenieur mit der Wirkung der vorherrschenden Kraft. In den meisten Strömungsproblemen sind Schwerkraft, Viskosität und Elastizität bestimmend, aber nicht notwendig alle gleichzeitig. Die Aufgaben in diesem Buch werden Fälle behandeln, bei denen eine vorherrschende Kraft das Strömungsverhalten bestimmt, während die übrigen Kräfte vernachlässigbare oder sich kompensierende Effekte hervorrufen. Bestimmen mehrere Kräfte gemeinsam das Strömungsverhalten, so wird das Problem unübersichtlich und geht über den Rahmen dieses Buches hinaus. Aufgaben 21 und 24 deuten Lösungsmöglichkeiten an.

ZEITVERHÄLTNISSE

Die Zeitverhältnisse für die Fälle, in denen das Strömungsverhalten im wesentlichen durch Viskosität, Schwerkraft, Oberflächenspannung und Elastizität bestimmt ist, lauten der Reihe nach:

$$T_r = \frac{L_r^2}{\nu_r} \qquad \text{(siehe Aufgabe 20)} \tag{12}$$

$$T_r = \sqrt{\frac{L_r}{g_r}} \qquad \text{(siehe Aufgabe 18)} \tag{13}$$

$$T_r = \sqrt{L_r^3 \times \frac{\rho_r}{\sigma_r}} \tag{14}$$

$$T_r = \frac{L_r}{\sqrt{E_r/\rho_r}} \tag{15}$$

Aufgaben mit Lösungen

1. Drücke die folgenden Größen (*a*) mit Hilfe von Kraft F, Länge L und Zeit T aus und (*b*) mit Hilfe von Masse M, Länge L und Zeit T.

Lösung:

	Größe	*Symbole*	(*a*) *F-L-T*	(*b*) *M-L-T*
(*a*)	Fläche A in m^2	A	L^2	L^2
(*b*)	Volumen v in m^3	v	L^3	L^3
(*c*)	Geschwindigkeit V in m/s	V	LT^{-1}	LT^{-1}
(*d*)	Beschleunigung a oder g in m/s^2	a, g	LT^{-2}	LT^{-2}
(*e*)	Winkelgeschwindigkeit ω in rad/s	ω	T^{-1}	T^{-1}
(*f*)	Kraft F in kp	F	F	MLT^{-2}
(*g*)	Masse M in kp s^2/m	M	FT^2L^{-1}	M
(*h*)	Spezifisches Gewicht w in kp/m^3	w	FL^{-3}	$ML^{-2}T^{-2}$
(*i*)	Dichte ρ in kp s^2/m^4	ρ	FT^2L^{-4}	ML^{-3}
(*j*)	Druck p in kp/m^2	p	FL^{-2}	$ML^{-1}T^{-2}$
(*k*)	Dynamische Viskosität μ in kp s/m^2	μ	FTL^{-2}	$ML^{-1}T^{-1}$
(*l*)	Kinematische Viskosität ν in m^2/s	ν	L^2T^{-1}	L^2T^{-1}
(*m*)	Kompressionsmodul E in kp/m^2	E	FL^{-2}	$ML^{-1}T^{-2}$
(*n*)	Leistung P in kp m/s	P	FLT^{-1}	ML^2T^{-3}
(*o*)	Drehmoment T in kp m	T	FL	ML^2T^{-2}
(*p*)	Volumenstrom Q in m^3/s	Q	L^2T^{-1}	L^3T^{-1}
(*q*)	Schubspannung τ in kp/m^2	τ	FL^{-2}	$ML^{-1}T^{-2}$
(*r*)	Oberflächenspannung σ in kp/m	σ	FL^{-1}	MT^{-2}
(*s*)	Gewicht W in kp	W	F	MLT^{-2}
(*t*)	Gewichtsstrom W in kp/s	W	FT^{-1}	MLT^{-3}

2. Stelle eine Gleichung für den Weg auf, den ein frei fallender Körper in der Zeit T zurücklegt. Nimm an, daß der Weg vom Gewicht des Körpers, der Erdbeschleunigung und der Zeit abhängt.

Lösung:

$$\text{Weg} \quad s = f(W, g, T)$$

oder

$$s = K\, W^a\, g^b\, T^c$$

mit einem dimensionslosen Koeffizienten K, der im allgemeinen experimentell bestimmt werden muß.

Diese Gleichung muß dimensionsmäßig homogen sein, das heißt, die Exponenten aller Größen müssen auf beiden Seiten der Gleichung übereinstimmen. Wir können schreiben:

$$F^0\, L^1\, T^0 = (F^a)\,(L^b\, T^{-2b})\,(T^c)$$

Durch jeweiliges Gleichsetzen der Exponenten von F, L und T erhalten wir $0 = a$, $1 = b$ und $0 = -2b + c$, woraus sich $a = 0$, $b = 1$ und $c = 2$ ergibt. Eingesetzt erhält man

$$s = K\, W^0\, g\, T^2 \qquad \text{oder} \qquad s = K\, g\, T^2$$

Beachte, daß der Exponent des Gewichts Null ist. Das bedeutet, daß der Weg unabhängig vom Gewicht ist. Der Faktor K muß aus physikalischen Überlegungen und/oder experimentell bestimmt werden.

3. Die *Reynolds-Zahl* ist eine Funktion von Dichte, Viskosität und Geschwindigkeit der Flüssigkeit und von einer charakteristischen Länge. Bestimme die Beziehung für die *Reynolds-Zahl* durch Dimensionsanalyse.

Lösung:

$$R_E = f(\rho, \mu, V, L)$$

oder

$$R_E = K\, \rho^a\, \mu^b\, V^c\, L^d$$

Dann gilt für die Dimensionen $F^0\, L^0\, T^0 = (F^a\, T^{2a}\, L^{-4a})\,(F^b\, T^b\, L^{-2b})\,(L^c\, T^{-c})\,(L^d)$

Gleichsetzen der Exponenten von F, L und T liefert

$$0 = a + b, \quad 0 = -4a - 2b + c + d, \quad 0 = 2a + b - c$$

woraus wir $a = -b,\ c = -b,\ d = -b$ erhalten. Einsetzen führt zu

$$R_E = K\, \rho^{-b}\, \mu^b\, V^{-b}\, L^{-b} = K\left(\frac{V L \rho}{\mu}\right)^{-b}$$

Die Werte für K und b müssen aus physikalischen Betrachtungen und/oder aus Experimenten bestimmt werden. Hier ist $K = 1$ und $b = -1$.

4. Schreibe für eine ideale Flüssigkeit den Volumenstrom Q aus einer Öffnung als Funktion der Flüssigkeitsdichte, des Öffnungsdurchmessers und der Druckdifferenz.

Lösung:

$$Q = f(\rho, p, d)$$

oder

$$Q = K\, \rho^a\, p^b\, d^c$$

Dann gilt für die Dimensionen $F^0\, L^3\, T^{-1} = (F^a\, T^{2a}\, L^{-4a})(F^b\, L^{-2b})(L^c)$

und $0 = a + b, \quad 3 = -4a - 2b + c, \quad -1 = 2a$

woraus man $a = -\frac{1}{2},\ b = \frac{1}{2},\ c = 2$ erhält. Einsetzen:

$$Q = K\, \rho^{-1/2}\, p^{1/2}\, d^2$$

oder

$$Q\ (\text{idéal}) = K\, d^2 \sqrt{p/\rho}$$

Den Faktor K erhält man experimentell oder durch physikalische Überlegungen.

Für eine Öffnung an der Behälterseite in Höhe h ist $p = w\, h$. Dann bekommt man mit $K = \sqrt{2}(\pi/4)$ die bekannte Ausflußformel (Kapitel 9)

$$Q\ (\text{ideal}) = \sqrt{2}\,(\pi/4)\, d^2 \sqrt{wh/\rho}$$

und, da $g = w/\rho$,

$$Q\ (\text{ideal}) = \tfrac{1}{4}\pi\, d^2 \sqrt{2g\, h}$$

5. Bestimme den dynamischen Druck einer strömenden inkompressiblen Flüssigkeit auf einen eingetauchten Körper unter der Annahme, daß der Druck eine Funktion von Dichte und Geschwindigkeit ist.

Lösung:

$$p = f(\rho, V)$$

oder

$$p = K\, \rho^a\, V^b$$

Dann gilt für die Dimensionen $F^1\, L^{-2}\, T^0 = (F^a\, T^{2a}\, L^{-4a})\,(L^b\, T^{-b})$

und $1 = a,\ -2 = -4a + b,\ 0 = 2a - b$, oder $a = 1,\ b = 2$. Einsetzen liefert

$$p = K\, \rho\, V^2$$

6. Nimm an, daß die Leistung einer Pumpe eine Funktion des spezifischen Gewichtes der Flüssigkeit, des Volumenstroms (in m^3/s) und der Pumphöhe ist. Stelle durch Dimensionsanalyse eine Gleichung dafür auf.

Lösung:

$$P = f(w,\ Q,\ H)$$

oder

$$P = K\ w^a\ Q^b\ H^c$$

Dann gilt für die Dimensionen $\quad F^1\ L^1\ T^{-1} = (F^a\ L^{-3a})(L^{3b}\ T^{-b})(L^c)$

$1 = a,\ 1 = -3a + 3b + c,\ -1 = -b,$ und $a = 1,\ b = 1,\ c = 1$. Einsetzen liefert

$$P = K\ w\ Q\ H$$

7. Ein Projektil wird unter dem Winkel θ mit der Anfangsgeschwindigkeit V abgeschossen. Bestimme die Reichweite R auf der Horizontalen unter der Annahme, daß R von V, θ und g abhängt.

Lösung: $$R = f(V,\ g,\ \theta) = K\ V^a\ g^b\ \theta^e \qquad (A)$$

Dimensionen: $$L^1 = (L^a\ T^{-a})\ (L^b\ T^{-2b}) \qquad (B)$$

Da θ dimensionslos ist, taucht der Winkel nicht in (B) auf.

Für a und b erhält man $a = 2$ und $b = -1$. Einsetzen liefert $R = K\ V^2/g$. Natürlich ist diese Gleichung unbefriedigend, da in ihr der Winkel θ nicht explizit vorkommt. Aufgabe 8 wird zeigen, wie man zu einer Lösung kommen kann.

8. Löse Aufgabe 7 unter Verwendung der Vektorschreibweise.

Lösung:

In Fällen einer zweidimensionalen Bewegung kann man X- und Y-Komponenten einführen, um eine vollständigere Analyse zu ermöglichen. Dann kann man Zeile (A) in Aufgabe 7 schreiben als

$$R_x = K\ V_x^a\ V_y^b\ g_y^c\ \theta^d \qquad (C)$$

und dimensionsmäßig $\quad L_x^1 = (L_x^a\ T^{-a})\ (L_y^b\ T^{-b})\ (L_y^c\ T^{-2c})$

woraus sich ergibt:

$L_x\ :\ 1 = a$

$T\ :\ 0 = -a - b - 2c$

$L_y\ :\ 0 = b + c$

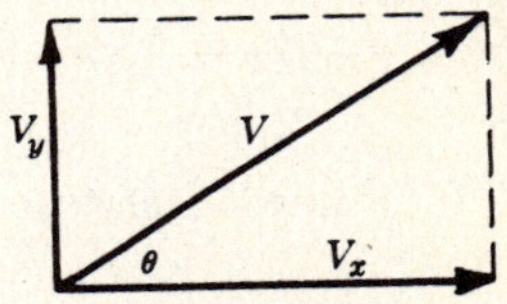

Abb. 5-1

Dann ist $a = 1$, $b = 1$ und $c = -1$. Einsetzen in (C):

$$R = K\left(\frac{V_x\ V_y}{g}\right) \qquad (D)$$

Dem Vektordiagramm entnimmt man $\cos\theta = V_x/V$, $\sin\theta = V_y/V$ und $\cos\theta\ \sin\theta = V_x\ V_y/V^2$. Einsetzen in (D):

$$R = K\ \frac{V^2\ \cos\theta\ \sin\theta}{g} = K\ \frac{V^2\ \sin 2\theta}{2g} \qquad (E)$$

In der Statik schreibt man R gewöhnlich als $\dfrac{V^2\ \sin 2\theta}{g}$. Daher ist $K = 2$ in Gleichung (E).

9. Nimm an, daß die Widerstandskraft, die eine strömende Flüssigkeit auf einen Körper ausübt, eine Funktion von Dichte, Viskosität und Geschwindigkeit der Flüssigkeit und einer charakteristischen Länge des Körpers ist. Stelle eine allgemeine Gleichung auf.

Lösung:

$$F = f(\rho,\ \mu,\ L,\ V)$$

oder

$$F = K\ \rho^a\ \mu^b\ L^c\ V^d$$

dann $$F^1 L^0 T^0 = (F^a T^{2a} L^{-4a})(F^b T^b L^{-2b})(L^c)(L^d T^{-d})$$

und $1 = a + b, \; 0 = -4a - 2b + c + d, \; 0 = 2a + b - d.$

Man sollte beachten, daß hier mehr unbekannte Exponenten als Gleichungen vorhanden sind. Eine Methode, das Problem anzugehen, besteht darin, daß man drei Unbekannte mit Hilfe einer vierten Unbekannten ausdrückt. Drückt man a, c und d mit Hilfe von b aus, so ergibt sich

$$a = 1 - b, \quad d = 2 - b, \quad c = 2 - b$$

und durch Einsetzen $$F = K \rho^{1-b} \mu^b L^{2-b} V^{2-b}$$

Um diese Gleichung in der üblichen Form auszudrücken, multiplizieren wir sie mit 2/2 und stellen die Terme wie folgt um:

$$F = 2K\rho\left(\frac{V L \rho}{\mu}\right)^{-b} L^2 \frac{V^2}{2}$$

Berücksichtigt man, daß $\dfrac{V L \rho}{\mu}$ die *Reynolds-Zahl* ist, und daß L^2 eine Fläche darstellt, so erhält man

$$F = [2K R_E^{-b}]\, \rho A \frac{V^2}{2} \qquad \text{oder} \qquad F = C_D \rho A \frac{V^2}{2}$$

10. Stelle einen Ausdruck für die Schubspannung bei einer Rohrströmung unter der Annahme auf, daß die Spannung eine Funktion von Durchmesser und Rauhigkeit des Rohres und von Dichte, Viskosität und Geschwindigkeit der Flüssigkeit ist.

Lösung: $$\tau = f(V, d, \rho, \mu, K)$$

oder $$\tau = C\, V^a d^b \rho^c \mu^d K^e$$

Die Oberflächenrauhigkeit K wird gewöhnlich als Verhältnis ϵ/d von Größe der Oberflächenunebenheiten zu Rohrdurchmesser angegeben. Es ist eine dimensionslose Zahl.

Dann $$F^1 L^{-2} T^0 = (L^a T^{-a})(L^b)(F^c T^{2c} L^{-4c})(F^d T^d L^{-2d})(L^e/L^e)$$

und $1 = c + d, \; -2 = a + b - 4c - 2d + e - e, \; 0 = -a + 2c + d.$ Die Unbekannten kann man mit Hilfe von d ausdrücken:

$$c = 1 - d, \; a = 2 - d, \quad b = -d$$

Einsetzen: $$\tau = C\, V^{2-d} d^{-d} \rho^{1-d} \mu^d K^e$$

Umstellen führt zu $$\tau = C\left(\frac{V d \rho}{\mu}\right)^{-d} K^e V^2 \rho$$

oder $$\tau = (C' R_E^{-d})\, V^2 \rho$$

11. Stelle einen Ausdruck für die Verlusthöhe in einem horizontalen Rohr bei turbulenter, inkompressibler Strömung auf.

Lösung:

Für jede Flüssigkeit läßt sich die Verlusthöhe durch den Abfall in der Drucklinie darstellen. Sie ist ein Maß für den Strömungswiderstand im Rohr. Der Widerstand ist eine Funktion von Rohrdurchmesser, Viskosität und Dichte der Flüssigkeit, Rohrlänge, Strömungsgeschwindigkeit und der Rauhigkeit K des Rohres. Wir können schreiben

$$(p_1 - p_2) = f(d, \mu, \rho, L, V, K)$$

oder $$(p_1 - p_2) = C\, d^a \mu^b \rho^c L^d V^e (\epsilon/d)^f$$

Aus experimentellen Beobachtungen weiß man, daß der Längenexponent eins ist. Der Wert für K wird gewöhnlich als Verhältnis von Größe der Oberflächenunebenheiten ϵ zu Durchmesser d des Rohres angegeben. K ist dann eine dimensionslose Zahl. Wir können dann schreiben:

$$F^1 L^{-2} T^0 = (L^a)(F^b T^b L^{-2b})(F^c T^{2c} L^{-4c})(L^1)(L^e T^{-e})(L^f/L^f)$$

und $1 = b + c$, $-2 = a - 2b - 4c + 1 + e + f - f$, $0 = b + 2c - e$, Hiernach kann man a, b und c als Funktion von e ausdrücken

$$c = e - 1, \quad b = 2 - e, \quad a = e - 3$$

Einsetzen in (*1*) liefert $\quad (p_1 - p_2) = C\, d^{e-3}\, \mu^{2-e}\, \rho^{e-1}\, L^1\, V^e\, (e/d)^f$

Division der linken Seite der Gleichung durch w und der rechten Seite durch den entsprechenden Wert ρg ergibt

$$\frac{p_1 - p_2}{w} = \text{Verlusthöhe} = \frac{C\,(\epsilon/d)^f\, L\,(d^{e-3}\, V^e\, \rho^{e-1}\, \mu^{2-e})}{\rho\, g}$$

woraus sich durch erweitern mit 2 ergibt:

$$\text{Verlusthöhe} \quad = \quad 2\,C\left(\frac{\epsilon}{d}\right)^f \frac{L}{d}\,\frac{V^2}{2g}\left[\frac{d^{e-2}\, V^{e-2}\, \rho^{e-2}}{\mu^{e-2}}\right]$$

$$= \quad K'\,(R_E^{e-2})\left(\frac{L}{d}\right)\left(\frac{V^2}{2g}\right) \quad = \quad f\,\frac{L}{d}\,\frac{V^2}{2g} \quad \text{(Darcy-Formel)}$$

12. Stelle eine Formel für die Leistungsaufnahme eines Propellers auf unter der Annahme, daß die Leistung eine Funktion von Luftdichte, Durchmesser und Geschwindigkeit des Luftstrahls, Rotationsgeschwindigkeit, dynamischer Viskosität und Schallgeschwindigkeit ist.

Lösung: $\quad \text{Leistung} = K\, \rho^a\, d^b\, V^c\, \omega^d\, \mu^e\, c^f$

und, unter Benutzung von Masse, Länge und Zeit als Grundeinheiten

$$M\,L^2\,T^{-3} \;=\; (M^a\,L^{-3a})(L^b)(L^c\,T^{-c})(T^{-d})(M^e\,L^{-e}\,T^{-e})(L^f\,T^{-f})$$

Dann ist
$$\begin{aligned} 1 &= a + e & \qquad \text{und daraus} \quad a &= 1 - e \\ 2 &= -3a + b + c - e + f & b &= 5 - 2e - c - f \\ -3 &= -c - d - e - f & d &= 3 - c - e - f \end{aligned}$$

Einsetzen: $\quad \text{Leistung} = K\, \rho^{1-e}\, d^{5-2e-c-f}\, V^c\, \omega^{3-c-e-f}\, \mu^e\, c^f$

Umstellen und Zusammenfassung der Terme mit gleichen Exponenten führt zu

$$\text{Leistung} = K\left[\left(\frac{\rho\, d^2\, \omega}{\mu}\right)^{-e} \left(\frac{d\,\omega}{V}\right)^{-c} \left(\frac{d\,\omega}{c}\right)^{-f}\right] \omega^3\, d^5\, \rho$$

Eine Untersuchung der einzelnen Terme in Klammern zeigt, daß sie alle dimensionslos sind. Den ersten Term kann man als *Reynolds-Zahl* schreiben, da Geschwindigkeit = Radius x Winkelgeschwindigkeit. Der zweite Term ist eine Propeller-Verhältniszahl, während der dritte Term (Geschwindigkeit zu Schallgeschwindigkeit) die *Mach-Zahl* ist. Durch Zusammenfassung dieser Zahlen ergibt sich

$$\text{Leistung} \;=\; C'\, \rho\, \omega^3\, d^5$$

13. Skizziere, wie man bei der Anwendung des Pi-Theorems von Buckingham vorgeht.

Einführung:

Beträgt die Anzahl der physikalischen Größen oder Variablen vier oder mehr, so gibt einem das Pi-Theorem ein exellentes Werkzeug in die Hand, diese Größen in die kleinste Anzahl signifikanter, dimensionsloser Terme zusammenzufassen, mit Hilfe derer man dann eine Gleichung berechnen kann. Die dimensionslosen Terme nennt man Pi-Terme. Mathematisch läßt sich das so ausdrücken:

Hat man n physikalische Größen q (wie Geschwindigkeit, Dichte, Viskosität, Druck, Fläche), für die eine Beziehung

$$f_1\,(q_1, q_2, q_3, \ldots, q_n) \;=\; 0$$

besteht, und gibt es k physikalische Grundgrößen (wie Kraft, Länge und Zeit oder Masse, Länge und Zeit), so kann man den obigen Ausdruck durch eine Gleichung der folgenden Form ersetzen:

$$\Phi(\pi_1, \pi_2, \pi_3, \ldots, \pi_{n-k}) = 0$$

wobei jeder einzelne π-Term von höchstens (k + 1) physikalischen Größen q abhängt, und alle π-Terme unabhängig, dimensionslos und einfache Funktionen der Größen q sind.

Verfahren:

1. Stelle eine Liste der n physikalischen Größen q auf, die für ein spezielles Problem wichtig sind, notiere ihre Dimensionen und die Anzahl k der Grundgrößen. Dann gibt es $(n\text{-}k)$ π-Terme.
2. Wähle k dieser physikalischen Größen aus (keine dimensionslos und nicht zwei mit denselben Dimensionen). Alle Grundgrößen müssen zusammen in den gewählten Bezugsgrößen enthalten sein.
3. Man kann den ersten π-Term als Produkt der gewählten Bezugsgrößen, jede mit unbekanntem Exponenten, und einer anderen Größe mit bekanntem Exponenten (häufig wählt man die Eins) ausdrücken.
4. Halte die in (2) festgelegten Bezugsgrößen als „sich wiederholende" Variable fest, wähle eine der übriggebliebenen Variablen, und bilde den nächsten π-Term wie in (3). Wiederhole diese Prozedur so oft wie nötig.
5. Bestimme für jeden π-Term die unbekannten Exponenten durch Dimensionsanalyse.

Nützliche Hinweise:

(*a*) Ist eine Größe dimensionslos, so kann man sie als π-Term benutzen, ohne das obige Verfahren durchzuführen.

(*b*) Haben zwei physikalische Größen dieselbe Dimension, so ist ihr Verhältnis ein π-Term. Zum Beispiel ist L/L dimensionslos und ein π-Term.

(*c*) Jeder π-Term kann durch eine Potenz von sich ersetzt werden, einschließlich π^{-1}. Z. B. kann π_3 durch π_3^2 und π_2 durch π_2^{-1} ersetzt werden.

(*d*) Jeder π-Term kann durch ein Vielfaches von sich ersetzt werden, z. B. kann man π_1 durch $3 \cdot \pi_1$ ersetzen.

(*e*) Jeder π-Term kann als Funktion der anderen π-Terme ausgedrückt werden. Hat man zum Beispiel zwei π-Terme, so kann man $\pi_1 = \Phi(\pi_2)$. schreiben.

14. Löse Aufgabe 2 mit Hilfe des Pi-Theorems.

Lösung:

Das Problem läßt sich in der Form ausdrücken, daß man eine Funktion der Strecke s, des Gewichtes W, der Erdbeschleunigung g und der Zeit T gleich Null setzt. Mathematisch ausgedrückt:

$$f_1(s, W, g, T) = 0$$

1. Schritt:

Stelle die Größen und die Einheiten zusammen.

s = Länge, L, W = Kraft F, g = Beschleunigung L/T^2, T = Zeit T

Man hat vier physikalische Größen und drei Grundeinheiten, daher (4-3) oder einen π-Term.

2. Schritt:

Wähle s, W und T als physikalische Bezugsgrößen mit den Grunddimensionen F, L und T.

3. Schritt:

Da man physikalische Größen unterschiedlicher Dimensionen nicht addieren oder subtrahieren kann, drückt man den π-Term wie folgt als Produkt aus:

$$\pi_1 = (s^{x_1})(W^{y_1})(T^{z_1})(g) \qquad (1)$$

Da π_1 dimensionslos sein muß, erhält man die Dimensionsgleichung

$$F^0 L^0 T^0 = (L^{x_1})(F^{y_1})(T^{z_1})(LT^{-2})$$

Setzt man die Exponenten von F, L und T jeweils gleich, so ergibt sich $0 = y_1$, $0 = x_1 + 1$, $0 = z_1 - 2$,

und daraus $x_1 = -1$, $y_1 = 0$, $z_1 = 2$. Einsetzen in (*1*) liefert

$$\pi_1 = s^{-1} W^0 T^2 g = \frac{W^0 T^2 g}{s}$$

Löst man nach s auf und setzt man $1/\pi_1 = K$, so erhalten wir $s = K g T^2$.

15. Löse Aufgabe 6 mit Hilfe des Pi-Theorems.

Lösung:

Das Problem kann mathematisch beschrieben werden als

$$f(P,\ w,\ Q,\ H) = 0$$

Die physikalischen Größen, ausgedrückt in F, L und T, sind
Leistung $P = FLT^{-1}$ Volumenstrom $Q = L^3\ T^{-1}$
spez. Gewicht $w = F\,L^{-3}$ Höhe $H = L$
Man hat vier physikalische Größen und drei Grundeinheiten. Daher gibt es (4-3) oder einen π-Term.

Wählt man Q, w und H als Bezugsgrößen mit den unbekannten Exponenten, so ergibt sich folgender π-Term:

$$\pi_1 = (Q^{x_1})\,(w^{y_1})\,(H^{z_1})\,P$$

oder

$$\pi_1 = (L^{3x_1}\ T^{-x_1})\,(F^{y_1}\ L^{-3y_1})\,(L^{z_1})\,(F\,L\,T^{-1}) \qquad (1)$$

Gleichsetzen der Exponenten von F, L und T ergibt $0 = y_1 + 1$, $0 = 3x_1 - 3y_1 + z_1 + 1$, $0 = -x_1 - 1$, woraus man $x_1 = -1$, $y_1 = -1$, $z_1 = -1$. erhält.

Einsetzen in (*1*) liefert

$$\pi_1 = Q^{-1}\ w^{-1}\,H^{-1}\ P = \frac{P}{w\,Q\,H} \quad \text{oder} \quad P = K\,w\,Q\,H$$

16. Löse Aufgabe 9 mit Hilfe des Pi-Theorems.

Lösung:

Das Problem läßt sich ausdrücken als

$$\Phi\ (F,\ \rho,\ \mu,\ L,\ V) = 0$$

Als physikalische Größen, ausgedrückt in F, L und T hat man

Kraft	$F = F$	Länge	$L = L$
Dichte	$\rho = F\ T^2\ L^{-4}$	Geschwindigkeit	$V = LT^{-1}$
Dynamische Viskosität	$\mu = F\ T\ \ L^{-2}$		

Man hat 5 physikalische Größen und drei Grundeinheiten, daher gibt es (5-3) oder zwei π-Terme.

Als die drei sich wiederholenden Bezugsvariablen mit unbekanten Exponenten wählen wir Länge L, Geschwindigkeit V und Dichte ρ. Wir stellen die π-Terme folgendermaßen auf:

$$\pi_1 = (L^{a_1})\,(L^{b_1}\ T^{-b_1})\,(F^{c_1}\ T^{2c_1}\ L^{-4c_1})\,(F) \qquad (1)$$

Durch Vergleich der Exponenten von F, L und T erhalten wir $0 = c_1 + 1$, $0 = a_1 + b_1 - 4c_1$, $0 = -\,b_1 + 2c_1$ und daraus $c_1 = -1$, $b_1 = -2$, $a_1 = -2$. Einsetzen in (1) ergibt $\pi_1 = F/L^2V^2\rho$.

Um den zweiten π-Term zu bekommen, halten wor die ersten drei physikalischen Größen fest und fügen eine vierte hinzu, in unserem Fall die dynamische Viskosität μ. (Siehe Aufgabe 13, Punkt 4).

$$\pi_2 = (L^{a_2})\,(L^{b_2}\ T^{-b_2})\,(F^{c_2}\ T^{2c_2}\ L^{-4c_2})\,(F\,T\,L^{-2}) \qquad (2)$$

Gleichsetzen der Exponenten von F, L und T ergibt $0 = c_2 + 1$, $0 = a_2 + b_2 - 4c_2 - 2$, $0 = -\,b_2 + 2c_2 + 1$ oder $c_2 = -1$, $b_2 = -1$, $a_2 = -1$. Daher $\pi_2 = \mu/L\,V\,\rho$. Dieser Ausdruck kann als $\pi_2 = L\,V\,\rho/\mu$ geschrieben werden, was gerade die Reynolds-Zahl ist.

Die neue Beziehung, ausgedrückt mit π_1 und π_2, lautet

$$f_1\left(\frac{F}{L^2\ V^2\ \rho},\ \frac{L\ V\ \rho}{\mu}\right) = 0$$

oder

$$\text{Kraft } F = (L^2\ V^2\ \rho)\ f_2\left(\frac{L\ V\ \rho}{\mu}\right)$$

was man schreiben kann als

$$F = (2\,K\,R_E)\ \rho\ L^2\ \frac{V^2}{2}$$

Betrachtet man L^2 als Fläche, so kann man die letzte Gleichung ausdrücken als $F = C_D\ \rho\ A\ \dfrac{V^2}{2}$. (siehe Kapitel 11)

17. Löse Aufgabe 11 mit Hilfe des Pi-Theorems.

Lösung:

Das Problem läßt sich mathematisch schreiben als

$$f(\Delta p,\ d,\ \mu,\ \rho,\ L,\ V,\ K) = 0$$

wobei K die relative Rauhigkeit oder das Verhältnis der Größe der Oberflächenunebenheiten ϵ zum Rohrdurchmesser d ist (siehe Kapitel 7).

Als physikalische Größen (mit den entsprechenden Dimensionen in F, L und T) hat man

Druckabfall	$\Delta p = F\,L^{-2}$	Länge	$L = L$
Durchmesser	$d = L$	Geschwindigkeit	$V = L T^{-1}$
Dynamische Viskosität	$\mu = F\,T\,L^{-2}$	Relative Rauhigkeit	$K = L_1/L_2$
Dichte	$\rho = F\,T^2\,L^{-4}$		

Es gibt 7 physikalische Größen und drei Grundeinheiten, also (7-3) oder 4 π-Terme. Wählt man Durchmesser, Geschwindigkeit und Dichte als sich wiederholende Bezugsgrößen mit unbekannten Exponenten, so ergeben sich die π-Terme.

$$\pi_1 = (L^{x_1})(L^{y_1}T^{-y_1})(F^{z_1}T^{2z_1}L^{-4z_1})(F\,L^{-2})$$

$$\pi_2 = (L^{x_2})(L^{y_2}T^{-y_2})(F^{z_2}T^{2z_2}L^{-4z_2})(F\,T\,L^{-2})$$

$$\pi_3 = (L^{x_3})(L^{y_3}T^{-y_3})(F^{z_3}T^{2z_3}L^{-4z_3})(L)$$

$$\pi_4 = K = L_1/L_2$$

Berechnet man termweise die Exponenten, so bekommt man

π_1: $0 = z_1 + 1,\ 0 = x_1 + y_1 - 4z_1 - 2,\ 0 = -y_1 + 2z_1;$ also $x_1 = 0,\ y_1 = -2,\ z_1 = -1.$

π_2: $0 = z_2 + 1,\ 0 = x_2 + y_2 - 4z_2 - 2,\ 0 = -y_2 + 2z_2 + 1;$ also $x_2 = -1,\ y_2 = -1,\ z_2 = -1.$

π_3: $0 = z_3,\ 0 = x_3 + y_3 - 4z_3 + 1,\ 0 = -y_3 + 2z_3;$ also $x_3 = -1,\ y_3 = 0,\ z_3 = 0.$

Daher sind die π-Terme

$$\pi_1 = d^0\,V^{-2}\,\rho^{-1}\,\Delta p = \frac{\Delta p}{\rho V^2} \quad \text{(Euler-Zahl)}$$

$$\pi_2 = \frac{\mu}{d\,V\,\rho} \text{ und } \frac{d\,V\,\rho}{\mu} \quad \text{(Reynolds-Zahl)}$$

$$\pi_3 = d^{-1}\,V^0\,\rho^0\,L = \frac{L}{d} \quad \text{(Wie man es nach 13, (b) erwarten könnte)}$$

$$\pi_4 = L_1/L_2 = \frac{\epsilon}{d} \quad \text{(siehe Kapitel 7)}$$

Die neue Beziehung kann man so schreiben:

$$f_1\left(\frac{\Delta p}{\rho V^2},\ \frac{d\,V\,\rho}{\mu},\ \frac{L}{d},\ \frac{\epsilon}{d}\right) = 0$$

Lösung für Δp:

$$\Delta p = \frac{w}{g}\,V^2\,f_2\left(R_E, \frac{L}{d}, \frac{\epsilon}{d}\right)$$

wobei $\rho = w/g$. Daher ist der Druckhöhenabfall

$$\frac{\Delta p}{w} = \frac{V^2}{2g}(2)\cdot f_2\left(R_E, \frac{L}{d}, \frac{\epsilon}{d}\right)$$

Experimentelle Ergebnisse und theoretische Überlegungen weisen darauf hin, daß der Druckabfall eine lineare Funktion von L/d ist. Man kann also, will man einen Ausdruck vom Darcy-Typ haben, den Druckabfall auch folgendermaßen beschreiben:

$$\frac{\Delta p}{w} = \frac{V^2}{2g} \cdot \frac{L}{d} \cdot 2 \cdot f_3\left(R_E, \frac{\epsilon}{d}\right)$$

oder

$$\frac{\Delta p}{w} = (\text{Faktor } f)\left(\frac{L}{d}\right)\left(\frac{V^2}{2g}\right)$$

Bemerkung 1:

Wäre die Strömung kompressibel, so könnte man als weitere physikalische Größe den Kompressionsmodul E einführen und bekäme als fünften π-Term das dimensionslose Verhältnis $\frac{E}{\rho V^2}$. Diesen schreibt man gewöhnlich in der Form $\frac{V}{\sqrt{E/\rho}}$, was gerade die Mach-Zahl ist.

Bemerkung 2:

Soll die Schwerkraft im allgemeinen Strömungsproblem berücksichtigt werden, so muß man sie als weitere physikalische Größe einführen und erhält als sechsten π-Term das dimensionslose Verhältnis $\frac{V^2}{gL}$, die Froude-Zahl.

Bemerkung 3:

Die Einführung der Oberflächenspannung σ in das allgemeine Strömungsproblem führt zu einem 7. π-Term. Dieser hat die Form $\frac{V^2 L \rho}{\sigma}$, was die Weber-Zahl ist.

18. Zeige: Sind Schwerkraft und Trägheitskraft die einzigen Einflüsse, denen Modell und Großausführung ausgesetzt sind, so ist das Verhältnis der Volumenströme Q gleich dem Längenverhältnis hoch 5/2.

Lösung:

$$\frac{Q_m}{Q_p} = \frac{L_m^3/T_m}{L_p^3/T_p} = \frac{L_r^3}{T_r}$$

Hierbei taucht das Zeitverhältnis auf. Für Gravitations- und Trägheitskräfte lauten die Verhältnisse:

$$\text{Gravitation:} \quad \frac{F_m}{F_p} = \frac{W_m}{W_p} = \frac{w_m}{w_p} \times \frac{L_m^3}{L_p^3} = w_r L_r^3$$

$$\text{Trägheit:} \quad \frac{F_m}{F_p} = \frac{M_m a_m}{M_p a_p} = \frac{\rho_m}{\rho_p} \times \frac{L_m^3}{L_p^3} \times \frac{L_r}{T_r^2} = \rho_r L_r^3 \times \frac{L_r}{T_r^2}$$

Gleichsetzen der Kraftverhältnisse liefert

$$w_r L_r^3 = \rho_r L_r^3 \times \frac{L_r}{T_r^2}$$

Auflösen nach dem Zeitverhältnis ergibt

$$T_r^2 = L_r \times \frac{\rho_r}{w_r} = \frac{L_r}{g_r} \tag{1}$$

Es ist $g_r = 1$. Einsetzen in die Gleichung für das Flußverhältnis führt zu

$$Q_r = \frac{Q_m}{Q_p} = \frac{L_r^3}{L_r^{1/2}} = L_r^{5/2} \tag{2}$$

19. Stelle für die Bedingungen der letzten Aufgabe (*a*) das Geschwindigkeitsverhältnis und (*b*) das Druck- und Kraftverhältnis auf.

Lösung:

(a) Division beider Seiten von Gleichung (*1*) in Aufgabe 18 durch L_r^2 liefert

$$\frac{T_r^2}{L_r^2} = \frac{L_r}{L_r^2\, g_r} \quad \text{oder, da} \quad V = \frac{L}{T}, \qquad V_r^2 = L_r\, g_r$$

Da $g_r = 1$, ist für Modell und Großausführung $V_r^2 = L_r$, was man Froudes Modellgesetz für Geschwindigkeitsverhältnisse nennen kann.

(*b*) Das Kraftverhältnis für Druckkräfte ist $= \dfrac{p_m\, L_m^2}{p_p\, L_p^2} = p_r\, L_r^2.$

Das Kraftverhältnis für Trägheitskräfte ist $= \dfrac{\rho_r\, L_r^4}{T_r^2} = w_r\, L_r^3\,.$

Gleichsetzen ergibt

$$p_r\, L_r^2 = w_r\, L_r^3 \qquad (1)$$
$$p_r = w_r\, L_r$$

Für Modellstudien mit freier Oberfläche müssen die Froude-Zahl von Modell und Großausführung übereinstimmen. Die Euler-Zahlen stimmen auch überein. Mit $V_r^2 = L_r$, können wir Gleichung (*1*) schreiben als

$$p_r = w_r\, V_r^2$$

und, da die Kraft $F = p\,A$,

$$F_r = p_r\, L_r^2 = w_r L_r^3 \qquad (2)$$

20. Leite Reynolds Modellgesetz für Zeit- und Geschwindigkeitsverhältnisse bei inkompressiblen Flüssigkeiten ab.

Lösung:

Sind Strömungen nur Trägheits- und Zähigkeitskräften ausgesetzt (andere Effekte vernachlässigbar), so muß man diese Kraftverhältnisse von Modell und Großausführung ausrechnen.

Für Trägheit: $\dfrac{F_m}{F_p} = \rho_r L_r^3 \times \dfrac{L_r}{T_r^2}$ (aus Aufgabe 19)

Für Viskosität: $\dfrac{F_m}{F_p} = \dfrac{\tau_m A_m}{\tau_p A_p} = \dfrac{\mu_m (dV/dy)_m A_m}{\mu_p (dV/dy)_p A_p} = \dfrac{\mu_m (L_m/T_m \times 1/L_m)\, L_m^2}{\mu_p (L_p/T_p \times 1/L_p)\, L_p^2}$

$$= \frac{\mu_m L_m^2/T_m}{\mu_p L_p^2/T_p} = \frac{\mu_r L_r^2}{T_r}$$

Gleichsetzen der beiden Verhältnisse liefert $\rho_r \dfrac{L_r^4}{T_r^2} = \dfrac{\mu_r L_r^2}{T_r}$ und damit $T_r = \dfrac{\rho_r L_r^2}{\mu_r}$

Da $\nu = \dfrac{\mu}{\rho}$, können wir schreiben

$$T_r = \frac{L_r^2}{\nu_r} \qquad (1)$$

Das Geschwindigkeitsverhältnis ist

$$V_r = \frac{L_r}{T_r} = \frac{L_r}{L_r^2}\nu_r = \frac{\nu_r}{L_r} \qquad (2)$$

Schreiben wir diese Verhältniswerte mit Hilfe der Einzelwerte von Modell und Großausführung, so ergibt sich aus (*2*)

$$\frac{V_m}{V_p} = \frac{\nu_m}{\nu_p} \times \frac{L_p}{L_m}$$

Sammelt man die Ausdrücke für Modell und Großausführung auf je einer Seite der Gleichung, so erhalten wir $V_m\, L_m/\nu_m = V_p\, L_p/\nu_p$. Hieraus erkennt man: Reynolds-Zahl für das Modell = Reynolds-Zahl für die Großausführung.

21. Öl der kinematischen Viskosität $4{,}70 \times 10^{-5}$ m²/s. soll in einer Großausführung benutzt werden, in der Zähigkeits- und Gravitationskräfte überwiegen. Man möchte ein Modell im Maßstab 1 : 5 bauen. Welche Viskosität muß die Modellflüssigkeit haben, damit Froude-Zahlen und Reynolds-Zahlen von Modell und Großausführung übereinstimmen?

Lösung:

Wir setzen die Geschwindigkeitsverhältnisse, die man aus Froudes und Reynolds Gesetzen erhält (siehe Aufgaben 19 und 20), gleich:

$$(L_r\, g_r)^{1/2} = \nu_r / L_r$$

Da $g_r = 1$, $L_r^{3/2} = \nu_r$ und $\nu_r = (1/5)^{3/2} = 0{,}0894$.

Also ist $\dfrac{\nu_m}{\nu_p} = 0{,}0894 = \dfrac{\nu_m}{4{,}70 \times 10^{-5}}$ und daher $\nu_m = 4{,}20 \times 10^{-6}$ m²/s.

Gleichsetzen der Zeit-, Beschleunigungs- oder Volumenstromverhältnisse führt zum selben Ergebnis. Zum Beispiel ergibt das Gleichsetzen der beiden Zeitverhältnisse (Aufgaben 18 und 20):

$$\frac{L_r^{1/2}}{g_r^{1/2}} = \frac{\rho_r\, L_r^2}{\mu_r} \quad \text{und, da } g_r = 1,\ \frac{\mu_r}{\rho_r} = \nu_r = L_r^{3/2}, \quad \text{wie vorher.}$$

22. Wasser von 15 °C fließt mit 4,0 m/s durch ein 20 cm Rohr. Mit welcher Geschwindigkeit muß mittelschweres Heizöl von 32 °C in einem 10 cm Rohr fließen, damit die beiden Strömungen dynamisch ähnlich sind?

Lösung:

Da Strömungen in Rohren nur Zähigkeits- und Trägheitskräften unterworfen sind, ist die Reynold-Zahl das Kriterium für Ähnlichkeit. Andere Flüssigkeitseigenschaften wie Elastizität und Oberflächenspannung beeinflussen ebensowenig wie Gravitationskräfte das Strömungsbild. Daher gilt bei dynamischer Ähnlichkeit

Reynolds-Zahl für Wasser = Reynolds-Zahl für das Öl

$$\frac{V\, d}{\nu} = \frac{V'\, d'}{\nu'}$$

Wir sehen die Werte für die kinematische Viskosität in Tafel 2 im Anhang nach und setzen ein:

$$\frac{4{,}0 \times 0{,}2}{1{,}13 \times 10^{-6}} = \frac{V' \times 0{,}1}{2{,}97 \times 10^{-6}}$$

Damit ergibt sich $V' = 21{,}0$ m/s für das Öl.

23. Luft von 20 °C fließt mit einer Durchschnittsgeschwindigkeit von 2,0 m/s durch ein 60 cm Rohr. Welche lichte Weite muß ein Rohr haben, das Wasser von 15 °C mit einer Geschwindigkeit von 1,22 m/s transportiert, damit beide dynamisch ähnlich sind?

Lösung:

Gleichsetzen der Reynolds-Zahlen ergibt $\dfrac{2{,}0 \times 0{,}6}{1{,}49 \times 10^{-5}} = \dfrac{1{,}22 \times d}{1{,}13 \times 10^{-6}}$, $d = 0{,}075$ m $= 7{,}5$ cm

24. Das Modell eines Unterseebootes im Maßstab 1 : 15 wird in einem Schlepptank voll Salzwasser getestet. Das Unterseeboot soll mit 12,0 Knoten schwimmen. Mit welcher Geschwindigkeit muß das Modell gezogen werden, damit die Ähnlichkeitsbedingung erfüllt ist?

Lösung:

Gleichsetzen der Reynolds-Zahlen für Modell und Großausführung:

$$\frac{12{,}0 \times L}{\nu} = \frac{V \times L/15}{\nu}, \quad V = 180 \text{ Knoten.}$$

25. Ein Flugzeugmodell im Maßstab 1 : 80 wird in Luft von 20 °C, deren Geschwindigkeit 45 m/s beträgt, getestet. (*a*) Mit welcher Geschwindigkeit müßte das Modell gezogen werden, wenn es völlig in 27 °C Wasser eingetaucht ist? (*b*) Welchem Luftwiderstand der Großausführung würde ein Modellwiderstand von 0,55 kp in Wasser entsprechen?

Lösung:

(*a*) Gleichsetzen der Reynolds-Zahlen liefert $\dfrac{45 \times L}{1{,}49 \times 10^{-5}} = \dfrac{V \times L}{0{,}864 \times 10^{-6}}$ oder $V = 2{,}60$ m/s in Wasser.

(*b*) Da sich p mit $\rho\, V^2$ ändert, ergibt das Gleichsetzen der Euler-Zahlen

$$\frac{\rho_m V_m^2}{p_m} = \frac{\rho_p V_p^2}{p_p} \quad \text{oder} \quad \frac{p_m}{p_p} = \frac{\rho_m V_m^2}{\rho_p V_p^2}$$

Da die wirkenden Kräfte (Druck x Fläche) oder pL^2 sind, gilt:

$$\frac{F_m}{F_p} = \frac{p_m L_m^2}{p_p L_p^2} = \frac{\rho_m V_m^2 L_m^2}{\rho_p V_p^2 L_p^2}$$

oder

$$F_r = \rho_r V_r^2 L_r^2 \quad \text{(Gleichung (6), Seite 51).}$$

Um die Geschwindigkeit der Großausführung in Luft zu bekommen, setzen wir die Reynolds-Zahlen gleich und erhalten

$$\frac{V_m L_m}{\nu_{Luft}} = \frac{V_p L_p}{\nu_{Luft}} \quad \text{oder} \quad \frac{45 \times L_p/80}{\nu_{Luft}} = \frac{V_p L_p}{\nu_{Luft}} \quad \text{und} \quad V_p = 0{,}563 \text{ m/s}$$

Damit ist

$$\frac{0{,}55}{F_p} = \left(\frac{102}{0{,}123}\right)\left(\frac{2{,}60}{0{,}563}\right)^2\left(\frac{1}{80}\right)^2 \quad \text{und} \quad F_p = 0{,}200 \text{ kp}$$

26. Das Modell eines Torpedos wird in einem Schlepptank bei einer Geschwindigkeit von 24,0 m/s getestet. Die Großausführung soll in Wasser von 15 °C eine Geschwindigkeit von 6,0 m/s erreichen. (*a*) Welcher Modellmaßstab wird benutzt? (*b*) Bei welcher Geschwindigkeit müßte das Modell in einem Windkanal unter einem Druck von 20 Atmosphären und einer konstanten Temperatur von 27 °C getestet werden?

Lösung:

(*a*) Gleichsetzen der Reynolds-Zahlen für Modell und Großausführung liefert $\dfrac{6{,}0 \times L}{\nu} = \dfrac{24{,}0 \times L/x}{\nu}$ oder $x = 4$.

Der Maßstab ist 1 : 4:

(*b*) Die dynamische Zähigkeit für die Luft ist nach Tafel 1 (*B*) $1{,}88 \times 10^{-6}$ kp s/m², die Dichte $\rho = \dfrac{w}{g} = \dfrac{p}{gRT} = \dfrac{20 \times 1{,}033 \times 10^4}{9{,}8\ (29{,}3)\ (273 + 27)} = 2{,}410$ TME/m³. (Oder ρ = 20 mal dem Wert in Tafel 1 (*B*) für 27 °C = 20 x 0,120 = 2,40). Dann

$$\frac{60 \times L}{1{,}13 \times 10^{-6}} = \frac{V \times L/4}{1{,}88 \times 10^{-6}/2{,}410} \quad \text{und} \quad V = 16{,}50 \text{ m/s}$$

27. Eine Kreiselpumpe pumpt mit 1200 Umdrehungen pro Minute (UpM) mittelschweres Schmieröl von 15 °C. Ein Modell dieser Pumpe, das Luft von 20 °C benutzt, soll getestet werden. Mit welcher Geschwindigkeit muß das Modell laufen, wenn sein Durchmesser dreimal so groß ist wie der Durchmesser des Prototyps?

Lösung:

Benutzt man die peripheren Bahngeschwindigkeiten (welche gleich dem Radius mal der Winkelgeschwindigkeit in rad/s sind) als Geschwindigkeiten in den Reynolds-Zahlen, so erhalten wir

$$\frac{(d/2)\,\omega_p\,(d)}{17{,}5 \times 10^{-5}} = \frac{(3d/2)\,\omega_m\,(3d)}{1{,}49 \times 10^{-5}}$$

Daher ist $\omega_p = 106\ \omega_m$, die Modellgeschwindigkeit beträgt 1200/106 = 11,3 UpM.

28. Ein Flugzeugflügel von 90 cm Profillänge soll sich mit 90 mph in Luft bewegen. Ein Modell von 7,50 cm Profillänge soll in einem Windkanal bei einer Luftgeschwindigkeit von 108 mph getestet werden. Wie muß der Druck im Windkanal sein, wenn in beiden Fällen die Temperatur 20 °C beträgt?

Lösung:

Gleichsetzen der Reynolds-Zahlen für Modell und Großausführung (für die Geschwindigkeiten werden die gleichen Einheiten benutzt) liefert

$$\frac{V_m L_m}{\nu_m} = \frac{V_p L_p}{\nu_p}, \quad \frac{108 \times 0{,}075}{\nu_{\text{Kanal}}} = \frac{90 \times 0{,}90}{1{,}49 \times 10^{-5}}, \quad \nu_{\text{Kanal}} = 1{,}49 \times 10^{-6}\ \text{m}^2/\text{s}$$

Man findet den Druck, der diese kinematische Viskosität der Luft bei 20 °C hervorruft, wenn man sich daran erinnert, daß die dynamische Viskosität unabhängig vom Druck ist. Die kinematische Viskosität ist gleich dem Quotient aus dynamischer Viskosität und Dichte. Die Dichte wächst aber mit dem Druck (bei konstanter Temperatur). Dann ist

$$\nu = \frac{\mu}{\rho} \quad \text{und} \quad \frac{\nu_m}{\nu_p} = \frac{1{,}49 \times 10^{-5}}{1{,}49 \times 10^{-6}} = 10{,}0$$

Daher muß die Luftdichte im Kanal zehn mal die Standarddichte bei 20 °C sein, der Druck also 10 Atmosphären betragen.

29. Ein Schiff, dessen Rumpflänge 140 m beträgt, schwimmt mit 7,50 m/s. (*a*) Berechne die Froude-Zahl N_F. (*b*) Mit welcher Geschwindigkeit muß ein Modell (Maßstab 1 : 30) durch Wasser gezogen werden, damit die Ähnlichkeitsbedingung erfüllt ist?

Lösung:

(*a*)

$$N_F = \frac{V}{\sqrt{gL}} = \frac{7{,}50}{\sqrt{9{,}8 \times 140}} = 0{,}203$$

(*b*) Werden zwei Strömungen mit geometrischen ähnlichen Begrenzungen durch Trägheits- und Gravitationskräfte beeinflußt, so ist bei Modellbetrachtungen die Froude-Zahl das wichtige Verhältnis. Dann muß gelten:

Froude-Zahl der Großausführung = Froude-Zahl des Modells

oder

$$\frac{V}{\sqrt{gL}} = \frac{V'}{\sqrt{g'L'}}$$

Da in praktisch allen Fällen $g = g'$ ist, können wir schreiben

$$\frac{V}{\sqrt{L}} = \frac{V'}{\sqrt{L'}}, \quad \frac{7{,}50}{\sqrt{140}} = \frac{V'}{\sqrt{140/30}}, \quad V' = 1{,}37\ \text{m/s für das Modell.}$$

30. Ein Modell eines Überfallwehres im Maßstab 1 : 25 soll über einen Kanal von 60 cm Breite gebaut werden. Die Großausführung ist 12,5 m hoch, als maximale Überfallhöhe erwartet man 1,50 m. (*a*) Welche Höhe und welche Überfallhöhe sollte man für die Modellstudie benutzen? (*b*) Welchen Volumenstrom pro Meter Großausführung kann man erwarten, wenn der Fluß über das Modell bei einer Überfallhöhe von 6,0 cm 20 l/s beträgt? (*c*) Wie hoch ist der Wechselsprung bei der Großausführung, wenn der beim Modell gemessene 2,5 cm beträgt? (*d*) Wie groß ist der Energieverlust während des Wechselsprungs für die Großausführung, wenn die Dissipation im Modell 0,15 PS beträgt?

Lösung:

(*a*) Da $\dfrac{\text{Länge im Modell}}{\text{Länge in der Großausführung}} = \dfrac{1}{25}$, ist die Höhe des Modells $= \dfrac{1}{25} \times 12{,}50\ \text{m} = 0{,}50\ \text{m}$ und

$$\text{Überfallhöhe} = \frac{1}{25} \times 1{,}50\ \text{m} = 0{,}06\ \text{m} = 6\ \text{cm}$$

(*b*) Nach Aufgabe 18 ist $Q_r = L_r^{5/2}$, da Gravitationskräfte überwiegen. Dann ist

$$Q_p = \frac{Q_m}{L_r^{5/2}} = 20 \times 10^{-3}\ (25 \times 25 \times 5) = 62{,}50\ m^3/s$$

Dieser Wert wird erwartet für eine Breite der Großausführung von 0,6 x 25 = 15 m. Daher ist der Volumenstrom pro Meter Großausführung = 62,5/15 = 4,17 m^3/s.

(*c*) $\frac{h_m}{h_p} = L_r$ oder $h_p = \frac{h_m}{L_r} = \frac{2{,}5}{1/25} = 62{,}50$ cm (Höhe des Wechselsprungs)

(*d*) Leistungsverhältnis $P_r = (\text{kpm/s})_r = \frac{F_r\,L_r}{T_r} = \frac{w_r\,L_r^3\,L_r}{\sqrt{L_r/g_r}}$. Aber $g_r = 1$ und $w_r = 1$.

Dann ist $\frac{P_m}{P_p} = L_r^{7/2} = (\frac{1}{25})^{7/2}$ und $P_p = P_m(25)^{7/2} = 0{,}15(25)^{7/2} = 11\ 700$ PS

31. Das Modell eines Reservoirs wird bei Öffnen des Schleusentores in 4 Minuten geleert. Der Verkleinerungsmaßstab ist 1 : 225. Wie lange dauert das Leeren der Großausführung?

Lösung:

Da die Gravitation die vorherrschende Kraft ist, ist nach Aufgabe 18 das Q-Verhältnis $L_r^{5/2}$

Darüberhinaus: $Q_r = \frac{Q_m}{Q_p} = \frac{L_m^3}{L_p^3} : \frac{T_m}{T_p}$. Dann ist $L_r^{5/2} = L_r^3 \times \frac{T_p}{T_m}$ und $T_p = T_m/L_r^{1/2} = 4\,(225)^{1/2} = 60$ min.

32. Ein rechteckiger Pier in einem Fluß ist 1,20 m breit und 3,60 m lang. Die durchschnittliche Wassertiefe beträgt 2,70 m. Es gibt ein Modell im Maßstab 1 : 16. In der Modellanordnung wird für eine Strömungsgeschwindigkeit von 0,75 m/s gesorgt, die Kraft auf das Modell ist 400 p. (*a*) Welche Geschwindigkeit hat man bei der Großausführung, und welche Kraft wirkt auf sie? (*b*) Mit welcher Wellenhöhe muß man an der Spitze des Piers rechnen, wenn sich beim Modell eine stehende Welle von 5 cm Höhe bildet? (*c*) Wie groß ist der Widerstandskoeffizient?

Lösung:

(*a*) Da Gravitationskräfte vorherrschen, erhalten wir nach Aufgabe 19

$$\frac{V_m}{V_p} = \sqrt{L_r} \quad \text{und} \quad V_p = \frac{0{,}75}{(1/16)^{1/2}} = 3{,}0\ m/s$$

und

$$\frac{F_m}{F_p} = w_r\,L_r^3 \quad \text{und} \quad F_p = \frac{0{,}40}{1{,}0(1/16)^3} = 1640\ kp$$

(*b*) Da $\frac{V_m}{V_p} = \frac{\sqrt{L_m}}{\sqrt{L_p}}$, ist $\sqrt{h_p} = \sqrt{0{,}05} \times \frac{3{,}00}{0{,}75}$ und $h_p = 0{,}90$ m Wellenhöhe

(*c*) Strömungswiderstand = $C_D\,\rho\,A\,\frac{V^2}{2}$, $0{,}40 = C_D(102)(\frac{1{,}2}{16} \times \frac{2{,}7}{16})\frac{(0{,}75)^2}{2}$ und $C_D = 1{,}10$.

Würde man die Werte der Großausführung in der Rechnung benutzen, so bekäme man

$$1640 = C_D(102)(1{,}2 \times 2{,}7)\frac{(3{,}0)^2}{2} \text{ und } C_D = 1{,}10,$$

wie vorher.

33. Für ein 2,50 m langes Schiffsmodell mißt man bei einer Geschwindigkeit von 2,0 m/s in Süßwasser einen Strömungswiderstand von 4,40 kp. (*a*) Wie wäre die entsprechende Geschwindigkeit der 40 m langen Großausführung? (*b*) Welche Kraft wäre nötig, den Prototyp mit dieser Geschwindigkeit in Salzwasser anzutreiben?

Lösung:

(*a*) Da Schwerkräfte vorherrschen, erhalten wir

$$\frac{V_m}{V_p} = \sqrt{L_r} = \sqrt{8/128} \text{ und } V_p = \frac{2{,}0}{(1/16)^{1/2}} = 8{,}0\ m/s$$

(*b*) $$\frac{F_m}{F_p} = w_r L_r^3 \text{ und } F_p = \frac{4{,}40}{(1000/1025)(1/16)^3} = 18.470 \text{ kp}$$

Diesen Wert erhält man auch durch Anwendung der Widerstandsformel:

$$\text{Widerstandskraft} = C_f \, \rho \, \frac{A}{2} \, V^2.$$

Für das Modell $$4{,}40 = C_f \frac{1000}{2g} \frac{A}{(16)^2} (2{,}0)^2 \text{ und } \frac{C_f A}{2g} = \frac{4{,}4(16)^2}{1000(2{,}0)^2} \qquad (1)$$

Für die Großausführung: $$\text{Kraft} = C_f \frac{1025}{2g} A \, (8{,}02)^2 \text{ und } \frac{C_f A}{2g} = \frac{\text{Kraft}}{1025\,(8{,}0)^2} \qquad (2)$$

Da C_f in beiden Ausdrücken denselben Wert hat, kann man (*1*) und (*2*) gleichsetzen und erhält

$$\frac{4{,}40\,(16)^2}{1000\,(2{,}0)^2} = \frac{\text{Kraft}}{1025\,(8{,}0)^2}$$ und daraus Kraft = 18470 kp wie vorher.

34. (*a*) Berechne den Modellmaßstab, wenn man, um Ähnlichkeit zu erhalten, Zähigkeits- und Gravitationskräfte berücksichtigen muß. (*b*) Wie ist der Maßstab, wenn bei den Modellversuchen Öl der Viskosität 10×10^{-5} m²/s und im Original eine Flüssigkeit der Viskosität 80×10^{-5} m²/s benutzt wurde? (*c*) Wie wären Geschwindigkeits- und Volumenstromverhältnisse für diese Flüssigkeiten bei einem Längenverhältnis von Modell zu Großausführung von 1 : 4?

Lösung:

(*a*) Unter diesen Verhältnissen müssen sowohl die Reynolds-Zahlen, als auch die Froude-Zahlen übereinstimmen. Wir wollen die Geschwindigkeitsverhältnisse für jedes Modellgesetz gleichsetzen und benutzen dazu die Informationen aus den Aufgaben 19 und 20.

$$\text{Reynolds-Zahl } V_r = \text{Froude-Zahl } V_r$$

$$(\nu/L)_r = \sqrt{L_r g_r}$$

Da $g_r = 1$, erhalten wir $$L_r = \nu_r^{2/3}.$$

(*b*) Unter Benutzung des obigen Längenverhältnisses ergibt sich $L_r = \left(\frac{10 \times 10^{-5}}{80 \times 10^{-5}}\right)^{2/3} = \frac{1}{4}$. Der Maßstab ist 1 : 4.

(*c*) Mit Froudes Modellgesetzen (Aufgaben 18 und 19) ergibt sich

$$V_r = \sqrt{L_r g_r} = \sqrt{L_r} = \sqrt{\tfrac{1}{4}} = \tfrac{1}{2} \quad \text{und} \quad Q_r = L_r^{5/2} = (\tfrac{1}{4})^{5/2} = \tfrac{1}{32}$$

und ebenso mit Reynolds Modellgesetzen (Aufgabe 20)

$$V_r = \frac{\nu_r}{L_r} = \frac{10/80}{1/4} = \frac{1}{2} \quad \text{und} \quad Q_r = A_r V_r = L_r^2 \times \frac{\nu_r}{L_r} = L_r \nu_r = \frac{1}{4}\left(\frac{10}{80}\right) = \frac{1}{32}$$

Ergänzungsaufgaben

35. Verifiziere den Ausdruck $\tau = \mu\,(dV/dy)$ bzgl. seiner Dimensionen.

36. Zeige mit Hilfe der Dimensionsanalyse, daß die kinetische Energie eines Körpers $K\,M\,V^2$ ist.

37. Zeige mit Hilfe der Dimensionsanalyse, daß die Zentrifugalkraft gleich $K\,M\,V^2/r$ ist.

38. Ein Körper fällt aus der Ruhelage frei die Strecke s. Stelle die Gleichung der Geschwindigkeit auf.
Lösung: $V = K\sqrt{s\,g}$.

39. Ein Körper fällt eine Zeit T frei aus der Ruhelage. Stelle die Gleichung der Geschwindigkeit auf.
Lösung: $V = K\,g\,T$.

40. Stelle eine Gleichung für die Frequenz eines mathematischen Pendels auf, wenn sie eine Funktion der Länge und Masse des Pendels und der Erdbeschleunigung ist.
Lösung: $K\sqrt{g/L}$

41. Nimm an, daß der Fluß Q über ein rechteckiges Wehr proportional zur Länge ist und darüberhinaus von der Überfallhöhe H und der Erdbeschleunigung g abhängt. Stelle eine Formel für das Überfallwehr auf.
Lösung: $Q = K\,L\,M^{3/2}\;\;g^{1/2}$.

42. Gib eine Formel für die Strecke s, die ein frei fallender Körper zurücklegt, unter der Annahme an, daß sie von der Anfangsgeschwindigkeit V, der Zeit T und der Erdbeschleunigung g abhängt.
Lösung: $s = K\;V\;T\;(g\;T/V)^b$.

43. Drücke die Froude-Zahl als Funktion der Geschwindigkeit V, der Erdbeschleunigung g und der Länge L aus.
Lösung: $N_F = K\;(V^2/L\,g)^{-c}$

44. Drücke die Weber-Zahl als Funktion der Geschwindigkeit V, der Dichte ρ, der Länge L und der Oberflächenspannung σ aus.
Lösung: $N_w = K(\rho\;L\;V^2/\sigma)^{-d}$

45. Welche dimensionslose Zahl ist eine Funktion von Erdbeschleunigung g, Oberflächenspannung σ, dynamischer Viskosität μ und Dichte ρ?
Antwort: Zahl $= K\;\;(\sigma^3\,\rho/g\,\mu^4)^d$.

46. Stelle eine Formel für die Widerstandskraft eines Schiffes auf, wenn diese eine Funktion der dynamischen Viskosität μ und der Dichte ρ der Flüssigkeit, der Geschwindigkeit V, der Erdbeschleunigung g und der Größe (Längenfaktor L) des Schiffes ist.
Lösung: Kraft $= K(R_E^{-a}\;N_F^{-d}\;\rho\;V^2L^2)$

47. Löse Aufgabe 9 unter Berücksichtigung von Kompressibilitätseffekten durch Einführung einer weiteren Variablen, der Schallgeschwindigkeit c.
Lösung: Kraft $= K'\,R_E^{-b}\;N_M^{-e}\,\rho\,A\;V^2/2$

48. Zeige, daß das Geschwindigkeitsverhältnis bei geometrisch ähnlichen Öffnungen im wesentlichen die Quadratwurzel aus dem Höhenverhältnis ist.

49. Zeige: Für die Zeit- und Geschwindigkeitsverhältnisse gilt, wenn Oberflächenspannung die vorherrschende Kraft ist,

$$T_r = \sqrt{L_r^3 \times \frac{\rho_r}{\sigma_r}} \quad \text{und} \quad V_r = \sqrt{\frac{\sigma_r}{L_r\,\rho_r}}\,.$$

50. Zeige: Ist die elastische Kraft vorherrschend, so gilt für die Zeit- und Geschwindigkeitsverhältnisse

$$T_r = \frac{L_r}{\sqrt{E_r/\rho_r}} \quad \text{und} \quad V_r = \sqrt{\frac{E_r}{\rho_r}}$$

51. Das Modell eines Überfallwehres hat den Maßstab 1 : 36. Wie sind die entsprechenden Werte für die Großausführung, wenn im Modell Geschwindigkeit und Volumenstrom 0,40 m/s bzw. 62 l/s betragen?
Antwort: 2,4 m/s und 482 m^3/s.

52. Die Großausführung eines Flugzeuges, das 150 km/h fliegt, hat Flügel mit einer Profillänge von 90 cm. Ein Modell dieser Flügel von 15 cm Profillänge soll in einem Windkanal getestet werden, dessen Luft Normaldruck hat. Bei welcher Luftgeschwindigkeit muß der Test durchgeführt werden, damit die Reynolds-Zahlen von Modell und Prototyp übereinstimmen?
Antwort: 900 km/h.

53. Öl ($\nu = 5{,}65 \times 10^{-6}$ m²/s) fließt mit 4 m/s durch ein 15 cm Rohr. Mit welcher Geschwindigkeit muß Wasser von 15 °C in einem 30 cm Rohr fließen, damit die Reynolds-Zahlen übereinstimmen?
Antwort: 0,40 m/s.

54. Benzin von 15 °C fließt mit 4 m/s in einem 10 cm Rohr. Welchen Rohrdurchmesser benötigt man, um Wasser von 15 °C mit 2 m/s zu transportieren, wenn die Reynolds-Zahlen übereinstimmen sollen.
Antwort: 33,3 cm.

55. Wasser von 15 °C fließt mit 4 m/s in einem 15 cm Rohr (*a*) Wie muß die Geschwindigkeit von mittelschwerem Heizöl (27 °C) in einem 30 cm Rohr sein, um dynamische Ähnlichkeit zu erreichen? (*b*) Welchen Rohrdurchmesser benötigt man für Ähnlichkeit, wenn das Öl die Geschwindigkeit 20 m/s hat?
Antwort: 5,24 m/s, d = 7,86 cm.

56. Ein Modell wird unter Normalbedingungen in Luft (20 °C) bei einer Geschwindigkeit von 30,0 m/s getestet. Bei welcher Geschwindigkeit müßte es, um dynamische Ähnlichkeit zu erhalten, in einem Schlepptank getestet werden, wenn es völlig in Wasser von 15 °C eingetaucht ist?
Antwort: 2,28 m/s.

57. Ein Überwasserfahrzeug von 155 m Länge bewegt sich mit 7 m/s. Bei welcher Geschwindigkeit sollte ein geometrisch ähnliches Modell von 2,50 m Länge getestet werden?
Antwort: 0,89 m/s.

58. Welche Kraft wirkt auf einen Damm, wenn ein 1 m langes Modell (Maßstab 1 : 36) eine Wellenkraft von 12 kp erfährt?
Antwort: 15550 kp/m.

59. Ein untergetauchtes Objekt wird in Süßwasser (15 °C) verankert, das mit 2,50 m/s fließt. Der Widerstand eines Modells (Maßstab 1 : 5) im Windkanal unter Normalbedingungen beträgt 2 kp. Welche Kraft wirkt auf die Großausführung unter dynamisch ähnlichen Bedingungen?
Antwort: 9,60 kp.

60. Berechne für Strömungen,bei denen Zähigkeits- und Druckkräfte überwiegen, einen Ausdruck für das Geschwindigkeits- und das Verlusthöhenverhältnis von Modell und Prototyp.
Lösung: $V_r = p_r L_r / \mu_r$ und $H_r = V_r \mu_r / w_r L_r$.

61. Leite mit Hilfe des Pi-Theorems eine Beziehung für die Reibungszahl f ab, wenn diese eine Funktion von Rohrdurchmesser d, Durchschnittsgeschwindigkeit V, Flüssigkeitsdichte ρ, Viskosität μ und absoluter Rohrrauhigkeit ϵ ist.
Lösung: $F = \Phi\,(R_E, \epsilon/d)$

KAPITEL 6

Grundlagen für die Berechnung von Strömungen

EINFÜHRUNG

In den Kapiteln 1 bis 4 wurden ruhende Flüssigkeiten behandelt. Dabei war das Gewicht die einzige bedeutende Eigenschaft. In diesem Kapitel werden die Grundlagen für die Behandlung von bewegten Flüssigkeiten gelegt. Eine Strömung ist ist etwas sehr Komplexes und ist nicht immer einer exakten mathematischen Analyse zugänglich. Anders als bei Festkörpern können die Flüssigkeitsteilchen in einer Strömung sich mit unterschiedlichen Geschwindigkeiten bewegen und unterschiedliche Beschleunigungen erfahren. Drei Grundgesetze bestimmen eine Strömung:

(*a*) Der Massenerhaltungssatz, aus dem die Kontinuitätsgleichung abgeleitet wird.

(*b*) Der Energiesatz, aus dem verschiedene Strömungsgleichungen abgeleitet werden.

(*c*) Der Impulssatz, aus dem Gleichungen zur Berechnung dynamischer Kräfte, die durch strömende Medien hervorgerufen werden, abgeleitet werden (siehe Kapitel 11 und 12).

STRÖMUNG

Eine Strömung kann stationär oder instationär, gleichförmig oder ungleichförmig, laminar oder turbulent sein (Kapitel 7); sie kann ein-, zwei- oder dreidimensional sein; sie kann Wirbel haben oder wirbelfrei sein.

Wirkliche eindimensionale Strömung einer inkompressiblen Flüssigkeit liegt nur vor, wenn Richtung und Größe der Geschwindigkeit an allen Stellen identisch sind. Trotzdem kann man auch eine eindimensionale Betrachtungsweise verwenden, wenn die eine Dimension entlang der zentralen Stromlinie gewählt wird und wenn Geschwindigkeiten und Beschleunigungen senkrecht zur Stromlinie vernachlässigbar sind. In solchen Fällen werden Durchschnittswerte für Geschwindigkeit, Druck und Höhe benutzt, um den Fluß als Ganzes zu beschreiben, kleine Änderungen kann man vernachlässigen. Zum Beispiel berechnet man die Strömung in gebogenen Rohren mittels eindimensionaler Strömungsformeln, obwohl das Gebilde drei Dimensionen hat und die Geschwindigkeit auf keiner Fläche senkrecht zur Strömung konstant ist.

Zweidimensionale oder ebene Strömungen treten auf, wenn sich die Flüssigkeitsteilchen auf Ebenen bewegen und der Stromlinienverlauf in allen Ebenen identisch ist.

In idealen Flüssigkeiten, in denen keine Zugspannungen auftreten, und in denen daher auch kein Drehmoment existiert, sind Rotationsbewegungen der Flüssigkeitsteilchen um ihren Massenmittelpunkt nicht möglich. Eine solche Strömung heißt wirbelfrei und kann durch ein Strömungsbild dargestellt werden.

Die Flüssigkeit in den rotierenden Behältern in Kapitel 4 ist ein Beispiel für eine Wirbelströmung, wobei die Geschwindigkeit jedes Teilchens sich linear mit dem Abstand vom Rotationszentrum ändert.

STATIONÄRE STRÖMUNG

Stationäre Strömung liegt vor, wenn an jedem Punkt die Geschwindigkeiten aufeinanderfolgender Flüssigkeitsteilchen zu allen Zeiten dieselbe ist. Daher ist die Geschwindigkeit zeitlich konstant oder $\partial V/\partial t = 0$. Sie kann aber an unterschiedlichen Punkten verschieden sein oder sich mit dem Abstand ändern. Diese Bedingung bringt es mit sich, daß auch die anderen Flüssigkeitsvariablen zeitlich konstant sind, oder $\partial p/\partial t = 0$, $\partial \rho/\partial t = 0$, $\partial Q/\partial t = 0$ usw. In den meisten praktischen Fällen hat es der Ingenieur mit stationärer Strömung zu tun. So sind Strömungen in Rohrleitungen oder aus Ausflußöffnungen unter konstanten Druckbedingungen Beispiele für stationäre Strömung. Diese Strömungen können gleichförmig oder ungleichförmig sein.

Die Komplexität instationärer Strömungen geht über den Rahmen einer Einführung in die Strömungslehre hinaus. Eine Strömung ist instationär, wenn sich die Strömungsbedingungen an einem Punkt mit der Zeit ändern, oder $\partial V/\partial t \neq 0$. In Aufgabe 7 wird eine allgemeine Gleichung für instationäre Strömung aufgestellt, in Kapitel 9 werden ein paar einfache Probleme behandelt, in denen sich Druck und Srömung mit der Zeit ändern.

GLEICHFÖRMIGE STRÖMUNG

Gleichförmige Strömung liegt, vor, wenn sich Betrag und Richtung der Geschwindigkeit von Flüssigkeitspunkt zu Flüssigkeitspunkt nicht ändern, oder $\partial V/\partial s = 0$. Das impliziert, daß sich auch andere Flüssigkeitsvariable nicht mit dem Ort ändern, oder $\partial y/\partial s = 0$, $\partial \rho/\partial s = 0$, $\partial p/\partial s = 0$ usw. Das Strömen von Flüssigkeiten unter Druck durch lange Rohrleitungen von konstantem Durchmesser ist eine gleichförmige Strömung, ob sie stationär ist oder instationär.

Nicht gleichförmige Strömung liegt vor, wenn sich Geschwindigkeit, Tiefe, Druck usw. von Strömungspunkt zu Strömungspunkt ändern, oder $\partial V/\partial s \neq 0$ usw. (Siehe Kapitel 10).

STROMLINIEN

Stromlinien sind gedachte Linien, die man durch eine Flüssigkeit zeichnet, um die Bewegungsrichtung in verschiedenen Abschnitten der Strömung anzuzeigen. Die Tangente an jeden Punkt der Kurve stellt die augenblickliche Geschwindigkeitsrichtung der Flüssigkeitsteilchen an diesem Punkt dar. Die Durchschnittsrichtung der Geschwindigkeit kann ebenso durch Tangenten an Stromlinien dargestellt werden. Da die Komponente des Geschwindigkeitsvektors senkrecht zur Stromlinie Null ist, kann natürlich nirgendwo eine Strömung quer zu einer Stromlinie existieren.

STROMRÖHREN

Unter einer Stromröhre versteht man elementare Teile einer strömenden Flüssigkeit, die durch eine Gruppe von Stromlinien, die die Strömung begrenzen, eingeschlossen werden. Ist die Querschnittsfläche einer Stromröhre hinreichend klein, so kann man die Geschwindigkeit im Mittelpunkt jedes Querschnitts als Durchschnittsgeschwindigkeit für den ganzen Querschnitt nehmen. Der Begriff Stromröhre wird gebraucht, um die Kontinuitätsgleichung für stationäre, eindimensionale Strömung inkompressibler Flüssigkeiten abzuleiten (Aufgabe 1).

KONTINUITÄTSGLEICHUNG

Die Kontinuitätsgleichung ergibt sich aus dem Massenerhaltungsgesetz. Für stationäre Strömung ist in allen Stromabschnitten die Masse, die pro Zeiteinheit vorbeifließt, dieselbe. Das kann man folgendermaßen ausdrücken:

$$\rho_1 A_1 V_1 = \rho_2 A_2 V_2 = \text{constant} \qquad (1)$$

oder

$$w_1 A_1 V_1 = w_2 A_2 V_2 \quad \text{(in kp/s)} \qquad (2)$$

Für *inkompressible* Flüssigkeiten und für Flüssigkeiten, bei denen in allen praktischen Anwendungen $w_1 = w_2$ ist, wird die Gleichung zu

$$Q = A_1 V_1 = A_2 V_2 = \text{constant} \quad (\text{in m}^3/\text{s}) \tag{3}$$

Hierin sind A_1 und V_1 die Querschnittsfläche in m^2 und die Durchschnittsgeschwindigkeit in m/s bei Abschnitt 1, entsprechendes gilt für Abschnitt 2 (siehe Aufgabe 1). Gewöhnlich benutzt man für den Volumenstrom die Einheit Kubikmeter pro Sekunde (m^3/s), obwohl man häufig auch die Einheiten Liter pro Minute (1/min) und Millionen Liter pro Tag (ML/d) findet.

Die Kontinuitätsgleichung für stationäre, zweidimensionale, inkompressible Strömung lautet

$$A_{n1} V_1 = A_{n2} V_2 = A_{n3} V_3 = \text{constant} \tag{4}$$

wobei die A_n die Flächen senkrecht zu den entsprechenden Geschwindigkeitsvektoren darstellen (siehe Aufgaben 10 und 11).

Die Kontinuitätsgleichung für dreidimensionale Strömung wird in Aufgabe 7 für stationäre und instationäre Strömung abgeleitet. Diese allgemeine Gleichung wird auch auf den Fall stationärer ein- und zweidimensionaler Strömungen reduziert.

STRÖMUNGSBILDER

Unter einem Strömungsbild verstehen wir ein Netz aus Stromlinien und Äquipotentiallinien. Man zeichnet Strömungsbilder, um das Strömungsverhalten bei zwei- oder sogar dreidimensionaler Strömung zu verdeutlichen. Das Strömungsbild besteht (*a*) aus einem System von Stromlinien, deren Abstand so bemessen ist, daß die Durchflußmenge q zwischen allen jeweils benachbarten Linienpaaren dieselbe ist, und (*b*) aus einem System von senkrecht zu den Stromlinien stehenden Linien, die so aneinandergesetzt sind, daß ihr Abstand gerade gleich dem Abstand der angrenzenden Stromlinien ist. Um eine Strömung unter gegebenen Randbedingungen vollständig zu beschreiben, benötigt man unendlich viele Stromlinien. Trotzdem ist es üblich, nur eine so kleine Anzahl Stromlinien zu benutzen, wie nötig ist, um hinreichende Genauigkeit zu erzielen.

Obwohl die Technik, Strömungsbilder zu zeichnen, über den Rahmen eines Einführungsbuches hinausgeht, ist es auch hier wichtig, auf die Bedeutung von Strömungsbildern hinzuweisen (siehe Aufgaben 13 und 14). Hat man erst einmal ein Strömungsbild für spezielle Randbedingungen, so kann man es auch für alle anderen wirbelfreien Strömungen benutzen, bei denen die Begrenzungen geometrisch ähnlich sind.

ENERGIEGLEICHUNG

Die Energiegleichung erhält man durch Anwendung des Energieerhaltungssatzes auf Strömungen. Die Energie einer Strömung besteht aus innerer Energie und Energie infolge von Druck, Geschwindigkeit und Lage. In Richtung der Strömung kann der Energiesatz in eine allgemeine Gleichung gefaßt werden:

$$\begin{matrix}\text{Energie bei} \\ \text{Abschnitt 1}\end{matrix} + \begin{matrix}\text{Energie} \\ \text{zugeführt}\end{matrix} - \begin{matrix}\text{Energie} \\ \text{verlust}\end{matrix} - \begin{matrix}\text{Energie} \\ \text{entzogen}\end{matrix} = \begin{matrix}\text{Energie bei} \\ \text{Abschnitt 2}\end{matrix}$$

Diese Gleichung vereinfacht sich im Falle stationärer Strömung einer inkompressiblen Flüssigkeit, bei der der Änderung der inneren Energie vernachlässigbar ist, zu

$$\left(\frac{p_1}{w} + \frac{V_1^2}{2g} + z_1\right) + H_Z - H_L - H_E = \left(\frac{p_2}{w} + \frac{V_2^2}{2g} + z_2\right) \tag{5}$$

Diese Gleichung ist als *Bernoulli-Gleichung* bekannt. Den Beweis von Gleichung (*5*) und deren Abänderung für kompressible Flüssigkeiten findet man in Aufgabe 20.

Als Einheiten benutzt man kp m/kp der Flüssigkeit oder m Flüssigkeit. Praktisch alle Probleme, die mit der Strömung von Flüssigkeiten (im engeren Sinne) zu tun haben, benutzen diese Gleichung als Lösungsgrundlage. Bei Strömungen von Gasen muß man in vielen Fällen Prinzipien der Thermodynamik und des Wärmetransports hinzuziehen. Diese gehen jedoch über den Rahmen dieses Buches hinaus.

GESCHWINDIGKEITSHÖHE

Unter der Geschwindigkeitshöhe an einem Punkt verstehen wir die kinetische Energie pro Gewichtseinheit an diesem Punkt. Ist an einem Querschnitt die Geschwindigkeit gleichförmig, dann gibt die Geschwindigkeitshöhe, die mit dieser gleichförmigen oder der Durchschnittsgeschwindigkeit (V_m) berechnet wird, die wirkliche kinetische Energie pro Gewichtseinheit wieder. Im allgemeinen ist die Geschwindigkeitsverteilung jedoch nicht gleichförmig. Die wahre kinetische Energie findet man durch Integration der differentiellen kinetischen Energien von Stromlinie zu Stromlinie (siehe Aufgabe 16). Der Korrekturfaktor für die kinetische Energie α, mit der man den Ausdruck $V_m^2/2g$ multiplizieren muß, lautet

$$\alpha = \frac{1}{A}\int_A \left(\frac{v}{V}\right)^3 dA \qquad (6)$$

wobei V = Durchschnittsgeschwindigkeit im Querschnitt

v = Geschwindigkeit an jedem Punkt des Querschnitts

A = Querschnittsfläche

Untersuchungen haben gezeigt, daß $\alpha = 1{,}0$ für gleichförmige Geschwindigkeitsverteilung, $\alpha = 1{,}02$ bis 1,15 für turbulente Strömungen und $\alpha = 2{,}00$ für laminare Strömungen ist. In den meisten Strömungsberechnungen nimmt man $\alpha = 1{,}0$, ohne im Ergebnis einen größeren Fehler zu bekommen, da die Geschwindigkeitshöhe im allgemeinen nur einen kleinen Anteil der Gesamthöhe (Energie) ausmacht.

ANWENDUNG DER BERNOULLI GLEICHUNG

Bei der Anwendung der Bernoulli-Gleichung sollte man rationell und systematisch vorgehen. Wir schlagen folgenden Weg vor:

(1) Mache eine Skizze des Systems, wähle alle Querschnitte des zu untersuchenden Strömungsabschnittes aus und bezeichne sie.

(2) Wende die Bernoulli-Gleichung in Strömungsrichtung an. Wähle eine Bezugsebene für jede Gleichung. Der Nullpunkt sollte so gewählt werden, daß Minuszeichen vermieden werden, um so die Anzahl der Fehler zu vermindern.

(3) Berechne die Energie auf der stromaufwärts gelegenen Seite von Querschnitt 1. Man mißt die Energie in kp m/kp, was sich zu m Flüssigkeit vereinfacht. Für Flüssigkeiten kann die Druckhöhe als Manometer- oder absoluter Druck angegeben werden, man muß aber in Querschnitt 2 dieselben Einheiten wählen. In diesem Buch werden Manometereinheiten benutzt, da sie für Flüssigkeiten einfacher sind. Absolute Druckhöheneinheiten muß man wählen, wenn das spez. Gewicht w nicht konstant ist. Wie in der Kontinuitätsgleichung nimmt man ohne größeren Genauigkeitsverlust für V_1 die Durchschnittsgeschwindigkeit im Querschnitt an.

(4) Addiere, in m Flüssigkeit, jede durch mechanische Geräte (wie z. B. Pumpen) zugeführte Energie.

(5) Subtrahiere, in m Flüssigkeit, den Energieverlust während des Fließens.

(6) Subtrahiere, in m Flüssigkeit, die der Flüssigkeit durch mechanische Geräte (wie z. B. Turbinen) entzogene Energie.

(7) Setze dieser Energiesumme die Summe aus Druckhöhe, Geschwindigkeitshöhe und geodätischer Höhe in Abschnitt 2 gleich.

(8) Sind beide Geschwindigkeitshöhen unbekannt, so stelle mit Hilfe der Kontinuitätsgleichung eine Beziehung zwischen beiden auf.

ENERGIELINIE

Die Energielinie ist eine graphische Darstellung der Energie an jedem Querschnitt. Bezüglich des gewählten Bezugspunktes kann die Gesamtenergie (als Skalar in m Flüssigkeitssäule) für jeden wichtigen Abschnitt gezeichnet werden. Die so erhaltene Linie ist ein brauchbares Hilfsmittel für viele Strömungsprobleme. Die Energielinie fällt in Strömungsrichtung, wenn nicht Energie durch mechanische Geräte hinzukommt.

DRUCKLINIE

Die Drucklinie liegt um den Betrag der Geschwindigkeitshöhe an jedem Querschnitt unter der Energielinie. Die beiden Linien verlaufen an allen Stellen mit gleicher Querschnittsfläche parallel. Die Ordinate zwischen dem Strömungsmittelpunkt und der Drucklinie ist die Druckhöhe an dem Querschnitt.

LEISTUNG

Man erhält die Leistung, wenn man das Gewicht der Flüssigkeit, das pro Sekunde fließt ($w\,Q$) mit der Energie H (in kp m/kp) multipliziert. Es ergibt sich die Gleichung

Leistung $P = P = w\,Q\,H = \text{kp/m}^3 \times \text{m}^3/\text{s} \times \text{kpm/kp} = \text{kp m/s}$

oder Leistung in PS = $(w\,Q\,H)/75$

Aufgaben mit Lösungen

1. Stelle die Kontinuitätsgleichung für stationäre Strömung (*a*) einer kompressiblen und (*b*) einer inkompressiblen Flüssigkeit auf.

Lösung:

(*a*) Betrachte den Fluß durch die Stromröhre, bei der die Schnitte 1 und 2 senkrecht auf den Stromlinien stehen, von denen sie gebildet wird. Beträgt die Dichte ρ_1 und die Geschwindigkeit senkrecht zu dem Querschnitt V_1, so ist die Masse, die pro Zeiteinheit Abschnitt 1 durchströmt, $\rho_1\,V_1\,dA_1$, da $V_1\,dA_1$ das Volumen pro Zeiteinheit ist. Ähnlich erhält man für Querschnitt 2 als Masse pro Zeiteinheit $\rho_2\,V_2\,dA_2$. Da bei stationärer Strömung sich die Masse pro Zeiteinheit nicht ändern kann, und da nichts durch die Wände der Stromröhre fließen kann, ist die Masse, die durch die Stromröhre fließt, konstant. Deshalb

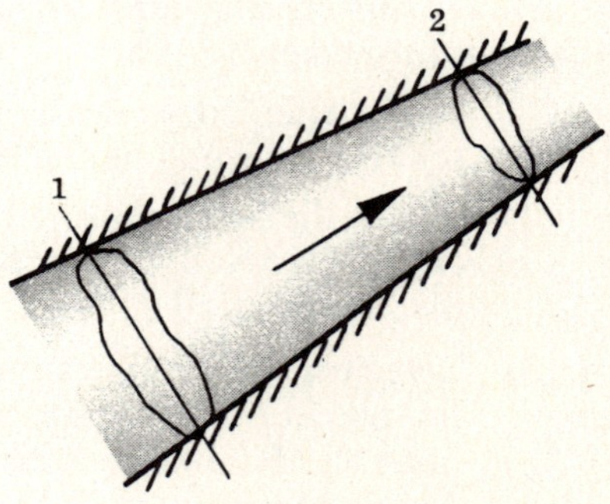

Abb. 6-1

$$\rho_1\,V_1\,dA_1 = \rho_2\,V_2\,dA_2 \tag{A}$$

Die Dichten ρ_1 und ρ_2 sind über jeden Querschnitt dA konstant, die Geschwindigkeiten V_1 und V_2 stellen die Geschwindigkeiten der Stromröhren in Querschnitt 1 bzw. 2 dar. Dann

$$\rho_1\,V_1 \int_{A_1} dA_1 = \rho_2\,V_2 \int_{A_2} dA_2 \tag{B}$$

Integration ergibt

$$\rho_1\,V_1\,A_1 = \rho_2\,V_2\,A_2 \quad \text{oder} \quad w_1\,V_1\,A_1 = w_2\,V_2\,A_2$$

(*b*) Für inkompressible Flüssigkeiten (und für einige Fälle kompressibler Strömungen) ist die Dichte konstant, oder $\rho_1 = \rho_2$. Deshalb

$$Q = A_1 V_1 = A_2 V_2 = \text{constant (in m}^3\text{/s)} \qquad (C)$$

Deshalb ist die Ausflußmenge entlang einer Sammlung von Stromröhren konstant. In vielen Strömungsfällen kann man die Durchschnittsgeschwindigkeit in den Kontinuitätsgleichungen (*B*) und (*C*) benutzen.

2. 1800 l/min fließen durch ein 30 cm Rohr, das sich später auf 15 cm lichte Weite verjüngt. Berechne die Durchschnittsgeschwindigkeiten in beiden Rohren.

Lösung:

$$Q \text{ in m}^3\text{/s} = \frac{1800}{60} \times 10^{-3} \text{ m}^3\text{/s} = 0{,}030 \text{ m}^3\text{/s}$$

$$V_{30} = \frac{Q \text{ in m}^3\text{/s}}{A \text{ in m}^2} = \frac{0{,}030}{\frac{1}{4}\pi(0{,}30)^2} = 0{,}43 \text{ m/s} \quad \text{und} \quad V_{15} = \frac{0{,}030}{\frac{1}{4}\pi(0{,}15)^2} = 1{,}70 \text{ m/s}$$

3. Die Geschwindigkeit in einem 30 cm Rohr beträgt 0,50 m/s. Wie groß ist die eines Strahls von 7,5 cm Durchmesser, der aus einer Düse, die an dem Rohr angebracht ist, herauskommt?

Lösung:

$Q = A_{30} V_{30} = A_{7,5} V_{7,5}$, oder, da sich die Flächen quadratisch mit dem Durchmesser ändern,

$V_{30} = (7{,}5)^2 V_{7,5}$. Also $V_{7,5} = (30/7{,}5)^2 V_{30} = 16 \times 0{,}50 = 8{,}0$ m/s

4. Luft fließt in einem 15 cm Rohr mit einem Manometerdruck von 2,10 kp/cm² und einer Temperatur von 38 °C. Wieviel kp Luft fließen pro Sekunde, wenn der Manometerdruck 1,030 kp/cm² und die Geschwindigkeit 3,20 m/s betragen?

Lösung:

Das Gasgesetz verlangt für Druck und Temperatur absolute Einheiten. Daher

$$w_{\text{Luft}} = \frac{p}{RT} = \frac{(2{,}10 + 1{,}03) \times 10^4}{29{,}3(38 + 273)} = 3{,}43 \text{ kp/m}^3$$

wobei $R = 29{,}3$ für Luft (aus Tafel 1 im Anhang).

$$W \text{ in kp/s} = wQ = wA_{15}V_{15} = 3{,}43 \text{ kp/m}^3 \times \tfrac{1}{4}\pi(0{,}15)^2 \text{ m}^2 \times 3{,}20 \text{ m/s} = 0{,}194 \text{ kp/s}$$

5. CO_2 passiert Punkt *A* in einem 7,5 cm Rohr mit einer Geschwindigkeit von 4,50 m/s. Der Druck bei *A* beträgt 2,10 kp/cm², die Temperatur ist 21 °C. Bei Punkt *B* stromabwärts ist der Druck 1,40 kp/cm² und die Temperatur 32 °C. Berechne für einen Barometerstand von 1,030 kp/cm² die Geschwindigkeit bei *B* und vergleiche die Durchflußmengen bei *A* und *B*. Aus Tafel 1 im Anhang erhält man für CO_2 den Wert $R = 19{,}30$

Lösung:

$$w_A = \frac{p_A}{RT} = \frac{3{,}13 \times 10^4}{19{,}3 \times 294} = 5{,}52 \text{ kp/m}^3, \quad w_B = \frac{2{,}43 \times 10^4}{19{,}3 \times 305} = 4{,}13 \text{ kp/m}^3$$

(*a*) W in kp/s $= w_A A_A V_A = w_B A_B V_B$. Aber da $A_A = A_B$, ergibt sich

$$w_A V_A = w_B V_B = 5{,}52 \times 4{,}50 = 4{,}13 V_B \text{ und } V_B = 6{,}0 \text{ m/s}$$

(*b*) Das Gewicht, das pro Sekunde fließt, ist konstant, aber der Volumenstrom wird sich ändern, da das spez. Gewicht nicht konstant ist.

$$Q_A = A_A V_A = \tfrac{1}{4}\pi(0{,}075)^2 \times 4{,}50 = 19{,}9 \times 10^{-3} \text{ m}^3\text{/s}, \quad Q_B = A_B V_B = \tfrac{1}{4}\pi(0{,}075)^2 \times 6{,}00 = 26{,}5 \times 10^{-3} \text{ m}^3\text{/s}$$

6. Welcher minimale Rohrdurchmesser ist notwendig, um 0,230 kp/s Luft mit einer Maximalgeschwindigkeit von 5,50 m/s zu befördern? Die Temperatur der Luft beträgt 27 °C, der absolute Druck ist 2,40 kp/cm².

Lösung:

$$w_{\text{Luft}} = \frac{p}{RT} = \frac{2{,}40 \times 10^4}{29{,}3(27 + 273)} = 2{,}73 \ \text{kp/m}^3$$

$$W = 0{,}230 \ \text{kp/s} \quad = wQ \quad \text{oder} \quad Q = \frac{W}{w} = \frac{0{,}230 \ \text{kp/s}}{2{,}73 \ \text{kp/m}^3} = 0{,}084 \ \text{m}^3/\text{s}$$

$$\text{Minimale benötigte Fläche} = \frac{\text{Volumenstrom in m}^3/\text{s}}{\text{Durchschnittsgeschwindigkeit } V} = \frac{0{,}084}{5{,}50} = 0{,}0153 \ \text{m}^2 = 153 \ \text{cm}^2$$

Daher ist der minemale Durchmesser 14 cm.

7. Stelle die allgemeine Kontinuitätsgleichung für dreidimensionale Strömung einer kompressiblen Flüssigkeit auf, und zwar (*a*) für instationäre Strömung und (*b*) für stationäre Strömung.

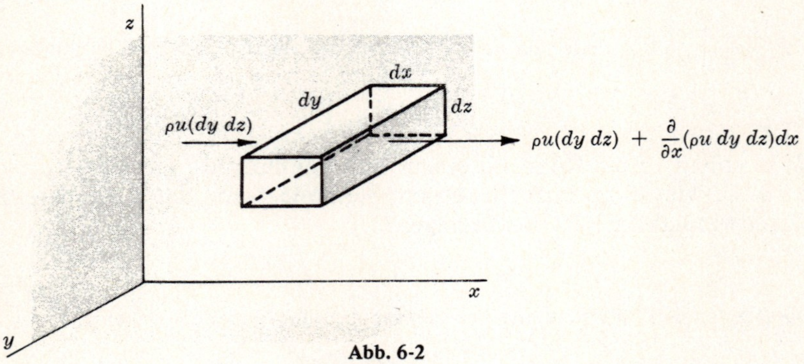

Abb. 6-2

Lösung:

(*a*) Wir nennen die Geschwindigkeitskomponenten in *x*-, *y*- und *z*-Richtung ***u***, *v* und *w*. Betrachte die Strömung durch einen Quader mit den Seitenlängen *dx*, *dy* und *dz*. Die Masse der Flüssigkeit, die in jede Seite des Quaders pro Zeiteinheit einfließt, ist Dichte der Flüssigkeit mal Seitenfläche mal Geschwindigkeit senkrecht zur Seite, oder z. B. in *x*-Richtung: $\rho u\ (dy\ dz)$. In x-Richtung sind die strömenden Massen (siehe Abb. 6-2):

$$\text{Einstrom } \rho u\ (dy\ dz) \quad \text{und Ausfluß} \quad \rho u\ (dy\ dz) + \frac{\partial}{\partial x}(\rho u\ dy\ dz)\ dx.$$

$$\text{Der resultierende Gesamteinstrom ist also} - \frac{\partial}{\partial x}(\rho u\ dy\ dz)\ dx \ \text{oder} - \frac{\partial}{\partial x}(\rho u\ dx\ dy\ dz).$$

Wenn wir ähnliche Ausdrücke für die Gesamteinströme in *y*- und *z*-Richtung aufschreiben und diese alle addieren, so erhalten wir

$$-\left[\frac{\partial}{\partial x}\rho u + \frac{\partial}{\partial y}\rho v + \frac{\partial}{\partial z}\rho w\right] dx\ dy\ dz$$

Diese Größen werden um so genauer, je mehr sich *dx*, *dy* und *dz* Null nähern.

Die ***positive zeitliche Änderung*** der Masse innerhalb des Quaders ist

$$\frac{\partial}{\partial t}(\rho\ dx\ dy\ dz) \quad \text{oder} \quad \frac{\partial \rho}{\partial t}(dx\ dy\ dz)$$

wobei $\partial\rho/\partial t$ die zeitliche Änderung der Dichte innerhalb des Volumes ist. Da der resultierende Einstrom gleich der Massenänderung ist, erhalten wir

$$-\left[\frac{\partial}{\partial x}\rho u + \frac{\partial}{\partial y}\rho v + \frac{\partial}{\partial z}\rho w\right] dx\,dy\,dz = \frac{\partial\rho}{\partial t}(dx\,dy\,dz)$$

Daher lautet die Kontinuitätsgleichung für dreidimensionale, instationäre Strömung einer kompressiblen Flüssigkeit

$$-\left[\frac{\partial}{\partial x}\rho u + \frac{\partial}{\partial y}\rho v + \frac{\partial}{\partial z}\rho w\right] = \frac{\partial\rho}{\partial t} \qquad (A)$$

(*b*) Bei stationärer Strömung ändert die Flüssigkeit ihre Eigenschaften nicht mit der Zeit, oder $\partial\rho/\partial t = 0$. Die Kontinuitätsgleichung für stationäre, kompressible Strömung ist also

$$\left[\frac{\partial}{\partial x}\rho u + \frac{\partial}{\partial y}\rho v + \frac{\partial}{\partial z}\rho w\right] = 0 \qquad (B)$$

Weiter wird die Gleichung für dreidimensionale, stationäre, inkompressible Strömung (ρ = konstant)

$$\frac{\partial u}{\partial x} + \frac{\partial v}{\partial y} + \frac{\partial w}{\partial z} = 0 \qquad (C)$$

Sollte $\partial w/\partial z = 0$ sein, so ist die Strömung zweidimensional und

$$\frac{\partial u}{\partial x} + \frac{\partial v}{\partial y} = 0 \qquad (D)$$

Sollten $\partial w/\partial z$ und $\partial v/\partial y = 0$ sein, so ist die Strömung eindimensional und

$$\frac{\partial u}{\partial x} = 0 \qquad (E)$$

Dieser Ausdruck gilt für gleichförmige Strömung.

8. Ist die Kontinuitätsgleichung für stationäre, inkompressible Strömung erfüllt, wenn man die folgenden Geschwindigkeitskomponenten hat?

$$u = 2x^2 - xy + z^2, \quad v = x^2 - 4xy + y^2, \quad w = -2xy - yz + y^2$$

Lösung:

Differenziere jede Komponente nach der entsprechenden Richtung.

$$\partial u/\partial x = 4x - y, \quad \partial v/\partial y = -4x + 2y, \quad \partial w/\partial z = -y$$

Einsetzen in Gleichung (*C*) oben ergibt $(4x - y) + (-4x + 2y) + (-y) = 0$. Sie ist erfüllt.

9. Die Geschwindigkeitskomponenten für stationäre, inkompressible Strömung sind $u = (2x - 3y)t$, $v = (x - 2y)t$ und $w = 0$. Ist die Kontinuitätsgleichung erfüllt?

Lösung:

Differentation jeder Komponenten nach der entsprechenden Richtung:

$$\partial u/\partial x = 2t, \quad \partial v/\partial y = -2t, \quad \partial w/\partial z = 0$$

Einsetzen in Gleichung (*C*) von Aufgabe 7 ergibt Null. Sie ist erfüllt.

10. Sind für eine stationäre, inkompressible Strömung die folgenden Werte für u und v möglich?

(*a*) $u = 4xy + y^2, \quad v = 6xy + 3x$ (*b*) $u = 2x^2 + y^2, \quad v = -4xy$

Lösung:

Für die angegebene zweidimensionale Strömung muß Gleichung (*D*) aus Aufgabe 7 erfüllt sein.

(*a*) $\partial u/\partial x = 4y, \ \partial v/\partial y = 6x, \ 4y + 6x \neq 0$ (*b*) $\partial u/\partial x = 4x, \ \partial v/\partial y = -4x, \ 4x - 4x = 0$

Strömung nicht möglich Strömung möglich

11. Eine Flüssigkeit fließt zwischen zwei zusammenlaufenden Platten, die 45 cm breit sind. Die Geschwindigkeit ändert sich nach der Formel

$$\frac{v}{v_{max}} = 2\,\frac{n}{n_0}\left(1 - \frac{n}{n_0}\right)$$

Bestimme für die Werte $n_0 = 5$ cm und $v_{max} = 0{,}30$ m/s (*a*) den Volumenstrom in m³/s, (*b*) die mittlere Geschwindigkeit im Querschnitt und (*c*) die mittlere Geschwindigkeit für den Querschnitt, wo $n = 2$ cm.

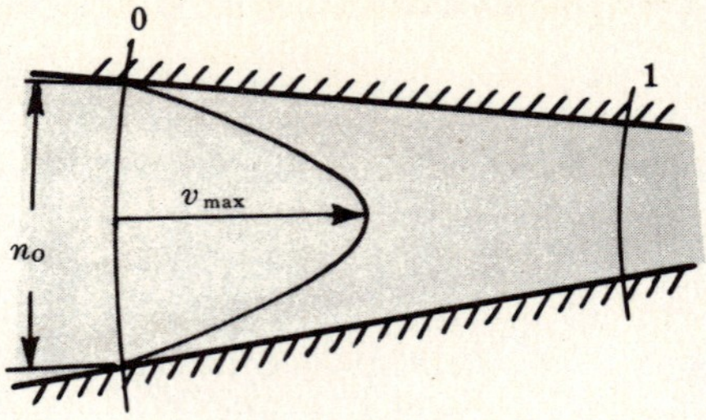

Abb. 6-3

Lösung:

(*a*) Der Fluß/Einheitsbreite senkrecht zur Papierebene ist

$$q = \int_0^{n_0} v\,dn = \frac{2v_{max}}{n_0}\int_0^{n_0}(n - n^2/n_0)\,dn = \frac{1}{3}v_{max}\,n_0 = 5 \times 10^{-3}\ \text{m}^3/\text{s pro m Breite,}$$

und der Gesamtfluß $Q = 5 \times 10^{-3}\ (0{,}45) = 2{,}25 \times 10^{-3}\ \text{m}^3/\text{s}$.

(*b*) Die mittlere Geschwindigkeit ist $V_0 = q/n_0 = 0{,}10$ m/s, mit $n_0 = 0{,}05$ m. Oder $V_0 = Q/A = 0{,}10$ m/s.

(*c*) Unter Benutzung von Gleichung (*4*) ergibt sich $V_0 A_{n_0} = V_1 A_{n_1}$, $0{,}10(0{,}05)\,(0{,}45) = V_1\,(0{,}02)\,(0{,}45)$, und $V_1 = 0{,}25$ m/s.

12. Zeige: Mißt man Betrag und Richtung der Geschwindigkeiten in einer vertikalen Ebene Y in einem Abstand Δy voneinander, so kann man den Volumenstrom q pro Einheitsbreite als $\Sigma v_x\,\Delta y$ ausdrücken.

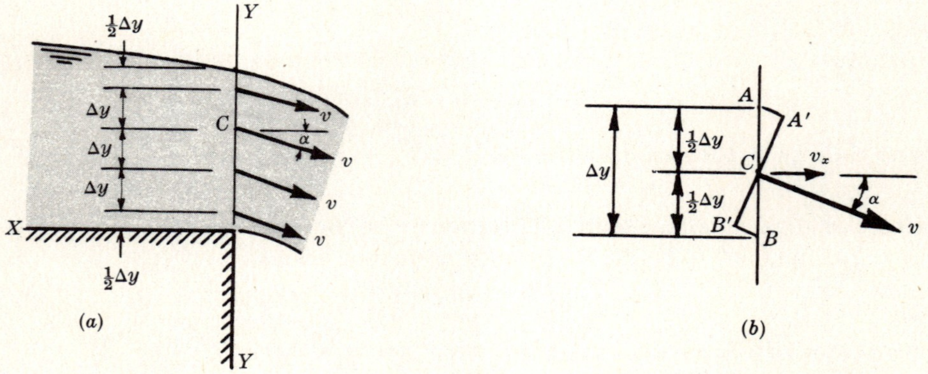

Abb. 6-4

Lösung:

Durchfluß pro Einheitsbreite = $q = \Sigma\Delta q$, wobei man jedes Δq als $v\,(\Delta A_n)$ ausdrücken kann.
Aus Abb. 6-4 (*b*) ergibt sich $A'B' = \Delta A_n = \Delta_y \cos\alpha$. Dann ist $q = \Sigma v\,(\Delta y \cos\alpha) = \Sigma\, v_x\,\Delta y$ pro Einheitsbreite.

13. (*a*) Skizziere das Verfahren zum Zeichnen eines Strömungsbildes für eine ebene, stationäre Strömung einer idealen Flüssigkeit zwischen den in Abb. 6-5 angegebenen Begrenzungen.

(*b*) Bestimme den Volumenstrom q und die gleichförmigen Geschwindigkeiten an Querschnitt 1, wo $\Delta_{n_1} = 9$ cm ist, wenn die gleichförmige Geschwindigkeit an Schnitt 29,0 m/s beträgt und $\Delta_{n_1} = 3$ cm ist.

Lösung:

(*a*) Das für diesen Fall beschriebene Vorgehen beim Zeichnen eines Strömungsbildes kann auch für komplexere Fälle angewendet werden. Für eine *ideale* Flüssigkeit gehen wir wie folgt vor:

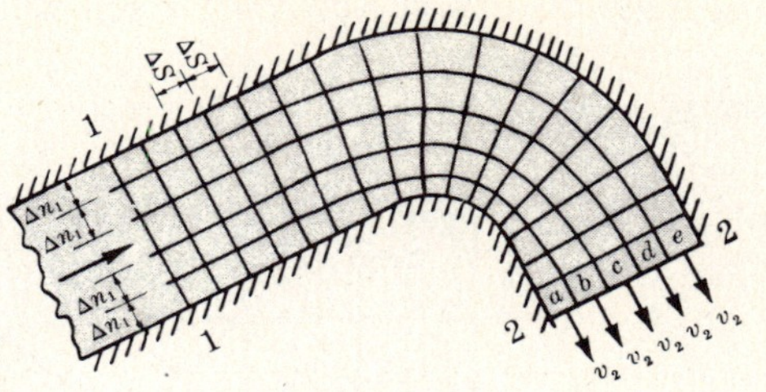

Abb. 6-5

1. Teile die Strömung an einem Querschnitt zwischen parallelen Begrenzungen in eine Anzahl Streifen gleicher Breite Δn (man benutzt Einheitshöhen senkrecht zur Papierebene). Jeder Streifen stellt eine Stromröhre dar, die durch zwei Stromlinien oder durch eine Stromlinie und eine Wand begrenzt wird. Der Volumenstrom ist gleichmäßig auf die Röhren aufgeteilt und $\Delta q \cong v(\Delta n) \cong$ konstant. Hierbei ist Δn senkrecht zur lokalen Geschwindigkeit gemessen. Da $\Delta q \cong v_1 \Delta n_1 \cong v_2 \Delta n_2$, ist $v_1/v_2 \cong \Delta n_2/\Delta n_1 \cong \Delta S_2/\Delta S_1$. Je kleiner die Werte von Δn und ΔS sind, desto genauer beschreibt die Approximation die wirklichen Verhältnisse. Man sollte die Anzahl der Stromlinien so wählen, daß man hinreichende Genauigkeit bekommt, ohne aber unnötige Details darzustellen.
2. Um die *Richtung* der Stromlinien abzuschätzen, zeichnet man senkrecht zu ihnen Äquipotentiallinien, die so angeordnet sind, daß $\Delta S = \Delta n$. Die Äquipotentiallinien müssen in jedem Abschnitt senkrecht auf den Stromlinien und den Begrenzungslinien, die ja auch Stromlinien sind, stehen. Daher wird das ganze Strömungsbild einer Ansammlung von (angenäherten) Quadraten ähnlich sehen.
3. In der Nähe von Begrenzungsformänderungen ist es unmöglich, gute Quadrate zu zeichnen. Die anfängliche Zeichentechnik muß geändert werden. Eine brauchbare Kontrolle besteht darin, daß man die Diagonalen durch all diese „Quadrate" zeichnet. Diese Diagonalen, gezeichnet in beiden Richtungen, sollten ebenfalls angenähert Quadrate ergeben.
4. Die Begrenzungen stellen im allgemeinen selbst echte Stromlinien dar. Ist das nicht der Fall, so gibt das Strömungsbild nicht das wahre Strömungsverhalten wieder. Zum Beispiel darf an den Stellen, an denen sich die Strömung von den Wänden „ablöst", die Grenzfläche selbst nicht als Stromlinie benutzt werden. Hat man es mit divergenten Strömungen zu tun, so kann man Separationszonen einführen.

Mathematische Lösungen für wirbelfreie Strömung basieren auf dem Begriff der *Stromfunktion.* Die Definition dieses Begriffes schließt das Kontinuitätsprinzip und die Eigenschaften von Stromlinien ein. Die Durchflußmenge ψ für eine Stromlinie ist konstant (da keine Strömung die Stromlinie kreuzen kann). Kann man ψ als Funktion von x und y schreiben, so kann man die Stromlinien zeichnen. Ähnlich kann man die Potentiallinien durch eine Bedingung $\phi(x, y)$ = constant definieren. Daraus können wir die folgenden Beziehungen ableiten:

$$u = \partial\psi/\partial y \quad \text{und} \quad v = -\partial\psi/\partial x \quad \text{für Stromlinien}$$

$$u = \partial\phi/\partial x \quad \text{und} \quad v = -\partial\phi/\partial y \quad \text{für Äquipotentiallinien}$$

Diese Gleichungen müssen die Laplace-Gleichung

$$\frac{\partial^2\psi}{\partial x^2} + \frac{\partial^2\psi}{\partial y^2} = 0 \qquad \text{oder} \qquad \frac{\partial^2\phi}{\partial x^2} + \frac{\partial^2\phi}{\partial y^2} = 0$$

und die Kontinuitätsgleichung

$$\frac{\partial u}{\partial x} + \frac{\partial v}{\partial y} = 0 \quad \text{erfüllen.}$$

Im allgemeinen werden die Äquipotentialfunktionen ausgerechnet und gezeichnet. Danach malt man die senkrechten Stromlinien, um die Strömung zu veranschaulichen.

Die exakten Lösungen findet man in Lehrbüchern zur angewandten Strömungslehre, Hydrodynamik und Funktionentheorie.

(*b*) Durchfluß/Einheitsbreite $= q = \Sigma\,\Delta q = q_a + q_b + q_c + q_d + q_e = 5\,(v_2)\,(A_{n_2})$.

Für 1 Einheitsbreite ist $A_{n_2} = 1\,(\Delta n_2)$ und $q = 5(9{,}0)(1 \times 0{,}03) = 1{,}35$ m^3/s pro Einheitsbreite

Dann für $\Delta n_1 = 0{,}09$ m, $5\,v_1(0{,}09 \times 1) = 1{,}35$, oder $v_2 = 3{,}0$ m/s.

v_1 erhält man auch aus $v_1/v_2 \cong \Delta n_2/\Delta n_1$, $v_1/9{,}0 \cong 0{,}03/0{,}09$, $v_1 = 3{,}0$ m/s.

14. Zeichne Strom- und Äquipotentiallinien für die in Abb. 6-6 gezeigten Begrenzungen. (Die nicht ausgefüllte Fläche in Abschnitt *C* soll der Leser ausfüllen!)

Lösung:

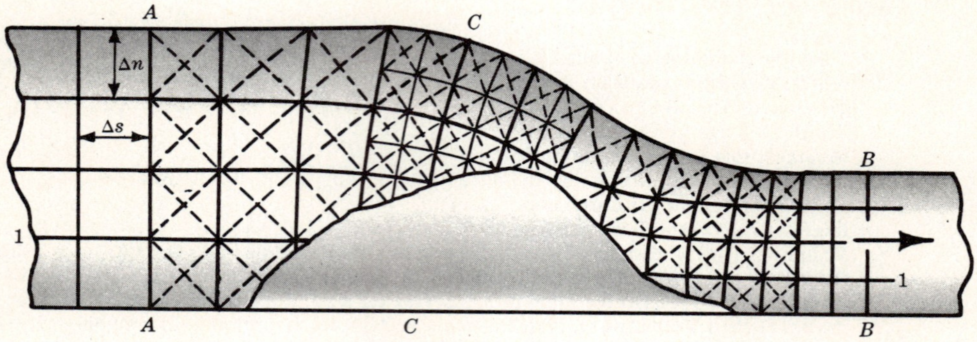

Abb. 6-6

1. Teile die Strömung an den Stellen, an denen sie zwischen parallelen Grenzen verläuft, in vier gleiche Teile oder Stromröhren (bei *AA* und *BB*). Versuche, den Weg eines Teilchens entlang einer dieser Stromlinien zu malen, indem du beispielsweise Linie 1-1 vervollständigst (siehe vorige Aufgabe). Verfahre mit den beiden anderen Stromlinien genauso.
2. Die Äquipotentiallinien müssen in allen Punkten sowohl senkrecht auf den Stromlinien als auch auf den Begrenzungen stehen. Sie sollten so angeordnet werden, daß sie angenähert Quadrate bilden. Beginne mit dem Mittelabschnitt und zeichne diese orthogonalen Linien in jeder Richtung. Man wird oft zum Radiergummi greifen müssen, bevor man ein zufriedenstellendes Strömungsbild erhält.
3. Zeichne die Diagonalen (gestrichelt), um zu überprüfen, ob das Strömungsbild vernünftig geworden ist. Diese Diagonalen sollten Quadrate bilden.
4. In der obigen Zeichnung wurde Abschnitt *C* in 8 Stromröhren unterteilt. Man sieht, daß die kleineren Vierecke eher Quadraten gleichen als die größeren. Je mehr Stromröhren man zeichnet, desto bessere „Quadrate" erhält man im Strömungsbild.

15. Abb. 6-7 zeigt eine Stromlinie für ebene Strömung mit den zugehörigen Potentiallinien 1 bis 10, jede steht senkrecht auf der Stromlinie. Der Abstand zwischen den Äquipotentiallinien ist in der zweiten Spalte der Tabelle unten angegeben. Die Durchschnittsgeschwindigkeit zwischen 1 und 2 beträgt 0,500 m/s. Berechne (*a*) die Durchschnittsgeschwindigkeiten der Stromlinie zwischen den einzelnen Äquipotentiallinien und (*b*) die Zeit, die ein Teilchen für den Weg entlang der Stromlinie von 1 nach 10 braucht.

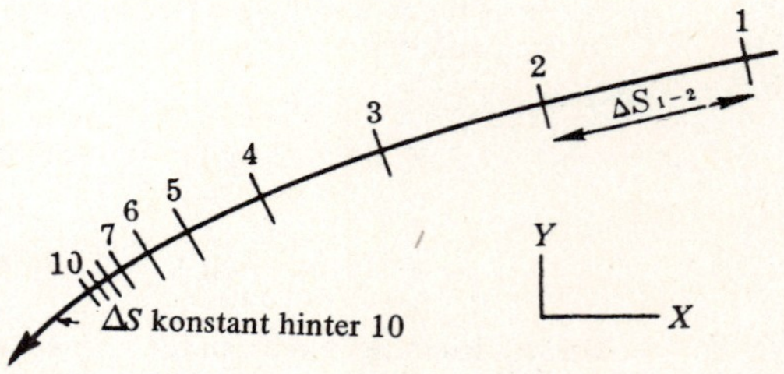

Abb. 6-7

Lösung:

(*a*) Betrachte die Beziehung zwischen Geschwindigkeit und Δn in Aufgabe 13:

$$V_{1-2}\,\Delta n_{1-2} = V_{2-3}\,\Delta n_{2-3} = V_{3-4}\,\Delta n_{3-4} = \ldots$$

und $$\Delta S_{1-2} \cong \Delta n_{1-2}\,, \qquad \Delta S_{2-3} \cong \Delta n_{2-3}\,, \qquad \ldots$$

Daher $V_{2-3} \cong V_{1-2}\,(\Delta S_{1-2}/\Delta S_{2-3}) = 0{,}500\,(0{,}500/0{,}400) = 0{,}625$ m/s. Ähnlich $V_{3-4} = 0{,}500\,(0{,}500/0{,}300) = 0{,}833$ m/s, usw. Die Durchschnittsgeschwindigkeiten sind unten tabelliert.

Position	ΔS(m)	$\Delta S_{1-2}/\Delta S$	$V = 0{,}500(0{,}500/\Delta S)$ (m/s)	$t = (\Delta S)/V$ s
1-2	0,500	1,000	0,500	1,000
2-3	0,400	1,250	0,625	0,640
3-4	0,300	1,667	0,833	0,360
4-5	0,200	2,500	1,250	0,160
5-6	0,100	5,000	2,500	0,040
6-7	0,0700	7,143	3,571	0,020
7-8	0,0450	11,11	5,56	0,008
8-9	0,0300	16,67	8,33	0,004
9-10	0,0208	24,00	12,00	0,002
				$\Sigma = 2{,}234$ s

(*b*) Die Zeit, von 1 nach 2 zu kommen, ist gleich dem Abstand von 1 und 2 dividiert durch die Durchschnittsgeschwindigkeit in diesem Abschnitt, oder $t_{1-2} = (0{,}500/0{,}500) = 1{,}000$ s. Ähnlich $t_{2-3} = (0{,}400/0{,}625) = 0{,}640$ s. Die Gesamtzeit für den Weg von 1 nach 10 ist gleich der Summe der letzten Spalte, 2,234 s.

16. Leite den Ausdruck für den Korrekturfaktor der kinetischen Energie für stationäre, inkompressible Strömung ab.

Lösung:

Die wahre kinetische Energie eines Teilchens ist $\frac{1}{2}\,dM\,v^2$, und daher ist die Gesamtenergie einer Strömung

$$\frac{1}{2}\int_A (dM)\,v^2 = \frac{1}{2}\int_A \frac{w}{g}(dQ)v^2 = \frac{w}{2g}\int_A (v\,dA)v^2$$

Bei der Berechnung dieses Ausdrucks muß über die Fläche A integriert werden.

Die kinetische Energie, berechnet mit Hilfe der Durchschnittsgeschwindigkeit in dem Querschnitt, ist $\frac{1}{2}(wQ/g)\,V_m^2 = \frac{1}{2}(w\,A/g)\,V_m^3$. Multipliziert man diesen Ausdruck mit dem Korrekturfaktor α und setzt ihn der wahren kinetischen Energie gleich, so erhält man

$$\alpha\left(\frac{wA}{2g}\right)(V_m^3) = \frac{w}{2g}\int_A (v\,dA)v^2 \qquad \text{oder} \qquad \alpha = \frac{1}{A}\int_A \left(\frac{v}{V_m}\right)^3 dA$$

17. Eine Flüssigkeit fließt durch ein Kreisrohr. Berechne den Korrekturfaktor α für die kinetische Energie, wenn das Geschwindigkeitsprofil der Gleichung $v = v_{max}(r_0^2 - r^2)/r_0^2$ genügt.

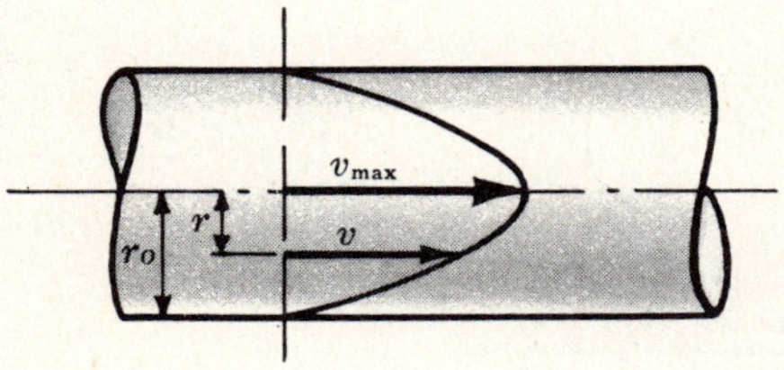

(*a*)

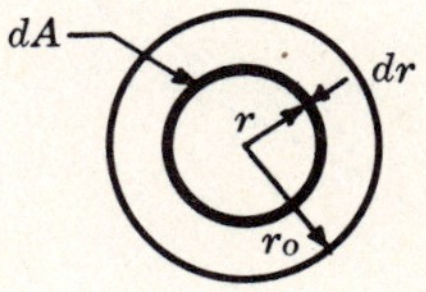

(*b*)

Abb. 6-8

Lösung:

Berechne die Durchschnittsgeschwindigkeit, damit man die Gleichung in Aufgabe 16 benutzen kann. Aus der Kontinuitätsgleichung ergibt sich

$$V_m = \frac{Q}{A} = \frac{\int v\,dA}{\pi r_0^2} = \frac{\int (v_{max}/r_0^2)(r_0^2 - r^2)(2\pi r\,dr)}{\pi r_0^2} = \frac{2v_{max}}{r_0^4}\int_0^{r_0} (r_0^2 r - r^3)\,dr = \frac{v_{max}}{2}$$

Diesen Wert erhält man auch, wenn man berücksichtigt, daß die angegebene Gleichung eine Parabel darstellt, und daß das Volumen des erzeugten Paraboloids gleich der Hälfte des zugehörigen Zylindervolumens ist. Daher

$$V_m = \frac{\text{Volumen /s}}{\text{Grundfläche}} = \frac{\frac{1}{2}(\pi r_0^2)v_{max}}{\pi r_0^2} = \frac{v_{max}}{2}$$

Benutzt man den Wert der Durchschnittsgeschwindigkeit in der Gleichung für α, so ergibt sich

$$\alpha = \frac{1}{A}\int_A \left(\frac{v}{V_m}\right)^3 dA = \frac{1}{\pi r_0^2}\int_0^{r_0}\left(\frac{v_{max}(r_0^2 - r^2)/r_0^2}{\frac{1}{2}v_{max}}\right)^3 2\pi r\, dr = 2{,}00$$

(Siehe Laminare Strömung in Kapitel 7)

18. Öl des rel. spez. Gew. 0,750 fließt unter einem Druck von 1,05 kp/cm² durch ein 15 cm Rohr. Bestimme den Öldurchfluß in m³/s, wenn die Gesamtenergie, bezogen auf eine Ebene, die sich 2,40 m unterhalb der Rohrmittellinie befindet, 17,6 kp m/kp beträgt.

Lösung:

Energie pro kp Öl = Druckenergie + kinetische Energie (Geschwindigkeitshöhe) + potentielle Energie

$$17{,}6 = \frac{1{,}05 \times 10^4}{0{,}750 \times 1000} + \frac{V_{15}^2}{2g} + 2{,}40$$

Daraus ergibt sich $V_{15} = 4{,}85$ m/s. Daher $Q = A_{15}V_{15} = \frac{1}{4}\pi\,(0{,}15)^2 \times 4{,}85 = 86 \times 10^{-3}$ m³/s.

19. Eine Turbine hat bei einem Volumenstrom von 0,60 m³/s eine Leistung von 600 PS bei 87 % Wirkungsgrad. Welche Höhe wirkt auf die Turbine?

Lösung:

Nennleistung = entzogene Leistung × Wirkungsgrad = $(wQH_T/75) \times$ Wirkungsgrad

$$600 = (1000 \times 0{,}60 \times H_T/75)\,(0{,}87) \quad \text{und} \quad H_T = 86{,}3 \text{ m.}$$

20. Leite die Bewegungsgleichungen für stationäre Strömung der verschiedenen Flüssigkeitsarten ab.

Lösung:

Betrachte die Elementarmasse dM der Flüssigkeit, die in Abb. 6-9 (*a*) und (*b*) gezeigt ist, als freien Körper. Die Bewegung verläuft auf der Papierebene, die x-Achse wählt man in Bewegungsrichtung. Die Kräfte senkrecht zur Bewegungsrichtung, die auf den freien Körper dM wirken, sind nicht eingezeichnet. Die Kräfte in x-Richtung werden hervorgerufen (*1*) durch den Druck auf die Endflächen, (*2*) durch die Gewichtskomponente in x-Richtung und (*3*) durch die Scherkräfte (dF_S in kp), die durch die anhaftenden Flüssigkeitsteilchen hervorgerufen werden.

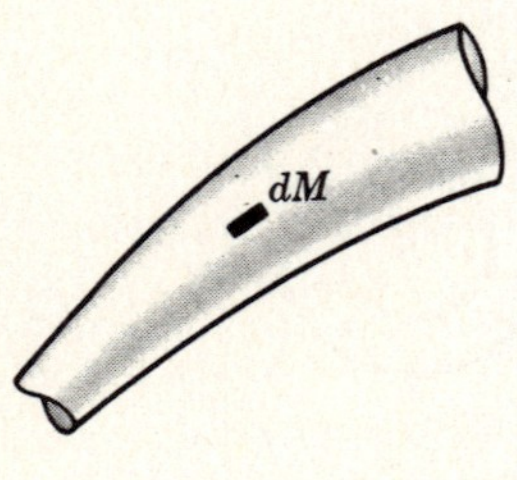

Abb. 6-9(*a*)

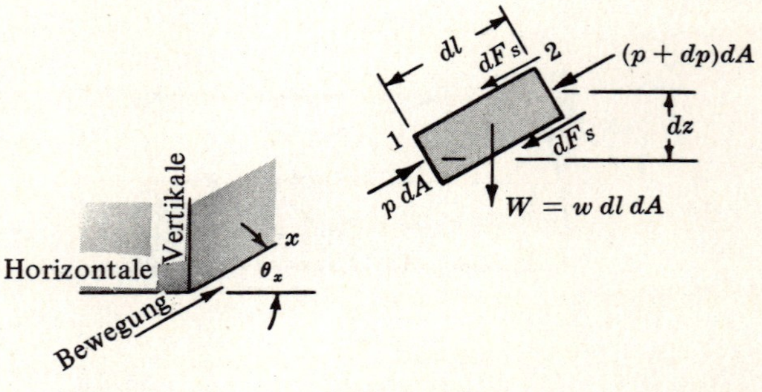

Abb. 6-9(*b*)

Aus der Bewegungsgleichung $\Sigma F_x = Ma_x$ erhalten wir

$$[+\,p\,dA - (p + dp)dA - w\,dA\,dl \sin\theta_x - dF_s] = \frac{w\,dA\,dl}{g}\left(\frac{dV}{dt}\right) \qquad (1)$$

Wir dividieren (*1*) durch $w\,dA$ und ersetzen dl/dt durch die Geschwindigkeit V:

$$\left[\frac{p}{w} - \frac{p}{w} - \frac{dp}{w} - dl \sin\theta_x - \frac{dF_s}{w\,dA}\right] = \frac{V\,dV}{g} \qquad (2)$$

Der Term $\frac{dF_s}{w\,dA}$ stellt den Strömungswiderstand auf der Länge dl dar. Die Scherkräfte dF_S kann man ersetzen durch Schubspannung τ mal Fläche, auf die sie wirkt (Umfang × Länge), oder $dF_s = \tau\, dP\, dl$.

Dann $\frac{dF_s}{w\,dA} = \frac{\tau\, dP\, dl}{w\, dA} = \frac{\tau\, dl}{w R}$, wobei man R den hydraulischen Radius nennt, der definiert ist als Querschnittsfläche dividiert durch benetzten Umfang, oder, in diesem Fall, dA/dP. Die Summe aller dieser Scherkräfte ist ein Maß für den Energieverlust der Strömung, und es ist (in kp m/kp)

$$\text{Verlusthöhe} \quad dh_L = \frac{\tau\, dl}{w R} = \frac{\text{kp/m}^2 \times \text{m}}{\text{kp/m}^3 \times \text{m}^2/\text{m}} = \text{m}$$

In Zukunft benutzen wir

$$\tau = w R \left(\frac{dh_L}{dl}\right) \tag{3}$$

Ausdruck (*2*) kann, da $dl \sin\theta_x = dz$, in seiner endgültigen Form als

$$\frac{dp}{w} + \frac{V\, dV}{g} + dz + dh_L = 0 \tag{4}$$

geschrieben werden.

Dieser Ausdruck ist für den Fall einer idealen Flüssigkeit (Verlusthöhe = 0) als Eulersche Bewegungsgleichung bekannt. Wird er für Flüssigkeiten konstanter Dichte integriert, so ist er als Bernoulli-Gleichung bekannt. Diese Differentialgleichung (*4*) für stationären Fluß ist eine fundamentale Strömungsgleichung.

FALL 1. Strömung inkompressibler Flüssigkeiten.

Für *inkompressible* Flüssigkeiten ist die Integration einfach:

$$\int_{p_1}^{p_2} \frac{dp}{w} + \int_{V_1}^{V_2} \frac{V\, dV}{g} + \int_{z_1}^{z_2} dz + \int_1^2 dh_L = 0 \tag{A}$$

Methoden zur Berechnung des letzten Terms werden in einem folgenden Kapitel diskutiert. Wir nennen den gesamten Verlusthöhenterm H_L. Integration und Einsetzen der Grenzen ergibt

$$\left(\frac{p_2}{w} - \frac{p_1}{w}\right) + \left(\frac{V_2^2}{2g} - \frac{V_1^2}{2g}\right) + (z_2 - z_1) + H_L = 0$$

$$\left(\frac{p_1}{w} + \frac{V_1^2}{2g} + z_1\right) - H_L = \left(\frac{p_2}{w} + \frac{V_2^2}{2g} + z_2\right)$$

Dies ist die übliche Form der Bernoulli-Gleichung für Strömung inkompressibler Flüssigkeiten (wenn keine äußere Energie zugeführt wird).

FALL 2. Strömung kompressibler Flüssigkeiten.

Für kompressible Flüssigkeiten kann der Term $\int_{p_1}^{p_2} \frac{dp}{w}$ nicht ohne weiteres integriert werden, da w von p abhängt.

Die Abhängigkeit wird durch die vorliegenden thermodynamischen Verhältnisse bestimmt.

(*a*) Für *isotherme* (konstante Temperatur) Bedingungen kann die allgemeine Gasgleichung ausgedrückt werden als

$$p_1/w_1 = p/w = \text{constant} \qquad \text{oder} \quad w = (w_1/p_1)\, p$$

wobei w_1/p_1 konstant ist und p in kp/m² (abs.) angegeben werden muß. Einsetzen in (*A*) ergibt

$$\int_{p_1}^{p_2} \frac{dp}{(w_1/p_1)p} + \int_{V_1}^{V_2} \frac{V\, dV}{g} + \int_{z_1}^{z_2} dz + \int_1^2 dh_L = 0$$

Integration und Einsetzen der Grenzen liefert $\frac{p_1}{w_1} \ln \frac{p_2}{p_1} + \left(\frac{V_2^2}{2g} - \frac{V_1^2}{2g}\right) + (z_2 - z_1) + H_L = 0$

oder nach Umstellung in die übliche Form

$$\frac{p_1}{w_1} \ln p_1 + \frac{V_1^2}{2g} + z_1 - H_L = \frac{p_1}{w_1} \ln p_2 + \frac{V_2^2}{2g} + z_2. \tag{B}$$

Die Kombination dieser Gleichung mit der Kontinuitäts- und der Gasgleichung für isotherme Bedingungen führt zu einem Ausdruck, in dem nur eine unbekannte Geschwindigkeit vorkommt. Daher hat man für stationäre Strömung

$$w_1 A_1 V_1 = w_2 A_2 V_2 \quad \text{und} \quad \frac{p_1}{w_1} = \frac{p_2}{w_2} = RT \quad \text{und damit} \quad V_1 = \frac{w_2 A_2 V_2}{(w_2/p_2) p_1 A_1} = \frac{A_2}{A_1}\left(\frac{p_2}{p_1}\right) V_2$$

Einsetzen in die Bernoulli-Form (*B*) oben liefert

$$\left[\frac{p_1}{w_1} \ln p_1 + \left(\frac{A_2}{A_1}\right)^2 \left(\frac{p_2}{p_1}\right)^2 \frac{V_2^2}{2g} + z_1\right] - H_L = \left[\frac{p_1}{w_1} \ln p_2 + \frac{V_2^2}{2g} + z_2\right] \qquad (C)$$

(*b*) Für *adiabatische* Bedingungen (keine Wärmezu- oder -abfuhr) gelten die Gasgleichungen

$$\left(\frac{w}{w_1}\right)^k = \frac{p}{p_1} \quad \text{oder} \quad \frac{p_1^{1/k}}{w_1} = \frac{p^{1/k}}{w} = \text{constant, und daher} \qquad w = w_1\left(\frac{p}{p_1}\right)^{1/k}$$

wobei $k = c_p/c_v$ der Isentropenexponent ist.

Wir führen den Term dp/w ein und integrieren separat:

$$\int_{p_1}^{p_2} \frac{dp}{w_1 (p/p_1)^{1/k}} = \frac{p_1^{1/k}}{w_1} \int_{p_1}^{p_2} \frac{dp}{p^{1/k}} = \left(\frac{k}{k-1}\right) \times \frac{p_1}{w_1}\left[\left(\frac{p_2}{p_1}\right)^{(k-1)/k} - 1\right]$$

Die Bernoulli-Gleichung in üblicher Form wird zu

$$\left[\left(\frac{k}{k-1}\right)\frac{p_1}{w_1} + \frac{V_1^2}{2g} + z_1\right] - H_L = \left[\left(\frac{k}{k-1}\right)\left(\frac{p_1}{w_1}\right)\left(\frac{p_2}{p_1}\right)^{(k-1)/k} + \frac{V_2^2}{2g} + z_2\right] \qquad (D)$$

Die Kombination dieser Gleichung mit der Kontinuitätsgleichung und der Gasgleichung für adiabatische Verhältnisse führt zu einem Ausdruck mit nur einer unbekannten Geschwindigkeit.

Mit $w_1 A_1 V_1 = w_2 A_2 V_2$ und $\dfrac{p_1^{1/k}}{w_1} = \dfrac{p_2^{1/k}}{w_2} = \text{constant}$, ergibt sich $V_1 = \dfrac{w_2 A_2 V_2}{w_1 A_1} = \left(\dfrac{p_2}{p_1}\right)^{1/k}\left(\dfrac{A_2}{A_1}\right) V_2$

Damit wird aus der Bernoulli-Gleichung

$$\left[\left(\frac{k}{k-1}\right)\frac{p_1}{w_1} + \left(\frac{p_2}{p_1}\right)^{2/k}\left(\frac{A_2}{A_1}\right)^2 \frac{V_2^2}{2g} + z_1\right] - H_L = \left[\left(\frac{k}{k-1}\right)\left(\frac{p_1}{w_1}\right)\left(\frac{p_2}{p_1}\right)^{(k-1)/k} + \frac{V_2^2}{2g} + z_2\right] \qquad (E)$$

21. In Abb. 6-10 fließt Wasser von *A* nach *B*. Der Volumenstrom beträgt 0,370 m^3/s, die Druckhöhe bei *A* ist 6,6 m. Bestimme unter Vernachlässigung des Energieverlustes zwischen *A* und *B* die Druckhöhe bei *B*. Zeichne die Energielinie.

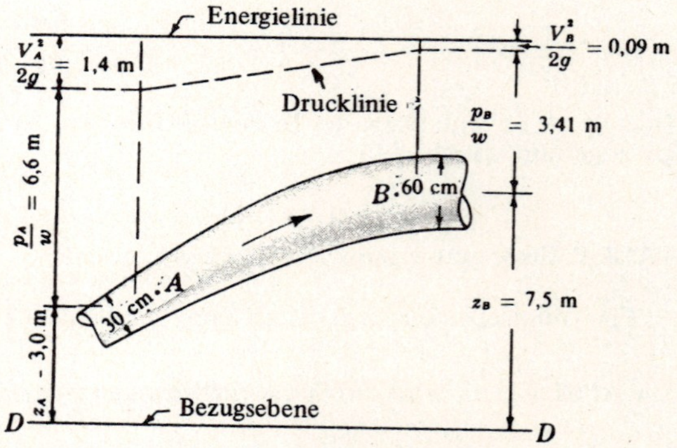

Abb. 6-10

Lösung:

Wende die Bernoulli-Gleichung für *A* und *B* an mit *A* als Bezugspunkt.

Energie bei *A* + zugeführte Energie – Energieverlust = = Energie bei *B*

$$\left(\frac{p_A}{w} + \frac{V_{30}^2}{2g} + z_A\right) + 0 - 0 = \left(\frac{p_B}{w} + \frac{V_{60}^2}{2g} + z_B\right)$$

wo $V_{30} = Q/A_{30} = 0{,}370/(\frac{1}{4}\pi\, 0{,}3^2) = 5{,}24$ m/s und $V_{60} = (\frac{1}{2})^2 (5{,}24) = 1{,}31$ m/s. Einsetzen ergibt

$$\left(6{,}6 + \frac{(5{,}24)^2}{2g} + 0\right) - 0 = \left(\frac{p_B}{w} + \frac{(1{,}31)^2}{2g} + 4{,}5\right) \text{ und } \frac{p_B}{w} = 3{,}41 \text{ m Wasser.}$$

Die Gesamtenergie zeichnet man oberhalb einer gewählten Bezugsebene ein. Benutzt man in diesem Fall *D-D*, so ergibt sich

$$\text{Energie in } A = p_A/w + V_{30}^2/2g + z_A = 6{,}6 + 1{,}4 + 3{,}0 = 11{,}0 \text{ m}$$
$$\text{Energie in } B = p_B/w + V_{60}^2/2g + z_B = 3{,}41 + 0{,}09 + 7{,}5 = 11{,}0 \text{ m}$$

Beachte, daß die Umwandlung von einer Energieform in die andere während des Fließens vor sich geht. In diesem Fall wird ein Anteil der Druckenergie und der kinetischen Energie bei *A* in potentielle Energie bei *B* überführt.

22. Für das Venturirohr in Abb. 6-11 beträgt die Quecksilberauslenkung im Differentialmanometer 35,8 cm. Bestimme den Volumenstrom von Wasser durch das Rohr, wenn zwischen A und B kein Energieverlust stattfindet.

Lösung:

Anwendung der Bernoulli-Gleichung auf A und B mit A als Bezugspunkt liefert

$$\left(\frac{p_A}{w} + \frac{V_{30}^2}{2g} + 0\right) - 0 = \left(\frac{p_B}{w} + \frac{V_{15}^2}{2g} + 0{,}75\right)$$

$$\left(\frac{p_A}{w} - \frac{p_B}{w}\right) = \left(\frac{V_{15}^2}{2g} - \frac{V_{30}^2}{2g} + 0{,}75\right) \qquad (1)$$

Die Kontinuitätsgleichung führt zu $A_{30}\, V_{30} = A_{15}\, V_{15}$, oder $V_{30} = (\frac{15}{30})^2\ V_{15} = \frac{1}{4}\, V_{15}$ und $V_{30}^2 = \frac{1}{16}\, V_{15}^2$. Für das Manometer gilt Druckhöhe bei L = Druckhöhe bei R (in m Wassersäule)

$$p_A/w + z + 0{,}358 = p_B/w + 0{,}75 + z + (0{,}358)(13{,}6)$$

woraus sich $(p_A/w - p_B/w) = 5{,}26$ m ergibt. Einsetzen in (1) ergibt

$V_{15} = 9{,}7$ m/s und $Q = \frac{1}{4}\pi\,(0{,}15)^2 \times 9{,}7 = 0{,}172\ \text{m}^3/\text{s}$.

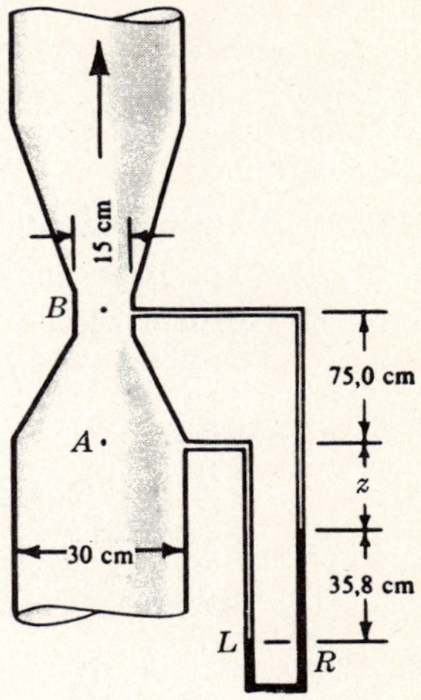

Abb. 6-11

23. Ein Rohr, das Öl des rel. spez. Gew. 0.877 befördert, ändert seinen Durchmesser von 15 cm in Querschnitt E auf 45 cm in Querschnitt R. E liegt 3,6 m unterhalb von R, die Drücke sind 0,930 kp/cm² und 0,615 kp/cm². Bestimme Verlusthöhe und Richtung der Strömung, wenn der Durchfluß 146 l/s beträgt.

Lösung:

Die Durchschnittsgeschwindigkeit an jedem Querschnitt ist Q/A. Dann

$$V_{15} = \frac{0{,}146}{\frac{1}{4}\pi(0{,}15)^2} = 8{,}26\ \text{m/s} \quad \text{und} \quad V_{45} = \frac{0{,}146}{\frac{1}{4}\pi(0{,}45)^2} = 0{,}92\ \text{m/s}$$

Benutzt man den unteren Schnitt E als Bezugspunkt, so ist die Energie an jedem Querschnitt

$$\text{in } E, \quad \left(\frac{p}{w} + \frac{V_{15}^2}{2g} + z\right) = \frac{0{,}930 \times 10^4}{0{,}877 \times 1000} + \frac{(8{,}26)^2}{2g} + 0 \quad = 13{,}75\ \text{kpm/kp}$$

$$\text{in } R, \quad \left(\frac{p}{w} + \frac{V_{45}^2}{2g} + z\right) = \frac{0{,}615 \times 10^4}{0{,}877 \times 1000} + \frac{(0{,}92)^2}{2g} + 3{,}60 = 10{,}65\ \text{kpm/kp}$$

Die Flüssigkeit fließt von E nach R, da die Energie bei E größer ist als bei R. Die Verlusthöhe findet man durch Vergleich der Energien bei E und R, mit E als Bezugspunkt:

13,75 – Verlusthöhe = 10,65, oder Verlusthöhe von E nach R = 3,10 m.

24. Nimm an, daß in dem Venturi-Rohr von Aufgabe 22 Luft von 27 °C unter einem Druck von 2,65 kp/cm² bei A fließt. Die Auslenkung im Manometer ist für Wasser 35,8 cm. Bestimme die strömende Luftmenge in kp/s, wenn man für die Luft konstantes spez. Gewicht zwischen A und B annimmt, und wenn man den Energieverlust vernachlässigt.

Lösung:

Für A und B, mit Bezugspunkt A, erhalten wir wie in Aufgabe 22

$$\left(\frac{p_A}{w} - \frac{p_B}{w}\right) = \frac{15}{16}\,\frac{V_{15}^2}{2g} + 0{,}75.$$

Um die Druckhöhe zu bekommen, muß das spez. Gewicht von Luft berechnet werden:

$$w = \frac{p}{RT} = \frac{(2{,}65 + 1{,}030)10^4}{29{,}3(27 + 273)} = 4{,}20\ \text{kp/m}^3$$

Für das Differentialmanometer ist $p_L = p_R$ (in kp/m², man.)

oder $$p_A + 4{,}20\,(z + 0{,}358) = p_B + 4{,}20\,(0{,}75 + z) + 1000\,(0{,}358)$$

und $(p_A - p_B) = 359{,}6$ kp/m². Einsetzen in (*1*) ergibt $V_{15} = 42{,}2$ m/s und

$$W = wQ = 4{,}20\,[\tfrac{1}{4}\,\pi\,(0{,}15)^2 \times 42{,}2] = 3{,}12 \text{ kp/s}$$

25. Ein waagerechter Luftkanal verringert seine Querschnittsfläche von $7{,}0 \times 10^{-2}$ m² auf $2{,}0 \times 10^{-2}$ m². Welcher Druckwechsel tritt bei einem Luftfluß von 0,70 kp/s ein, wenn man Verluste vernachlässigt? Benutze $w = 3{,}200$ kp/m³ für die in Frage kommenden Druck- und Temperaturbedingungen.

Lösung:

$$Q = \frac{0{,}70 \text{ kp/s}}{3{,}2 \text{ kp/m}^3} = 0{,}218 \text{ m}^3/\text{s} \qquad V_1 = \frac{Q}{A_1} = \frac{0{,}218}{0{,}07} = 3{,}12 \text{ m/s} \qquad V_2 = \frac{Q}{A_2} = \frac{0{,}218}{0{,}02} = 10{,}9 \text{ m/s}$$

Anwendung der Bernoulli-Gleichung für Abschnitte 1 und 2 liefert

$$\left(\frac{p_1}{w} + \frac{(3{,}12)^2}{2g} + 0\right) - 0 = \left(\frac{p_2}{w} + \frac{(10{,}9)^2}{2g} + 0\right) \qquad \text{oder} \qquad \left(\frac{p_1}{w} - \frac{p_2}{w}\right) = 5{,}60 \text{ m Luft}$$

und $p_1' - p_2' = (5{,}60 \times 3{,}200)/10^4 = 1{,}8 \times 10^{-3}$ kp/cm² Druckänderung. Diese kleine Druckänderung rechtfertigt die Annahme konstanter Luftdichte.

26. Ein 180 m langes 15 cm Rohr transportiert Wasser von *A* (Höhe 24,0 m) nach *B* (Höhe 36,0 m). Die Spannung zwischen Rohrwand und Flüssigkeit auf Grund der Reibung beträgt 3,05 kp/m². Bestimme die Druckänderung im Rohr und die Verlusthöhe.

Lösung:

(*a*) Auf die Wassermasse wirken dieselben Kräfte, die in Abb. (*b*) in Aufgabe 20 gezeigt sind.

Mit $P_1 = p_1 A_{15}$, $P_2 = p_2 A_{15}$ erhalten wir aus $\Sigma F_x = 0$

$$p_1 A_{15} - p_2 A_{15} - W \sin\theta_x - \tau\,(\pi d)\,L = 0$$

Nun ist $W = w \times$ (Volumen) $= 1000\,[\frac{1}{4}\,\pi\,(0{,}15)^2 \times 180]$ und $\sin\theta_x = (36{,}0 - 24{,}0)/180$. Dann ist

$$p_1[\tfrac{1}{4}\pi(0{,}15)^2] - p_2[\tfrac{1}{4}\pi(0{,}15)^2] - 1000[\tfrac{1}{4}\pi(0{,}15)^2 \times 180] \times 12/180 - 3{,}05(\pi \times 0{,}15 \times 180) = 0$$

und daher $p_1 - p_2 = 26\,640$ kp/m² $= 2{,}664$ kp/cm².

(*b*) Die Energiegleichung lautet mit *A* als Bezugspunkt:

Energie bei *A* – Verlusthöhe = Energie bei *B*

$$\left(\frac{p_A}{w} + \frac{V_A^2}{2g} + 0\right) - \text{Verlusthöhe} = \left(\frac{p_B}{w} + \frac{V_B^2}{2g} + 12\right)$$

oder Verlusthöhe $= (p_A/w - p_B/w) - 12 = 26640/1000 - 12 = 14{,}64$ m.

Eine andere Methode:

Nach (*3*) in Aufgabe 20 ist

$$\text{Verlusthöhe} = \frac{\tau L}{wR} = \frac{3{,}05\,(180)}{1000\,(0{,}15/4)} = 14{,}64 \text{ m.}$$

27. Wasser von 32° C wird aus einer Senkgrube durch die Saugleitung einer Pumpe mit der Geschwindigkeit 2,0 m/s hochgepumpt. Berechne die theoretische Maximalhöhe der Pumpanordnung unter den folgenden Bedingungen: Atmosphärendruck = 1,00 kp/cm² (abs.), Dampfdruck = 0,05 kp/cm² (abs.) [siehe Tafel 1(C)] und Verlusthöhe in der Saugleitung = 3 x Geschwindigkeitshöhe.

Lösung:

Nach Tafel 1(C) hat Wasser von 32° C ein spez. Gewicht 995 kp/m³. Der Minimaldruck am Pumpeneingang kann nicht geringer als der Dampfdruck der Flüssigkeit sein. Wir stellen die Energiegleichung für den Teil von der Flüssigkeitsoberfläche außerhalb der Saugleitung bis zum Pumpeneintritt auf. Dabei benutzen wir absolute Druckhöhen.

Energie an der Wasseroberfläche – Verlusthöhe = Energie am Pumpeneingang

$$\left(\frac{1{,}00 \times 10^4}{995} + 0 + 0\right) - \frac{3(2{,}0)^2}{2g} = \left(\frac{0{,}05 \times 10^4}{995} + \frac{(2{,}0)^2}{2g} + z\right)$$

Daraus ergibt sich $z = 8{,}74$ m oberhalb der Wasseroberfläche. Unter diesen Bedingungen sind ernste Schäden durch Kavitation wahrscheinlich. Siehe Kapitel 12.

28. In Abb. 6-12 muß die Pumpe BC jede Sekunde 160 l Öl des rel. spez. Gew. 0,762 in den Behälter D pumpen Der Energieverlust zwischen A und B soll 2,50 kp m/kp und der von C nach D 6,50 kp m/kp betragen. (*a*) Wieviel PS muß die Pumpe auf das System übertragen? (*b*) Zeichne die Energielinie.

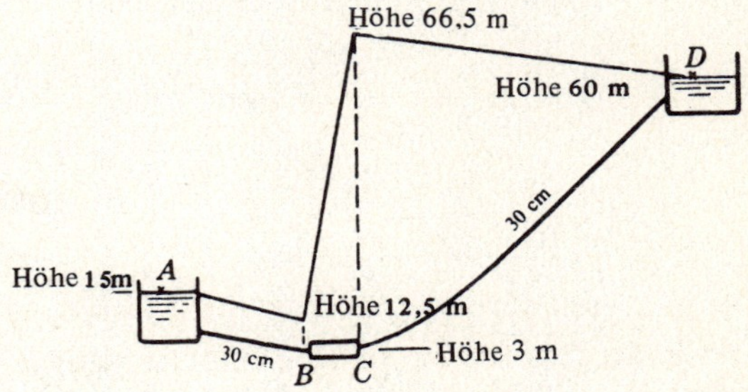

Abb. 6-12

Lösung:

(*a*) Die Teilchengeschwindigkeit wird bei A und D sehr klein sein, deshalb kann man die Geschwindigkeitshöhen vernachlässigen. Für A nach D mit BC als Bezugslinie (A würde auch genügen) gilt

$$\left(\frac{p_A}{w} + \frac{V_A^2}{2g} + z_A\right) + H_{\text{Pumpe}} - H_{\text{Verlust}} = \left(\frac{p_D}{w} + \frac{V_D^2}{2g} + z_D\right)$$

$(0 + \text{vernachl.} + 12) + H_{\text{Pumpe}} - (2{,}50 + 6{,}50) = (0 + \text{vernachl.} + 57)$

und $H_{\text{Pumpe}} = 54{,}0$ m (oder kp m/kp)

Leistung (PS) $= w\,Q\,H_{\text{Pumpe}}/75 = (0{,}762 \times 1000)(0{,}16)(0{,}54)/75 = 88$ PS wird auf das System übertragen.

Beachte, daß die Pumpe eine Druckhöhe liefert, die ausreicht, Öl 45 m hoch zu pumpen und eine Verlusthöhe in den Rohren von 9,0 m zu überwinden. Daher ist die Gesamthöhe 54,0 m.

(*b*) Die Energielinie liegt bei A 15,0 m über der Bezugslinie. Der Energieverlust zwischen A und B beträgt 2,5 m, die Energielinie fällt um diesen Betrag, die Höhe bei B ist 12,5 m. Die Pumpe fügt eine Energie von 54 m hinzu, die Höhe bei C ist deshalb 66,5 m. Schließlich ist der Energieverlust zwischen C und D 6,5 m, so daß die Höhe bei D = 66,5 m – 6,5 m = 60,0 m beträgt. Diese Daten sind in der obigen Abb. eingezeichnet.

29. Wasser fließt mit einer Durchflußrate von 0,22 m³/s durch die Turbine in Abb. 6-13. Die Drücke bei A und B sind 1,50 kp/cm² und – 0,35 kp/cm². Bestimme die Leistung in PS, die das Wasser auf die Turbine überträgt.

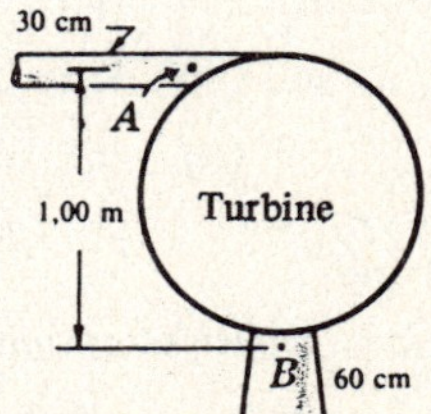

Abb. 6-13

Lösung:

Energiegleichung von A nach B (Bezugspunkt B) mit

$$V_{30} = 0{,}22/A_{30} = 3{,}12 \text{ und } V_{60} = 3{,}12/4 = 0{,}78 \text{ m/s}.$$

$$\left(\frac{p_A}{w} + \frac{V_{30}^2}{2g} + z_A\right) + 0 - H_{\text{Turbine}} = \left(\frac{p_B}{w} + \frac{V_{60}^2}{2g} + z_B\right)$$

$$\left(\frac{1{,}5 \times 10^4}{1000} + \frac{3{,}12^2}{2g} + 1{,}00\right) - H_T = \left(\frac{-0{,}35 \times 10^4}{1000} + \frac{0{,}78^2}{2g} + 0\right) \quad \text{und} \quad H_T = 20{,}0 \text{ m.}$$

Leistung in PS $= wQH_T/75 = 1000\,(0{,}22)\,(20{,}0)/75 = 59{,}0$ PS an der Turbine

30. Wieviel Wasser fließt durch die Turbine in Aufgabe 29, wenn bei einer Leistungsaufnahme von 68,0 PS die Manometerdrücke bei A und B 1,45 kp/cm² bzw. – 0,34 kp/cm² betragen?

Lösung:

Von A nach B mit B als Bezugspunkt:

$$\left(\frac{1{,}45 \times 10^4}{1000} + \frac{V_{30}^2}{2g} + 1{,}0\right) - H_T = \left(\frac{-0{,}34 \times 10^4}{1000} + \frac{V_{60}^2}{2g} + 0\right) \text{ und}$$

(*a*) $$H_T = \left(\frac{1{,}79 \times 10^4}{1000} + 1{,}0 + \frac{V_{30}^2}{2g} - \frac{V_{60}^2}{2g}\right)$$

(*b*) $$A_{30}V_{30} = A_{60}V_{60} \quad \text{oder} \quad \frac{V_{60}^2}{2g} = \left(\frac{1}{2}\right)^4 \frac{V_{30}^2}{2g} = \frac{1}{16}\,\frac{V_{30}^2}{2g}$$

(*c*) $$68{,}0 \text{ PS} = \frac{wQH_T}{75} = \frac{1000 \times \frac{1}{4}\pi(0{,}30)^2 V_{30} \times H_T}{75} \quad \text{oder} \quad H_T = \frac{72{,}2}{V_{30}}$$

Gleichsetzen von (*a*) und (*c*) (Substitution der Geschwindigkeitshöhe) ergibt

$$72{,}2/V_{30} = 18{,}9 + (15/16)(V_{30}^2/2g) \quad \text{oder} \quad 18{,}9\ V_{30} + 0{,}048\ V_{30}^3 = 72{,}2$$

Löse diese Gleichung durch Probieren:

Versuch 1:	$V_{30} = 3{,}5$ m/s,	$66{,}2 + 2{,}10 \neq 72{,}2$	(V zu klein)
Versuch 2:	$V_{30} = 4{,}0$ m/s,	$75{,}6 + 3{,}07 \neq 72{,}2$	(V zu groß)
V Versuch 3:	$V_{30} = 3{,}7$ m/s,	$70{,}0 + 2{,}43 = 72{,}3$	(gutes Ergebnis)

Als Volumenstrom erhält man $Q = A_{30}\,V_{30} = \frac{1}{4}\,\pi\,(0{,}3)^2 \times 3{,}7 = 0{,}262$ m³/s.

31. Öl des rel. spez. Gew. 0,761 fließt, wie in Abb. 6-14 gezeigt, von Tank A nach Tank E. Für die Verlusthöhen nehmen wir im Einzelnen das Folgende an:

$$A \text{ nach } B = 0{,}60\,\frac{V_{30}^2}{2g} \qquad C \text{ nach } D = 0{,}40\,\frac{V_{15}^2}{2g}$$

$$B \text{ nach } C = 9{,}0\,\frac{V_{30}^2}{2g} \qquad D \text{ nach } E = 9{,}0\,\frac{V_{15}^2}{2g}$$

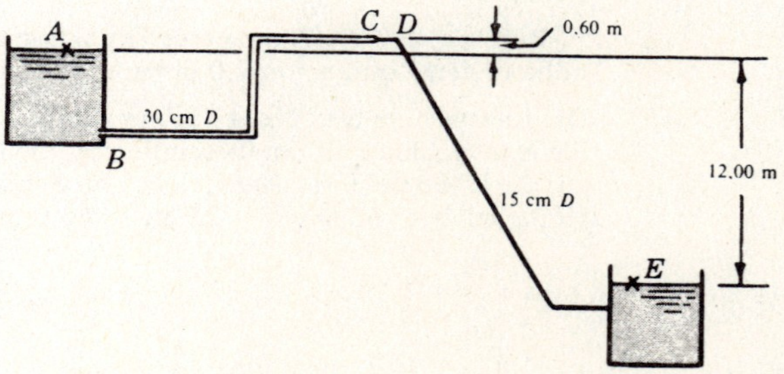

Abb. 6-14

Bestimme (*a*) den Volumenstrom in m³/s,
(*b*) den Druck bei C in kp/cm²,
(*c*) die Leistung bei C (E als Bezugspunkt).

Lösung:

(*a*) Energiegleichung von A nach E mit E als Bezugspunkt

in A — A nach B — B nach C — C nach D — D nach E — in E

$$(0 + \text{vernachl.} + 12{,}0) - \left[\left(0{,}60\,\frac{V_{30}^2}{2g} + 9{,}0\,\frac{V_{30}^2}{2g}\right) + \left(0{,}40\,\frac{V_{15}^2}{2g} + 9{,}0\,\frac{V_{15}^2}{2g}\right)\right] = (0 + \text{vernachl.} + 0)$$

oder $12{,}0 = 9{,}6(V_{30}^2/2g) + 9{,}4(V_{17}^2/2g)$. Und $V_{30}^2 = (\frac{1}{2})^4\ V_{15}^2 = \frac{1}{16}V_{15}^2$. Einsetzen und Auflösen führt zu

$$V_{15}^2/2g = 1{,}2 \text{ m},\quad V_{15} = 4{,}85 \text{ m/s} \quad \text{und} \quad Q = \frac{1}{4}\pi(0{,}15)^2 \times 4{,}85 = 0{,}086 \text{ m}^3/\text{s}.$$

(*b*) Energiegleichung von *A* nach *C* mit *A* als Bezugspunkt:

$$(0 + \text{vernachl.} + 0) - (0{,}60 + 9{,}0)\frac{V_{30}^2}{2g} = (\frac{p_C}{w} + \frac{V_{30}^2}{2g} + 0{,}60) \quad \text{und} \quad \frac{V_{30}^2}{2g} = \frac{1}{16}\frac{V_{15}^2}{2g} = \frac{1}{16}(1{,}2) = 0{,}075 \text{ m}$$

Dann ist $p_C/w = -1{,}395$ m Öl (man.) und $p_C' = (0{,}761 \times 1000)(-1{,}395)/10^4 = -0{,}106$ kp/cm² (man.).

Man hätte die Bernoulli-Gleichung auch von *C* nach *E* mit gleich gutem Ergebnis anwenden können. Die beiden möglichen Gleichungen sind *nicht* unabhängig voneinander.

(*c*) Leistung bei $C = \frac{wQH_C}{75} = \frac{(0{,}761 \times 1000)(0{,}086)(-1{,}395 + 0{,}075 + 12{,}6)}{75} = 9{,}85$ PS (Bezüglich *E*)

32. Die durch die Turbine *CR* in Abb. 6-15 entzogene Höhe beträgt 60 m, der Druck bei *T* ist 5,10 kp/cm². Die Verluste sind zwischen *W* und *R* $2{,}0(V_{60}^2/2g)$ und zwischen *C* und *T* $3{,}0(V_{30}^2/2g)$. Bestimme (*a*) wieviel Wasser fließt, und (*b*) die Druckhöhe bei *R*. Zeichne die Energielinie.

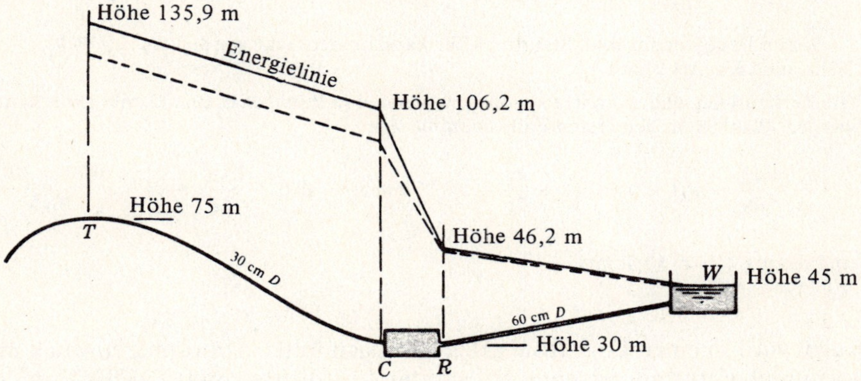

Abb. 6-15

Lösung:

Da die Energielinie bei *T* die Höhe $(75 + \frac{5{,}10 \times 10^4}{1000} + \frac{V_{30}^2}{2g})$ hat und weit über dem Wert bei *W* liegt, fließt das Wasser in den Behälter *W*.

(*a*) Energiegleichung von *T* nach *W* mit Null als Bezugspunkt:

$$\underbrace{(\frac{5{,}10 \times 10^4}{1000} + \frac{V_{30}^2}{2g} + 75)}_{\text{in } T} - \underbrace{[3{,}0\frac{V_{30}^2}{2g} + 2{,}0\frac{V_{60}^2}{2g}]}_{T \text{ nach } R \text{ nach } W} - \underbrace{60}_{H_T} = \underbrace{(0 + \text{vernachl.} + 45)}_{\text{in } W}$$

Einsetzen von $V_{60}^2 = \frac{1}{16}V_{30}^2$ führt zu $V_{30}^2/2g = 9{,}88$ m und $V_{30} = 13{,}9$ m/s. Dann ist

$$Q = \frac{1}{14}\pi(0{,}3)^2 \times 13{,}9 = 0{,}98 \text{ m}^3/\text{s}.$$

(*b*) Energiegleichung von *R* nach *W* mit *R* als Bezugspunkt:

$$(p_R/w + \frac{1}{16} \times 9{,}88 + 0) - 2(\frac{1}{16} \times 9{,}88) = (0 + \text{vernachl.} + 15) \quad \text{und} \quad p_R/w = 15{,}62 \text{ m}.$$

Der Leser kann das Ergebnis überprüfen, indem er die Bernoulli-Gleichung zwischen *T* und *R* aufstellt.

Um die Energielinie zu zeichnen, berechne die Energie an den 4 markierten Stellen.

Höhe der Energielinie bei $T = 51{,}0 + 9{,}9 + 75{,}0 = 135{,}9$ m

bei $C = 135{,}9 - 3 \times 9{,}9 = 106{,}2$ m

bei $R = 106{,}2 - 60{,}0 = 46{,}2$ m

bei $W = 46{,}2 - 2 \times \frac{1}{16} \times 9{,}9 = 45{,}0$ m

Im nächsten Kapitel wird gezeigt, daß die Energielinie für stationäre Rohrströmung (Durchmesserkonstant) gerade ist. Die Drucklinie verläuft parallel zur Energielinie und liegt um $V^2/2g$ unter dieser (gesrichelt eingezeichnet).

33. (*a*) Wie groß ist der Staudruck an der Spitze eines Torpedos, das sich mit einer Geschwindigkeit von 30 m/s in einer Tiefe von 9 m durch Salzwasser bewegt? (*b*) Wie groß ist die relative Geschwindigkeit eines Punktes *C*, der sich an der Seite des Torpedos in gleicher Höhe wie die Spitze befindet, wenn der Druck dort 0,70 kp/cm² beträgt?

Lösung:

(*a*) Um größere Klarheit bei der Anwendung der Bernoulli-Gleichung zu erhalten, werden wir das Torpedo als ruhend annehmen und die relative Wasserbewegung beobachten. Dann ist die Geschwindigkeit an der Spitze des Torpedos Null. Vernachlässigen wir die Verluste, die auf dem Weg von einem Punkt *A* im ungestörten Wasser direkt vor dem Torpedo zu Punkt *B* an der Spitze des Torpedos auftreten, so ergibt sich die Bernoulli-Gleichung

$$\left(\frac{p_A}{w} + \frac{V_A^2}{2g} + z_A\right) - 0 = \left(\frac{p_B}{w} + \frac{V_B^2}{2g} + z_B\right) \quad \text{oder} \quad \left(9{,}0 + \frac{(30)^2}{2g} + 0\right) = \left(\frac{p_B}{w} + 0 + 0\right)$$

Dann ist $p_B/w = 55$ m Salzwasser und $p'_B = wh/10^4 = 1025\,(55)/10^4 = 5{,}65$ kp/cm² (man).

Diesen Druck nennt man Staudruck. Er kann ausgedrückt werden als $p_S = p_0 + \frac{1}{2}\rho V_0^2$ in kp/m². Siehe auch Kapitel 9 und 11.

(*b* Die Bernoull-Gleichung kann entweder zwischen den Punkten *A* und *C* oder zwischen *B* und *C* angewendet werden. Wählt man den ersten Fall, so ergibt sich

$$\left(\frac{p_A}{w} + \frac{V_A^2}{2g} + z_A\right) - 0 = \left(\frac{p_C}{w} + \frac{V_C^2}{2g} + z_C\right) \quad \text{oder} \quad \left(9{,}0 + \frac{(30)^2}{2g} + 0\right) = \left(\frac{0{,}70 \times 10^4}{1025} + \frac{V_C^2}{2g} + 0\right)$$

und daraus $V_c = 30{,}7$ m/s.

34. Eine Kugel wird in einen Luftstrom gelegt, der sich unter Atmosphärendruck mit 30 m/s bewegt. Berechne unter Verwendung einer konstanten Luftdichte von 0,125 TME/m³ (*a*) den Staudruck und (*b*) den Druck auf einen Punkt *B* der Kugeloberfläche, der sich unter einem Winkel von 75° zum Staupunkt befindet, wenn die Geschwindigkeit dort 66 m/s beträgt.

Lösung:

(*a*) Wir erhalten unter Verwendung des Ausdrucks aus der vorigen Aufgabe

$$p_S = p_O + \tfrac{1}{2}\rho V_O^2 = 1{,}033(10^4) + \tfrac{1}{2}(0{,}125)(30{,}0)^2 = 10\,330 + 56{,}25 = 10\,386 \text{ kp/m}^2$$

(*b*) Spezifisches Gewicht der Luft = $\rho g = 0{,}125\,(9{,}8) = 1{,}225$ kp/m³.
Anwendung der Bernoulli-Gleichung vom Staupunkt zu Punkt *B* liefert

$$\left(\frac{p_S}{w} + \frac{V_S^2}{2g} + 0\right) - 0 = \left(\frac{p_B}{w} + \frac{V_B^2}{2g} + 0\right) \quad \text{oder} \quad \left(\frac{10.386}{1{,}225} + 0 + 0\right) = \left(\frac{p_B}{w} + \frac{(66{,}0)^2}{2g} + 0\right)$$

Daraus ergibt sich $p_B/w = 8238$ m Luft und $p'_B = wh/10^4 = 1{,}225\,(8238)/10^4 = 1{,}010$ kp/cm².

35. Ein großer, geschlossener Behälter ist mit Ammoniak von 18°C unter einem Manometerdruck von 0,37 kp/cm² gefüllt. Das Ammoniak fließt durch eine kleine Öffnung an der Behälterseite in die Atmosphäre. Berechne unter Vernachlässigung von Reibungsverlusten die Ausströmgeschwindigkeit des Ammoniaks, wenn man (*a*) konstante Dichte und (*b*) adiabatische Strömungsbedingungen annimmt.

Lösung:

(*a*) Anwendung der Bernoulli-Gleichung zwischen Behälter und Atmosphäre ergibt

$$\left(\frac{0{,}37 \times 10^4}{w_1} + 0 + 0\right) = \left(0 + \frac{V^2}{2g} + 0\right) \quad \text{mit} \quad w_1 = \frac{p_1}{RT} = \frac{(0{,}37 + 1{,}030)10^4}{49{,}6(273 + 18)} = 0{,}97 \text{ kp/m}^3$$

woraus man $V = 273$ m/s erhält.

Nimmt man das spez. Gewicht w als konstant an, so kann man sowohl absulute Drücke als auch Manometerdrucke benutzen. In Fällen, in denen w nicht konstant ist, *müssen* absolute Drücke verwendet werden.

(*b*) Für $V_1 = 0$ und $z_1 = z_2$ läßt sich der adiabatische Ausdruck (*D*) in Aufgabe 20 schreiben als

$$\left(\frac{k}{k-1}\right)\frac{p_1}{w_1}\left[1 - \left(\frac{p_2}{p_1}\right)^{(k-1)/k}\right] = \frac{V_2^2}{2g}$$

Aus Tafel 1 im Anhang ergibt sich $k = 1{,}32$ für Ammoniak und damit

$$\frac{1{,}32}{0{,}32} \times \frac{1{,}40 \times 10^4}{0{,}97}\left[1 - \left(\frac{1{,}03 \times 10^4}{1{,}40 \times 10^4}\right)^{0{,}242}\right] = \frac{V_2^2}{2g} = 4172, \qquad \text{oder} \qquad V_2 = 285 \text{ m/s}$$

Der Fehler in der Geschwindigkeit infolge der Annahme konstanter Dichte ist etwa 4,2 %. Das spez. Gewicht von Ammoniak in dem Stahl wird berechnet aus

$$\frac{p_1}{p_2} = \left(\frac{w_1}{w_2}\right)^k \quad \text{oder} \quad \frac{1{,}40}{1{,}03} = \left(\frac{0{,}97}{w_2}\right)^{1{,}32} \quad \text{und} \quad w_2 = 0{,}774 \text{ kp/m}^3$$

Obwohl die Dichteänderung 20,3 % beträgt, ist der Fehler in der Geschwindigkeit nur 4,2 %.

36. Vergleiche die Geschwindigkeiten bei (*a*) und (*b*) in Aufgabe 35 für einen Manometerdruck im Behälter von 1,08 kp/cm².

Lösung:

(*a*) $w_1 = \dfrac{p_1}{RT} = \dfrac{2{,}11 \times 10^4}{49{,}6 \times 291} = 1{,}460 \text{ kp/m}^3$ und aus der vorigen Aufgabe

$$\frac{1{,}08 \times 10^4}{1{,}46} = \frac{V^2}{2g} \quad \text{und} \quad V = 380 \text{ m/s}$$

(*b*) Mit Hilfe der Adiabatengleichung aus der vorigen Aufgabe ergibt sich

$$\frac{V^2}{2g} = \frac{1{,}32}{0{,}32} \times \frac{2{,}11 \times 10^4}{1{,}46}\left[1 - \left(\frac{1{,}03 \times 10^4}{2{,}11 \times 10^4}\right)^{0{,}242}\right] = 9410 \qquad \text{und} \qquad V = 430 \text{ m/s}$$

Während der Fehler auf Grund der Annahme einer konstanten Dichte in der Geschwindigkeit 11,6 % beträgt, liegt er für die Dichte bei etwa 41 %.

Grenzwerte für die Geschwindigkeit werden in Kapitel 11 diskutiert. Wir wollen schon hier darauf hinweisen, daß die maximale Ausströmgeschwindigkeit bei der angegebenen Temperatur 430 m/s beträgt.

37. Stickstoff fließt aus einem 5 cm Rohr, in dem eine Temperatur von 4,5° C und ein Druck von 2,80 kp/cm² herrschen, in ein 2,5 cm Rohr, in dem der Druck 1,50 kp/cm² beträgt. Berechne unter Vernachlässigung von Verlusten und unter der Annahme isothermer Verhältnisse die Geschwindigkeit in jedem Rohr.

Lösung:

Unter Berücksichtigung von $z_1 = z_2$ kann die Gleichung (*C*) von Aufgabe 20 für V_2 gelöst werden:

$$\frac{V_2^2}{2g}\left[1 - \left(\frac{A_2 p_2}{A_1 p_1}\right)^2\right] = \frac{p_1}{w_1} \ln\left(\frac{p_1}{p_2}\right) = RT \ln\left(\frac{p_1}{p_2}\right) \quad \text{oder} \quad V_2 = \sqrt{2g \times \frac{RT \ln(p_1/p_2)}{1 - (A_2 p_2/A_1 p_1)^2}}$$

Aus Tafel 1 im Anhang entnimmt man $R = 30{,}3$ für Stickstoff.

$$V_2 = \sqrt{2g \times \frac{30{,}3 \times 277{,}5 \ln (3{,}83 \times 10^4)/(2{,}53 \times 10^4)}{1 - (\frac{1}{2})^4[(2{,}53 \times 10^4)/(3{,}83 \times 10^4)]^2}} = 265 \text{ m/s}$$

Daher ist

$$V_1 = (A_2/A_1)(p_2/p_1)V_2 = (\tfrac{1}{2})^2(2{,}53/3{,}83)(265) = 43{,}8 \text{ m/s}$$

38. In Aufgabe 37 sind Druck, Geschwindigkeit und Temperatur in dem 5 cm Rohr 2,67 kp/cm² (man.), 43 m/s und 0° C. Berechne Druck und Geschwindigkeit in dem 2,5 cm Rohr. Nimm an, daß man isotherme Verhältnisse hat, und daß keine Verlusthöhen auftreten.

Lösung:

Aus Gleichung (*C*) in Aufgabe 20 für isotherme Verhältnisse ergibt sich mit V_1 statt V_2

$$(a) \qquad \frac{(43)^2}{2g}\left[1 - \left(\frac{4}{1}\right)^2\left(\frac{3{,}70 \times 10^4}{p_2' \times 10^4}\right)^2\right] = 30{,}3 \times 273 \ln \frac{p_2' \times 10^4}{3{,}70 \times 10^4}$$

Obwohl nur eine Unbekannte darin vorkommt, ist eine direkte Lösung schwierig. Es scheint angebracht zu sein, die Gleichung durch Probieren zu lösen. indem man für p_2' im Nenner der Klammer einen Wert annimmt.

(1) Annahme: $p_2' = 3{,}70$ kp/cm² (abs.) . Löse die Gleichung für p_2' auf der rechten Seite der Gleichung.

$$94{,}4\,[1 - 16(1)^2] = 8272 \ln (p_2'/3{,}70)$$

und $p_2' = 3{,}11$ kp/cm² (abs.).

(2) Die Annahme von $p_2' = 3{,}11$ kp/cm² in Gleichung (*a*) würde wieder eine Ungleichheit liefern. Wähle (in Kenntnis des Ergebnisses) für p_2 als neuen Wert 2,45 kp/cm² und löse.

$$94{,}4\,[1 - 16(3{,}70/2{,}45)^2] = 8272 \ln (p_2'/3{,}70)$$

woraus man $p_2' = 2{,}44$ kp/cm² (abs.) erhält (gute Übereinstimmung). Für die Geschwindigkeit ergibt sich

$$V_2 = \frac{w_1 A_1}{w_2 A_2} V_1 \quad \text{oder} \quad V_2 = \frac{p_1}{p_2}\left(\frac{A_1}{A_2}\right)V_1 = \frac{3{,}70 \times 10^4}{2{,}44 \times 10^4}\left(\frac{2}{1}\right)^2 \times 43 = 261 \text{ m/s}$$

Ergänzungsaufgaben

39. Bei welcher Durchschnittsgeschwindigkeit liefert ein 15 cm Rohr einen Volumenstrom von 3800 m³/Tag? *Antwort:* 2,48 m/s.

40. Bei welchem Rohrdurchmesser können 2 m³/s mit einer Durchschnittsgeschwindigkeit von 3 m/s befördert werden? *Antwort:* 92 cm.

41. Ein 30 cm Rohr, das 110 l/s fördert, ist mit einem 15 cm Rohr verbunden. Bestimme die Geschwindigkeitshöhe in dem 15 cm Rohr. *Lösung:* 1,97 m.

42. Ein 15 cm Rohr transportiert 80 l/s Wasser. Das Rohr verzweigt sich in zwei Rohre, von denen eins 5 cm, und das andere 10 cm lichter Weite hat. Welche Geschwindigkeit herrscht in dem 10 cm Rohr, wenn die im 5 cm Rohr 12 m/s beträgt? *Antwort:* 7,20 m/s.

43. Prüfe, ob die folgenden Geschwindigkeitskomponenten die Bedingungen für stationäre, inkompressible Strömung erfüllen.

$$(a) \quad u = 3xy^2 + 2x + y^2, \quad v = x^2 - 2y - y^3 \qquad\qquad (b) \quad u = 2x^2 + 3y^2, \quad v = 3xy$$

Lösung: (*a*) Ja, (*b*) Nein.

44. Ein 30 cm Rohr befördert Öl mit einer Geschwindigkeitsverteilung von $v = 30\,(r_0^2 - r^2)$. Bestimme die Durchschnittsgeschwindigkeit und den Korrekturfaktor für die kinetische Energie. *Lösung:* $\alpha = 2{,}00$, $V_m = 34$ cm/s.

45. Zeige, daß man die Kontinuitätsgleichung in der Form $1 = \frac{1}{A}\int_A \left(\frac{v}{V_m}\right) dA$ schreiben kann.

46. Ein 30 cm Rohr befördert Öl des rel. spez. Gew. 0,812 mit einem Volumenstrom von 110 l/s. Der Manometerdruck an einem Punkt A ist 0,20 kp/cm^2. Berechne die Energie im Punkt A in kp m/kp, wenn A 1,80 m über der Bezugsebene liegt. *Lösung:* 4,27 kp m/kp.

47. Wieviele kp/s von Kohlendioxyd fließen durch ein 15 cm Rohr, wenn der Druck 1,75 kp/cm^2 (man.), die Temperatur 27° C und die Durchschnittsgeschwindigkeit 2,50 m/s sind? *Antwort:* 0,213 kp/s.

48. Ein 20 cm Rohr transportiert Luft mit einer Geschwindigkeit von 24 m/s, einem Absolutdruck von 1,51 kp/cm^2 und einer Temperatur von 27° C. Wieviel kp Luft fließen? Das 20 cm Rohr geht über in ein 10 cm Rohr, in dem Druck und Temperatur 1,33 kp/cm^2 (abs.) und 11° C sind. Bestimme die Geschwindigkeit in dem 10 cm Rohr und vergleiche die Volumenströme in beiden Rohrabschnitten. *Lösung:* 1,29 kp/s ; 103 m/s ; 0,75 m^3/s ; 0,81 m^3/s.

49. Luft strömt mit einer Geschwindigkeit von 5,00 m/s durch ein 10 cm Rohr. Ein Manometer zeigt 2,00 kp/cm^2 an, die Temperatur ist 15° C. An einem anderen Punkt stromabwärts zeigt ein Manometer 1,40 kp/cm^2 an, die Temperatur ist dort 27° C. Berechne für Standardatmosphärendruck die Geschwindigkeit an dem zweiten Punkt und vergleiche die Volumenströme in beiden Abschnitten. *Lösung:* 6,54 m/s ; 39,3 l/s ; 51,4 l/s.

50. Schwefeldioxyd strömt durch ein 30 cm Abflußrohr, das sich an der Stelle des Ausflusses in einen Kamin auf 10 cm verjüngt. Die Drücke in dem Rohr und dem Ausflußstrahl sind 1,40 kp/cm^2 (abs.) bzw. Atmosphärendruck (1,033 kp/cm^2). In dem Rohr ist die Geschwindigkeit 15,0 m/s und die Temperatur 27° C. Berechne die Geschwindigkeit im Ausflußstrahl, wenn die Gastemperatur −5° C beträgt. *Lösung:* 72,5 m/s.

51. Wasser fließt unter einem Druck von 4,20 kp/cm^2 durch ein waagerechtes 15 cm Rohr. Es treten keine Verluste auf. Wie groß ist der Volumenstrom, wenn der Druck bei einer Verjüngung auf 7,5 cm 1,40 kp/cm^2 beträgt? *Antwort:* Q = 107 l/s.

52. Wie ist der Volumenstrom Q, wenn in Aufgabe 51 Öl des rel. spez. Gew. 0,752 fließt? *Antwort:* 123 l/s.

53. Wie ist der Volumenstrom Q, wenn in Aufgabe 51 Tetrachlorkohlenstoff (r. s. G. = 1,594) fließt? *Antwort:* 85 l/s.

54. Wasser fließt mit 220 l/s in einem 30 cm Rohr senkrecht nach oben. In einem Punkt A des Rohres ist der Druck 2,20 kp/cm^2. In Punkt B, 4,60 m oberhalb von A, beträgt der Rohrdurchmesser 60 cm, die Verlusthöhe von A nach B ist 1,80 m. Bestimme den Druck in B. *Lösung:* 1,61 kp/cm^2.

55. Ein 30 cm Rohr enthält einen kurzen Abschnitt, in dem sich der Durchmesser allmählich auf 15 cm verringert, um dann wieder auf 30 cm anzuwachsen. Der 15 cm Abschnitt liegt 60 cm unterhalb von Abschnitt A des 30 cm Rohres, in dem der Druck 5,25 kp/cm^2 beträgt. Man bringt zwischen dem 30 cm und dem 15 cm Abschnitt ein Differentialmanometer an, das Quecksilber enthält. Wie ist die Auslenkung in dem Manometer, wenn Wasser mit 120 l/s nach unten fließt? Vernachlässige Verlusthöhen. *Antwort:* 17,6 cm.

56. Eine 30 cm Rohrleitung befördert Öl des rel. spez. Gew. 0,811 mit einer Geschwindigkeit von 24 m/s. An Punkten A und B werden Druck und geodätische Höhe gemessen, und man erhält 3,70 kp/cm^2 bzw. 2,96 kp/cm^2 und 30 m bzw. 33 m. Bestimme für stationäre Strömung die Verlusthöhe zwischen A und B. *Lösung:* 6,12 m.

57. Ein Wasserstrahl von 7,5 cm Durchmesser tritt mit einer Geschwindigkeit von 24 m/s ins Freie. Bestimme die Leistung (in PS) des Strahls unter Benutzung einer Bezugsebene durch den Strahlmittelpunkt. *Lösung:* 41,6 PS.

58. Ein Reservoir speist eine waagerechte Wasserleitung, die 300 m lang ist und 15 cm lichte Weite hat. Die Leitung ist völlig gefüllt und entlehrt sich in die Atmosphäre mit 65 l/s. Wie ist der Manometerdruck in der Mitte des Rohres, wenn die Verlusthöhe pro 100 m Rohrlänge 6,20 m beträgt? *Antwort:* 0,93 kp/cm^2.

59. Öl des rel. spez. Gew. 0,750 wird durch ein 60 cm Rohr aus einem Behälter über einen Hügel gepumpt, wobei der Druck oben auf dem Hügel bei 1,80 kp/cm^2 gehalten wird. Der Gipfel liegt 75 m über der Öloberfläche in dem Behälter. Das Öl wird mit 620 l/s gepumpt. Welche Leistung muß die Pumpe auf die Flüssigkeit übertragen, wenn die Verlusthöhe vom Tank zum Gipfel 4,70 beträgt? *Antwort:* 645 PS.

60. Eine Pumpe zieht Wasser aus einem Sumpf durch ein senkrechtes 15 cm Rohr. Sie hat ein waagerechtes Ausflußrohr von 10 cm Durchmesser, das sich 3,20 m oberhalb des Wasserspiegels in dem Sumpf befindet. Beim Pumpen von 35 l/s zeigen Manometer nahe am Pumpeneintritt und -austritt –0,32 kp/cm^2 und 1,80 kp/cm^2 an. Das Ausflußmanometer liegt 1 m über dem Manometer an der Saugseite. Berechne die Leistungsabgabe der Pumpe und die Verlusthöhe in dem 15 cm Saugrohr. *Lösung:* 10,4 PS, 0,80 m.

61. Ein Punkt A eines 15 cm Rohres liegt 1,80 m unterhalb der Stelle, an der jede Sekunde 55 Liter Wasser aus dem Rohr ins Freie fließen. Berechne die Verlusthöhe in dem Rohr, wenn bei A ein Druck von 2,35 kp/cm^2 aufrecht erhalten werden muß. *Lösung:* 21,70 m.

62. Ein großer Behälter ist teilweise mit Wasser gefüllt, die Luft über dem Wasserspiegel steht unter Druck. Ein Rohr von 5 cm Durchmesser, das mit dem Behälter verbunden ist, entleert sich auf dem Dach eines Hauses 15 m oberhalb des Wasserspiegels in dem Behälter. Der Reibungsverlust beträgt 5,50 m. Welcher Luftdruck muß in dem Behälter aufrecht erhalten werden, um 12 l Wasser pro Sekunde auf das Dach zu befördern? *Antwort:* 2,24 kp/cm^2.

63. Wasser wird durch eine 30 cm Leitung aus einem Behälter A (geodätische Höhe 225 m) in einen Behälter E (Höhe 240 m) gepumpt. Der Druck in dem 30 cm Rohr an einem Punkt D (Höhe 195 m) ist 5,60 kp/cm^2. Die Verlusthöhen sind: Von A bis zum Pumpenansaugstutzen B 0,60 m, vom Pumpenausgang C bis D 38 $V^2/2g$ und von D bis E 40 $V^2/2g$. Bestimme den Volumenstrom Q und die Leistungsabgabe der Pumpe BC. *Lösung:* 166 l/s, 83 PS.

64. Ein horizontale Venturirohr hat an der Einlaßöffnung 60 cm und an der Verengungsstelle 45 cm Durchmesser. Ein Differentialmanometer verbindet Eintrittsöffnung und Verengungsstelle. Fließt Luft durch das Rohr, so wird das Wasser im Manometer um 10 cm ausgelenkt. Bestimme den Volumenstrom, wenn das spez. Gewicht der Luft konstant 1,28 kp/cm^3 ist und Reibung vernachlässigt wird. *Lösung:* 6,66 m^3/s.

65. Wasser wird mit einer Flußrate von 89 l/s aus einem Behälter gehebert. Das Ende des Hebers muß 4,20 m unterhalb der Wasseroberfläche liegen. Die Verlusthöhen betragen 1,50 $V^2/2g$ für die Strecke vom Behälter zum höchsten Punkt des Saughebers und 1,00 $V^2/2g$ für die Strecke von dort zum Heberende. Der höchste Punkt des Hebers liegt 1,50 m über der Wasseroberfläche. Bestimme den benötigten Rohrdurchmesser und den Druck im Scheitelpunkt. *Lösung:* 15,3 cm, –0,45 kp/cm^2.

66. Ein horizontales 60 cm Rohr befördert Öl des rel. spez. Gew. 0,825 mit einer Flußrate von 440 l/s. An dem Rohr befinden sich vier identische Pumpen: Die Druckhöhen an Saug- und Austrittsstuten betragen jeweils –0,56 kp/cm^2 und 24,50 kp/cm^2. Welchen Abstand haben die Pumpen zueinander, wenn die Verlusthöhen 6,00 m pro 1000 m Rohrlänge sind? *Antwort:* 50600 m.

67. Ein großer, geschlossener Behälter ist unter einem Druck von 0,40 kp/cm^2 mit Luft von 18°C gefüllt. Die Luft tritt durch eine kleine Öffnung an der Behälterseite in die Atmosphäre (1,030 kp/cm^2). Berechne unter Vernachlässigung von Reibungsverlusten die Luftgeschwindigkeit beim Verlassen des Behälters (*a*) bei konstanter Luftdichte und (*b*) bei adiabatischen Strömungsverhältnissen. *Lösung:* 216 m/s, 229 m/s.

68. Wie wären die Geschwindigkeiten in Aufgabe 67 für (*a*) und (*b*), wenn der Druck 0,70 kp/cm^2 (man.) betrüge? *Antwort:* 260 m/s, 286 m/s.

69. 0,040 kp Kohlendioxyd fließen jede Sekunde aus einem 30 mm Rohr, in dem der Druck 4,20 kp/cm^2 und die Temperatur 4° C betragen, in ein 15 mm Rohr. Bestimme für isotherme Bedingungen den Druck in dem 15 mm Rohr unter Vernachlässigung von Reibung. *Lösung:* 900 kp/m^2 (abs.).

70. Ein Gebläse liefert 1140 m^3/min Luft. Zwei U-Rohr-Manometer messen die Drücke an Ansaug- und Austrittsseite. An der Ansaugseite zeigt das Manometer einen negativen Druck von 5 cm Wasser an. Das Austrittsmanometer liegt 1,0 m über dem Ansaugmanometer und zeigt + 7,5 cm Wasser an. Ansaug- und Austrittsstutzen haben gleichen Durchmesser. Welche Leistung muß der Antriebsmotor bei einem Wirkungsgrad von 68 % haben (w = 1,20 kp/cm^2 für Luft)? *Antwort:* 48,1 PS.

71. Ein 30 cm Rohr soll auf Verlusthöhen getestet werden. Bei einem Volumenstrom von 180 l/s ist der Druck in einem Punkt A des Rohres 2,80 kp/cm^2. Zwischen A und einem Punkt B des Rohres, der sich stromabwärts 3,0 m höher als A befindet, ist ein Differentialmanometer angebracht. Darin wird das Quecksilber so um 1,0 m ausgelenkt, daß es bei A den höheren Druck anzeigt. Wie ist die Verlusthöhe zwischen A und B? *Antwort:* 12,57 m.

72. Prandtl hat vorgeschlagen, die Geschwindigkeitsverteilung für turbulente Strömung in Leitungen durch den Ausdruck $v = v_{max} (y/r_0)^{1/7}$ zu approximieren, wobei r_0 der Rohrradius und y der Abstand von der Wand ist. Bestimme den Ausdruck für die Durchschnittsgeschwindigkeit im Rohr mittels der Mittelliniengeschwindigkeit v_{max}. *Lösung:* $V = 0{,}817\, v_{max}$

73. Wie ist der Korrekturfaktor für die kinetische Energie für die Geschwindigkeitsverteilung von Aufgabe 72? *Lösung:* $\alpha = 1{,}06$.

74. Zwei große Platten haben voneinander 1 cm Abstand. Zeige, daß bei einem Geschwindigkeitsprofil von $v = v_{max} (1 - 6200\, r^2)$ (r wird von der Mittellinie zwischen den Platten aus gemessen) $\alpha = 1{,}43$ ist.

75. Luft fließt isentropisch durch eine Leitung, deren Querschnittsfläche nicht konstant ist. Zeige, daß man bei stationärer Strömung die Geschwindigkeit V_2 an jedem Abschnitt stromabwärts von Abschnitt 1 schreiben kann als

$V_2 = V_1 (p_1/p_2)^{1/k} (A_1/A_2)$ für beliebig geformte Rohre, und

$V_2 = V_1 (p_1/p_2)^{1/k} (D_1/D_2)^2$ für Kreisrohre.

76. Betrachte Abb. 6-16. Der Druck in dem Rohr bei S darf nicht unter 0,24 kp/cm^2 (abs.) fallen. Wie hoch muß, bei Vernachlässigung von Verlusten, Punkt S über dem Wasserspiegel A liegen? *Antwort:* 6,73 m.

77. Pumpe B in Abb. 6-17 überträgt auf das Wasser, das nach E fließt, eine Höhe von 42,20 m. Welcher Volumenstrom ergibt sich, wenn der Druck bei C −0,15 kp/cm^2 ist und die Verlusthöhe zwischen D und E 8,0 x (V^2/2g) beträgt? *Antwort:* 275 l/s.

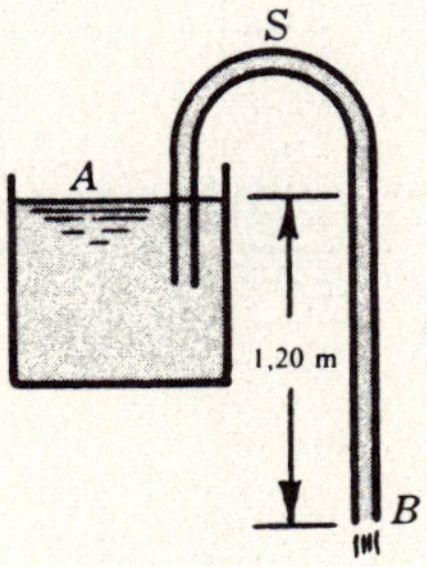

Abb. 6-16

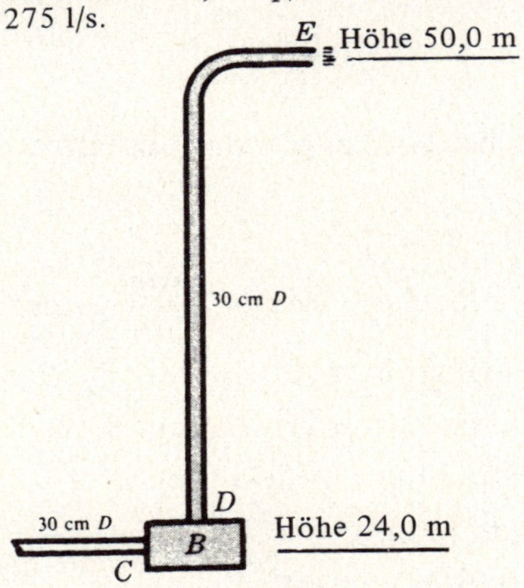

Abb. 6-17

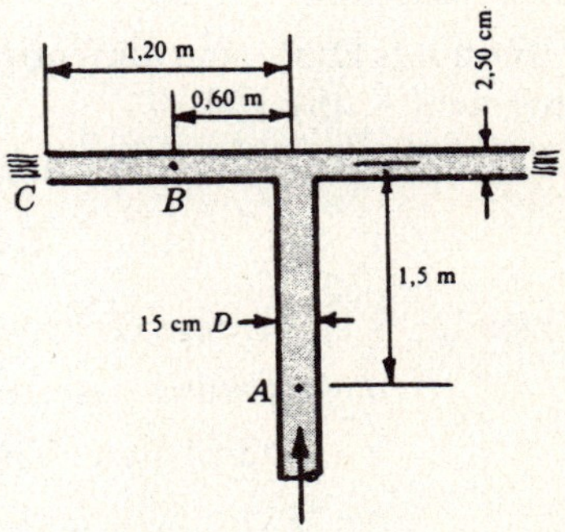

Abb. 6-18

78. Wasser fließt zwischen den zwei Scheiben am Ende des 15 cm Rohres in Abb. 6-18. Wie ist, bei Vernachlässigung von Verlusthöhen, die Druckhöhe bei B und der Volumenstrom, wenn die Druckhöhe bei A −0,30 m beträgt? *Antwort:* −0,048 m, 105,5 l/s.

79. Zeige, daß für ein Kreisrohr mit dem Radius r_0 bei einer Geschwindigkeitsverteilung von $v = v_{max} (1 - r/r_0)^k$. die Durchschnittsgeschwindigkeit als $2\, v_{max} \left[\frac{1}{(K+1)(K+2)}\right]$ ausgedrückt werden kann.

80. Bestimme den Korrekturfaktor α für die kinetische Energie in Aufgabe 79. *Lösung.* $\alpha = \dfrac{(K+1)^3 (K+2)^3}{4(3K+1)(3K+2)}$

KAPITEL 7

Strömung in Rohren

EINFÜHRUNG

Man benutzt den Energiesatz bei der Lösung von Rohrströmungsproblemen in den unterschiedlichsten Bereichen der Ingenieurpraxis. Die Strömung einer realen Flüssigkeit ist komplexer als die einer idealen Flüssigkeit. Scherkräfte zwischen Flüssigkeitsteilen und der Rohrwand und zwischen den Flüssigkeitsteilchen untereinander werden durch die Viskosität realer Flüssigkeiten hervorgerufen. Die partiellen Differentialgleichungen, mit denen man die Strömung berechnen könnte (Euler-Gleichungen), haben keine allgemeine Lösung. Man muß experimentelle Ergebnisse und semiempirische Methoden zur Lösung von Strömungsproblemen heranziehen.

Bei realen Flüssigkeiten gibt es zwei grundsätzlich verschiedene Strömungsarten, die man verstehen und berücksichtigen muß. Sie heißen laminare Strömung und turbulente Strömung. Diese Strömungsarten werden durch unterschiedliche Gesetze bestimmt.

LAMINARE STRÖMUNG

Bei laminarer Strömung bewegen sich die Flüssigkeitsteilchen in Schichten entlang gerader, paralleler Bahnen. Die Geschwindigkeiten in benachbarten dünnen Schichten brauchen nicht übereinzustimmen. Laminare Strömung wird durch das Reibungsgesetz bestimmt, das Schubspannung und Schwerwinkelgeschwindigkeit (oder das Produkt aus Viskosität der Flüssigkeit und Geschwindigkeitsgradient) in Beziehung setzt, oder $\tau = \mu dv/dy$ (siehe Kapitel 1). Man hat es mit laminarer Strömung zu tun, wenn die Viskosität der Flüssigkeit das Strömungsverhalten bestimmt und das Aufkommen von Turbulenzen verhindert.

KRITISCHE GESCHWINDIGKEIT

Von praktischer Bedeutung für den Ingenieur ist die kritische Geschwindigkeit, das ist die Geschwindigkeit, unterhalb der alle Turbulenzen durch die Zähigkeit der Flüssigkeit unterdrückt werden. Die obere Grenze für laminare Strömung wird in der Praxis durch eine Reynolds-Zahl von etwa 2000 bestimmt (genauer etwa 2300).

REYNOLDS-ZAHL

Die Reynolds Zahl, eine dimensionslose Größe, gibt das Verhältnis von Trägheitskraft zu Zähigkeitskraft an (siehe Kapitel 5).

Für Kreisrohre, die voll durchströmt werden, ist

$$\text{Reynolds-Zahl} \quad R_E = \frac{Vd\rho}{\mu} \quad \text{oder} \quad \frac{Vd}{\nu} = \frac{V(2r_0)}{\nu} \tag{1a}$$

Hierbei sind: V = mittlere Geschwindigkeit in m/s

d = Rohrdurchmesser in m, r_0 = Rohrradius in m

ν = kinematische Viskosität der Flüssigkeit in m^2/s

ρ = Dichte der Flüssigkeit in kp s^2/m^4

μ = dynamische Viskosität in kp s/m^2

Für nicht kreisförmige Querschnitte benutzt man das Verhältnis aus Querschnittsfläche zu benetztem Umfang, das man hydraulischen Radius R nennt (in m), in der Formel für die Reynolds-Zahl. Damit ergibt sich

$$R_E = \frac{V(4R)}{\nu} \tag{1b}$$

TURBULENTE STRÖMUNG

In turbulenter Strömung bewegen sich die Flüssigkeitsteilchen zufällig in alle Richtungen. Es ist unmöglich, die Bahn eines bestimmten Teilchens anzugeben.

Für turbulente Strömungen kann man die Schubspannung folgendermaßen ausdrücken:

$$\tau = (\mu + \eta)\frac{dv}{dy} \tag{2a}$$

wobei η (Eta) ein Faktor ist, der von der Dichte der Flüssigkeit und von deren Bewegung abhängt. Der erste Faktor (μ) beschreibt die Einflüsse der Viskosität, der zweite (η) die Einflüsse der Turbulenz.

Experimentelle Ergebnisse geben einem die Möglichkeit, Schubspannungen in turbulenten Strömungen zu berechnen. Prandtl schlug die Beziehung

$$\tau = \rho l^2 \left(\frac{dv}{dy}\right)^2 \tag{2b}$$

zur Berechnung der Schubspannung in turbulenter Strömung vor. Dieser Ausdruck hat den Nachteil, daß die Mischungsweglänge l eine Funktion von y ist. Je größer der Abstand y von der Rohrwand ist, desto größer wird l. Später schlug von Karman

$$\tau = \tau_0\left(1 - \frac{y}{r_0}\right) = \rho k^2 \frac{(dv/dy)^4}{(d^2 v/dy^2)^2} \tag{2c}$$

vor. Die dimensionslose Zahl k ist, obwohl nicht genau konstant, ungefähr 0,40. Integration dieses Ausdrucks führt zu Formeln der Art, wie sie in (7b) unten gezeigt ist.

SCHUBSPANNUNG AN EINER ROHRWAND

Die Schubspannung an einer Rohrwand beträgt, wie in Aufgabe 5 abgeleitet ist,

$$\tau_0 = f\rho V^2/8 \quad \text{in kp/m}^2 \tag{3}$$

Hierbei ist f eine dimensionslose Reibungszahl (wird in einem der folgenden Abschnitte beschrieben).

In Aufgabe 4 wird gezeigt, daß sich die Schubspannung linear über den Querschnitt ändert, und daß

$$\tau = \frac{(p_1 - p_2)}{2L}\,r \quad \text{oder} \quad \tau = \left(\frac{wh_L}{2L}\right) r \tag{4}$$

Die Größe $\sqrt{\tau_0/\rho}$ heißt Schubspannungsgeschwindigkeit, man bezeichnet sie mit dem Symbol v_*. Aus (3) erhalten wir

$$v_* = \sqrt{\tau_0/\rho} = V\sqrt{f/8} \tag{5}$$

GESCHWINDIGKEITSVERTEILUNG

Die Geschwindigkeitsverteilung über einen Querschnitt hat für *laminare* Strömung eine parabolische Form. Die Geschwindigkeit ist im Rohrmittelpunkt maximal (v_c) und ist gleich der doppelten Durchschnittsgeschwindigkeit. Die Gleichung für das Geschwindigkeitsprofil bei laminarer Strömung (siehe Aufgabe 6) lautet

$$v = v_c - \left(\frac{wh_L}{4\mu L}\right) r^2 \tag{6}$$

Für *turbulente* Strömungen ergibt sich eine gleichförmigere Geschwindigkeitsverteilung. Im folgenden werden einige Formeln für Geschwindigkeitsverteilungen, die sich aus Experimenten von Nikuradse und anderen ergeben, genannt (mit Hilfe der Maximalgeschwindigkeit v_c und der Schubspannungsgeschwindigkeit v_*).

(*a*) Eine empirische Formel ist

$$v = v_c (y/r_0)^n \tag{7a}$$

wobei $n = \frac{1}{7}$ für glatte Rohre bis zu $R_E = 100\,000$

$n = \frac{1}{8}$ für glatte Rohre für R_E von 100 000 bis 400 000 (*b*) Für *glatte* Rohre:

$$v = v\,(5{,}5 + 5{,}75 \quad \lg yv_*/\nu) \tag{7b}$$

Siehe Aufgabe 8, Teil (*e*) für den Term yv_*/ν,

(*c*) Für *glatte* Rohre (für $5000 < R_E < 3\,000\,000$) und für Rohre im völlig rauhen Bereich

$$(v_c - v) = -2{,}5\sqrt{v_o/\rho}\ \ln y/r_o = -2{,}5\ v_*\ \ln y/r_o \tag{7c}$$

Ist V die Durchschnittsgeschwindigkeit, so schlug Vennard für V/v_c vor:

$$\frac{V}{v_c} = \frac{1}{1 + 4{,}07\sqrt{f/8}} \tag{8}$$

(*d*) Für *rauhe* Rohre:

$$v = v_*(8{,}5 + 5{,}75 \quad \lg y/\epsilon) \tag{9a}$$

wobei ϵ die absolute Wandrauhigkeit ist.

(*e*) Für *rauhe* oder *glatte* Rohrwände:

$$\frac{v - V}{V\sqrt{f}} = 2\lg y/r_o + 1{,}32 \tag{9b}$$

und

$$v_c/V = 1{,}43\sqrt{f} + 1 \tag{9c}$$

HÖHENVERLUST BEI LAMINARER STRÖMUNG

Der Höhenverlust kann bei laminarer Strömung mit Hilfe des Hagen-Poiseuilleschen Gesetzes (abgeleitet in Aufgabe 6) ausgedrückt werden:

$$\text{Verlusthöhe (m)} = \frac{32\ (\text{Viskosität } \mu)\ (\text{Länge } L \text{ (m)})\ (\text{Durchschnittsgeschwindigkeit } V)}{(\text{spez. Gewicht } w)\ (\text{Durchmesser } d \text{ (m)})^2}$$

$$= \frac{32\,\mu\ LV}{w\ d^2} \tag{10a}$$

Mit Hilfe der kinematischen Viskosität erhält man, da $\mu/w = \nu/g$,

$$\text{Verlusthöhe} = \frac{32\,\nu LV}{g\,d^2} \tag{10b}$$

DARCY-WEISBACH-FORMEL

Die Darcy-Weisbach-Formel, die in Kapitel 5, Aufgabe 11, abgeleitet wurde, ist die Grundlage der Verlusthöhenberechnung bei Strömungen in Rohren und Kanälen. Die Gleichung lautet:

$$\text{Verlusthöhe (m)} = \text{Reibungszahl } f \times \frac{\text{Länge } L \text{ (m)}}{\text{Durchmesser } d \text{ (m)}} \times \text{Geschwindigkeitshöhe } \frac{V^2}{2g} \text{ (m)}$$

$$= f\,\frac{L\,V^2}{d\ 2g} \tag{11}$$

Wie in Kapitel 6 bemerkt wurde, erhält man die exakte Geschwindigkeitshöhe in einem Querschnitt durch Multiplikation des Quadrats der Durchschnittsgeschwindigkeit $(Q/A)^2$ mit einem Koeffizienten α und Division durch $2g$. Für turbulente Strömung in Rohren und Kanälen kann man, ohne größere Fehler im Ergebnis zu erhalten, $\alpha = 1$ annehmen.

REIBUNGSZAHL

Für laminare Strömung kann man die Reibungszahl f mathematisch berechnen. Dagegen gibt es für turbulente Strömung keine einfache mathematische Beziehung zwischen der Reibungszahl f und der Reynolds-Zahl. Darüberhinaus fanden Nikurades und andere, daß die Reibungszahl auch von der relativen Rauhigkeit (dem Verhältnis von Größe der Oberflächenunebenheiten ϵ zu Innendurchmesser) eines Rohres abhängt.

(*a*) Für *laminare* Strömung ergibt sich aus Gleichung (*10b*)

$$\text{Verlusthöhe} = 64\,\frac{\nu}{Vd}\,\frac{L}{d}\,\frac{V^2}{2g} = \frac{64}{R_E}\,\frac{L}{d}\,\frac{V^2}{2g} \qquad (12a)$$

Daher ist im Falle *laminarer Strömung für alle Flüssigkeiten in allen Rohren*

$$f = 64/R_E \qquad (12b)$$

In der Praxis liegt der Maximalwert von R_E für laminare Strömung bei 2000.

(*b*) Für *turbulente Strömung* wurden von vielen Hydraulikern aus ihren eigenen Experimenten und denen anderer Formeln zur Berechnung von f aufgestellt.

(*1*) Für turbulente Strömung in *glatten und rauhen Rohren* können allgemeine Widerstandsformeln aus der Beziehung

$$f = 8\tau_0/\rho V^2 = 8V_*^2/V^2 \qquad (14)$$

abgeleitet werden.

(*2*) Für *glatte* Rohre schlägt Blasius für Reynolds-Zahlen zwischen 3000 und 100 000 die folgende Beziehung vor:

$$f = 0{,}316/R_E^{0,25} \qquad (14)$$

Für Werte von R_E bis ca. 3 000 000 lautet die von Prandtl modifizierte Karmansche Gleichung

$$1/\sqrt{f} = 2\lg\,(R_E\sqrt{f}) - 0{,}8 \qquad (15)$$

(*3*) Für *rauhe* Rohre

$$1/\sqrt{f} = 2\lg\,r_0/\epsilon + 1{,}74 \qquad (16)$$

(*4*) Für *alle* Rohre wird von vielen Ingenieuren und vom amerikanischen Hydraulic Institute die Colebrook-Gleichung als verläßlich bei der Berechnung von f angesehen. Sie lautet:

$$\frac{1}{\sqrt{f}} = -2\lg\left[\frac{\epsilon}{3{,}7d} + \frac{2{,}51}{R_E\sqrt{f}}\right] \qquad (30)$$

Da die Lösung von Gleichung (*17*) unangenehm ist, gibt es Diagramme, aus denen man die Beziehung zwischen Reibungszahl f, Reynolds-Zahl R_E und der relativen Rauhigkeit ϵ/d entnehmen kann. Zwei solche Diagramme befinden sich im Anhang. Diagramm A-1 (das Moody-Diagramm, hier wiedergegeben mit Genehmigung der American Society of Mechanical Engineers) wird gewöhnlich benutzt, wenn der Fluß Q bekannt ist. Diagramm A-2 wird benutzt, wenn der Fluß berechnet werden soll. Die letztere Form wurde zuerst von S. P. Johnson und Hunter Rouse vorgeschlagen.

Man sollte beachten, daß für glatte Rohre, für die der Wert von ϵ/d sehr klein ist, der erste Term in der Klammer in (*17*) vernachlässigt werden kann. Dann sind (*17*) und (*15*) gleich. Umgekehrt kann man bei sehr großen Reynolds-Zahlen R_E den zweiten Term in der Klammer in (*17*) vernachlässigen. In solchen Fällen kann man den Effekt durch die Viskosität vernachlässigen, f hängt nur von der relativen Rauhigkeit des Rohres ab. Diese Feststellung wird graphisch im Diagramm A-1 dadurch deutlich, daß die Kurven bei großen Reynolds-Zahlen horizontal verlaufen.

Vor der Anwendung von Formeln oder Diagrammen muß der Ingenieur die relative Rauhigkeit des Rohres aus seiner eigenen Erfahrung oder der anderer abschätzen. Richtwerte für die Oberflächenunebenheiten ϵ bei neuen Oberflächen sind in den Diagrammen A-1 und A-2 mit angegeben.

ANDERE HÖHENVERLUSTE

Andere Verlusthöhen, wie sie zum Beispiel in Rohrfittings auftreten, drückt man allgemein aus als

$$\text{Verlusthöhe (m)} = K\,(V^2/2g) \tag{18}$$

Ein Liste der bei üblicherweise vorkommenden Rohrverhältnissen anwendbaren Verlusthöhenformeln findet man in den Tafeln 4 und 5 im Anhang.

Aufgaben mit Lösungen

1. Bestimme die kritische Geschwindigkeit für (*a*) mittleres Heizöl, das mit 15° C durch ein 15 cm Rohr fließt, und (*b*) Wasser, das mit 15° C durch ein 15 cm Rohr fließt.

Lösung:

(*a*) Die maximale Reynolds-Zahl für laminare Strömung ist 2000. Nach Tafel 2 im Anhang beträgt die kinematische Viskosität bei 15° C · 4,42 × 10^{-6} m²/s.

$$2000 = R_E = V_C d/\nu = V_C(0{,}15)/(4{,}42 \times 10^{-6}) \qquad V_C = 0{,}059 \text{ m/s}$$

(*b*) Nach Tafel 2 ist $\nu = 1{,}13 \times 10^{-6}$ m²/s für Wasser von 15° C.

$$2000 = V_C(0{,}15)/(1{,}13 \times 10^{-6}) \qquad V_C = 0{,}015 \text{ m/s}$$

2. Bestimme die Strömungsart in einem 30 cm Rohr, wenn (*a*) Wasser von 15° C mit einer Geschwindigkeit von 1,00 m/s und (*b*) schweres Heizöl von 15° C mit derselben Geschwindigkeit fließen.

Lösung:

(*a*) $R_E = Vd/\nu = 1{,}00\,(0{,}3)/(1{,}13 \times 10^{-6}) = 265\,000 > 2000.$ Die Strömung ist turbulent.

(*b*) Nach Tafel 2 im Anhang ist $\nu = 2{,}06 \times 10^{-4}$ m²/s.
$R_E = Vd/\nu = 1{,}00(0{,}3)/(2{,}06 \times 10^{-4}) = 1450 < 2000.$ Die Strömung ist laminar

3. Welche Rohrgröße kann unter laminaren Strömungsbedingungen 350 l/min mittleres Heizöl von 4,5° C befördern? ($\nu = 7{,}00 \times 10^{-6}$ m²/s).

Lösung:

$$Q = 0{,}350/60 = 5{,}83 \times 10^{-3} \text{ m}^3/\text{s}. \quad V = Q/A = 4Q/\pi d^2 = 23{,}33 \times 10^{-3}/\pi d^2 \text{ m/s}.$$

$$R_E = \frac{Vd}{\nu}, \quad 2000 = \frac{23{,}33 \times 10^{-3}}{\pi d^2}\left(\frac{d}{7{,}00 \times 10^{-6}}\right), \quad d = 0{,}530 \text{ m}.$$

4. Bestimme die Schubspannungsverteilung über den Querschnitt eines horizontalen, runden Rohrs unter stationären Strömungsbedingungen.

Lösung:

Jedes Teilchen des freien Körpers in Abb. 7-1 (*a*) bewegt sich, da die Strömung stationär ist, unbeschleunigt nach rechts. Daher muß die Summe aller Kräfte in x-Richtung Null sein.

$$p_1(\pi r^2) - p_2(\pi r^2) - \tau(2\pi r L) = 0 \qquad \text{oder} \qquad \tau = \frac{(p_1 - p_2)r}{2L} \qquad (A)$$

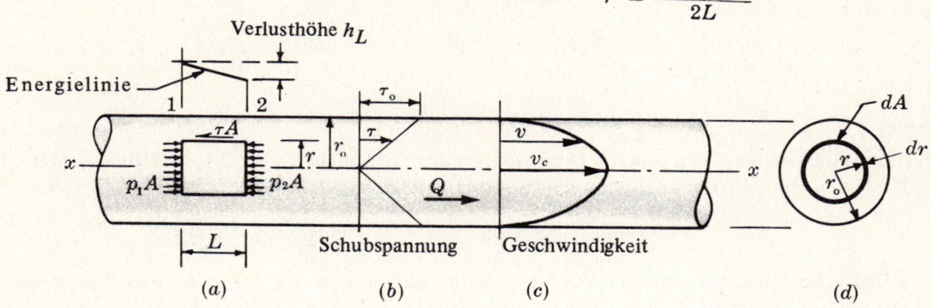

Abb. 7-1

Bei $r = 0$ ist die Schubspannung $\tau = 0$, für $r = r_0$ ist die Schubspannung τ_0 an der Wand maximal. Die Änderung ist linear, wie in Abb. 7-1(b) gezeigt ist. Die Gleichung (*A*) gilt für laminare und turbulente Strömungen, da bei der Ableitung keine die Strömung betreffenden Einschränkungen benötigt wurden.

Da $(p_1 - p_2)/w$ den Abfall in der Energielinie oder die Verlusthöhe h_L darstellt, führt die Multiplikation der Gleichung (*A*) mit w/w zu

$$\tau = \frac{wr}{2L}\left(\frac{p_1 - p_2}{w}\right) \qquad \text{oder} \qquad \tau = \frac{wh_L}{2L}r \qquad (B)$$

5. Leite einen Ausdruck für die Schubspannung an einer Rohrwand ab.

Lösung:

Nach Aufgabe 4: $h_L = \dfrac{2\tau_0 L}{wr_0} = \dfrac{4\tau_0 L}{wd}$. Nach der Darcy-Weisbach-Formel ist $h_L = f\dfrac{L}{d}\dfrac{V^2}{2g}$. Gleichsetzen der beiden Ausdrücke führt zu $\dfrac{4\tau_0 L}{wd} = f\dfrac{L}{d}\dfrac{V^2}{2g}$ und $\tau_0 = f\dfrac{w}{g}\dfrac{V^2}{8} = f\rho V^2/8$ in kp/m².

6. Nimm stationäre, laminare Strömungsbedingungen an. (*a*) Welche Beziehung besteht zwischen der Geschwindigkeit an einem Punkt des Querschnitts und der Geschwindigkeit in der Mitte des Rohres? (*b*) Wie lautet die Gleichung der Geschwindigkeitsverteilung?

Lösung:

(*a*) Für laminare Strömung ist die Schubspannung $\tau = -\mu(dv/dr)$ (vergl. Kapitel 1). Setzt man das mit dem Wert für τ aus Gleichung (*A*) in Aufgabe 4 gleich, so erhält man

$$-\mu\frac{dv}{dr} = \frac{(p_1 - p_2)r}{2L}$$

Da $(p_1 - p_2)/L$ unabhängig von r ist, gilt

$$-\int_{v_c}^{v} dv = \frac{p_1 - p_2}{2\mu L}\int_0^r r\,dr \qquad \text{und} \qquad -(v - v_c) = \frac{(p_1 - p_2)r^2}{4\mu L}$$

oder

$$v = v_c - \frac{(p_1 - p_2)r^2}{4\mu L} \qquad (A)$$

Die Verlusthöhe in L Meter ist $h_L = (p_1 - p_2)/w$, Daher

$$v = v_c - \frac{wh_L r^2}{4\mu L} \qquad (B) \text{ und } (6)$$

(*b*) Da die Geschwindigkeit an der Wand Null ist, also $v = 0$ für $r = r_0$ in (*A*), ergibt sich

$$v_c = \frac{(p_1 - p_2)r_0^2}{4\mu L} \quad \text{(auf der Mittellinie)} \qquad (C)$$

Also allgemein
$$v = \frac{p_1 - p_2}{4\mu L}(r_o^2 - r^2) \qquad (D)$$

7. Stelle die Gleichung für den Höhenverlust in einem Rohr für stationäre, laminare Strömung einer inkompressiblen Flüssigkeit auf. Benutze dazu Abb. 7-1(d) von Aufgabe 4.

Lösung:

$$V_m = \frac{Q}{A} = \frac{\int v\,dA}{\int dA} = \frac{\int_0^{r_o} v(2\pi r\,dr)}{\pi r_o^2} = \frac{2\pi(p_1 - p_2)}{\pi r_o^2(4\mu L)}\int_0^{r_o}(r_o^2 - r^2)r\,dr$$

und daraus
$$V_m = \frac{(p_1 - p_2)r_o^2}{8\mu L} \qquad (A)$$

Daher ist bei laminarer Strömung die Durchschnittsgeschwindigkeit gleich der Hälfte der Maximalgeschwindigkeit v_c in Gleichung (C) von Aufgabe 6. Umordnung von (A) führt zu

$$\frac{p_1 - p_2}{w} = \text{Verlusthöhe} = \frac{8\mu L\, V_m}{w\, r_o^2} = \frac{32\,\mu L\, V_m}{w\, d^2} \qquad (B)$$

Diese Ausdrücke gelten für *laminare Strömung aller Flüssigkeiten in allen Rohren und Leitungen.*

Wie zu Beginn dieses Kapitels festgestellt, ist der Ausdruck für die Verlusthöhe bei laminarer Strömung in der Darcy-Form

$$\text{Verlusthöhe} = \frac{64}{R_E}\,\frac{L}{d}\,\frac{V^2}{2g} = f\,\frac{L}{d}\,\frac{V^2}{2g}$$

8. Bestimme (a) die Schubspannung an der Wand eines 30 cm Rohres, wenn fließendes Wasser auf 100 m Rohrlänge eine Verlusthöhe von 5,0 m erleidet; (b) die Schubspannung 5 cm von der Mittellinie des Rohres entfernt; (c) die Schubspannungsgeschwindigkeit; (d) die Durchschnittsgeschwindigkeit bei einem Wert von $f = 0{,}050$; (e) das Verhältnis v/v_*.

Lösung:

(a) Unter Benutzung von Gleichung (B) in Aufgabe 4 ergibt sich mit $r = r_0$ für die Schubspannung an der Wand

$$\tau_o = wh_L r_0/2L = 1000(5)(0{,}15)/200 = 3{,}75\ \text{kp/m}^2 = 3{,}75 \times 10^{-4}\ \text{kp/cm}^2$$

(b) Da τ linear von der Mittellinie bis zur Wand zunimmt: $\tau = \frac{5}{15}(3{,}75 \times 10^{-4}) = 1{,}25 \times 10^{-4}\ \text{kp/cm}^2$

(c) Nach Gleichung (5): $v_* = \sqrt{\tau_0/\rho} = \sqrt{3{,}75/102} = 0{,}191\ \text{m/s}$.

(d) Mit $h_L = f\,\frac{L}{d}\,\frac{V^2}{2g}$ ergibt sich $5 = 0{,}050\,\frac{100}{0{,}30}\,\frac{V^2}{2g}$ und $V = 2{,}93\ \text{m/s}$

Anders: Nach Gleichung (3) gilt $\tau_0 = f\rho V^2/8$, $3{,}75 = 0{,}050(102)\,V^2/8$ und $V = 2{,}93\ \text{m/s}$

(e) Aus $\tau_0 = \mu(v/y)$ und $\nu = \mu/\rho$ ergibt sich $\tau_0 = \rho\nu(v/y)$ oder $\tau_0/\rho = \nu(v/y)$.

Da $\tau_0/\rho = v_*^2$, erhalten wir $v_*^2 = \nu(v/y)$, $v/v_*^2 = y/\nu$ und $v/v_* = v_* y/\nu$.

9. Wie groß ist die Schubspannung zwischen dem Wasser und der Rohrwand, wenn in der vorigen Aufgabe das Wasser durch eine rechteckige Leitung von 90 cm mal 120 cm (selbe Länge, selbe Verlusthöhe) fließt?

Lösung:

Für Leitungen, die nicht rund sind, muß man den hydraulischen Radius nehmen. Für Kreisrohre gilt:

$$\text{Hydraulischer Radius } R = \frac{\text{Querschnittsfläche}}{\text{benetzter Umfang}} = \frac{\pi d^2/4}{\pi d} = \frac{d}{4} = \frac{r_0}{2}$$

Einsetzen von $r = 2R$ in Gleichung (B) von Aufgabe 4 liefert

$$\tau = \frac{wh_L}{L}R = \frac{1000(5)}{100}\cdot\frac{(0{,}9 \times 1{,}2)}{2(0{,}9 + 1{,}2)} = 12{,}85\ \text{kp/m}^2 = 1{,}285 \times 10^{-3}\ \text{kp/cm}^2$$

10. Mittelschweres Schmieröl, r. s. G. 0,860, wird mit einer Flußrate von 1,20 l/s 300 m weit durch ein waagerechtes 5,0 cm Rohr gepumpt. Wie groß ist die dynamische Viskosität des Öls, wenn der Druckabfall 2,10 kp/cm^2 beträgt?

Lösung:

Unter der Annahme einer laminaren Strömung erhalten wir nach Ausdruck (B) in Aufgabe 7

$$(p_1 - p_2) = \frac{32\mu L V_m}{d^2} \qquad \text{mit} \qquad V_m = \frac{Q}{A} = \frac{1{,}2 \times 10^{-3}}{\frac{1}{4}\pi(0{,}05)^2} = 0{,}61 \text{ m/s}$$

und damit

$$2{,}1 \times 10^4 = 32\,\mu\,(300)(0{,}61)/(0{,}05)^2 \quad \text{und} \quad \mu = 0{,}00896 \text{ kp s/m}^2$$

Um zu prüfen, ob die Annahme einer laminaren Strömung gerechtfertigt war, berechnen wir die Reynolds-Zahl für die so gefundenen Bedingungen:

$$R_E = \frac{Vd}{\nu} = \frac{Vdw}{\mu g} = \frac{0{,}61 \times 0{,}05 \times 0{,}860 \times 1000}{0{,}00896 \times 9{,}8} = 300$$

Da die Reynolds-Zahl < 2000 ist, liegt laminare Strömung vor, der Wert für μ ist richtig.

11. Öl der dynamischen Viskosität 0,0103 kp s/m^2 und des rel. spez. Gew. 0,850 fließt mit einem Volumenstrom von 44 l/s 3000 m durch ein gußeisernes Rohr von 30 cm Durchmesser. Wie groß ist die Verlusthöhe in dem Rohr?

Lösung:

$$V = \frac{Q}{A} = \frac{44 \times 10^{-3}}{\frac{1}{4}\pi(0{,}3)^2} = 0{,}62 \text{ m/s} \quad \text{und} \quad R_E = \frac{Vdw}{\mu g} = \frac{0{,}62 \times 0{,}3 \times 0{,}850 \times 1000}{0{,}0103 \times 9{,}8} = 1565$$

Also existiert laminare Strömung. Daher

$$f = \frac{64}{R_E} = 0{,}0409 \quad \text{und} \quad \text{Verlusthöhe} = f\frac{L}{d}\frac{V^2}{2g} = 0{,}0409 \times \frac{3000}{0{,}3} \times \frac{(0{,}62)^2}{2g} = 8{,}02 \text{ m}$$

12. Schweres Heizöl strömt 900 m weit von A nach B durch ein waagerechtes Stahlrohr von 15 cm Durchmesser. Der Druck bei A beträgt 11 kp/cm^2, bei B ist er 0,35 kp/cm^2. Die kinematische Viskosität ist $4{,}13 \times 10^{-4}$ m^2/s und das rel. spez. Gew. 0,918. Wie groß ist der Volumenstrom?

Lösung:

Die Bernouilli-Gleichung für A-B, bezogen auf A, liefert

$$\left(\frac{11{,}0 \times 10^4}{0{,}918 \times 1000} + \frac{V_{15}^2}{2g} + 0\right) - f\frac{900}{0{,}15}\frac{V_{15}^2}{2g} = \left(\frac{0{,}35 \times 10^4}{0{,}918 \times 1000} + \frac{V_{15}^2}{2g} + 0\right)$$

oder

$$116 = f(6000)(V_{15}^2/2g)$$

Sowohl V als auch f sind unbekannt und hängen voneinander ab. Hat man es mit laminarer Strömung zu tun, so folgt aus Gleichung (B) von Aufgabe 7

$$V_m = \frac{(p_1 - p_2)d^2}{32\mu L} = \frac{(11{,}0 - 0{,}35)(10^4) \times (0{,}15)^2}{32(4{,}13 \times 10^{-4} \times 0{,}918 \times 1000/9{,}8)(900)} = 2{,}16 \text{ m/s}$$

und $R_E = 2{,}16\,(0{,}15)/(4{,}13 \times 10^{-4}) = 78{,}5$, die Annahme laminarer Strömung ist also gerechtfertigt. Daher

$$Q = A_{15}V_{15} = \frac{1}{4}\pi(0{,}15)^2 \times 2{,}16 = 3{,}8 \times 10^{-2} \text{ m}^3\text{/s} = 38 \text{ l/s}.$$

Wäre die Strömung turbulent gewesen, hätte man Gleichung (B) aus Aufgabe 7 nicht anwenden dürfen. Eine andere Methode wird in Aufgabe 15 angewendet. Darüberhinaus müßte man, hätte es einen Höhenunterschied zwischen den Punkten A und B gegeben, den Term $(p_1 - p_2)$ in Gleichung (B) durch den Abfall in der Drucklinie (in kp/m^2) ersetzen.

13. Wie groß muß ein Rohr sein, das pro Sekunde 22,0 l schweres Heizöl von 15°C befördern muß, wenn auf 1000 m horizontales Rohr eine Verlusthöhe von 22,0 m möglich ist?

Lösung:

Für das Öl gelte $\nu = 2{,}05 \times 10^{-4}$ m^2/s und r. s. G. = 0,912. Bei solch großer Viskosität können wir eine laminare Strömung annehmen. Dann:

$$\text{Verlusthöhe} = \frac{V_m \times 32\mu L}{wd^2} \quad \text{und} \quad V_m = \frac{Q}{A} = \frac{22 \times 10^{-3}}{\frac{1}{4}\pi d^2} = \frac{0{,}028}{d^2}$$

Einsetzen ergibt $22{,}0 = \dfrac{(0{,}028/d^2)(32)(2{,}05 \times 10^{-4} \times 0{,}912 \times 1000/9{,}8)(1000)}{(0{,}912 \times 1000)d^2}$, $d = 0{,}17$ m.

Überprüfen, ob laminare Strömung bei $d = 0{,}17$ m herrscht, liefert

$$R_E = \frac{Vd}{\nu} = \frac{(0{,}028/d^2)d}{\nu} = \frac{0{,}028}{0{,}17 \times 2{,}05 \times 10^{-4}} = 804,$$ die Annahme war also gerechtfertigt.

14. Bestimme die Verlusthöhe in einem neuen, unbeschichteten Gußeisenrohr von 30 cm lichter Weite und 1000 m Länge, wenn (*a*) Wasser von 15°C mit einer Geschwindigkeit von 1,50 m/s durchfließt und (*b*) mittelschweres Heizöl von 15°C mit derselben Geschwindigkeit durchfließt.

Lösung:

(*a*) Um Diagramm A-1 benutzen zu können, muß man die relative Rauhigkeit bestimmen und dann die Reynolds-Zahl berechnen. Nach der Tafel in Diagramm A-1 liegt der Wert für ϵ für unbeschichtete Gußeisenrohre zwischen 0,012 und 0,060 cm. Bei einem Innendurchmesser von 30 cm und einem Wert für ϵ von 0,024 cm erhält man als relative Rauhigkeit $\epsilon/d = 0{,}024/30 = 0{,}0008$.

Den Wert der kinematischen Viskosität von Wasser entnimmt man Tafel 2 im Anhang. Damit ergibt sich

$$R_E = Vd/\nu = 1{,}50(0{,}3)/(1{,}13 \times 10^{-6}) = 3{,}98 \times 10^5 \text{ (turbulente Strömung)}$$

Aus Diagramm A-1 erhält man für $\epsilon/d = 0{,}0008$ und $R_E = 3{,}98 \times 10^5$ $f = 0{,}0194$ und damit

$$\text{Verlusthöhe} = 0{,}0194\,(1000/0{,}3)\,(2{,}25/2g) = 7{,}40 \text{ m}$$

Oder mit Hilfe von Tafel 3 im Anhang (nur für Wasser): $f = 0{,}0200$ und

$$\text{Verlusthöhe} = f\,(L/d)\,(V^2/2g) = 0{,}0200(1000/0{,}3)(2{,}25/2g) = 7{,}65 \text{ m}$$

(*b*) Für das Öl ergibt sich mit Hilfe von Tafel 2 $R_E = 1{,}5\ (0{,}3)/(4{,}42 \times 10^{-6}) = 1{,}02 \times 10^5$. Für turbulente Strömung erhält man aus Diagramm A-1 $f = 0{,}0213$ und

$$\text{Verlusthöhe} = 0{,}0215\,(1000/0{,}3)(2{,}25/2g) = 8{,}20 \text{ m.}$$

Im allgemeinen kann man die Rauhigkeiten von Rohren *im Betrieb* nicht mit größerer Genauigkeit abschätzen. Daher kann man in solchen Fällen auch keinen genauen Wert für f erhalten. Deshalb sollte man bei Benutzung von Diagramm A-1 und A-2 und von Tafel 3 die dritte Stelle hinter dem Komma von f auf 0 oder 5 runden wenn man keine neuen Rohre hat. Man kann in den meisten praktischen Fällen keine größere Genauigkeit erhalten.

Benutze bei *laminarer Strömung* für jedes Rohr und jede Flüssigkeit $f = 64/R_E$.

15. Die Punkte A und B eines neuen 15 cm Stahlrohres haben 1200 m Abstand voneinander. Punkt B liegt 15,0 m höher als A, die Drücke bei A und B sind 8,60 kp/cm² und 3,40 kp/cm². Wieviel mittelschweres Heizöl von 21 °C wird von A nach B fließen? (Aus Diagramm A-1, $\epsilon = 0{,}006$ cm.)

Lösung:

Die Reynolds-Zahl kann nicht direkt berechnet werden. Schreibe die Bernoulli-Gleichung für A und B auf, mit A als Bezugspunkt.

$$\left(\frac{8{,}6 \times 10^4}{0{,}854 \times 1000} + \frac{V_{15}^2}{2g} + 0\right) - f\left(\frac{1200}{0{,}15}\right)\frac{V_{15}^2}{2g} = \left(\frac{3{,}4 \times 10^4}{0{,}854 \times 1000} + \frac{V_{15}^2}{2g} + 15{,}0\right) \quad \text{und} \quad \frac{V_{15}^2}{2g} = \frac{45{,}8}{8000f}$$

Es ist $R_E = Vd/\nu$. Setzt man den obigen Wert für V ein, so ergibt sich

$$R_E = \frac{d}{\nu}\sqrt{\frac{2g(45{,}8)}{8000f}} \quad \text{oder} \quad R_E\sqrt{f} = \frac{d}{\nu}\sqrt{\frac{2g(45{,}8)}{8000}} \qquad (A)$$

Da der Term 45,8 der Abfall h_L in der Drucklinie ist und die 8000 die Größe L/d bedeutet, erhält man als allgemeinen Ausdruck für den Fall, daß Q gesucht wird,

$$R_E\sqrt{f} = \frac{d}{\nu}\sqrt{\frac{2g(d)(h_L)}{L}} \quad \text{(siehe auch Diagramm A-2)}$$

Dann

$$R_E\sqrt{f} = \frac{0{,}15}{3{,}83 \times 10^{-6}}\sqrt{\frac{19{,}6 \times 45{,}8}{8000}} = 1{,}314 \times 10^4$$

Aus Diagramm A-2 entnimmt man, daß die Strömung turbulent ist. Dann ergibt sich aus Diagramm A-2 $f = 0{,}020$ für $\epsilon/d = 0{,}006/15 = 0{,}0004$. Dann erhält man aus der obigen Bernoulli-Gleichung

$$\frac{V_{15}^2}{2g} = \frac{45{,}8}{8000(0{,}020)} = 0{,}286, \quad V_{15} = 2{,}37 \text{ m/s} \quad \text{und}$$

$$Q = A_{15}V_{15} = \tfrac{1}{4}\pi(0{,}15)^2 \times 2{,}37 = 0{,}042 \text{ m}^3/\text{s} \quad \text{Heizöl}$$

Der Leser kann zur Überprüfung des Ergebnisses die Reynolds-Zahl berechnen und den Wert von f mit Hilfe von Diagramm A-1 bestimmen.

Für laminare Strömung sollte man das Verfahren von Aufgabe 12 benutzen.

16. Wieviel Wasser (15 °C) würde unter den Bedingungen von Aufgabe 15 fließen? Benutze Tafel 3.

Lösung:

Die Bernoulli-Gleichung ergibt $(86 - 49) = 8000 f \dfrac{V_{15}^2}{2g}$, $\dfrac{V_{15}^2}{2g} = \dfrac{37}{8000 f}$.

Die direkteste Lösung besteht in diesem Fall darin, einen Wert für f anzunehmen. Nach Tafel 3 liegt f für ein neues 15 cm Rohr zwischen 0,0275 und 0,0175. Versuche $f = 0{,}0225$. Dann

$$V_{15}^2/2g = 37/(8000 \times 0{,}0225) = 0{,}206 \text{ m} \quad \text{und} \quad V_{15} = 2{,}01 \text{ m/s}$$

Überprüfe Strömungsart und f in Tafel 3:

$$R_E = 2{,}01\,(0{,}15)/(1{,}13 \times 10^{-6}) = 266\,000, \text{ daher turbulente Strömung.}$$

Durch Interpolation ergibt sich für f ein Wert von 0,021. Wiederholung der Rechnung:

$$V_{15}^2/2g = 37/(8000 \times 0{,}0210) = 0{,}221 \text{ m und } V_{15} = 2{,}08 \text{ m/s}$$

Nach Tafel 3 ergibt sich mit hinreichender Genauigkeit $f = 0{,}210$ (Prüfe nach!). Dann

$$Q = A_{15}V_{15} = \frac{1}{4}\pi(0{,}15)^2 \times 2{,}08 = 37 \times 10^{-3} \text{ m}^3/\text{s} \quad \text{Wasser}$$

Man kann diese Methode auch unter Benutzung von Diagramm A-1 durchführen, wir ziehen jedoch die Methode von Aufgabe 15 vor.

17. Welchen Luftdurchfluß (20 °C) wird ein neues, horizontales 5 cm Stahlrohr bei einem absoluten Druck von 3 Atmosphären und einem Druckabfall von $3{,}50 \times 10^{-2}$ kp/cm² für 100 m Rohrlänge haben?

Lösung:

Aus dem Anhang ergibt sich für 20 °C: $\omega = 1{,}20$ kp/m³ und $\nu = 1{,}49 \times 10^{-5}$ m²/s bei Normaldruck. Bei 3 Atmosphären ist $w = 3 \times 1{,}20 = 3{,}60$ kp/m³ und $\nu = \dfrac{1}{3} \times 1{,}49 \times 10^{-5} = 4{,}97 \times 10^{-6}$ m²/s.

Diese kinematische Viskosität erhält man auch aus

$$\mu = \frac{w}{g}\nu = \frac{1{,}20 \times 1{,}49 \times 10^{-5}}{9{,}8} = 1{,}82 \times 10^{-6}\,\frac{\text{kp s}}{\text{m}^2} \quad \text{bei 20 °C und 1,033 kp/cm}^2 \text{ absolutem Druck.}$$

Weiter ist bei $3 \times 1{,}033$ kp/cm² absolutem Druck $w_{\text{Luft}} = 3{,}60$ kp/m³ und

$$\nu \text{ für drei Atmosphären} = \mu\frac{g}{w} = 1{,}82 \times 10^{-6} \times \frac{9{,}8}{3{,}6} = 4{,}97 \times 10^{-6} \text{ m}^2/\text{s}$$

Zur Bestimmung des Durchflusses können wir Luft als inkompressibel betrachten. Dann

$$\frac{p_1 - p_2}{w} = \text{Verlusthöhe} = f\frac{L}{d}\frac{V^2}{2g}, \quad \frac{0{,}035 \times 10^4}{3{,}60} = 97{,}3 = f\frac{100}{0{,}05}\frac{V^2}{2g} \text{ und } \frac{V^2}{2g} = \frac{0{,}0487}{f}$$

Also, aus Aufgabe 15, $R_E\sqrt{f} = \dfrac{d}{\nu}\sqrt{\dfrac{2g(d)(h_L)}{L}} = \dfrac{0{,}05}{4{,}97 \times 10^{-6}}\sqrt{\dfrac{19{,}6(0{,}05)(97{,}3)}{100}} = 10\,400$ (turbulent).

Aus Diagramm A-2: $f = 0{,}025$ für $\epsilon/d = 0{,}0075/5 = 0{,}0015$. Dann

$$V^2/2g = 0{,}0487/f = 1{,}948 \text{ m}, \quad V_5 = 6{,}18 \text{ m/s} \quad \text{und} \quad Q = A_5 V_5 = \tfrac{1}{4}\pi(0{,}05)^2 \times 6{,}18 = 12{,}15 \times 10^{-3} \text{ m}^3\text{/s}$$

18. Welchen Durchmesser muß ein neues Gußeisenrohr von 2400 m Länge haben, wenn es 1,0 m^3/s Wasser mit einem Abfall von 64 m in der Drucklinie liefern soll? Benutze für diese Rechnung Tafel 3.

Lösung:

Die Bernoulli-Gleichung liefert $$\left(\frac{p_A}{w} + \frac{V_A^2}{2g} + z_A\right) - f\frac{2400}{d}\frac{V^2}{2g} = \left(\frac{p_B}{w} + \frac{V_B^2}{2g} + z_B\right)$$

oder $$\left[\left(\frac{p_A}{w} + z_A\right) - \left(\frac{p_B}{w} + z_B\right)\right] = f\frac{2400}{d}\frac{V^2}{2g}$$

Der linke Term in der Klammer stellt den Abfall der Drucklinie dar. Schreibt man Q/A für V und nimmt man turbulente Strömung an, so ergibt sich

$$64 = f\frac{2400}{d}\frac{(1{,}0/\tfrac{1}{4}\pi d^2)^2}{2g}, \text{ was sich zu } d^5 = 3{,}10\,f \text{ vereinfacht.}$$

Nimmt man $f = 0{,}020$ an (da d und V unbekannt sind, ist eine Annahme nötig), so erhält man

$$d^5 = f(3{,}10) = 0{,}020\,(3{,}10) = 0{,}062, \quad d = 0{,}573 \text{ m}$$

Nach Tafel 3 ist für $$V = \frac{1{,}0}{\pi(0{,}573)^2/4} = 3{,}87 \text{ m/s} \qquad f = 0{,}0165.$$

Bei dieser Geschwindigkeit hat man in den meisten Rohren turbulente Strömung. Für d ergibt sich

$$d^5 = 0{,}0165(3{,}10) = 0{,}0511, \quad d = 0{,}552 \text{ m}$$

Überprüfen von f: $V = 4{,}17$ m/s und Tafel 3 liefert $f = 0{,}0165$ (korrekt).

19. Die Punkte C und D eines 20 cm Rohres befinden sich auf gleicher Höhe 150 m voneinander entfernt. Sie sind durch dünne Rohre mit einem Differentialmanometer verbunden. Bei einem Wasserdurchfluß von 178 l/s beträgt die Quecksilberauslenkung im Manometer 193 cm. Bestimme die Reibungszahl f.

Lösung:

$$\left(\frac{p_C}{w} + \frac{V_{20}^2}{2g} + 0\right) - f\frac{150}{0{,}20}\frac{V_{20}^2}{2g} = \left(\frac{p_D}{w} + \frac{V_{20}^2}{2g} + 0\right) \quad \text{oder} \quad \left(\frac{p_C}{w} - \frac{p_D}{w}\right) = f(750)\frac{V_{20}^2}{2g} \qquad (1)$$

Für ein Differentialmanometer (siehe Kapitel 1) ist $p_L = p_R$ oder

$$p_C/w + 1{,}93 = p_D/w + 13{,}57(1{,}93) \quad \text{und} \quad (p_C/w - p_D/w) = 24{,}3 \text{ m} \qquad (2)$$

Gleichsetzen von (*1*) und (*2*) führt zu $24{,}3 = f(750)(5{,}66)^2/2g$ oder $f = 0{,}0198$.

20. Mittelschweres Heizöl von 15 °C wird 1800 m durch eine neues, genietetes Stahlrohr mit dem Innendurchmesser 40 cm in den Behälter C (siehe Abb. 7-2) gepumpt. Bei einem Volumenstrom von 197 l/s beträgt der Druck bei A 0,14 kp/cm². (*a*) Welche Leistung muß die Pumpe AB auf das Öl übertragen (*b*) Welcher Druck muß bei B herrschen? Zeichne die Drucklinie.

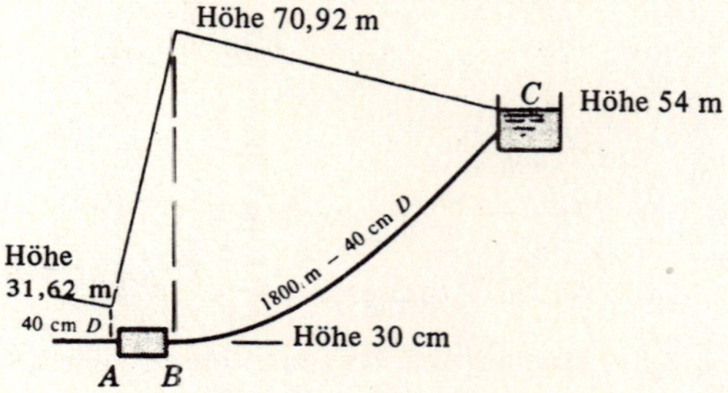

Abb. 7-2

Lösung: $$V_{40} = \frac{Q}{A} = \frac{0{,}197}{\pi(0{,}4)^2/4} = 1{,}565 \text{ m/s} \quad \text{und} \quad R_E = \frac{1{,}565 \times 0{,}4}{5{,}16} \times 10^6 = 121\,000$$

Nach Diagramm A-1 ist $f = 0{,}030$ für $\epsilon/d = 0{,}18/40 \approx 0{,}0045$,

(*a*) Die Bernoulli-Gleichung für *A-C* bei Bezugspunkt *A* lautet:

$$\left(\frac{0{,}14 \times 10^4}{0{,}861 \times 1000} + \frac{(1{,}565)^2}{2g} + 0\right) + H_p - 0{,}03\left(\frac{1800}{0{,}40}\right)\frac{(1{,}565)^2}{2g} - \frac{(1{,}565)^2}{2g} = (0 + 0 + 24)$$

woraus sich $H_p = 39{,}3$ m ergibt und Leistung $= \dfrac{wQH_p}{75} = \dfrac{0{,}861 \times 1000 \times 0{,}197 \times 39{,}3}{75} = 88$ PS

ergibt.

Der letzte Term auf der linken Seite der Energiegleichung ist die Verlusthöhe vom Rohr zum Behälter (siehe Tafel 4 im Anhang). Im allgemeinen sollten Geschwindigkeitshöhen und kleinere Verlusthöhen in der Bernoulli-Gleichung vernachlässigt werden (hier heben sie sich auf), wenn das Länge-zu-Durchmesser-Verhältnis (L/d) den Wert 2000 zu 1 übersteigt. Man erreicht nur eine scheinbare Genauigkeit, wenn man solch kleine Effekte in der Rechnung berücksichtigt, da f nicht mit solcher Genauigkeit bestimmt werden kann.

(*b*) Die Druckhöhe bei *B* kann man durch Betrachtung des Abschnittes *A,B* oder des Abschnittes *B, C* berechnen. Das erstere ist weniger Arbeit. Dann ist

$$\left(1{,}62 + \frac{V_{40}^2}{2g} + 0\right) + 39{,}3 = \left(\frac{p_B}{w} + \frac{V_{40}^2}{2g} + 0\right)$$

Daher $p_B/w = 40{,}92$ m und $p'_B = wh/10^4 = (0{,}861 \times 1000)(40{,}92)/10^4 = 3{,}52$ kp/cm².

Die Drucklinienhöhen sind in der obigen Abb. gezeigt.

Bei *A* ist die Höhe $= (30{,}0 + 1{,}62)$ m $= 31{,}62$ m

Bei *B* ist die Höhe $= (30{,}0 + 40{,}92)$ m $= 70{,}92$ m (oder $31{,}62 + 39{,}3$)

Bei *C* ist die Höhe $= 54$ m

21. Bei Punkt *A* in einem horizontalen 30 cm Rohr ($f = 0{,}020$) ist die Druckhöhe 60 m. In 60 m Abstand von *A* reduziert das Rohr plötzlich seinen Durchmesser auf 15 cm. 30 m nach dieser plötzlichen Reduzierung vergrößert das 15 cm Rohr ($f = 0{,}015$) seinen Durchmesser wieder auf 30 cm. Punkt *F* liegt 30 m hinter diesem Punkt. Zeichne Energie- und Drucklinie, wenn die Geschwindigkeit in dem 30 cm Rohr 2,41 m/s beträgt. Benutze die Abb. unten.

Lösung:

Die Geschwindigkeitshöhen sind $V_{30}^2/2g = (2{,}41)^2/2g = 0{,}30$ m und $V_{15}^2/2g = 4{,}80$ m.

Die Energielinie fällt in Stromrichtung um den Betrag der Verlusthöhe. Die Druckhöhe liegt um den Betrag der Geschwindigkeitshöhe bei jedem Querschnitt unterhalb der Energielinie. Beachte (in Abb. 7-3), daß die Drucklinie bei einem Querschnittswechsel steigen kann.

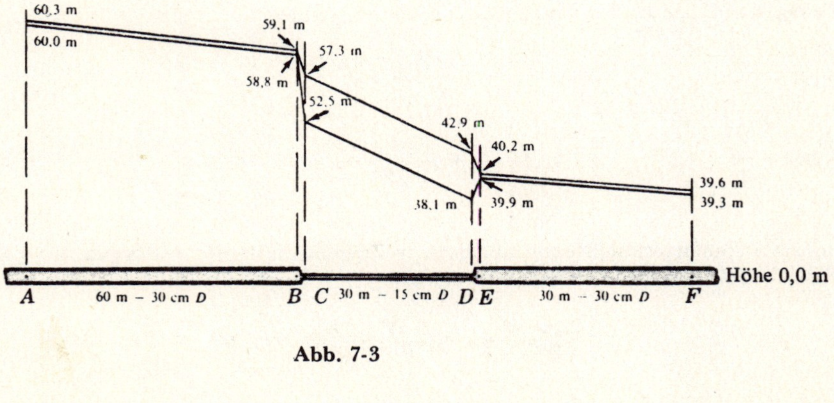

Abb. 7-3

Tabelle der Ergebnisse (auf eine Stelle hinter dem Komma gerundet).

Verlusthöhe in m			Höhe der Energielinie m	$\frac{V^2}{2g}$ m	Höhe der Drucklinie m
In	Zwischen	Rechnung			
A	(Höhe 0,0)		60,3	0,3	60,0
B	A und B	$0{,}020 \times 60/0{,}3 \times 0{,}3 = 1{,}2$	59,1	0,3	58,8
C	B und C	$K_C^* \times 4{,}8 = 0{,}37 \times 4{,}8 = 1{,}8$	57,3	4,8	52,5
D	C und D	$0{,}015 \times 30/0{,}15 \times 4{,}8 = 14{,}4$	42,9	4,8	38,1
E	D und E	$\frac{(V_{15} - V_{30})^2}{2g} = \frac{(9{,}6 - 2{,}4)^2}{19{,}6} = 2{,}7$	40,2	0,3	39,9
F	E und F	$0{,}020 \times 30/0{,}3 \times 0{,}3 = 0{,}6$	39,6	0,3	39,3

*(K_C ist aus Tafel 5, der Term für die plötzliche Vergrößerung (D nach E) aus Tafel 4)

22. Öl fließt von Behälter A durch ein 150 m langes, neues bituminiertes Gußeisenrohr nach Punkt B in einer Höhe von 30, 0 m (Abb. 7-4). Welchen Druck in kp/cm² benötigt man bei A, um einen Öldurchfluß von 13, 0 l/s zu bekommen? (r. s. G. = 0,840 und $\nu = 2{,}10 \times 10^{-6}$ m²/s). Benutze ϵ = 0,012 cm.

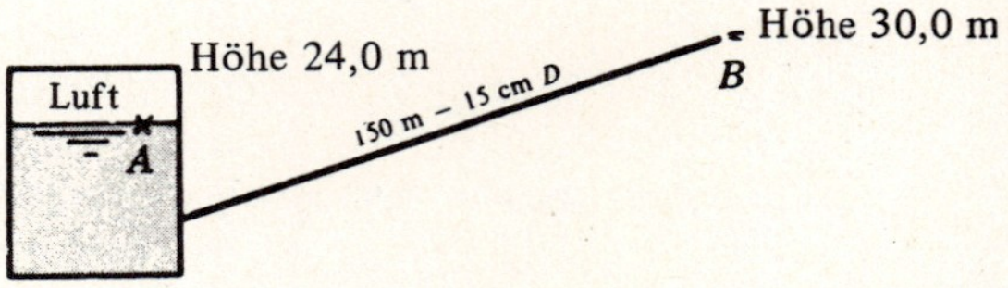

Abb. 7-4

Lösung:

$$V_{15} = \frac{Q}{A} = \frac{13{,}0 \times 10^{-3}}{1{,}77 \times 10^{-2}} = 0{,}735 \text{ m/s} \quad \text{und} \quad R_E = \frac{Vd}{\nu} = \frac{0{,}735 \times 0{,}15}{2{,}10} \times 10^6 = 52\,500.$$

Aus Diagramm A-1 hat man $f = 0{,}0235$, und die Bernoulli-Gleichung für A nach B mit Bezugspunkt A lautet

$$\left(\frac{p_A}{w} + 0 + 0\right) - 0{,}50\,\frac{(0{,}735)^2}{2g} - 0{,}0235\,\frac{150}{0{,}15}\,\frac{(0{,}735)^2}{2g} = \left(0 + \frac{(0{,}735)^2}{2g} + 6\right)$$

Daraus ergibt sich p_A/w = 6,7 m Öl und $p'_A = wh/10^4 = (0{,}840 \times 1000)(6{,}7)/10^4 = 0{,}56$ kp/cm².

23. Der Druck im Querschnitt A in einem neuen, horizontalen, geschmiedeten Eisenrohr (Innendurchmesser 10 cm) beträgt 3,50 kp/cm², wenn es von 0,34 kp/s Luft isotherm durchströmt wird. Berechne den Druck im Rohr an einem Punkt B, der 540 m von A entfernt liegt. (Dynamische Viskosität = $1{,}90 \times 10^{-6}$ kp s/m² und t = 32° C). Benutze ϵ = 0,009 cm.

Lösung:

Die Dichte von Luft ändert sich, wenn sich die Druckverhältnisse mit der Strömung ändern.

Die Bernoulli-Gleichung für kompressible Flüssigkeiten wurde in Kapitel 6 unter der Annahme benutzt, daß keine Druckhöhenverluste (ideale Strömung) auftreten. Die Grundgleichung für die Energie, die auch den Verlust an Höhe in einer Rohrlänge dL, bei der $z_1 = z_2$, berücksicht, lautet

$$\frac{dp}{w} + \frac{V\,dV}{g} + f\,\frac{dL}{d}\,\frac{V^2}{2g} = 0$$

Division durch $\frac{V^2}{2g}$

$$\frac{2g}{V^2}\,\frac{dp}{w} + \frac{2\,dV}{V} + \frac{f}{d}\,dL = 0$$

Für stationäre Strömung ist die Durchflußmenge pro Zeiteinheit konstant. Dann ist $W = wQ = wAV$ und man kann V durch W/wA im Druckhöhenterm ersetzen:

$$\frac{2gw^2A^2}{W^2w}\,dp + \frac{2\,dV}{V} + \frac{f}{d}\,dL = 0$$

Für isotherme Bedingungen ist $p_1/w_1 = p_2/w_2 = RT$ oder $w = p/RT$. Einsetzen für w liefert

$$\frac{2gA^2}{W^2RT}\int_{p_1}^{p_2} p\,dp \;+\; 2\int_{V_1}^{V_2}\frac{dV}{V} \;+\; \frac{f}{d}\int_0^L dL \;=\; 0$$

f wird als konstant angesehen, was weiter unten erklärt wird. Integration und Einsetzen der Grenzen führt zu

$$\frac{gA^2}{W^2RT}(p_2^2 - p_1^2) + 2(\ln V_2 - \ln V_1) + f(L/d) = 0 \qquad (A)$$

Zum Vergleich mit der bekannten Form dieser Gleichung ($z_1 = z_2$) schreiben wir

$$(Kp_1^2 + 2 \ln V_1) - f(L/d) = (Kp_2^2 + 2 \ln V_2) \qquad (B)$$

mit $K = \dfrac{gA^2}{W^2RT}$. Umstellen von (A) liefert

$$p_1^2 - p_2^2 = \frac{W^2RT}{gA^2}\left[2 \ln \frac{V_2}{V_1} + f\frac{L}{d}\right] \qquad (C)$$

Da $W^2/A^2 = w_1^2A_1^2V_1^2/A_1^2 = w_1^2V_1^2$ und $RT = p_1/w_1$, ergibt sich

$$\frac{W^2RT}{gA^2} = \frac{w_1V_1^2p_1}{g} \qquad (D)$$

Dann wird aus (C) $\qquad (p_1 - p_2)(p_1 + p_2) = \dfrac{w_1p_1V_1^2}{g}\left[2 \ln \dfrac{V_2}{V_1} + f\dfrac{L}{d}\right]$

$$\frac{(p_1 - p_2)}{w_1} = \frac{2\left[2 \ln \dfrac{V_2}{V_1} + f\dfrac{L}{d}\right]\dfrac{V_1^2}{2g}}{(1 + p_2/p_1)} = \text{Verlusthöhe} \qquad (E)$$

Grenzdrücke und Geschwindigkeiten werden in Kapitel 11 diskutiert.

Bevor man diesen Ausdruck löst, muß man die Reibungszahl f untersuchen, da die Geschwindigkeit V für Gase, bei denen Dichteänderungen auftreten können, nicht konstant ist.

$$R_E = \frac{Vd}{\mu/\rho} = \frac{Vd\rho}{\mu} = \frac{Wd\rho}{wA\mu}. \quad \text{Da} \quad g = \frac{w}{\rho}, \quad \text{ist} \quad R_E = \frac{Wd}{Ag\mu} \qquad (F)$$

Man sollte beachten, daß die Reynolds-Zahl für stationäre Strömung konstant ist, da sich μ ohne Temperaturwechsel nicht ändert. Daher ist die Reibungszahl f in unserem Problem konstant, obwohl die Geschwindigkeit mit fallendem Druck wächst. Mit der angegebenen Viskosität ergibt sich aus (F)

$$R_E = \frac{0{,}34 \times 0{,}10 \times 10^6}{(\pi/4)(0{,}10)^2 \times 9{,}8 \times 1{,}90} = 232\,000.$$ Aus Diagramm A-1 erhält man für $\epsilon/d = 0{,}0009$ $\quad f = 0{,}0205$.

Damit ergibt sich aus (C) oben, wenn man $2 \ln V_2/V_1$ vernachlässigt, was sehr klein gegen den $f(L/d)$ Term ist:

$$(3{,}50 \times 10^4)^2 - p_2^2 = \frac{(0{,}34)^2 \times 29{,}3(32 + 273)}{9{,}8[(\pi/4)(0{,}10)^2]^2}\left[\text{vernachl.} + (0{,}0205)\frac{540}{0{,}10}\right]$$

woraus man $p_2 = 3{,}22 \times 10^4$ kp/m² und $p_2' = 3{,}22$ kp/cm² (abs.) erhält.

$$\text{In } B\text{:} \quad w_2 = \frac{3{,}22 \times 10^4}{29{,}3(32 + 273)} = 3{,}61 \text{ kp/m}^3, \quad V_2 = \frac{W}{w_2A} = \frac{0{,}34}{3{,}61 \times 7{,}87 \times 10^{-3}} = 12{,}0 \text{ m/s}$$

$$\text{In } A\text{:} \quad w_1 = \frac{3{,}50 \times 10^4}{29{,}3(32 + 273)} = 3{,}92 \text{ kp/m}^3, \quad V_1 = \frac{0{,}34}{3{,}92 \times 7{,}87 \times 10^{-3}} = 11{,}0 \text{ m/s}$$

Daher $2 \ln V_2/V_1 = 2 \ln (12{,}0/11{,}0) = 2 \times 0{,}077 = 0{,}157$, was gegenüber $f(L/d) = 111$ vernachlässigbar ist. Deshalb beträgt der Druck bei B $p_2' = 3{,}22$ kp/cm².

Hätte man die Luft als inkompressibel betrachtet, so wäre

$$\frac{p_1 - p_2}{w_1} = f\frac{L}{d}\frac{V^2}{2g} = 0{,}0205 \times \frac{540}{0{,}10} \times \frac{(11{,}0)^2}{2g} = 687 \text{ m/s}$$

$$\Delta p = w_1h = 3{,}92 \times 687 = 2680 \text{ kp/m}^2 = 0{,}268 \text{ kp/cm}^2$$

und $p_2' = 3{,}50 - 0{,}27 = 3{,}23$ kp/cm², ein ungewöhnlich gute Übereinstimmung.

24. Ein horizontales, geschmiedetes Eisenrohr, Innendurchmesser 15 cm, leicht angerostet, befördert jede Sekunde 2,00 kp Luft von A nach B. Bei A beträgt der Druck 4,90 kp/cm² (abs.) und bei B 4,60 kp/cm² (abs.). Die Strömung erfolgt isotherm bei 20° C. Wie lang ist das Rohr zwischen A und B? Benutze $\epsilon = 0{,}039$ cm.

Lösung:

Berechnung einiger Grundwerte (siehe Anhang für 20° C und 1,033 kp/cm²):

$$w_1 = 1{,}205(4{,}90/1{,}033) = 5{,}70 \text{ kp/m}^3, \qquad w_2 = 1{,}205(4{,}60/1{,}033) = 5{,}35 \text{ kp/m}^3$$

$$V_1 = \frac{W}{w_1 A} = \frac{2{,}00}{5{,}70 \times \frac{1}{4}\pi(0{,}15)^2} = 19{,}8 \text{ m/s} \qquad V_2 = \frac{2{,}00}{5{,}35 \times \frac{1}{4}\pi(0{,}15)^2} = 21{,}2 \text{ m/s}$$

$$R_E = \frac{19{,}8 \times 0{,}15}{(1{,}033/4{,}90)(1{,}499 \times 10^{-5})} = 943\,000.$$ Aus Diagramm A-1 ergibt sich $f = 0{,}025$ für $\epsilon/d = 0{,}0026$.

Gleichung (E) in Aufgabe 23 liefert

$$\frac{(4{,}90 - 4{,}60)10^4}{5{,}70} = \frac{2[2 \ln 21{,}2/19{,}8 + 0{,}025(L/0{,}15)](19{,}8)^2/2g}{(1 + 4{,}60/4{,}90)} \quad \text{und} \quad L = 152 \text{ m}$$

Beachte: Hat man es mit einer Strömung von Gasen in Rohrleitungen zu tun, bei denen p_2 nicht mehr als 10 % kleiner als p_1 ist, so sollte man diese Flüssigkeit als inkompressibel ansehen und die Bernoulli-Gleichung in der üblichen Form benutzen. Der Fehler im errechneten Druckabfall ist kleiner als 5 %.

25. Die Höhen der Energie- und Drucklinien in Punkt G sind 13,0 m bzw. 12,4 m. Berechne für das System in Abb. 7-5 (a) die zwischen G und H entzogene Leistung, wenn die Energielinie bei H eine Höhe von 1,0 m hat, und (b) die Druckhöhen bei E und F, wofür die geodätische Höhe 6,0 m beträgt. (c) Zeichne auf 0,1 m genau die Energie- und Drucklinien, wenn man für das Ventil CD $K = 0{,}40$ und für die 15 cm Rohre $f = 0{,}010$ annimmt.

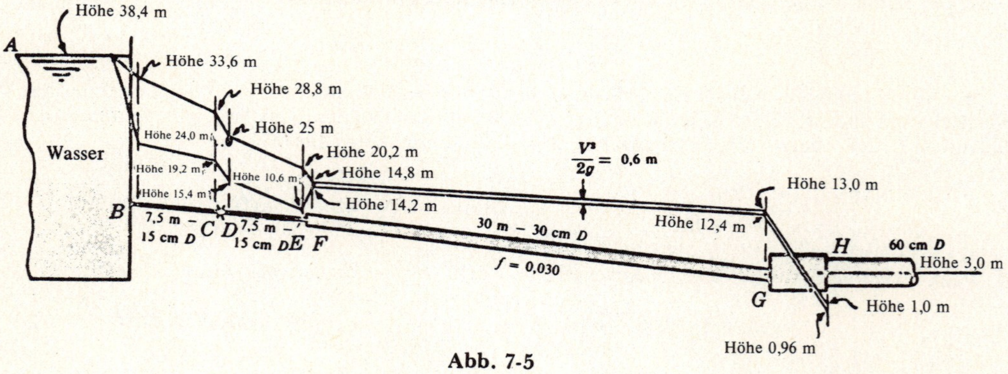

Abb. 7-5

Lösung:

Die Strömung muß von dem Behälter ausgehen, da die Energielinie bei G unter der Wasseroberfläche in dem Behälter liegt. GH ist eine Turbine. Bevor die entzogene Leistung berechnet werden kann, müssen der Fluß Q und die entzogene Höhe errechnet werden.

(a) Bei G ist $V_{30}^2/2g = 0{,}6$ m (der Höhenunterschied zwischen Energie- und Drucklinie).

Darüberhinaus ist $V_{15}^2/2g = 16 \times 0{,}6 = 9{,}6$ m und $V_{60}^2/2g = \frac{1}{16}(0{,}6) = 0{,}04$ m.

$$V_{30} = 3{,}43 \text{ m/s} \quad \text{und} \quad Q = \frac{1}{4}\pi(0{,}3)^2 \times 3{,}43 = 0{,}242 \text{ m}^3/\text{s}.$$

$$\text{Leistung} = wQH_T/75 = 1000(0{,}242)(13{,}0 - 1{,}0)/75 = 38{,}8 \text{ PS (entzogen)}$$

(b) F nach G mit Null als Bezugspunkt:

(Energie bei F) – 0,030 (30/0,3) (0,6) = (Energie bei G = 13,0)

Energie bei $F = 13{,}0 + 1{,}8 = 14{,}8$ m.

E nach F mit Null als Bezugspunkt:

$$(\text{Energie bei } E) - (13{,}72 - 3{,}43)^2/2g = (\text{Energie bei } F = 14{,}8)$$

$$\text{Energie bei } \underset{z + V^2/2g}{E} = 14{,}8 + 5{,}4 = 20{,}2 \text{ m}$$

$$\text{Druckhöhe bei } E = 20{,}2 - (6{,}0 + 9{,}6) = 4{,}6 \text{ m Wasser}$$

$$\text{Druckhöhe bei } F = 14{,}8 - (6{,}0 + 0{,}6) = 8{,}2 \text{ m Wasser}$$

(*c*) Rückrechnung von E aus:

Abfall der Energielinie zwischen D und E	$= 0{,}010(7{,}5/0{,}15)(9{,}6)$	$= 4{,}8$ m
Abfall der Energielinie zwischen C und D	$= 0{,}40(9{,}6)$	$= 3{,}8$ m
Abfall der Energielinie zwischen B und C	$=$ Abfall zwischen D und E	$= 4{,}8$ m
Abfall der Energielinie zwischen A und B	$= 0{,}50(9{,}6)$	$= 4{,}8$ m

(Höhe in D − 4,8) =	Höhe in E = 20,2,	Höhe in D = 25,0 m
(Höhe in C − 3,8) =	Höhe in D = 25,0,	Höhe in C = 28,8 m
(Höhe in B − 4,8) =	Höhe in C = 28,8,	Höhe in B = 33,6 m
(Höhe in A − 4,8) =	Höhe in B = 33,6,	Höhe in A = 38,4 m

Die Drucklinie liegt $V^2/2g$ unter der Energielinie: 9,6 m im 15 cm Rohr, 0,6 m im 30 cm Rohr und 0,04 m im 60 cm Rohr. Die Werte sind in der obigen Abbildung eingezeichnet.

26. Eine alte, rechteckige Leitung von 30 cm × 45 cm Querschnitt befördert Luft von 20° C und 1,07 kp/cm² (abs.) Druck über 450 m mit einer Durchschnittsgeschwindigkeit von 2,90 m/s. Bestimme den Höhenverlust und den Druckabfall, wenn das Rohr horizontal liegt und die Größe der Oberflächenunebenheiten 0,054 cm beträgt.

Lösung:

Der Verlusthöhenterm muß leicht abgeändert werden, um nicht-kreisförmige Querschnitte zu erfassen. Die so gewonnene Gleichung wird auf turbulente Strömung mit hinreichender Genauigkeit angewendet. Den Durchmesser ersetzt man durch den *hydraulischen Radius,* der definiert ist als Querschnittsfläche dividiert durch benetzten Umfang oder $R = a/p$.

Für ein Kreisrohr ist $R = \frac{1}{4}\pi d^2/\pi d = d/4$, und man kann die Darcy-Formel schreiben als

$$\text{Verlusthöhe} = \frac{f}{4}\,\frac{L}{R}\,\frac{V^2}{2g}$$

Für f und deren Beziehung zur Rauhigkeit der Leitung und der Reynolds-Zahl benutzen wir

$$R_E = Vd/\nu = V(4R)/\nu$$

$$\text{Für die 30 cm} \times \text{45 cm Leitung ist } R = \frac{a}{p} = \frac{0{,}30 \times 0{,}45}{2(0{,}30 + 0{,}45)} = 0{,}09 \text{ m und}$$

$$R_E = \frac{4VR}{\nu} = \frac{4 \times 2{,}90 \times 0{,}09}{(1{,}033/1{,}070)(1{,}499)} \times 10^5 = 72\,600$$

Aus Diagramm A-1 erhält man $f = 0{,}024$ für $\epsilon/d = \epsilon/4R = 0{,}054/(4 \times 9) = 0{,}0015$. Dann ist

$$\text{Verlusthöhe} = \frac{0{,}024}{4} \times \frac{450}{0{,}09} \times \frac{(2{,}90)^2}{2g} = 12{,}9 \text{ m Luft}$$

und Druckverlust $= wh/10^4 = (1{,}070/1{,}033)(1{,}205)(12{,}9)/10^4 = 1{,}60 \times 10^{-3}$ kg/cm².

Man sieht, daß die Annahme konstanter Luftdichte gerechtfertigt ist.

Ergänzungsaufgaben

27. Die Schubspannung an der Wand eines 30 cm Rohres beträgt 5,0 kp/m², und es ist $f = 0{,}040$. Wie groß ist die Durchschnittsgeschwindigkeit (*a*), wenn Wasser von 21° C fließt, (*b*), wenn eine Flüssigkeit mit dem rel. spez. Gew. 0,70 fließt? *Antwort:* 3,13 m/s; 3,74 m/s.

28. Wie groß sind die Schubspannungsgeschwindigkeiten in der vorhergehenden Aufgabe? *Antwort:* 0,221 m/s, 0,264 m/s.

29. Wasser fließt 60 m weit durch ein 15 cm Rohr. Die Schubspannung an den Wänden beträgt 4,60 kp/m². Bestimme die Verlusthöhe. *Lösung:* 7,36 m.

30. Welche Rohrgröße wird eine Schubspannung an der Wand von 3,12 kp/cm² ergeben, wenn Wasser, das 100 m durch das Rohr fließt, eine Verlusthöhe von 6 m erfährt? *Lösung:* r = 10,4 cm.

31. Berechne die kritische Geschwindigkeit für ein 10 cm Rohr, das Wasser von 27° C transportiert. *Lösung:* $1{,}730 \times 10^{-2}$ m/s.

32. Berechne die kritische Geschwindigkeit für ein 10 cm Rohr, das schweres Heizöl von 43° C transportiert. *Lösung:* 0,892 m/s.

33. Welcher Druckhöhenabfall wird in einem 100 m langen, neuen, horizontalen Gußeisenrohr von 10 cm Durchmesser auftreten, das mittelschweres Heizöl von 10° C mit einer Geschwindigkeit von 7,5 cm/s transportiert? *Antwort:* $1{,}26 \times 10^{-2}$ m.

34. Welcher Druckhöhenabfall wird in Aufgabe 33 auftreten, wenn die Ölgeschwindigkeit 1,20 m/s beträgt? *Antwort:* 2,20 m.

35. Betrachte nur Rohrverlust. Welche Druckhöhe benötigt man, um 220 l/s schweres Heizöl von 38° C durch ein 1000 m langes, neues Gußeisenrohr von 30 cm Innendurchmesser zu befördern? Benutze $\epsilon = 0{,}024$ cm. *Antwort:* 47,70 m.

36. Wie ist in Aufgabe 35 der kleinste Wert der kinematische Viskosität von Öl, das noch laminar fließt? *Antwort:* $4{,}67 \times 10^{-4}$ m²/s.

37. Betrachte nur Rohrverlust. Welcher Höhenunterschied zwischen zwei Behältern, deren Abstand 250 m beträgt, und die durch ein 15 cm Rohr verbunden sind, sorgt für 30 l/s Durchfluß von 10° C warmem, mittelschweren Schmieröl? *Antwort:* 16,60 m.

38. Öl des rel. spez. Gew. 0,802 und der kin. Viskosität $1{,}86 \times 10^{-4}$ m²/s fließt von Behälter *A* nach Behälter *B* durch ein 300 m langes, neues Rohr mit einer Durchflußrate von 88 l/s. Die zur Verfügung stehende Druckhöhe beträgt 16 cm. Welche Rohrgröße muß benutzt werden? *Antwort:* 60 cm.

39. Eine Pumpe drückt schweres Heizöl von 15°C durch ein 1000 m langes Messingrohr von 5 cm Durchmesser in einen Behälter, der sich 10 m oberhalb des Vorratstanks befindet. Bestimme unter Vernachlässigung kleinerer Verluste für einen Durchfluß von 3,51 l/s die Größe der Pumpe (in PS), wenn ihr Wirkungsgrad 80 % ist. *Lösung:* 78,4 PS.

40. Wasser von 38° C fließt durch ein 250 m langes Gußeisenrohr mit einem Innendurchmesser von 30 cm von *A* nach *B* ($\epsilon = 0{,}06$ cm). Punkt *B* liegt 10 m oberhalb von *A*. Der Druck bei *B* muß auf 1,4 kp/cm² gehalten werden. Wie groß muß der Druck bei *A* (in kp/cm²) sein, wenn 220 l/s durch das Rohr fließen sollen? *Antwort:* 3,38 kp/cm².

41. Ein altes, horizontal liegendes Rohr hat einen Innendurchmesser von 100 cm und ist 2500 m lang. Es transportiert 1,20 m³/s schweres Heizöl des rel. spez. Gew. 0,912 mit einer Verlusthöhe von 22,0 m. Welcher Druck muß bei *A* am Anfang des Rohres herrschen, um am Ende bei *B* einen Druck von 1,4 kp/cm² aufrechtzuerhalten? Benutze $\epsilon = 1{,}37$ cm. *Antwort:* 3,41 kp/cm².

42. Ein altes Rohr, Innendurchmesser 60 cm und 1200 m lang, transportiert mittelschweres Heizöl von 27° C von *A* nach *B*. Die Drücke bei *A* und *B* sind 4,0 kp/cm² bzw. 1,4 kp/cm². Punkt *B* liegt 20 m oberhalb von *A*. Berechne den Durchfluß in m³/s. Benutze $\epsilon = 0{,}048$ cm. *Lösung:* 0,65 m³/s.

43. Wasser fließt von einem Behälter A, dessen Oberfläche sich in einer Höhe von 25 m befindet, in einen Behälter B, dessen Oberfläche auf einer Höhe von 18 m gehalten wird. Die Behälter sind durch ein 60 m langes Rohr verbunden, dessen erste Hälfte einen Innendurchmesser von 30 cm hat ($f = 0{,}020$), und dessen zweite Hälfte einen Innendurchmesser von 15 cm hat ($f = 0{,}015$). In jedem Rohr gibt es zwei 90° – Krümmer ($K = 0{,}50$ für jeden), für die Verengung ist $K = 0{,}75$. Das 30 cm Rohr geht in Behälter A. Bestimme die Druckhöhen in dem 30 cm Rohr und in dem 15 cm Rohr an der Übergangsstelle, wenn die Höhe bei der plötzlichen Rohrverengung 16 m beträgt. *Lösung:* 8,51 m, 5,90 m.

44. In Abb. 7-6 unten liegt Punkt B 180 m vom Reservoir A entfernt. Berechne (a) die Verlusthöhe infolge der teilweisen Verstopfung C und (b) den Druck bei B in kp/cm^2(abs.), wenn die Durchflußrate von Wasser 15 l/s beträgt. *Lösung:* 1,68 m, 0,98 kp/cm^2(abs.).

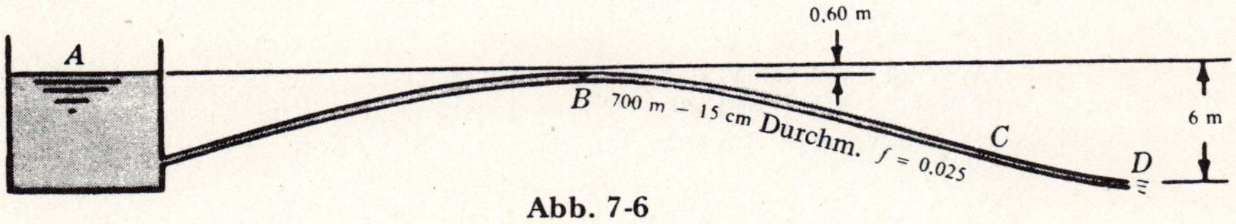

Abb. 7-6

45. Ein Lösungsmittel von 21° C fließt aus Behälter A in Behälter B durch ein 150 m langes, bituminiertes Gußeisenrohr von 15 cm Durchmesser. Der Unterschied im Flüssigkeitsstand beträgt 7 m. Das Rohr ragt in Behälter A hinein, und zwei Krümmer in dem Verlauf verursachen einen Verlust von zwei Geschwindigkeitshöhen. Welcher Volumenstrom wird sich ergeben? Benutze $\epsilon = 0{,}0135$ cm. *Antwort:* 41,6 l/s.

46. Eine rechteckige Stahlleitung, 5 cm × 10 cm Querschnitt, transportiert 18 l/s Wasser von 15° C Durchschnittstemperatur und einem konstanten Druck so, daß die Drucklinie parallel zur schrägen Leitung verläuft. Wie stark fällt die Leitung auf 100 m ab, wenn man annimmt, daß die Größe der Oberflächenunebenheiten 0,025 cm beträgt? (Benutze $\nu = 1{,}132 \times 10^{-6}$ m^2/s.). *Antwort:* 27,8 m.

47. Fließt mittelschweres Heizöl von 15° C mit 40 l/s von A nach B durch ein 1000 m langes, neues, unbeschichtetes Gußeisenrohr von 15 cm Durchmesser, so ist die Verlusthöhe 40 cm. Abschnitte A und B haben die Höhen 0,0 m und 18,0 m, der Druck bei B beträgt 3,50 kp/cm^2. Welchen Druck muß man bei A aufrechterhalten, um den angegebenen Fluß zu erreichen? *Antwort:* 8,48 kp/cm^2.

48. (a) Bestimme den Wasserdurchfluß durch das neue Gußeisenrohr, das in Abb. 7-7 gezeigt ist (b) Welche Druckhöhe herrscht bei Punkt B, der 30 m vom Reservoir A entfernt ist? Benutze Tafel 3. *Antwort:* 98 l/s, 703 kp/m^2.

49. Wasser von 38° C fließt durch das System in Abb. 7-8. Die Längen des 7,5 cm und 15 cm dicken, neuen, bituminierten Gußeisenrohres betragen 50 m und 30 m. Die Verlustfaktoren für Krümmer und Ventile sind: 7,5 cm Krümmer, $K = 0{,}40$ für jeden; 15 cm Krümmer, $K = 0{,}60$; 15 cm Ventil, $K = 3{,}0$. Bestimme den Volumenstrom in l/s. *Lösung:* 13,6 l/s.

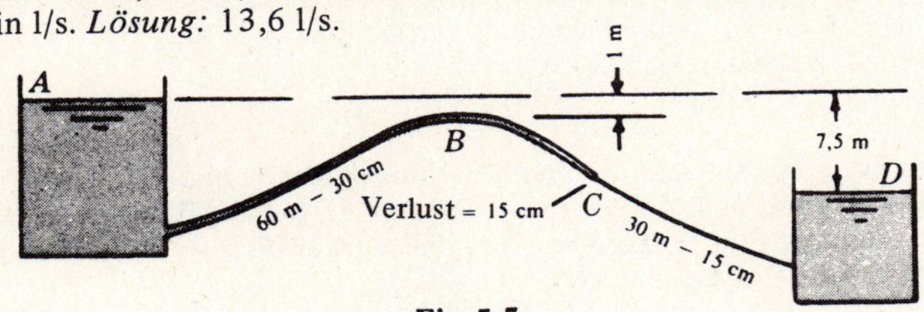

Fig. 7-7

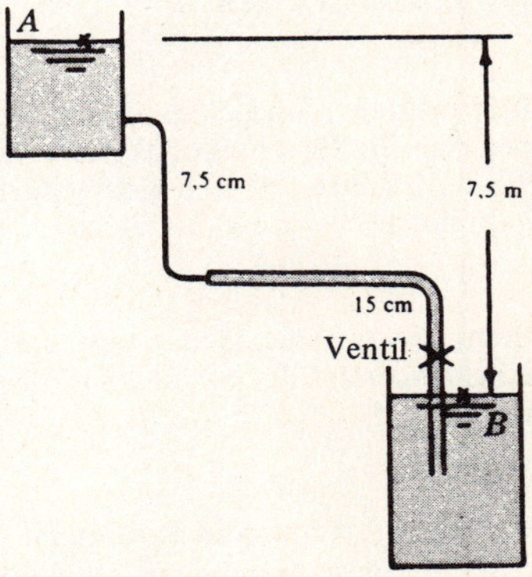

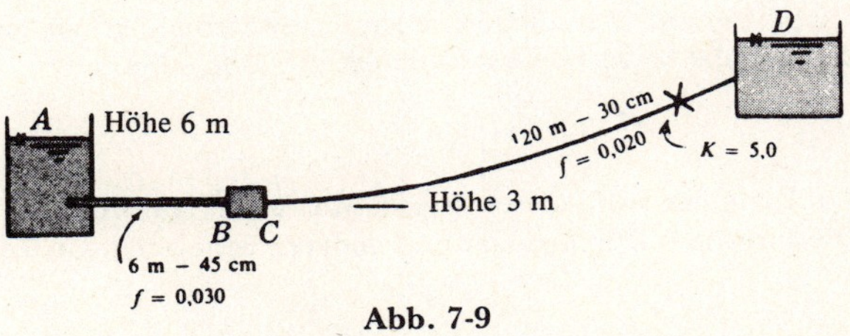

Abb. 7-9 **Abb. 7-8**

50. Die Leistung der Pumpe BC in Abb. 7-9 am System beträgt 70 PS. Welcher Wasserstand kann in Behälter D gehalten werden, wenn der Wasserfluß 220 l/s beträgt? *Antwort:* 21,0 m.

51. Eine Pumpe, die sich in 3 m Höhe befindet, drückt 210 l Wasser pro Sekunde durch ein horizontales Rohrsystem in einen geschlossenen Behälter, dessen Flüssigkeitsoberfläche sich in 6 m Höhe befindet. Die Druckhöhe an der 30 cm dicken Saugseite der Pumpe beträgt −1,20 m, an der Ausflußseite, die einen Durchmesser von 15 cm hat, beträgt sie 58,0 m. Das 15 cm Rohr ($f = 0{,}030$) ist 30 m lang und geht plötzlich in ein 30 cm Rohr ($f = 0{,}020$) über, das 180 m lang ist und am Behälter endet. Ein 30 cm Ventil, $K = 1{,}0$, befindet sich 30 m vom Tank entfernt. Bestimme den Druck in dem Behälter über der Wasseroberfläche. Zeichne die Energie- und Drucklinien. *Lösung:* 0,88 kp/cm².

52. Welchen Durchmesser muß ein gewöhnliches Gußeisenrohr haben, wenn es bei einem Abfall in der Drucklinie von 20 m 30 l/s Wasser von 21° C über 1200 m transportieren soll? (Benutze Tafel 3). *Antwort:* $d = 16{,}5$ cm.

53. Die Pumpe *BC* befördert Wasser in das Reservoir *F*, die Drucklinie ist in Abb. 7-10 gezeigt. Bestimme (*a*) die Leistung, die die Pumpe *BC* am Wasser verbringen muß, (*b*) die Leistung, die durch Turbine *DE* dem Wasser entzogen wird und (*c*) die Höhe im Reservoir *F*. *Lösung:* 950 PS, 67,3 PS, 89,6 m.

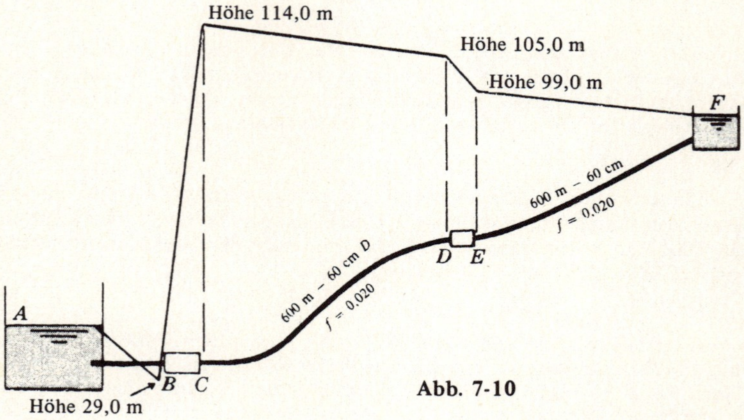

Abb. 7-10

54. Luft wird mit konstanter Temperatur von 20° C und einer Durchflußmenge von 68 p/s durch ein altes, geschmiedetes Eisenrohr, Innendurchmesser 5 cm, geblasen. Bei Punkt *A* herrscht ein Druck von 3,80 kp/cm²(abs.). Wie groß wird der Druck 150 m von *A* entfernt in dem horizontalen Rohr sein? Benutze $\epsilon = 0{,}0249$. *Antwort:* 3,68 kp/cm²(abs.).

55. Kohlendioxyd von 38° C fließt 60 m weit durch ein waagerechtes, 10 cm dickes, neues Eisenrohr. Der Druck oberhalb von Punkt *A* beträgt 8,40 kp/cm² (man.), die Durchschnittsgeschwindigkeit ist 12 m/s. Wie groß ist der Druckabfall in dem 60 m langen Rohr, wenn man die Dichteänderung als vernachlässigbar annimmt? (dynamische Viskosität bei 38 °C = 16×10^{-7} kp s/m²). *Antwort:* 0,123 kp/cm².

56. In einer breiten, rechteckigen Leitung, die 20 cm hoch ist, hat man laminare Strömung. Berechne unter der Annahme, daß die Geschwindigkeitsverteilung der Gleichung $v = 48\ y\ (1 - 5y)$ genügt, (*a*) den Volumenstrom pro Einheitsbreite, (*b*) den Korrekturfaktor für die kinetische Energie und (*c*) das Verhältnis von Durchschnitts- zu Maximalgeschwindigkeit. *Lösung:* 320 l/s m, $\alpha = 1{,}543$, 0,67.

57. In einem Labor benutzt man ein 25 cm dickes Plastikrohr zur Demonstration laminarer Strömung. Wie groß muß die kin. Viskosität der benutzten Flüssigkeit sein, wenn die kritische Geschwindigkeit 3,0 m/s beträgt? *Antwort:* $3{,}75 \times 10^{-5}$ m²/s.

58. Für laminare Strömung in Rohren ist $f = 64/R_E$. Leite mit Hilfe dieser Information einen Ausdruck für die Durchschnittsgeschwindigkeit als Funktion von Verlusthöhe, Durchmesser und anderen benötigten Größen ab. *Lösung:* $V = g d^2 h_L / 32\ \nu L$.

59. Bestimme den Durchfluß in einem 30 cm Rohr, wenn die Gleichung der Geschwindigkeitsverteilung $v^2 = 70\,(y - y^2)$ lautet, mit dem Ursprung an der Rohrwand. *Lösung:* 126 l/s.

KAPITEL 8

Rohrsysteme

EINFÜHRUNG

Rohrsysteme, die Wasser in einer Stadt oder großen Industrieanlage verteilen, können äußerst kompliziert werden. In diesem Kapitel werden nur einige relativ einfache Fälle betrachtet. Meistens wird Wasser die strömende Flüssigkeit sein, obwohl die hier vorgeführten Lösungsmethoden auch auf andere Flüssigkeiten angewendet werden können. Im allgemeinen ist das Verhältnis von Länge zu Durchmesser sehr groß (siehe Kapitel 7, Aufgabe 20), kleinere Verluste können vernachlässigt werden.

In den Aufgaben 18,19 und 20 wird die Hardy Cross-Methode zur Analyse von Strömungen in Rohrnetzwerken vorgeführt. Strömungen und Druckabfälle in den ausgedehnten Verteilungssystemen großer Städte können nur mit Hilfe von Computern analysiert werden.

ÄQUIVALENTE ROHRE

Ein Rohr ist zu einem anderen Rohr oder einem Rohrsystem äquivalent, wenn beide bei gegebener Verlusthöhe dieselben Volumenströme befördern. Häufig empfiehlt es sich, ein komplexes Rohrsystem durch ein einzelnes äquivalentes Rohr zu ersetzen.

ROHRVERZWEIGUNGEN

Wir unterscheiden zwei Arten von Rohrverzweigungen:

(*a*) Die, bei der sich zwei oder mehr Rohre verzweigen und später wieder zusammenlaufen (Parallelverlauf).

(*b*) Die, bei der sich zwei oder mehr Rohre verzweigen, ohne flußabwärts wieder zusammenzukommen.

LÖSUNGSMETHODEN

Die Hauptaufgabe bei der Lösung von Strömungsproblemen besteht darin, die notwendige Anzahl simultan zu lösender Gleichungen aufzustellen oder die Darcy-Formel der Aufgabe entsprechend so abzuwandeln, daß der Koeffizient nur von der relativen Rauhigkeit des Rohres abhängt. Für Wasser (oder andere Flüssigkeiten mit annähernd gleicher Viskosität) wurden solche Formeln von Manning, Schoder, Hazen-Williams und anderen aufgestellt.

DIE HAZEN-WILLIAMS-FORMEL

In diesem Kapitel werden wir die Hazen-Williams-Formel benutzen. Dabei werden wir Lösungen mit Hilfe von Diagramm *B* (im Anhang) und/oder einem hydraulichen Rechenschieber der mühsamen algebraischen Methode vorziehen. Hydraulische Rechenschieber, wie man sie z. B. von der Cast Iron Pipe Research Association oder der Lock Joint Pipe Company erhält, erleichtern die Rechnungen erheblich. Die Formel für die Geschwindigkeit ist

$$V = 0{,}8494\, C_1 R^{0{,}63} S^{0{,}54} \qquad (1)$$

wobei V die Geschwindigkeit in m/s, R der hydraulisches Radius in m, S das Gefälle der Drucklinie und C_1 der Hazen-Williams-Koeffizient der relativen Rauhigkeit ist. Einige Richtwerte für C_1 findet man in Tafel 6 des Anhangs.

Die Beziehung zwischen dieser empirischen Formel und der Darcy-Formel wird in Aufgabe 1 gezeigt. Der große Vorteil der Hazen-Williams-Formel liegt darin, daß der Koeffizient C_1 nur von der relativen Rauhigkeit abhängt.

In Diagramm B ist der Volumenstrom Q in Millionen Liter pro Tag (Ml/d) und nicht in m³/s angegeben. Der Umrechnungsfaktor ist

$$1 \text{ Ml/d} = 0{,}01157 \text{ m}^3/\text{s}$$

Aufgaben mit Lösungen

1. Wandle die Hazen-Williams-Formel um in eine Formel vom Darcy-Typ.

Lösung:

$$V = 0{,}8494 C_1 R^{0{,}63} S^{0{,}54}$$

Mit $S = h/L$ und $R = d/4$ (siehe Kapitel 7, Aufgabe 26) ergibt sich, aufgelöst nach h:

$$h^{0.54} = \frac{4^{0.63}}{0.8494} \frac{L^{0.54}}{d^{0.63}} \frac{V}{C_1}$$

oder

$$h = \frac{2g(4)^{1{,}165}}{(0.8494)^{1{,}850}} \left(\frac{L}{d}\right)\frac{V^2}{2g}\left[\frac{d^{-0{,}015}}{V^{0{,}150} d^{0{,}150} C_1^{1{,}850}}\right] = \frac{133{,}4 d^{-0{,}015}}{C_1^{1{,}850}} \left(\frac{L}{d}\right)\frac{V^2}{2g}\left[\frac{1}{d^{0{,}150} V^{0{,}150}}\right]$$

Um die Reynolds-Zahl in die Gleichung einführen zu können, multiplizieren wir mit $(\nu/\nu)^{0{,}150}$ und erhalten

$$h \doteq \frac{133{,}4 d^{-0{,}015}}{C_1^{1{,}850} \nu^{0{,}150}} \left(\frac{L}{d}\right)\frac{V^2}{2g}\left[\frac{\nu^{0{,}150}}{V^{0{,}150} d^{0{,}150}}\right] = \frac{133{,}4 d^{-0{,}015}}{C_1^{1{,}850} \nu^{0{,}150} R_E^{0{,}150}} \left(\frac{L}{d}\right)\frac{V^2}{2g} = f_1 \left(\frac{L}{d}\right)\frac{V^2}{2g}.$$

Beachte: Vernachlässigt man den kleinen Term $d^{-0{,}015}$, so ist die Rohrreibungszahl f_1 (für jede Flüssigkeit, die ihre Viskosität nicht stark (prozentual) mit der Temperatur ändert) eine Funktion der Reynolds-Zahl und der Rauhigkeitszahl C_1. In diesen Fällen kann man einen Durchschnittswert für die Viskosität als Konstante in die Formel vom Darcy-Typ einsetzen.

2. Vergleiche die Ergebnisse bei algebraischer Lösung mit denen, die man mit Hilfe von Diagramm B erhält, (a) für den Volumenstrom in einem neuen 30 cm Rohr mit einem Abfall in der Drucklinie von 4,30 m auf 1500 m Rohrlänge, und (b) für die Verlusthöhe in einem 1800 m langen, alten Gußeisenrohr von 60 cm Durchmesser, das 250 l/s befördert.

Lösung:

(a) **Algebraisch:** $S = 4{,}30/1500 = 0{,}00287$ und $R = d/4 = 7{,}5$ cm.
Nach Tafel 6 im Anhang ist $C_1 = 130$. Dann ist

$$Q = AV = \tfrac{1}{4}\pi(0{,}30)^2[0{,}8494 \times 130(0{,}075)^{0{,}63}(0{,}00287)^{0{,}54}] = 0{,}061 \text{ m}^3/\text{s} = 61 \text{ l/s}$$

(b) **Mit Diagramm:** Diagramm B ist für $C_1 = 100$ gezeichnet.

$$D = 30 \text{ cm und } S = 0{,}00287 \text{ oder } 2{,}87 \text{ m}/1000 \text{ m}.$$

Mit diesen Werten ist $Q_{100} = 48$ l/s (Ablesen im Diagramm nach den dortigen Anweisungen).

Nach der Hazen-Williams-Formel sind V und Q proportional zu C_1. Daher ergibt sich als Volumenstrom für $C_1 = 130$:

$$Q_{130} = (130/100)(48) \text{ l/s} = 62{,}3 \text{ l/s}$$

(*b*) **Algebraisch:** (C_1 = 100). Q = 250 l/s

$$0{,}250 = \tfrac{1}{4}\pi(0{,}60)^2[0{,}8494 \times 100(0{,}60/4)^{0{,}63}S^{0{,}54}] \quad \text{und } S = 0{,}00195$$

Mit Diagramm: Q = 250 l/s, D = 60 cm.

S = 0,002 m/1000 m = 0,002 (nach Diagramm)

3. Ein gewöhnliches 30 cm Gußeisenrohr befördert 100 l/s Wasser. Welcher Höhenverlust ergibt sich auf 1200 m Rohrlänge (*a*) mit der Darcy-Formel und (*b*) mit der Hazen-Williams-Formel?

Lösung:

(*a*) $V_{30} = 0{,}100/[\frac{1}{4}\pi(0{,}30)^2] = 1{,}413$ m/s. Nach Tafel 3 im Anhang ist $f = 0{,}0260$.

$$\text{Verlusthöhe} = f\frac{L}{d}\frac{V^2}{2g} = 0{,}0260\,\frac{1200}{0{,}30}\,\frac{(1{,}413)^2}{2g} = 10{,}6 \text{ m}$$

(*b*) Q = 100 l/s und C_1 = 110. Q_{100} = (100/110)100 = 82,8 l/s.

Nach Diagramm *B* ist S = 8,4 m/1000 m und Verlusthöhe = 8,4 x 1,2 = 10,1 m.

Die Übereinstimmung ist in diesem Fall gut. Ein hydraulischer Rechenschieber liefert S = 8,4 m/1000 m und eine Verlusthöhe von 8,4 x 1,2 = 10,1 m.

Erfahrung und Scharfsinn bei der Wahl des Koeffizienten C_1 wird zu zufriedenstellenden Ergebnissen bei der Berechnung der Strömung von Wasser oder anderen Flüssigkeiten mit vergleichbarer Viskosität führen.

4. Wie viele 20 cm Rohre sind einem 40 cm Rohr (einem 60 cm Rohr) äquivalent, wenn für alle Rohre C_1 = 100 und die Verlusthöhe 5,0 m/1000 m ist?

Lösung:

Mit Diagramm *B* ergibt sich für S = 5,0/1000 m: Q für ein 20 cm Rohr = 22 l/s
Q für ein 40 cm Rohr = 140 l/s
Q für ein 60 cm Rohr = 380 l/s

Daher sind 140/22 oder 6,4 20 cm Rohre einem 40 cm Rohr derselben relativen Rauhigkeit äquivalent. Ähnlich sind 380/22 oder 17,3 20 cm Rohre einem 60 cm Rohr äquivalent bei einer Verlusthöhe von 5,0 m/1000 m oder irgend einer anderen.

5. Eine Rohrleitung besteht aus 1800 m 50 cm Rohr, 1200 m 40 cm Rohr und 600 m 30 cm Rohr (alles neue Gußeisenrohre).

(*a*) Wie lang muß ein äquivalentes 40 cm Rohr sein? (*b*) Welchen Durchmesser muß ein äquivalentes 3600 m langes Rohr haben?

Lösung:

Benutze für neue Gußeisenrohre C_1 = 130.

(*a*) Da bei einer Reihenanordnung der Volumenstrom die gemeinsame hydraulische Größe ist, nehmen wir einen Wert von 130 l/s an (jeder andere mögliche Wert tut es auch). Um Diagramm *B* benutzen zu können, rechnen wir Q_{130} in Q_{100} um:

Q_{100} = (100/130)(130) = 100 l/s

S_{50} = 0,93 m/1000 m und Verlusthöhe = 0,93 x 1,8 = 1,675 m (15,0 %)
S_{40} = 2,62 m/1000 m Verlusthöhe = 2,62 x 1,2 = 3,141 m (28,2 %)
S_{30} = 10,60 m/1000 m Verlusthöhe = 10,60 x 0,6 = 6,360 m (56,8 %)

Für Q = 130 l/s ist die gesamte Verlusthöhe = 11,176 m (100,0 %). Das äquivalente 40 cm Rohr muß 130 l/s bei einer Verlusthöhe von 11,176 m (C_1 = 130) befördern.

$$S_{40} = 2{,}62 \text{ m/1000 m} = \frac{\text{Verlusthöhe in m}}{\text{äqivalente Länge in m}} = \frac{11{,}176}{L_E}$$

und L_E = 4260 m.

(*b*) Die 3600 m Rohr (C_1 = 130) befördern 130 l/s mit einer Verlusthöhe von 11,176 m.

$$S_E = \frac{\text{Verlusthöhe in m}}{\text{Länge in m}} = \frac{11{,}176}{3600} = 3{,}10 \text{ m/1000 m}$$

Nach Diagramm *B* ist für Q_{100} = 100 l/s D = 38 cm (annähernd).

6. Ersetze das Rohrsystem in Abb. 8-1 durch ein 15 cm Rohr äquivalenter Länge.

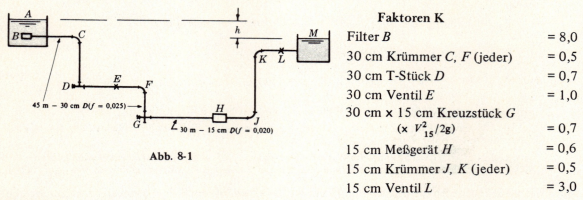

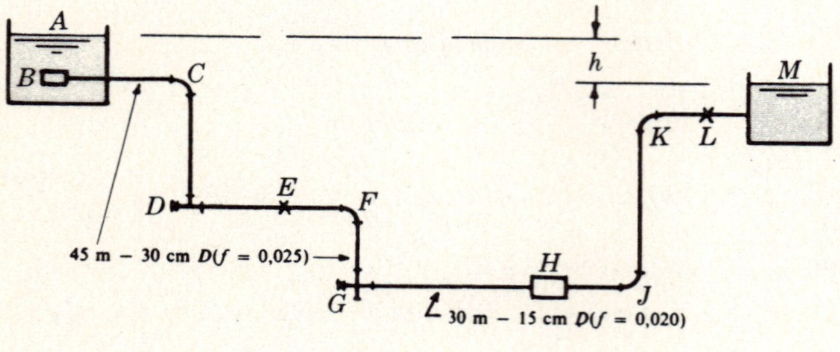

Abb. 8-1

Faktoren K

Filter *B*	= 8,0
30 cm Krümmer *C, F* (jeder)	= 0,5
30 cm T-Stück *D*	= 0,7
30 cm Ventil *E*	= 1,0
30 cm x 15 cm Kreuzstück *G* (x $V_{15}^2/2g$)	= 0,7
15 cm Meßgerät *H*	= 0,6
15 cm Krümmer *J, K* (jeder)	= 0,5
15 cm Ventil *L*	= 3,0

Lösung:

Das Problem wird mit Hilfe der Bernoulli-Gleichung für *A* und *M* mit *M* als Bezugsebene gelöst.

$$(0 + 0 + h) - (8{,}0 + \overset{\text{Krümmer}}{2 \times 0{,}5} + 0{,}7 + 1{,}0 + 0{,}025 \times \frac{45}{0{,}30})\frac{V_{30}^2}{2g}$$

$$- (0{,}7 + 6{,}0 + \overset{\text{Krümmer}}{2 \times 0{,}5} + 3{,}0 + \overset{\text{Auslauf}}{1{,}0} + 0{,}020 \times \frac{30}{0{,}15})\frac{V_{15}^2}{2g} = (0 + 0 + 0)$$

Dann $h = 14{,}45 \dfrac{V_{30}^2}{2g} + 15{,}7 \dfrac{V_{15}^2}{2g} = (14{,}45 \times \dfrac{1}{16} + 15{,}7)\dfrac{V_{15}^2}{2g} = 16{,}6 \dfrac{V_{15}^2}{2g}$.

Für jede mögliche Höhe *h* ist die Verlusthöhe 16,6 ($V_{15}^2/2g$). Die Verlusthöhe in dem äquivalenten 15 cm Rohr der Länge L_E ist $f(L_E/d)$ ($V_{15}^2/2g$). Gleichsetzen der beiden Werte ergibt

$$16{,}6 \frac{V_{15}^2}{2g} = 0{,}020 \frac{L_E}{0{,}15} \frac{V_{15}^2}{2g} \quad \text{und} \quad L_E = 124{,}5 \text{ m}$$

Die Geschwindigkeitshöhen heben sich in der Gleichung auf. Man sollte daran denken, daß exakte hydraulische Äquivalenz von *f* abhängt, das nicht über weite Geschwindigkeitsbereiche konstant ist.

7. Betrachte das Rohrsystem in Aufgabe 5. Welcher Volumenstrom ergibt sich bei einer gesamten Verlusthöhe von 21,0 m (*a*) bei Benutzung der Methode der äquivalenten Rohre und (*b*) mit Hilfe der „Prozentmethode"?

Lösung:

(*a*) Nach Aufgabe 5 ist ein 4260 m langes 40 cm Rohr dem Rohrsystem äquivalent. Bei einer Verlusthöhe von 21,0 m ergibt sich

S_{40} = 21/4260 = 4,93 m/1000 m und, nach Diagramm *B*, Q_{100} = 140 l/s.

Daher ist

$$Q_{130} = (130/100)140 = 182 \text{ l/s}$$

(*b*) Die Prozentmethode verlangt die Berechnung der einzelnen Verlusthöhenwerte für einen angenommenen Fluß *Q*. Obwohl wir die Werte aus Aufgabe 5 kennen, führen wir zur Überprüfung des Ergebnisses eine weitere Rechnung durch. Annahme: Q_{130} = 65 l/s. Dann ist Q_{100} = (100/130) 65 = 50 l/s und nach Diagramm *B*

S_{50} = 0,27 m/1000 m und Verlusthöhe = 0,27 x 1,8 = 0,512 m (15,7 %)
S_{40} = 0,77 m/1000 m Verlusthöhe = 0,77 x 1,2 = 0,922 m (28,5 %)
S_{30} = 10,70 m/1000 m Verlusthöhe = 10,70 x 0,6 = 1,800 m (55,8 %)

Für Q = 65 l/s ist die gesamte Verlusthöhe = 3,234 m (100,0 %)

Es ergeben sich hier dieselben Prozentzahlen wie in Aufgabe 5. Berechnen wir die diesen Prozentzahlen entsprechenden Anteile des angegebenen gesamten Höhenverlustes von 21,0 m, so ergibt sich

H_{L50} = 21 × 15,7 % = 3,30 m, S = 3,30/1800 = 1,83 m/1000 m, Q = 130/100 × 142 = 185 l/s
H_{L40} = 21 × 28,5 % = 6,00 m, S = 6,00/1200 = 5,00 m/1000 m, Q = 130/100 × 140 = 182 l/s
H_{L30} = 21 × 55,8 % = 11,70 m, S = 11,70/600 = 19,50 m/1000 m, Q = 130/100 × 139 = 181 l/s

Es genügt, eine Größe zu berechnen, um den Volumenstrom Q zu erhalten, die Berechnung der anderen Werte gibt einem die Sicherheit, keine Fehler gemacht zu haben.

8. In den System in der nebenstehenden Abbildung ist der Druck bei D 1,40 kp/cm², wenn 140 l/s Wasser aus dem Behälter A in die Leitung nach D fließen. Der Fluß nach D soll auf 184 l/s ansteigen, wenn sich der Druck verdoppelt. Welches 1500 m lange Rohr muß man zwischen B und C parallel zu dem schon bestehenden 30 cm Rohr verlegen (gestrichelt eingezeichnet), um das gewünschte Ergebnis zu erzielen?

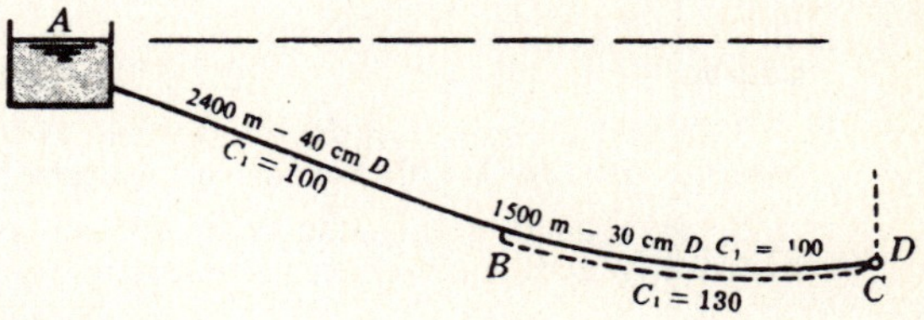

Abb. 8-2

Lösung:

Man kann die Höhe von A berechnen, wenn man den ersten Satz Daten in der Aufgabenstellung benutzt. Aus Diagramm B ergibt sich

für Q = 140 l/s, S_{40} = 4,8 m/1000 m, Verlusthöhe = 4,8 x 2,4 = 11,5 m
S_{30} = 20,0 m/1000 m, Verlusthöhe = 20,0 x 1,5 = 30,0 m

Gesamtverlust = 41,5 m

Die Drucklinie fällt um 41,5 m auf eine Höhe von 14 m über D (entsprechend 1,40 kp/cm²). Also liegt Behälter A (41,5 + 14,0) = 55,5 m oberhalb von D.

Bei einem Druck von 2,80 kp/cm² liegt die Drucklinie bei D 28,0 m oberhalb von D, bei einem Volumenstrom von 184 l/s beträgt der Druckhöhenunterschied (55,5 − 28,0) = 27,5 m.

In dem 40 cm Rohr ist Q = 184 l/s, S = 8,2 m/1000 m, Verlusthöhe = 8,2 x 2,4 = 19,7 m. Daher

Verlusthöhe von B nach C = 27,5 − 19,7 = 7,8 m.

Für das vorhandene 30 cm Rohr sind S = 7,8/1500 = 5,2 m/1000 m, Q = 68,0 l/s; der Fluß in dem neuen Rohr muß (184,0 − 68,0) = 116,0 l/s betragen bei einer zur Verfügung stehenden Druckhöhe (Abfall der Drucklinie) von 7,8 m zwischen B und C.

S = 7,8/1500 = 5,2 m/1000 m und Q_{100} = (100/130)116 = 89,3 l/s

Diagramm B liefert D = 34 cm (annähernd).

9. Für das System von parallel laufenden Rohren in Abb. 8-3 ist die Druckhöhe bei A 36,0 m Wasser und bei E 22,0 m Wasser. Wie sind die Volumenströme in jedem Zweig, wenn die Rohre alle in einer waagerechten Ebene verlaufen?

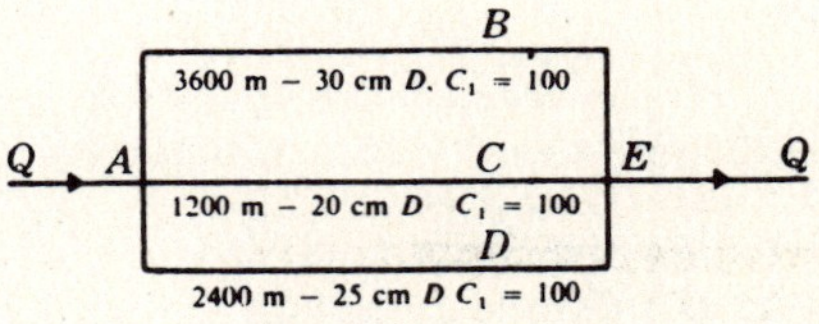

Abb. 8-3

Lösung:

Der Abfall in der Drucklinie zwischen A und E beträgt $(36 - 22) = 14$ m, wenn man die betraglich kleinen Unterschiede in den Geschwindigkeitshöhen vernachlässigt. Die Volumenströme können berechnet werden, wenn die Gefälle der Drucklinien bekannt sind. Es ergibt sich mit Diagramm B:

$$\begin{aligned} S_{30} &= 14/3600 = 3{,}90 \text{ m}/1000 \text{ m}, & Q_{30} &= 58 \text{ l/s}, & (42{,}0\ \%) \\ S_{20} &= 14/1200 = 11{,}70 \text{ m}/1000 \text{ m}, & Q_{20} &= 35 \text{ l/s}, & (25{,}4\ \%) \\ S_{25} &= 14/2400 = 5{,}85 \text{ m}/1000 \text{ m}, & Q_{25} &= 45 \text{ l/s}, & (32{,}6\ \%) \\ & & Q \text{ total} &= 138 \text{ l/s}, & (100{,}0\ \%) \end{aligned}$$

10. Welche Verlusthöhe hätte sich in Aufgabe 9 zwischen A und E ergeben, und wie hätte sich Q auf die einzelnen Zweige aufgeteilt, wenn der gesamte Volumenstrom 280 l/s betragen hätte? Benutze zwei Lösungswege, die Prozentmethode und die Methode der äquivalenten Rohre.

Lösung:

Bei Parallelleitungen ist die gemeinsame hydraulische Größe die Verlusthöhe (hier zwischen A und E). Wir gehen so vor, als wäre die Lösung von Aufgabe 9 nicht bekannt.

Nehmen wir zwischen A und E eine Verlusthöhe von 8,0 m an, so erhalten wir aus Diagramm B bei dieser Verlusthöhe für die einzelnen Volumenströme

$$\begin{aligned} S_{30} &= 8/3600 = 2{,}22 \text{ m}/1000 \text{ m}, & Q_{30} &= 45 \text{ l/s}, & (42{,}8\ \%) \\ S_{20} &= 8/1200 = 6{,}67 \text{ m}/1000 \text{ m}, & Q_{20} &= 27 \text{ l/s}, & (25{,}7\ \%) \\ S_{25} &= 8/2400 = 3{,}33 \text{ m}/1000 \text{ m}, & Q_{25} &= 33 \text{ l/s}, & (31{,}5\ \%) \\ & & Q \text{ total} &= 105 \text{ l/s}, & (100{,}0\ \%) \end{aligned}$$

(*a*) **Prozentmethode**

Der Fluß durch jeden Zweig wird für alle möglichen Verlusthöhen H_L ein konstanter Anteil des gesamten Volumenstroms sein. Die oben errechneten Prozentzahlen stimmen recht gut mit den Werten aus Aufgabe 9 überein (innerhalb der Genauigkeit von Diagramm B oder eines Rechenschiebers). Wenden wir diese Zahlen auf den gegebenen Volumenstrom von 280 l/s an, so erhalten wir

$$\begin{aligned} Q_{30} &= 42{,}8\ \% \times 280 = 120{,}0 \text{ l/s}, & S_{30} &= 15{,}0 \text{ m}/1000 \text{ m}, & (H_L)_{A-E} &= 54 \text{ m} \\ Q_{20} &= 25{,}7\ \% \times 280 = 72{,}0 \text{ l/s}, & S_{20} &= 43{,}0 \text{ m}/1000 \text{ m}, & (H_L)_{A-E} &= 52 \text{ m} \\ Q_{25} &= 31{,}5\ \% \times 280 = 88{,}0 \text{ l/s}, & S_{25} &= 22{,}0 \text{ m}/1000 \text{ m}, & (H_L)_{A-E} &= 53 \text{ m} \\ Q &= 280{,}0 \text{ l/s} \end{aligned}$$

Bei dieser Methode lassen sich die Rechnungen anhand der drei Verlusthöhenwerte überprüfen. Sie wird deshalb vorgezogen.

(*b*) **Methode äquivalenter Rohre** (benutze 30 cm Rohre).

Die Volumenstromberechnungen für eine angenommene Verlusthöhe müssen wie bei der ersten Methode durchgeführt werden. Nimmt man die obigen Werte für eine Verlusthöhe von 8,0 m, so ergibt sich ein Volumenstrom von 105 l/s. Ein äquivalentes Rohr muß denselben Fluß bei einer Verlusthöhe von 8 m liefern Also:

$$Q = 105 \text{ l/s}, \ H_L = 8{,}0 \text{ m} \text{ und } S_{30} = 11{,}8/1000 \text{ m} \text{ aus Diagramm } B.$$

Aus $S = h/L$, $11{,}8 = 8{,}0 \text{ m}/L_E$ m folgt $L_E = 678$ m (für ein 30 cm Rohr, $C_1 = 100$)

Für den angegebenen Volumenstrom von 280 l/s ist $S_{30} = 80$ m/1000 m und die gesamte Verlusthöhe von A bis $E = 80 \times 678/1000 = 54$ m. Damit kann man die einzelnen Ströme berechnen.

11. Betrachte das System in Abb. 8-4 (*a*). Welcher Volumenstrom wird sich ergeben, wenn der Abfall in der Drucklinie zwischen A und B 60 m beträgt? (*b*) Welche Länge eines 50 cm Rohres ($C_1 = 120$) ergibt ein zu dem System zwischen A und B äquivalentes Rohr?

(*a*) Die direkteste Lösung besteht darin, daß man einen Drucklinienabfall (Verlusthöhe) zwischen W und Z annimmt und damit weiterrechnet.

Nehmen wir z. B. 9 m Verlusthöhe zwischen W und Z an, so erhalten wir aus Diagramm B

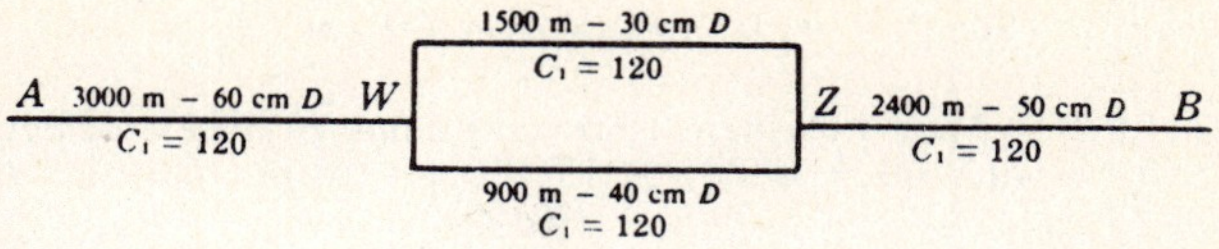

Abb. 8-4

$$S_{30} = 9/1500 = 6{,}0 \text{ m}/1000 \text{ m und } Q_{30} = (120/100)72 = 86{,}4 \text{ l/s} \quad (26{,}4\,\%)$$
$$S_{40} = 9/900 = 10{,}0 \text{ m}/1000 \text{ m und } Q_{40} = (120/100)200 = 240{,}0 \text{ l/s} \quad (73{,}6\,\%)$$
$$Q \text{ total} = 326{,}4 \text{ l/s} \quad (100{,}0\,\%)$$

Wir rechnen die Verlusthöhe zwischen A und B für diesen Volumenstrom von 326,4 l/s aus. Um Diagramm B verwenden zu können, benutzen wir $Q_{100} = (100/120)\ 326{,}4 = 272{,}0$ l/s.

Von A nach W $S_{60} = 2{,}6$ m/1000 m, $H_L = 2{,}6\,\dfrac{3000}{1000} = 7{,}8$ m, (24,0 %)

Von W nach Z (wie oben angenommen) $= 9{,}0$ m, (28,0 %)

Von Z nach B $S_{50} = 6{,}5$ m/1000 m, $H_L = 6{,}5\,\dfrac{2400}{1000} = 15{,}6$ m, (48,0 %)

Gesamte Verlusthöhe (für $Q = 326{,}4$ l/s) $= 32{,}4$ m, (100,0 %)

Berechnet man diese Anteile für die gegebene Verlusthöhe von 60 m, so erhalten wir

$$(H_L)_{A-W} = 60 \times 24\,\% = 14{,}4 \text{ m}, \quad S_{60} = \frac{14{,}4}{3000} = 4{,}8 \text{ m}/1000 \text{ m};$$
$$(H_L)_{W-Z} = 60 \times 28\,\% = 16{,}8 \text{ m};$$
$$(H_L)_{Z-B} = 60 \times 48\,\% = 28{,}8 \text{ m}, \quad S_{50} = \frac{28{,}8}{2400} = 12 \text{ m}/1000 \text{ m}.$$

Nach Diagramm B ist der Volumenstrom in dem 60 cm Rohr (120/100)(380) = 456 l/s.

Zur Überprüfung errechnen wir für das 50 cm Rohr $Q = (120/100)(380) = 456$ l/s.

Dieser Fluß teilt sich gemäß den oben errechneten Prozentzahlen auf die beiden parallelen Stränge zwischen W und Z auf, nämlich 26,4 % und 73,6 %.

(*b*) Wir benutzen die obige Information für das System zwischen A und B. Ein Volumenstrom von 326,4 l/s ist verbunden mit einem Drucklinienabfall von 32,4 m. Für 326,4 l/s in einem 50 cm Rohr, $C_1 = 120$, ergibt sich

$$S_{50} = 6{,}0 \text{ m}/1000 \text{ m} = 32{,}4/L_E \quad \text{oder} \quad L_E = 5400 \text{ m}$$

12. Bestimme in Abb. 8-5 die Druckhöhen bei A und B, wenn die Pumpe YA 140 l/s fördert. Zeichne die Drucklinie.

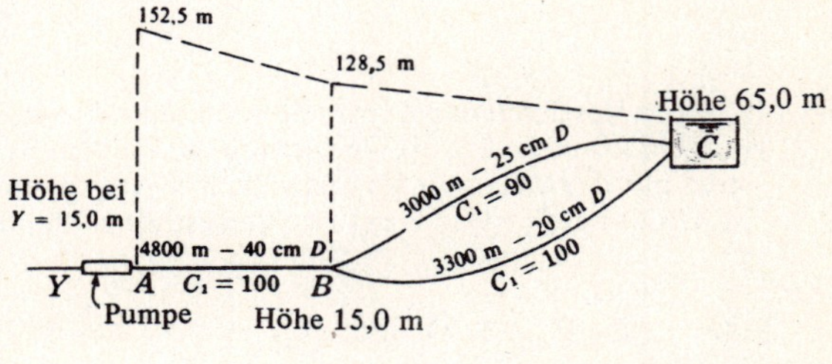

Abb. 8-5

Lösung:

Ersetze das System zwischen B und C durch ein äquivalentes 40 cm Rohr mit $C_1 = 100$. Die so entstandene Leitung hat überall denselben Durchmesser und die gleiche relative Oberflächenrauhigkeit. Man kann bequem damit rechnen. Nimmt man zwischen B und C einen Drucklinienabfall von 7 m an, so erhält man mit einem hydraulischen Rechenschieber die folgenden Werte (der Leser kann die Werte anhand von Diagramm B überprüfen):

$$S_{25} = 7/3000 = 2{,}23 \text{ m}/1000 \text{ m}, \quad Q_{25} = 27{,}0 \text{ l/s}$$
$$S_{20} = 7/3300 = 2{,}12 \text{ m}/1000 \text{ m}, \quad Q_{20} = 14{,}0 \text{ l/s}$$
$$Q \text{ total} = 41{,}0 \text{ l/s}$$

Für $Q = 41{,}0$ l/s und $D = 40$ cm ($C_1 = 100$), $S_{40} = 0{,}55$ m/1000 m $= 7{,}0/L_E$ ist $L_E = 12\,700$ m.

Der Volumenstrom von Pumpe zu Reservoir beträgt 140 l/s. Für ein äquivalentes 40 cm Rohr von $(12700 + 4800) = 17\,500$ m Länge ergibt sich als Verlusthöhe zwischen A und C

$$S_{40} = 5{,}00 \text{ m}/1000 \text{ m}, \qquad H_L = 5{,}00(17\,500/1000) = 87{,}5 \text{ m}$$

Daher beträgt bei A die Höhe der Drucklinine $(65{,}0 + 87{,}5) = 152{,}5$ m, wie in der Abb. gezeigt. Der Abfall von A nach B ist $5{,}00\ (4800/1000) = 24{,}0$ m, also die Höhe bei B $(152{,}5 - 24{,}0) = 128{,}5$ m.

$$\text{Druckhöhe bei } A = 152{,}5 - 15{,}0 = 137{,}5 \text{ m}$$
$$\text{Druckhöhe bei } B = 128{,}5 - 15{,}0 = 113{,}5 \text{ m}$$

13. Welches der beiden Systeme $ABCD$ und $EFGH$ in Abb. 8-6 hat die größere Kapazität? ($C_1 = 120$ für alle Rohre).

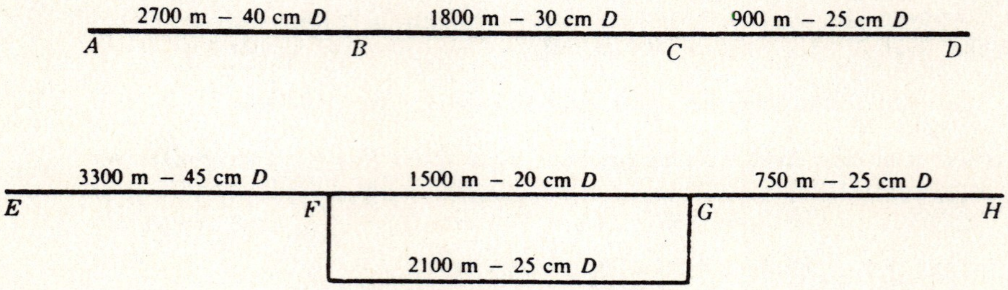

Abb. 8-6

Lösung:

Nimm $Q = 90$ l/s in $ABCD$ an. Dann ergibt sich mit dem hydraulischem Rechenschieber

$$\begin{aligned}
S_{40} &= 1{,}6 \text{ m}/1000 \text{ m}, & H_L &= 1{,}6(2700/1000) = 4{,}3 \text{ m}\\
S_{30} &= 6{,}5 \text{ m}/1000 \text{ m}, & H_L &= 6{,}5(1800/1000) = 11{,}7 \text{ m}\\
S_{25} &= 15{,}0 \text{ m}/1000 \text{ m}, & H_L &= 15{,}0(\ 900/1000) = 13{,}5 \text{ m}
\end{aligned}$$

Für $Q = 90$ l/s ist die gesamte Verlusthöhe 29,5 m

Bestimme den prozentualen Strömungsanteil in jedem Zweig des Systems FG in $EFGH$. Nimm zwischen F und G eine Verlusthöhe von 8,0 m an. Dann ist

$$\begin{aligned}
S_{20} &= 8/1500 = 5{,}33 \text{ m}/1000 \text{ m und } Q_{20} = 24{,}0 \text{ l/s} \quad (40{,}7\,\%)\\
S_{25} &= 8/2100 = 3{,}81 \text{ m}/1000 \text{ m und } Q_{25} = 35{,}0 \text{ l/s} \quad (59{,}3\,\%)\\
& Q_{100} \text{ total} = 59{,}0 \text{ l/s} \quad (100{,}0\,\%)
\end{aligned}$$

Zum Vergleich der Kapazitäten bieten sich verschiedene Möglichkeiten an. Statt äquivalente Rohre zu benutzen, könnten wir die Verlusthöhen in jedem System bei einem Volumenstrom von 90 l/s berechnen. Das System mit der kleineren Verlusthöhe hat die größere Kapazität. Wir vergleichen hier die Verlusthöhe von 29,5 m in $ABCD$ bei $Q = 90$ l/s mit der Verlusthöhe, die man bei gleichem Volumenstrom in $EFGH$ erhält.

(a) Für $Q_{45} = 75$ l/s, $S_{45} = 0{,}90$ m/1000 m, $(H_L)_{EF} = 3{,}0$ m.

(b) Für $Q_{20} = 40{,}7\ \% \times 75 = 30{,}5$ l/s, $S_{20} = 8{,}7$ m/1000 m, $(H_L)_{FG} = 13{,}1$ m,

oder für $Q_{25} = 59{,}3\ \% \times 75 = 44{,}5$ l/s, $S_{25} = 6{,}2$ m/1000 m, $(H_L)_{FG} = 13{,}0$ m.

(c) Für $Q_{25} = 75$ l/s, $S_{25} = 15{,}5$ m/1000 m, $(H_L)_{GH} = 11{,}6$ m.

Die gesamte Verlusthöhe zwischen E und H ist 27,7 m. Daher hat das System $EFGH$ die größere Kapazität.

14. In Abb. 8-7 fließen aus Behälter A 430 l/s. Bestimme die von der Turbine DE aufgenommene Leistung, wenn die Druckhöhe bei E $-3{,}0$ m beträgt. Zeichne die Drucklinie.

Lösung:

Die Analyse des Systems sollte sich auf den Verzweigungspunkt C konzentrieren. 1. muß pro Zeiteinheit die Summe der nach C fließenden Volumina gleich der Summe der von C fortfließenden Volumina sein. 2. ist häufig die Höhe der Drucklinie bei C der Schlüssel zur Lösung.

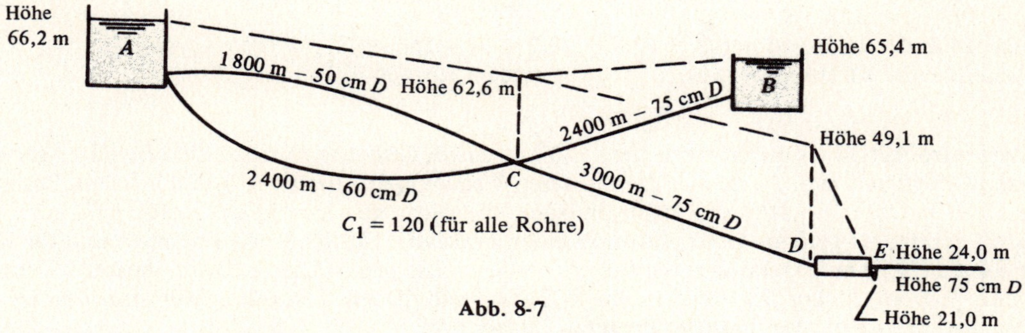

Abb. 8-7

Um die Höhe der Drucklinie bei C berechnen zu können, nehmen wir zwischen A und C eine Verlusthöhe von 7,0 m an. Dann

$$S_{50} = 7/1800 = 3{,}90 \text{ m}/1000 \text{ m}, \quad Q_{50} = 216 \text{ l/s} \quad (42{,}6\,\%)$$
$$S_{60} = 7/2400 = 2{,}92 \text{ m}/1000 \text{ m}, \quad Q_{60} = 290 \text{ l/s} \quad (57{,}4\,\%)$$
$$Q \text{ total} = 506 \text{ l/s} \quad (100{,}0\,\%)$$

Wenden wir diese Prozentzahlen auf den Volumenstrom von 430 l/s zwischen A und C an, so ergibt sich nach Umrechnung für $C_1 = 100$ mit $Q = (100/120)\,430 = 358$ l/s.

$$Q_{50} = 151 \text{ l/s} \quad S_{50} = 2{,}00 \text{ m}/1000 \text{ m}, \quad H_L = 3{,}6 \text{ m}$$
$$Q_{60} = 207 \text{ l/s} \quad S_{60} = 1{,}50 \text{ m}/1000 \text{ m}, \quad H_L = 3{,}6 \text{ m} \quad \text{(stimmt)}$$

Daher ist bei C die Höhe der Drucklinie $66{,}2 - 3{,}6 = 62{,}6$ m. Daran sieht man, daß die Drucklinie bei C um 2,8 m tiefer ist als bei B, das Wasser fließt von B nach C. Dann

$$S_{75} = 2{,}8/2400 = 1{,}17 \text{ m}/1000 \text{ m}, \quad Q_{(100)} = 340 \text{ l/s}, \quad Q_{(120)} = (120/100)340 = 408 \text{ l/s}$$

und Volumenstrom von C = Volumenstrom nach C

$$Q_{C-D} = 430 + 408 = 838 \text{ l/s}.$$

für $C_1 = 120$, und für $C_1 = 100$, $Q = 698$ l/s.

Daher $S_{75} = 4{,}5$ m/1000 m, $(H_L)_{C-D} = 13{,}5$ m und Höhe der Drucklinie bei $D = 62{,}6 - 13{,}5 = 49{,}1$ m.

$$\text{aufgenommene Leistung} = \frac{1000(0{,}838)(49{,}1 - 21{,}0)}{75} = 314 \text{ PS}$$

15. In Abb. 8-8 ist das Ventil F teilweise geschlossen, wodurch sich bei einem Volumenstrom von 28 l/s durch das Ventil eine Verlusthöhe von 1,00 m ergibt. Wie lang ist das 25 cm Rohr zu Behälter A?

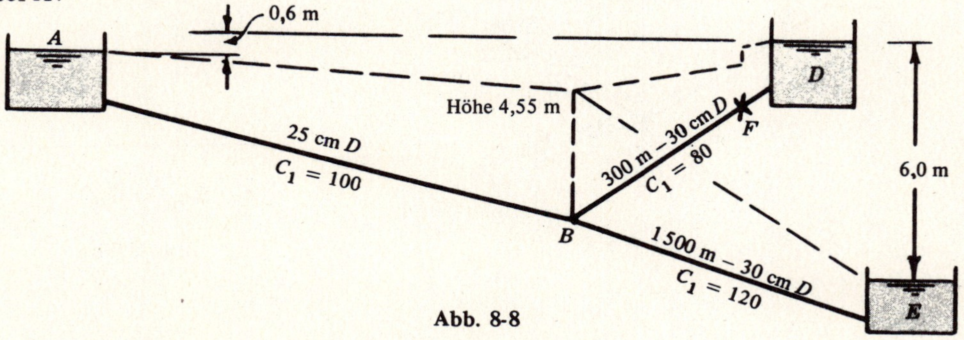

Abb. 8-8

Lösung:

Für DB ist $Q = 28$ l/s ($C_1 = 80$) und für $C_1 = 100$, $Q = (100/80)28 = 35{,}0$ l/s und $S_{30} = 1{,}50$ m/1000 m.

Die gesamte Verlusthöhe zwischen D und B ist $1{,}50\ (300/1000) + 1{,}00 = 1{,}45$ m, was bei B eine Drucklinienhöhe von 4,55 m ergibt (Höhe bei $E = 0$ festgesetzt).

Für BE $S_{30} = (4{,}55 - 0{,}0)/1500 = 3{,}03$ m/1000 m und $Q = 52$ l/s ($C_1 = 100$), für $C_1 = 120$, $Q = 62{,}4$ l/s.

Für AB ist der Volumenstrom $Q = 62{,}4 - 28{,}0 = 34{,}4$ l/s und $S_{25} = 3{,}50$ m/1000 m (nach Diagramm B). Dann $S = h/L$, $L = h/S = (0{,}85/3{,}50)1000 = 243$ m.

16. Wasser wird mit 55 l/s durch ein neues, 1200 m langes Gußeisenrohr in einen Behälter gepumpt, dessen Oberfläche sich 36 m über dem unteren Wasserspiegel befindet. Die jährlichen Pumpkosten der 55 l/s betragen 16,40 $ pro m Gegendruck, die jährlichen Kosten der Rohre sind 10 % der Neukosten. Nimm für verlegte Gußeisenrohre einen Preis von 140,00 $ pro Tonne an und für Rohre der Klasse B (50 m Druckhöhe) die folgenden Gewichte pro m Länge: Durchmesser 15 cm, 49,5 kp; 20 cm, 71,0 kp; 25 cm, 95,0 kp; 30 cm, 122,0 kp und 40 cm, 186,0 kp. Bestimme den wirtschaftlich günstigsten Rohrdurchmesser für diese Installation.

Lösung:

Stellvertretend für alle anderen Rohrgrößen, die in der Tabelle unten aufgeführt sind, werden wir die Rechnungen für das 30 cm Rohr im Detail durchführen. Für ein neues 30 cm Gußeisenrohr ist mit $C_1 = 130$ nach dem hydraulischen Rechenschieber die Verlusthöhe 2,10 m/1000 m.

Daher muß gegen eine Gesamthöhe von $36 + 1200\ (2{,}10/10\,000) = 38{,}5$ m angepumpt werden.

	Pumpkosten	= 38,5 x 16,40$ = 631 $ pro Jahr
	Leitungskosten	= 140$ x 1200 x 122/1000 = 20 500 $
Jährliche	Leitungskosten	= 10 % x 20 500 $ = 2050 $.

Zum Vergleich schreiben wir diese Werte zusammen mit den Kosten für die anderen Größen in eine Tabelle:

D cm	S m/1000 m	Verlusthöhe m	Gesamtpumphöhe $= 36 + H_L$	Jährliche Kosten für 55 l/s Pump + Rohrkosten = Gesamtkosten		
15	65,0	78,0	114,0 m	1870 $	830 $	2700 $
20	16,2	19,5	55,5 m	910	1190	2100
25	5,3	6,4	42,4 m	694	1600	2294
30	2,1	2,5	38,5 m	631	2050	2681
40	0,6	0,7	36,7 m	602	3130	3732

Die wirtschaftlichste Größe ist 20 cm.

17. Welche Volumenströme ergeben sich, wenn die Höhen der Wasseroberflächen in Abb. 8-9 (a) konstant bleiben?

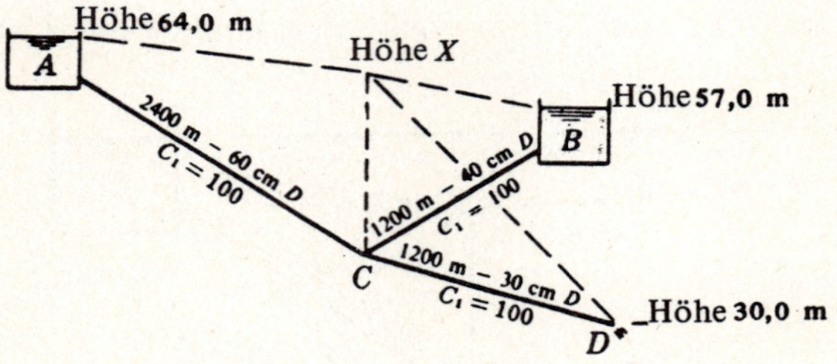

Abb. 8-9(a)

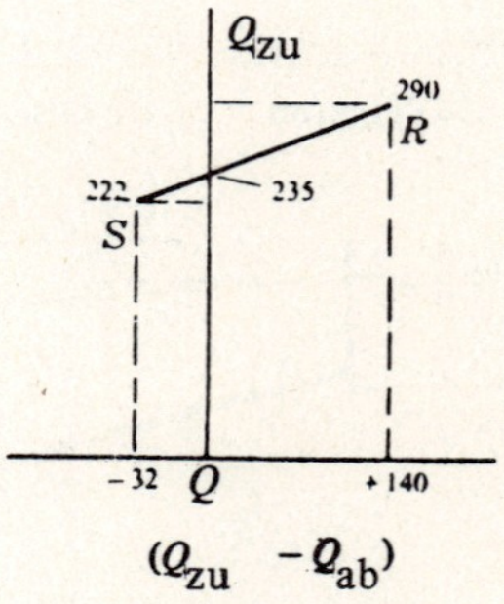

Abb. 8-9(b)

Lösung:

Da die Höhe der Drucklinie bei C nicht berechnet werden kann (alle Volumenströme sind unbekannt), wird das Problem durch sukzessive Approximation gelöst. Eine praktische Annahme ist eine Drucklinienhöhe bei C von 57 m. Mit diesem Wert hat man keine Strömung zu oder von Behälter B, die Rechnungen werden einfacher.

Für eine Drucklinienhöhe bei C von 57 m:

$$S_{60} = (64 - 57)/2400 = 2{,}91 \text{ m}/1000 \text{ m} \quad \text{und} \quad Q = 290 \text{ l/s nach } C$$
$$S_{30} = (57 - 30)/1200 = 22{,}5 \text{ m}/1000 \text{ m} \quad \text{und} \quad Q = 150 \text{ l/s von } C$$

Diese Werte zeigen an, daß die Drucklinie bei C höher sein muß, um die Strömung von A zu reduzieren und die nach D zu vergrößern. Darüberhinaus ergibt sich dann eine Strömung nach B. In der Absicht, die richtige Höhe bei C zu „überspringen", nehmen wir eine Höhe von 60 m an. Dann ergibt sich für eine Drucklinienhöhe bei C von 60 m

$$S_{60} = (64 - 60)/2400 = 1{,}67 \text{ m}/1000 \text{ m} \quad \text{und} \quad Q = 222 \text{ l/s nach } C$$
$$S_{40} = (60 - 57)/1200 = 2{,}50 \text{ m}/1000 \text{ m} \quad \text{und} \quad Q = 98 \text{ l/s von } C$$
$$S_{30} = (60 - 30)/1200 = 25{,}0 \text{ m}/1000 \text{ m} \quad \text{und} \quad Q = 156 \text{ l/s von } C$$

Einer Strömung von 254 l/s von C weg steht eine Strömung von 222 l/s nach C hin gegenüber. Um eine möglichst gute dritte Annahme zu bekommen, machen wir uns eine Zeichnung (Abb. 8-9 (*b*)). Wir verbinden die Punkte R und S, diese Linie schneidet die durch den Nullpunkt der $(Q_{zu} - Q_{ab})$-Abszisse gehende Ordinate Q_{zu} bei 235 l/s (eingezeichnet). Da sich die gezeichneten Größen nicht linear ändern, wählen wir den Volumenstrom zu C hin leicht größer, z. B. 245 l/s.

Für Q = 245 l/s nach C hin ist $S_{60} = 2{,}00$ m/1000 m und $(H_L)_{A-C} = 2{,}00 \times 2400/1000 = 4{,}8$ m. Die Höhe der Drucklinie ist bei C $64{,}0 - 4{,}8 = 59{,}2$ m. Dann

$$S_{40} = 2{,}20/1200 = 1{,}83 \text{ m}/1000 \text{ m}, \quad Q = 80 \text{ l/s von } C$$
$$S_{30} = 29{,}2/1200 = 24{,}30 \text{ m}/1000 \text{ m}, \quad Q = 155 \text{ l/s von } C$$
$$Q \text{ total von } C = 235 \text{ l/s}$$

Diesmal stimmen die beiden Volumenströme recht gut überein, weitere Rechnungen sind nicht nötig. (Eine Drucklinienhöhe von 59,5 m würde für die Volumenströme von und nach C angenähert denselben Wert von 238 l/s liefern).

18. Stelle einen Ausdruck zur Analyse von Strömungen in einem Rohrnetzwerk auf.

Lösung: *)

Die hier vorgeführte Methode, die von Professor Hardy Cross entwickelt wurde, besteht darin, daß man Werte für die Volumenströme durch das Netzwerk annimmt und die berechneten Verlusthöhen (H_L) auszugleichen sucht. In dem einfachen Fall von zwei Parallelleitungen (Abb. 8-10) gilt für die exakten Volumenströme in jedem Zweig

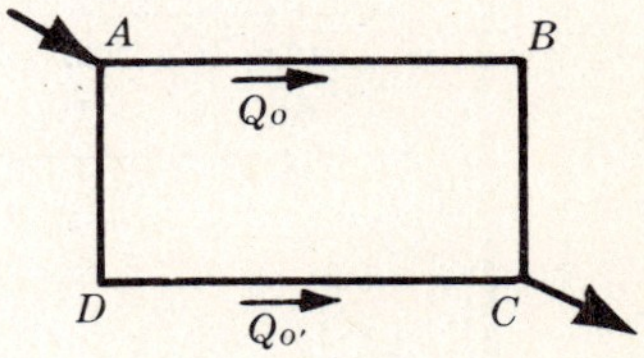

Abb. 8-10

$$(H_L)_{ABC} = (H_L)_{ADC} \quad \text{oder} \quad (H_L)_{ABC} - (H_L)_{ADC} = 0 \qquad (1)$$

Um diese Beziehung gebrauchen zu können, muß die zu benutzende Strömungsformel in der Form $H_L = kQ^n$ geschrieben werden. Nach der Hazen-Williams-Formel ist dieser Ausdruck $H_L = kQ^{1{,}85}$.

Nehmen wir Volumenströme Q_o an, so kann der korrekte Strom Q in jedem Strang des Netzwerkes geschrieben werden als, $Q = Q_o + \Delta$, wobei Δ die Korrektur für Q_o ist. Dann ergibt sich nach dem Binomialsatz

$$kQ^{1{,}85} = k(Q_o + \Delta)^{1{,}85} = k(Q_o^{1{,}85} + 1{,}85\, Q_o^{1{,}85-1}\, \Delta + \ldots)$$

Ist Q_o schon ein relativ guter Wert, so können die Terme mit höheren Potenzen von Δ vernachlässigt werden, weil dann Δ klein gegen Q_o ist.

Für das obige Beispiel ergibt Einsetzen in Ausdruck (*1*):

$$k(Q_o^{1{,}85} + 1{,}85\, Q_o^{0{,}85}\, \Delta)_1 - k(Q_{o'}^{1{,}85} + 1{,}85\, Q_{o'}^{0{,}85}\, \Delta)_2 = 0$$
$$k(Q_o^{1{,}85} - Q_{o'}^{1{,}85}) + 1{,}85k(Q_o^{0{,}85} - Q_{o'}^{0{,}85})\Delta = 0$$

Auflösen nach Δ liefert
$$\Delta = -\frac{k(Q_o^{1{,}85} - Q_{o'}^{1{,}85})}{1{,}85k(Q_o^{0{,}85} - Q_{o'}^{0{,}85})}$$

* gilt nur für reine Rohrreibungswiderstände (ohne Einbauten)

Für kompliziertere Parallelverläufe kann man schreiben

$$\Delta = -\frac{\Sigma\, kQ_o^{1,85}}{1{,}85\, \Sigma\, kQ_o^{0,85}} \qquad (3)$$

Da $kQ_o^{1,85} = H_L$ und $kQ_o^{0,85} = H_L/Q_o$, ergibt sich

$$\Delta = -\frac{\Sigma\,(H_L)}{1{,}85\,\Sigma\,(H_L/Q_o)} \quad \text{für jeden Ring in einem Netzwerk} \qquad (4)$$

Bei Anwendung von Gleichung (*4*) muß man sehr sorgfältig auf das Vorzeichen des Zählers achten. Ausdruck (*1*) zeigt, daß man so tun kann, als verursachten Strömungen im Uhrzeigersinn Verluste im Uhrzeigersinn und entgegengesetzte Strömungen auch entgegengesetzte Verluste. Das heißt, daß man in einer Parallelschaltung alle Vorgänge im Gegenuhrzeigersinn mit einem Minuszeichen versieht, und zwar Volumenstrom Q und Verlusthöhe H_L. Daher sollte man, um Fehler zu vermeiden, diese Vorzeichenregel bei der Lösung beachten. Der Nenner von (*4*) ist immer positiv.

Die nächsten beiden Aufgaben werden illustrieren, wie man Gleichung (*4*) anwenden kann.

19. Die Parallelanordnung in Abb. 8-11 ist ein Teil des Systems in Aufgabe 11. Wie sind die Einzelströme in jedem Zweig, wenn man einen Gesamtstrom von Q = 456 l/s hat? Benutze das Hardy Cross-Verfahren.

Lösung:

Wir nehmen für Q_{30} und Q_{40} Werte von 150 l/s und 306 l/s an. In der unten vorbereiteten Tafel (beachte die – 306 l/s) sind die Werte von S mit dem hydraulischen Rechenschieber (oder mit Diagramm *B*) berechnet. Dazu bekommt man $H_L = S \times L$ und H_L/Q_o.

Beachte, daß die große $\Sigma\, H_L$ anzeigt, daß die Q's nicht gut gewählt waren. (Die Werte waren absichtlich so gewählt worden, um einen großen Wert für $\Sigma\, H_L$ zu bekommen und so daß Verfahren besser erläutern zu können.)

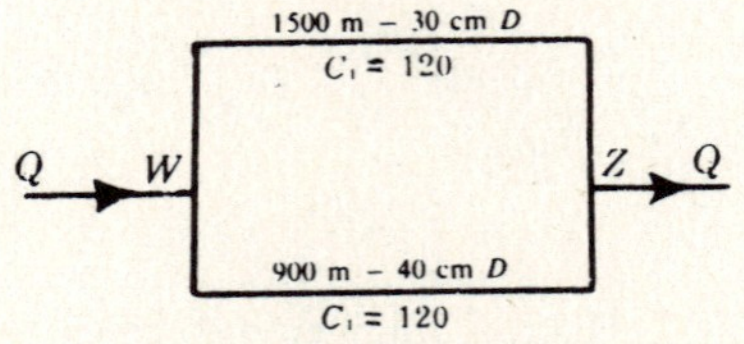

Abb. 8-11

D cm	L m	Q_0 angenommen l/s	S m/1000 m	H_L, m	H_L/Q_0	Δ	Q_1
30	1500	150	17,0	25,5	0,170	–27,8	122,2
40	900	–306	–16,0	–14,4	0,046	–27,8	–333,8
		Σ = 456		Σ = +11,1	0,216		456,0

$$\Delta = -\frac{\Sigma\, H_L}{1{,}85\,\Sigma\,(H_L/Q)} = -\frac{+11{,}1}{1{,}85(0{,}216)} = -27{,}8 \text{ l/s}$$

Als Q_1-Werte erhält man dann (150,0 – 27,8) = 122,2 l/s und (– 306,0 – 27,8) = – 333,8 l/s. Wiederholung des Verfahrens liefert

S	H_L	H_L/Q_1	Δ	Q_2
11,0	16,5	0,135	+3,2	125,4
–19,0	–17,1	0,051	+3,2	330,6
	Σ = –0,6	0,186		456,0

Weitere Rechnungen sind nicht erforderlich, da weder Rechenschieber noch Diagramm *B* genauer als auf 3,0 l/s abgelesen werden können. Im Idealfall sollte $\Sigma\, H_L = 0$ sein, was man aber nur selten erreicht.

Man beachte, daß in Aufgabe 11 durch das 30 cm Rohr 26 % von 456 l/s oder 120,4 l/s flossen, was eine gute Überprüfung unserer Rechnung ist.

20. Wasser fließt durch das unten gezeigte Rohrsystem. Die recht gut geschätzten Volumenströme durch die einzelnen Zweige sind eingezeichnet. Bei Punkt A ist die geodätische Höhe 60 m und die Druckhöhe 45 m. Die geodätische Höhe bei I ist 30 m. Bestimme (a) die Volumenströme durch das Netzwerk und (b) die Druckhöhe bei I. Benutze $C_1 = 100$.

Lösung:

(a) Man kann folgendermaßen vorgehen:

(1) Nimm irgendeine Strömungsverteilung an und gehe Ring für Ring durch – hier in der Reihenfolge I, II, III und IV. Untersuche sorgfältig jeden Verzweigungspunkt so, daß der Fluß zum Punkt gleich dem Fluß von dem Punkt weg ist (Kontinuitätsprinzip).

(2) Berechne für jeden Ring die Verlusthöhen in jedem Zweig (algebraisch, mit Diagramm oder mit Rechenschieber).

(3) Summiere die Verlusthöhen in jedem Ring unter Berücksichtigung der Vorzeichen. (Sollte die Summe der Verlusthöhen Null sein, so sind die Volumenströme Q_1 korrekt).

(4) Summiere die H_L/Q_1-Werte und berechne den Korrekturterm Δ für jeden Ring.

(5) Wende den Δ-Wert auf jeden Rohrstrang an, was zum Anwachsen oder Fallen der angenommenen Q-Werte führt. In Fällen, in denen ein Rohr in zwei Ringen vorkommt, muß die Differenz dieser beiden Δ-Werte als richtige Korrektur für den angenommenen Volumenstrom Q_1 gewählt werden (siehe Anwendung unten).

(6) Fahre so fort, bis die Δ-Werte vernachlässigbar sind.

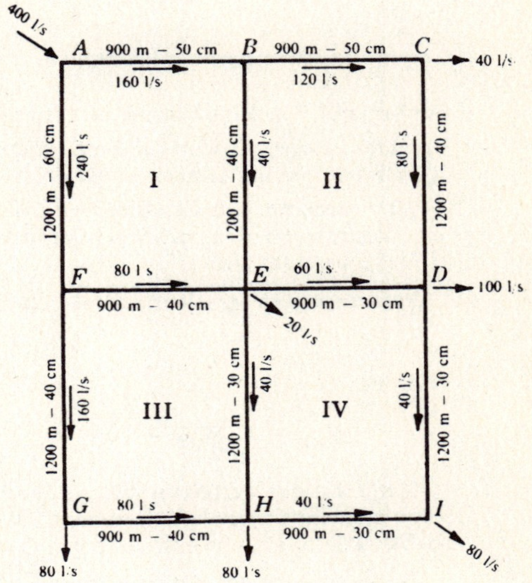

Abb. 8-12

Strang	D, cm	L, m	Q_1, l/s angenommen	S m/1000 m	H_L, m	$\frac{H_L}{Q_1}$	Δ	Q_2
AB	50	900	160	2,20	1,980	0,0124	+13,3	173,3
BE	40	1200	40	0,50	0,600	0,0150	+13,3 − (5,3) = +8,0	48,0
EF	40	900	−80	−1,90	−1,710	0,0214	+13,3 − (24,2) = −10,9	−90,9
FA	60	1200	−240	−1,92	−2,304	0,0096	+13,3	−226,7
					Σ = −1,434	0,0584		
BC	50	900	120	1,30	1,170	0,0098	+5,3	125,3
CD	40	1200	80	1,90	2,160	0,0270	+5,3	85,3
DE	30	900	−60	−4,30	−3,870	0,0645	+5,3 − (−4,9) = +10,2	−49,8
EB	40	1200	−40	−0,50	−0,600	0,0150	+5,3 − (13,3) = −8,0	−48,0
					Σ = −1,140	0,1163		
FE	40	900	80	1,90	1,710	0,0214	+24,2 − (13,3) = +10,9	90,9
EH	30	1200	40	2,00	2,400	0,0600	+24,2 − (−4,9) = +29,1	69,1
HG	40	900	−80	−1,80	−1,620	0,0203	+24,2	−55,8
GF	40	1200	−160	−6,50	−9,800	0,0613	+24,2	−135,8
					Σ = −7,310	0,1630		
ED	30	900	60	4,30	3,870	0,0645	−4,9 − (5,3) = −10,2	49,8
DI	30	1200	40	2,00	2,400	0,0600	−4,9	35,1
IH	30	900	−40	−2,00	−1,800	0,0450	−4,9	−44,9
HE	30	1200	−40	−2,00	−2,400	0,0600	−4,9 − (24,2) = −29,1	−69,1
					Σ = +2,070	0,2295		

Die obigen Schritte wurden ausgeführt und die Ergebnisse in Tabellenform aufgeschrieben. Die Verlusthöhenterme S (in m pro 1000 m) wurden mit dem hydraulischen Rechenschieber berechnet. Die Werte für H_L erhält man durch Multiplikation von S mit der Rohrlänge (in 1000 m Einheiten). Darüberhinaus sind die Quotienten aus H_L und Q tabelliert.

Die Δ-Terme werden folgendermaßen berechnet (Ausdruck (4), Aufgabe 18):

$$\Delta_I = \frac{-(-1{,}434)}{1{,}85(0{,}0584)} = +13{,}3 \qquad \Delta_{III} = \frac{-(-7{,}310)}{1{,}85(0{,}1630)} = +24{,}2$$

$$\Delta_{II} = \frac{-(-1{,}140)}{1{,}85(0{,}1163)} = +5{,}3 \qquad \Delta_{IV} = \frac{-(+2{,}070)}{1{,}85(0{,}2295)} = -4{,}9$$

Für Strang EF in Ring I ist der effektive Δ-Term $(\Delta_I - \Delta_{III})$ oder $[+13{,}3 - (+24{,}2)] = -10{,}9$. Man sollte beachten, daß der Δ-Wert für Ring I mit dem Δ-Wert von Ring III zusammenhängt, da die Linie EF in beiden Ringen vorkommt. Ähnlich ist für FE in Ring III der effektive Δ-Term $(\Delta_{III} - \Delta_I)$ oder $[+24{,}2 - (+13{,}3)] = +10{,}9$. Beachte, daß die effektiven Δ's denselben Betrag, aber *unterschiedliches Vorzeichen* haben. Das versteht man leicht, wenn man berücksichtigt, daß der Fluß in EF im Gegenuhrzeigersinn für Ring I und für Ring III im Uhrzeigersinn verläuft.

Bestimmung der Q_2-Werte für die zweite Rechnung:

$$Q_{AB} = (160{,}0 + 13{,}3) = 173{,}3 \text{ l/s}$$

während

$$Q_{EF} = (-80{,}0 - 10{,}9) = -90{,}9 \text{ l/s} \quad \text{und} \quad Q_{FA} = (-240{,}0 + 13{,}3) = -226{,}7 \text{ l/s}$$

Man führt das Verfahren solange durch, bis die Δ-Terme hinreichend klein sind. Bei der erwarteten Genauigkeit sollte man die Ungenauigkeiten der C_1-Werte und des Rechenschiebers berücksichtigen. Die letzte Spalte auf der nächsten Seite gibt die Endwerte von Q in den verschiedenen Rohrsträngen an.

Da die Summe der Verlusthöhen für alle Ringe klein sind, können wir die Volumenstromwerte in der letzten Spalte der Tabelle auf Seite 129 im Rahmen der zu erwartenden Genauigkeit als richtig ansehen. Der Leser kann das überprüfen, indem er die nächsten Δ-Werte und damit Q_5 etc. berechnet.

(*b*) Die Höhe der Drucklinie bei A ist $(60{,}0 + 45{,}0) = 105{,}0$ m. Den Höhenverlust bis I kann man auf irgendeinem Weg zwischen A und I berechnen, indem man die Verluste in der üblichen Art, d. h. in Richtung der Strömung, addiert. Für $ABEHI$ erhalten wir $(H_L)_{A\text{-}I} = (2{,}520 + 1{,}116 + 4{,}200 + 1{,}440) = 9{,}276$ m. Als Probe wählen wir $ABEDI$ und erhalten $H_L = (2{,}520 + 1{,}116 + 3{,}780 + 3{,}000) = 10{,}416$ m. Nehmen wir einen Mittelwert von 9,8 m an, so ist die Drucklinienhöhe bei I = $(105{,}0 - 9{,}8) = 95{,}2$ m. Daher ist die

Druckhöhe bei $I = (15{,}2 - 30{,}0) = 65{,}2$ m.

Strang	Q_2	S	H_L	H_L/Q	Δ
AB	173,3	2,70	2,430	0,0140	+7,2
BE	48,0	0,70	0,840	0,0175	+7,2 − (−1,2) = +8,4
EF	−90,9	−2,30	−2,070	0,0228	+7,2 − (−6,4) = +13,6
FA	−226,7	−1,70	−2,040	0,0090	+7,2
			Σ = −0,840	0,0633	
BC	125,3	1,40	1,260	0,0101	−1,2
CD	85,3	2,10	2,520	0,0295	−1,2
DE	−49,8	−3,00	−2,700	0,0542	−1,2 − 8,9 = −10,1
EB	−48,0	−0,70	−0,840	0,0175	−1,2 − 7,2 = −8,4
			Σ = +0,240	0,1113	
FE	90,9	2,30	2,070	0,0228	−6,4 − 7,2 = −13,6
EH	69,1	5,50	6,600	0,0955	−6,4 − 8,9 = −15,3
HG	−55,8	−0,91	−0,819	0,0147	−6,4
GF	−135,8	−4,80	−5,760	0,0424	−6,4
			Σ = +2,091	0,1754	
ED	49,8	3,00	2,700	0,0542	+8,9 − (−1,2) = +10,1
DI	35,1	1,61	1,932	0,0550	+8,9
IH	−44,9	−2,50	−2,250	0,0501	+8,9
HE	−69,1	−5,50	−6,600	0,0955	+8,9 − (−6,4) = +15,3
			Σ = −4,218	0,2548	

Strang	Q_3	S	H_L	H_L/Q	Δ	Q_4
AB	180,5	2,80	2,520	0,0140	−1,1	179,4
BE	56,4	0,93	1,116	0,0198	−1,1 − 4,9 = −6,0	50,4
EF	−77,3	−1,76	−1,584	0,0205	−1,1 − 4,8 = −5,9	−83,2
FA	−219,5	−1,60	−1,920	0,0087	−1,1	−220,6
			Σ = +0,132	0,0630		
BC	124,1	1,41	1,269	0,0102	+4,9	129,0
CD	84,1	2,10	2,520	0,0300	+4,9	89,0
DE	−59,9	−4,20	−3,780	0,0631	+4,9 − (−2,5) = +7,4	−52,5
EB	−56,4	−0,93	−1,116	0,0198	+4,9 − (−1,1) = +6,0	−50,4
			Σ = −1,107	0,1231		
FE	77,3	1,76	1,584	0,0205	+4,8 − (−1,1) = +5,9	83,2
EH	53,8	3,50	4,200	0,0781	+4,8 − (−2,5) = +7,3	61,1
HG	−62,2	−1,20	−1,080	0,0174	+4,8	−57,4
GF	−142,2	−5,10	−6,120	0,0430	+4,8	−137,4
			Σ = −1,416	0,1590		
ED	59,9	4,20	3,780	0,0631	−2,5 − 4,9 = −7,4	52,5
DI	44,0	2,50	3,000	0,0682	−2,5	41,5
IH	−35,1	−1,60	−1,440	0,0410	−2,5	−37,6
HE	−53,8	−3,50	−4,200	0,0781	−2,5 − 4,8 = −7,3	−61,1
			Σ = +1,140	0,2504		

Ergänzungsaufgaben

(Aufgaben 23 bis 49 wurden mit dem hydraulischen Rechenschieber gelöst)

21. Berechne mit Hilfe von Diagramm *B* den erwarteten Volumenstrom in einem 40 cm Rohr bei einem Abfall in der Drucklinie von 1,10 m auf 1 km (benutze C_1 = 100). *Lösung:* 62 l/s.

22. Welchen Volumenstrom könnte man erwarten, wenn das Rohr in Aufgabe 21 ein neues Gußeisenrohr gewesen wäre? *Antwort:* 80,6 l/s.

23. Bei einem Test ergab sich in einem 50 cm Gußeisenrohr ein stationärer Fluß von 175 l/s und ein Drucklinienabfall von 1,20m auf eine Rohrlänge von 600 m. Wie ist der Wert von C_1?
Antwort: 116.

24. Bei welcher lichten Weite wird ein neues Gußeisenrohr 550 l/s über 1800 m mit einer Verlusthöhe von 9 m befördern? *Antwort:* 62 cm.

25. Man benötigt einen Volumenstrom von 520 l/s durch alte Gußeisenrohre (C_1 = 100) bei einem Gefälle der Drucklinie von 1,0 m/1000 m. Wie viele 40 cm Rohre würde man theoretisch brauchen? 50 cm Rohre? 60 cm Rohre? 90 cm Rohre? *Antwort:* 8,97; 5,07; 3,06; 1.

26. Überprüfe die Verhältnisse in Aufgabe 25 bei einem Volumenstrom von 520 l/s mit einem beliebig angenommenen Drucklinienabfall.

27. Welche Verlusthöhe in einem neuen 40 cm Gußeisenrohr sorgt für denselben Volumenstrom wie in einem 50 cm Rohr bei einem Abfall der Drucklinie von 1,0 m/1000 m? *Antwort:* 2,90 m/1000 m.

28. Die Rohrleitung *ABCD* besteht aus 6000 m 40 cm Rohr, 3000 m 30 cm Rohr und 1500 m 20 cm Rohr (C_1 = 100). (*a*) Bestimme den Volumenstrom bei einer Verlusthöhe von 60 m zwischen *A* und *D*. (*b*) Welchen Durchmesser muß ein 1500 m langes Rohr haben, das man zwischen *C* und *D* parallel zu dem vorhandenen 20 cm Rohr verlegt, um den neuen *CD*-Abschnitt äquivalent zu dem Abschnitt *ABC* zu machen? (Benutze C_1 = 100). (*c*) Wie groß wäre die gesamte Verlusthöhe zwischen *A* und *D* bei Q = 80 l/s, wenn man parallel zu dem 20 cm Rohr *CD* ein 2400 m langes 30 cm Rohr zwischen *C* und *D* verlegen würde?
Antwort: 58 l/s, 16,5 cm, 42,8 m.

29. Die Rohrleitung *ABCD* besteht aus 3000 m 50 cm Rohr, 2400 m 40 cm Rohr und *L* m 30 cm Rohr (C_1 = 120). Welche Länge *L* macht die Leitung *ABCD* äquivalent zu einem 37,5 cm Rohr, das 4900 m lang ist (C_1 = 100)? Welcher Volumenstrom ergäbe sich bei einer Verlusthöhe von 40 m zwischen *A* und *D*, wenn das 30 cm Rohr zwischen *C* und *D* 900 m lang wäre? *Antwort:* 1320 m, 180 l/s.

30. Wie lang muß ein 20 cm Rohr sein, um einer Leitung aus 900 m 25 cm Rohr, 450 m 20 cm Rohr und 150m 15 cm Rohr äquivalent zu sein? (C_1 = 120 für alle Rohre). *Antwort:* 1320 m.

31. Die Behälter *A* und *D* sind verbunden durch 2400 m 50 cm Rohr (*A-B*), 1800 m 40 cm Rohr (*B-C*) und 600 m Rohr unbekannten Durchmessers (*C-D*). Die Wasserspiegel in den Behältern haben einen Höhenunterschied von 25 m. (*a*) Bestimme die notwendige Größe des Rohres *CD*, damit sich zwischen *A* und *D* ein Volumenstrom von 180 l/s ergibt. Benutze C_1 = 120 für alle Rohre. (*b*) Welcher Volumenstrom ergibt sich, wenn das Rohr *CD* 35 cm Durchmesser hat und parallel zu *BCD* ein 2700 m langes 30 cm Rohr verlegt wird?
Antwort: 32 cm, 258 l/s.

32. Ein Rohrsystem (C_1 = 120) besteht aus 3000 m 75 cm Rohr (*AB*), 2400 m 60 cm Rohr (*BC*) und zwischen *C* und *D* aus zwei parallel verlaufenden 40 cm Rohren, von denen jedes 1800 m lang ist. (*a*) Welche Verlusthöhe ergibt sich für einen Volumenstrom von 360 l/s zwischen *A* und *D*. (*b*) Welche Verlusthöhenänderung ergibt sich bei demselben Volumenstrom, wenn man in einem der 40 cm Rohre ein Ventil schließt?
Antwort: 21,2 m, Änderung = 31,1 m.

33. In Abb. 8-13 ist die Druckhöhe bei *D* 30 m. (*a*) Bestimme die Leistungsaufnahme der Turbine *DE*. (*b*) Welche Leistung kann die Turbine bei einem Volumenstrom von 540 l/s dem Wasser entziehen, wenn das gestrichelt eingezeichnete Rohr installiert wird (900 m, 60 cm)? (C_1 = 120). *Antwort:* 144 PS, 207 Ps.

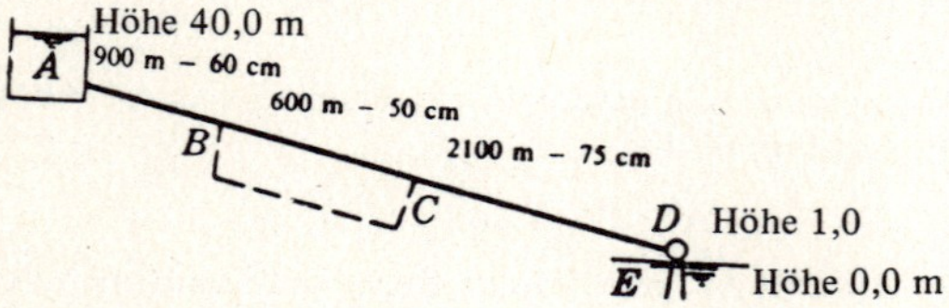

Abb. 8-13

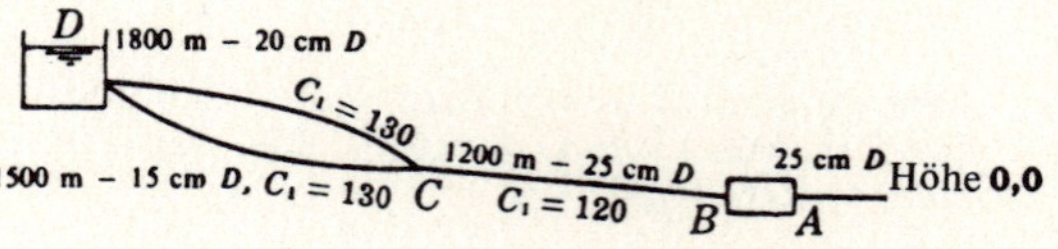

Abb. 8-14

34. In Abb. 8-14 sind die Druckhöhen bei *A* und *B* 3,0 m und 90,0 m. Die Pumpe *AB* überträgt 100 PS auf das gezeigte System. Welche Höhe kann in Behälter *D* aufrechterhalten werden? *Antwort:* 46,8 m.

35. In Abb. 8-15 unten müssen 600 l/s mit einem Druck von 2,80 kp/cm² in Punkt *D* angeliefert werden. Bestimme den Druck bei *A* in kp/cm². *Lösung:* 3,40 kp/cm².

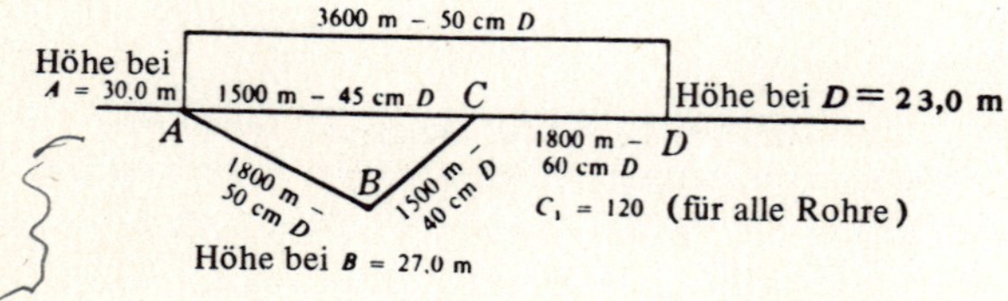

Abb. 8-15

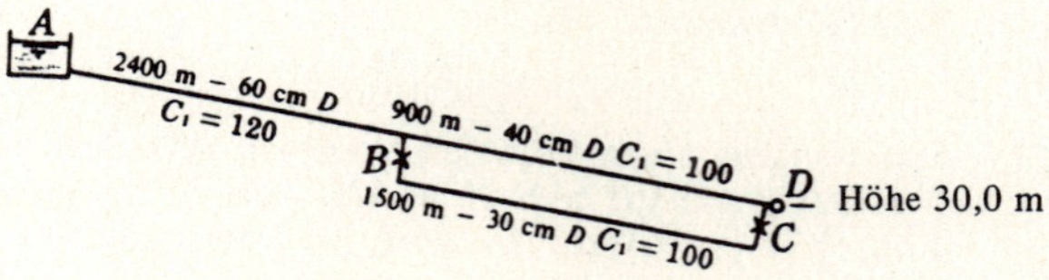

Abb. 8-16

36. (*a*) In Abb. 8-16 oben ist der Druck in *D* 2,10 kp/cm², wenn von *A* 250 l/s fließen. Die Ventile *B* und *C* sind geschlossen. Bestimme die Höhe des Behälters *A*. (*b*) Volumenstrom und Druck in (*a*) sind unverändert, aber Ventil *C* ist ganz geöffnet und Ventil *B* teilweise offen. Welcher Verlust wird durch Ventil *B* hervorgerufen, wenn die neue Höhe des Behälters *A* 64m beträgt? *Antwort:* Höhe 68 m, 5,8 m.

37. Bestimme den Volumenstrom durch jeden Strang des Systems in Abb. 8-17.
Lösung: 190 l/s, 140 l/s, 50 l/s.

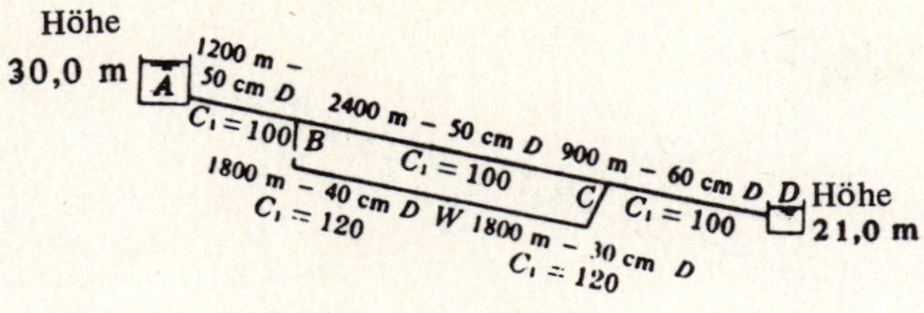

Abb. 8-17

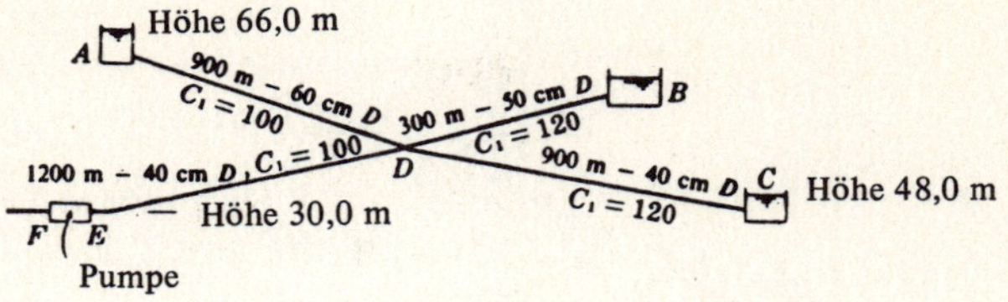

Abb. 8-18

38. Die Pumpe XY befindet sich in einer Höhe von 6,0 m und fördert 120 l/s durch ein 1800 m langes, neues 40 cm Gußeisenrohr YW. Bei Y ist der Druck 2,70 kp/cm². Bei W ist das 40 cm Rohr mit zwei weiteren Rohren verbunden, von denen eines 750 m lang ist bei einer lichten Weite von 30 cm (C_1 = 100). Dieses führt zu Behälter A, dessen Wasserspiegel sich in einer Höhe von 30 m befindet. Das zweite Rohr ist 600 m lang und hat einen Durchmesser von 25 cm (C_1 = 130). Es führt zu Behälter B. Bestimme die Höhe von B und die Volumenströme zu oder von den Behältern. *Lösung:* Höhe 7,1 m, 35 l/s, 155 l/s.

39. Bestimme in Abb, 8-18 für $Q_{ED} = Q_{DC} =$ 280 l/s den Manometerstand in E und die Höhe des Behälters B.
Lösung: 5,26 kp/cm², 53,9 m.

40. In Abb. 8-19 fließt Wasser durch das 90 cm Rohr mit 900 l/s. Bestimme die Leitung der Pumpe XA (78,5 % Wirkungsgrad), die die Volumenströme und die Höhen für das System liefert, wenn die Druckhöhe bei X Null ist. Zeichne die Drucklinie. *Lösung:* 272 PS.

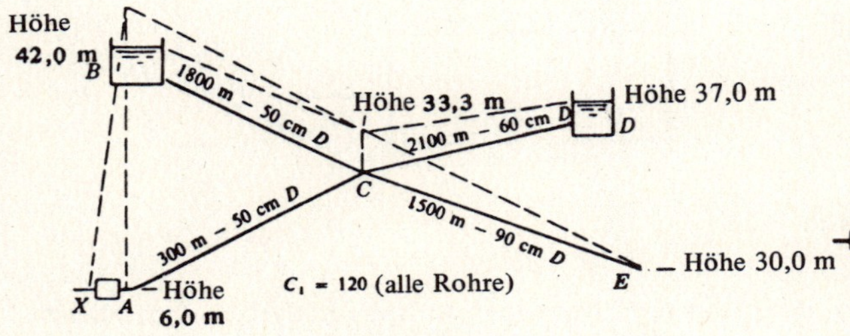

Abb. 8-19

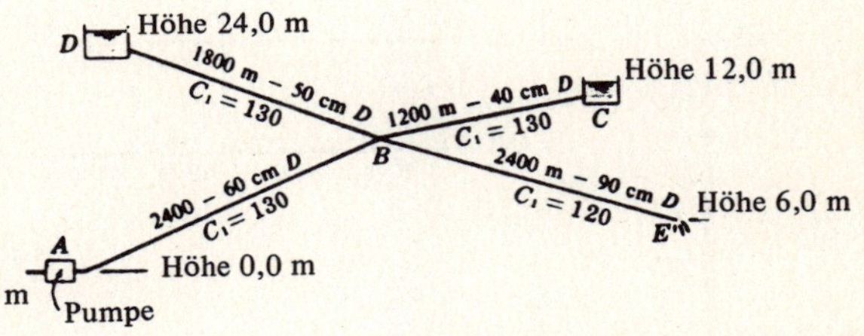

Abb. 8-20

41. Wieviel Wasser muß die Pumpe in Abb. 8-20 fördern, wenn der Volumenstrom durch das 90 cm Rohr 1200 l/s beträgt? Wie ist die Druckhöhe bei A? *Antwort:* 984 l/s, 56,6 m.

42. Die Druckhöhe bei A in der Pumpe AB beträgt 36,0 m, wenn die Pumpe eine Energieänderung des Systems (siehe Abb. 8-21) von 140 PS verursacht. Die Verlusthöhe durch das Ventil Z beträgt 3,0 m. Bestimme alle Volumenströme und die Höhe des Behälters T. Zeichne die Drucklinie.
Lösung: $Q_{AW} = Q_{SB}$ = 360 l/s. Q_{SR} = 64 l/s, Q_{TS} = 424 l/s, Höhe bei T 27,0 m.

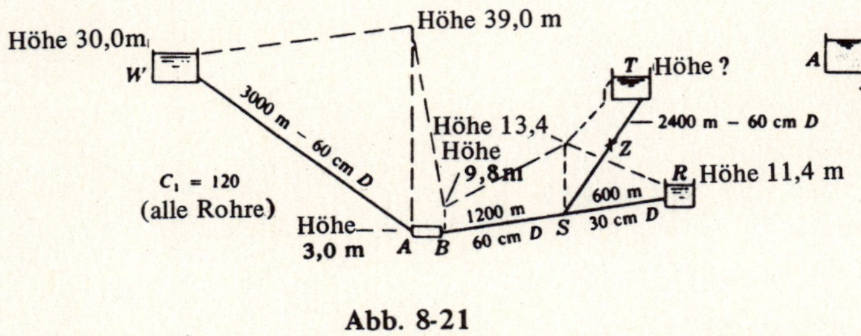

Abb. 8-21

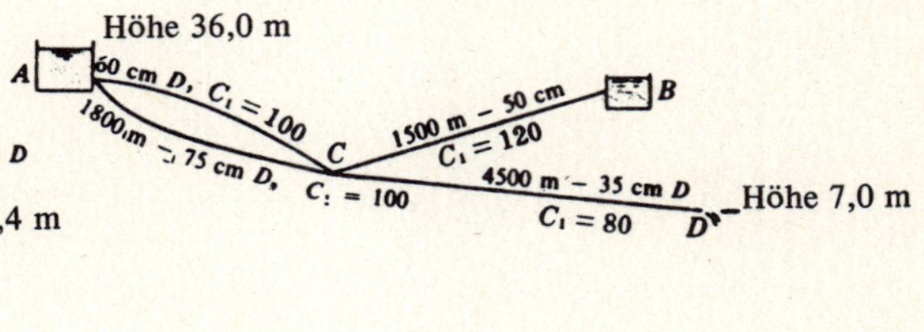

Abb. 8-22

43. In Abb. 8-22 ist der Gesamtstrom von A 380 l/s, der Volumenstrom nach B beträgt 295 l/s. Bestimme (a) die Höhe von B und (b) die Länge des 60 cm Rohres. *Lösung:* 26,5 m, 7700 m.

44. Welche Volumenströme ergeben sich zu oder von jedem Behälter in Abb. 8-23?
Antwort: Q_{AE} = 140 l/s. Q_{BE} = 3 l/s. Q_{EC} = 79 l/s. Q_{ED} = 64 l/s.

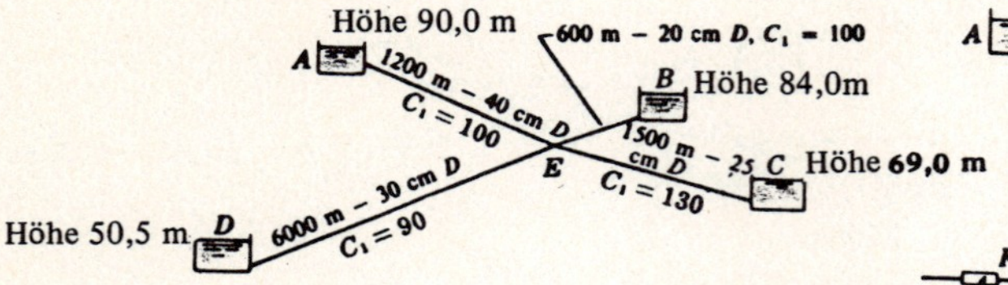

Abb. 8-23

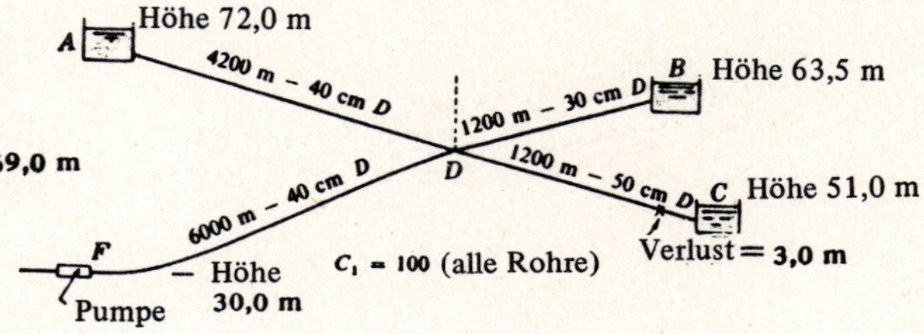

Abb. 8-24

45. Bestimme für eine Druckhöhe bei F von 45,0 m die Volumenströme durch das System in Abb. 8-24.
Lösung: Q_{FD} = 98 l/s, Q_{AD} = 104 l/s, Q_{BD} = 48 l/s, Q_{DC} = 250 l/s.

46. Wie groß sind für das Rohrsystem in Aufgabe 9 für Q = 200 l/s die Volumenströme in jedem Zweig und die Verlusthöhen? Benutze die Hardy Gross-Methode. *Antwort:* Q_{30} = 82 l/s, Q_{20} = 53 l/s, Q_{25} = 65 l/s.

47. Löse Aufgabe 35 mit Hilfe des Hardy Cross-Verfahrens.

48. Es werden drei Rohrsysteme A, B, und C studiert. Welches System hat die größte Kapazität? Benutze C_1 = 100 für alle Rohre in der Zeichnung. *Antwort: B.*

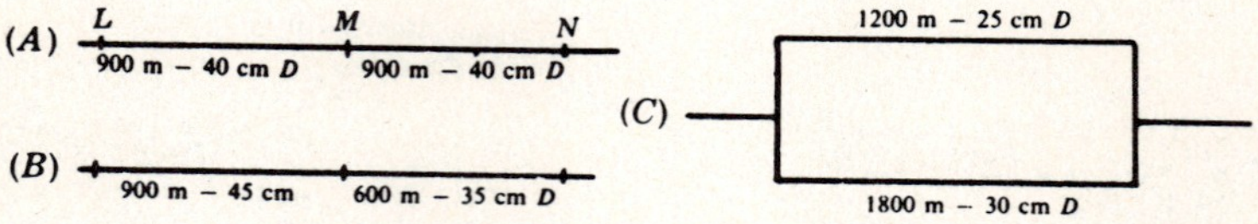

Abb. 8-25

49. Welchen Durchmesser muß ein 900 m langes Rohr, das in der vorhergehenden Aufgabe in System A parallel zu MN verlegt wird, haben, damit das neue System A eine um 50 % größere Kapazität als das System C hat?
Antwort: d = 38 cm.

KAPITEL 9

Strömungsmessung

EINFÜHRUNG

In der Ingenieurpraxis werden zahlreiche Geräte benutzt, um Strömungsgrößen zu messen. Geschwindigkeitsmessungen werden mit Strömungsgeschwindigkeitsmessern wie z. B. Pitot-Rohren und rotierenden oder Hitzdrahtanemometern durchgeführt. Bei Modelluntersuchungen wendet man auch häufig photographische Methoden an. Durchflußmessungen werden mit Hilfe von Blenden, Ausflußöffnungen, Düsen, Venturirohren und -kanälen, Wehren und vielen anderen patentierten Geräten gemessen. Um solche Geräte sinnvoll anwenden zu können, ist der Gebrauch der Bernoulli-Gleichung und die Kenntnis der charakteristischen Eigenschaften und Koeffizienten jedes Gerätes unumgänglich. Hat man keine zuverlässigen Werte für die Koeffizienten, so sollte ein Gerät unter den zu erwartenden Betriebsbedingungen geeicht werden.

Formeln, die für inkompressible Flüssigkeiten abgeleitet wurden, lassen sich auch auf kompressible Flüssigkeiten verwenden, wenn die Druckdifferenzen klein gegen den Gesamtdruck sind. In vielen praktischen Fällen hat man solch kleine Differenzen. Muß Kompressibilität berücksichtigt werden, so muß man spezielle Formeln aufstellen und benutzen. (Siehe Aufgaben 5-8 und 23-28).

PITOT-ROHR

Das Pitot-Rohr mißt indirekt die Geschwindigkeit an einem Punkt der Strömung, indem es dort den Staudruck mißt, der um $w(V^2/2g)$ kp/m² größer ist als der lokale statische Druck. In einer offenen Gerinneströmung, bei der ja der lokale statische Druck Null (man.) ist, gibt die Höhe, bis zu der die Flüssigkeit in dem Rohr steigt, die Geschwindigkeitshöhe an. In den Aufgaben 1 und 5 sind Formeln für die Strömung inkompressibler bzw. kompressibler Flüssigkeiten abgeleitet.

DURCHFLUSSZAHL (AUSFLUSSZAHL)

Unter der Durchflußzahl (c) verstehen wir das Verhältnis aus realem Durchfluß durch ein Gerät zu idealem Durchfluß. Dieser Koeffizient läßt sich ausdrücken als

$$c = \frac{\text{realer Volumenstrom } Q}{\text{idealer Volumenstrom } Q} = \frac{Q}{A\sqrt{2gH}} \qquad (1)$$

Praktischer schreibt man, wenn die Durchflußzahl c experimentell bestimmt ist,

$$Q = cA\sqrt{2gH} \qquad \text{in m}^3/\text{s} \qquad (2)$$

wobei A = Querschnittsfläche des Gerätes in m²

H = den Fluß hervorrufende Gesamthöhe in m Flüssigkeit.

Die Durchflußzahl läßt sich auch mit Hilfe der Geschwindigkeitsziffer c_v (velocity) und der Kontraktionszahl c_c (contraction) schreiben:

$$c = c_v \times c_c \qquad (3)$$

Die Durchflußzahl ist nicht konstant. Sie hängt bei gegebener Anordnung von der Reynolds-Zahl ab. Im Anhang findet man die folgenden Informationen:

(1) Tafel 7 enthält Ausflußzahlen für kreisförmige Öffnungen, aus denen sich Wasser von 15° C ins Freie ergießt. Es gibt nicht für viele Flüssigkeiten zuverlässige Daten über große Bereiche der Reynolds-Zahl.

(2) Diagramm C zeigt für drei Verhältniswerte von Rohr- zu Öffnungsdurchmesser die Änderung von c' mit der Reynolds-Zahl. Es gibt keine zuverlässigen Daten für Reynolds-Zahlen unter etwa 10 000.

(3) Diagramm D zeigt die Änderung von c mit der Reynolds-Zahl für drei Düsen mit großem Düsen- zu Rohrdurchmesser-Verhältnis.

(4) Diagramm E zeigt die Änderung von c mit der Reynolds-Zahl für fünf unterschiedlich große Venturirohre für ein Durchmesserverhältnis von 0,50.

GESCHWINDIGKEITSZIFFER

Unter der Geschwindigkeitsziffer c_v versteht man das Verhältnis aus der aktuellen mittleren Geschwindigkeit des Strahls im Querschnitt und der idealen Durchschnittsgeschwindigkeit, die sich ohne Reibung ergäbe. Daher:

$$c_v = \frac{\text{aktuelle mittlere Geschwindigkeit}}{\text{ideale mittlere Geschwindigkeit}} = \frac{V}{\sqrt{2gH}} \tag{4}$$

KONTRAKTIONSZAHL

Unter der Kontraktionszahl c_v versteht man das Verhältnis aus Fläche des eingeschnürten Strahls (jet) und Öffnungsfläche, durch die die Flüssigkeit fließt. Daher

$$c_c = \frac{\text{Strahlquerschnitt}}{\text{Öffnungsquerschnitt}} = \frac{A_{jet}}{A_o} \tag{5}$$

VERLUSTHÖHE

Die Verlusthöhe in Öffnungen, Rohren, Düsen und Venturirohren drückt man aus als

$$\text{Verlusthöhe in m Flüssigkeit} = \left(\frac{1}{c_v^2} - 1\right) \frac{V_{jet}^2}{2g} \tag{6}$$

Bei Anwendung dieser Gleichung auf ein Venturirohr bedeutet V_{jet} die Geschwindigkeit an der Verengungsstelle und $c_v = c$.

ÜBERFALLWEHRE

Überfallwehre messen den Volumenstrom von Flüssigkeiten in offenen Gerinnen, gewöhnlich Wasser. In der Literatur findet sich eine Vielzahl empirischer Formeln, jede mit begrenztem Anwendungsbereich. Nur einige davon sind unten aufgeführt.

Die meisten Wehre sind rechteckig, die ohne *Seitenkontraktion* werden im allgemeinen für größere Volumenströme verwendet, während die mit Seiteneinzwängung für kleinere Ströme benutzt werden. Es gibt sie auch in Dreiecks-, Trapez- und Parabelform und als Proportionalwehre (Sutro-Überfall). Um genaue Resultate zu erzielen, sollte ein Wehr an dem Ort und unter den Bedingungen, für die es vorgesehen ist, geeicht werden.

THEORETISCHE WEHRFORMEL

Die theoretische Wehrformel für rechteckige Wehre wird in Aufgabe 29 abgeleitet und lautet

$$Q = \frac{2}{3} cb\sqrt{2g}\left[\left(H + \frac{V^2}{2g}\right)^{3/2} - \left(\frac{V^2}{2g}\right)^{3/2}\right] \qquad (7)$$

Hierbei sind: Q = Volumenstrom in m^3/s
c = Koeffizient (ist experimentell zu bestimmen)
b = Wehrkronenlänge in m
H = Überfallhöhe in m (Höhe des Flüssigkeitsspiegels über der Wehrkrone)
V = Durchschnittsgeschwindigkeit bei der Annäherung in m/s.

FRANCIS-FORMEL

Die Francis-Formel basiert auf Experimenten an rechteckigen Wehren von 1,1 m bis 5,2 m Länge bei Überfallhöhen zwischen 0,2 und 0,5 m. Sie lautet

$$Q = 1{,}84\left(b - \frac{nH}{10}\right)\left[\left(H + \frac{V^2}{2g}\right)^{3/2} - \left(\frac{V^2}{2g}\right)^{3/2}\right] \qquad (8)$$

wobei dieselbe Notation wie oben verwendet wurde und

n = 0 für ein Wehr ohne Seitenkontraktion
n = 1 für ein Wehr mit einseitiger Kontraktion
n = 2 für ein Wehr mit beidseitiger Kontraktion.

BAZIN-FORMEL

Die Bazin-Formel (Längen zwischen 0,5 m und 2 m, Überfallhöhen zwischen 0,05 m und 0,6 m) lautet

$$Q = \left(1{,}794 + \frac{0{,}0133}{H}\right)\left[1 + 0{,}55\left(\frac{H}{H+Z}\right)^2\right] bH^{3/2} \qquad (9)$$

wobei Z die Höhe der Wehrkrone über der Kanalsohle bedeutet.

Der Term in Klammern kann bei kleinen Annäherungsgeschwindigkeiten vernachlässigt werden.

FORMEL VON FTELEY UND STEARNS

Die Formel von Fteley und Stearns für Wehre ohne Seitenkontraktion (zwischen 1,5 m und 5,8 m lang bei Überfallhöhen von 0,02 m bis 0,50 m) lautet

$$Q = 1{,}83\, b\left(H + \alpha\frac{V^2}{2g}\right)^{3/2} + 0{,}00065\, b \qquad (10)$$

wobei der Faktor α von der Höhe Z der Wehroberkante abhängt. (Man benötigt eine Wertetafel).

FORMEL FÜR DREIECKSWEHRE

Die in Aufgabe 30 abgeleitete Formel für Dreieckswehre lautet

$$Q = \frac{8}{15} c \tan\frac{\theta}{2}\sqrt{2g}\, H^{5/2} \qquad (11)$$

oder, bei gegebenem Wehr,

$$Q = mH^{5/2} \qquad (12)$$

FORMEL FÜR TRAPEZFÖRMIGE WEHRE

Eine Formel (Cipoletti) lautet

$$Q = 1{,}861\; bH^{3/2} \qquad (13)$$

Dieses Wehr hat die Seitensteigungen 4 (vertikal) zu 1 (horizontal).

DÄMME, DIE ALS WEHRE BENUTZT WERDEN

Der Volumenstrom über Dämme, die als Wehre benutzt werden, läßt sich annähernd nach der folgenden Formel berechnen:

$$Q = mbH^{3/2} \tag{14}$$

Der Faktor m muß experimentell (im allgemeinen aus Modellstudien) bestimmt werden.

Ungleichförmiger Abfluß über Wehre mit breiter Krone wird in Kapitel 10, Aufgabe 52, diskutiert.

ZEIT ZUM ENTLEEREN EINES BEHÄLTERS

Nach Aufgabe 38 ist die Zeit zum Entleeren eines Behälters durch eine Öffnung

$$t = \frac{2A_T}{cA_0\sqrt{2g}}(h_1^{1/2} - h_2^{1/2}) \quad \text{(Konstanter Querschnitt, kein Zufluß)} \tag{15}$$

$$t = \int_{h_1}^{h_2} \frac{-A_T\,dh}{Q_{\text{Aus}}\;Q_{\text{Ein}}} \quad \text{(Zufluß < Abfluß, konstanter Querschnitt)} \tag{16}$$

In Aufgabe 41 wird das Problem für einen Behälter behandelt, dessen Querschnitt nicht konstant ist.

ZEIT ZUM ENTLEEREN EINES BEHÄLTERS

Nach Aufgabe 43 ist die Zeit zum Entleeren eines Behälters mit Hilfe von Wehren

$$t = \frac{2A_T}{mL}(H_2^{-1/2} - H_1^{-1/2}) \tag{17}$$

ZEIT ZUR AUSBILDUNG EINER STRÖMUNG

Nach Aufgabe 45 ist die Zeit zur Ausbildung einer Strömung in einer Rohrleitung

$$t = \frac{LV_f}{2gH} \ln\left(\frac{V_f + V}{V_f - V}\right) \tag{18}$$

Aufgaben mit Lösungen

1. Ein Pitot-Rohr mit einem Koeffizienten von 0,98 wird benutzt, um die Geschwindigkeit von Wasser in der Mitte eines Rohres zu messen. Die Staudruckhöhe beträgt 5,58 m, der statische Druck im Rohr ist 4,65 m. Wie groß ist die Geschwindigkeit?

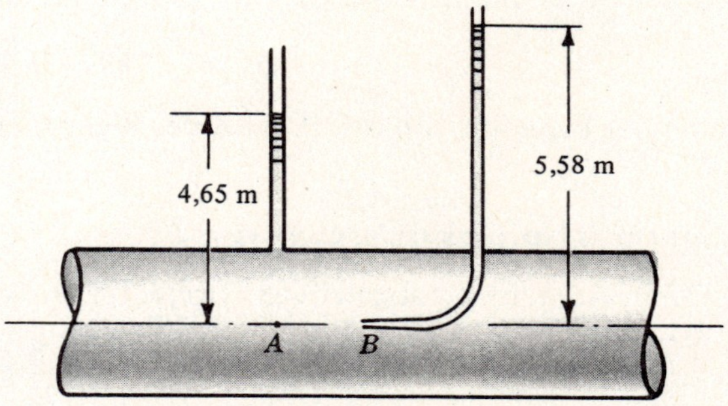

Abb. 9-1

Lösung:

Wenn das Rohr richtig geformt und positioniert ist, hat man im Punkt B (siehe Abb. 9-1) vor dem offenen Rohrende die Geschwindigkeit Null (Staupunkt). Anwendung der Bernoulli-Gleichung zwischen Punkt A in der ungestörten Flüssigkeit und Punkt B liefert

$$\left(\frac{p_A}{w} + \frac{V_A^2}{2g} + 0\right) - \underset{\text{(angenommen)}}{\text{kein Verlust}} = \left(\frac{p_B}{w} + 0 + 0\right) \tag{1}$$

Dann hat man für eine ideale reibungsfreie Flüssigkeit

$$\frac{V_A^2}{2g} = \frac{p_B}{w} - \frac{p_A}{w} \quad \text{oder} \quad V_A = \sqrt{2g\left(\frac{p_B}{w} - \frac{p_A}{w}\right)} \tag{2}$$

Für ein reales Rohr muß ein Koeffizient c, der von der Gestalt des Rohres abhängt, eingeführt werden. Dann ergibt sich als wirkliche Geschwindigkeit für das obige Problem

$$V_A = c\sqrt{2g(p_B/w - p_A/w)} = 0{,}98\sqrt{2g(5{,}58 - 4{,}65)} = 4{,}18 \text{ m/s}$$

Die obige Gleichung läßt sich für alle inkompressiblen Flüssigkeiten anwenden. In den meisten praktischen Fällen kann $c = 1$ angenommen werden. Lösung von (*1*) oben für den Staudruck bei B liefert

$$p_B = p_A + \tfrac{1}{2}\rho V^2 \qquad \text{mit} \quad \rho = w/g \tag{3}$$

2. Luft fließt durch eine Leitung. Das Pitot-Rohr, das die Geschwindigkeit messen soll, ist mit einem Differentialmanometer, das Wasser enthält, verbunden. Berechne die Luftgeschwindigkeit, wenn die Manometerauslenkung 10 cm beträgt und die Luft ein konstantes spez. Gewicht von $1{,}22 \text{ kp/m}^3$ hat. Der Rohrkoeffizient ist 0,98.

Lösung:

Für das Differentialmanometer ist

$$(p_B - p_A)/w = (10/100)(1000/1{,}22) = 82 \text{ m Luft und damit } V = 0{,}98\sqrt{19{,}6(82)} = 39{,}3 \text{ m/s}$$

(Siehe Aufgaben 26-28 und Kapitel 11 zu Überlegungen zur Schallgeschwindigkeit.)

3. Tetrachlorkohlenstoff (rel. spez. Gew. 1,60) fließt durch ein Rohr. Das an einem Pitot-Rohr angebrachte Differentialmanometer zeigt 7,5 cm Quecksilberauslenkung. Nimm $c = 1{,}00$ an und bestimme die Geschwindigkeit.

Lösung:

$$p_B - p_A = (7{,}5/100)(13{,}6 - 1{,}6)1000 = 900 \text{ kp/m}^2 \qquad V = \sqrt{19{,}6[900/(1{,}6 \times 1000)]} = 3{,}31 \text{ m/s}$$

4. Wasser fließt mit 1,4 m/s Geschwindigkeit. Ein Differentialmanometer, das eine Flüssigkeit des rel. spez. Gew. 1,25 enthält, ist mit dem Pitot-Rohr verbunden. Wie ist die Auslenkung der Manometerflüssigkeit?

Lösung:

$$V = c\sqrt{2g(\Delta p/w)}, \qquad 1{,}4 = 1{,}00\sqrt{19{,}6(\Delta p/w)} \quad \text{und} \quad \Delta p/w = 0{,}1 \text{ m Wasser}$$

Anwendung der Formel für ein Differentialmanometer ergibt $0{,}1 = (1{,}25 - 1)\,h$ und $h = 0{,}4$ m Auslenkung.

5. Stelle einen Ausdruck für die Volumenstrommessung von Gas mit einem Pitotrohr auf.

Lösung:

Der Fluß zwischen A und B in der Abbildung von Aufgabe 1 wird als adiabatisch angenommen, Verluste seien vernachlässigbar. Anwendung der Bernoulli-Gleichung D in Aufgabe 20 von Kapitel 6 zwischen A und B ergibt

$$\left[\left(\frac{k}{k-1}\right)\frac{p_A}{w_A} + \frac{V_A^2}{2g} + 0\right] - \text{vernachlässigbarer Verlust} = \left[\left(\frac{k}{k-1}\right)\left(\frac{p_A}{w_A}\right)\left(\frac{p_B}{p_A}\right)^{(k-1)/k} + 0 + 0\right]$$

oder

$$\frac{V_A^2}{2g} = \left(\frac{k}{k-1}\right)\left(\frac{p_A}{w_A}\right)\left[\left(\frac{p_B}{p_A}\right)^{(k-1)/k} - 1\right] \tag{1}$$

Der Term p_B ist der Staudruck. Diesen Ausdruck (*1*) stellt man gewöhnlich um, indem man das Verhältnis aus Geschwindigkeit bei A zu Schallgeschwindigkeit c in der ungestörten Flüssigkeit einführt.

Nach Kapitel 1 ist die Schallgeschwindigkeit $c = \sqrt{E/\rho} = \sqrt{kp/\rho} = \sqrt{kpg/w}$. Einführung dieses Ausdrucks in Gleichung (*1*) ergibt

$$\frac{V_A^2}{2} = \left(\frac{c^2}{k-1}\right)\left[\left(\frac{p_B}{p_A}\right)^{(k-1)/k} - 1\right] \quad \text{oder} \quad \frac{p_B}{p_A} = \left[1 + \left(\frac{k-1}{2}\right)\left(\frac{V_A}{c}\right)^2\right]^{k/(k-1)} \tag{2}$$

und nach dem Binomialsatz

$$\frac{p_B}{p_A} = 1 + \frac{k}{2}\left(\frac{V_A}{c}\right)^2\left[1 + \frac{1}{4}\left(\frac{V_A}{c}\right)^2 - \frac{k-2}{24}\left(\frac{V_A}{c}\right)^4 + \cdots\right] \tag{3}$$

Um diesen Ausdruck mit Formel (*3*) von Aufgabe 1 vergleichen zu können, multiplizieren wir mit p_A und ersetzen kp_A/c^2 durch ρ_A:

$$p_B \;=\; p_A + \frac{1}{2}\rho_A V_A^2\left[1 + \frac{1}{4}\left(\frac{V_A}{c}\right)^2 - \frac{k-2}{24}\left(\frac{V_A}{c}\right)^4 + \cdots\right] \qquad (4)$$

Der obige Ausdruck läßt sich auf alle kompressiblen Flüssigkeiten anwenden, solange V/c kleiner als 1 ist. Ist dieses Verhältnis größer als 1, so treten Verdichtungsstöße und andere Phänomene auf. Die Annahme adiabatischer Strömungsvorgänge ist nicht mehr hinreichend genau erfüllt und die obige Ableitung nicht mehr möglich. Man nennt das Verhältnis V/c die *Mach-Zahl.*

In (*4*) ist der Term in Klammern größer als 1, durch Berücksichtigung der ersten beiden Glieder erhält man hinreichende Genauigkeit. Die Kombressibilität bewirkt, daß der Druck am Staupunkt über den einer inkompressiblen Flüssigkeit anwächst (siehe Ausdruck (*3*) von Aufgabe 1).

Schallgeschwindigkeiten werden in den Aufgaben 26-28 und in Kapitel 11 diskutiert.

6. Ein Luftstrom, der unter atmosphärischen Bedingungen (15° C und w = 1,221 kp/m³) mit 90 m/s fließt, soll mit einem Pitot-Rohr gemessen werden. Berechne den Fehler im Staudruck, der sich aus der Annahme, daß Luft inkompressibel ist, ergibt.

Lösung:

Formel (*3*) aus Aufgabe 1 führt zu

$$p_B = p_A + \tfrac{1}{2}\rho V^2 = 1{,}033(10\,000) + \tfrac{1}{2}(1{,}221/9{,}8)(90)^2 = 10\,836 \text{ kp/m}^2 \text{ abs.}$$

Mit Formel (*4*) aus Aufgabe 5 und $c = \sqrt{kgRT} = \sqrt{1{,}4(9{,}8)(29{,}3)(288)} = 340$ m/s erhalten wir

$$p_B = 1{,}033(10\,000) + \tfrac{1}{2}(1{,}221/9{,}8)(90)^2[1 + \tfrac{1}{4}(90/340)^2 \;\cdots]$$
$$= 10\,330 + 506[1 + 0{,}0175] = 10\,842 \text{ kp/m}^2 \text{ abs.}$$

Der Fehler im Staudruck ist kleiner als 0,1 %, in $(p_B - p_A)$ ist er etwa 1,75 %.

7. Der mit einem Pitot-Rohr gemessene Unterschied zwischen Staudruck und statischem Druck beträgt 2000 kp/m². Der statische Druck ist 1 kp/cm² (abs.), die Temperatur des Luftstrahls beträgt 15° C. Wie ist die Luftgeschwindigkeit, wenn (*a*) Luft als kompressibel und (*b*) Luft als inkompressibel angesehen wird?

Lösung:

(*a*) $p_A = 1(10\,000) = 10\,000$ kg/m² abs. und $c = \sqrt{kgRT} = \sqrt{1{,}4(9{,}8)(28{,}3)(288)} = 340$ m/s

Nach Gleichung (*2*) von Aufgabe 5: $$\frac{p_B}{p_A} = \left[1 + \left(\frac{k-1}{2}\right)\left(\frac{V_A}{c}\right)^2\right]^{k/(k-1)}$$

$$\frac{10\,000 + 2000}{10\,000} = \left[1 + \left(\frac{1{,}4-1}{2}\right)\left(\frac{V_A}{340}\right)^2\right]^{1{,}4/0{,}4}, \qquad V_A = 178 \text{ m/s}$$

(*b*) $$w = \frac{1(10\,000)}{29{,}3(288)} = 1{,}186 \text{ kp/m}^3 \quad \text{und} \quad V = \sqrt{2g(p_B/w - p_A/w)} = \sqrt{2g(2000/1{,}186)} = 182 \text{ m/s}$$

8. Luft fließt mit 240 m/s durch eine Leitung. Bei Standard-Atmosphärendruck beträgt der Staudruck −1,71 m Wasser (man.). Die Temperatur im Staupunkt ist 63° C. Wie groß ist der statische Druck in der Leitung?

Lösung:

Da in Gleichung (*2*) von Aufgabe 5 zwei Unbekannte vorkommen, nehmen wir für die Mach-Zahl V/c den Wert 0,72 an. Dann ist

$$(-1{,}71 + 10{,}33)1000 = p_A[1 + \tfrac{1}{2}(1{,}4 - 1)(0{,}72)^2]^{1{,}4/0{,}4}$$

und $p_A = 8{,}62(1000)/1{,}4 = 6155$ kp/m² abs.

Um die Annahme zu überprüfen, benutzen wir die Adiabatengleichung:

$$\frac{T_B}{T_A} = \left(\frac{p_B}{p_A}\right)^{(k-1)/k}, \quad \frac{273 + 63}{T_A} = \left(\frac{8{,}62 \times 1000}{6155}\right)^{0{,}4/1{,}4}, \quad T_A = 305° \text{ Kelvin}$$

und

$$c = \sqrt{kgRT} = \sqrt{1{,}4(9{,}8)(29{,}3)(305)} = 350 \text{ m/s}$$

Dann ist

$$V/c = 240/350 = 0{,}686 \quad \text{und} \quad p_A = \frac{8{,}62 \times 1000}{[1 + 0{,}2(0{,}686)^2]^{1{,}4/0{,}4}} = 6285 \text{ kg/m}^2 \text{ abs.}$$

Eine weitere Verbesserung ist nicht notwendig.

9. Aus einer Ausflußöffnung von 10 cm Durchmesser fließt Wasser unter 6 m Druckhöhe. Wie groß ist der Volumenstrom?

Lösung:

Anwendung der Bernoulli-Gleichung zwischen A und B in der nebenstehenden Abbildung mit B als Bezugspunkt liefert:

$$(0 + 0 + 6) - \left(\frac{1}{c_v^2} - 1\right)\frac{V_{jet}^2}{2g} = \left(\frac{V_{jet}^2}{2g} + \frac{p_B}{w} + 0\right)$$

Da die Druckhöhe bei B Null ist (siehe Kapitel 4, Aufgabe 6), ist

$$V_{jet} = c_v\sqrt{2g \times 6}$$

Da $Q = A_{jet}\, V_{jet}$, ergibt sich mittels der Definition der Koeffizienten

$$Q = (c_c A_o)c_v\sqrt{2g \times 6} = cA_o\sqrt{2g \times 6}$$

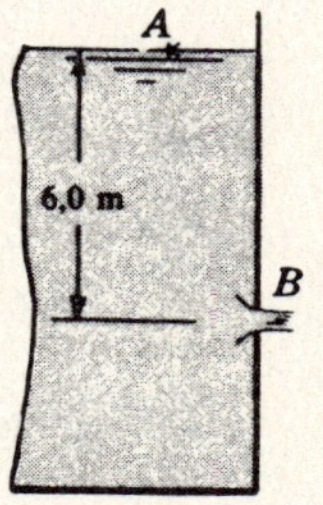

Abb. 9-2

Nach Tafel 7 ist $c = 0{,}594$ für $D = 10$ cm und $h = 6$ m. Daher ist $Q = 0{,}594[\frac{1}{4}\pi(0{,}1)^2]\sqrt{2g \times 6} = 0{,}051 \text{ m}^3/\text{s}$.

10. Die aktuelle Geschwindigkeit im eingeschnürten Abschnitt eines Flüssigkeitsstrahls, der aus einer 5 cm Öffnung unter einer Druckhöhe von 4,5 m austritt, ist 8,4 m/s. (*a*) Wie groß ist die Geschwindigkeitsziffer? (*b*) Bestimme die Ausflußzahl und die Kontraktionszahl, wenn der gemessene Ausfluß 0,0114 m^3/s beträgt.

Lösung:

(*a*) Aktuelle Geschwindigkeit $= c_v\sqrt{2gH}$, $\quad 8{,}4 = c_v\sqrt{19{,}6 \times 4{,}5}$, $\quad c_v = 0{,}895$.

(*b*) Aktuelles $Q = cA\sqrt{2gH}$, $\quad 0{,}0114 = c[\frac{1}{4}\pi(0{,}05)^2]\sqrt{19{,}6 \times 4{,}5}$, $\quad c = 0{,}627$.

Aus $c = c_v \times c_c$, $\quad c_c = 0{,}627/0{,}895 = 0{,}690$.

11. 0,00315 m^3/s Öl fließen bei einer Druckhöhe von 5,4 m aus einer 2,5 cm Öffnung. Der Strahl trifft in einer Entfernung von 1,5 m 0,12 m unterhalb der Mittellinie des eingeschnürten Strahlabschnittes auf eine Mauer. Berechne die Koeffizienten.

Lösung:

(*a*) $$Q = cA\sqrt{2gH}, \quad 0{,}00315 = c[\tfrac{1}{4}\pi(0{,}025)^2]\sqrt{2g(5{,}4)}, \quad c = 0{,}625.$$

(*b*) Aus der Mechanik wissen wir, daß $x = Vt$ und $y = \frac{1}{2}gt^2$. Hier bedeuten x und y die gemessenen Koordinaten des Strahls. Elimination von t führt zu $x^2 = (2\,V^2/g)\,y$.

Einsetzen liefert $(1{,}5)^2 = (2\,V^2/9{,}8)(0{,}12)$ und $V = 9{,}6$ m/s im Strahl. Dann ist

$$9{,}6 = c_v = \sqrt{2g(5{,}4)} \text{ und } c_v = 0{,}934. \text{ Endlich ist } c_c = c/c_v = 0{,}670.$$

12. Der Behälter in Aufgabe 9 ist geschlossen, die Luft über der Wasseroberfläche steht unter Druck. Dieser sorgt für ein Anwachsen des Volumenstroms auf 0,075 m³/s. Bestimme den Druck in dem Luftraum in kp/cm².

Lösung:

$$Q = cA_o\sqrt{2gH} \quad \text{oder} \quad 0{,}075 = c[\tfrac{1}{4}\pi(0{,}1)^2]\sqrt{2g(6 + p/w)}$$

Tafel 7 zeigt an, daß sich c in dem hier betrachteten Druckhöhenbereich nicht merklich mit dem Druck ändert. Mit $c = 0{,}593$ erhält man $p/w = 7{,}05$ m Wasser (der angenommene Wert für c stimmt bei der Gesamthöhe H). Dann ist

$$p' = wh/100^2 = 1000(7{,}05)/10.000 = 0{,}705 \text{ kp/cm}^2$$

13. Öl des rel. spez. Gew. 0,720 fließt durch eine Öffnung von 7,5 cm Durchmesser, deren Geschwindigkeits- und Kontraktionszahlen 0,950 und 0,650 betragen. Was muß das Manometer A in Abb. 9-3 anzeigen, damit die Leistung des Strahls C 8,00 PS beträgt?

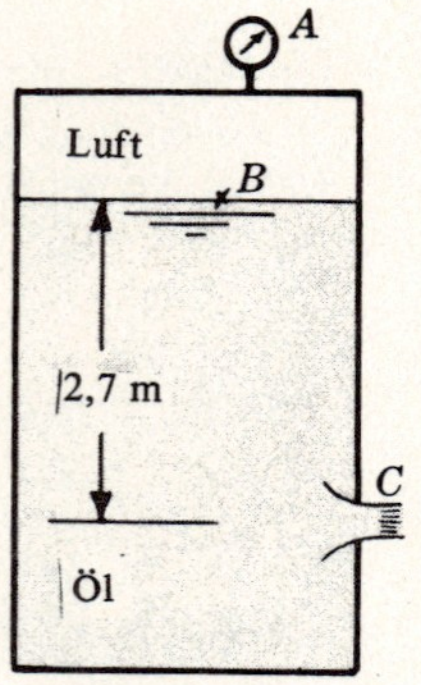

Abb. 9-3

Lösung:

Die Strahlgeschwindigkeit kann aus der Leistung des Strahls berechnet werden:

$$\text{Leistung des Strahls in PS} = \frac{wQH_{jet}}{75} = \frac{w(c_c A_o V_{jet})(0 + V_{jet}^2/2g + 0)}{75}$$

$$8{,}00 = \frac{(0{,}720 \times 1000)(0{,}650)[\tfrac{1}{4}\pi(0{,}075)^2]V_{jet}^3/2g}{75}$$

Auflösen: $V_{jet}^3 = 5700$ und $V_{jet} = 17{,}8$ m/s.

Anwendung der Bernoulli-Gleichung zwischen B und C mit C als Bezugspunkt liefert

$$\left(\frac{p_A}{w} + \text{vernachl.} + 2{,}7\right) - \left[\frac{1}{(0{,}95)^2} - 1\right]\frac{(17{,}8)^2}{2g} = \left(0 + \frac{(17{,}8)^2}{2g} + 0\right)$$

und damit $p_A/w = 15{,}25$ m Öl. Daher ist $p'_A = wh/10\,000 = (0{,}720 \times 1000)15{,}25/10\,000 = 1{,}1$ kp/cm².

Beachte: Der Leser sollte nicht die Gesamthöhe H, die die Strömung verursacht, mit dem Wert von H_{jet} im Leistungsdruck verwechseln. Sie sind *nicht* dieselben.

14. Der Stutzen in Abb. 9-4 hat 10 cm lichte Weite. (*a*) Welcher Wasserstrom von 24° C ergibt sich bei einer Höhe von 9 m? (*b*) Wie ist die Druckhöhe in B? (*c*) Wie groß darf die Höhe maximal sein, wenn der Stutzen beim Austritt voll durchströmt werden soll? (Benutze $c_v = 0{,}82$).

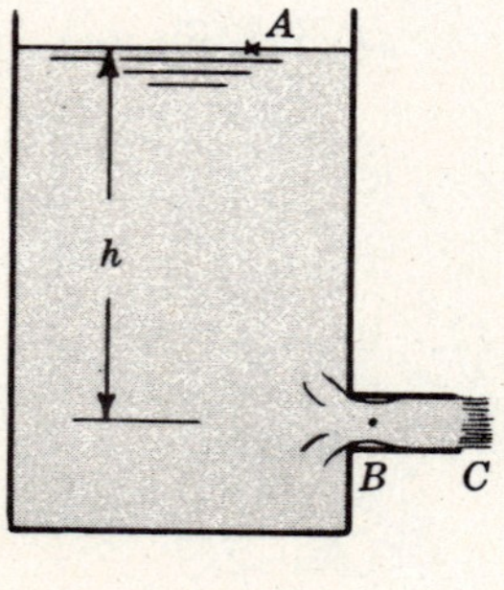

Abb. 9-4

Lösung:

Bei einem normalen Stutzen schnürt sich die Strömung bei B auf etwa 0,62 der Rohrfläche ein. Die Verlusthöhe zwischen A und B ist ungefähr 0,042 mal der Geschwindigkeitshöhe bei B.

(*a*) Anwendung der Bernoulli-Gleichung zwischen A und C mit C als Bezugspunkt liefert:

$$(0 + \text{vernachl.} + 9) - \left[\frac{1}{(0{,}82)^2} - 1\right]\frac{V_{jet}^2}{2g} = \left(0 + \frac{V_{jet}^2}{2g} + 0\right)$$

und $V_{jet} = 10{,}88$ m/s. Daher ist $Q = A_{jet}V_{jet} = [1{,}00 \times \tfrac{1}{4}\pi(0{,}1)^2](10{,}88) = 0{,}0855$ m³/s

(*b*) Die Bernoulli-Gleichung zwischen A und B mit B als Bezugspunkt lautet

$$(0 + \text{vernachl.} + 9) - 0{,}042\frac{V_B^2}{2g} = \left(\frac{p_B}{w} + \frac{V_B^2}{2g} + 0\right) \qquad (A)$$

Daher ist $Q = A_B V_B = A_C V_C$ oder $c_c A V_B = A V_c$ oder $V_B = V_{jet}/c_c = 10,88/0,62 = 17,6$ m/s

Einsetzen in Gleichung (*A*) ergibt $9 = \frac{p_B}{w} + 1,042\frac{(17,6)^2}{2g}$ und $\frac{p_B}{w} = -7,5$ m Wasser

(*c*) Steigt die Höhe, die die Strömung durch das kleine Rohr verursacht, so wird die Druckhöhe bei *B* kleiner und kleiner. Für stationäre Strömung (mit vollem Rohr beim Austritt) darf die Druckhöhe bei *B* nicht kleiner sein als die Höhe des Dampfdrucks der Flüssigkeit bei der speziellen Temperatur. Aus Tafel 1 im Anhang ergibt sich für Wasser von 24° C ein Dampfdruck von 0,030 kp/cm²(abs.) oder eine Höhe von 0,3 m in Meereshöhe (−10,0 m man.).

Nach Gleichung (*A*) oben ist $h = \frac{p_B}{w} + 1,042\frac{V_B^2}{2g} = -10,0 + 1,042\frac{V_B^2}{2g}$ (*B*)

Da $$c_c A V_B = A V_C = A c_v\sqrt{2gh}$$

ist $$V_B = \frac{c_v}{c_c}\sqrt{2gh} \quad \text{oder} \quad \frac{V_B^2}{2g} = (\frac{c_v}{c_c})^2 h = (\frac{0,82}{0,62})^2 h = 1,75h$$

Einsetzen in (*B*) liefert $h = -10,0 + 1,042(1,75h)$ und $h = 12,15$ m Wasser (24 °C).

Bei jeder Höhe über 12 m wird der Strahl sich ablösen und, ohne die Rohrwände zu berühren, herausfließen. Das Rohr wirkt wie eine einfache Öffnung.

Bei solchen Dampfdruckbedingungen erhält man Kavitation (siehe Kapitel 12).

15. Wasser fließt mit einer Flußrate von 0,027 m³/s durch ein 10 cm Rohr und dann durch eine Düse, die am Ende des Rohres angebracht ist. Die Austrittsöffnung der Düse hat 5 cm Durchmesser, die Geschwindigkeits- und Kontraktionszahlen sind 0,950 bzw. 0,930. Welche Druckhöhe muß am Düseneingang aufrechterhalten werden, wenn der Wasserstrahl in Atmosphärendruck fließt?

Lösung:

Wende die Bernoulli-Gleichung zwischen Düseneingang und Strahl an:

$$(\frac{p}{w} + \frac{V_{10}^2}{2g} + 0) - [\frac{1}{(0,950)^2} - 1]\frac{V_{jet}^2}{2g} = (0 + \frac{V_{jet}^2}{2g} + 0)$$

Die Geschwindigkeiten werden aus $Q = AV$ ausgerechnet: $0,027 = A_{10}V_{10} = A_{jet}V_{jet} = (c_c A_5)\ V_{jet}$.

$$V_{10} = \frac{0,027}{\frac{1}{4}\pi(0,1)^2} = 3,44 \text{ m/s} \quad \text{und} \quad V_{jet} = \frac{0,027}{0,930[\frac{1}{4}\pi(0,05)^2]} = 14,8 \text{ m/s}$$

Einsetzen und Lösen ergibt $p/w = 12,4 - 0,6 = 11,8$ m Wasser.

Würde die Formel $V_{jet} = c_v\sqrt{2gH}$ benutzt, so wäre $H = (p/w + V_{10}^2/2g)$ oder

$$14,8 = 0,950\sqrt{2g[p/w + (3,44)^2/2g]}$$

woraus sich $\sqrt{p/w + 0,6} = 3,51$ und $p/w = 11,8$ m Wasser ergäbe, wie vorher.

16. Eine Düse (Durchmesser an Eingang und Ausgang 10 cm bzw. 5 cm) zeigt nach unten, die Druckhöhe an der Düsenbasis beträgt 7,8 m Wasser. Die Basis der Düse liegt 0,9 m über der Spitze, der Geschwindigkeitskoeffizient ist 0,962. Bestimme die Leistung des Wasserstrahls.

Lösung:

Bei einer Düse setzt man $c_c = 1$, wenn nichts anderes angegeben ist. Deshalb: $V_{jet} = V_5$.

Bevor die Leistung berechnet werden kann, müssen sowohl *V* als auch *Q* bestimmt werden. Wendet man die Bernoulli-Gleichung zwischen Basis und Spitze an, mit der Spitze als Bezugspunkt, so erhält man

$$(7,8 + \frac{V_{10}^2}{2g} + 0,9) - [\frac{1}{(0,962)^2} - 1]\frac{V_5^2}{2g} = (0 + \frac{V_5^2}{2g} + 0)$$

und $A_{10}V_{10} = A_5V_5$ oder $V_{10}^2 = (5/10)^4 V_5^2$. Daraus ergibt sich $V_5 = 12,95$ m/s.

$$\text{Leistungs des Strahls} = \frac{wQH_{jet}}{75} = \frac{1000[\frac{1}{4}\pi(0,05)^2(12,95)][0 + (12,95)^2/2g + 0]}{75} = 2,91 \text{ PS}$$

17. Wasser fließt mit 0,0395 m^3/s durch ein Venturirohr von 30 cm x 15 cm. Die Manometerflüssigkeit (r. s. G. = 1,25) ist, wie in der Abbildung unten gezeigt, um 1,0 m ausgelekt. Bestimme den Koeffizienten des Rohres.

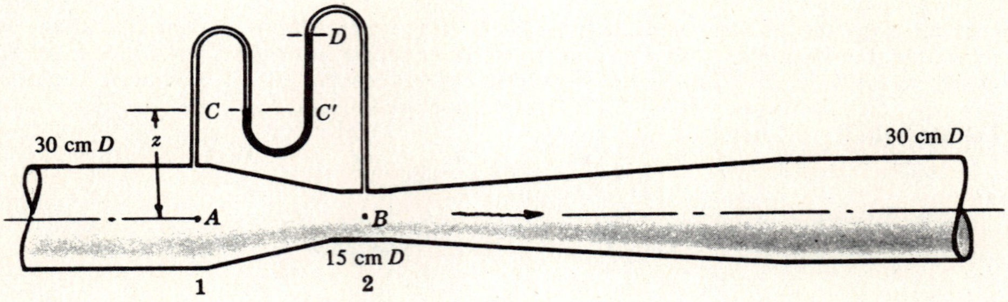

Abb. 9-5

Lösung:

Der Koeffizient eines Venturirohres ist gleich der Durchflußzahl (c_c = 1,00 und daher $c = c_v$). Der Koeffizient K sollte nicht mit dem Koeffizienten c verwechselt werden. Die Zusammenhänge werden am Ende dieser Aufgabe klar.

Im Idealfall ergibt die Bernoulli-Gleichung für A und B

$$\left(\frac{p_A}{w} + \frac{V_{30}^2}{2g} + 0\right) - 0 \text{ (keine Verlusthöhe)} = \left(\frac{p_B}{w} + \frac{V_{15}^2}{2g} + 0\right)$$

und $V_{30}^2 = (A_{15}/A_{30})^2 V_{15}^2$. Auflösen ergibt $V_{15} = \sqrt{\dfrac{2g(p_A/w - p_B/w)}{1 - (A_{15}/A_{30})^2}}$ (ohne Verlusthöhe).

Die wahre Geschwindigkeit (und damit den echten Wert des Volumenstroms Q) erhält man durch Multiplikation des Idealwertes mit dem Koeffizienten c des Venturirohres. Daher

$$Q = A_{15}V_{15} = A_{15}c\sqrt{\frac{2g(p_A/w - p_B/w)}{1 - (A_{15}/A_{30})^2}} \qquad (1)$$

Um die oben angegebene Differentialdruckhöhe zu erhalten, muß man die Gleichung für ein Differentialmanometer benutzen.

$$p_C = p_{C'}$$
$$(p_A/w - z) = p_B/w - (z + 1{,}0) + 1{,}25(1{,}0) \quad \text{oder} \quad (p_A/w - p_B/w) = 0{,}25 \text{ m}$$

Einsetzen in (1) ergibt $0{,}0395 = \frac{1}{4}\pi(0{,}15)^2 c\sqrt{2g(0{,}25)/(1 - 1/16)}$ und $c = 0{,}980$.

Beachte: Gleichung (1) wird manchmal in der Form $Q = KA_2\sqrt{2g(\Delta p/w)}$ geschrieben, wobei K Abflußkoeffizient genannt wird. Dann ist natürlich

$$K = \frac{c}{\sqrt{1 - (A_2/A_1)^2}} \text{ oder } \frac{c}{\sqrt{1 - (D_2/D_1)^4}}$$

Tafeln oder Schaubilder, die K angeben, können leicht benutzt werden, um c zu erhalten, wenn das gewünscht ist. Die Diagramme in diesem Buch geben Werte für c an. Die Umrechnungsfaktoren sind für bestimmte Geräte und Durchmesser-Verhältnisse in verschiedenen Diagrammen im Anhang angegeben.

18. Wasser fließt nach oben durch ein senkrechtes Venturirohr von 30 cm x 15 cm, dessen Koeffizient 0,980 beträgt. Im Differentialmanometer wird, wie in Abb. 9-6 gezeigt, eine Flüssigkeit des rel. spez. Gew. 1,25 um 1,16 m ausgelenkt. Bestimme den Volumenstrom.

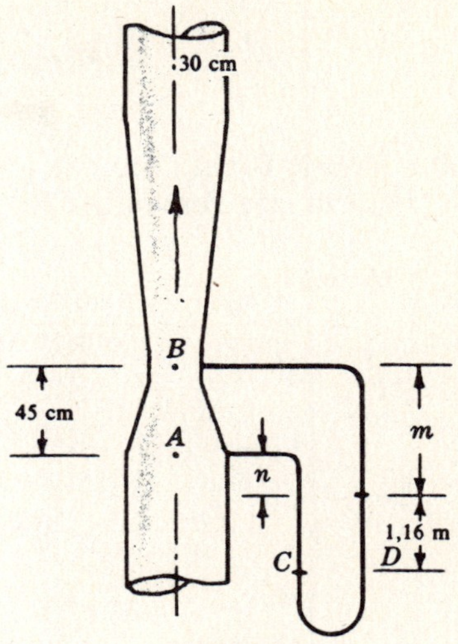

Abb. 9-6

Lösung:

Anders als in Aufgabe 17 ist in diesem Fall $z_A = 0$ und $z_B = 0{,}45$ m. Dann ist

$$Q = cA_{15}\sqrt{\frac{2g[(p_A/w - p_B/w) - 0{,}45]}{1-(1/2)^4}}$$

Um $\Delta p/w$, zu bekommen, benutzen wir die Gleichung für ein Differentialmanometer:

$$p_C/w = p_D/w \quad \text{Wasser}$$

$$p_A/w + (n + 1{,}16) = p_B/w + m + 1{,}25(1{,}16) \qquad \text{(in m Wasser)}$$

$$[(p_A/w - p_B/w) - (m - n)] = 1{,}16(1{,}25 - 1{,}00)$$

$$[(p_A/w - p_B/w) - 0{,}45] = 2{,}29 \text{ m Wasser}$$

Einsetzen in die Gleichung für Q ergibt $Q = 0{,}980(\frac{1}{4}\pi)(0{,}15)^2\sqrt{2g\,(0{,}29)/(1-1/16)} =$ 0,0426 m³/s.

19. Wasser von 37° C fließt mit 0,0142 m³/s durch eine 10 cm Öffnung in einem 20 cm Rohr. Wie ist der Druckunterschied zwischen einem stromaufwärts gelegenen Abschnitt und dem kontrahierten Strahlabschnitt („vena-contracta"-Abschnitt)?

Lösung:

Man sieht an Diagramm C im Anhang, daß sich c' mit der Reynolds-Zahl ändert. Beachte, daß die Reynolds-Zahl für den Öffnungsquerschnitt errechnet werden muß und nicht für den kontrahierten Strahlquerschnitt oder den Rohrquerschnitt. Es ergibt sich

$$R_E = \frac{V_o D_o}{\nu} = \frac{(4Q/\pi D_o^2)D_o}{\nu} = \frac{4Q}{\nu\pi D_o} = \frac{4(0{,}0142)}{\pi(6{,}87\times 10^{-7})(0{,}1)} = 263\,000$$

Für $\beta = 0{,}500$ ergibt sich aus Diagramm C $c' = 0{,}605$.

Anwendung der Bernoulli-Gleichung zwischen Rohrabschnitt und Strahlabschnitt ergibt die allgemeine Gleichung für inkompressible Flüssigkeiten wie folgt:

$$\left(\frac{p_{20}}{w} + \frac{V_{20}^2}{2g} + 0\right) - \left[\frac{1}{c_v^2} - 1\right]\frac{V_{jet}^2}{2g} = \left(\frac{p_{jet}}{w} + \frac{V_{jet}^2}{2g} + 0\right)$$

und

$$Q = A_{20}V_{20} = (c_c A_{10})V_{jet}$$

Drückt man V_{20} durch V_{jet} aus, so ergibt sich

$$\frac{V_{jet}^2}{2g} = c_v^2\left(\frac{p_{20}/w - p_{jet}/w}{1 - c^2(A_{10}/A_{20})^2}\right) \qquad \text{oder} \qquad V_{jet} = c_v\sqrt{\frac{2g(p_{20}/w - p_{jet}/w)}{1 - c^2(D_{10}/D_{20})^4}}$$

Dann ist

$$Q = A_{jet}V_{jet} = (c_c A_{10}) \times c_v\sqrt{\frac{2g(p_{20}/w - p_{jet}/w)}{1 - c^2(D_{10}/D_{20})^4}} = cA_{10}\sqrt{\frac{2g(p_{20}/w - p_{jet}/w)}{1 - c^2(D_{10}/D_{20})^4}}.$$

Bequemer kann man für eine Öffnung, bei der man eine Annäherungsgeschwindigkeit und eine Strahleinschnürung hat, die Gleichung folgendermaßen schreiben:

$$Q = \frac{c'A_{10}}{\sqrt{1-(D_{10}/D_{20})^4}}\sqrt{2g(\Delta p/w)} \qquad (1)$$

oder

$$Q = KA_{10}\sqrt{2g(\Delta p/w)} \qquad (2)$$

wobei K Abflußkoeffizient genannt wird. Der Gerät-Koeffizient c' kann experimentell für ein gegebenes Verhältnis von Öffnungsdurchmesser zu Rohrdurchmesser bestimmt werden, wenn man nicht den Abflußkoeffizienten vorzieht.

Wir fahren mit der Lösung fort und setzen in den obigen Ausdruck (*1*) ein:

$$0{,}0142 = \frac{0{,}605 \times \frac{1}{4}\pi(0{,}1)^2}{\sqrt{1-(1/2)^4}}\sqrt{2g(\Delta p/w)} \quad \text{und} \quad \Delta p/w = (p_{20}/w - p_{jet}/w) = 0{,}428 \text{ m Wasser}$$

20. Welche Druckdifferenz in kp/cm² würde bei der Rohröffnung in Aufgabe 19 denselben Volumenstrom von Terpentin (20° C) hervorrufen? (Siehe Anhang für r. s. G. und ν).

Lösung:

$$R_E = \frac{4Q}{\pi\nu D_o} = \frac{4(0{,}0142)}{\pi(0{,}00000173)(0{,}1)} = 104{,}500.$$ Aus Diagramm *C* ergibt sich für $\beta = 0{,}500$ $c' = 0{,}607$.

Dann ist $0{,}0142 = \frac{0{,}607 \times \frac{1}{4}\pi(0{,}1)^2}{\sqrt{1-(1/2)^4}}\sqrt{2g(\Delta p/w)}$, woraus man

$$\Delta\frac{p}{w} = \left(\frac{p_{20}}{w} - \frac{p_{jet}}{w}\right) = 0{,}426 \text{ m Terpentin und } \Delta p' = \frac{wh}{10\,000} = \frac{(0{,}862 \times 1000)(0{,}426)}{10\,000} = 0{,}0367 \text{ kp/cm}^2.$$

erhält.

21. Bestimme den Wasserstrom (21° C) durch eine 15 cm Öffnung in einem 25 cm Rohr, wenn die Druckhöhendifferenz zwischen Rohrabschnitt und dem eingeschnürten Strahl 1,10 m Wasser beträgt.

Lösung:

Diese Aufgabenart kam schon im Kapitel über Rohrströmung vor. Der Wert von c' kann nicht bestimmt werden, da die Reynolds-Zahl nicht berechnet werden kann. Nach Diagramm *C* wollen wir bei $\beta = 0{,}600$ für c' einen Wert von 0,610 annehmen. Mit diesem Wert ergibt sich

$$Q = \frac{0{,}610 \times \frac{1}{4}\pi(0{,}15)^2}{\sqrt{1-(0{,}60)^4}}\sqrt{19{,}6(1{,}10)} = 0{,}0536 \text{ m}^3/\text{s}$$

Damit ist

$$R_E = \frac{4(0{,}0536)}{(0{,}000000985)(0{,}15)} = 462\,000 \quad \text{(Probewert)}$$

Nach Diagramm *C* ist mit $\beta = 0{,}600$ $c' = 0{,}609$. Neuberechnung des Flusses mit $c' = 0{,}609$ ergibt $Q = 0{,}0532$ m³/s. Die Reynolds-Zahl bleibt unverändert.

Bemerkung: Professor R. C. Binder von der Purdue University schlägt auf den Seiten 132-3 seines Buches Fluid Mechanics (2. Auflage) vor, diesen Aufgabentyp nicht durch Probieren zu lösen. Er empfiehlt, spezielle Linien in das Koeffizienten–Reynolds-Zahlen-Diagramm zu zeichnen. Im Falle einer Rohrblende kann Gleichung (*1*) von Aufgabe 19 geschrieben werden als

$$\frac{Q}{A_{10}} = \frac{c'\sqrt{2g(\Delta p/w)}}{\sqrt{1-(D_{10}/D_{20})^4}} = V_{10} \quad \text{da} \quad Q = AV$$

Aber

$$R_E = \frac{V_{10}D_{10}}{\nu} = \frac{c'\sqrt{2g(\Delta p/w)} \times D_{10}}{\nu\sqrt{1-(1/2)^4}} \quad \text{oder} \quad \frac{R_E}{c'} = \frac{D_{10}\sqrt{2g(\Delta p/w)}}{\nu\sqrt{1-(1/2)^4}}$$

oder allgemein

$$\frac{R_E}{c'} = \frac{D_o\sqrt{2g(\Delta p/w)}}{\nu\sqrt{1-(D_o/D_p)^4}}$$

Zwei gerade Linien, *T*-Linien genannt, sind in Diagramm *C* eingezeichnet, eine für $R_E/c' = 700\,000$ und eine für $R_E/c' = 800\,000$.

Für Aufgabe 21 ist der berechnete Wert für R_E/c'

$$\frac{R_E}{c'} = \frac{(0{,}15)\sqrt{19{,}6(1{,}10)}}{0{,}000000985\sqrt{1-(0{,}60)^4}} = 760\,000$$

Die 760 000 Linie schneidet die $\beta = 0{,}600$ Kurve bei $c' = 0{,}609$ (Ablesegenauigkeit). Damit ist der Fluß *Q* bereits berechnet worden.

22. Eine Düse, kleinster Durchmesser 10 cm, ist am Ende eines 25 cm Rohres angebracht. Durch die Düse fließt mittelschweres Heizöl von 27° C mit 0,094 m³/s. Berechne unter der Annahme, daß die Eichkurve der Düse durch die $\beta = 0{,}40$ Linie in Diagramm D dargestellt wird, den Stand eines Differentialmanometers, dessen Flüssigkeit das rel. spez. Gew. 13,6 hat.

Lösung:

Die Bernoulli-Gleichung zwischen Rohr und Strahl ist dieselbe wie in Aufgabe 17 für das Venturirohr, da die Düse für eine Kontraktionszahl von 1 konstruiert wurde.

$$Q = A_{10}V_{10} = A_{10}c\sqrt{\frac{2g(p_A/w - p_B/w)}{1-(10/25)^4}} \qquad (1)$$

Nach Diagramm D ändert sich c mit der Reynolds-Zahl.

$$V_{10} = \frac{Q}{A_{10}} = \frac{0{,}094}{\frac{1}{4}\pi(0{,}1)^2} = 11{,}25 \text{ m/s} \qquad \text{und} \qquad R_E = \frac{11{,}95 \times 0{,}1}{3{,}39 \times 10^{-6}} = 353\,000$$

Die Kurve für $\beta = 0{,}40$ ergibt $c = 0{,}993$. Daher ist

$$0{,}094 = \tfrac{1}{4}\pi(0{,}1)^2 \times 0{,}993\sqrt{\frac{2g(p_A/w - p_B/w)}{1-(10/25)^4}}$$

und $(p_A/w - p_B/w) = 7{,}25$ m Öl.

Entnimmt man dem Anhang den Wert r. s. G. = 0,851 für das Öl, so liefert die Gleichung für ein Differentialmanometer

$$7{,}25 = h(13{,}6/0{,}851 - 1) \quad \text{und} \quad h = 0{,}483 \text{ m}$$

Wäre der Manometerstand gegeben, so ginge man vor wie in der letzten Aufgabe: Einen Wert c annehmen, Q berechnen, Reynolds-Zahl bestimmen und c aus der geeigneten Kurve in Diagramm D ablesen. Unterscheidet sich c von dem angenommenen Wert, so wird die Rechnung wiederholt, bis die Koeffizienten übereinstimmen.

23. Leite einen Ausdruck für den Fluß einer kompressiblen Flüssigkeit durch eine Meßdüse und durch ein Venturirohr ab.

Lösung:

Da die Geschwindigkeitsänderung in sehr kurzer Zeit vor sich geht, kann nur wenig Wärme abgeführt werden, man kann adiabatische Verhältnisse annehmen. Die Bernoulli-Gleichung für kompressible Strömung wurde in Aufgabe 20 von Kapitel 6 abgeleitet (Gleichung D):

$$\left[\left(\frac{k}{k-1}\right)\frac{p_1}{w_1} + \frac{V_1^2}{2g} + z_1\right] - H_L = \left[\left(\frac{k}{k-1}\right)\frac{p_1}{w_1}\left(\frac{p_2}{p_1}\right)^{(k-1)/k} + \frac{V_2^2}{2g} + z_2\right]$$

Für eine Meßdüse und für ein horizontales Venturirohr ist $z_1 = z_2$, die Verlusthöhen werden in der Durchflußzahl berücksichtigt. Da $c_c = 1{,}00$, ist

$$W = w_1A_1V_1 = w_2A_2V_2 \quad \text{(kp/s)}$$

Dann ist stromaufwärts $V_1 = W/w_1A_1$, stromabwärts $V_2 = W/w_2A_2$. Einsetzen und Auflösen nach W führt zu

$$\frac{W^2}{w_2^2A_2^2} - \frac{W^2}{w_1^2A_1^2} = 2g\left(\frac{k}{k-1}\right)\left(\frac{p_1}{w_1}\right)\left[1 - \left(\frac{p_2}{p_1}\right)^{(k-1)/k}\right]$$

oder

$$W\text{ (ideal)} = \frac{w_2A_2}{\sqrt{1-(w_2/w_1)^2(A_2/A_1)^2}}\sqrt{\frac{2gk}{k-1}(p_1/w_1) \times [1-(p_2/p_1)^{(k-1)/k}]}$$

Es könnte praktisch sein, w_2 unter der Wurzel zu eliminieren. Da $w_2/w_1 = (p_2/p_1)^{1/k}$, ist

$$W\text{ (ideal)} = w_2A_2\sqrt{\frac{\frac{2gk}{k-1}(p_1/w_1) \times [1-(p_2/p_1)^{(k-1)/k}]}{1-(A_2/A_1)^2(p_2/p_1)^{2/k}}} \qquad (1)$$

Den wirklichen Wert von W in kp/s erhält man durch Multiplikation der rechten Seite der Gleichung mit dem Koeffizienten c.

Zum Vergleich lassen sich Gleichung (*1*) von Aufgabe 17 und Gleichung (*1*) von Aufgabe 22 (für inkompressible Flüssigkeiten) schreiben als

$$W = wQ = \frac{wA_2c}{\sqrt{1-(A_2/A_1)^2}}\sqrt{2g(\Delta p/w)}$$

oder

$$W = wKA_2\sqrt{2g(\Delta p/w)}$$

Die obige Gleichung läßt sich allgemeiner ausdrücken, so daß sie auf kompressible und auf inkompressible Flüssigkeiten anwendbar wird. Man führt einen Expansionsfaktor (adiabatisch) Y ein und bezeichnet mit w_1 den Wert am Einlauf. Dann ist die fundamentale Beziehung

$$W = w_1KA_2Y\sqrt{2g(\Delta p/w_1)} \qquad (2)$$

Für inkompressible Flüssigkeiten ist $Y = 1$. Für kompressible Flüssigkeiten setzen wir (*1*) und (*2*) gleich und lösen nach Y auf:

$$Y = \sqrt{\frac{1-(A_2/A_1)^2}{1-(A_2/A_1)^2(p_2/p_1)^{2/k}} \times \frac{[k/(k-1)][1-(p_2/p_1)^{(k-1)/k}](p_2/p_1)^{2/k}}{1-p_2/p_1}}$$

Dieser Expansionsfaktor Y ist eine Funktion von drei dimensionslosen Verhältnissen. In Tafel 8 sind einige typische Werte für Meßdüsen und Venturirohre aufgeführt.

Beachte: Die Y'-Werte für Öffnungen und Meßblenden sollten experimentell bestimmt werden. Die Werte unterscheiden sich von den obigen Y Werten, da der Kontraktionskoeffizient nicht 1 und nicht konstant ist. Mit bekanntem Y' sind die Lösungen denen für Düsen und Venturirohre gleich. Will der Leser tiefer in die Materie eindringen, so wird er auf die Experimente von H. B. Reynolds und J. A. Perry hingewiesen.

24. Luft von 27° C fließt durch ein 10 cm Rohr und eine 5 cm Düse. Die Druckdifferenz beträgt 0,160 m Öl des rel. spez. Gew. 0,910. Der Druck am Düseneingang beträgt 2,0 kp/cm². Wieviel kp fließen jede Sekunde bei einem Barometerstand von 1,03 kp/cm² (*a*), wenn für Luft konstante Dichte angenommen wird, und (*b*) bei Annahme adiabatischer Verhältnisse?

Lösung:

(*a*)

$$w_1 = \frac{(2{,}0 + 1{,}03)10.000}{29{,}3(273+27)} = 3{,}45 \text{ kp/m}^3$$

Nach der Gleichung für Differentialmanometer erhalten wir für die Druckhöhe in m Luft

$$\frac{\Delta p}{w_1} = 0{,}160\left(\frac{w_{\text{Öl}}}{w_{\text{Luft}}} - 1\right) = 0{,}160\left(\frac{0{,}910 \times 1000}{3{,}45} - 1\right) = 42{,}0 \text{ m Luft}$$

Mit $c = 0{,}980$ erhält man aus Gleichung (*1*) von Aufgabe 22 nach Multiplikation mit w_1

$$W = w_1Q = 3{,}45 \times \tfrac{1}{4}\pi(5/100)^2(0{,}980)\sqrt{\frac{2g(42{,}0)}{1-(5/10)^4}} = 0{,}196 \text{ kp/s}$$

Um den Wert von c zu überprüfen, bestimmen wir die Reynoldszahl und benutzen die passende Kurve in Diagramm *D*. (Hier $w_1 = w_2$ und $\nu = 1{,}57 \times 10^{-3}$ bei Normaldruck aus Tafel 1(*B*)).

$$V_2 = \frac{W}{A_2w_2} = \frac{W}{(\pi d_2^2/4)w_2}$$

Dann

$$R_E = \frac{V_2d_2}{\nu} = \frac{4W}{\pi d_2\nu w_2} = \frac{4(0{,}196)}{\pi(5/100)(1{,}57 \times 1{,}03/3{,}03)10^{-5}(3{,}45)} = 271\,500$$

Nach Diagramm D ist $c = 0{,}986$. Damit ist $W = 0{,}197$ kp/s.

Eine genauere Rechnung ist nicht nötig, da weder die Reynolds-Zahl wesentlich geändert wird, noch der Wert von c aus Diagramm *D*.

(*b*) Berechne zuerst die Drücke und spez. Gewichte.

$p_1 = (2{,}00 + 1{,}03)10\,000 = 30.300 \text{ kp/m}^2, \quad p_2 = (30.300 - 42{,}0 \times 3{,}45) = 30\,152 \text{ kp/cm}^2$

$\frac{p_2}{p_1} = \frac{30\,152}{30\,300} = 0{,}995$ und $(\frac{w_2}{w_2})^k = 0{,}995$ (siehe Kapitel 1). Dann ist $w_2 = 3{,}44 \text{ kp/m}^3$

Tafel 8 liefert einige Werte für die in Aufgabe 23 eingeführten Expansionsfaktoren Y. Um Y für $p_2/p_1 = 0{,}995$ zu erhalten, können wir interpolieren, und zwar zwischen einem Druckverhältnis von 0,95 und einem von 1,00. Für $k = 1{,}40$ und $d_2/d_1 = 0{,}50$ erhalten wir $Y = 0{,}997$.

Nehmen wir $c = 0{,}980$ an, so wird unter Beachtung von Diagramm D und $K = 1{,}032c$ Gleichung (*2*) aus Aufgabe 23 zu

$$W = w_1 K A_2 Y \sqrt{2g(\Delta p/w_1)}$$
$$= (3{,}45)(1{,}032 \times 0{,}980) \times \tfrac{1}{4}\pi(0{,}05)^2 \times 0{,}997\sqrt{19{,}6(42{,}0)} = 0{,}195 \text{ kp/s}$$

Überprüfen von c: $$R_E = \frac{4W}{\pi d_2 \nu w_2} = \frac{4(0{,}195)}{\pi(0{,}05)(1{,}57 \times 1{,}03/3{,}03)10^{-5}(3{,}44)} = 271\,000$$

und $c = 0{,}986$ (Diagramm D, Kurve $\beta = 0{,}50$).

Damit ist $W = 0{,}196$ kp/s. Eine weitere Verbesserung ist nicht nötig. Beachte, daß sich in (*a*) durch die Annahme konstanter Luftdichte kein Fehler ergibt.

25. Ein Venturirohr von 20 cm x 10 cm wird benutzt, um den Volumenstrom von Kohlendioxyd von 20° C zu messen. Der Barometerstand ist 76,0 cm Quecksilber, die Auslenkung der Wassersäule im Differentialmanometer beträgt 179,5 cm. Berechne den Gewichtsstrom für einen Eintrittsdruck von 1,26 kp/cm² (abs.).

Lösung:

Am Eingang beträgt der Absolutdruck $p_1 = 1{,}26 \times 10^4 \text{ kp/m}^2$, das spez. Gewicht w_1 des Gases ist

$$w_1 = \frac{1{,}26 \times 10^4}{19{,}2(273 + 20)} = 2{,}24 \text{ kp/m}^2$$

Die Druckdifferenz beträgt $(179{,}5/100)(1000 - 2{,}24) = 1790 \text{ kp/m}^2$, der Absolutdruck im Düsenhals ist also $p_2 = 12\,600 - 1790 = 10\,810 \text{ kp/m}^2$ absolut.

Um das spez. Gewicht w_2 zu erhalten, benutzen wir $\frac{p_2}{p_1} = \frac{10\,810}{12\,600} = 0{,}860$ und $\frac{w_2}{w_1} = (0{,}860)^{1/k}$ (siehe Kapitel 1). Daher $w_2 = 2{,}24(0{,}860)^{1/1{,}3} = 2{,}00 \text{ kp/m}^3$.

$$W = w_1 K A_2 Y \sqrt{2g(\Delta p/w_1)} \quad \text{in kp/s}$$

Mit $k = 1{,}30$, $d_2/d_1 = 0{,}50$ und $p_2/p_1 = 0{,}860$ ist (Tafel 8) $Y = 0{,}909$ durch Interpolation. Nimmt man nach Diagramm E $c = 0{,}985$ an, und beachtet man, daß $K = 1{,}032c$, so erhalten wir

$$W = (2{,}24)(1{,}032 \times 0{,}985) \times \tfrac{1}{4}\pi(10/100)^2 \times 0{,}910\sqrt{2g(1790/2{,}24)} = 2{,}05 \text{ kp/s.}$$

Um den angenommenen Wert für c zu überprüfen, berechnen wir die Reynolds-Zahl und benutzen die passende Kurve in Diagramm E. Nach Aufgabe 24 ist

$$R_E = \frac{4W}{\pi d_2 \nu w_2} = \frac{4(2{,}05)}{\pi(10/100)(0{,}846 \times 1{,}033/1{,}260 \times 10^{-5})(2{,}00)} = 1{,}89 \times 10^6$$

Nach Diagramm E ist $c = 0{,}984$. Weiterrechnen liefert $W = 2{,}046$ kp/s.

26. Stelle das Verhältnis auf, das die Geschwindigkeit einer kompressiblen Flüssigkeit in zusammenlaufenden Leitungen begrenzt (Schallgeschwindigkeit).

Lösung:

Vernachlässigen wir die Anströmungsgeschwindigkeit in der Bernoulli-Gleichung (*D*) von Aufgabe 20, Kapitel 6, so erhalten wir für eine ideale Flüssigkeit

$$\frac{V_2^2}{2g} = \frac{k}{k-1}\left(\frac{p_1}{w_1}\right)\left[1 - \left(\frac{p_2}{p_1}\right)^{(k-1)/k}\right] \qquad (1)$$

Hätte man anstelle von $(p_1/w_1)^{1/k}$ vor der Intergration, die zu Gleichung (*D*) führte, $(p_2/w_2)^{1/k}$ substituiert, so hätte man als Geschwindigkeitshöhe

$$\frac{V_2^2}{2g} = \frac{k}{k-1}\left(\frac{p_2}{w_2}\right)\left[\left(\frac{p_1}{p_2}\right)^{(k-1)/k} - 1\right]$$

Erreicht die Flüssigkeit in Abschnitt 2 die Schallgeschwindigkeit c_2, so ist $V_2 = c_2$ und $V_2^2 = c_2^2 = kp_2g/w_2$ (siehe Kapitel 1). Einsetzen in Gleichung (*2*) ergibt

$$\frac{kp_2g}{2gw_2} = \frac{k}{k-1}\left(\frac{p_2}{w_2}\right)\left[\left(\frac{p_1}{p_2}\right)^{(k-1)/k} - 1\right]$$

was sich vereinfacht zu $$\frac{p_2}{p_1} = \left(\frac{2}{k+1}\right)^{k/(k-1)}$$

Dieses Verhältnis p_2/p_1 nennt man *kritische Druckverhältnisse* (Lavaldruckverhältnis), es hängt von der strömenden Flüssigkeit ab. Ist p_2/p_1 gleich oder kleiner als das kritische Druckverhältnis, so wird das Gas mit Schallgeschwindigkeit fließen. Der Druck in einem freien Strahl, der mit Schallgeschwindigkeit fließt, wird *gleich oder größer* als der Umgebungsdruck sein.

27. Kohlendioxyd fließt durch ein 1,25 cm Loch in der Wand eines Behälters, in dem der Manometerdruck 7,733 kp/cm² und die Temperatur 20 °C sind. Wie groß ist die Strahlgeschwindigkeit bei normalen Außendruck?

Lösung:

Nach Tafel 1 (*A*) ist $R = 19{,}2$ und $k = 1{,}30$.

$$w_1 = \frac{p_1}{RT_1} = \frac{(7{,}733 + 1{,}033)10.000}{19{,}2(273 + 20)} = 1{,}56 \text{ kp/m}^3$$

$$\left(\frac{p_2}{p_1}\right)\text{kritisch} = \left(\frac{2}{k+1}\right)^{(k/k-1)} = \left(\frac{2}{2{,}30}\right)^{1{,}30/0{,}30} = 0{,}542$$

$$\text{Verhältnis}\left(\frac{\text{Atmosphärendruck}}{\text{Tankdruck}}\right) = \frac{1{,}033}{8{,}766} = 0{,}118$$

Da dieses Verhältnis kleiner als das kritische Druckverhältnis ist, ist der Druck des ausströmenden Gases = $0{,}542 \times p_1$. Daher ist

$$p_2 = 0{,}542 \times 8{,}733 = 4{,}74 \text{ kp/cm}^2 \text{ absolut.}$$

$$V_2 = c_2 = \sqrt{1{,}3 \times 9{,}8 \times 19{,}2 \times T_2} = \sqrt{245T_2}$$

wobei $T_2/T_1 = (p_2/p_1)^{(k-1)/k} = (0{,}542)^{0{,}30/1{,}30} = 0{,}868$, $T_2 = 254°$ K. Also $V_2 = \sqrt{245 \times 254} = 24{,}9$ m/s.

28. Stickstoff fließt durch eine Leitung, in der eine Querschnittsflächenänderung stattfindet. An einem bestimmten Querschnitt betragen die Geschwindigkeit 360 m/s, der Druck 0,84 kp/cm² (abs.) und die Temperatur 32 °C. Wie groß ist bei adiabatischen Verhältnissen und unter Vernachlässigung von Reibungsverlusten (*a*) die Geschwindigkeit in einem Abschnitt, in dem der Druck 1,26 kp/cm² (abs.) beträgt und (*b*) die Mach-Zahl in diesem Abschnitt?

Lösung:

Für Stickstoff ergibt sich aus Tafel 1(*A*) im Anhang $R = 30{,}25$ und $k = 1{,}40$.

(*a*) Man kann Gleichung (*D*) für adiabatische Verhältnisse aus Aufgabe 20 in Kapitel 6 schreiben als

$$\frac{V_2^2}{2g} - \frac{V_1^2}{2g} = \frac{k}{k-1}\left(\frac{p_1}{w_1}\right)\left[1 - \left(\frac{p_2}{p_1}\right)^{(k-1)/k}\right]$$

für $z_1 = z_2$, wobei keine Verlusthöhen berücksichtigt werden.

Berechne das spez. Gewicht von Stickstoff für Querschnitt 1.

$$w_1 = \frac{p_1}{RT_1} = \frac{0{,}84 \times 10^4}{30{,}25(273 + 32)} = 0{,}91 \text{ kp/m}^3 \text{ (oder benutze } p_1/w_1 = RT_1)$$

Dann ist $\dfrac{V_2^2}{2g} - \dfrac{(360)^2}{2g} = \dfrac{1{,}40}{0{,}40}\left(\dfrac{0{,}84 \times 10^4}{0{,}91}\right)\left[1 - \left(\dfrac{1{,}26}{0{,}84}\right)^{0{,}40/1{,}40}\right]$ also $V_2 = 227$ m/s.

(*b*) Mach-Zahl = $\dfrac{V_2}{c_2} = \dfrac{227}{\sqrt{kgRT_2}}$, wobei $\dfrac{T_2}{T_1} = \left(\dfrac{p_2}{p_1}\right)^{(k-1)k}$ oder $\dfrac{T_2}{305} = \left(\dfrac{1{,}26}{0{,}84}\right)^{2/7} = 1{,}123.$

Dann ist $T_2 = 342°$ K und die Mach-Zahl = $\dfrac{227}{\sqrt{1{,}4 \times 9{,}8 \times 30{,}25 \times 342}} = 0{,}605.$

29. Leite die theoretische Formel für den Volumenstrom über ein rechteckiges Wehr ab.

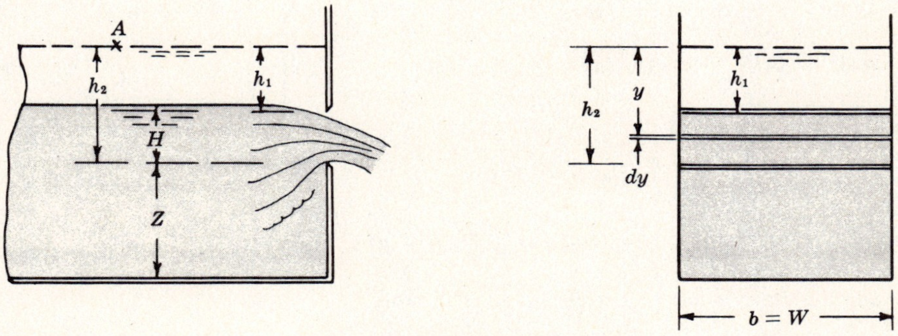

Abb. 9-7

Lösung:

Nimm an, daß sich die rechteckige Öffnung in Abb. 9-7 über die gesamte Breite W des Kanals ($b = W$) erstreckt. Die Flüssigkeitsoberfläche wird durch die gestrichelte Linie angedeutet. Für ideale Bedingungen ergibt die Bernoulli-Gleichung zwischen A und einen elementaren Streifen der Höhe dy in dem Strahl

$$(0 + V_A^2/2g + y) - \text{keine Verluste} = (0 + V_{jet}^2/2g + 0)$$

wobei V_A die Durchschnittsgeschwindigkeit der Teilchen bedeutet, die sich der Öffnung nähern.

Daher ist die ideale Geschwindigkeit $V_{jet} = \sqrt{2g(y + V_A^2/2g)}$

$$\text{und ideal} \qquad dQ = dA\, V_{jet} = (b\,dy)V_{jet} = b\sqrt{2g}\,(y + V_A^2/2g)^{1/2}\,dy$$

$$Q \text{ (ideal)} = b\sqrt{2g}\int_{h_1}^{h_2}(y + V_A^2/2g)^{1/2}\,dy$$

Man hat ein Wehr, wenn $h_1 = 0$. Ersetze h_2 durch H und führe einen Ausflußkoeffizienten c ein, um den wirklichen Fluß zu bekommen. Dann ist

$$Q = cb\sqrt{2g}\int_0^H (y + V_A^2/2g)^{1/2}\,dy \qquad (1)$$

$$= \tfrac{2}{3}cb\sqrt{2g}\,[(H + V_A^2/2g)^{3/2} - (V_A^2/2g)^{3/2}]$$

$$= mb[(H + V_A^2/2g)^{3/2} - (V_A^2/2g)^{3/2}]$$

Beachte:

(1) Bei einem Rechteckwehr mit voller Seiteneinschnürung verursachen die Einschnürungen eine Verringerung des Volumenstroms.

Die Länge b muß korrigiert werden, um diese Situation zu erfassen. Die Formel wird zu

$$Q = m(b - \tfrac{2}{10}H)[(H + V_A^2/2g)^{3/2} - (V_A^2/2g)^{3/2}] \qquad (2)$$

(2) Für hohe Wehre und die meisten Wehre mit Seitenkontraktion ist die Geschwindigkeitshöhe für die Annäherung vernachlässigbar und es ist

$$Q = m\left(b - \frac{2}{10}H\right)H^{3/2} \quad \text{für Wehre mit Seitenkontraktion} \qquad (3)$$

oder

$$Q = mbH^{3/2} \quad \text{für Wehre ohne Seitenkontraktion} \qquad (4)$$

(3) Der Ausflußkoeffizient c ist nicht konstant. Er umfaßt die vielen Einflüsse, die bei der Ableitung nicht berücksichtigt wurden, wie Oberflächenspannung, Viskosität, Dichte, nicht gleichförmige Geschwindigkeitsverteilung, Sekundärströmung und mögliche andere.

30. Leite die theoretische Formel für den Fluß über ein Dreieckswehr ab. Beachte die nebenstehende Abbildung.

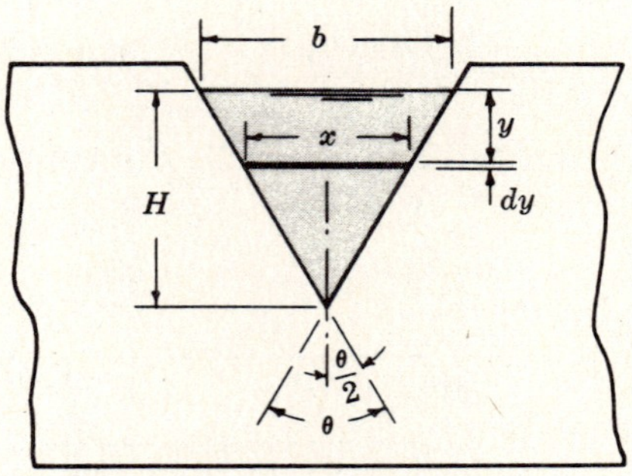

Abb. 9-8

Lösung:

Nach Aufgabe 29 ist

$$V_{jet} = \sqrt{2g(y + \text{vernachl. } V^2/2g)}$$

und

$$dQ\ (\text{ideal}) = dA\,V_{jet} = x\,dy\sqrt{2gy}$$

Ähnlichkeitsbetrachtung ergibt

$$\frac{x}{b} = \frac{H-y}{H} \quad \text{und} \quad b = 2H\tan\frac{\theta}{2}$$

Dann ist der reale Volumenstrom $Q = (b/H)c\sqrt{2g}\int_0^H (H-y)\,y^{1/2}\,dy.$

Integration und Einsetzen liefert $Q = \frac{8}{15}c\sqrt{2g}\,H^{5/2}\tan\frac{1}{2}\theta$ (1)

Ein normales Dreieckswehr hat eine Öffnung von 90°. Ausdruck (1) wird dann zu $Q = 2{,}36cH^{5/2}$, wobei für Höhen oberhalb von 0,3 m der Durchschnittswert von c bei 0,60 liegt.

31. Während eines Tests eines 2,40 m langen und 0,90 m hohen Wehres ohne Seiteneinzwängung wurde die Überfallhöhe konstant bei 0,30 m gehalten. In 36 Sekunden wurden 27 000 Liter Wasser gesammelt. Bestimme den Wehrfaktor m in den Gleichungen (1) und (4) von Aufgabe 29.

Lösung:

(a) Volumenstrom in m^3/s: $Q = 27\,000/(1000 \times 36) = 0{,}75\ m^3/s$.

(b) Anströmgeschwindigkeit: $V = Q/A = 0{,}75/(2{,}4 \times 1{,}2) = 0{,}260$ m/s. Also ist

$$V^2/2g = (0{,}26)^2/2g = 0{,}00345\ m$$

(c) Nach (1) (Aufgabe 29) ist $Q = mb\left[(H + V^2/2g)^{3/2} - (V^2/2g)^{3/2}\right]$

oder

$$0{,}75 = m \times 2{,}4\left[(0{,}300 + 0{,}00345)^{3/2} - (0{,}00345)^{3/2}\right]$$

und $m = 1{,}87$.

Nach (4) ist

$$Q = 0{,}75 = mbH^{3/2} = m \times 2{,}4 \times (0{,}300)^{3/2}$$

und $m = 1{,}90$ (wegen der Vernachlässigung des Annäherungsgeschwindigkeitsterms etwa 1,6 % höher).

32. Bestimme den Fluß über ein 3,00 m langes und 1,20 m hohes Wehr ohne Seitenkontraktion bei einer Überfallhöhe von 0,90 m. m hat den Wert 1,90.

Lösung:

Da der Geschwindigkeitshöhenterm nicht berechnet werden kann, ist der ungefähre Volumenstrom

$$Q = mbH^{3/2} = 1{,}90(3)(0{,}900)^{3/2} = 4{,}867\ m^3/s$$

Für diesen Fluß ist $V = 4{,}867/(3 \times 2{,}1) = 0{,}772$ m/s und $V^2/2g = 0{,}030$ m. Nach Gleichung (*1*) von Aufgabe 29 ist dann

$$Q = 1{,}90(3)[(0{,}900 + 0{,}030)^{3/2} - (0{,}030)^{3/2}] = 5{,}082 \text{ m}^3/\text{s}$$

Diese zweite Rechnung ergibt einen Anstieg um 0,215 m^3/s oder 4,4 % gegenüber der ersten. Weitere Rechnungen führen nur zu scheinbaren Genauigkeiten, d. h. die Formel selbst ist nicht genauer. Trotzdem wollen wir, um das Verfahren zu illustrieren, weiterrechnen und erhalten

$$V = 5{,}082/(3 \times 2{,}1) = 0{,}807 \text{ m/s} \quad \text{und} \quad V^2/2g = 0{,}033 \text{ m}$$

und $$Q = 1{,}90(3)[(0{,}900 + 0{,}033)^{3/2} - (0{,}033)^{3/2}] = 5{,}102 \text{ m}^3/\text{s}$$

33. Über ein 7,5 m langes Wehr ohne Seitenkontraktion ergießen sich 10 m^3/s in einen Kanal. Der Wehrfaktor ist $m = 1{,}88$. Wie hoch (Z) muß das Wehr gebaut werden (auf 1 cm genau), wenn das Wasser vor dem Wehr nicht höher als 1,8 m stehen darf?

Lösung:

Annäherungsgeschwindigkeit $V = Q/A = 10/(7{,}5 \times 1{,}8) = 0{,}74$ m/s

Dann ist $$10 = 1{,}88 \times 7{,}5\left[\left(H + \frac{(0{,}74)^2}{2g}\right)^{3/2} - \left(\frac{(0{,}74)^2}{2g}\right)^{3/2}\right] \quad \text{oder} \quad H = 0{,}77 \text{ m.}$$

Die Höhe des Wehres ist $Z = 1{,}80 - 0{,}77 = 1{,}03$ m.

34. Ein Wehr mit Seiteneinzwängung, 1,2 m hoch, wird in einen 2,4 m breiten Kanal eingebaut. Der maximale Volumenstrom über das Wehr ist 1,62 m^3/s, wenn die Gesamttiefe vor dem Wehr 2,1 m beträgt. Wie lang muß das Wehr sein, wenn $m = 1{,}87$ ist?

Lösung:

Annäherungsgeschwindigkeit $V = Q/A = 1{,}62/(2{,}4 \times 2{,}1) = 0{,}321$ m/s. Die Geschwindigkeitshöhe ist in diesem Fall vernachlässigbar.

$$Q = m(b - \tfrac{2}{10}H)(H)^{3/2}, \qquad 1{,}62 = 1{,}87(b - \tfrac{2}{10} \times 0{,}90)(0{,}90)^{3/2}, \qquad b = 1{,}20 \text{ m.}$$

35. Wasser fließt unter einer Höhe von 3,00 m durch eine Öffnung von 15 cm Durchmesser ($c = 0{,}600$) in einen rechteckigen Kanal und dann über ein Wehr mit Seitenkontraktion. Der Kanal ist 1,8 m breit, für das Wehr gilt Z = 1,50 m und $b = 0{,}30$ m. Bestimme die Wassertiefe in dem Kanal, wenn $m = 1{,}84$ ist.

Lösung:

Durch die Öffnung fließen

$$Q = cA\sqrt{2gh} = 0{,}600 \times \tfrac{1}{4}\pi(0{,}15)^2\sqrt{2g(3{,}0)} = 0{,}081 \text{ m}^3/\text{s}$$

Für das Wehr gilt $Q = m(b - \frac{2}{10}H)(H)^{3/2}$ (Geschwindigkeitshöhe vernachlässigt)

oder $$0{,}081 = 1{,}84(0{,}30 - 0{,}20H)H^{3/2} \quad \text{und} \quad 1{,}5H^{3/2} - H^{5/2} = 0{,}220$$

Durch sukzessives Probieren erhält man $H = 0{,}33$ m und für die Wassertiefe $Z + H = 1{,}50 + 0{,}33 = 1{,}83$ m.

36. Der Wasserfluß über ein 45° Dreieckswehr beträgt 0,020 m^3/s. Berechne für $c = 0{,}580$ die Überfallhöhe.

Lösung:

$$Q = \tfrac{8}{15}c\sqrt{2g}\,(\tan \tfrac{1}{2}\theta)H^{5/2}, \qquad 0{,}020 = \tfrac{8}{15}(0{,}580)\sqrt{2g}\,(\tan 22{,}5°)H^{5/2}, \qquad H = 0{,}263 \text{ m}$$

37. Welche Länge sollte ein trapezförmiges (Cipoletti) Wehr haben, damit sich bei einem Volumenstrom von 3,45 m³/s eine Überfallhöhe von 0,47 m ergibt?

Lösung:

$$Q = 1{,}861 bH^{3/2}, \quad 3{,}45 = 1{,}861 b(0{,}47)^{3/2}, \quad b = 5{,}75 \text{ m}$$

38. Stelle eine Formel zur Bestimmung der Zeit auf, die benötigt wird, den Wasserspiegel in einem Behälter mit konstantem Querschnitt mit Hilfe einer Öffnung in der Tankwand abzusenken.

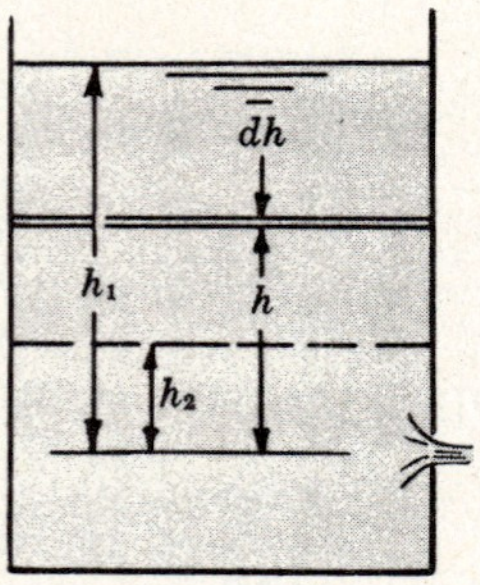

Abb. 9-9

Lösung:

Solange sich die Höhe mit der Zeit ändert, ist $\partial V/\partial t \neq 0$, wir haben also instationäre Strömung. Das bedeutet, daß die Energiegleichung um einen Beschleunigungsterm erweitert werden muß, was die Lösung erheblich erschwert. Solange sich die Höhe nicht zu schnell ändert, wird durch die Annahme stationärer Strömung und die Vernachlässigung des Beschleunigungshöhenterms kein merklicher Fehler verursacht. Eine Abschätzung des Fehlers wird in Aufgabe 39 durchgeführt.

FALL A:

Hat man *keinen Zufluß,* so ist der augenblickliche Volumenstrom

$$Q = cA_o\sqrt{2gh} \quad \text{m}^3/\text{s}$$

Im Zeitintervall dt wird das kleine Volumen $dV = Q\,dt$ ausfließen. In derselben Zeit sinkt der Wasserspiegel um dh, das Volumen ist damit auch gleich Behälterquerschnitt A_T mal dh. Gleichsetzen dieser Werte führt zu

$$(cA_o\sqrt{2gh})\,dt = -A_T\,dh$$

wobei das negative Vorzeichen bedeutet, daß h mit wachsendem t fällt. Lösung für t ergibt

$$t = \int_{t_1}^{t_2} dt = \frac{-A_T}{cA_o\sqrt{2g}}\int_{h_1}^{h_2} h^{-1/2}\,dh \qquad (1)$$

und

$$t = t_2 - t_1 = \frac{2A_T}{cA_o\sqrt{2g}}(h_1^{1/2} - h_2^{1/2})$$

Bei Benutzung dieses Ausdrucks kann man einen Durchschnittswert für die Ausflußzahl verwenden, ohne einen größeren Fehler im Ergebnis zu bekommen. Nähert sich h_2 Null, so werden sich Wirbel bilden, und die Öffnung wird nicht mehr voll durchströmt. Trotzdem wird in den meisten Fällen die Benutzung von $h_2 = 0$ zu keinem ernsten Fehler im Ergebnis führen.

Gleichung (*1*) kann mit $(h_1^{1/2} + h_2^{1/2})$ erweitert werden:

oder

$$t = t_2 - t_1 = \frac{A_T(h_1 - h_2)}{\frac{1}{2}(cA_o\sqrt{2gh_1} + cA_o\sqrt{2gh_2})} \qquad (2)$$

Berücksichtigt man, daß das in der Zeit $(t_2 - t_1)$ ausgeflossene Volumen $A_T\,(h_1 - h_2)$ ist, so vereinfacht sich die Gleichung zu

$$t = t_2 - t_1 = \frac{\text{ausgeflossenes Volumen}}{\frac{1}{2}(Q_1 + Q_2)} = \frac{\text{ausgeflossenes Volumen in m}^3/\text{s}}{\text{mittlerer Volumenstrom } Q \text{ in m}^3/\text{s}}$$

Aufgabe 41 zeigt einen Fall, bei dem der Tankquerschnitt nicht konstant ist, aber als Funktion von h ausgedrückt werden kann. Andere Fälle, wie z. B. das Entleeren von beliebigen Behältern, gehen über den Rahmen dieses Buches hinaus.

FALL B:

Bei konstantem Zufluß, der kleiner als der Ausfluß durch die Öffnung ist, ergibt sich

$$-A_T\,dh = (Q_{aus} - Q_{ein})dt \quad \text{und} \quad t = t_2 - t_1 = \int_{h_1}^{h_2}\frac{-A_T\,dh}{Q_{aus} - Q_{ein}}$$

Sollte Q_{ein} größer als Q_{aus} sein, so würde der Spiegel wie erwartet ansteigen.

39. Ein Behälter von 1,2 m Durchmesser enthält Öl des rel. spez. Gew. 0,75. Nahe über dem Boden ist ein kurzes 7,5 cm Rohr angebracht ($c = 0{,}85$). Wie lange dauert es, den Ölspiegel von 1,8 m über dem Rohr auf 1,2 m über dem Rohr abzusenken?

Lösung:

$$t = t_2 - t_1 = \frac{2A_T}{cA_o\sqrt{2g}}(h_1^{1/2} - h_2^{1/2}) = \frac{2 \times \frac{1}{4}\pi(1{,}2)^2}{0{,}85 \times \frac{1}{4}\pi(0{,}075)^2\sqrt{2g}}(1{,}8^{1/2} - 1{,}2^{1/2}) = 33{,}3 \text{ s}$$

Um den Fehler durch die Annahme stationärer Strömung abschätzen zu können, nehmen wir als Geschwindigkeitsänderung mit der Zeit an:

$$\frac{\partial V}{\partial t} \cong \frac{\Delta V}{\Delta t} = \frac{\sqrt{2g(1{,}8)} - \sqrt{2g(1{,}2)}}{33{,}3} = \frac{4{,}425(1{,}340 - 1{,}095)}{33{,}3} = 0{,}0325 \text{ m/s}$$

Das ist etwa $\frac{1}{3}$ % der Erdbeschleunigung g, vernachlässigbar gegenüber g. Solche Genauigkeit ist bei unseren Betrachtungen der instationären Strömung nicht möglich, zumal der Öffnungskoeffizient c nicht mit solcher Genauigkeit bekannt ist.

40. Die Anfangshöhe über einer Öffnung betrug 2,7 m, nach Beendigung des Flusses war sie noch 1,2 m. Bei welcher konstanten Höhe H würde aus derselben Öffnung dasselbe Wasservolumen im gleichen Zeitintervall fließen? Nimm konstanten Koeffizienten c an.

Lösung:

Ausflußvolumen bei fallendem Spiegel = Ausflußvolumen bei konstanter Höhe

$$\tfrac{1}{2}cA_o\sqrt{2g}\,(h_1^{1/2} + h_2^{1/2}) \times t = cA_o\sqrt{2gH} \times t$$

Einsetzen und Lösen:

$$\tfrac{1}{2}(\sqrt{2{,}7} + \sqrt{1{,}2}) = \sqrt{H} \text{ und } H = 1{,}88 \text{ m.}$$

41. Ein Behälter hat die Form eines Kegelstumpfes. Zuoberst ist der Durchmesser 2,40 m, am Boden beträgt er 1,20 m. Der Boden enthält ein Loch, dessen mittlere Ausflußzahl mit 0,60 angesetzt werden kann. Bei welcher Öffnungsgröße wird sich der Tank in 6 Minuten entleeren, wenn er 3,00 m hoch ist? Benutze die nebenstehende Abbildung.

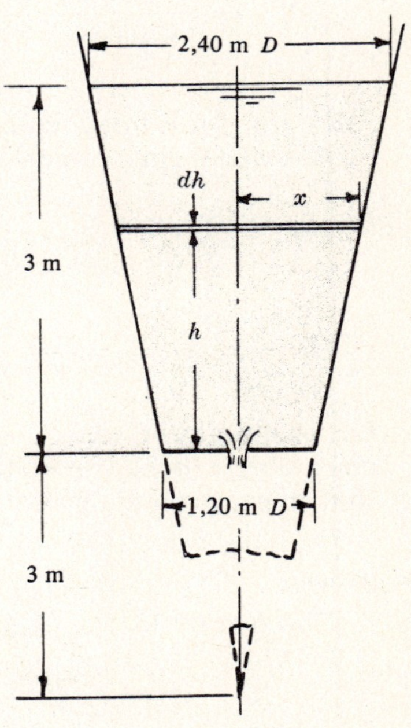

Abb. 9-10

Lösung:

Nach Aufgabe 38 ist

$$Q\,dt = -A_T\,dh$$
$$cA_o\sqrt{2gh}\,dt = -\pi x^2\,dh$$

Da aus Ähnlichkeitsbetrachtungen $x/1{,}2 = (3 + h)/6$ folgt, ist

$$(0{,}60 \times \tfrac{1}{4}\pi d_o^2\sqrt{2g})dt = -\pi\frac{(3+h)^2}{25}h^{-1/2}\,dh$$

$$d_o^2\int dt = \frac{-4\pi}{25\pi \times 0{,}60\sqrt{2g}}\int_3^0 (3+h)^2 h^{-1/2}\,dh$$

Da $\int dt = 360$ Sekunden, ist

$$d_o^2 = \frac{+4}{360 \times 25 \times 0{,}60\sqrt{2g}}\int_0^3 (9h^{-1/2} + 6h^{1/2} + h^{3/2})dh$$

Die Intergration führt zu $d^2 = 0{,}00975$ und $d = 0{,}0987$ m. Benutze eine Öffnung von $d = 10$ cm.

42. Zwei quadratische Behälter haben eine gemeinsame Wand, in der sich eine Öffnung befindet (Fläche = 230 cm², c = 0,80). Behälter A hat eine Kantenlänge von 2,4 m, der Wasserspiegel liegt anfangs 3,00 m über der Öffnung. Tank B hat eine Kantenlänge von 1,2 m, im Anfang liegt der Spiegel 0,90 m über der Öffnung. Nach welcher Zeit werden die Wasseroberflächen die gleiche Höhe haben?

Lösung:

Wir bezeichnen zu jedem Zeitpunkt den Unterschied in den Wasserständen mit Höhe h. Dann ist

$$Q = 0{,}80 \times 0{,}023\sqrt{2gh}$$

und die Volumenänderung $dv = Q\ dt = 0{,}0814\ \sqrt{h}\ dt.$

Die Höhenänderung im Zeitintervall dt ist dh. Ist der Spiegel in Behälter A um dy gefallen, so ist der Spiegel in Behälter B um Flächenverhältnis mal dy oder $(5{,}76/1{,}44)\ dy$ gestiegen. Die Höhenänderung beträgt daher

$$dh = dy + (5{,}76/1{,}44)dy = 5dy$$

und die Volumenänderung $dv = 2{,}4 \times 2{,}4 \times dy\quad [= 1{,}2 \times 1{,}2 \times (5{,}76/1{,}44)dy]$

oder, mit dh ausgedrückt $\qquad dv = (5{,}76/5)dh = 1{,}152dh$

Gleichsetzen der Werte für dv führt zu $0{,}0814\sqrt{h}\,dt = -1{,}1520dh,\quad dt = \dfrac{-1{,}1520}{0{,}0814}\displaystyle\int_{2,1}^{0} h^{-1/2}\,dh,\quad t = 41{,}0\ \text{s}$

Das Problem kann auch gelöst werden, wenn man mittlere Ausflußströme in (3) von Aufgabe 38 einsetzt

$$Q_m = \tfrac{1}{2}[0{,}80 \times 0{,}023\sqrt{2g(2{,}1)}] = 0{,}059\ \text{m}^3/\text{s}$$

Der Stand in Behälter A verringert sich um y, während der in Behälter B um $(5{,}76/1{,}44)\ y$ steigt, bei einer gesamten Höhenänderung von 2,1 m. Also ist $y + 4y = 2{,}1$ und = 0,42 m. Daher ist die Volumenänderung $2{,}4 \times 0{,}42 = 2{,}42\ \text{m}^3$ und

$$t = \frac{\text{Volumenänderung}}{\text{mittleres } Q} = \frac{2{,}42}{0{,}059} = 41{,}0\ \text{s}$$

43. Stelle einen Ausdruck für die Zeit auf, die nötig ist, den Flüssigkeitsstand in einem Behälter, einer Schleuse oder einem Kanal mit Hilfe eines Wehrs ohne Seitenkontraktion zu erniedrigen.

Lösung:

$Q\ dt = -A_T\,dH$ (wie vorher) oder $(mLH^{3/2})\ dt = -A_T\ dH.$

Dann $t = \displaystyle\int_{t_1}^{t_2} dt = \frac{-A_T}{mL}\int_{H_1}^{H_2} H^{-3/2}\,dH$ oder $t = t_2 - t_1 = \dfrac{2A_T}{mL}(H_2^{-1/2} - H_1^{-1/2}).$

44. Ein rechteckiger Kanal, 15 m lang und 3 m breit, speist ein Wehr ohne Seitenkontraktion mit einer Überfallhöhe von 0,30 m. Wie lange wird es dauern, bis die Überfallhöhe auf 10 cm abgesunken ist, wenn die Wasserzufuhr zum Kanal abgeschnitten wird? Benutze m = 1,83.

Lösung:

Nach Aufgabe 43 ist $\qquad t = \dfrac{2(15 \times 3)}{1{,}83 \times 3}\left[\dfrac{1}{\sqrt{0{,}100}} - \dfrac{1}{\sqrt{0{,}300}}\right] = 21{,}9\ \text{s}$

45. Bestimme die Zeit, die mötig ist, in einer Rohrleitung der Länge L, aus der sich Flüssigkeit unter konstanter Höhe H in die Atmosphäre ergießen soll, eine Strömung aufzubauen, wenn das Rohr inelastisch, die Flüssigkeit inkompressibel und die Rohrreibungszahl f konstant ist.

Lösung:

Die Endgeschwindigkeit V_f (final) kann wie folgt aus der Bernoulli-Gleichung bestimmt werden:

$$H - f\frac{L}{d}\frac{V_f^2}{2g} - k\frac{V_f^2}{2g} = \left(0 + \frac{V_f^2}{2g} + 0\right)$$

In dieser Gleichung werden die kleineren Verluste in dem Term $k\,V_f^2/2g$ zusammengefaßt, die Energie des Strahls am Ende der Leitung ist kinetische und wird durch $V_f^2/2g$ erfaßt. Diese Gleichung kann man schreiben als

$$\left[H - f\frac{L_E}{d}\frac{V_f^2}{2g}\right] = 0 \qquad (1)$$

wobei L_E die Länge einer dem System äquivalenten Leitung ist (siehe Kapitel 8, Aufgabe 6).

Nach der Newtonschen Bewegungsgleichung ist zu jedem Zeitpunkt

$$w(AH_e) = M\frac{dV}{dt} = \frac{w}{g}(AL)\frac{dV}{dt}$$

wobei H_e die effektive Höhe in jedem Augenblick und V eine Funktion der Zeit und nicht der Länge ist. Umstellen der Gleichung ergibt

$$dt = \left(\frac{wAL}{gwAH_e}\right)dV \qquad \text{oder} \qquad dt = \frac{L\,dV}{gH_e} \qquad (2)$$

In Gleichung (*1*) ist für alle Zwischenwerte von V der Term in den Klammern nicht Null, sondern er gibt die effektive Höhe an, die für die Beschleunigung der Flüssigkeit sorgt. Daher läßt sich Ausdruck (*2*) schreiben als

$$\int dt = \int \frac{L\,dV}{g\left(H - f\frac{L_E}{d}\frac{V^2}{2g}\right)} = \int \frac{L\,dV}{g\left(f\frac{L_E}{d}\frac{V_f^2}{2g} - f\frac{L_E}{d}\frac{V^2}{2g}\right)} \qquad (3A)$$

und, da nach (*1*) $\frac{fL_E}{2gd} = \frac{H}{V_f^2}$,

$$\int dt = \int \frac{L\,dV}{g(H - HV^2/V_f^2)} \qquad (3B)$$

oder

$$\int_0^t dt = \frac{L}{gH}\int_0^{V_f} \frac{V_f^2}{V_f^2 - V^2}dV$$

Integration liefert

$$t = \frac{LV_f}{2gH}\ln\left(\frac{V_f + V}{V_f - V}\right) \qquad (4)$$

Man sollte beachten, daß $(V_f - V)$ gegen Null geht, wenn V sich V_f nähert. Daher geht mathematisch die Zeit t gegen unendlich.

Gleichung (*3B*) kann umgestellt werden. Setzt man das Symbol ϕ für das Verhältnis V/V_f ein, so ergibt sich

$$\frac{dV}{dt} = \frac{gH}{L}(1 - V^2/V_f^2) = \frac{gH}{L}(1 - \phi^2) \qquad (5)$$

Mit $V = V_f \cdot \phi$ und $\frac{dV}{dt} = V_f\ (d\phi/dt)$ erhalten wir

$$\frac{d\phi}{1 - \phi^2} = \frac{gH\,dt}{V_f L}$$

Integrieren:

$$\tfrac{1}{2}\ln\left(\frac{1+\phi}{1-\phi}\right) = \frac{gHt}{V_f L} + C$$

Bei $t = 0$ ist $C = 0$ und daher

$$\frac{1+\phi}{1-\phi} = e^{2gHt/V_f L}$$

Unter Benutzung von hyperbolischen Funktionen ist $\phi = \tanh(gHt/V_f L)$ und, da $\phi = V/V_f$,

$$V = V_f \tanh\frac{gHt}{V_f L} \qquad (6)$$

Der Vorteil von Ausdruck (*6*) besteht darin, daß die Geschwindigkeit V aus der Endgeschwindigkeit V_f zu jedem beliebigen Zeitpunkt berechnet werden kann.

46. Vereinfache Gleichung (*4*) in der vorigen Aufgabe so, daß sie die Zeit angibt, die nötig ist, eine Strömung aufzubauen, deren Geschwindigkeit V gleich (*a*) 0,75, (*b*) 0,90 und (*c*) 0,99 mal der Endgeschwindigkeit V_f ist.

Lösung:

$$(a)\quad t = \frac{LV_f}{2gH}\ln\left[\frac{V_f+0{,}75V_f}{V_f-0{,}75V_f}\right] = \left(\frac{LV_f}{2gH}\right)(2{,}3026)\ \lg\frac{1{,}75}{0{,}25} = 0{,}973\frac{LV_f}{gH}$$

$$(b)\quad t = \frac{LV_f}{2gH}\ln\frac{1{,}90}{0{,}10} = \left(\frac{LV_f}{2gH}\right)(2{,}3026)\ \lg\frac{1{,}90}{0{,}10} = 1{,}472\frac{LV_f}{gH}$$

$$(c)\quad t = \frac{LV_f}{2gH}\ln\frac{1{,}99}{0{,}01} = \left(\frac{LV_f}{2gH}\right)(2{,}3026)\ \lg\frac{1{,}99}{0{,}01} = 2{,}647\frac{LV_f}{gH}$$

47. Wasser fließt aus einem Behälter in ein 600 m langes 30 cm Rohr ($f = 0{,}020$). Die Höhe ist konstant 6 m. Ventile und Fittings im Rohr sorgen für einen Verlust von 21 $(V^2/2g)$. Wie lange wird es dauern, 90 % der Endgeschwindigkeit zu erreichen, wenn ein Ventil geöffnet wird?

Lösung:

Die Bernoulli-Gleichung zwischen Behälteroberfläche und Rohrende lautet

$$(0 + 0 + H) - [f(L/d) + 21{,}0]V^2/2g = (0 + V^2/2g + 0)$$

oder $H = [0.02(600/0{,}3) + 22]V^2/2g = 62(V^2/2g)$. Dann ergibt sich mit Hilfe des Verfahrens von Aufgabe 6 in Kapitel 8

$$62(V^2/2g) = 0{,}02(L_E/0{,}3)(V^2/2g) \quad \text{oder} \quad L_E = 930 \text{ m}$$

Da Gleichung (*4*) in Aufgabe 45 L_E nicht enthält, muß die Endgeschwindigkeit folgendermaßen berechnet werden:

$$H = f\frac{L_E}{d}\frac{V_f^2}{2g} \quad \text{oder} \quad V_f = \sqrt{\frac{2gdH}{fL_E}} = \sqrt{\frac{19{,}6(0{,}3)(6)}{0{,}02(930)}} = 1{,}38 \text{ m/s}$$

Einsetzen in (*b*) von Aufgabe 46 ergibt $t = 1{,}472\dfrac{(600)(1{,}38)}{(9{,}8)(6)} = 20{,}7$ s

48. Welche Geschwindigkeiten werden in Aufgabe 47 nach 10 Sekunden und nach 15 Sekunden erreicht?

Lösung:

Berechne für Gleichung (*6*) in Aufgabe 45 gHt/V_fL.

$$\text{Für 10 s}\quad \frac{9{,}8 \times 6 \times 10}{1{,}38 \times 600} = 0{,}710. \qquad \text{Für 15 s}\quad \frac{9{,}8 \times 6 \times 15}{1{,}38 \times 600} = 1{,}065.$$

Benutzen wir eine Tafel für die hyperbolischen Funktionen und Gleichung (*6*), $V = V_f \tanh gHt/V_fL$, so erhalten wir

$$\text{Für 10 s}\quad V = 1{,}38 \tanh 0{,}710 = 1{,}38 \times 0{,}611 = 0{,}843 \text{ m/s}$$
$$\text{Für 15 s}\quad V = 1{,}38 \tanh 1{,}065 = 1{,}38 \times 0{,}788 = 1{,}087 \text{ m/s}$$

Man beachte, daß der Wert V/V_f durch den Wert des tangens hyperbolicus dargestellt wird. In der obigen Lösung erhält man 61 % und 79 % der Endgeschwindigkeit nach 10 bzw. 15 Sekunden.

Ergänzungsaufgaben

49. Terpentin von 20 °C fließt durch ein Rohr, in dessen Mitte ein Pitot-Rohr (Koeffizient = 0,97) angebracht ist. Das Differentialmanometer, das Quecksilber enthält, zeigt eine Auslenkung von 10 cm. Wie groß ist die Geschwindigkeit in der Rohrmitte? *Antwort:* 5,22 m/s.

50. Luft von 49 °C fließt an einem Pitot-Rohr mit einer Geschwindigkeit von 18 m/s vorbei. Der Rohrkoeffizient ist 0,95. Welchen Wasserstand im Differentialmanometer kann man erwarten, wenn die Luft konstantes spez. Gewicht bei Atmosphärendruck hat? *Antwort:* 2,0 cm.

51. Die Verlusthöhe beim Ausfluß aus einer 5 cm Öffnung beträgt bei einer bestimmten Höhe 0,162 m, die Geschwindigkeit des Wassers im Strahl ist 6,75 m/s. Bestimme für ein Ausflußzahl von 0,61 die Höhe, die den Fluß hervorruft, den Strahldurchmesser und die Geschwindigkeitsziffer.
Lösung: 2,49 m ; 3,97 cm ; 0,967.

52. Welche Größe muß eine Ausflußöffnung haben, wenn sie bei einer Höhe von 8,55 m einen Volumenstrom von 0,0151 m^3/s aufweisen soll? *Antwort:* 5 cm.

53. Eine scharfkantige Blende hat einen Durchmesser von 2,5 cm, die Geschwindigkeits- und Kontraktionszahlen sind 0,98 bzw. 0,62. Bestimme den Volumenstrom und die Höhe an der Blende, wenn der Strahl auf eine waagerechte Entfernung von 2,457 m um 0,924 m abfällt.
Lösung: 0,0017 m^3/s, 1,666 m.

54. Öl des rel. spez. Gew. 0,800 fließt aus einem geschlossenen Behälter durch eine Ausflußöffnung von 7,5 cm Durchmesser mit einer Flußrate von 0,025 m^3/s. Der Strahldurchmesser beträgt 5,76 cm. Der Ölspiegel liegt 7,35 m über der Öffnung, der Luftdruck entspricht −15 cm Quecksilber. Bestimme die drei Koeffizienten der Ausflußöffnung. *Lösung:* 0,584; 0,590; 0,990.

55. Betrachte Abb. 9-11. Die Geschwindigkeits- und Kontraktionskoeffizienten der 7,5 cm Öffnung betragen 0,950 und 0,632. Berechne (*a*) den Volumenstrom bei der angegebenen Quecksilberauslenkung und (*b*) die Leistung des Strahls. *Lösung:* 0,0281 m^3/s, 1,94 PS.

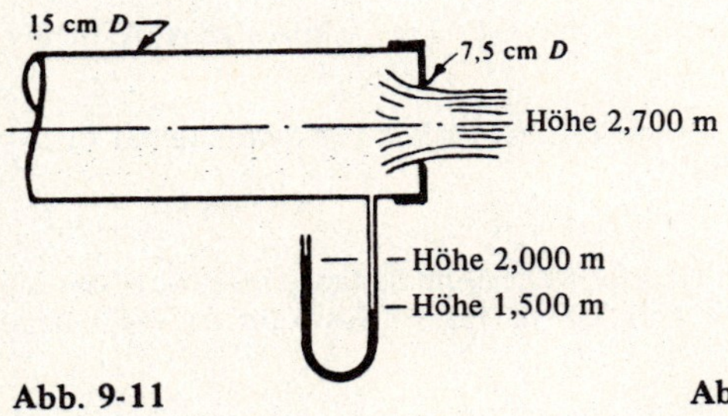

Abb. 9-11

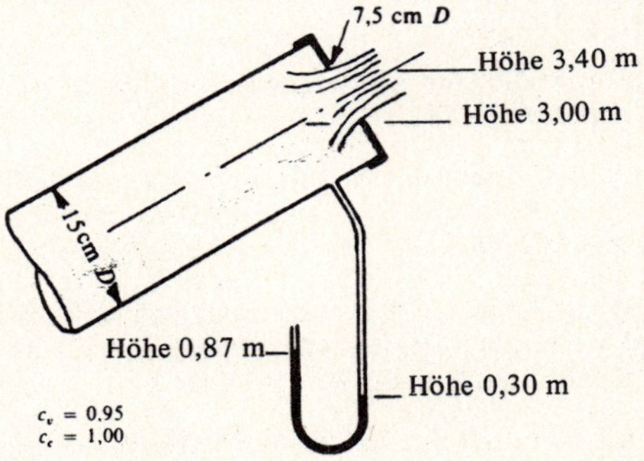

Abb. 9-12

56. Betrachte Abb. 9-12. Schweres Heizöl von 15,5 °C fließt durch die 7,5 cm Öffnung am Ende des Rohres und verursacht die angegebene Quecksilberauslenkung in dem U-Rohr-Manometer. Bestimme die Leistung des Strahls.
Lösung: 2,8 PS.

57. Dampflokomotiven übernehmen manchmal Wasser mit Hilfe eines Schlauchs, der in einen langen, schmalen Tank zwischen den Gleisen getaucht wird. Mit welcher Geschwindigkeit muß der Zug fahren (in km/h, Reibung vernachlässigt), wenn das Wasser um 2,7 m in den Kessel gehoben werden muß.
Lösung: 26,2 km/h.

58. Luft von 15,5 °C fließt durch eine große Leitung und dann durch ein 7,5 cm Loch in dem dünnen Metall (c = 0,62). Ein U-Rohr-Manometer, das Wasser enthält, zeigt 3,1 cm an. Wie groß ist der Strom durch die Öffnung in kp/min, wenn man das spez. Gewicht von Luft als konstant annimmt?
Antwort: 4,48 kp/min.

59. Öl des rel. spez. Gew. 0,926 und der Viskosität 350 Saybolt-Sekunden fließt durch eine 7,5 cm Öffnung aus einem 12,5 cm Rohr. Ein Differentialmanometer zeigt einen Druckabfall von 1,5 kp/cm^2 an. Bestimme den Volumenstrom Q. *Lösung:* 0,05235 m^3/s.

60. Eine Düse, die an der Verengungsstelle einen Durchmesser von 5 cm hat, ist am Ende einer horizontalen Rohrleitung von 20 cm Durchmesser angebracht. Die Geschwindigkeits- und Kontraktionszahlen sind 0,976 bzw. 0,909. Ein Manometer, das am Eingang der Düse angebracht ist und sich 2,15 m oberhalb ihrer Zentrallinie befindet, zeigt 2,25 kp/cm^2 an. Bestimme den Volumenstrom von Wasser.
Lösung: 0,0384 m^3/s.

61. Der Volumenstrom von Wasser durch ein horizontales Venturirohr von **30 cm x 15 cm** (c = **0,95**) beträgt 0,111 m^3/s. Bestimme die Auslenkung des Quecksilbers in einem Differentialmanometer, das an dem Rohr angebracht ist. *Lösung:* 16,6 cm.

62. Wenn 0,115 m^3/s Wasser durch ein Venturirohr von 30 cm X 15 cm fließen, zeigt das Differentialmanometer einen Druckhöhenunterschied von 2,20 m an. Wie ist die Durchflußzahl des Rohres?
Antwort: 0,960.

63. Die Verlusthöhe auf dem Weg vom Eintritt in ein Venturirohr von **25 cm x 12,5 cm** bis zur Verengungsstelle ist 1/16 der Geschwindigkeitshöhe an der Verengungsstelle. Wie groß ist der Volumenstrom von Wasser, wenn das Quecksilber im Differentialmanometer, das an dem Rohr angebracht ist, um 10 cm ausgelenkt wird?
Antwort: 0,061 m^3/s.

64. Ein Venturirohr von **30 cm x 15 cm** (c = **0,985**) transportiert 0,0547 m^3/s Wasser, wobei ein Differentialmanometer 0,63 m anzeigt. Wie groß ist das relative spezifische Gewicht der Manometerflüssigkeit?
Antwort: 1,75.

65. Methan fließt bei einer Temperatur von 15,5 °C mit 7,5 kp/s durch ein Venturirohr von **30 cm x 15 cm**. Am Rohreintritt herrscht ein Druck von 3,5 kp/cm^2 (abs.). Berechne mit $k = 1{,}31$ $R = 52{,}8$, $\nu = 1{,}8 \times 10^{-5}$ m^2/s bei einer Atmosphäre und $w = 0{,}666$ kp/m^3 bei 20° C und einer Atmosphäre die zu erwartende Quecksilberauslenkung im Differentialmanometer. *Lösung:* 0,354 m.

66. Wasser fließt durch ein 15 cm Rohr, an dem eine 7,5 cm Düse befestigt ist. Berechne den Volumenstrom in m^3/s für eine Quecksilberauslenkung im Differentialmanometer von 15 cm. (Nimm $c = 0{,}98$ aus Diagramm *D* an.) *Lösung:* 0,028 m^3/s.

67. Wasser von 27 C fließt mit 0,045 m^3/s durch die Düse von Aufgabe 66. Wie ist die Quecksilberauslenkung in dem Differentialmanometer? (Benutze Diagramm *D*).
Antwort: 0,403 m.

68. Wie groß wäre die Quecksilberauslenkung, wenn Dichtungsöl von 27 °C mit 0,045 m^3/s in Aufgabe 67 fließen würde? *Antwort:* 0,382 m.

69. Luft von 20 °C fließt durch Rohr und Düse aus Aufgabe 66. Wie viele kp Luft fließen pro Sekunde bei Absolutdrücken in Rohr und Strahl von 2,10 kp/cm^2 und 1,75 kp/cm^2?
Antwort: 1,662 kp/s.

70. Welche Wassertiefe muß vor einem rechteckigen, scharfkantigen Überfallwehr ohne Seitenkontraktion, das 1,5 m lang und 1,2 m hoch ist, herrschen, wenn sich ein Volumenstrom von 0,27 m^3/s über das Wehr ergießt? (Benutze die Francis-Formel). *Antwort:* 1,414 m.

71. In einem 1,20 m tiefen und 1,80 m breiten Kanal ergibt sich ein Volumenstrom von 0,85 m^3/s. Bestimme die Höhe, in der sich die Krone eines scharfkantigen Wehres ohne Seitenkontraktion befinden muß, damit kein Wasser über die Kanalseiten tritt. ($m = 1{,}84$).
Lösung: 0,80 m.

72. Über ein 4,8 m langes Wehr ohne Seitenkontraktion ergießt sich ein Fluß von 10,5 m^3/s. Auf der stromaufwärts gelegenen Seite des Wehres darf die Gesamttiefe einen Wert von 2,40 nicht übersteigen. Bestimme die Höhe der Wehrkrone, für die sich dieser Volumenstrom ergibt. ($m = 1{,}84$).
Lösung: 1,326 m.

73. Ein Wehr ohne Seiteneinschnürung ($m = 1{,}84$) speist bei einer konstanten Überfallhöhe von 10,0 cm einen Behälter, der eine Ausflußöffnung von 7,5 cm Durchmesser hat. Das Wehr, das 60 cm lang und 80 cm hoch ist, befindet sich in einem rechteckigen Kanal. Die Verlusthöhe durch die Öffnung beträgt 0,60 m, c_c ist 0,65. Bestimme die Höhe, bis zu der das Wasser in dem Behälter steigt, und die Geschwindigkeitsziffer für die Ausflußöffnung.
Lösung: $h = 8{,}28$ m, $c_v = 0{,}96$.

74. Ein Wehr mit Seitenkontraktion ist 1,20 m lang und befindet sich in einem 2,70 m breiten, rechteckigen Kar l. Die Höhe der Wehrkrone beträgt 1,10 m, die Überfallhöhe ist 37,5 cm. Bestimme für $m = 1{,}87$ den Volumenstrom. *Lösung:* 0,483 m^3/s.

75. Welche Überfallhöhe ergibt bei einem 90°-Dreieckswehr einen Volumenstrom von 4800 l/min? ($m = 1{,}43$).
Antwort: 0,322 m.

76. In einem 90 cm Rohr, das Wasser in einen rechteckigen Kanal befördert, befindet sich ein Venturirohr von **90 cm x 30 cm.** Beim Eintritt in das Venturirohr beträgt der Druck 2,10 kp/cm^2, an der Verengungsstelle ist er 0,60 kp/cm^2. In dem Kanal befindet sich ein 90 cm hohes Wehr ohne Seitenkontraktion ($m = 1{,}84$), über das sich mit einer Überfallhöhe von 22,5 cm das Wasser ergießt. Wie breit ist der Kanal?
Antwort: 6,20 cm.

77. Wasser fließt über ein 3,60 m langes und 0,60 m hohes Wehr ohne Seitenkontraktion (m = 1,84). Bestimme für eine Überfallhöhe von 0,36 m den Volumenstrom.
Lösung: 1,477 m^3/s.

78. Ein 3,60 m langer und 1,20 m breiter Behälter enthält 1,20 m Wasser. Wie lange wird es dauern, den Wasserspiegel auf 30 cm abzusenken, wenn im Boden des Behälters ein Abfluß von 7,5 cm Durchmesser (c = 0,60) geöffnet wird? *Antwort:* 404 s.

79. Ein rechteckiger Behälter, 4,8 m mal 1,2 m, enthält 1,20 m Öl des rel. spez. Gew. 0,75. Bestimme die mittlere Ausflußzahl, wenn man 10 Minuten und 5 Sekunden benötigt, den Tank durch eine 10 cm Ausflußöffnung im Boden zu entleeren. *Lösung:* 0,60.

80. Welche Tiefe ergibt sich in Aufgabe 79 für eine Ausflußzahl von 0,60 nach einer Ausflußzeit von 5 Minuten? *Antwort:* 0,305 m.

81. Ein Behälter von trapezförmigem Querschnitt hat eine konstante Länge von 1,50 m. Das Wasser in dem Behälter steht 2,40 m über der 5 cm Ausflußöffnung (c = 0,65). Die Breite der Wasseroberfläche beträgt 1,8 m; bei einer Tiefe von 0,90 m ist sie 1,20 m. Wie lange wird es dauern, den Wasserspiegel von 2,40 m auf 0,90 m abzusenken? *Antwort:* 470 s.

82. Ein Wehr ohne Seitenkontraktion ist am Ende eines quadratischen Behälters von 3,0 m Kantenlänge angebracht. Wie lange dauert der Ausfluß von 3,6 m^3 Wasser aus dem Tank, wenn anfangs die Überfallhöhe 60 cm beträgt? (m = 1,84). *Antwort:* 3,08 s.

83. Ein rechteckiger Kanal ist 18,0 m lang und 3,0 m breit. Am Ende des Kanals ergießt sich der Fluß bei einer Überfallhöhe von 30 cm über ein 3,0 m langes Wehr ohne Seitenkontraktion. Wie groß ist die Überfallhöhe nach 36 s, wenn der Zufluß plötzlich gestoppt wird (m = 1,84)?
Antwort: 0,074 m.

84. An einer Behälterseite befinden sich in einem Abstand von 1,80 m senkrecht übereinander zwei Ausflußöffnungen. Die gesamte Wassertiefe im Behälter beträgt 4,20 m, die Höhe über der oberen Öffnung ist 1,20 m. Zeige, daß bei gleichen Werten c_v die Strahlen die horizontale Ebene, auf der der Tank ruht, am selben Punkt treffen.

85. Aus einer 15 cm Öffnung ergießen sich unter einer Höhe von 44 m 0,34 m^3/s Wasser. Dieses Wasser fließt in einen 3,6 m breiten, rechteckigen Kanal mit einer Tiefe von 0,90 m. Danach fließt es über ein Wehr mit Seitenkontraktion. Die Überfallhöhe beträgt 30 cm. Wie lang ist das Wehr, und wie groß ist die Ausflußzahl?
Antwort: 1,186 m, c = 0,655.

86. Für das 3,60 m lange Wehr G ohne Seitenkontraktion in Abb. 9-13 ist die Überfallhöhe 0,33 m. Die Anströmgeschwindigkeit kann vernachlässigt werden. Bestimme die Druckhöhe bei B. Zeichne die Drucklinien.
Antwort: 63,6 m.

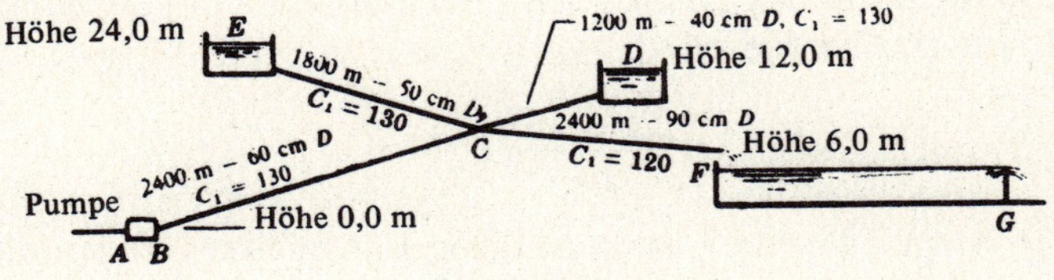

Abb. 9-13

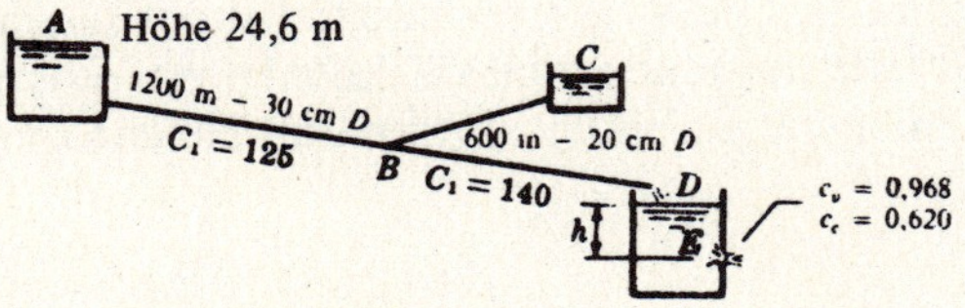

Abb. 9-14

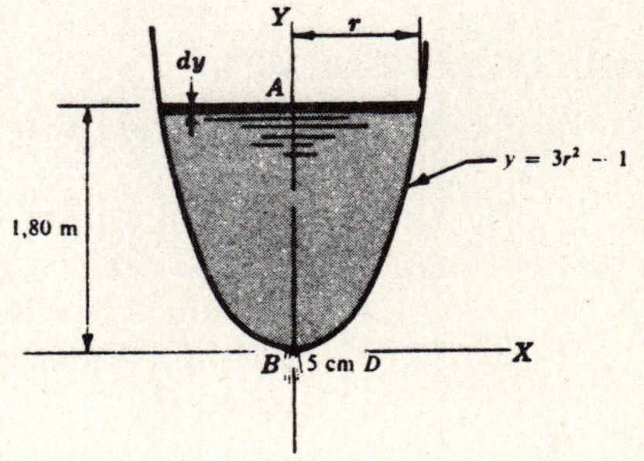

Abb. 9-15

87. In Abb. 9-14 ist die Höhe der Drucklinie bei B 15 m, die Rohre BC und BD sind so angeordnet, daß sich der Fluß von B gleichmäßig aufteilt. In welcher Höhe befindet sich das Rohrende bei D, und welche Höhe wird über der 10 cm Ausflußöffnung E aufrechterhalten?
Antwort: Höhe 7,2 m, h = 6,33 m.

88. Wie lang wird es dauern, den Wasserspiegel in dem Behälter in Abb. 9-15 um 1,20 m zu senken, wenn man für die 5 cm Öffnung eine mittlere Ausflußzahl von 0,65 benutzt?
Antwort: 660 s.

KAPITEL 10

Strömung in offenen Gerinnen

OFFENE GERINNE

Unter einem offenen Gerinne versteht man einen Kanal, in dem die Flüssigkeit mit freier Oberfläche unter Atmosphärendruck fließt. Die Strömung wird durch das Gefälle des Gerinnes und das der Flüssigkeitsoberfläche verursacht. Eine genaue Lösung der Strömungsprobleme ist schwierig und hängt von experimentellen Daten ab, die weite Anwendungsbereiche überdecken müssen.

STATIONÄRE, GLEICHFÖRMIGE STRÖMUNG

Stationäre, gleichförmige Strömung umfaßt zwei Strömungsbedingungen. Stationäre Strömung liegt nach der Definition im Kapitel über Rohrströmung vor, wenn sich die charakteristischen Strömungsbedingungen an keinem Punkt mit der Zeit ändern($\partial V/\partial t = 0$, $\partial y/\partial t = 0$ etc.). Gleichförmige Strömung liegt vor, wenn Tiefe, Gefälle, Geschwindigkeit und Querschnitt über eine gegebene Kanallänge konstant bleiben ($\partial y/\partial L = 0$, $\partial V/\partial L = 0$, etc.).

Die Energielinie verläuft parallel zur Flüssigkeitsoberfläche (Drucklinie) und liegt um $V^2/2g$ über ihr. Das stimmt nicht für stationäre, ungleichförmige Strömung.

UNGLEICHFÖRMIGE STRÖMUNG

Ungleichförmige Strömung tritt auf, wenn sich die Tiefe der Strömung über die Länge des offenen Gerinnes ändert, oder $\partial y/\partial L \neq 0$. Ungleichförmiger Fluß kann stationär oder instationär sein. Er kann auch klassifiziert werden als strömend, schießend, oder kritisch.

LAMINARE STRÖMUNG

Laminare Strömung ergibt sich in offenen Gerinnen für Reynolds-Zahlen von 2000 oder kleiner. Selbst bei Reynolds-Zahlen bis zu 10 000 *kann* Strömung laminar sein. Bei Strömung in offenen Gerinnen ist $R_E = 4RV/\nu$, wobei R der hydraulische Radius ist.

DIE CHEZY-FORMEL

Die Chezy-Formel für *stationäre, gleichförmige Strömung* ist in Aufgabe 1 abgeleitet und lautet

$$V = C\sqrt{RS} \qquad (1)$$

Hierbei sind: V = Durchschnittsgeschwindigkeit in m/s, C = Geschwindigkeitskoeffizient, R = hydraulischer Radius, S = Gefälle der Wasseroberfläche oder der Energielinie oder der Kanalsohle. Diese Linien verlaufen bei stationärer, gleichförmiger Strömung parallel.

GESCHWINDIGKEITSKOEFFIZIENT

Den Geschwindigkeitskoeffizienten C kann man aus einem der folgenden Ausdrücke erhalten:

$$C = \sqrt{\frac{8g}{f}} \qquad \text{(siehe Aufgabe 1)} \qquad (2)$$

$$C = \frac{23 + \dfrac{0{,}00155}{S} + \dfrac{1}{n}}{1 + \dfrac{n}{\sqrt{R}}\left(23 + \dfrac{0{,}00155}{S}\right)} \qquad \text{(Kutter)} \qquad (3)$$

$$C = \frac{1}{n} R^{1/6} \qquad \text{(Manning)} \qquad (4)$$

$$C = \frac{87}{1 + m/\sqrt{R}} \qquad \text{(Bazin)} \qquad (5)$$

$$C = -23{,}2 \lg \left(1{,}811 \frac{C}{R_E} + \frac{\epsilon}{R}\right) \qquad \text{(Powell)} \qquad (6)$$

In den Ausdrücken (*2*) bis (*5*) sind n und m Rauhigkeitsfaktoren, die nur aus Experimenten mit Wasser bestimmt wurden. Einige Werte sind in Tafel 9 im Anhang angegeben. Im allgemeinen wird die Mannig-Formel vorgezogen. Die Powell-Formel wird in den Aufgaben 9 und 10 diskutiert.

VOLUMENSTROM

Der Volumenstrom Q für stationäre, gleichförmige Strömung ist nach der Manning-Formel

$$Q = AV = A\left(\frac{1}{n}\right) R^{2/3} S^{1/2} \qquad (7)$$

Die Bedingungen, unter denen man stationäre, gleichförmige Strömung vorfindet, heißen normal. Deshalb benutzt man Ausdrücke wie Normaltiefe und Normalgefälle.

VERLUSTHÖHE

Die Verlusthöhe h_L (Lost) läßt sich mit Hilfe der Manning-Formel ausdrücken als

$$h_L = \left[\frac{Vn}{R^{2/3}}\right]^2 L, \text{ unter Benutzung von } S = h_L/L. \qquad (8)$$

Für ungleichförmige Strömungen kann man Mittelwerte von V und R mit annehmbarer Genauigkeit benutzen. Lange Kanäle sollten so in kurze Stücke unterteilt werden, daß die Tiefenänderungen etwa von gleicher Größe sind.

VERTIKALE GESCHWINDIGKEITSVERTEILUNG

Die vertikale Geschwindigkeitsverteilung in einem offenen Gerinne kann für laminare Strömung als parabolisch und für turbulente Strömung als logarithmisch angenommen werden.

Bei gleichförmiger *laminarer* Strömung in breiten offenen Gerinnen mit mittlerer Tiefe y_m kann die Geschwindigkeitsverteilung ausgedrückt werden als

$$v = \frac{gS}{\nu}(yy_m - \tfrac{1}{2}y^2) \quad \text{oder } v = \frac{wS}{\mu}(yy_m - \tfrac{1}{2}y^2) \qquad (9)$$

Aus dieser Gleichung erhält man in Aufgabe 3 für die mittlere Geschwindigkeit V

$$V = \frac{gSy_m^2}{3\nu} \quad \text{oder } V = \frac{wSy_m^2}{3\mu} \qquad (10)$$

Für gleichförmige *turbulente* Strömung in breiten offenen Gerinnen kann die Geschwindigkeitsverteilung (abgeleitet in Aufgabe 4) ausgedrückt werden als

$$v = 2{,}5\sqrt{\tau_0/\rho} \ln (y/y_0) \quad \text{oder } v = 5{,}75\sqrt{\tau_0/\rho} \lg (y/y_0) \qquad (11)$$

SPEZIFISCHE ENERGIE (HÖHE)

Unter der spezifischen Energie (Höhe) E versteht man die Energie pro Einheitsgewicht (kp m/kp), bezogen auf die Kanalsohle, oder

$$E = \text{Tiefe} + \text{Geschwindigkeitshöhe} = y + V^2/2g \qquad (12A)$$

Exakter wäre der Term für die kinetische Energie $\alpha V^2/2g$. In Kapitel 6 wurde der Korrekturfaktor α für die kinetische Energie diskutiert.

Mit Hilfe der Flußrate q pro Einheitsbreite des Kanals (d. h. $q = Q/b$), läßt sich schreiben

$$E = y + (1/2g)(q/y)^2 \quad \text{oder} \quad q = \sqrt{2g(y^2E - y^3)} \qquad (12B)$$

Für gleichförmige Strömung ist die spezifische Energie in allen Abschnitten konstant. Bei ungleichförmiger Strömung kann die spez. Energie entlang eines Gerinnes wachsen oder fallen.

GRENZTIEFE

Unter der Grenztiefe y_c (critical) für konstanten Einheitsfluß q in einem rechteckigen Kanal versteht man die Tiefe, für die die spez. Energie minimal ist. Wie in den Aufgaben 27 und 28 gezeigt wird, ist

$$y_c = \sqrt[3]{q^2/g} = \tfrac{2}{3}E_c = V_c^2/g \qquad (13)$$

Umgestellt ergibt das

$$V_c = \sqrt{gy_c} \text{ oder } V_c/\sqrt{gy_c} = 1 \text{ für kritische Strömung} \qquad (14)$$

Man hat also kritische Strömung, wenn die Froude-Zahl $N_F = V_c/\sqrt{gy_c} = 1$. Für $N_F > 1$ hat man überkritische Strömung (Schießen), für $N_F < 1$, unterkritische Strömung (Strömen).

MAXIMALER EINHEITSFLUSS

Der maximale Einheitsfluß q_{max} in einem rechteckigen Kanal ist für jede spez. Energie E nach Aufgabe 28

$$q_{max} = \sqrt{gy_c^3} = \sqrt{g(\tfrac{2}{3}E)^3} \qquad (15)$$

KRITISCHE STRÖMUNG IN NICHT-RECHTECKIGEN KANÄLEN

Für kritische Strömung in nicht-rechteckigen Kanälen gilt nach Aufgabe 27

$$\frac{Q^2}{g} = \frac{A_c^3}{b'} \quad \text{oder} \quad \frac{Q^2 b'}{gA_c^3} = 1 \qquad (16)$$

wobei b' die Breite der Wasseroberfläche ist. Division von (*16*) durch A_c^2 führt zu

$$V_c^2/g = A_c/b' \quad \text{oder} \quad V_c = \sqrt{gA_c/b'} = \sqrt{gy_m} \qquad (17)$$

Der Term A_c/b' wird mittlere Tiefe y_m genannt.

UNGLEICHFÖRMIGE STRÖMUNG

Bei nicht-gleichförmiger Strömung teilt man zu Studienzwecken das Gerinne in einzelne Längenabschnitte L, genannt Flußstrecken.

Um Staukurven zu berechnen, schreiben wir die Energiegleichung (siehe Aufgabe 39) als

$$L \text{ in m} = \frac{(V_2^2/2g + y_2) - (V_1^2/2g + y_1)}{S_o - S} = \frac{E_2 - E_1}{S_o - S} = \frac{E_1 - E_2}{S - S_o} \qquad (18)$$

wobei S_0 das Gefälle der Kanalsohle und S das Gefälle der Energielinie ist.

Für aufeinanderfolgende Flußstrecken, für die die Tiefenänderungen in etwa übereinstimmen, kann S geschrieben werden als

$$S = \left(\frac{n\,V_{\text{mittel}}}{R^{2/3}_{\text{mittel}}}\right)^2 \quad \text{oder} \quad \frac{V^2_{\text{mittel}}}{C^2 R_{\text{mittel}}} \qquad (19)$$

Oberflächenprofile für sich langsam ändernde Strömungsbedingungen in breiten, rechteckigen Kanälen können mit Hilfe des folgenden Ausdrucks analysiert werden:

$$\frac{dy}{dL} = \frac{S_o - S}{(1 - V^2/gy)} \qquad (20)$$

Der Term dy/dL stellt die Steigung der Wasseroberfläche relativ zur Kanalsohle dar. Ist daher dy/dL positiv, so nimmt die Tiefe in Flußrichtung zu. In den Aufgaben 44 und 45 wird die Gleichung abgeleitet und ein System zur Klassifizierung von Oberflächenprofilen vorgestellt.

WEHRE MIT BREITER KRONE

Wehre mit breiter Krone können benutzt werden, um den Volumenstrom in einem Gerinne zu messen. Es ist Einheitsfluß $q = \sqrt{g}(\frac{2}{3}E)^{3/2}$, wobei E die spezifische Energie, bezogen auf die Wehroberkante, oder die Höhe an der stromaufwärts gelegenen Seite plus Geschwindigkeitshöhe der Annäherung ist. Infolge von Reibung liegt der wirkliche Abflußstrom 8–10 % unter dem durch die Formel gegebenen Wert. Als Näherung kann man $q = 1{,}67\ H^{3/2}$ (siehe Aufgabe 52) benutzen.

WECHSELSPRUNG

Ein Wechselsprung tritt beim Übergang einer überkritischen Strömung in eine unterkritische Strömung auf. In solchen Fällen wächst plötzlich die Höhe der Flüssigkeitsoberfläche in Strömungsrichtung an. Für konstanten Volumenstrom in einem rechteckigen Kanal gilt nach Aufgabe 46

$$\frac{q^2}{g} = y_1 y_2\left(\frac{y_1 + y_2}{2}\right) \qquad (21)$$

Aufgaben mit Lösungen

1. Leite die allgemeine (Chezy-) Gleichung für stationäre, gleichförmige Strömung in einem offenen Gerinne ab.

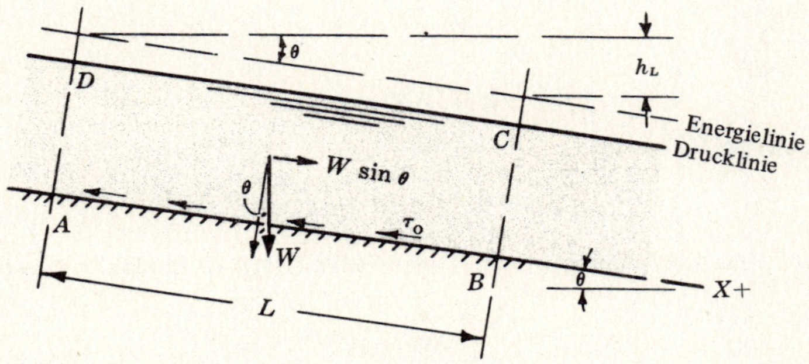

Abb. 10-1

Lösung:

Betrachte in Abb. 10-1 das Flüssigkeitsvolumen $ABCD$ von konstantem Querschnitt A und der Länge L. Das Volumen kann als im Gleichgewicht befindlich angesehen werden, da die Strömung statinär ist (Beschleunigung Null). Wir summieren die Kräfte in X-Richtung:

Kraft auf Fläche AD – Kraft auf Fläche $BC + W \sin\theta$ – Widerstandskräfte = 0

$$w\bar{h}A - w\bar{h}A + wAL \sin\theta - \tau_0 pL = 0 \qquad (h_L)$$

wobei τ_0 die Schubspannung am Rande (kp/m²) ist, die auf eine Fläche von Länge L mal benetztem Umfang p wirkt. Dann

$$wAL \sin\theta = \tau_0 pL \quad \text{und} \quad \tau_0 = (wA \sin\theta)/p = wRS \qquad (A)$$

da $R = A/p$ und $\sin\theta = \tan\theta = S$ für kleine Winkel θ.

Wir haben in Kapitel 7, Aufgabe 5 gesehen, daß $\tau_0 = (w/g)f(V^2/8)$. Daher ist

$$wRS = (w/g)f(V^2/8) \quad \text{oder} \quad V = \sqrt{(8g/f)RS} = C\sqrt{RS} \qquad (B)$$

Für laminare Strömung kann man f als $64/R_E$ ansetzen. Dann ist

$$C = \sqrt{(8g/64)R_E} = 1{,}107\sqrt{R_E} \qquad (C)$$

2. Zeige, daß die vertikale Geschwindigkeitsverteilung in einem breiten offenen Gerinne für gleichförmige, laminare Strömung parabolisch ist (y_m = mittlere Tiefe des Gerinnes).

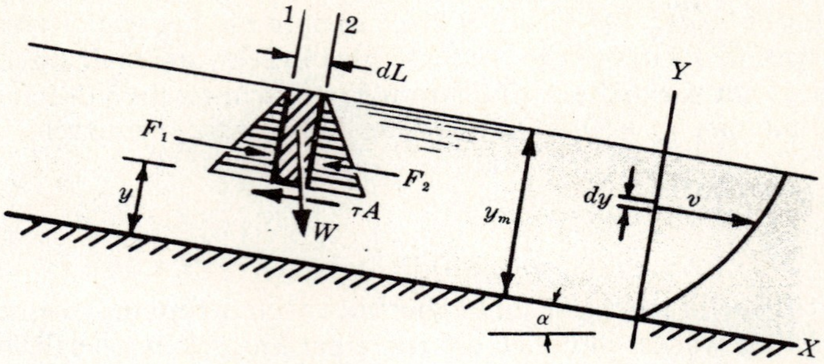

Abb. 10-2

Lösung:

Sind die Geschwindigkeit und Tiefe der Strömung relativ klein, was sich in einer Reynolds-Zahl < 2 000 widerspiegelt, so wird die Viskosität die das Strömungsverhalten bestimmende Größe. Die Strömung ist dann laminar. (Für offene Gerinne ist die Reynolds-Zahl als $4RV/\tau$ definiert). Für den schraffiert eingezeichneten freien Körper erhalten wir aus $\Sigma F_x = 0$

$$F_1 - F_2 + w(y_m - y)\, dL\, dz\, \sin\alpha - \tau\, dL\, dz = 0$$

Wegen $F_1 = F_2$ ergibt sich

$$\tau = w(y_m - y)\sin\alpha$$

Für laminare Strömung ist $\tau = \mu dv/dy$, und wir erhalten

$$dv = \frac{w}{\mu}(y_m - y)\sin\alpha\, dy = \frac{wS}{\mu}(y_m - y)\, dy \qquad (A)$$

Bei den kleinen Werten für den Neigungswinkel α bei offenen Gerinnen ist $\sin\alpha = \tan\alpha =$ Gefälle S. Integration von (A) führt zu

$$v = \frac{wS}{\mu}(yy_m - \tfrac{1}{2}y^2) + C \qquad (B)$$

Da $v = 0$ für $y = 0$, ist die Integrationskonstante $C = 0$. Gleichung (B) ist eine quadratische Gleichung, sie stellt eine Parabel dar.

3. Wie groß ist in Aufgabe 2 die mittlere Geschwindigkeit V?

Lösung:

mittlere Geschwindigkeit $V = \dfrac{Q}{A} = \dfrac{\int dQ}{\int dA} = \dfrac{\int v\, dA}{\int dA} = \dfrac{(wS/\mu)\int(yy_m - \frac{1}{2}y^2)dy\, dz}{\int dy\, dz = y_m\, dz}$

wobei dz konstant ist (Richtung senkrecht zur Papierebene)

$$V = \frac{wS\, dz}{\mu y_m\, dz}\int_0^{y_m}(yy_m - \tfrac{1}{2}y^2)dy = \frac{wSy_m^2}{3\mu}$$

4. Stelle für stationäre, gleichförmige Strömung in einem breiten Gerinne eine theoretische Gleichung für die mittlere Geschwindigkeit bei glatten Oberflächen auf.

Lösung:

Für turbulente Strömung kann allgemein die Schubspannung τ ausgedrückt werden als

$$\tau = \rho l^2 (dv/dz)^2$$

wobei l die Mischungsweglänge ist, die von z abhängt (siehe Kapitel 7).

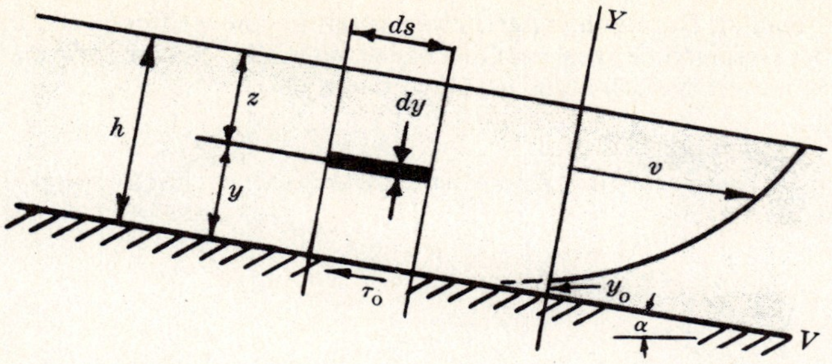

Abb. 10-3

Aber nach Aufgabe 1, Ausdruck (A), ist $\tau_0 = wRS = whS$, da für breite Kanäle der hydraulische Radius gleich der Tiefe ist.

In der Grenzschicht ist, da y sehr klein ist, $z \cong h$ und $\tau \cong \tau_0$. Daher können wir die Werte für τ_0 gleichsetzen:

$$\rho l^2 (dv/dz)^2 = wzS \qquad \text{oder} \qquad dv/dz = \pm\sqrt{gzS/l^2}$$

Um diesen Ausdruck integrieren zu können, versuchen wir es mit $l = k(h - z)(z/h)^{1/2}$. Dann ist

$$-\frac{dv}{dz} = \sqrt{gS}\left[\frac{z^{1/2}}{k(h-z)(z/h)^{1/2}}\right] = \frac{\sqrt{gSh}}{k}\left(\frac{1}{h-z}\right)$$

Setze $y = (h - z)$ und $dy = -dz$. Dann ist

$$+\,y\left(\frac{dv}{dy}\right) = \frac{\sqrt{gSh}}{k} \qquad \text{und} \qquad dv = \frac{\sqrt{gSh}}{k}\left(\frac{dy}{y}\right).$$

Wegen $\tau_0/\rho = whS/\rho = gSh$ ist

$$dv = \frac{1}{k}\sqrt{\tau_0/\rho}\left(\frac{dy}{y}\right) \quad \text{oder} \quad v = \frac{1}{k}\sqrt{\tau_0/\rho}\,\ln y + C$$

Für $y = y_0$ ist $v \cong 0$ und damit $C = (-1/k)\sqrt{\tau_0/\rho}\,\ln y_0$. Also

$$v = \frac{1}{k}\sqrt{\tau_0/\rho}\,\ln(y/y_0) \qquad (A)$$

Beachte: Vernachlässigt man bei einer Näherung den links von y_0 gelegenen Teil der Logarithmuskurve, so bleibt das Ergebnis innerhalb der erwarteten Genauigkeitsgrenzen, da y_0 sehr klein ist. Siehe Aufgabe 5 für den Wert von y_0.

In diesem Ausdruck (A) ist $k \cong 0{,}40$ und wird von Karmansche-Konstante genannt. Da der Term $\sqrt{\tau_0/\rho}$ die Einheiten m/s hat, nennt man ihn die Schubspannungsgeschwindigkeit und bezeichnet ihn mit v_*.

Daher

$$v = 2{,}5\, v_* \ln(y/y_0) \qquad (B)$$

Aus $Q = AV = (h \times 1)\, V = \int v(dy \times 1)$ erhalten wir den Wert für die mittlere Geschwindigkeit V. Daher

$$V = \frac{\int v(dy \times 1)}{(h \times 1)} = \frac{2{,}5 v_*}{h}\int_0^h (\ln y - \ln y_0)\,dy$$

Mit Hilfe der Regel von de l'Hospital aus der Analysis ergibt sich als mittlere Geschwindigkeit für glatte Oberflächen, bei denen eine Grenzschicht existiert:

$$V = 2{,}5 v_*[\ln h - \ln y_0 - 1] \qquad (C)$$

In Aufgabe 5 wird gezeigt, daß y_0 gleich $\nu/9\, v_*$ ist. Folglich kann man die Gleichungen (B) und (C) schreiben als

$$v = 2{,}5 v_* \ln(9 v_* y/\nu) \qquad (D)$$

und

$$V = 2{,}5 v_*[\ln h - \ln(\nu/9 v_*) - 1] \qquad (E)$$

Häufig nimmt man als Durchschnittsgeschwindigkeit in einem offenen Gerinne den Wert an, den man in einer Tiefe von 60 % der Gesamttiefe (von der Oberfläche aus) mißt. Nehmen wir diesen Wert für $\bar{y}$ an, so können wir nach (B) die Durchschnittsgeschwindigkeit V schreiben als

$$V = 2{,}5v_* \ \ln\ (0{,}4h/y_0)$$

Nach Aufgabe 5 ist $y_0 = \delta/103$. Damit ist die Durchschnittsgeschwindigkeit in breiten Gerinnen (da der hydraulische Radius $R = h$)

$$V = 2{,}5v_* \ \ln\ 41{,}2R/\delta \qquad (F)$$

5. Bestimme den Wert von y_0 in der vorigen Aufgabe.

Lösung:

Für glatte Oberflächen ist in einer (laminaren) Grenzschicht

$$\tau_0 = \mu(dv/dy) = \nu\rho(dv/dy) \quad \text{oder} \quad dv/dy = (\tau_0/\rho)/\nu = v_*^2/\nu \ \text{(konstant)}$$

Ist δ die Dicke der Grenzschicht, so hat man

$$\int dv = (v_*^2/\nu)\int_0^\delta dy \quad \text{oder} \quad v_\delta = v_*^2\delta/\nu = R_{E_*}v_* \qquad (A)$$

Aus Experimenten weiß man, daß $R_{E_*} \cong 11{,}6$ (nahezu konstant). Daher

$$v_*^2\delta/\nu = 11{,}6v_* \quad \text{oder} \quad \delta = 11{,}6\nu/v_* \qquad (B)$$

Einsetzen von $y = \delta$ in Gleichung (B) der vorigen Aufgabe liefert

$$v_\delta = 2{,}5v_* \ \ln\ \delta/y_0 \qquad (C)$$

Kombination von (C) und (A) ergibt $\ln\ \delta/y_0 = v_\delta/2{,}5v_* = R_{E_*}/2{,}5 \cong 4{,}64$,

$$\delta/y_0 = e^{4{,}64} = 103 \quad \text{und} \quad \delta = 103y_0 \qquad (D)$$

Dann aus (B)

$$y_0 = \frac{\delta}{103} \cong \frac{11{,}6\nu}{103v_*} \cong \frac{\nu}{9v_*} \qquad (E)$$

6. Wasser von 15°C fließt durch einen glatten, breiten, rechteckigen Kanal ($n = 0{,}009$) mit einer Tiefe von 1,2 m und einem Gefälle von 0,0004. Vergleiche den Wert für C, den man mit der Manning-Formel erhält mit dem, den man bei Benutzung von $V = 2{,}5v_* \ln 41{,}2R/\delta$ bekommt.

Lösung:

(*a*) Mit der Manning-Formel ergibt sich $C = (1{,}0/n)\,R^{1/6} = (1{,}0/0{,}009)(1{,}2^{1/6}) = 114{,}5$.

(*b*) Gleichsetzen der Chezy-Formel für die Durchschnittsgeschwindigkeit V mit dem angegebenen Ausdruck führt zu

$$C = \sqrt{RS} = 2{,}5v_* \ \ln\ 41{,}2R/\delta$$

Mit $v_* = \sqrt{gSR}$ aus Aufgabe 4 erhalten wir

$$C = 2{,}5\sqrt{g} \ \ln\ 41{,}2R/\delta \qquad (A)$$

Für 15°C Wasser ist $\nu = 1{,}132 \times 10^{-6}$, und wir finden mit $\delta = 11{,}6\ \nu/v_*$ nach (B) aus Aufgabe 5 $C = 97{,}5$.

7. (*a*) In einem breiten, rechteckigen Kanal fließt 1,20 m tiefes Wasser bei einem Gefälle von 4 m auf 10 000 m. Nimm an, der Kanal sei glatt. Berechne mit Hilfe der theoretischen Geschwindigkeitsformel in Aufgabe 4 bei einer Schrittweite von 1/10 der Gesamttiefe die theoretischen Geschwindigkeiten in den unterschiedlichen Tiefen. (*b*) Vergleiche den Mittelwert der Geschwindigkeiten in 20 % und 80 % der Gesamttiefe mit dem Wert bei 60 %. (*c*) Berechne die Stelle unterhalb der Wasseroberfläche, an der die Durchschnittsgeschwindigkeit herrscht. Benutze eine kinematische Viskosität von $1{,}40 \times 10^{-6}\ m^2/s$.

Lösung:

(*a*) Da $v_* = \sqrt{\tau_0/\rho} = \sqrt{gRS} = \sqrt{ghS}$ und $y_0 = \nu/9v_*$,

$$v = 2{,}5v_* \ \ln\ y/y_0 = 2{,}5(2{,}303)\sqrt{ghS}\ \lg\ 9v_*y/\nu$$
$$= 5{,}75\sqrt{9{,}8(1{,}2)(0{,}0004)}\ \lg \frac{9y\sqrt{9{,}8(1{,}2)(0{,}0004)}}{1{,}4 \times 10^{-6}}$$
$$= 0{,}3945 \times \lg\ 4{,}41 \times 10^5 y \qquad (A)$$

Aus (A) erhalten wir für die Geschwindigkeiten die folgenden Werte:

Abstand nach unten (%)	y (m)	$441.000y$	lg $441.000y$	v(m/s)
0	1,20	529.200	5,7236	2,261
10	1,08	476.280	5,6779	2,243
20	0,96	423.360	5,6266	2,223
30	0,84	370.440	5,5687	2,200
40	0,72	317.520	5,5018	2,173
50	0,60	264.600	5,4226	2,142
60	0,48	211.680	5,3257	2,104
70	0,36	158.760	5,2007	2,054
80	0,24	105.840	5,0246	1,985
90	0,12	52.920	4,7236	1,866
92,5	0,09	39.690	4,5987	1,816
95,0	0,06	26.460	4,4226	1,747
97,5	0,03	13.230	4,1216	1,628
99,75	0,003	1.323	3,1216	1,233

(*b*) Der Durschnittswert für 20 % und 80 % Tiefe ist $V = \frac{1}{2}(2{,}223 + 1{,}985) = 2{,}104$ m/s.

Bei 60 % Tiefe hat man eine Geschwindigkeit von 2,104 m/s.

Im allgemeinen hat man keine so gute Übereinstimmung.

8. Angenommen, die Manning-Formel für C ist korrekt. Welcher Wert von n wird das „Glattheits"-Kriterium in Aufgabe 6 erfüllen?

Lösung:

Benutze Gleichung (A) von Aufgabe 6 und setze die Werte für C gleich.

$$\frac{R^{1/6}}{n} = 5{,}75\sqrt{g}\ \lg\ (\frac{41{,}2R}{\delta}) = 5{,}75\sqrt{g}\ \lg\ (\frac{41{,}2R\sqrt{gSR}}{11{,}6\nu})$$

Einsetzen der Werte und Lösen führt zu $n = 0{,}0106$

9. Benutze die Powell-Gleichung. Wieviel Flüssigkeit wird in einem glatten, rechteckigen Kanal fließen, der 0,6 m breit und 0,3 m tief ist und ein Gefälle von 0,010 hat? (Benutze $\nu = 0{,}000039$ m²/s).

Lösung:

Gleichung (6) lautet $$C = -23{,}20\ \lg\ (1{,}811\ \frac{C}{R_E} + \frac{\epsilon}{R})$$

Für glatte Kanäle ist ϵ/R klein und kann vernachlässigt werden. Dann ist

$$C = 23{,}20\ \lg\ 0{,}5521 R_E/C \qquad (A)$$

Aus den Angaben kann R_E/C unter Benutzung von $V = C\sqrt{RS}$ berechnet werden:

$$R_E = 4RV/\nu = 4RC\sqrt{RS}/\nu$$
$$0{,}5521 R_E/C = 4R^{3/2}S^{1/2}/\nu = 0{,}5521(4)(0{,}15)^{3/2}(0{,}01)^{1/2}/0{,}000039 = 329$$

Dann ist $$C = 23{,}2\ \lg\ 329 = 58{,}4 \text{ und}$$

$$Q = CA\sqrt{RS} = 58{,}4(0{,}18)\sqrt{0{,}15(0{,}01)} = 0{,}407\ \text{m}^3/\text{s}$$

10. Bestimme C für einen rechteckigen Kanal von 0,6 m mal 0,3 m mit Hilfe der Powell-Gleichung, wenn $V = 1{,}65$ m/s, $\epsilon/R = 0{,}002$ und $\nu = 0{,}000039$ m²/s.

Lösung:

Berechne zuerst $R_E = 4RV/\nu = 4(0{,}15)(1{,}65)/0{,}000039 = 25\,385$. Dann ist

$$C = -23{,}20 \lg \left(1{,}811 \frac{C}{25.385} + 0{,}002\right)$$

Lösung durch sukzessives Probieren liefert mit hinreichender Genauigkeit $C = 52$.

Powell hat für verschiedene Werte der relativen Rauhigkeit ϵ/R die R_E-Abhängigkeit von C graphisch dargestellt. Solche Graphen vereinfachen die Rechnung erheblich. Sie weisen darüberhinaus auf eine starke Analogie zur Colebrook-Formel für Rohrströmung hin.

11. (*a*) Stelle eine Beziehung zwischen den Rauhigkeitszahlen f und n her. (*b*) Wie groß ist die mittlere Schubspannung an den Seiten und am Boden eines 3,6 m breiten Kanals, der ein Gefälle von 1,60 m/1000 m hat und 1,2 m tief durchflutet wird?

Lösung:

(*a*) Wir nehmen die Manning-Formel als Grundlage der Beziehung.

$$C = \sqrt{\frac{8g}{f}} = \frac{R^{1/6}}{n}, \qquad \frac{1}{\sqrt{f}} = \frac{R^{1/6}}{n\sqrt{8g}}, \qquad f = \frac{8gn^2}{R^{1/3}}$$

(*b*) Nach Aufgabe 1 ist

$$\tau_0 = wRS = w\frac{\text{Fläche}}{\text{benetzter Umfang}} \times \text{Gefälle} = 1000\left(\frac{3.6 \times 1.2}{1.2 + 3.6 + 1.2}\right)\left(\frac{1.60}{1000}\right) = 1.152 \text{ kp/m}^2$$

12. Welcher Volumenstrom kann in einem 1,2 m breiten, rechteckigen, auszementierten Kanal erwartet werden, wenn das Wasser 0,60 m tief ist? Das Gefälle beträgt 4 m auf 10 000 m. Benutze Kutters C und Mannings C.

Lösung:

(*a*) Benutzung des Koeffizienten C von Kutter. Nach Tafel 9 ist $n = 0{,}015$, der hydraulische Radius ist $R = 1{,}2\,(0{,}6)/2{,}4 = 0{,}30$ m.

Nach Tafel 10 ist $C = 54$ für $S = 0{,}0004$, $R = 0{,}30$ und $n = 0{,}015$.

$$Q = AV = AC\sqrt{RS} = (1{,}2 \times 0{,}6)(54)\sqrt{0{,}30 \times 0{,}0004} = 0{,}426 \text{ m}^3/\text{s}$$

(*b*) Benutzung des Koeffizienten C von Manning.

$$Q = AV = A\frac{1}{n}R^{2/3}S^{1/2} = (1.2 \times 0{,}6)\frac{1}{0{,}015}(0{,}30)^{2/3}(0{,}0004)^{1/2} = 0{,}430 \text{ m}^3/\text{s}$$

13. In einem Hydrauliklabor wurde in einem 1,20 m breiten und 0,60 m tiefen, rechteckigen Kanal ein Volumenstrom von 0,393 m³/s gemessen. Das Gefälle betrug 0,00040. Wie groß ist der Rauhigkeitsfaktor für die Kanalauskleidung?

Lösung:

(*a*) Mit der Kutter-Formel:

$$Q = 0{,}393 = AC\sqrt{RS} = (1{,}2 \times 0{,}6)C\sqrt{[(1{,}2 \times 0{,}6)/2{,}4](0{,}0004)} \quad \text{und} \quad C = 50$$

Aus Tafel 10 ergibt sich durch Interpolation $n = 0{,}016$.

(*b*) Mit der Manning-Formel:

$$Q = 0{,}393 = A\frac{1}{n}R^{2/3}S^{1/2} = (1{,}2 \times 0{,}6)\frac{1}{n}(0{,}3)^{2/3}(0{,}0004)^{1/2}, \quad n = 0{,}0164. \text{ Benutze } n = 0{,}016.$$

14. Mit welchem Gefälle sollte ein glasiertes Kanalrohr von 60 cm Durchmesser verlegt werden, wenn bei halb gefülltem Kanal 0,162 m^3/s fließen sollen? Welches Gefälle wird bei gefülltem Kanal benötigt? (Nach Tafel 9 ist $n = 0{,}013$).

Lösung:

$$\text{Hydraulischer Radius } R = \frac{\text{Fläche}}{\text{benetzten Umfang}} = \frac{\frac{1}{2}(\frac{1}{4}\pi d^2)}{\frac{1}{2}(\pi d)} = \frac{1}{4}d = 0{,}15 \text{ m}$$

(*a*) $Q = 0{,}162 = A\frac{1}{n}R^{2/3}S^{1/2} = \frac{1}{2}(\frac{1}{4}\pi)(0{,}6)^2 \times (1/0{,}013)(0{,}15)^{2/3}S^{1/2}$, $\sqrt{S} = 0{,}0528$ und $S = 0{,}00279$.

(*b*) $R = \frac{1}{4}d = 0{,}15$ m, wie vorher, und $A = \frac{1}{4}\pi(0{,}6)^2$. Dann ist $\sqrt{S} = 0{,}0264$ und $S = 0{,}00070$.

15. Ein trapezförmiger Kanal, Sohlenweite 6 m, Seitensteigung 1, wird bei einem Gefälle von 0,0009 von 1,2 m tiefem Wasser durchströmt. Wie groß ist für $n = 0{,}025$ der gleichförmige Durchfluß?

Lösung:

Fläche $A = 6(1{,}2) + 2(\frac{1}{2})(1{,}2) = 8{,}64$ m, $R = 8{,}64/[6 + 2(1{,}2\sqrt{2})] = 0{,}92$ m.

$$Q = (1/n)AR^{2/3}S^{1/2} = (1/0{,}025)(8{,}64)(0{,}92)^{2/3}(0{,}03) = 9{,}8 \text{ m}^3/\text{s}$$

16. Zwei Betonrohre ($C = 55$) befördern Wasser aus einem offenen Kanal von halbquadratischem Querschnitt (1,80 m breit, 0,9 m tief, $C = 66$). Das Gefälle ist für beide Rohre 0,0009. Bestimme (*a*) den Rohrdurchmesser, (*b*) den Wasserstand in dem rechteckigen Kanal (nachdem er sich stabilisiert hat), wenn das Gefälle sich auf 0,0016 erhöht. Benutze $C = 66$.

Lösung:

(*a*)

$$Q_{\text{Kanal}} = Q_{\text{Rohre}}$$

$$AC\sqrt{RS} = 2AC\sqrt{RS}$$

$$(1{,}8 \times 0{,}9)(66)\sqrt{\frac{1{,}8 \times 0{,}9}{3{,}6}(0{,}0009)} = 2(\tfrac{1}{4}\pi d^2)(55)\sqrt{\frac{d}{4}(0{,}0009)}$$

$$2{,}15 = 1{,}30 d^{5/2} \quad \text{und} \quad d = 1{,}225 \text{ m}$$

(*b*) Bei einer Tiefe y ist die Fläche $A = 1{,}8y$ und der hydraulische Radius $R = \dfrac{1{,}8y}{1{,}8 + 2y}$. Bei demselben Q ist

$$2{,}15 = (1{,}8y)(66)\sqrt{\frac{1{,}8y}{1{,}8 + 2y}(0{,}0016)}, \qquad 1{,}8y\sqrt{\frac{1{,}8y}{1{,}8 + 2y}} = 0{,}814, \qquad y^3 - 0{,}2275y = 0{,}2050$$

Lösen durch sukzessives Probieren: Für $y = 0{,}720$ m, $(0{,}373 - 0{,}164) \neq 0{,}205$ (y zu groß)
Für $y = 0{,}717$ m, $(0{,}368 - 0{,}163) = 0{,}205$ (gut)

Daher ist die Tiefe 0,717 m.

17. Ein normales glasiertes Abflußrohr ist mit einem Gefälle von 0,00020 verlegt und befördert, wenn es zu 90 % gefüllt ist, 2,30 m^3/s. Welche Rohrgröße wurde benutzt?

Lösung:

Nach Tafel 9 ist $n = 0{,}015$.

Berechne den hydraulischen Radius R (siehe Abb. 10-4).

$$R = \frac{A}{P} = \frac{\text{Kreis} - (\text{Sektor } AOCE - \text{Dreieck } AOCD)}{\text{Bogen } ABC}$$

Winkel $\theta = \text{arc cos } (0{,}40d/0{,}50d) = \text{arc cos } 0{,}800$, $\theta = 36° \; 52'$.

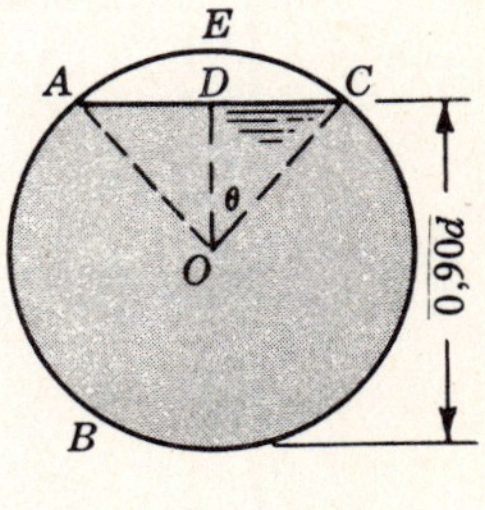

Abb. 10-4

Fläche von Sektor $AOCE$ = $[2(36°52')/360°](\frac{1}{4}\pi d^2) = 0{,}1612\, d^2$.
Länge des Bogens ABC = $\pi d - [2(36°52')/360°](\pi d) = 2{,}498\, d$.
Fläche des Dreicks $AOCD$ = $2(\frac{1}{2})(0{,}40\,d)(0{,}40\,d \tan 36°52') = 0{,}1200 d^2$

$$R = \frac{\frac{1}{4}\pi d^2 - (0{,}1612 d^2 - 0{,}1200 d^2)}{2{,}498 d} = \frac{0{,}7442 d^2}{2{,}398 d} = 0{,}298 d$$

(*a*) Mit Kutter C (für die erste Rechnung als 55 angenommen) ist

$$Q = CA\sqrt{RS}, \qquad 2{,}30 = 55(0{,}7442 d^2)\sqrt{0{,}298 d (0{,}00020)}, \qquad d^{5/2} = 7{,}278, \qquad d = 2{,}212 \text{ m}$$

Überprüfen von C: $R = 0{,}298 \times 2{,}212 = 0{,}659$ m. Tafel 10 liefert $C = 62$.

Weiterrechnen:

$d^{5/2} = 7{,}278(55/62) = 6{,}456$ oder $d = 2{,}109$ m (der neue Wert für C stimmt gut)

(*b*) Mit Mannings C (und der obigen Information) ist

$$Q = \frac{1}{n} A R^{2/3} S^{1/2}$$

$$2{,}30 = \frac{1}{0{,}015}(0{,}7442 d^2)(0{,}298 d)^{2/3}(0{,}00020)^{1/2}, \qquad d^{8/3} = 7{,}347, \qquad d = 2{,}112 \text{ m}$$

18. Wie tief wird Wasser in einem rechteckigen, 6 m breiten Kanal, der ein Gefälle von 0,00010 hat, fließen, wenn $Q = 6{,}00$ m³/s ist? Benutze $n = 0{,}015$.

Lösung:

Benutze die Manning-Formel.

$$Q = \frac{1}{n} A R^{2/3} S^{1/2}, \qquad 6{,}00 = \frac{1}{0{,}015}(6y)\left(\frac{6y}{6+2y}\right)^{2/3}(0{,}01), \qquad 1{,}5 = y\left(\frac{6y}{6+2y}\right)^{2/3}$$

Lösung durch sukzessive Approximation führt zu einem hinreichend genauen Wert von $y = 1{,}50$ m. Das Wasser wird mit 1,50 m Tiefe fließen, genannt Normaltiefe.

19. Wie breit muß ein rechteckiger Kanal sein, wenn er bei einem Gefälle von 0,00040 und einer Wassertiefe von 1,8 m 13,5 m³/s befördern soll? Benutze $n = 0{,}010$.

Lösung:

Anwendung der Manning-Formel mit $A = 1{,}8 \cdot b$ und $R = 1{,}8/(b + 3{,}6)$, führt bei sukzessivem Probieren zu $b = 3{,}91$ m.

20. Gib einen Ausdruck für die Ausflußfaktoren K und K' der Manning-Gleichungen in den Tafeln 11 und 12 des Anhangs an.

Lösung:

Die Ausflußfaktoren in der Manning-Formel können folgendermaßen ausgerechnet werden: Jede Querschnittsfläche kann ausgedrückt werden als $A = F_1 y^2$, wobei F_1 ein dimensionsloser Faktor und y^2 das Quadrat der Tiefe ist. Ähnlich läßt sich der hydraulische Radius R ausdrücken als $R = F_2 y$. Dann lautet die Manning-Formel

$$Q = \frac{1}{n}(F_1 y^2)(F_2 y)^{2/3} S^{1/2} \quad \text{oder} \quad \frac{Qn}{y^{8/3} S^{1/2}} = F_1 F_2^{2/3} = K \qquad (1)$$

Ähnlich hat man als Funktion der Sohlenbreite $A = F_3 b^2$, $R = F_4 b$ und

$$\frac{Qn}{b^{8/3} S^{1/2}} = F_3 F_4^{2/3} = K' \qquad (2)$$

Tafeln 11 und 12 geben Werte von K und K' für typische trapezförmige Kanäle an. Man kann K und K' für alle möglichen Querschnittsformen berechnen.

21. Wie lauten die Durchflußzahlen K und K' für einen rechteckigen, 6 m breiten und 1,20 m tiefen Kanal? Vergleiche diese mit den Werten in Tafeln 11 und 12.

Lösung:

(*a*) $A = F_1 y^2,\ 7{,}2 = F_1(1{,}2),\ F_2 = 5{,}0.\ R = F_2 y,\ 7{,}2/8{,}4 = F_2(1{,}2),\ F_2 = 0{,}714.\ K = F_1 F_2^{2/3} = 4{,}00.$

Nach Tafel 11 ist für $y/b = 1{,}2/6 = 0{,}20, K = 4{,}00$ (Prüfen!)

(*b*) $A = F_3 b^2,\ 7{,}2 = F_3(36),\ F_3 = 0{,}20.\ R = F_4 b,\ 7{,}2/8{,}4 = F_4(6),\ F_4 = 0{,}143.\ K' = F_3 F^{2/3} = 0{,}0546.$

Nach Tafel 12 ist für $y/b = 1{,}2/6 = 0{,}20, K' = 0{,}0546$ (Prüfen!)

22. Löse Aufgabe 18 mit Hilfe der Durchflußzahlen in Tafel 12.

Lösung:

Aus Aufgabe 20, Gleichung (*2*), ergibt sich

$$\frac{Qn}{b^{8/3}S^{1/2}} = K', \qquad \frac{6(0{,}015)}{(6)^{8/3}(0{,}0001)^{1/2}} = 0{,}0757 = K'$$

Nach Tafel 12 gilt für trapezförmige Kanäle mit vertikalen Seiten $K' = 0{,}0757$ für ein Tiefen-Breiten-Verhältnis (y/b) zwischen 0,24 und 0,26. Interpolation ergibt $y/b = 0{,}250$. Daher ist $y = 0{,}250\ (6) = 1{,}50$ m, wie in Aufgabe 18.

23. Löse Aufgabe 19 mit Hilfe der Durchflußzahlen in Tafel 11.

Lösung:

Nach Aufgabe 20, Gleichung (*1*), ist

$$\frac{Qn}{y^{8/3}S^{1/2}} = K, \qquad \frac{13{,}5(0{,}010)}{(1{,}8)^{8/3}(0{,}0004)^{1/2}} = 1{,}41 = K$$

$K = 1{,}41$ entspricht exakt einem Wert $y/b = 0{,}46$. Daher ist $b = 1{,}8/0{,}46 = 3{,}91$, wie in Aufgabe 19.

24. Ein Kanal mit trapezförmigem Querschnitt befördert 24,3 m³/s. Es sind: Gefälle $S = 0{,}000144$, $n = 0{,}015$, Sohlenbreite $b = 6$ m und Seitensteigung = 2/3. Bestimme die Normaltiefe y_N der Strömung mit Hilfe von Formel und Tabellen.

Lösung:

(*a*) Mit Formel:

$$24{,}3 = \frac{1}{0{,}015}(6y_N + 1{,}5y_N^2)\left(\frac{6y_N + 1{,}5y_N^2}{6 + 2y_N\sqrt{3{,}25}}\right)^{2/3}(0{,}000144)^{1/2}$$

oder

$$30{,}4 = \frac{(6y_N + 1{,}5y_N^2)^{5/3}}{(6 + 2y_N\sqrt{3{,}25})^{2/3}}$$

Probiere $y_N = 2{,}4$: $30{,}4 \overset{?}{=} \dfrac{(14{,}4 + 8{,}64)^{5/3}}{(6 + 4{,}8\sqrt{3{,}25})^{2/3}}$ oder $30{,}4 \neq 31{,}2$ (hinreichend genau).

Man kann die Wassertiefe durch sukzessives Probieren mit der gewünschten Genauigkeit berechnen. Die Normaltiefe ist etwas kleiner als 2,4 m.

(*b*) Um Tabelle 12 im Anhang benutzen zu können, berechnen wir

$$\frac{Qn}{b^{8/3}S^{1/2}} = \frac{24{,}3(0{,}015)}{(6)^{8/3}(0{,}000144)^{1/2}} = 0{,}256 = K'$$

In Tafel 12 ist für die Seitensteigung 2/3

$$y/b = 0{,}38,\ K' = 0{,}238 \quad \text{und} \quad y/b = 0{,}40,\ K' = 0{,}262$$

Interpolation für $K' = 0{,}256$ ergibt $y/b = 0{,}395$. Also ist $y_N = 0{,}395\ (6) = 2{,}370$ m.

23. Bestimme für eine gegebene Querschnittsfläche die günstigsten Dimensionen eines trapezförmigen Kanals.

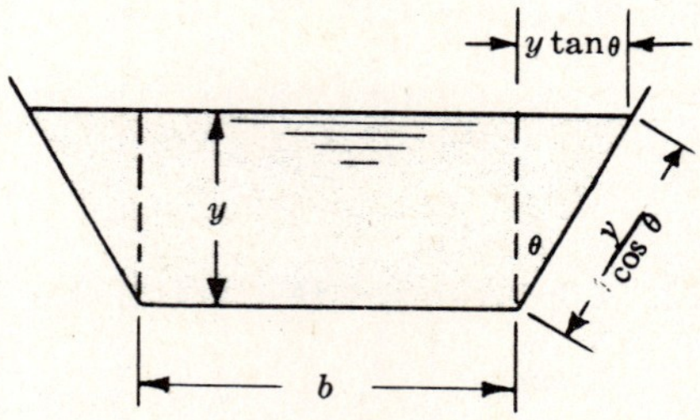

Abb. 10-5

Lösung:

Die Untersuchung der Chezy-Fromel zeigt, daß, sind Querschnittsfläche und Steigung gegeben, der Volumenstrom durch einen Kanal mit bestimmter Rauhigkeit bei maximalem hydraulichen Radius auch maximal wird. Der hydraulische Radius wird maximal, wenn der benetzte Umfang minimal ist. Nach Abb. 10-5 gilt

$$A = by + 2(\tfrac{1}{2}y)(y \tan\theta)$$

oder

$$b = A/y - y\tan\theta$$

$$p = b + \frac{2y}{\cos\theta} \quad \text{oder} \quad p = A/y - y\tan\theta + \frac{2y}{\cos\theta}$$

Wir leiten p nach y ab und setzen den Ausdruck gleich Null:

$$dp/dy = -A/y^2 - \tan\theta + \frac{2}{\cos\theta} = 0 \quad \text{oder} \quad A = \left(\frac{2}{\cos\theta} - \tan\theta\right) y^2$$

$$R \text{ maximum} = \frac{A}{p} = \frac{\left(\frac{2}{\cos\theta} - \tan\theta\right) y^2}{\left(\frac{2}{\cos\theta} - \tan\theta\right) y^2/y - y\tan\theta + \frac{2y}{\cos\theta}} = \frac{y}{2}$$

Beachte:

(*1*) Für alle trapezförmigen Kanäle liegt der hydraulisch günstigste Querschnitt bei $R = y/2$. Der symmetrische Querschnitt bildet ein halbes Sechseck.

(*2*) Bei einem rechteckigen Kanal ($\theta = 0°$) ist dann $A = 2y^2$, was wegen $A = by$, zusätzlich zu $R = y/2$, zu $y = b/2$ führt. Daher ist die günstigte Tiefe gleich der halben Breite, der hydraulische Radius ist dann gleich der halben Tiefe.

(*3*) Der Kreis hat bei gegebener Fläche den kleinsten Umfang. Ein halbkreisförmiger Kanal wird mehr Wasser befördern, als alle anders geformten Kanäle (bei gleicher Fläche und Steigung und gleichem Faktor n).

26. (*a*) Bestimme den wirkungsvollsten Querschnitt eines trapezförmigen Kanals ($n = 0{,}025$), der $12{,}6\ m^3/s$ befördern soll. Um Erosion zu vermeiden, soll die Maximalgeschwindigkeit 0,90 m/s und die Böschungsneigung des Kanals 1/2 sein. (*b*) Welches Sohlengefälle S wird benötigt? Beziehe dich auf die Abb. von Aufgabe 25.

Lösung:

(*a*)

$$R = \frac{y}{2} = \frac{A}{p} = \frac{by + 2(\tfrac{1}{2}y)(2y)}{b + 2y\sqrt{5}} \quad \text{oder} \quad b = 2y\sqrt{5} - 4y \qquad (1)$$

$$A = Q/V = 12{,}60/0{,}90 = by + 2y^2 \quad \text{oder} \quad b = (14 - 2y^2)/y \qquad (2)$$

Gleichzusetzen von (*1*) und (*2*) ergibt $y = 2{,}38$ m. Einsetzen in (*2*) führt zu $b = 1{,}12$ m. Für dieses Trapez ist $b = 1{,}12$ m und $y = 2{,}38$ m.

(*b*)

$$V = (1/n)R^{2/3}S^{1/2}, \quad 0{,}90 = (1/0{,}025)(2{,}38/2)^{2/3}S^{1/2}, \quad S = 0{,}000405$$

27. Leite Ausdrücke für die Grenztiefe y_c, die kritische spezifische Energie E_c und die kritische Geschwindigkeit V_c (*a*) für rechteckige und (*b*) für beliebige Kanäle ab.

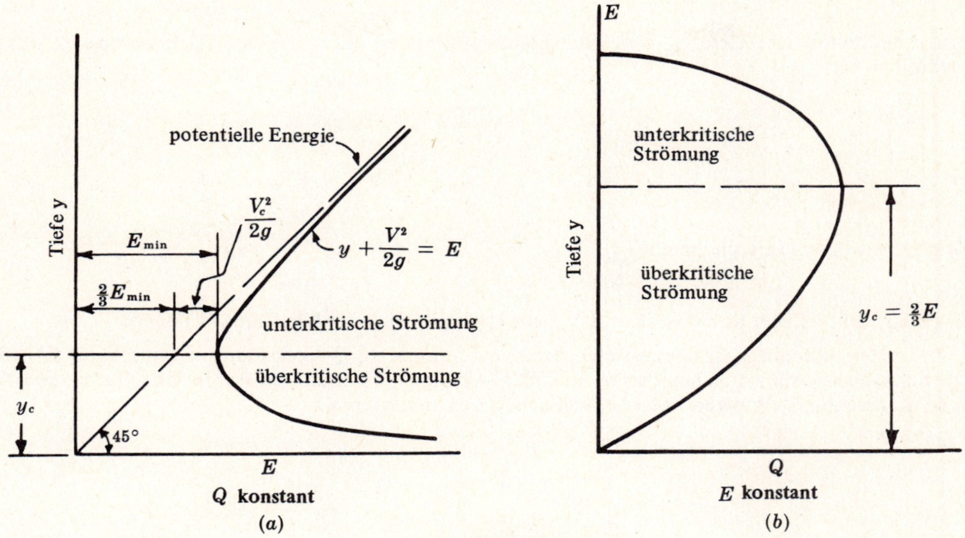

Abb. 10-6

Lösung:

(*a*) **Rechteckige Kanäle:**

Nach Definition $E = y + \frac{V^2}{2g} = y + \frac{1}{2g}\left(\frac{Q/b}{y}\right)^2 = y + \frac{1}{2g}\left(\frac{q}{y}\right)^2$ (*1*)

Die Grenztiefe bei gegebenem Fluß Q ergibt sich für minimales E. Wir rechnen wie üblich:

$$\frac{dE}{dy} = \frac{d}{dy}\left[y + \frac{1}{2g}\left(\frac{q}{y}\right)^2\right] = 1 - \frac{q^2}{gy^3} = 0, \qquad q^2 = gy_c^3, \qquad y_c = \sqrt[3]{q^2/g} \qquad (2)$$

Wir elininieren p aus (*1*) unter Verwendung der Werte aus (*2*):

$$E_c = y_c + \frac{gy_c^3}{2gy_c^2} = \frac{3}{2}y_c \qquad (3)$$

Da $q = yV$ (b = eins), ergibt (*2*)

$$y_c^3 = \frac{q^2}{g} = \frac{y_c^2V_c^2}{g}, \qquad V_c = \sqrt{gy_c}, \qquad \frac{V_c^2}{2g} = \frac{y_c}{2} \qquad (4)$$

(*b*) **Beliebiger Kanal:** $E = y + \frac{V^2}{2g} = y + \frac{1}{2g}\left(\frac{Q}{A}\right)^2$

Für konstantes Q ist, da sich die Fläche A mit der Tiefe y ändert,

$$\frac{dE}{dy} = 1 + \frac{Q^2}{2g}\left(-\frac{2}{A^3}\cdot\frac{dA}{dy}\right) = 1 - \frac{Q^2\,dA}{A^3g\,dy} = 0$$

Die Fläche dA ist definiert als Breite der Wasserfläche b' mal dy. Wir setzen das in die obige Gleichung ein und erhalten

$$\frac{Q^2b'}{gA_c^3} = 1 \qquad \text{oder} \qquad \frac{Q^2}{g} = \frac{A_c^3}{b'} \qquad (5)$$

Diese Gleichung muß bei kritischen Strömungsbedingungen erfüllt sein. Die rechte Seite der Gleichung ist eine Funktion der Tiefe y. Im allgemeinen muß man den Wert für y_c, der Gleichung (*5*) erfüllt, durch sukzessive Approximation berechnen.

Nach Division von Q^2 durch A_c^2 kann man (5) mit Hilfe der Durchschnittsgeschwindigkeit schreiben als

$$V_c^2/g = A_c/b' \quad \text{oder} \quad V_c = \sqrt{gA_c/b'} \qquad (6)$$

Setzt man die mittlere Tiefe y_m gleich der Fläche A dividiert durch die Oberflächenbreite b', so kann man schreiben als (5)

$$Q = A\sqrt{gA/b'} = A\sqrt{gy_m} \qquad (7)$$

Daher
$$V_c = \sqrt{gA_c/b'} = \sqrt{gy_m} \quad \text{oder} \quad V_c^2/gy_m = 1 \qquad (8)$$

Die minimale spez. Energie ist mit (8)

$$E_{min} = y_c + V_c^2/2g = y_c + \tfrac{1}{2}y_m \qquad (9)$$

Für einen rechteckigen Kanal ist $A_c = b'y_c$, aus (6) ergibt sich die Gleichung (4) oben.

In der obigen Abbildung ist (1) zweimal gezeichnet, einmal für Q = constant und einmal für E = constant. Ist die Strömung nahe dem kritischen Punkt, so ergibt sich eine gekräuselte, unstabile Oberfläche. Es ist nicht erwünscht, Kanäle mit Steigungen nahe der kritischen zu konstruieren.

28. Leite einen Ausdruck für den maximalen Einheitsfluß q in einem rechteckigen Kanal für eine gegebene spezifische Energie E ab.

Lösung:

Lösen von (1) in Aufgabe 27 für q ergibt $q = y\sqrt{2g}\,(E - y)^{1/2}$. Wir leiten nach y ab, setzen die Ableitung gleich Null und erhalten $y_c = \frac{2}{3}E$. Dann wird Gleichung (2) von Aufgabe 27 zu

$$q_{max}^2 = g(\tfrac{2}{3}E_c)^3 = gy_c^3 \quad \text{oder} \quad q_{max} = \sqrt{gy_c^3}$$

Zusammengefaßt sind für rechteckige Kanäle die charakteristischen Größen für kritische Strömung:

(a) $E_{min} = \frac{3}{2}\sqrt[3]{q^2/g}$

(b) $q_{max} = \sqrt{gy_c^3} = \sqrt{g(\frac{2}{3}E_c)^3}$

(c) $y_c = \frac{2}{3}E_c = V_c^2/g = \sqrt[3]{q^2/g}$

(d) $V_c/\sqrt{gy_c} = N_F = 1$

(e) Strömen oder unterkritische Strömung liegt vor, wenn $N_F < 1$ und $y/y_c > 1$.

(f) Schießen oder überkritische Strömung liegt vor, wenn $N_F > 1$ und $y/y_c < 1$.

29. Ein rechteckiger Kanal befördert 5,4 m³/s. Bestimme die Grenztiefe y_c und die kritische Geschwindigkeit V_c (a) für eine Breite von 3,6 m und (b) für eine Breite von 2,7 m. (c) Welches Gefälle ruft die kritische Geschwindigkeit in (a) hervor, wenn $n = 0{,}020$?

Lösung:

(a) $y_c = \sqrt[3]{q^2/g} = \sqrt[3]{(5{,}4/3{,}6)^2/9{,}8} = 0{,}612$ m. $\quad V_c = \sqrt{gy_c} = \sqrt{9{,}8 \times 0{,}612} = 2{,}45$ m/s

(b) $y_c = \sqrt[3]{q^2/g} = \sqrt[3]{(5{,}4/2{,}7)^2/9{,}8} = 0{,}742$ m, $\quad V_c = \sqrt{gy_c} = \sqrt{9{,}8 \times 0{,}742} = 2{,}70$ m/s

(c) $V_c = \frac{1}{n}R^{2/3}S^{1/2}, \quad 2{,}45 = \frac{1}{0{,}020}(\frac{3{,}6 \times 0{,}612}{4{,}824})^{2/3}S^{1/2}, \quad S = 0{,}00683.$

30. Ein trapezförmiger Kanal hat eine Böschungsneigung von 1/2 und befördert 16 m³/s. Berechne für eine Sohlenbreite von 3,6 m (a) die Grenztiefe und (b) die kritische Geschwindigkeit.

Lösung:

(*a*) Fläche $A_c = 3{,}6y_c + 2(\frac{1}{2}y_c \times 2y_c) = 3{,}6y_c + 2y_c^2$, Oberflächenbreite $b' = 3{,}6 + 4y_c$.

Ausdruck (*5*) von Aufgabe 27 ergibt $\frac{(16)^2}{9{,}8} = \frac{(3{,}6y_c + 2y_c^2)^3}{3{,}6 + 4y_c}$.

Durch Probieren erhält man $y_c = 1{,}035$ m.

(*b*) Die kritische Geschwindigkeit V_c wird mit Hilfe von Gleichung (*6*) aus Aufgabe 27 bestimmt:

$$V_c = \sqrt{\frac{gA_c}{b'}} = \sqrt{\frac{9{,}8(3{,}726 + 2{,}142)}{3{,}6 + 4{,}14}} = 2{,}73 \text{ m/s}$$

Als Probe erhalten wir für $y = y_c = 1{,}035$, $V_c = Q/A_c = 16/[3{,}6(1{,}035) + 2(1{,}035)^2] = 2{,}73$ m/s

31. Ein trapezförmiger Kanal hat eine Sohlenbreite von 6 m, eine Seitensteigung von 1 und eine Wassertiefe von 1 m. Berechne für $n = 0{,}015$ und $Q = 10$ m³/s (*a*) das Normalgefälle, (*b*) das kritische Gefälle und die Grenztiefe für 10 m³/s, (*c*) das kritische Gefälle bei der Normaltiefe von 1,00 m.

Lösung:

(*a*) $$Q = A\frac{1}{n}R^{2/3}S_N^{1/2}, \qquad 10 = (6 + 1)(\frac{1}{0{,}015})(\frac{7}{6 + 2\sqrt{2}})^{2/3}S_N^{1/2}, \qquad S_N = 0{,}000626$$

(*b*) $$V = \frac{Q}{A} = \frac{10}{6y + y^2} \quad \text{und} \quad V_c = \sqrt{\frac{gA_c}{b'}} = \sqrt{\frac{9{,}8(6y_c + y_c^2)}{6 + 2y_c}}$$

Gleichsetzen der Geschwindigkeiten, Quadrieren und Vereinfachen führt zu

$$\frac{[y_c(6 + y_c)]^3}{3 + y_c} = 20{,}4$$

Daraus erhält man durch sukzessive Approximation als Grenztiefe $y_c = 0{,}634$ m.

Das kritische Gefälle S_c wird aus der Manning-Formel berechnet:

$$10 = [6(0{,}634) + (0{,}634)^2](\frac{1}{0{,}015})(\frac{6(0{,}634) + (0{,}634)^2}{6 + 2(0{,}634\sqrt{2})})^{2/3}S_c^{1/2}, \qquad S_c = 0{,}0029$$

Bei diesem Gefälle hat man gleichförmige, kritische Strömung bei einer Grenztiefe von 0,634 m und $Q = 10$ m³/s.

(c) Nach (*a*) ist für $y_N = 1{,}00$ m $R = 0{,}793$ m und $A = 7{,}00$ m². Daher ergibt sich mit (*6*) aus Aufgabe 27

$$V_c = \sqrt{gA/b'} = \sqrt{9{,}8(7{,}00)/[6 + 2(1)]} = 2{,}928 \text{ m/s}$$

Einsetzen dieser Werte in die Manning-Formel für die Geschwindigkeit ergibt

$$2{,}928 = (1/0{,}015)(0{,}793)^{2/3}S_c^{1/2}, \qquad S_c = 0{,}00263$$

Dieses Gefälle erzeugt eine gleichförmige, kritische Strömung in dem trapezförmigen Kanal bei einer Tiefe von 1,00 m. Beachte, daß in diesem Fall der Volumenstrom $Q = AV = 7{,}00\,(2{,}928) = 20{,}496$ m³/s ist.

32. Ein rechteckiger, 9 m breiter Kanal befördert bei einer Tiefe von 0,90 m 7,30 m³/s. (*a*) Wie groß ist die spezifische Energie? (*b*) Ist die Strömung unterkritisch oder überkritisch?

Lösung:

(*a*) $$E = y + \frac{V^2}{2g} = y + \frac{1}{2g}(\frac{Q}{A})^2 = 0{,}90 + \frac{1}{19{,}6}(\frac{7{,}30}{9 \times 0{,}90})^2 = 0{,}941 \text{ m (kp m/kp)}.$$

(*b*) $$y_c = \sqrt[3]{q^2/g} = \sqrt[3]{(7{,}30/9)^2/9{,}8} = 0{,}406 \text{ m}.$$

Die Strömung ist unterkritisch, da die Wassertiefe über der Grenztiefe liegt. (Siehe Aufgabe 28).

33. Ein trapezförmiger Kanal hat eine Sohlenbreite von 6 m und eine Seitensteigung von 1/2. Bei einer Wassertiefe von 1,0 m ist der Volumenstrom 10 m³/s. (*a*) Wie groß ist die spez. Energie? (*b*) Ist die Strömung unter- oder überkritisch?

Lösung:

(*a*) Fläche $A = 6(1{,}00) + 2(\frac{1}{2})(1{,}00)(2{,}00) = 8{,}00 \text{ m}^2$.

$$E = y + \frac{1}{2g}(\frac{Q}{A})^2 = 1{,}00 + \frac{1}{19{,}6}(\frac{10}{8})^2 = 1{,}08 \text{ m}$$

(*b*) Mit $\frac{Q^2}{g} = \frac{A_c^3}{b'}$ ist $\frac{(10)^2}{9{,}8} = \frac{(6y_c + 2y_c^2)^3}{6 + 4y_c}$. Lösen durch Probieren ergibt $y_c = 0{,}61$. Die reale Wassertiefe ist größer als die Grenztiefe, die Strömung ist unterkritisch.

34. Der Durchfluß durch einen rechteckigen Kanal (Breite 4,5 m, $n = 0{,}012$) beträgt bei einem Gefälle von 1 m auf 100 m 10,80 m³/s. Ist die Strömung unter- oder überkritisch?

Lösung:

(*1*) Bestimme die kritischen Bedingungen für den Kanal.

$$q_{max} = 10{,}80/4{,}5 = \sqrt{gy_c^3} \qquad \text{und} \qquad y_c = 0{,}838 \text{ m}$$

(*2*) Das kritische Gefälle für die obige Grenztiefe kann man mit der Chezy-Manning-Formel berechnen.

$$Q = A\frac{1}{n}R^{2/3}S_c^{1/2}$$

$$10{,}80 = (4{,}50 \times 0{,}838)(\frac{1}{0{,}012})(\frac{4{,}50 \times 0{,}838}{4{,}50 + 2(0{,}838)})^{2/3}S_c^{1/2}, \qquad S_c = 0{,}00215+$$

Da das angegebene Gefälle *größer* als das kritische ist, ist die Strömung überkritisch.

35. Ein rechteckiger Kanal ist 3 m breit und befördert 12 m³/s. (*a*) Tabelliere (als Vorarbeit für die Anfertigung eines Diagramms) die Strömungstiefen mit den zugehörigen spezifischen Energien für Tiefen von 0,3 m bis 2,4 m. (*b*) Bestimme die minimale spezifische Energie. (*c*) Welche Strömungsarten existieren bei Tiefen von 0,6 m und 2,4 m? (*d*) Welche Gefälle sind für $C = 55$ nötig, um die Tiefen in (*c*) aufrechtzuerhalten?

Lösung:

(*a*) Aus $E = y + \frac{V^2}{2g} = y + \frac{(Q/A)^2}{2g}$ erhalten wir

Für $y = 0{,}30$ m,	$E = 0{,}30 + \frac{(12/0{,}90)^2}{2g}$	$= 3{,}02$ m kp/kp
$= 0{,}60$	$= 0{,}60 + 1{,}36$	$= 1{,}96$
$= 0{,}90$	$= 0{,}90 + 0{,}907$	$= 1{,}807$
$= 1{,}20$	$= 1{,}20 + 0{,}680$	$= 1{,}880$
$= 1{,}50$	$= 1{,}50 + 0{,}544$	$= 2{,}044$
$= 1{,}80$	$= 1{,}80 + 0{,}453$	$= 2{,}253$
$= 2{,}10$	$= 2{,}10 + 0{,}389$	$= 2{,}489$
$= 2{,}40$	$= 2{,}40 + 0{,}340$	$= 2{,}740$ m kp/kp

(*b*) Der minimale Wert für E liegt zwischen 1,96 und 1,88 kp m/kp.

Mit Gleichung (*2*) von Aufgabe 27 ist $y_c = \sqrt[3]{q^2/g} = \sqrt[3]{(12/3)^2/9{,}8} = 1{,}178$ m.

Dann ist $E_{min} = E_c = \frac{3}{2}y_c = \frac{3}{2}(1{,}178) = 1{,}767$ m kp/kp.

Beachte, daß $E = 1{,}96$ für $y = 0{,}60$ m und $E = 2{,}04$ für $y = 1{,}50$ m Tiefe. Abb. (*a*) von Aufgabe 27 macht diese Tatsache klar. Bei konstantem Fluß Q gibt es für eine gegebene spez. Energie zwei mögliche Tiefen.

(*c*) Für 0,6 m Tiefe (unter der Grenztiefe) ist die Strömung überkritisch, für 2,4 m Tiefe ist sie unterkritisch.

(*d*)
$$Q = CA\sqrt{RS}$$

Für $y = 0{,}6$ m, $A = 1{,}8$ m² und $R = 1{,}8/4{,}2 = 0{,}429$ m, $12 = 55(1{,}8)\sqrt{0{,}429S}$ und $S = 0{,}0343$.

Für $y = 2{,}4$ m, $A = 7{,}2$ m² und $R = 7{,}2/7{,}8 = 0{,}923$ m, $12 = 55(7{,}2)\sqrt{0{,}923S}$ und $S = 0{,}000995$.

36. Ein rechteckiger Kanal ($n = 0{,}012$) ist mit einem Gefälle von 0,0036 gebaut und befördert 16,0 m³/s. Welche Breite benötigt man, um kritische Strömungsverhältnisse zu bekommen?

Lösung:

Nach Aufgabe 28 ist $q_{max} = \sqrt{gy_c^3}$. Daher $16{,}0/b = \sqrt{9{,}8y_c^3}$.

Bei sukzessivem Probieren vergleichen wir den errechneten Fluß mit dem angegebenen.

Versuch 1: Sei $b = 2{,}5$ m, also $y_c = \sqrt[3]{(16{,}0/2{,}5)^2/9{,}8} = 1{,}61$ m.

Dann
$$R = A/p = (2{,}5 \times 1{,}61)/5{,}72 = 0{,}704 \text{ m}$$

$$\text{und } Q = AV = (2{,}5 \times 1{,}61)\left[\frac{1}{0{,}012}(0{,}704)^{2/3}(0{,}0036)^{1/2}\right] = 15{,}9 \text{ m}^3/\text{s}$$

Versuch 2: Da der Volumenstrom größer werden muß, nehmen wir $b = 2{,}53$ m.

Dann $y_c = \sqrt[3]{(16{,}0/2{,}53)^2/9{,}8} = 1{,}60$ m, $R = (2{,}53 \times 1{,}60)/5{,}73 = 0{,}706$ m

$$\text{und } Q = AV = (2{,}53 \times 1{,}60)\left[\frac{1}{0{,}012}(0{,}706)^{2/3}(0{,}0036)^{1/2}\right] = 16{,}0 \text{ m}^3/\text{s}$$

Dieses Ergebnis ist sehr gut.

37. Welcher maximale Volumenstrom ergibt sich in einem rechteckigen, 3,00 m breiten Kanal bei konstanter spez. Energie von 1,98 kp m/kp?

Lösung:

Grenztiefe $y_c = \frac{2}{3}E = \frac{2}{3}(1{,}98) = 1{,}32$ m (siehe Gleichung (*1*) von Aufgabe 28)

Kritische Geschwindigkeit $V_c = \sqrt{gy_c} = \sqrt{9{,}8 \times 1{,}32} = 3{,}60$ m/s

Maximaler Volumenstrom $Q = AV = (3{,}00 \times 1{,}32)(3{,}60) = 14{,}2$ m³/s

Mit $q_{max} = \sqrt{gy_c^3}$ (Gleichung (*2*) von Aufgabe 28) haben wir

Maximaler Volumenstrom $Q = bq_{max} = 3{,}00\sqrt{9{,}8(1{,}32)^3} = 14{,}2$ m³/s

38. Ein rechteckiger Kanal, 6 m breit und $n = 0{,}025$, hat bei einem Gefälle von 14,7 m auf 10 000 m eine Wassertiefe von 1,50 m. Ein Wehr *C* ohne Seitenkontraktion, 0,735 m hoch, wird über den Kanal gebaut ($m = 1{,}90$). Schätze die Höhe des Wasserspiegels in einem Punkt *A* 300 m oberhalb des Wehres ab, wenn die Kanalsohle direkt oberhalb des Wehres 30 m hoch liegt.

Lösung:

Berechne die neue Höhe der Wasseroberfläche in *B* in Abb. 10-7 unten (vor dem Abfall). Beachte, daß die Strömung nicht gleichförmig ist, da die Tiefen, Geschwindigkeiten und Flächen nach Anbringen des Wehres nicht mehr konstant sind.

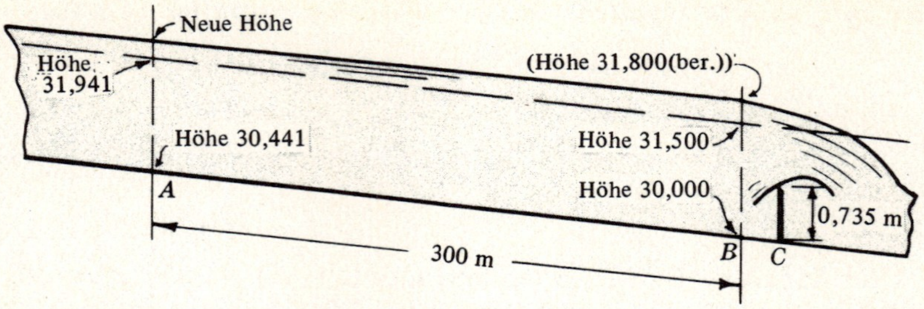

Abb. 10-7

$$Q = (6 \times 1{,}50)(1/0{,}025)(9/9)^{2/3}(0{,}00147)^{1/2} = 13{,}80 \text{ m}^3/\text{s}$$

Für eine geschätzte Tiefe von 1,80 m direkt oberhalb des Wehres ist

$$\text{Annäherungsgeschwindigkeit } V = Q/A = 13{,}80/(6 \times 1{,}8) = 1{,}28 \text{ m/s}$$

Die Wehrformel ergibt $13{,}80 = 1{,}90 \times 6[(H + \frac{(1{,}28)^2}{2g})^{3/2} - (\frac{(1{,}28)^2}{2g})^{3/2}]$. Dann

$$(H + 0{,}0836)^{3/2} = 1{,}210 + 0{,}024 = 1{,}234 \quad \text{und} \quad H = 1{,}066 \text{ m}$$

$$\text{Höhe} \quad Z = \underline{0{,}735 \text{ m}}$$

$$\text{Tiefe} \quad y = 1{,}801 \text{ m (Annahme stimmt)}$$

Die neue Höhe bei A liegt zwischen 31,94 m und 32,24 m. Versuche es mit 32,10 m und überprüfe das mit Hilfe der Bernoulli-Gleichung.

Neue Fläche bei $A = 6(32{,}10 - 30{,}44) = 9{,}96 \text{ m}^2$ und $V = 13{,}80/9{,}96 = 1{,}39$ m/s

Mittlere Geschwindigkeit $= \frac{1}{2}(1{,}28 + 1{,}39) = 1{,}33$ m/s

Mittlerer hydraulischer Radius $= R = \frac{1}{2}(10{,}80 + 9{,}96)/[\frac{1}{2}(9{,}60 + 9{,}32)] = 110$ m.

$$\text{Verlusthöhe} \quad h_L = (\frac{Vn}{R^{2/3}})^2 L = (\frac{1{,}33 \times 0{,}025}{(1{,}10)^{2/3}})^2(300) = 0{,}292 \text{ m.}$$

Wende nun die Bernoulli-Gleichung zwischen A und B mit B als Bezugspunkt an.

$$32{,}10 + (1{,}39)^2/2g = 31{,}80 + (1{,}28)^2/2g$$

was sich reduziert auf

$$31{,}91 = 31{,}88$$

Der Unterschied von 0,03 m liegt schon allein innerhalb des Fehlers des Rauhigkeitsfaktors n. Deshalb ist eine genauere Rechnung nicht gerechtfertigt. Benutze eine Höhe von 32,10 m.

39. Stelle eine Formel für das Länge-Energie-Steigung-Verhältnis für ungleichförmige Strömungsprobleme ähnlich denen in der letzten Aufgabe auf.

Lösung:

Durch Anwendung der Energiegleichung zwischen zwei Abschnitten 1 und 2 (in Strömungsrichtung numeriert), mit einer Bezugsebene unterhalb der Kanalsohle, erhalten wir

$$\text{Energie bei 1} - \text{Verlusthöhe} = \text{Energie bei 2}$$

$$(z_1 + y_1 + V_1^2/2g) - h_L = (z_2 + y_2 + V_2^2/2g)$$

Das Gefälle S der Energielinie ist h_L/L, daher $h_L = SL$. Das Gefälle S_0 der Kanalsohle ist $(z_1 - z_2)/L$; also $z_1 - z_2 = S_0 L$. Umstellen und Einsetzen liefert

$$S_0 L + (y_1 - y_2) + (V_1^2/2g - V_2^2/2g) = SL$$

Bei offenen-Gerinne-Studien wird dieser Ausdruck gewöhnlich nach L aufgelöst. Dann ist

$$L \text{ in m} = \frac{(y_1 + V_1^2/2g) - (y_2 + V_2^2/2g)}{S - S_o} = \frac{E_1 - E_2}{S - S_o} \qquad (A)$$

Die nächsten Aufgaben werden die Anwendung von Ausdruck (A) verdeutlichen.

40. Ein rechteckiger Kanal (n = 0,013) ist 1,80 m breit und befördert 1,78 m^3/s Wasser. An einem bestimmten Abschnitt F ist die Tiefe 0,96 m, das Sohlengefälle ist konstant 0,000400. Bestimme den Abstand von F, bei dem die Tiefe 0,81 m beträgt.

Lösung:

Wir nehmen an, daß die Stelle *oberhalb* von F liegt und benutzen die Indices 1 und 2 wie üblich.

$$A_1 = 1{,}80(0{,}81) = 1{,}458 \text{ m}^2, \quad V_1 = 1{,}782/1{,}458 = 1{,}221 \text{ m/s} \quad R_1 = 1{,}458/3{,}42 = 0{,}426 \text{ m}$$
$$A_2 = 1{,}80(0{,}96) = 1{,}728 \text{ m}^2, \quad V_2 = 1{,}782/1{,}728 = 1{,}032 \text{ m/s} \quad R_2 = 1{,}728/3{,}72 = 0{,}465 \text{ m}$$

Daher ist V_m = 1,126 m/s und R_m = 0,445 m. Dann ist für nicht-gleichförmige Strömungen

$$L = \frac{(V_2^2/2g + y_2) - (V_1^2/2g + y_1)}{S_o - S} = \frac{(0{,}055 + 0{,}96) - (0{,}077 + 0{,}81)}{0{,}000400 - \left(\frac{0{,}013 \times 1{,}126}{(0{,}445)^{2/3}}\right)^2} = -556{,}5 \text{ m}$$

Das Minuszeichen zeigt an, daß der Punkt mit 0,81 m Tiefe flußabwärts von F liegt und nicht, wie angenommen, flußaufwärts.

Dieses Problem zeigt, wie die Methode angewendet wird. Ein genaueres Ergebnis könnte man erhalten, wenn man Zwischentiefen von beispielsweise 0,900 m und 0,855 m annähme (oder exakte Werte durch Interpolation), ΔL-Werte berechnen und addieren würde. So könnte man eine *Staukurve* berechnen. Die Staukurve ist keine gerade Linie!

41. Ein rechteckiger Kanal, 12 m breit, befördert 25 m^3/s Wasser. Das Kanalgefälle beträgt 0,00283. Bei Abschnitt 1 ist die Tiefe 1,35 m und bei Abschnitt 2 (90 m flußabwärts) 1,50 m. Wie groß ist der durchschnittliche Rauhigkeitsfaktor n?

Lösung:

$$A_2 = 12(1{,}50) = 18 \text{ m}^2, \quad V_2 = 25/18 = 1{,}39 \text{ m/s} \quad R_2 = 18/15 = 1{,}20 \text{ m}$$
$$A_1 = 12(1{,}35) = 16{,}20 \text{ m}^2, \quad V_1 = 25/16{,}20 = 1{,}54 \text{ m/s} \quad R_1 = 16{,}20/14{,}70 = 1{,}10 \text{ m}$$

Daher V_m = 1,465 m/s und R_m = 1,15 m. Für ungleichförmige Strömung ist

$$L = \frac{(V_2^2/2g + y_2) - V_1^2/2g + y_1)}{S_o - \left(\frac{nV}{R^{2/3}}\right)^2}, \qquad 90 = \frac{(0{,}0984 + 1{,}500) - (0{,}1215 + 1{,}350)}{0{,}0283 - \left(\frac{n \times 1{,}465}{(1{,}15)^{2/3}}\right)^2}$$

und n = 0,0282.

42. Ein 6 m breiter, rechteckiger Kanal fällt auf 1000 m um 1 m. Die Tiefe in Abschnitt 1 ist 2,550 m, in Abschnitt 2 (600 m flußabwärts) ist sie 3,075 m. Bestimme für n = 0,011 den erwarteten Volumenstrom.

Lösung:

Wir nehmen die Kanalsohle in Abschnitt 2 als Bezugsebene.

$$\text{Energie bei } 1 = y_1 + V_1^2/2g + z_1 = 2{,}550 + V_1^2/2g + 0{,}600$$
$$\text{Energie bei } 2 = y_2 + V_2^2/2g + z_2 = 3{,}075 + V_2^2/2g + 0$$

Abfall der Energielinie = Energie bei 1 – Energie bei 2. Da der Wert unbekannt ist, nehmen wir ein Gefälle an.

$$\text{Gefälle } S = \frac{\text{Verlusthöhe}}{L} = \frac{(3{,}150 - 3{,}075) + (V_1^2/2g - V_2^2/2g)}{600} \qquad (1)$$

Annahme: S = 0,000144. Darüberhinaus benötigen wir die Werte von A_{mittel} und R_{mittel}.

$$A_1 = 6(2{,}550) = 15{,}300 \text{ m}^2, \quad R_1 = 15{,}300/11{,}10 = 1{,}38 \text{ m}$$
$$A_2 = 6(3{,}075) = 18{,}450 \text{ m}^2, \quad R_2 = 18{,}450/12{,}15 = 1{,}52 \text{ m}$$

Daher ist A_m = 16,875 m^2 und R_m = 1,45 m.

(1) Erste Näherung:

$$Q = A_m(1/n)R_m^{2/3}S^{1/2} = 16{,}875(1/0{,}011)(1{,}45)^{2/3}(0{,}000144)^{1/2} = 23{,}58 \text{ m}^3/\text{s}$$

Überprüfe das Gefälle S in Gleichung (*1*) oben wie folgt:

$$V_1 = 23{,}58/15{,}30 = 1{,}54, \quad V_1^2/2g = 0{,}121$$
$$V_2 = 23{,}58/18{,}45 = 1{,}28, \quad V_2^2/2g = 0{,}083$$

$$S = \frac{(3{,}150 - 3{,}075) + 0{,}038}{600} = 0{,}000188$$

Die Energielinie fällt um 0,113 m auf 600 m, also um mehr, als wir angenommen hatten.

(2) Zweite Näherung:

Versuche $S = 0{,}000210$. Dann ist $Q = 23{,}58(\frac{0{,}000210}{0{,}000144})^{1/2} = 28{,}50 \text{ m}^3/\text{s}$

Wir überprüfen wieder:
$$V_1 = 28{,}50/15{,}30 = 1{,}86 \text{ m/seg}, \quad V_1^2/2g = 0{,}177 \text{ m}$$
$$V_2 = 28{,}50/18{,}45 = 1{,}54 \text{ m/seg}, \quad V_2^2/2g = 0{,}122 \text{ m}$$

$$S = \frac{(3{,}150 - 3{,}075) + 0{,}055}{600} = 0{,}000217$$

Dieser Wert stimmt (annehmbar gut) mit unserer Annahme überein. Daher gilt ungefähr $Q = 28{,}50 \text{ m}^3/\text{s}$.

43. Ein Reservoir speist einen rechteckigen Kanal (4,5 m breit, $n = 0{,}015$). Beim Eintritt steht das Wasser im Reservoir 1,87 m über der Kanalsohle (siehe Abb. 10-8). Der Kanal ist 240 m lang und fällt auf diese Länge um 0,216 m. Die Tiefe oberhalb eines Wehres am Kanalende beträgt 1,24 m. Bestimme in einem Schritt die Kapazität des Kanals, wenn der Eintrittsverlust $0{,}25\, V_1^2/2g$ beträgt.

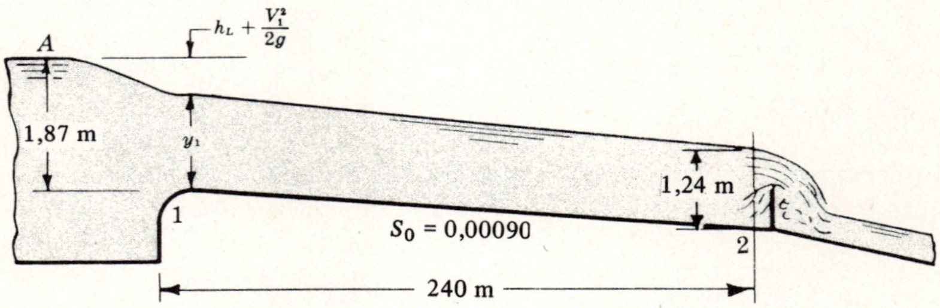

Abb. 10-8

Lösung:

Die Bernoulli-Gleichung zwischen A und 1 mit 1 als Bezugspunkt lautet

$$(0 + \text{vernachl.} + 1{,}87) - 0{,}25V_1^2/2g = (0 + V_1^2/2g + y_1) \qquad (1)$$

und

$$L = \frac{(V_2^2/2g + y_2) - (V_1^2/2g + y_1)}{S_0 - \left(\frac{nV_m}{R_m^{2/3}}\right)^2} \qquad (2)$$

Löse diese Gleichung durch sukzessives Probieren, bis L ungefähr 240 m ist.

Versuche $y_1 = 1{,}50$ m. Dann folgt aus (*1*) $V_1^2/2g = (1{,}87 - 1{,}50)/1{,}25 = 0{,}296$ m, $V_1 = 2{,}41$ m/s und $q = y_1V_1 = 1{,}50(2{,}41) = 3{,}61 \text{ m}^3/\text{s}$, $V_2 = 3{,}61/1{,}24 = 2{,}91 \text{ m}^3/\text{s}$

$$V_m = \tfrac{1}{2}(2{,}41 + 2{,}91) = 2{,}66 \text{ m/s}$$

und $$R_m = \tfrac{1}{2}(R_1 + R_2) = \tfrac{1}{2}[(4{,}5 \times 1{,}50)/7{,}5 + (4{,}5 \times 1{,}24)/6{,}98] = 0{,}85 \text{ m}$$

Einsetzen in (*2*) ergibt $L = 113$ m.

Erhöhe y_1 auf 1,60 m und wiederhole die Rechnung. Tabellarisch erhält man die folgenden Ergebnisse:

y_1	V_1	q_1	V_2	V_m	R_m	L	*Bemerkungen*
1,60	2,06	3,30	2,66	2,36	0,867	345 m	y_1 zur groß
1,57	2,17	3,40	2,75	2,46	0,862	246 m	Übereinstimmung gut genug

Die Kapazität des Kanals ist $3{,}40 \times 4{,}5 = 15{,}30$ m³/s.

Sollte größere Genauigkeit verlangt sein, so beginnt man am unteren Ende und berechnet, für einen Einheitsfluß von $q = 3{,}40$ m³/s, die Länge der Flußstrecke bis zu einem Punkt, an dem die Tiefe ungefähr 10 % größer ist als 1,24 m (z. B. 1,36 m). Dann geht man in der Tiefe die nächsten 10 % weiter und berechnet die entsprechenden Längen, usw. Sollte die Summe der Längen größer als 240 m sein, so vermindert man den Wert von y_1, wodurch es zu einem Anstieg von q kommt.

44. Leite einen Ausdruck ab, der das Gefälle der Wasseroberfläche in breiten, rechteckigen Kanälen bei sich allmählich verändernder Strömung angibt.

Lösung:

Die Gesamtenergie pro kp Flüssigkeit ist bezüglich einer beliebigen Bezugsebene

$$H = y + V^2/2g + z$$

wobei der Korrekturfaktor α für die kinetische Energie als Eins angenommen wurde. Die Differentation dieses Ausdrucks nach L, dem Abstand parallel zum Kanal, führt zu

$$\frac{dH}{dL} = \frac{dy}{dL} + \frac{d(V^2/2g)}{dL} + \frac{dz}{dL} \qquad (A)$$

Für rechteckige Kanäle (oder für breite Kanäle mit mittlerer Tiefe y_m) ist $V^2 = (q/y)^2$ und

$$\frac{d(q^2/2gy^2)}{dL} = -\frac{2q^2}{2gy^3}\left(\frac{dy}{dL}\right) = -\frac{V^2}{gy}\left(\frac{dy}{dL}\right)$$

Einsetzen in (*A*) mit $dH/dL = -S$ (Steigung der Energielinie) und $dz/dL = -S_0$ (Steigung der Kanalsohle) ergibt

$$-S = \frac{dy}{dL} - \frac{V^2}{gy}\left(\frac{dy}{dL}\right) - S_0 \quad \text{oder} \quad \frac{dy}{dL} = \frac{S_0 - S}{(1 - V^2/gy)} = \frac{S_0 - S}{1 - N_F^2} \qquad (B)$$

Der Term dy/dL stellt die Steigung der Wasseroberfläche relativ zur Kanalsohle dar. Fällt der Kanal in Flußrichtung ab, so ist S_0 positiv. Ähnlich ist S positiv. Für gleichförmige Strömung ist $S = S_0$ und $dy/dL = 0$.

Eine andere Form der Gleichung (*B*) erhält man folgendermaßen: Die Manning-Formel lautet

$$Q = (1/n)AR^{2/3}S^{1/2}$$

Löst man diese Gleichung für das Gefälle der Energielinie mit $q = Q/b$ und $A = by$ und $R = y$ für breite, rechteckige Kanäle, so ergibt sich

$$\frac{dH}{dL} = S = \frac{n^2(q^2b^2/b^2y^2)}{y^{4/3}}$$

Ähnlich kann das Gefälle der Kanalsohle mit Hilfe von Normaltiefe y_N und -koeffizient n_N geschrieben werden als

$$\frac{dz}{\partial L} = S_0 = \frac{n_N^2(q^2b^2/b^2y_N^2)}{y_N^{4/3}}$$

Dann wird der erste Teil von Gleichung (*B*) zu

$$-\frac{n^2(q^2b^2/b^2y^2)}{y^{4/3}} = (1 - V^2/gy)\frac{dy}{dL} - \frac{n_N^2(q^2b^2/b^2y_N^2)}{y_N^{4/3}}$$

Aber $V^2 = q^2/y^2$, $n \cong n_N$ und $q^2/g = y_c^3$. Dann

$$\frac{-n^2q^2}{y^{10/3}} = \frac{dy}{dL}(1 - y_c^3/y^3) - \frac{n^2q^2}{y_N^{10/3}} \qquad (C)$$

$$\frac{dy}{dL} = \frac{(nq)^2[1/y_N^{10/3} - 1/y^{10/3}]}{1 - (y_c/y)^3} \qquad (D)$$

Mit $Q/b = q = y_N[(1.486/n)y_N^{2/3}S_o^{1/2}]$ oder $(nq/1.486)^2 = y_N^{10/3}S_o$. wird Gleichung ($D$) zu

$$\frac{dy}{dL} = S_o\left[\frac{1 - (y_N/y)^{10/3}}{1 - (y_c/y)^3}\right] \qquad (E)$$

Es gibt einige einschränkende Bedingungen für die Oberflächenprofile. Geht beispielsweise y gegen y_c, so geht der Nenner in (E) gegen Null. Dort wird dy/dL unendlich, die Kurve kreuzt die der Grenztiefe unter einem Winkel von 90°. Daher beschreibt (E) Oberflächenprofile in der Nähe von $y = y_c$ nur ungenau.

Ähnlich geht mit y gegen y_N der Zähler gegen Null. Daher nähern sich die Kurven der Normaltiefe y_N asymptotisch.

Nähert sich y Null, so läuft das Oberflächenprofil senkrecht auf das Gerinnebett zu, was nicht mit der Annahme einer sich allmählich ändernden Strömung vereinbar ist.

45. Stelle ein System zur Klassifizierung von Oberflächenprofilen für sich allmählich ändernde Strömung in breiten Kanälen auf.

Lösung:

Es gibt eine Anzahl unterschiedlicher Verhältnisse in einem Kanal, die einen veranlassen, ungleichförmige Strömung in etwa zwölf unterschiedliche Typen einzuteilen. In Ausdruck (E) von Aufgabe 44 ergibt sich für positive Werte von dy/dL ein Anwachsen der Tiefe y im Kanal in Stromrichtung und für negative dy/dL ein Abfallen von y in Stromrichtung.

In der nebenstehenden Tafel wird eine Zusammenfassung der zwölf verschiedenen Arten von sich ändernder Strömung präsentiert. Einige werden diskutiert, der Leser kann die übrigen Strömungsarten in ähnlicher Weise analysieren.

Mit „schwach" (mild) klassifizieren wir die Fälle, in denen das Kanalgefälle S_0 so ist, daß die Normaltiefe $y_N > y_c$. Ist die Tiefe y größer als y_N und y_c, so bezeichnen wir die Kurve mit „Typ 1", liegt y zwischen y_N und y_c, so heißt sie „Typ 2", „Typ 3" heißt sie, wenn y kleiner als y_N und y_c ist.

Man sollte beachten, daß sich bei Kurven von Typ 1 die Wasseroberfläche asymptotisch einer Waagerechten nähern muß (siehe M_1, C_1 und S_1), da mit wachsender Tiefe die Geschwindigkeit sinkt. Ähnlich nähern sich Kurven der Normaltiefen-Kurve asymptotisch. Wie oben ausgeführt, kreuzen Kurven, die sich der Grenztiefenlinie nähern, diese senkrecht, da in einem solchen Fall der Nenner in (E) in Aufgabe 44 Null wird. Daher bilden die Kurven für kritische Gefälle Ausnahmen von dem vorhin Gesagten, da es unmöglich ist, daß die Wasseroberfläche sowohl tangential als auch senkrecht zur Grenztiefenlinie verläuft.

In jedem Bild auf der nächsten Seite ist der vertikale Maßstab gegenüber dem horizontalen stark vergrößert. Wie in den Zahlenbeispielen für M_1-Kurven angedeutet ist, können solche Profile eine Ausdehnung von Tausenden von Metern haben.

In der Tafel sind aufgeführt: Die Beziehungen zwischen Gefälle und Tiefe, die Vorzeichen von dy/dL, die Profilart, die Symbole für die unterschiedlichen Profile, die Strömungsarten und je eine Zeichnung, die die Profilform veranschaulicht. Aus den Zeichnungen ist jeweils zu entnehmen, ob die y-Werte größer oder kleiner als y_N und/oder y_c sind.

Kanalgefälle	Tiefe	$\left(\frac{dy}{dL}\right)$	Profilart	Symbol	Strömungsart	Profilform
Schwach $0 < S < S_c$	$y > y_N > y_c$	+	Staukurve	M_1	unterkritisch	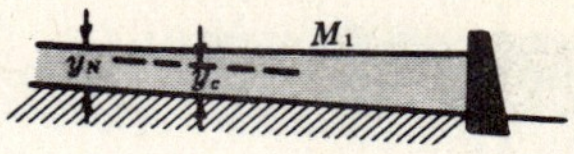
	$y_N > y > y_c$	–	Senkkurve	M_2	unterkritisch	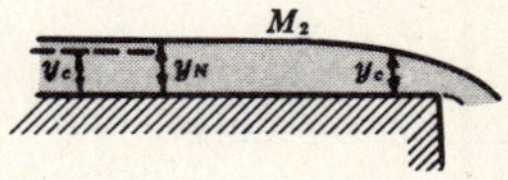
	$y_N > y_c > y$	+	Staukurve	M_3	überkritisch	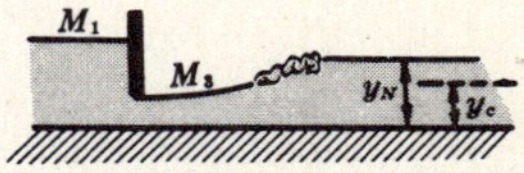
Horizontal $S = 0$ $y_N = \infty$	$y > y_c$	–	Senkkurve	H_2	unterkritisch	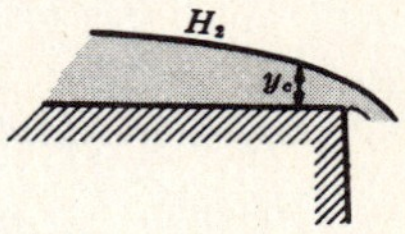
	$y_c > y$	+	Staukurve	H_3	überkritisch	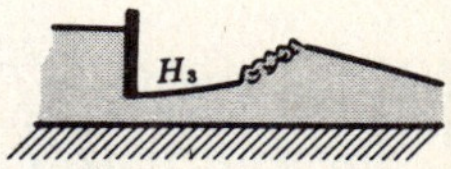
Kritisch $S_N = S_c$ $y_N = y_c$	$y > y_c = y_N$	+	Staukurve	C_1	unterkritisch	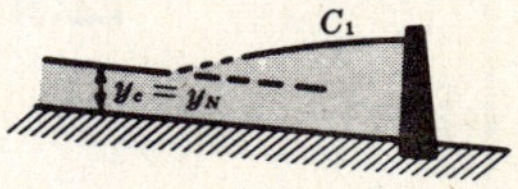
	$y_c = y = y_N$		Parallel zur Sohle	C_2	gleichförmig, kritisch	
	$y_c = y_N > y$	+	Staukurve	C_3	überkritisch	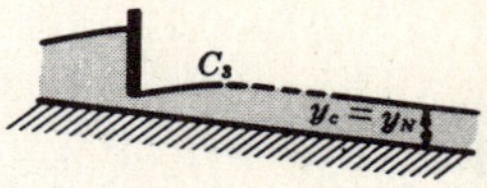
Steil $S > S_c > 0$	$y > y_c > y_N$	+	Staukurve	S_1	unterkritisch	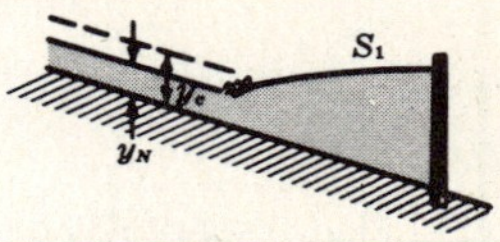
	$y_c > y > y_N$	–	Senkkurve	S_2	überkritisch	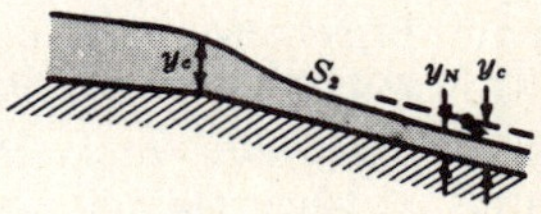
	$y_c > y_N > y$	+	Staukurve	S_3	überkritisch	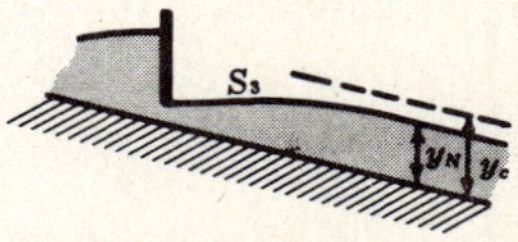
Umgekehrt $S < 0$ $y_N = \infty$	$y > y_c$	–	Senkkurve	A_2	unterkritisch	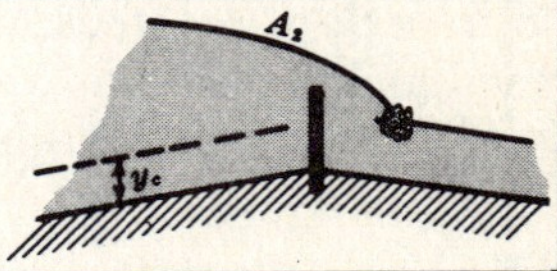
	$y_c > y$	+	Staukurve	A_3	überkritisch	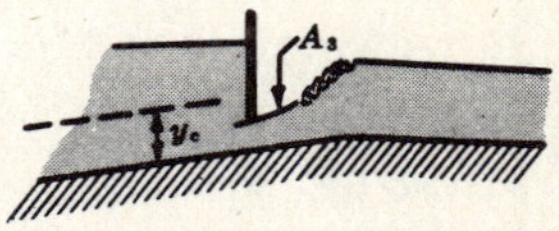

46. Leite für einen rechteckigen Kanal einen Ausdruck für die Beziehung zwischen den Tiefen vor und nach einem Wechselsprung ab. Beziehe dich auf die Abbildung unten.

Lösung:

Betrachte für den freien Körper zwischen den Abschnitten 1 und 2 eine Einheitsbreite des Kanals und den Einheitsfluß q.

$$P_1 = w\bar{h}A = w(\tfrac{1}{2}y_1)y_1 = \tfrac{1}{2}wy_1^2 \quad \text{und ähnlich} \quad p_2 = \frac{1}{2}\,wy_2^2$$

Aus dem Impulssatz folgt

$$\Delta P_x\,dt = \Delta\ \text{Impuls} = \frac{W}{g}(\Delta V_x)$$

$$\tfrac{1}{2}w(y_2^2 - y_1^2)dt = \frac{wq\,dt}{g}(V_1 - V_2)$$

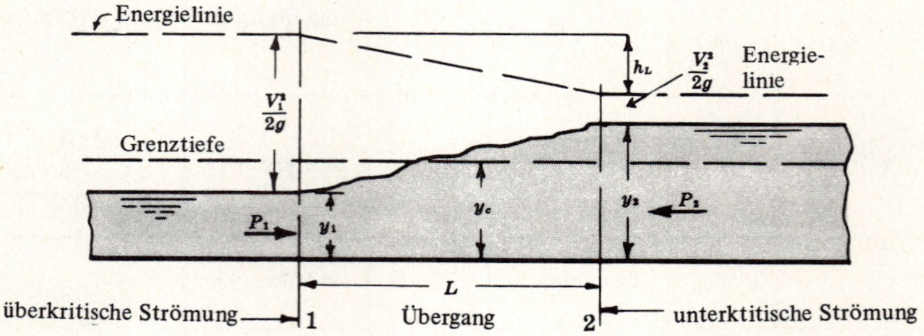

Abb. 10-9

Da $V_2y_2 = V_1y_1$, und $V_1 = q/y_1$, schreibt sich die obige Gleichung

$$q^2/g = \tfrac{1}{2}y_1y_2(y_1 + y_2) \qquad (1)$$

Da $q^2/g = y_c^3$, ist

$$y_c^3 = \tfrac{1}{2}y_1y_2(y_1 + y_2) \qquad (2)$$

Man hat festgestellt, daß die Länge eines Wechselsprungs etwa zwischen 4,3 y_2 und 5,2 y_2 liegt.

Für die Beziehung zwischen L/y_2 und der Froude-Zahl $V_1/\sqrt{gy_1}$ siehe Seite 73 von „Engineering Hydraulics" Hunter Rouse, John Wiley & Sons, 1950.

Der Wechselsprung verbraucht Energie. Bei der Konstruktion von Tosbecken für den Wechselsprung ist die Kenntnis der Länge des Sprungs und der Tiefe y_2 wichtig. Eine gute Energievernichtung erreicht man, wenn $V_1^2/gy_1 = 20$ bis 80.

47. Ein 6 m breiter, rechteckiger Kanal befördert 11 m³/s Wasser und geht mit einer mittleren Geschwindigkeit von 6 m/s über in eine 6 m breite Plattform ohne Gefälle. Wie hoch ist der Wechselsprung? Wieviel Energie wird bei dem Sprung absorbiert (geht verloren)?

Lösung:

(*a*) $V_1 = 6$ m/s, $q = 11/6 = 1{,}833\ \text{m}^3/\text{s/m}$ Breite und $y = q/V_1 = 0{,}306$ m. Dann

$$q^2/g = \tfrac{1}{2}y_1y_2(y_1 + y_2), \qquad (1{,}833)^2/9{,}8 = \tfrac{1}{2}(0{,}306)y_2(0{,}306 + y_2), \qquad 2{,}245 = 0{,}306y_2 + y_2^2$$

woraus man $y_2 = -1{,}659$ m + 1,353 m erhält. Die negative Wurzel ist sinnlos, also $y_2 = 1{,}353$. Die Höhe des Wechselsprungs ist (1,353 − 0,306) = 1,047 m.

Beachte, daß

$$y_c = \sqrt[3]{(1{,}833)^2/9{,}8} \quad \text{oder} \quad \sqrt[3]{\tfrac{1}{2}y_1y_2(y_1 + y_2)} = 0{,}70\ \text{m}.$$

Daher ist die Strömung bei 0,306 m überkritisch und bei 1,353 m unterkritisch.

(*b*) Vor dem Sprung ist $E_1 = V_1^2/2g + y_1 = (6)^2/2g + 0{,}306 = 2{,}143$ m kp/kp.

Nach dem Sprung $E_2 = V_2^2/2g + y_2 = [11/(6 \times 1{,}353)]^2/2g + 1{,}353 = 1{,}447$ m kp/kp.

Energieverlust pro Sekunde = $wQH = 1000(11)(2{,}143 - 1{,}447) = 7656$ m kp/s

48. Ein rechteckiger Kanal von 4,8 m Breite transportiert einen Fluß von 5,20 m³/s. Die Wassertiefe an der flußabwärts gelegenen Seite eines Wechselsprunges ist 1,26 m. (*a*) Wie ist die Tiefe an der anderen Seite? (*b*) Wie groß ist die Verlusthöhe?

Lösung:

(*a*) $q^2/g = \frac{1}{2}y_1y_2(y_1 + y_2)$, $(5{,}20/4{,}80)^2/9{,}8 = 0{,}63y_1(y_1 + 1{,}26)$, $y_1 = 0{,}135$ m

(*b*)
$$A_1 = 4{,}80(0{,}135) = 0{,}648 \text{ m}^2, \quad V_1 = 5{,}20/0{,}648 = 8{,}025 \text{ m/s}$$
$$A_2 = 4{,}80(1{,}26) = 6{,}048 \text{ m}^2, \quad V_2 = 5{,}20/6{,}048 = 0{,}860 \text{ m/s}$$
$$E_1 = V_1^2/2g + y_1 = (8{,}025)^2/2g + 0{,}135 = 3{,}421 \text{ m kp/kp.}$$
$$E_2 = V_2^2/2g + y_2 = (0{,}860)^2/2g + 1{,}26 = 1{,}298 \text{ m kp/kp}$$

Energieverlust $= 3{,}421 - 1{,}298 = 2{,}123$ m kp/kp oder m.

49. 243 m³/s fließen über die Beton-Überfallmauer eines Dammes und passieren dann eine ebene Zement plattform ($n = 0{,}013$). Die Wassergeschwindigkeit am Grund des Überfalls ist 12,60 m/s, die Breite der Plattform beträgt 54 m. Unter diesen Verhältnissen entsteht ein Wechselsprung, die Wassertiefe im Kanal hinter der Plattform ist 3 m. (*a*) Wie lang muß die Plattform sein, damit der Wechselsprung auf ihr stattfindet? (*b*) Wieviel Energie geht zwischen dem Fuß des Überfalls und der flußabwärts gelegenen Seite des Sprunges verloren?

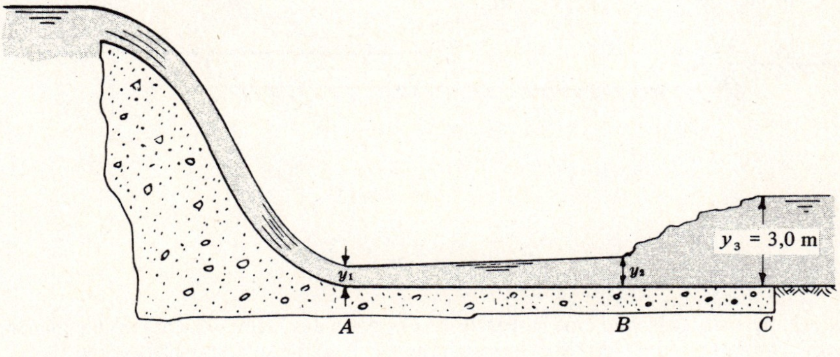

Abb. 10-10

Lösung:

(*a*) Wir benutzen Abb. 10-10. Zuerst berechnen wir die Tiefe y_2 an der stromaufwärts gelegenen Seite des Sprungs.

$$q^2/g = \tfrac{1}{2}y_2y_3(y_2 + y_3), \quad (243/54)^2/9{,}8 = \tfrac{1}{2}(3)y_2(y_2 + 3), \quad y_2 = 0{,}405 \text{ m}$$

und $y_1 = q/V_1 = (243/54)/12{,}6 = 0{,}357$ m

Berechne nun die Länge L_{AB}, auf der die Strömung langsamer wird.

$V_1 = 12{,}60$ m/s $\quad V_1^2/2g = 8{,}10$ m, $\quad R_1 = (54 \times 0{,}357)/54{,}714 = 0{,}352$ m

$V_2 = q/y_2 = 4{,}50/0{,}405 = 11{,}11$ m/s $\quad V_2^2/2g = 6{,}30$ m, $\quad R_2 = (54 \times 0{,}405)/54{,}81 = 0{,}399$ m

Dann ist $V_m = 11{,}855$ m/s, $R_m = 0{,}376$ m und

$$L_{AB} = \frac{(V_2^2/2g + y_2) - (V_1^2/2g + y_1)}{S_o - S} = \frac{(6{,}30 + 0{,}405) - (8{,}10 + 0{,}357)}{0 - (\frac{0{,}013 \times 11{,}855}{(0{,}376)^{2/3}})^2} = 20{,}0 \text{ m}$$

Die Länge des Sprungs L_J (jump) zwischen B und C liegt zwischen 4,3 y_3 und 5,2 y_3. Nehmen wir vorsichtig den Wert 5,0 y_3 an, so ergibt sich

$$L_J = 5{,}0 \times 3{,}0 = 15{,}0 \text{ m}$$

Daher ist die Gesamtlänge $ABC = 20{,}0 + 15{,}0 = 35{,}0$ m (ungefähr)

(*b*) Energie bei $A = y_1 + V_1^2/2g = 0{,}357 + 8{,}100 = 8{,}457$ m kp/kp.

Energie bei $C = y_3 + V_3^2/2g = 3{,}000 + (1{,}5)^2/2g = 3{,}115$ m kp/kp.

Gesamtenergieverlust $= wQH = 1000(243)(5{,}342) = 1{,}40 \times 10^6$ m kp/s.

50. Welche Beziehung muß zwischen den in Abb. 10-11 eingezeichneten Größen bestehen, damit der Wechselsprung am Fuße eines Überfalls sich nicht flußabwärts fortpflanzt? (Prof. E. A. Elevatorski schlug die folgenden dimensionslosen Parameter vor. Siehe ,,Civil Engineering", August 1958.)

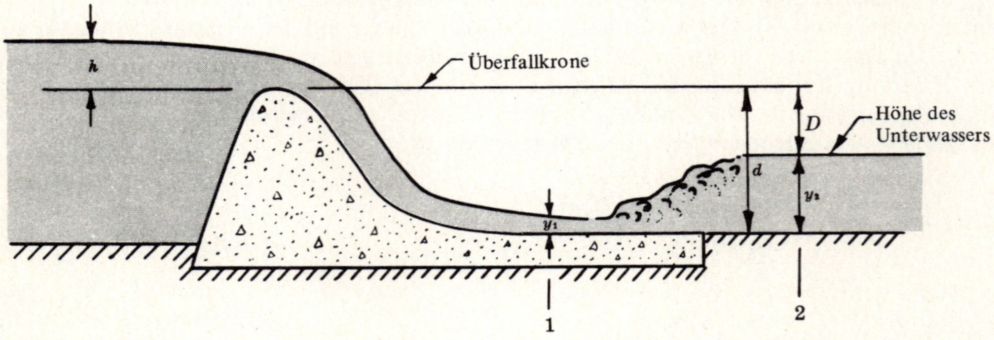

Abb. 10-11

Lösung:

Die Energiegleichung wird zwischen einem Abschnitt oberhalb des Dammes, an dem h gemessen wird, und Abschnitt 1 aufgestellt, wobei wir die Geschwindigkeitshöhe der Annäherung vernachlässigen:

$$(h + d) + 0 + \text{vernachl.} - \text{Verluste (vernachl.)} = 0 + 0 + V_1^2/2g$$

oder $V_1 = \sqrt{2g(h+d)}$.

Da $q = y_1 V_1$ (m³/s pro m Länge), ist $y_1 = \dfrac{q}{V_1} = \dfrac{q}{\sqrt{2g(d+h)}}$

oder

$$y_1 = \frac{q}{\sqrt{2g}\,(d/h + 1)^{1/2} h^{1/2}} \qquad (A)$$

Nach Aufgabe 46 ist die Beziehung für den Wechselsprung

$$\frac{y_2^2 - y_1^2}{2} = \frac{qV_1}{g}\left(\frac{y_2 - y_1}{y_2}\right) \quad \text{oder} \quad gy_2^2 + gy_1y_2 = 2qV_1$$

Damit ist

$$y_2 = \frac{-y_1 \pm \sqrt{y_1^2 + 8qV_1/g}}{2}$$

Division durch y_1 ergibt den dimensionslosen Ausdruck

$$\frac{y_2}{y_1} = -\tfrac{1}{2} = \tfrac{1}{2}\sqrt{1 + 8qV_1/y_1^2 g} = \tfrac{1}{2}[\sqrt{1 + 8q^2/gy_1^3} - 1] \qquad (B)$$

Wegen $y_2 = (d - D)$ ist $y_2/y_1 = (d - D)\,y_1$. Eingesetzt in (B) ergibt sich mit dem Wert von y_1 aus (A)

$$\frac{d-D}{y_1} = \tfrac{1}{2}[\sqrt{1 + 8q^2/gy_1^3} - 1]$$

$$\frac{2(d-D)\sqrt{2g}\,(d/h+1)^{1/2}h^{1/2}}{q} + 1 = \sqrt{1 + \frac{8(2^{3/2})(g^{3/2})(d/h+1)^{3/2}h^{3/2}}{qg}}$$

Man bringt diese Gleichung in eine dimensionslose Form, indem man die linke Seite mit h erweitert, durch $\sqrt{8}$ dividiert und Terme zusammenfaßt:

$$\left(\frac{h^{3/2}g^{1/2}}{q}\right)\left(\frac{d-D}{h}\right)\left(\frac{d}{h}+1\right)^{1/2} + 0{,}353 = \sqrt{\tfrac{1}{8} + 2{,}828\left(\frac{g^{1/2}h^{3/2}}{q}\right)\left(\frac{d}{h}+1\right)^{3/2}} \qquad (C)$$

Die dimensionslosen Terme in (C) lassen sich schreiben als

$$\pi_1 = \frac{h^{3/2}g^{1/2}}{q}, \qquad \pi_2 = \frac{D}{h}, \qquad \pi_3 = \frac{d}{h}$$

Damit wird Gleichung (C) zu

$$\pi_1(\pi_3 - \pi_2)(\pi_3 + 1)^{1/2} + 0{,}353 = \sqrt{\tfrac{1}{8} + 2{,}828\pi_1(\pi_3+1)^{3/2}} \qquad (D)$$

Prof. Elevatorski hat einen Graphen von Gleichung (D) aufgestellt, der die sofortige Lösung ermöglicht. Bei bekannten Werten π_1 und π_2 liefert er π_3. (Siehe „Civil Engineering", August 1958).

51. Bestimme die Höhe des Überfalltosbeckens, wenn $q = 5$ m³/s/m, $h = 3$ m, $D = 21$ m und die Höhe der Überfallkrone 60 m ist.

Lösung:

Wir berechnen die dimensionslosen Verhältnisse aus der vorigen Aufgabe.

$$\pi_1 = g^{1/2}h^{3/2}/q = 3{,}13(3^{3/2})/5 = 3{,}253, \qquad \pi_2 = D/h = 21/3 = 7{,}00, \qquad \pi_3 = d/h = d/3$$

Gleichung (D) von Aufgabe 50 kann dann geschrieben werden als

$$3{,}253(d/3 - 7{,}000)(d/3 + 1)^{1/2} + 0{,}353 = \sqrt{0{,}125 + 2{,}828(3{,}253)(d/3 + 1)^{3/2}}$$

Durch sukzessives Probieren finden wir für $\pi_3 = d/3$ als Lösung $\pi_3 = 77{,}4$ oder $d = 25{,}8$ m. Das Tosbecken liegt $(60-25{,}8) = 34{,}2$ m über der Bezugsebene.

52. Stelle die Gleichung für den Volumenstrom über ein Wehr mit breiter Krone auf unter Vernachlässigung von Reibung.

Lösung:

An der Stelle, an der kritische Strömung beginnt, ist $q = V_c y_c$. Aber $y_c = V_c^2/g = \frac{2}{3}E_c$ und $V_c = \sqrt{g(\frac{2}{3}E_c)}$.

Daher ergibt sich als theoretischer Wert für den Fluß q

$$q = \sqrt{g(\tfrac{2}{3}E_c)} \times \tfrac{2}{3}E_c = 1{,}70E_c^{3/2}$$

Der genaue Wert von E_c ist schwer zu messen, da die Grenztiefe nicht leicht bestimmt werden kann. Als praktische Gleichung nimmt man

$$q = CH^{3/2} \cong 1{,}67H^{3/2}$$

Der Überfall sollte an Ort und Stelle geeicht werden, damit man genaue Ergebnisse erhält.

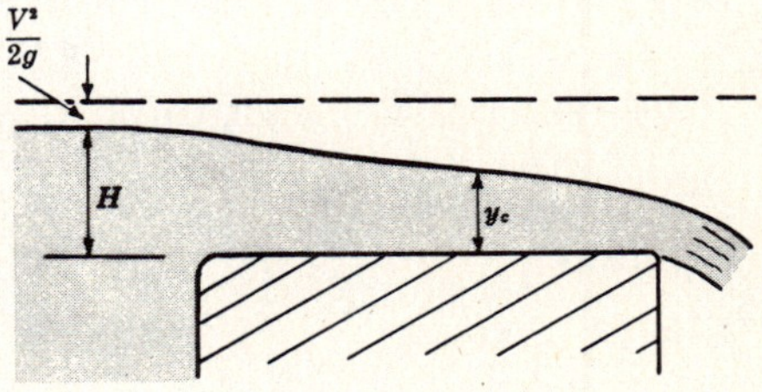

Abb. 10-12

53. Stelle einen Ausdruck für die Anordnung in Abb. 10-13 auf, mit der der Volumenstrom gemessen werden soll. Verdeutliche den Gebrauch der Formel.

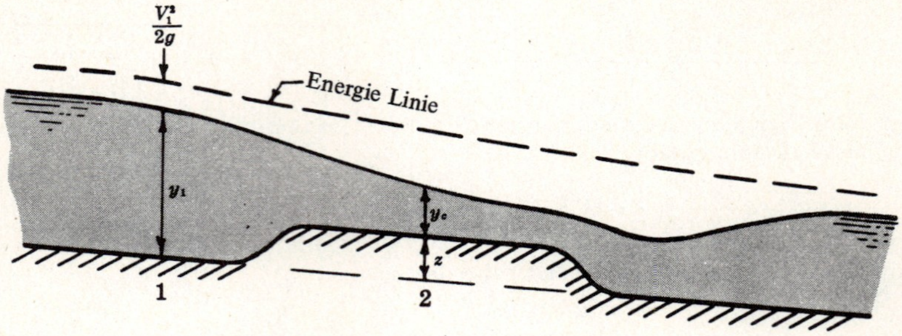

Abb. 10-13

Lösung:

Mit Hilfe einer Schwelle läßt sich der Fluß in offenen Gerinnen ausgezeichnet messen. Eine Messung der Grenztiefe ist nicht nötig. Die Tiefe y_1 wird kurz vor der Schwelle gemessen. Die Sohlenerhebung sollte etwa $3y_c$ lang und so hoch sein, daß es auf ihr zur kritischen Geschwindigkeit kommt.

Für einen rechteckigen Kanal konstanter Breite wenden wir die Bernoulli-Gleichung zwischen den Abschnitten 1 und 2 an, als Verlusthöhe in der beschleunigten Strömung setzen wir 10 % des Unterschieds in den Geschwindigkeitshöhen an. Also ist

$$y_1 + \frac{V_1^2}{2g} - \frac{1}{10}\left(\frac{V_c^2}{2g} - \frac{V_1^2}{2g}\right) = \left(y_c + \frac{V_c^2}{2g} + z\right)$$

wobei der leichte Abfall des Kanalbettes zwischen 1 und 2 vernachlässigt wurde. Wir erinnern uns, daß $E_c = y_c + V_c^2/2g$, und stellen wie folgt um:

$$(y_1 + 1{,}10V_1^2/2g) = [z + 1{,}0E_c + \tfrac{1}{10}(\tfrac{1}{3}E_c)]$$

$$(y_1 - z + 1{,}10V_1^2/2g) = 1{,}033E_c = 1{,}033(\tfrac{3}{2}\sqrt[3]{q^2/g})$$

oder $$q = 1{,}62(y_1 - z + 1{,}10V_1^2/2g)^{3/2} \qquad (A)$$

Da $q = V_1y_1$, $$q = 1{,}62(y_1 - z + 0{,}0561q^2/y_1^2)^{3/2} \qquad (B)$$

Um den Gebrauch von Ausdruck (B) zu verdeutlichen, betrachten wir einen 3 m breiten, rechteckigen Kanal mit einer Schwelle zur Messung der Grenztiefe mit $z = 0{,}330$ m. Wie groß ist der Volumenstrom Q, wenn die gemessene Tiefe $y_1 = 0{,}726$ m ist?

In erster Näherung vernachlässigen wir den letzten Term in (B). Dann ist

$$q = 1{,}62(0{,}726 - 0{,}330)^{3/2} = 0{,}404 \text{ m}^3\text{/s/m Breite}$$

Jetzt benutzen wir die vollständige Gleichung (B) und finden durch sukzessives Probieren $q = 0{,}435$. Daher ist

$$Q = q(3) = 0{,}435(3) = 1{,}305 \text{ m}^3\text{/s}$$

Ergänzungsaufgaben

54. y_N sei die Tiefe in der Abbildung in Aufgabe 1. Leite einen Ausdruck für laminare Strömung entlang einer flachen, unendlich breiten Platte ab. Nimm dazu an, daß der freie Körper in Aufgabe 1 Einheitsbreite hat.
Lösung: $y_N^2 = 3\nu V/gS$.

55. Die Reibungszahl f von Darcy wird gewöhnlich mit Rohrleitungen in Verbindung gebracht. Berechne trotzdem für die vorhergehende Aufgabe unter Berücksichtigung des Ergebnisses die Reibungszahl f von Darcy. *Lösung:* $96/R_E$.

56. Zeige, daß die mittlere Geschwindigkeit V ausgedrückt werden kann als $0{,}32v_* R^{1/6}/n$.

57. Zeige, daß Mannings n und Dracys f in der Beziehung $n = 0{,}113\, f^{1/2} R^{1/6}$ zueinander stehen.

58. Berechne die mittlere Geschwindigkeit in dem rechteckigen Kanal von Aufgabe 7 durch Bestimmung der Fläche unter der Tiefe-Geschwindigkeit-Kurve. *Lösung:* 2,087 m/s.

59. Mit welchem Gefälle sollte der Kanal in Abb. 10-14 verlegt werden, damit er 14,80 m^3/s ($C = 55$) befördern kann? *Antwort:* 0,00407.

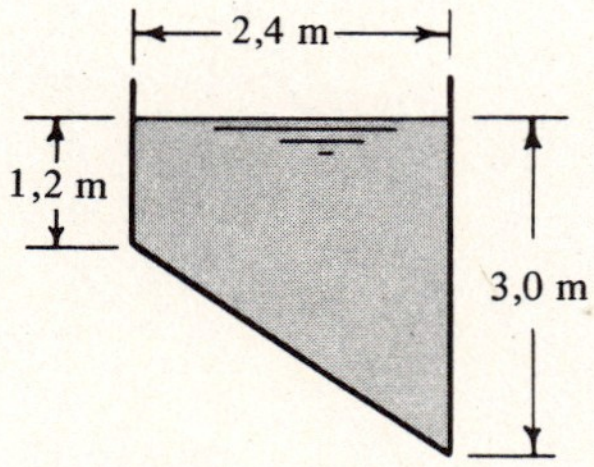

Abb. 10-14

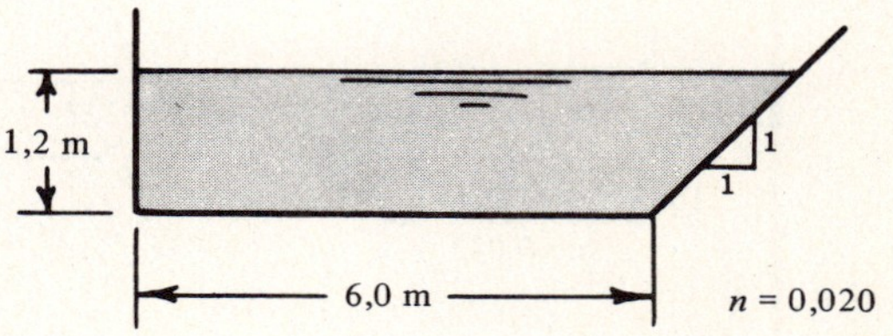

Abb. 10-15

60. Der Kanal in Abb. 10-15 hat ein Gefälle von 0,00016. Bei Erreichen eines Eisenbahndammes geht der Kanal in zwei Betonrohre ($n = 0{,}012$) über, die mit einem Gefälle von 2,5 m auf 1000 m verlegt sind. Welche Rohrgröße muß benutzt werden? *Antwort:* 1,245 m.

61. Ein halb-quadratischer Kanal befördert 2,20 m^3/s. Der Kanal ist 1200 m lang und fällt auf diese Länge um 0,6 m ab. Bestimme seine Größe mit Hilfe der Manning-Formel und $n = 0{,}012$. *Lösung:* **1,952 m × 0,976 m.**

62. Wasser fließt mit einer Tiefe von 1,90 m in einem rechteckigen Kanal von 2,45 m Breite. Die mittlere Geschwindigkeit beträgt 0,58 m/s. Wie stark ist das Kanalgefälle, wenn $C = 55$? *Antwort:* 0,000149.

63. Ein Kanal ist in Fels gehauen ($n = 0{,}030$). Er hat einen trapezförmigen Querschnitt bei einer Sohlenbreite von 6 m und einer Seitensteigung von 1 zu 1. Es ist eine mittlere Geschwindigkeit von 0,75 m/s möglich. Bei welchem Gefälle ergibt sich ein Volumenstrom von 5,40 m^3/s? *Antwort:* 0,00067.

64. Wie groß ist der Volumenstrom von Wasser in einem neuen, glasierten 60 cm Kanalrohr, das bei einem Gefälle von 0,0025 halbvoll durchströmt wird? *Antwort:* 0,153 m^3/s.

65. Ein Kanal ($n = 0{,}017$) hat ein Gefälle von 0,00040 und ist 3000 m lang. Der hydraulische Radius soll 1,44 m sein. Wie muß bei einer Änderung der Rauhigkeitszahl auf 0,020 das Gefälle geändert werden, damit sich weiterhin derselbe Volumenstrom ergibt? *Antwort:* Neu $S = 0{,}000554$.

66. Mit welcher Tiefe wird Wasser durch einen 90 °-V-förmigen Kanal ($n = 0{,}013$) fließen, wenn er ein Gefälle von 0,00040 aufweist und der Volumenstrom 2,43 m^3/s beträgt? *Antwort:* 1,54 m.

67. Eine gegebene Menge Holz wird benutzt, um einen V-förmigen Kanal zu bauen. Bei welchem Scheitelwinkel ergibt sich ein maximaler Volumenstrom für ein gegebenes Gefälle? *Antwort:* 90°.

68. Wasser fließt 0,90 m tief durch einen 6 m breiten, rechteckigen Kanal mit $n = 0{,}013$, $S = 0{,}0144$. Wie tief würde dieselbe Menge bei einem Gefälle von 0,00144 fließen? *Antwort:* 1,98 m.

69. Durch einen Kanal fließen bei einem Gefälle von 0,50 m auf 1000 m 1,20 m^3/s. Der Querschnitt ist rechteckig, die Rauhigkeitszahl ist $n = 0{,}012$. Bestimme die günstigen Dimensionen, d. h. die Dimensionen mit minimalem benetzten Umfang. *Lösung:* 0,778 m × 1,556 m.

70. Ein rechteckiger Kanal von 5 m Breite befördert bei einer Tiefe von 0,85 m 11,50 m^3/s Wasser. Bestimme *n*, wenn das Gefälle des Kanals 1 m auf 500 m ist (benutze die Manning-Formel). *Lösung:* $n = 0{,}0122$.

71. Bestimme die mittlere Schubspannung über den benetzten Umfang in Aufgabe 70. *Lösung:* 1,269 kp/m^2.

72. Zeige mit Hilfe der Manning-Formel, daß für maximale Geschwindigkeit die theoretische Tiefe in einem Kreisrohr 0,81 des Durchmessers ist.

73. Berechne den wirkungsvollsten trapezförmigen Kanal, der bei einer Maximalgeschwindigkeit von 1,00 m/s einen Volumenstrom von 17 m^3/s befördern kann. Benutze $n = 0{,}025$ und eine Wandsteigung von 1 vertikal zu 2 horizontal. *Lösung:* $b = 1{,}238$ m, $y = 2{,}622$ m.

74. Berechne das Gefälle des Kanals in der vorhergehenden Aufgabe. *Lösung:* 0,000436.

75. Welcher der Abb. 10-16 gezeigten Kanäle wird den größeren Volumenstrom befördern, wenn beide mit demselben Gefälle verlegt sind? *Antwort:* (*b*), der trapezförmige Querschnitt.

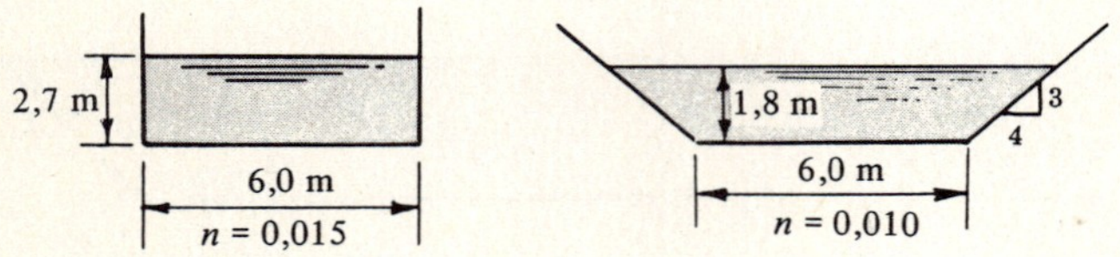

(*a*) (*b*)

Abb. 10-16

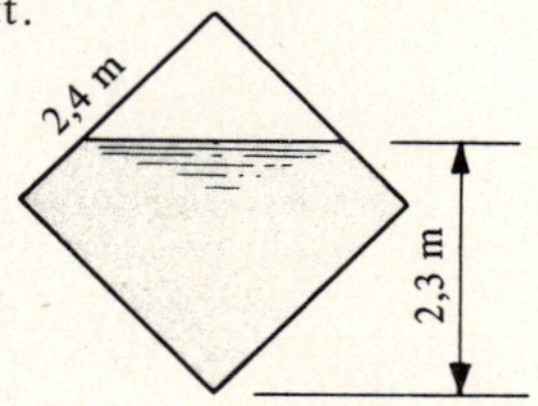

Abb. 10-17

76. Eine Leitung mit quadratischem Querschnitt, Kantenlänge 2,4 m, ist, wie in Abb. 10-17 gezeigt, verlegt. Wie groß ist der hydraulische Radius bei einer Tiefe von 2,3 m? *Antwort:* 0,70 m.

77. Welchen Radius muß der halbkreisförmige Kanal *B* in Abb. 10-18 haben, wenn sein Gefälle $S = 0{,}0200$ und $C = 50$ ist? *Antwort:* $r = 0{,}538$ m.

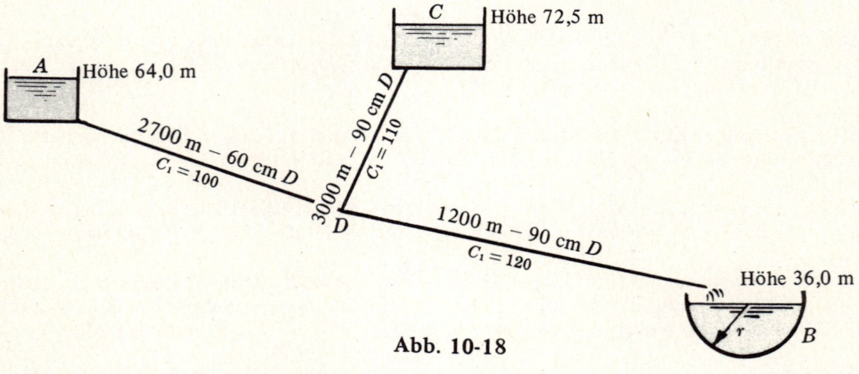

Abb. 10-18

78. In einem 3 m breiten, rechteckigen Kanal ergibt sich bei einer Tiefe von 0,90 m ein Volumenstrom von 6 m^3/s. Bestimme die spezifische Energie. *Lösung:* 1,152 m.

79. Bestimme die spez. Energie, wenn sich in einem trapezförmigen Kanal, Sohlenbreite 2,4 m, Seitensteigung 1 zu 1, bei einer Tiefe von 1,17 m ein Volumenstrom von 8,4 m^3/s ergibt. *Lösung:* 1,38 m.

80. Ein Kanalrohr von 1,8 m Durchmesser befördert bei einer Tiefe von 1,2 m 2,18 m^3/s. Wie groß ist die spezifische Energie? *Antwort:* 1,275 m.

81. Mit welcher Tiefe fließen 6 m^3/s Wasser in Aufgabe 78, wenn die spez. Energie 1,5 kp m/kp beträgt? Was ist die Grenztiefe? *Antwort:* 0,438 und 1,395 m, 0,742 m.

82. In einem 3 m breiten, rechteckigen Kanal beträgt der Fluß 7,16 m^3/s. Ist die Strömung bei Tiefen von 0,60 m, 0,9 m und 1,2 m unterkritisch oder überkritisch? *Antwort:* überkritisch, unterkritisch, unterkritisch.

83. In einem 3 m breiten, rechteckigen Kanal ist bei einer Geschwindigkeit von 2,4 m/s der Volumenstrom 7,16 m^3/s. Bestimme die Art der Strömung. *Lösung:* unterkritisch.

84. Berechne für eine Grenztiefe von 0,966 m in einem 3 m breiten, rechteckigen Kanal den Durchfluß. *Lösung:* 8,92 m^3/s.

85. Bestimme für einen Volumenstrom von 26,5 m^3/s das kritische Gefälle eines 6 m breiten, rechteckigen Kanals mit $n = 0{,}012$. *Lösung:* 0,00208.

86. Ein trapezförmiger Kanal mit der Seitensteigung 1 zu 1 befördert 20 m^3/s. Berechne für eine Sohlenbreite von 4,8 m die kritische Geschwindigkeit. *Lösung:* 3,03 m/s.

87. Ein 1800 m langer, 18 m breiter und 3 m tiefer rechteckiger Kanal befördert 54 m^3/s Wasser ($C = 40$). Nach Reinigung des Kanals steigt C auf 55. Bestimme für denselben Fluß die Tiefe an dem unteren Ende, wenn sie am oberen Ende 3 m bleibt. *Lösung:* $y_2 = 3{,}274$ m.

88. Ein rechteckiger Kanal, $n = 0{,}016$, ist mit einem Gefälle von 0,0064 verlegt und befördert 16 m^3/s Wasser. Welche Breite wird benötigt, um kritische Strömungsbedingungen zu bekommen? *Antwort:* 2,54 m.

89. Ein rechteckiger Kanal, $n = 0{,}012$, der 3 m breit ist und mit einem Gefälle von 0,0049 verlegt ist, transportiert 4,5 m^3/s. Der Kanal verjüngt sich, um kritische Strömungsbedingungen zu bekommen. Bei welcher Breite des eingeschnürten Abschnittes erreicht man das, wenn man Verluste bei der allmählichen Breitenreduzierung vernachlässigt? *Antwort:* 1,335 m.

90. In einem 3,6 breiten, rechteckigen Kanal, $C = 55$, $S = 0{,}0225$, ist der Volumenstrom 13,5 m^3/s. Das Sohlengefälle ändert sich auf 0,00250. Wie weit hinter dem Punkt, an dem sich das Gefälle ändert, ist die Tiefe 0,825 m? *Antwort:* 31,50 m.

91. Benutze die Daten aus Aufgabe 90. (*a*) Berechne die Grenztiefe in dem flachen Kanal, (*b*) berechne die Tiefe, die nötig ist, um in dem flacheren Kanal eine gleichförmige Strömung zu erhalten, (*c*) berechne die Tiefe direkt vor dem Wechselsprung mit Hilfe der Gleichung aus Aufgabe 46. (Beachte, daß sich diese Tiefe nach Aufgabe 90 in einem Abstand von 31,50 m von der Änderungsstelle des Gefälles entfernt ergibt.) *Lösung:* 1,125 m, 1,512 m, 0,825 m.

92. Die Krone eines breitkantigen Wehres liegt 0,40 m über der Sohle eines 3 m breiten, rechteckigen Kanals. Die gemessene Überfallhöhe beträgt 0,60 m. Bestimme den ungefähren Fluß in dem Kanal. (Benutze $C = 0{,}92$). *Lösung:* 2,35 m^3/s.

93. Zeige, daß die Grenztiefe in einem Dreieckskanal $2\ V_c^2/g$ ist.

94. Zeige, daß die Grenztiefe in einem Dreieckskanal ausgedrückt werden kann als 4/5 der minimalen spezifischen Energie.

95. Zeige, daß die Grenztiefe in einem parabolischen Kanal 3/4 der minimalen spezifischen Energie beträgt, wenn der Kanal y_c als Tiefe und b' als Oberflächenbreite hat.

96. Zeige, daß für einen rechteckigen Kanal der Durchfluß q pro Meter Breite gleich $1{,}704\ E_{\min}^{3/2}$ ist.

97. Zeige, daß für einen Dreieckskanal der Volumenstrom $Q = 0{,}6335\ (b'/y_c)\ E_{\min}^{5/2}$ ist.

98. Zeige, daß für einen parabolischen Kanal der Volumenstrom $Q = 1{,}1068\ b'\ E_{\min}^{3/2}$ ist.

KAPITEL 11

Kräfte bei Strömungsvorgängen

EINFÜHRUNG

Die Kenntnis der Kräfte, die von bewegten Flüssigkeiten ausgeübt werden, ist von grundsätzlicher Bedeutung für die Untersuchung und Konstruktion von Gegenständen wie Pumpen, Turbinen, Flugzeugen, Raketen, Propellern, Schiffen, Automobilkarosserien, Gebäuden und vielen anderen hydraulichen Geräten. Die Energiebetrachtung reicht zur Lösung der meisten dieser Probleme nicht aus. Ein zusätzliches Hilfsmittel aus der Mechanik, der Impulssatz, ist äußerst wichtig. Die Grenzschichttheorie ist eine weitere Grundlage der Analyse. Immer neue umfassende Experimente liefern Daten, die die Gesetze über die Änderung fundamentaler Koeffizienten betreffen.

IMPULSSATZ

Der Impulssatz aus der Mechanik sagt aus, daß Kraftstoß = Impulsänderung

oder $$(\Sigma F)t = M(\Delta V)$$

Die Größen in der Gleichung sind Vektoren und müssen entsprechend addiert und subtrahiert werden. Am bequemsten rechnet man komponentenweise. Wir schlagen, um Fehler zu vermeiden, die folgenden Formen vor:

(*a*) In *X*-Richtung

Anfangsimpuls ± Kraftstoß = Endimpuls

$$MV_{x_1} \pm \Sigma F_x \cdot t = MV_{x_2} \qquad (1)$$

(*b*) In *Y*-Richtung $$MV_{y_1} \pm \Sigma F_y \cdot t = MV_{y_2} \qquad (2)$$

wobei M die Masse ist, deren Impuls sich in der Zeit t geändert hat. Diese Ausdrücke kann man mit den geeigneten Indices x, y oder z in der folgenden Form schreiben:

$$\Sigma F_x = \rho Q(V_2 - V_1)_x, \quad \text{etc.} \qquad (3)$$

IMPULS-KORREKTURFAKTOR

Der Impuls-Korrekturfaktor β, der in Aufgabe 1 berechnet wird, lautet

$$\beta = \frac{1}{A}\int_A (v/V)^2\, dA \qquad (4)$$

Für laminare Rohrströmung ist $\beta = 1{,}33$. Für turbulente Rohrströmung liegt β zwischen 1,01 und 1,07. In den meisten Fällen kann β als 1 angenommen werden.

WIDERSTAND

Unter dem Widerstand versteht man die Kraftkomponente, die von der Flüssigkeit *in ihrer Bewegungsrichtung* ausgeübt wird. Die übliche Gleichung lautet

$$\text{Widerstand in kp} = C_D \rho A \frac{V^2}{2} \tag{5}$$

AUFTRIEB

Unter dem Auftrieb versteht man die Kraftkomponente, die von der Flüssigkeit *senkrecht zu ihrer Bewegungsrichtung* ausgeübt wird. Die übliche Gleichung lautet

$$\text{Auftrieb in kp} = C_L \rho A \frac{V^2}{2} \tag{6}$$

wobei C_D = Widerstandskoeffizient, dimensionslos
C_L = Auftriebskoeffizient, dimensionslos
ρ = Dichte der Flüssigkeit in kg/m^3
A = charakteristische Fläche in m^2, gewöhnlich die Projektion auf eine Fläche senkrecht zur Bewegungsrichtung der Flüssigkeit
V = Relativgeschwindigkeit zwischen Flüssigkeit und Körper in m/s.

GESAMTWIDERSTAND

Der Gesamtwiderstand besteht aus Reibungswiderstand und Druckwiderstand. Es treten jedoch selten beide Effekte mit vergleichbarer Größe gleichzeitig auf. Bei Objekten, die keinen Auftrieb zeigen, ist der Profilwiderstand gleichbedeutend mit Gesamtwiderstand. Die folgende Tabelle wird die Zusammenhänge verdeutlichen:

Objekt	*Reibungswiderstand*		*Druckwiderstand*		*Gesamtwiderstand*
1. Kugeln	vernachlässigbar	+	Druckwiderstand	=	Gesamtwiderstand
2. Zylinder (Achse senkrecht zur Geschwindigkeit)	vernachlässigbar	+	Druckwiderstand	=	Gesamtwiderstand
3. Scheiben und dünne Platten (senkrecht zur Geschwindigkeit)	Null	+	Druckwiderstand	=	Gesamtwiderstand
4. Dünne Platten (parallel zur Geschwindigkeit)	Reibungswiderstand	+	vernachlässigbar bis Null	=	Gesamtwiderstand
5. Stromlinienförmige Gegenstände	Reibungswiderstand	+	klein bis vernachlässigbar	=	Gesamtwiderstand

WIDERSTANDSKOEFFIZIENTEN

Widerstandskoeffizienten hängen bei niedrigen und mittleren Geschwindigkeiten von der Reynolds-Zahl ab, bei hohen Geschwindigkeiten sind sie jedoch unabhängig davon. Bei hohen Geschwindigkeiten stehen die Widerstandskoeffizienten in Beziehung zu der Mach-Zahl, was bei niedrigen Geschwindigkeiten vernachlässigbar ist. Diagramme *F*, *G* und *H* verdeutlichen die Änderungen für bestimmte geometrische Gebilde. Diese Beziehungen werden in den Aufgaben 24 und 40 diskutiert.

Für flache Platten und Tragflügel sind die Widerstandskoeffizienten gewöhnlich als Funktion der Plattenflächen bzw. des Produkts aus Profillänge und Profilbreite tabelliert.

AUFTRIEBSKOEFFIZIENTEN

Kutta gibt die theoretischen Maximalwerte der Auftriebskoeffizienten für dünne, flache Platten, die nicht senkrecht zur Relativgeschwindigkeit stehen, an als

$$C_L = 2\pi \sin \alpha \tag{7}$$

wobei α der Anstellwinkel oder der Winkel zwischen Platte und Anströmgeschwindigkeit der Flüssigkeit ist. Heutzutage haben die in normalem Anwendungsbereich vorkommenden Tragflügelquerschnitte Werte von etwa 90 % dieses theoretischen Maximums. Der Winkel α sollte nicht größer als 25° sein.

MACH-ZAHL

Unter der Mach-Zahl verstehen wir das dimensionslose Verhältnis aus Flüssigkeitsgeschwindigkeit und Schallgeschwindigkeit.

$$\text{Mach-Zahl} = N_M = \frac{V}{c} = \frac{V}{\sqrt{E/\rho}} \tag{8}$$

Für Gase ist $c = \sqrt{kgRT}$ (siehe Kapitel 1).

Werte von V/c kleiner als der kritische Wert 1 sind ein Zeichen für Unterschallströmung, bei 1 ist Schallströmung, über 1 hat man Überschallströmung. (Siehe Diagramm H).

GRENZSCHICHTTHEORIE

Als erster entwickelte Prandtl eine Grenzschichttheorie. Er zeigte, daß für eine bewegte Flüssigkeit alle Reibungsverluste innerhalb einer dünnen Schicht an der festen Begrenzung auftreten (genannt Grenzschicht), und daß die Strömung außerhalb dieser Grenzschicht als reibungsfrei angesehen werden kann. Die Geschwindigkeit nahe der Begrenzung wird durch die Schubspannung an der Grenze bestimmt. Im allgemeinen ist die Grenzschicht an den stromaufwärts gelegenen Grenzflächen eines untergetauchten Objektes sehr dünn, die Dicke wächst jedoch wegen der fortwährenden Wirkung der Schubspannung.

Für kleine Reynolds-Zahlen wird die gesamte Grenzschicht durch die Zähigkeitskräfte bestimmt, man hat in ihr laminare Strömung. Für mittlere Reynolds-Zahlen fließt die Grenzschicht laminar nahe der Grenzfläche, dahinter turbulent. Für große Reynolds-Zahlen ist die gesamte Grenzschicht turbulent.

FLACHE PLATTEN

Für flache Platten der Länge L, die parallel zur Relativbewegung der Flüssigkeit gehalten werden, sind folgende Gleichungen anwendbar:

1. **Grenzschicht laminar** (bis zu Reynolds-Zahlen von etwa 500.000).

(*a*) Mittlerer Widerstandskoeffizient

$$(C_D) = \frac{1{,}328}{\sqrt{R_E}} = \frac{1{,}328}{\sqrt{V\,L/\nu}} \tag{9}$$

(*b*) Die Grenzschichtdicke δ (in m) in einem Abstand x ist gegeben durch

$$\frac{\delta}{x} = \frac{5{,}20}{\sqrt{R_{E_x}}} = \frac{5{,}20}{\sqrt{Vx/\nu}} \tag{10}$$

(*c*) Die Schubspannung τ_0 in kp/m² wird abgeschätzt durch

$$\tau_0 = 0{,}33\,\rho V^{3/2}\sqrt{\nu/x} = 0{,}33(\mu V/x)\sqrt{R_{E_x}} = \frac{0{,}33\,\rho V^2}{\sqrt{R_{E_x}}} \tag{11}$$

wobei V = Geschwindigkeit, mit der sich die Flüssigkeit der Begrenzung nähert (Anströmgeschwindigkeit)

x = Abstand von der Anströmkante in m

L = Gesamtlänge der Platte in m

R_{E_x} = lokale Reynolds-Zahl für den Abstand x.

Man sieht, daß die Dicke der Grenzschicht mit der Quadratwurzel aus dem Abstand x wächst und ebenso mit der Quadratwurzel aus der kinematischen Viskosität. Dagegen fällt δ mit wachsender Quadratwurzel aus der Geschwindigkeit. Ähnlich wächst die Schubspannung τ_0 an der Grenzfläche mit der Wurzel aus ρ und μ und fällt mit wachsender Quadratwurzel aus x. Sie ändert sich proportional zu $V^{3/2}$.

2. **Grenzschicht turbulent** (glatte Grenzfläche)

(*a*) Mittlerer Widerstandskoeffizient

$$(C_D) = \frac{0{,}074}{R_E^{0,20}} \quad \text{für} \quad 2 \times 10^5 < R_E < 10^7 \tag{12}$$

$$= \frac{0{,}455}{(\lg \; R_E)^{2,58}} \quad \text{für} \quad 10^6 < R_E < 10^9 \tag{13}$$

Für eine rauhe Oberfläche ändert sich der Widerstandskoeffizient wie die relative Rauhigkeit ϵ/L und nicht mit der Reynolds-Zahl.

K. E. Schoenherr schlägt die Formel $1/\sqrt{C_D} = 4{,}13 \lg (C_D R_{E\,x})$ vor, die genauer als die Ausdrücke (*12*) und (*13*) zu sein scheint, speziell für Reynolds-Zahlen größer als 2×10^7.

(*b*) Die Grenzschichtdicke δ wird abgeschätzt durch

$$\frac{\delta}{x} = \frac{0{,}38}{R_{E_x}^{0,20}} \quad \text{für} \quad 5 \times 10^4 < R_E < 10^6 \tag{14}$$

$$= \frac{0{,}22}{R_{E_x}^{0,167}} \quad \text{für} \quad 10^6 < R_E < 5 \times 10^8 \tag{15}$$

(*c*) Die Schubspannung wird abgeschätzt durch

$$\tau_0 = \frac{0{,}023\rho V^2}{((\delta V/\nu))^{1/4}} = 0{,}0587\frac{V^2}{2}\rho\left(\frac{\nu}{xV}\right)^{1/5} \tag{16}$$

3. **Grenzschicht im Übergangsbereich**
Im Übergangsbereich zwischen laminar und turbulent an flachen Flächen (R_E etwa zwischen 500.000 und 20.000.000) gilt

(*a*) Mittlerer Widerstandskoeffizient

$$(C_D) = \frac{0{,}455}{(\lg \; R_E)^{2,58}} - \frac{1700}{R_E} \tag{17}$$

Diagramm *G* illustriert die Änderung von C_D mit der Reynolds-Zahl für diese drei Strömungsbedingungen.

WASSERSCHLAG

Unter einem Wasserschlag versteht man den Term, der den Schlag ausdrückt, der durch ein plötzliches Abfallen in der Flüssigkeitsbewegung (Geschwindigkeit) hervorgerufen wird. In einer Rohrleitung ist die Zeit, die die Druckwelle benötigt, um hin und zurück zu laufen, gegeben durch

$$\text{Zeit in s} = 2 \times \frac{\text{Rohrlänge in m}}{\text{Geschwindigkeit der Druckwelle in m/s}}$$

oder

$$T = \frac{2L}{c} \tag{18}$$

Der Druckanstieg, der durch das plötzliche Schließen eines Ventils verursacht wird, kann berechnet werden durch

Druckänderung in kp/m² = Dichte x Schallgeschwindigkeit x Geschwindigkeitsänderung

oder

$$dp = \rho \; c \; dV \quad \text{oder} \quad dh = c \; dV/g \tag{19}$$

wobei dh die Druckhöhenänderung ist.

Für starre Rohre ist die Geschwindigkeit der Druckwelle

$$c = \sqrt{\frac{\text{Kompressionsmodul } E_B \text{ der Flüssigkeit in kp/m}^2}{\text{Dichte der Flüssigkeit}}} = \sqrt{\frac{E_B}{\rho}} \tag{20}$$

Für nicht-starre Rohre ist der Ausdruck

$$c = \sqrt{\frac{E_B}{\rho[1 + (E_B/E)(d/t)]}} \tag{21}$$

mit E = Elastizitätsmodul der Rohrwand in kp/m²
d = lichte Weite des Rohres in cm
t = Rohrwanddicke in cm.

ÜBERSCHALLGESCHWINDIGKEITEN

Überschallgeschwindigkeiten ändern vollständig die Natur der Strömung. Der Widerstandskoeffizient hängt von der Mach-Zahl N_M ab (siehe Diagramm H), da die Viskosität nur einen kleinen Anteil am Widerstand hat. Die Druckstörung hat die Form eines Kegels mit dem Scheitel an der Spitze des Körpers oder Projektils. Der Kegel stellt die Wellenfront oder *Schockwelle* dar, die photographiert werden kann. Der Kegel- oder Mach-Winkel α wird gegeben durch

$$\sin\alpha = \frac{\text{Schallgeschwindigkeit}}{\text{Geschwindigkeit}} = \frac{1}{V/c} = \frac{1}{N_M} \tag{22}$$

Aufgaben mit Lösungen

1. Bestimme den Impuls-Korrekturfaktor β, den man benutzen sollte, wenn man den Impuls mit Hilfe der Durchschnittsgeschwindigkeit berechnen will (zweidimensionale Strömung).

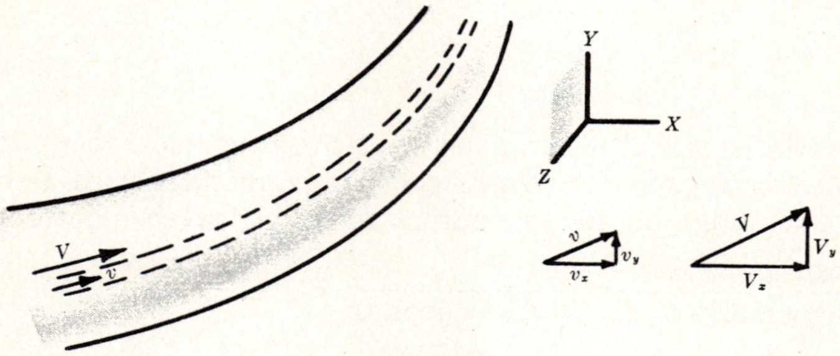

Abb. 11·1

Lösung:

Der Massendurchfluß dM durch die Stromröhre in Abb. 11-1 ist $\rho\, dQ$. Die korrekte Impulskomponente in X-Richtung ist

$$\text{Impuls}_X = \int dM\, v_x = \int \rho\, dQ\, v_x = \int \rho v_x (v\, dA)$$

Mit Hilfe der Durchschnittsgeschwindigkeit in dem Querschnitt ist der richtige Impuls

$$\text{Impuls}_X = \beta(MV_x) = \beta(\rho Q V_x) = \beta\rho(AV)V_x$$

Gleichsetzen der beiden korrekten Impulskomponenten führt zu

$$\beta = \frac{\int \rho v_x (v\,dA)}{\rho A V(V_x)} = \frac{1}{A}\int_A (v/V)^2\,dA$$

da aus dem obigen Geschwindigkeitsvektor-Diagramm $v_x/V_x = v/V$ folgt.

2. Berechne den Impuls-Korrekturfaktor, wenn das Geschwindigkeitsprofil der Gleichung $v = v_{max}\,[r_0^2 - r^2)/r_0^2]$ gehorcht. (Siehe die Zeichnung in Kapitel 6, Aufgabe 17).

Lösung:

Nach Aufgabe 17 in Kapitel 6 ist die Durchschnittsgeschwindigkeit $\frac{1}{2}v_{max}$ Mit diesem Wert für die Durchschnittsgeschwindigkeit V erhalten wir

$$\beta = \frac{1}{A}\int_A \left(\frac{v}{V}\right)^2 dA = \frac{1}{\pi r_0^2}\int_0^{r_0}\left[\frac{v_{max}(r_0^2 - r^2)/r_0^2}{\frac{1}{2}v_{max}}\right]^2 (2\pi r\,dr)$$

$$= \frac{8}{r_0^6}\left(\tfrac{1}{2}r_0^6 - \tfrac{1}{2}r_0^6 + \tfrac{1}{6}r_0^6\right) = \tfrac{4}{3} = 1.33$$

3. Ein Wasserstrahl von 10 cm Durchmesser, der sich nach rechts bewegt, stößt auf eine flache Platte, die senkrecht zur Strahlachse gehalten wird. (*a*) Welche Kraft hält bei einer Geschwindigkeit von 20,0 m/s die Platte im Gleichgewicht? (*b*) Vergleiche den mittleren dynamischen Druck auf die Platte mit dem maximalen (Stau-) Druck, wenn die Plattenfläche 20 mal die Strahlfläche ist.

Lösung:

Lege die X-Achse in Richtung des Strahls. Die Platte vernichtet den anfangs vorhandenen Impuls des Wassers in X-Richtung. Ist M die Masse Wasser, deren Impuls in der Zeit dt auf Null gebracht wurde, und ist F_x die Kraft nach links, die die Platte auf das Wasser ausübt, so gilt

(*a*) Anfangsimpuls – Kraftstoß = Endimpuls

$$M(20{,}0) - F_x\,dt = M(0)$$

$$\frac{wQ}{g}\,dt\,(20{,}0) - F_x\,dt = 0$$

und $$F_x = \frac{1000[\overset{A}{(\pi/4)(0{,}10)^2}]\overset{V}{(20{,}0)} \times \overset{V}{20{,}0}}{9{,}8} = 320 \text{ kp (nach links bei Gleichgewicht).}$$

In diesem Problem gibt es keine Y-Komponente der Kraft. Die Y-Komponenten auf die Platte heben sich gegenseitig auf. Beachte, daß die Zeit dt herausfällt, man hätte sie als 1 Sekunde wählen können.

Man sollte bedenken, daß für die Platte der Impuls-Ausdruck wie folgt umgestellt werden kann:

$$F = MV = \frac{wQ}{g}V = \frac{w}{g}(AV)V = \rho A V^2 \quad \text{(kp)} \qquad (1)$$

(*b*) Zur Bestimmung des mittleren Drucks teilen wir die gesamte dynamische Kraft durch die Fläche, auf die sie wirkt.

$$\text{Durchschnittsdruck} = \frac{\text{Kraft}}{\text{Fläche}} = \frac{\rho A V^2}{20A} = \frac{\rho V^2}{20} = \frac{w}{10}\left(\frac{V^2}{2g}\right) \quad (\text{kp/m}^2)$$

Nach den Aufgaben 1 und 5 von Kapitel 9 ist der Staudruck $= p_s = w(V^2/2g)$ (kp/m²). Daher ist in diesem Fall der mittlere Druck 1/10 des Staudrucks.

4. Eine gebogene Platte lenkt einen Wasserstrahl von 10 cm Durchmesser um einen Winkel von 45° ab. Berechne für eine Strahlgeschwindigkeit von 40 m/s nach rechts die Kraftkomponenten auf die gebogene Platte (keine Reibung).

Lösung:

Die Komponenten wählt man parallel und senkrecht zur anfänglichen Strahlrichtung. Durch die Kraft der Platte auf das Wasser wird dessen Impuls geändert.

(*a*) Für die *X*-Richtung wählen wir + nach rechts und nehmen F_x als positiv an.

Anfangsimpuls X Kraftstoß = Endimpuls

$$MV_{x_1} + F_x\,dt = MV_{x_2}$$

$$\frac{wQ\,dt}{g}V_{x_1} + F_x\,dt = \frac{wQ\,dt}{g}V_{x_2}$$

Berücksichtigen wir, daß $V_{x2} = +V_{x2}\cos 45°$, so erhalten wir durch Umstellen

$$F_x = \frac{1000[(\pi/4)(0{,}10)^2](40)}{9{,}8}(40 \times 0{,}707 - 40) = -375 \text{ kp}$$

Das negative Vorzeichen zeigt an, daß F_x nach links gerichtet ist (wir hatten F_x nach rechts angenommen). Hätten wir F_x nach links angenommen, so hätten wir $F_x = +375$ erhalten. Das Vorzeichen hätte uns gesagt, daß die Annahme richtig war.

Die Wirkung des Wassers auf die Platte ist entgegengesetzt und betraglich gleich der Wirkung der Platte auf das Wasser. Daher ist *X*-Komponente auf die Platte = 375 kp nach rechts.

(*b*) Für die *Y*-Gleichung (nach *oben* positiv) ist

$$MV_{y_1} + F_y\,dt = MV_{y_2}$$

$$O + F_y\,dt = \frac{1000(0{,}0079)(40)dt}{9{,}8}(0{,}707 \times 40)$$

und $F_y = +906$ kp nach oben auf das Wasser. Daher ist die *Y*-Komponente auf die Platte = 906 kp nach unten.

5. Die Kraft, die ein 2 cm Wasserstrahl auf eine flache Platte, die senkrecht zur Strahlachse gehalten wird, ausübt, beträgt 70 kp. Wie groß ist der Volumenstrom in l/s?

Lösung:

Nach Gleichung (*1*) von Aufgabe 3 ist

$$F_x = \frac{1000QV}{9{,}8} = \rho AV^2$$

$$70 = \frac{1000[(\pi/4)(0{,}02)^2]V^2}{9{,}8} \quad \text{y} \quad V = 46{,}8 \text{ m/s}$$

Dann ist

$$Q = AV = [(\pi/4)(0{,}02)^2](46{,}8)10^3 = 14{,}7 \text{ l/s}$$

6. Wie groß wäre in Aufgabe 3 die Kraft des Strahls auf die Platte gewesen, wenn sie sich mit einer Geschwindigkeit von 10,0 m/s nach rechts bewegt hätte?

Lösung:

Mit $t = 1$ Sekunde ist Anfangs-$MV_{x1} + F_x(1) =$ End-MV_{x2}.

In diesem Fall ist die Masse des Wassers, das seinen Impuls geändert hat, nicht identisch mit der Masse für die stationäre Platte. Für die feste Platte hat die Masse

$$(w/g)(\text{Volumen}) = (w/g)(A \times 20{,}0)$$

in einer Sekunde ihren Impuls geändert. Auf die bewegte Platte treffen jede Sekunde

$$M = (w/g)[A(20{,}0 - 10{,}0)]$$

wobei (20,0 − 10,0) die Relativgeschwindigkeit des Wassers bezüglich der Platte ist.

Dann

$$F_x = \frac{1000[(\pi/4)(0{,}10)^2](20{,}0 - 10{,}0)}{9{,}8}(10{,}0 - 20{,}0)$$

und F_x = Kraft der Platte auf das Wasser = − 80 kp nach links. Daher ist die Kraft des Wassers auf die Platte 80 kp nach rechts.

Hätte sich die Platte mit 10,0 m/s nach links bewegt, so hätte in der Zeit t mehr Wasser seinen Impuls geändert. Der Wert für V_{x2} ist $-$ 10,0 m/s. Dann wäre die Kraft

$$F_x = \frac{1000(0{,}0079)[20{,}0 - (-10{,}0)]}{9{,}8}(-10{,}0 - 20{,}0) = -725 \text{ kg} \quad \text{nach links auf das Wasser.}$$

7. Die feste Fläche in Abb. 11-2 teilt den Strahl so, daß in jede Richtung 30 l/s fließen. Bestimme für eine Anfangsgeschwindigkeit von 15 m/s die X- und Y-Komponenten der Kraft, die die Fläche im Gleichgewicht hält (keine Reibung).

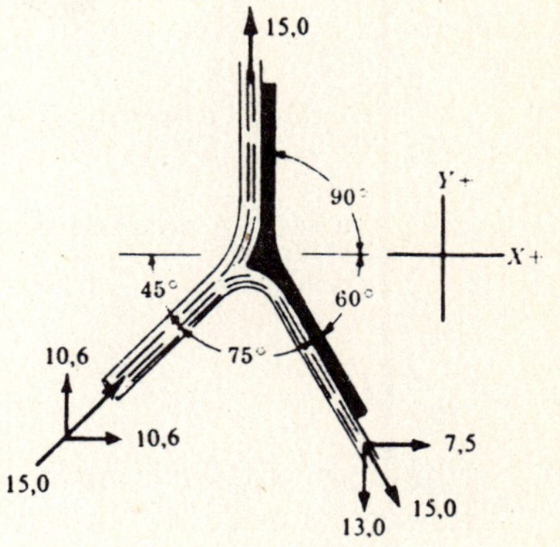

Abb. 11-2

Lösung:

(*a*) In X-Richtung mit t = 1 Sekunde

$$MV_{x_1} - F_x(1) = \tfrac{1}{2}MV_{x_2} + \tfrac{1}{2}MV'_{x_2}$$

$$\frac{1000(30 \times 10^{-3})}{9{,}8}(10{,}6) - F_x = \frac{1000}{9{,}8}\left(\frac{30 \times 10^{-3}}{2}\right)(0 + 7{,}5)$$

und $F_x = +32{,}4 - 11{,}5 = +20{,}9$ kp nach links.

(*b*) In Y-Richtung

$$MV_{y_1} - F_y(1) = \tfrac{1}{2}MV_{y_2} - \tfrac{1}{2}MV'_{y_2}$$

$$\frac{1000(30 \times 10^{-3})}{9{,}8}(10{,}6) - F_y = \frac{1000}{9{,}8}\left(\frac{30 \times 10^{-3}}{2}\right)(+15{,}0 - 13{,}0)$$

und $F_y = +32{,}4 - 3{,}1 = 29{,}3$ kg nach unten.

8. Ein 10 cm Strahl hat eine Geschwindigkeit von 30 m/s. Er trifft auf eine Schaufel, die sich mit 20 m/s in derselben Richtung bewegt. Der Ablenkwinkel der Schaufel ist 150°. Nimm an, daß keine Reibung herrscht und berechne die X- und Y-Komponenten der Kraft des Wassers auf die Schaufel. (Beziehe dich auf Abb. 11-3 (*a*)).

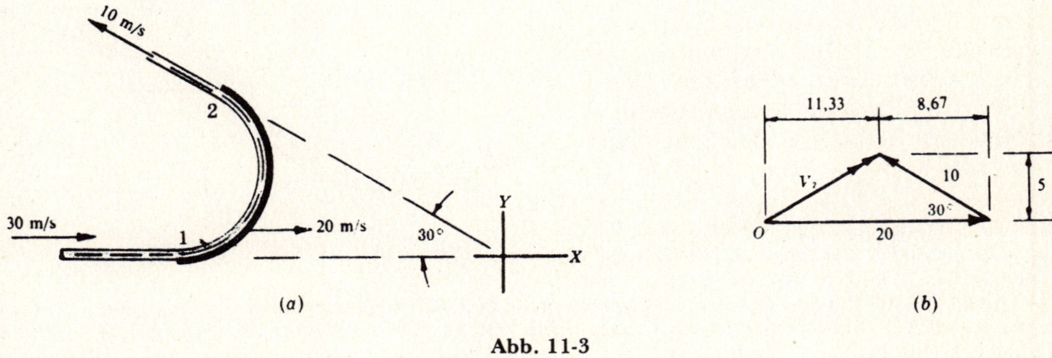

Abb. 11-3

Lösung:

Die Relativgeschwindigkeit ist V_{x1} = 30 $-$ 20 = 10 m/s nach rechts.

Bei 2 ist die Wassergeschwindigkeit = $V_{\text{Wasser/Schaufel}} + V_{\text{Schaufel}}$ (Vektoraddition, siehe Abb. 11-3 (*b*)), woraus sich V_{2x} = 11,33 m/s nach rechts und V_{2y} = 5,00 m/s nach oben ergibt.

Wende den Impulssatz in X-Richtung an:

(*a*) Anfangs-$MV_x - F_x\,(1) = $ End-MV_x

$$M(30) - F_x = M(+11{,}33)$$

und $F_x = \frac{1000}{9{,}8}[\frac{\pi}{4}(0{,}10)^2 \times 10](30 - 11{,}33) = 149{,}5$ kp nach links auf das Wasser.

(*b*) Anfangs-$MV_y - F_y\,(1) = $ End-MV_y

$$M(0) - F_y = M(+5)$$

und $F_y = \frac{1000}{9{,}8}[\frac{\pi}{4}(0{,}10)^2 \times 10](0 - 5) = -40{,}0$ kp nach oben auf das Wasser.

Die Komponenten der Kraft des Wassers auf die Schaufel sind 149,5 kp nach rechts und 40,0 kp nach unten.

9. Nimm an, daß Reibung in Aufgabe 8 die Relativgeschwindigkeit des Wassers bezüglich der Schaufel von 10 m/s auf 9 m/s erniedrigt hat. (*a*) Wie groß sind die Kraftkomponenten durch die Schaufel auf das Wasser? (*b*) Wie ist zum Schluß die Absolutgeschwindigkeit des Wassers?

Lösung:

Die Komponenten der absoluten Geschwindigkeit bei (*2*) findet man durch Auflösung eines Vektordreiecks ähnlich dem von Abb. (*b*) in Aufgabe 8. Dabei benutzen wir 20,0 horizontal und 9,0 nach links oben mit 30°. So ist

$$V_{2x} = 12{,}2 \text{ m/s nach rechts und } V_{2y} = 4{,}5 \text{ m/s nach oben.}$$

(*a*) Dann $F_x = \frac{1000}{9{,}8}[\frac{\pi}{4}(0{,}10)^2 \times 10](30{,}0 - 12{,}2) = 142{,}5$ kp nach links auf das Wasser.

$F_y = \frac{1000}{9{,}8}[\frac{\pi}{4}(0{,}10)^2 \times 10](0 - 4{,}5) = -36{,}0$ kp nach oben auf das Wasser.

(*b*) Mit Hilfe der obigen Komponenten ergibt sich als Absolutgeschwindigkeit des Wassers beim Verlassen der Schaufel

$V_2 = \sqrt{(12{,}2)^2 + (4{,}5)^2} = 13{,}0$ m/s nach oben rechts unter einem Winkel von
$\theta_x = \arctan(4{,}5/12{,}2) = 20{,}0°$.

10. Bestimme für eine vorgegebene Strahlgeschwindigkeit die Verhältnisse, unter denen maximale Arbeit (Leistung) an einer Reihe von bewegten Schaufeln verrichtet wird. Vernachlässige Reibung an den Schaufeln.

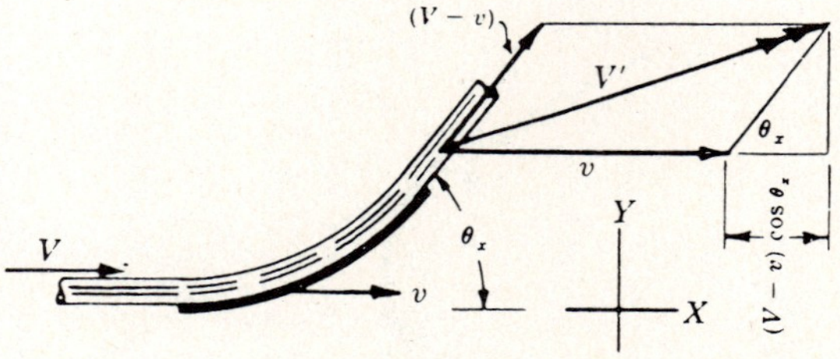

Abb. 11-4

Lösung:

Berechne erst die Schaufelgeschwindigkeit V, bei der man maximale Leistung hat. Mit Hilfe der nebenstehenden Abbildung wird ein Ausdruck für die Leistung aufgestellt, wobei wir eine Schaufelbewegung in X-Richtung annehmen. Da der gesamte Strahl auf eine oder mehrere Schaufeln trifft, ist die Masse, die pro Sekunde fließt und ihren Impuls ändert, $M = (w/g)\,AV$.

Leistung = Arbeit pro Sekunde = Kraft mal in Richtung der Kraft pro Sekunde zurückgelegter Weg.

(1) Bestimme die Kraft aus dem Impulssatz. Am Ende ist die Absolutgeschwindigkeit in X-Richtung

$$V'_x = v + (V - v)\cos\theta_x$$

und Anfangsimpuls − Kraftstoß = Endimpuls

$$MV - F_x(1) = M[v + (V - v)\cos\theta_x]$$
$$F_x = (wAV/g)[(V - v)(1 - \cos\theta_x)]$$

Dann $$\text{Leistung } P = (wAV/g)[V - v)(1 - \cos\theta_x)]\ v \qquad (1)$$

Da $(V - v)\,v$ die Variable ist, die bei maximaler Leistung ihren Maximalwert annehmen muß, setzen wir die erste Ableitung gleich Null und erhalten

$$dP/dv = (wAV/g)(1 - \cos\theta_x)(V - 2v) = 0$$

Daher ist $v = V/2$, die Schaufelgeschwindigkeit sollte gleich der halben Strahlgeschwindigkeit sein.

(2) Die Untersuchung von Ausdruck (*1*) für feste Werte von V und v zeigt, daß sich die maximale Leistung ergibt, wenn $\theta_x = 180°$. Dieser Winkel ist praktisch nicht ausführbar, deshalb nimmt man häufig einen Winkel von 170°, der sich als ausreichend erwiesen hat. Die Leistungsverminderung macht nur einen kleinen Prozentsatz aus.

(3) Um die resultierende Kraft in Y-Richtung zum Verschwinden zu bringen, nimmt man Pelton-Schaufeln, bei denen je eine Hälfte der Wassermassen in jede Richtung der Y-Achse abgelenkt wird.

11. (*a*) Beziehe dich auf Abb. 11-5. Unter welchem Winkel sollte ein Wasserstrahl, der sich mit einer Geschwindigkeit von 15,0 m/s bewegt, auf eine Reihe von Schaufeln, die sich mit 6 m/s bewegen, auftreffen, damit er tangential zu den Schaufeln ist (kein Schock)? (*b*) Welche Leistung ergibt sich bei einem Volumenstrom von 125 l/s? (*c*) Wie ist der Wirkungsgrad der Schaufeln?

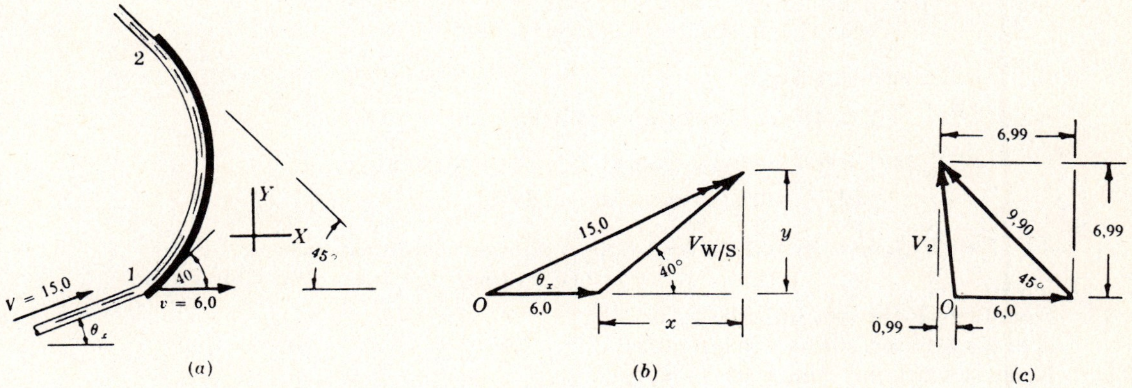

Abb. 11-5

Lösung:

(*a*) Geschwindigkeit des Wassers = Geschwindigkeit des Wassers bzgl. der Schaufel + Schaufelgeschwindigkeit (Vektoraddition)

oder 15,0 unter $\sphericalangle\,\vartheta_x = ?$ unter 40° + 6,0 nach rechts (Vektoraddition)

Aus dem Vektordiagramm in Abb. 11-5 (*b*) erhält man $15\cos\theta_x = 6{,}0 + x$, $15\sin\theta_x = y$

und $\tan 40° = y/x = 0{,}8391$. Auflösung dieser Gleichungen führt zu $\theta_x = 25°5'$.

(*b*) Berechnen wir aus Abb. (*b*) oben die Geschwindigkeit des Wassers, bezogen auf die Schaufeln, so ergibt sich

$$y = 15\sin\theta_x = 15\sin 25°5' = 6{,}36 \text{ m/s und } \quad V_{\text{Wasser/Schaufeln}} = y/(\sin 40°) = 9{,}90 \text{ m/s}$$

Daher ist V_{x2} (absolut) = 0,99 m/s nach links, aus Abb. (*c*) oben. Dann Kraft

$$F_x = \overset{M}{\frac{1000 \times 0{,}125}{9{,}8}}[\overset{V_1\cos\theta_x}{15 \times 0{,}906} - (-0{,}99)] = 161 \text{ kp und Leistung } E_x = 161 \times 6 = 966 \text{ kpm/s.}$$

(*c*) $$\text{Wirkungsgrad} = \frac{966}{\frac{1}{2}M(15)^2} = \frac{966}{1435} = 67{,}3\,\%.$$

12. Ein 60 cm Rohr, das 900 l/s Öl des rel. spez. Gew. 0,85 befördert, hat in einer horizontalen Ebene einen 90° – Krümmer. Der Höhenverlust im Krümmer ist 1,10 m Öl, der Druck am Eingang beträgt 3,00 kp/cm². Bestimme die Kraft des Öls auf den Krümmer.

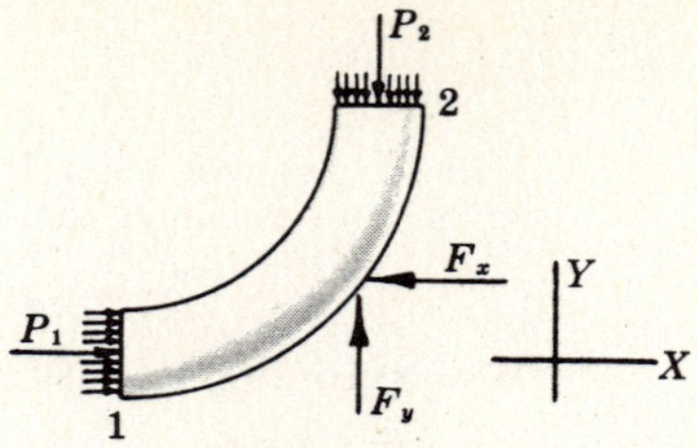

Abb. 11-6

Lösung:

In Abb. 11-6 sind die statischen und dynamischen Kräfte, die auf das Öl in dem Krümmer einwirken, eingezeichnet. Diese Kräfte werden wie folgt berechnet:

(*a*) $P_1 = p_1 A = 3{,}00 \times \frac{1}{4}\pi(60)^2 = 8480$ kp.

(*b*) $P_2 = p_2 A$, wobei $p_2 = p_1$ – Verluste in kp/cm², die man aus der Bernoulli-Gleichung mit $z_1 = z_2$ und $V_1 = V_2$ erhält. Dann ist $P_2 = (3{,}00 - 0{,}85 \times 1000 \times 1{,}10/10^4) \times \frac{1}{4}\pi(60)^2 = 8220$ kp.

(*c*) Aus dem Impulssatz ergibt sich mit $V_1 = V_2 = Q/A = 3{,}2$ m/s

$$MV_{x1} + \Sigma \text{ (Kräfte in } X\text{-Richtung)} \times 1 = MV_{x2}$$

$$8480 - F_x = (0{,}85 \times 1000 \times 0{,}9000/9{,}8)(0 - 3{,}2) = -250 \text{ kp}$$

und $F_x = 8730$ kp nach links auf das Öl.

(*d*) Ähnlich für $t = 1$ Sekunde

$$MV_{y1} + \Sigma \text{ (Kräfte in } Y\text{-Richtung)} \times 1 = MV_{y2}$$

$$F_y - 8220 = (0{,}85 \times 1000 \times 0{,}900/9{,}8)(3{,}2 - 0) = +250 \text{ kp}$$

und $F_y = +8270$ kp nach oben auf das Öl.

Die resultierende Kraft R auf den Krümmer wirkt nach rechts unten und ist

$$R = \sqrt{(8730)^2 + (8270)^2} = 12\,025 \text{ kp bei } \theta_x = \arctan(8270/8730) = 43{,}4^\circ$$

13. Das 60 cm Rohr von Aufgabe 12 ist über ein konisch zusammenlaufendes Reduzierstück mit einem 30 cm Rohr verbunden. Mit welcher Kraft wirkt bei einem Druck von 2,80 kp/cm² und demselben Volumenstrom von 900 l/s das Öl auf das Reduzierstück, wenn man alle Verluste vernachlässigt?

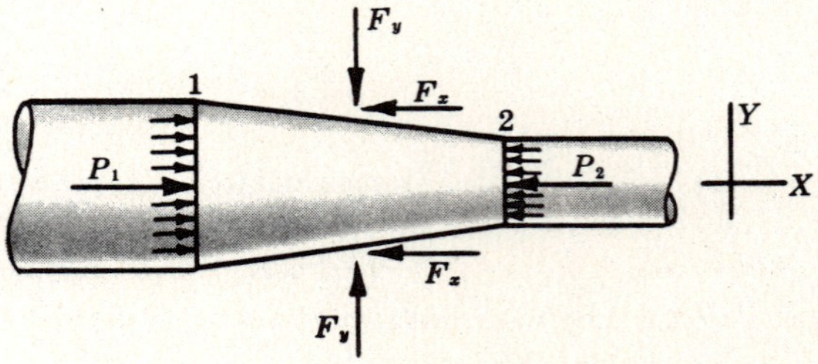

Abb. 11-7

Lösung:

Da $V_1 = 3{,}2$ m/s, ist $V_2 = (2/1)^2 \times 3{,}2 = 12{,}8$ m/s, und die Bernoulli-Gleichung zwischen Eintritt bei 1 und Austritt bei 2 ergibt

$$\left(\frac{p_1}{w} + \frac{(3{,}2)^2}{2g} + 0\right) - \text{vernachl. Verlusthöhe} = \left(\frac{p_2}{w} + \frac{(12{,}8)^2}{2g} + 0\right)$$

oder $\dfrac{p_2}{w} = \dfrac{2{,}80 \times 10^4}{0{,}85 \times 1000} + \dfrac{10{,}2}{2g} - \dfrac{163{,}8}{2g} = 25{,}1$ m Öl und $p_2' = 2{,}13$ kp/cm².

Die obige Abbildung zeigt die Kräfte auf das Öl im Reduzierstück.

$$P_1 = p_1 A_1 = 2{,}80 \times \tfrac{1}{4}\pi(60)^2 = 7920 \text{ kp (nach rechts)}$$

$$P_2 = p_2 A_2 = 2{,}13 \times \tfrac{1}{4}\pi(30)^2 = 1510 \text{ kp (nach links)}$$

In X-Richtung wird der Impuls des Öls geändert. Dann ist

$$MV_{x_1} + \Sigma\,(\text{Kräfte in } X\text{-Richtung}) \times 1 = MV_{x_2}$$

$$(7920 - 1510 - F_x)1 = (0{,}85 \times 1000 \times 0{,}900/9{,}8)(12{,}8 - 3{,}2)$$

und $F_x = 5660$ kp wirkt nach links auf das Öl.

Die Kräfte in Y-Richtung heben sich gegenseitig auf, $F_y = 0$.

Daher ist die Kraft des Öls auf das Reduzierstück 5660 kp nach rechts.

14. Ein sich verjüngender 45°-Krümmer, Eintrittsdurchmesser 60 cm, Austrittsdurchmesser 30 cm, wird unter einem Druck von 1,50 kp/cm² von 450 l/s Wasser durchströmt. Berechne unter Vernachlässigung von Verlusten im Krümmer die Kraft, die das Wasser auf den Krümmer ausübt.

Abb. 11-8

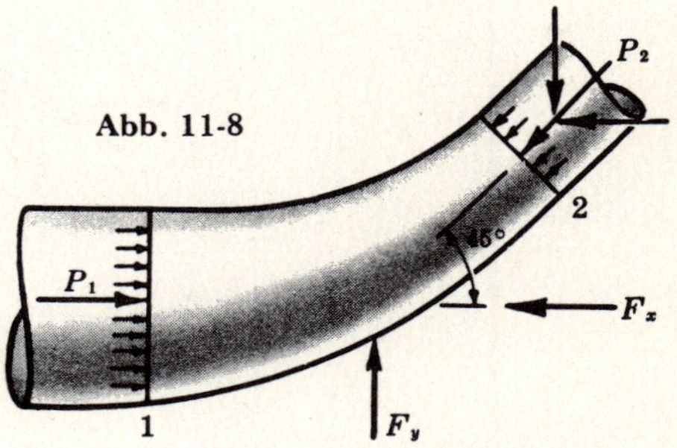

Lösung:

und $V_1 = 0{,}450/A_1 = 1{,}60$ m/s
$V_2 = 6{,}40$ m/s

Die Bernoulli-Gleichung zwischen den Abschnitten 1 und 2 liefert

$$\left(\frac{1{,}50 \times 10^4}{1000} + \frac{2{,}56}{2g} + 0\right) - \text{vernachl. Verlusthöhe} = \left(\frac{p_2}{w} + \frac{40{,}96}{2g} + 0\right)$$

woraus man $p_2/w = 13{,}0$ m und $p_2' = 1{,}30$ kp/cm² erhält.

In Abb. 11-8 ist die Wassermasse gezeigt, die statischen und dynamischen Kräften unterworfen ist.

$$P_1 = p_1 A_1 = 1{,}50 \times \tfrac{1}{4}\pi(60)^2 = 4240 \text{ kp}$$
$$P_2 = p_2 A_2 = 1{,}30 \times \tfrac{1}{4}\pi(30)^2 = 920 \text{ kp}$$
$$P_{2_x} = P_{2_y} = 920 \times 0{,}707 = 650 \text{ kp}$$

In X-Richtung:

$$MV_{x1} + \Sigma\,(\text{Kräfte in } X\text{-Richtung} \times 1 = MV_{x2}$$

$$(4240 - 650 - F_x)1 = (1000 \times 0{,}450/9{,}8)(6{,}40 \times 0{,}707 - 1{,}60)$$

und $F_x = 3455$ kp nach links.

In Y-Richtung:

$$(+F_y - 650)1 = (1000 \times 0{,}450/9{,}8)(6{,}40 \times 0{,}707 - 0)$$

und $F_y = 860$ kp nach oben.

Die Kraft des Wassers auf den sich verjüngenden Krümmer ist $F_x = \sqrt{(3455)^2 + (860)^2} = 3560$ kp nach rechts unten unter einem Winkel von $\theta_x = \arctan(860/3455) = 13°59'$.

15. Betrachte in Abb. 11-9 unten den 5 cm Wasserstrahl, der auf ein rechteckiges Tor von 1,20 m × 1,20 m trifft, das mit der Strahlrichtung einen Winkel von 30° bildet. Die Wassergeschwindigkeit beträgt 20 m/s, der Strahl trifft im Schwerpunkt auf das Tor. Welche senkrechte Kraft auf die Oberkante des Tores hält bei Vernachlässigung von Reibung dieses im Gleichgewicht?

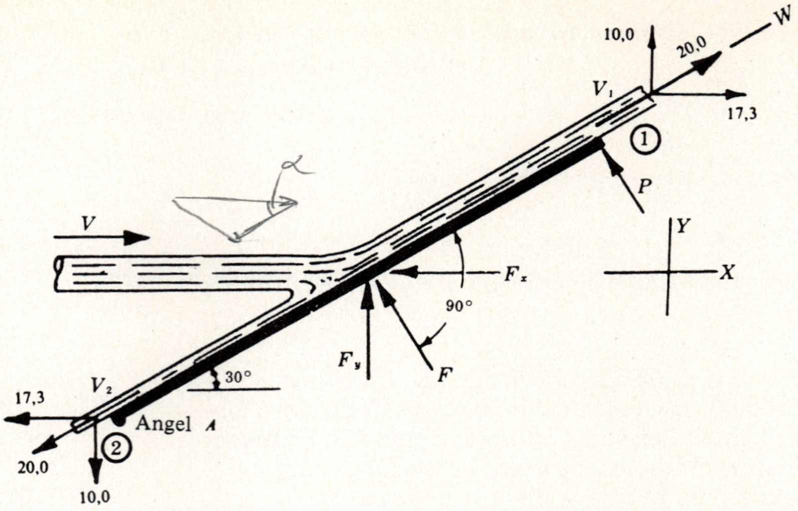

Abb. 11-9

Lösung:

Die Kraft, die das Tor auf das Wasser ausübt, steht senkrecht auf dem Tor (keine Reibung). Es gibt also, da keine Kraft in W-Richtung in der obigen Zeichnung wirkt, auch keine Impulsänderung in dieser Richtung. Daher gilt für die W-Komponenten

Anfangsimpuls $\pm$ 0 = Endimpuls

$$+M(V\cos 30^\circ) = +M_1V_1 - M_2V_2$$

$$(w/g)(A_{jet}\,V)(V\cos 30^\circ) = (w/g)(A_1V_1)V_1 - (w/g)(A_2V_2)V_2$$

aber $V = V_1 = V_2$ (keine Reibung). Dann ist

$$A_{jet}\cos 30^\circ = A_1 - A_2 \text{ und, aus der Kontinuitätsgleichung, } A_{jet} = A_1 + A_2$$

Damit ergibt sich

$$A_1 = A_{jet}\,(1+\cos 30^\circ)/2 = A_{jet}\times 0{,}933 \text{ und } A_2 = A_{jet}\,(1-\cos 30^\circ)/2 = A_{jet}\times 0{,}067$$

Der Strahl teilt sich wie eingezeichnet, und die Impulsgleichung in X-Richtung lautet

$$\left[\frac{1000}{9{,}8}\left(\frac{1}{4}\pi\right)(0{,}05)^2 20\right]20 - F_x(1) = \left[\frac{1000}{9{,}8}\left(\frac{1}{4}\pi\right)(0{,}05)^2 0{,}933(20)\right]17{,}3 + \left[\frac{1000}{9{,}8}\left(\frac{1}{4}\pi\right)(0{,}05)^2 0{,}067(20)\right](-17{,}3)$$

und $F_x = 20{,}5$ kp

Ähnlich in Y-Richtung

$$M(0) + F_y(1) = \left[\frac{1000}{9{,}8}(0{,}002)(0{,}933)20\right]10 + \left[\frac{1000}{9{,}8}(0{,}002)(0{,}067)20\right](-10)$$

und $F_y = 35{,}3$ kp

Für das Tor als freien Körper gilt $\Sigma M_{\text{Angel}} = 0$ und

$$+20{,}5(0{,}3) + 35{,}3(0{,}6\times 0{,}866) - P(1{,}2) = 0 \quad \text{oder } P = 20{,}4 \text{ kp}$$

16. Bestimme den Rückstoß eines Strahls, der durch eine Öffnung aus dem Behälter austritt, auf den Behälter.

Lösung:

In der nebenstehenden Abbildung fassen wir die Flüssigkeitsmasse $ABCD$ als freien Körper auf. Die einzigen horizontalen Kräfte sind F_1 und F_2, die den Impuls des Wassers ändern:

$(F_1 - F_2)\times 1 = M(V_2 - V_1)$, wobei V_1 vernachlässigt werden kann.

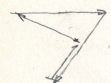

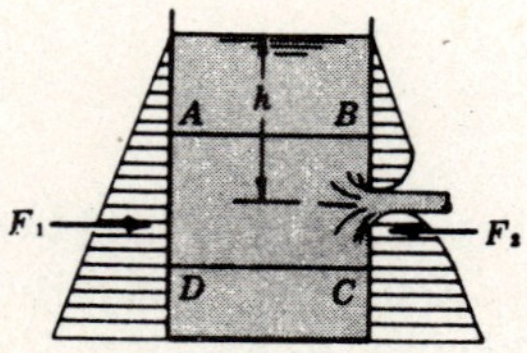

Abb. 11-10

Rückstoß $F = F_1 - F_2 = \dfrac{wQ}{g} V_2 = \dfrac{wA_2 V_2}{g} V_2$.

Aber $A_2 = c_c A_0$ und $V_2 = c_v\sqrt{2gh}$

Daher $F = \dfrac{w(c_c A_0)}{g} c_v^2(2gh) = (c\ c_v)wA_0(2h)$ (nach rechts auf die Flüssigkeit).

(1) Für die Durchschnittswerte $c = 0,60$ und $c_v = 0,98$ ist die Rückstoßkraft $F = 1,176\ whA_0$. Daher ist die Kraft nach links auf den Tank um etwa 18 % größer als die statische Kraft auf einen Pfropfen, der gerade die Ausflußöffnung verstopfen würde.

(2) Für eine ideale Flüssigkeit (keine Reibung, keine Kontraktion) ist $F = 2(whA_0)$. Diese Kraft ist gleich der doppelten Kraft auf einen Pfropfen, der gerade die Öffnung verschließt.

(3) Für eine Düse ($c = 1,00$) ist die Rückstoßkraft $F = c_v^2 wA(2h)$, wobei h die effektive Höhe ist, die den Fluß verursacht.

17. Die Strahlen aus einem Gartensprenger haben 3 cm Durchmesser und steht senkrecht auf dem 60 cm Radius. An der Düsenbasis herrscht ein Druck von 3,00 kp/cm². Welche Kraft muß an jedem Sprengerrohr 30 cm vom Rotationszentrum entfernt angreifen, um es im Gleichgewicht zu halten? (Benutze $C_v = 0,80$ und $c_c = 1,00$).

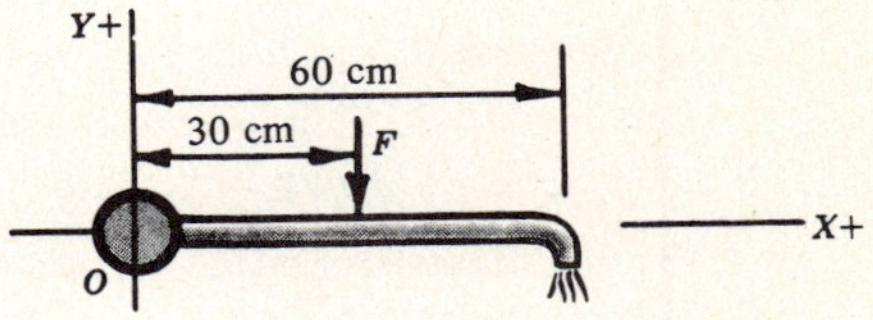

Abb. 11-11

Lösung:

Die Rückstoßkraft des Sprengerstrahls kann aus dem Impulssatz berechnet werden. Da die Kraft, die den Impuls in X-Richtung ändert, in X-Richtung wirkt, verursacht sie kein Drehmoment. Wir interessieren uns deshalb für die Impulsänderung in Y-Richtung. Der Anfangsimpuls in Y-Richtung ist Null. Für die Strahlgeschwindigkeit gilt

$$V_Y = c_v\sqrt{2gh} = 0,80\sqrt{2g(35,0 + \text{vernachl. Verlusthöhe})} = 21,0 \text{ m/s}$$

Daher $$F_Y\,dt = M(V_Y) = [\frac{1000}{9,8} \times \tfrac{1}{4}\pi(0,03)^2 \times 21,0\ dt](-21,0)$$

oder $F_y = -31,8$ kp nach unten auf das Wasser. Der Rückstoß des Strahls auf den Sprenger ist daher 31,8 kp nach oben. Damit

$$\Sigma M_0 = 0, \quad F(0,3) - 0,6\ (31,8) = 0, \quad F = 63,6 \text{ kp für Gleichgewicht}$$

18. Stelle die grundlegenden Schubgleichungen für vorwärtstreibende Anordnungen auf.

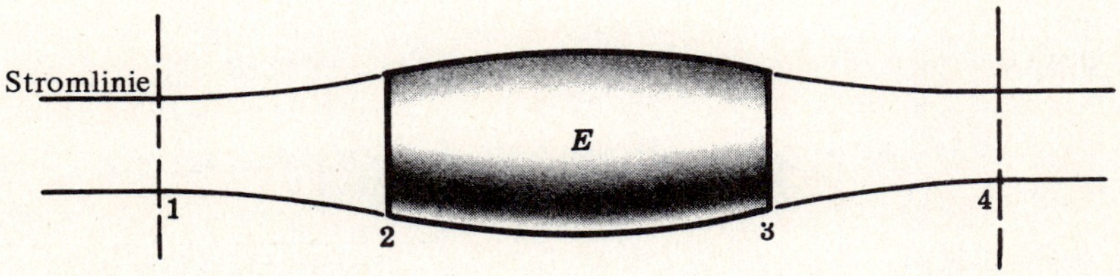

Abb. 11-12

Lösung:

Betrachte in Abb. 11–12 die Luft ansaugende Maschine E, die W kp Luft pro Sekunde benötigt. Die Geschwindigkeit V_1 in Abschnitt 1, mit der Luft in die Maschine eintritt, ist die Fluggeschwindigkeit. Darüberhinaus hat die Luft (wenn keine Schockwellen auftreten) Atmosphärendruck. Durch Verbrennung in der Maschine wird die Luft erhitzt und kompimiert. Die Luft verläßt die Düse in Abschnitt 3 mit hoher Austrittsgeschwindigkeit und daher mit stark angewachsenem Impuls.

In den meisten Luft ansaugenden Maschinen ist das Luftgewicht pro Sekunde beim Austritt größer als das Gewicht pro Sekunde beim Eintritt, da in der Maschine Brennstoff zugeführt wird. Dieser Anstieg beträgt etwa 2 %. Das Luftgewicht beim Austritt wird gewöhnlich bei Abschnitt 3 gemessen.

Der Vorschub kann wie folgt aus der Impulsänderung berechnet werden:

$$\text{Schubkraft } F = \frac{W_{\text{Austritt}}\, V_4}{g} - \frac{W_1\, V_1}{g} \qquad (A)$$

Austritt

In den Fällen, in denen der Druck bei Abschnitt 3 größer als Atmosphärendruck ist, hat man eine zusätzliche Beschleunigung des Gases. Die zusätzliche Kraft ist gleich der Druckdifferenz mal der Fläche in Abschnitt 3. Daher erhalten wir aus der Impulsänderung zwischen den Abschnitten 1 und 3

$$F = \frac{W_{\text{Aust.}}\, V_3}{g} + A_3(p_3 - p_4) - \frac{W_1\, V_1}{g} \qquad (B)$$

Sollte die effektive Austrittsgeschwindigkeit verlangt sein, so kann man Gleichungen (A) und (B) gleichzeitig lösen und erhält

$$V_4 = V_3 + \frac{gA_3}{W_3}(p_3 - p_4) \qquad (C)$$

Man sollte beachten, daß für $p_3 = p_4$ auch $V_3 = V_4$ ist.

Den Term $W_1 V_1/g$ nennt man negativen Vorschub. Der durch die Düse hervorgerufenen Gesamtvorschub ist $W_3 V_4/g$ in (A) und $W_3 V_3/g + A\,(p_3 - p_4)$ in (B).

Für eine Rakete wird Gleichung (A) benutzt, um die Schubkraft zu berechnen, wobei man daran denken muß, daß für solche Geräte $V_1 = 0$ ist.

19. Ein Düsentriebwerk wird in einem Labor getestet. Das Triebwerk verbraucht pro Sekunde 23,0 kp Luft und 0,20 kp Treibstoff. Wie groß ist die Schubkraft, wenn die Austrittsgeschwindigkeit der Gase 450 m/s beträgt?

Lösung:

Nach Formel (A) in Aufgabe 18 ist Schubkraft $F = (23{,}2 \times 450 - 23 \times 0)/9{,}8 = 1060$ kp.

20. Ein Strahltriebwerk verbraucht bei einer Geschwindigkeit von 180 m/s jede Sekunde 23,0 kp Luft. Wie groß muß die Austrittsgeschwindigkeit der Luft sein, damit man eine Schubkraft von 680 kp bekommt?

Lösung:

Schubkraft $F = 680 = (23/9{,}8)(V_{\text{Austritt}} - 180)$. Also $V_{\text{Austritt}} = 470$ m/s

21. Ein Strahltriebwerk wird in einem Labor getestet. Dabei werden die Bedingungen in einer Höhe simuliert, in der Atmosphärendruck $p = 3830$ kp/m² (abs.), Temperatur $T = 238{,}5°$ K und spez. Gewicht $w = 0{,}549$ kp/m³ sind. Die Austrittsöffnung des Triebwerks hat eine Fläche von 1400 cm², der Druck ist dort Atmosphärendruck. Wie groß ist die Mach-Zahl N_M bei einer Gesamtschubkraft von 670 kp? (Benutze $k = 1{,}33$).

Lösung:

Da in Gleichung (B) von Aufgabe 18 $p_3 = p_4$ und $V_3 = 0$, ist

$$F = W_A V_A/g = (wA_A V_A)V_A/g, \qquad 670 = 0{,}549(0{,}140)V_A^2/g, \qquad V_A = 292 \text{ m/s}$$

$$\text{Mach Zahl } N_M = V_A/c = V_A/\sqrt{kgRT} = 292/\sqrt{1{,}33(9{,}8)(29{,}3)(238{,}5)} = 0{,}97$$

22. Wie wäre in Aufgabe 21 die Gesamtschubkraft bei einem Austrittsdruck von 0,70 kp/cm² (abs.) und einer Machzahl von 1,00? (Benutze $k = 1{,}33$).

Lösung:

Um die Austrittsgeschwindigkeit unter den neuen Verhältnissen berechnen zu können, muß die Temperatur beim Austritt bestimmt werden. Es ist

$T_A/238{,}5 = (0{,}70 \times 10^4/3830)^{(k-1)/k}$, und daraus $T_A = 277° \text{ K}$.

Dann ist $V_A = N_M c = N_M\sqrt{kgRT} = 1{,}00\sqrt{1{,}33(9{,}8)(29{,}3)(277)} = 325$ m/s

Das spezifische Gewicht beim Austritt muß berechnet werden aus

$$(w_1/w_2)^k = p_1/p_2, \quad (w_A/0{,}549)^{1{,}33} = 0{,}70 \times 10^4/3830, \quad w_A = 0{,}864 \text{ kp/m}^3$$

Mit (*B*) aus Aufgabe 18 ergibt sich

$$F = 0{,}864(0{,}140)(325)^2/9{,}8 + 0{,}140(7000 - 3830) - 0 = 1746 \text{ kp}.$$

23. Ein Raketentriebwerk verbrennt 6,90 kp/s Treibmittel. Das ausströmende Gas verläßt die Rakete mit einer Relativgeschwindigkeit von 980 m/s und Atmosphärendruck. Die Düsenaustrittsfläche beträgt 320 cm², das Gesamtgewicht der Rakete ist 230 kp. Zu einem festen Zeitpunkt entwickelt das Triebwerk eine Leistung von 2500 PS. Wie groß ist die Raketengeschwindigkeit?

Lösung:

Bei einer Rakete kommt keine Luft in das Triebwerk, der Term für Abschnitt 1 in Formel (*B*) von Aufgabe 18 ist Null. Da beim Austritt Atmosphärendruck herrscht, ist $p_3 = p_4$. Daher ist die Schubkraft (Thrust)

Also
$$F_T = (W_A/g)V_A = (6{,}90/9{,}8)(980) = 690 \text{ kp}$$
$$2500 \text{ PS}' = F_T\, V_{\text{Rakete}}/75, \quad V_{\text{Rakete}} = 272 \text{ m/s}$$

24. Nimm an, daß die Widerstandskraft eine Funktion von Dichte, Viskosität, Elastizität und Geschwindigkeit der Flüssigkeit und einer charakteristischen Fläche ist. Zeige, daß die Widerstandskraft eine Funktion der Mach-Zahl und der Reynolds-Zahl ist (siehe auch Kapitel 5, Aufgaben 9 und 16).

Lösung:

Wie in Kapitel 5 erklärt, kann man durch Dimensionsanalyse die gewünschte Beziehung bekommen.

$$F_D = f_1(\rho, \mu, E, V, A)$$
$$F_D = C\rho^a \mu^b E^c V^d L^{2e}$$

Dann gilt für die Dimensionen $F^1 L^0 T^0 = (F^a T^{2a} L^{-4a})(F^b T^b L^{-2b})(F^c L^{-2c})(L^d T^{-d}) L^{2e}$

und $\quad 1 = a + b + c, \quad 0 = -4a - 2b - 2c + d + 2e, \quad 0 = 2a + b - d$

Wir drücken das mit Hilfe von *b* und *c* aus und erhalten

$$a = 1 - b - c, \quad d = 2 - b - 2c, \quad e = 1 - b/2$$

Einsetzen ergibt $F_D = C\rho^{1-b-c}\mu^b E^c V^{2-b-2c} L^{2-b}$

Drücken wir diese Gleichung in der üblichen Form aus, so erhalten wir

$$F = CA\rho V^2 \left(\frac{\mu}{L\rho V}\right)^b \left(\frac{E}{\rho V^2}\right)^c$$

oder
$$F = A\rho V^2 f_2(R_E, N_M)$$

Diese Gleichung zeigt, daß der Widerstandskoeffizient eines Gegenstandes mit fester Gestalt und festen Abmessungen nur von der Reynolds-Zahl und der Mach-Zahl abhängt.

Bei inkompressiblen Flüssigkeiten wird die Reynolds-Zahl vorherrschend, der Einfluß der Mach-Zahl N_M ist klein bis vernachlässigbar, der Widerstandskoeffizient ist allein eine Funktion der Reynolds-Zahl R_E. (Siehe Diagramme *F* und *G* im Anhang). In der Tat kann bei kleinen Mach-Zahlen N_M eine Flüssigkeit, soweit es den Widerstandskoeffizienten betrifft, als inkompressibel angesehen werden.

Ist die Mach-Zahl N_M gleich oder größer als 1,0 (d. h. bei Flüssigkeitsgeschwindigkeiten größer oder gleich der Schallgeschwindigkeit), so ist die Widerstandszahl allein eine Funktion von N_M. (Siehe Diagramm *H* im Anhang). Oft hat man allerdings Fälle, in denen der Widerstandskoeffizient sowohl von R_E als auch von N_M abhängt.

Eine ähnliche Ableitung kann für den Auftriebskoeffizienten geführt werden, die oben durchgeführten Schlußfolgerungen sind ebenso auf die Auftriebskoeffizienten anwendbar. Zur Überprüfung wird die Benutzung des Pi-Theorems von Buckingham vorgeschlagen.

25. Ein Verkehrsschild von 2,0 m x 2,5 m steht senkrecht zu einem Wind, dessen Geschwindigkeit 80 km/h beträgt. Welche Kraft wirkt bei einem Standard-Atmosphärendruck auf das Schild? (w = 1,200 kp/m³).

Lösung:

Wir haben gesehen, daß die Kraft eines kleinen Flüssigkeitsstrahls, der auf eine große, ruhende Platte trifft, geschrieben werden kann als

$$\text{Kraft}_x = \Delta(MV_x) = (w/g)(AV_x)\ V_x = \rho A V_x^2$$

In dem hier betrachteten Fall wirkt auf die stationäre Platte eine große Luftmenge. Der Impuls in *X*-Richtung geht nicht auf Null zurück, wie wir es bei dem Wasserstrahl hatten. Tests mit Platten, die mit unterschiedlichen Geschwindigkeiten durch Flüssigkeiten gezogen werden, zeigen, daß sich der Widerstandskoeffizient mit dem Länge-Breite-Verhältnis ändert, und daß er bei Reynolds-Zahlen oberhalb 1000 etwa konstant ist (siehe Diagramm *F*, Anhang). Es ist unerheblich, ob sich der Gegenstand in ruhender Flüssigkeit bewegt, oder ob Flüssigkeit an einem ruhenden Objekt vorbeifließt. Widerstandszahlen und -kräfte sind in beiden Fällen dieselben. Die relative Geschwindigkeit ist entscheidend.

Der Koeffizient C_D wird in die folgende Gleichung eingeführt: Kraft $F = C_D \rho A \dfrac{V^2}{2}$

Das schreibt man manchmal, um Geschwindigkeitshöhen einzuführen, folgendermaßen:

Kraft $F = C_D w A \dfrac{V^2}{2g}$ Mit C_D = 1,20 aus Diagramm *F* ergibt sich:

$$\text{Kraft } F = 1{,}20\ \left(\frac{1{,}200}{9{,}8}\right)\ \frac{(80 \times 1000/3600)^2}{2} = 181 \text{ kp.} \qquad (5)$$

26. Eine flache Platte, 1,20 m x 1,20 m, wird mit 6,5 m/s senkrecht zu ihrer Ebene bewegt. Bestimme für Standarddruck und 20°C Lufttemperatur den Widerstand der Platte, wenn sie sich (*a*) durch Luft und (*b*) durch Wasser von 15°C bewegt.

Lösung:

(*a*) Nach Diagramm *F* ist C_D = 1,16 für Länge/Breite = 1.

$$\text{Widerstandskraft} = C_D \rho A \frac{V^2}{2} = 1{,}16\left(\frac{1{,}200}{9{,}8}\right)(1{,}2 \times 1{,}2)\frac{(6{,}5)^2}{2} = 4{,}3 \text{ kp.}$$

(*b*)
$$\text{Widerstandskraft} = C_D \rho A \frac{V^2}{2} = 1{,}16(102)(1{,}2 \times 1{,}2)\frac{(6{,}5)^2}{2} = 3600 \text{ kp.}$$

27. Ein langer, 12 mm dicker Kupferdraht ist straff gespannt und einem Wind von 27,0 m/s senkrecht zum Draht ausgesetzt. Berechne die Widerstandskraft pro m Drahtlänge.

Lösung:

Für Luft von 20°C liefert Tafel 1 ρ = 0,1224 TME/m³ und v = 1,488 x 10⁻⁵ m²/s. Dann ist

$$R_E = \frac{Vd}{\nu} = \frac{27 \times 12 \times 10^{-3}}{1{,}488} \times 10^5 = 21\,800$$

Nach Diagramm *F* ist C_D = 1,30. Dann ist

$$\text{Widerstandskraft} = C_D \rho A \frac{V^2}{2} = 1{,}30(0{,}1224)(1 \times 0{,}012)\frac{(27)^2}{2} = 0{,}696 \text{ kp pro m Länge.}$$

28. Eine 0,9 m x 1,2 m große Platte bewegt sich mit 12 m/s in ruhender Luft unter einem Winkel von 12° mit der Horizontalen. Bestimme mit einem Widerstandskoeffizienten von C_D = 0,17 und einem Auftriebskoeffizienten C_L = 0,72 (*a*) die resultierende Kraft der Luft auf die Platte, (*b*) die Reibungskraft und (*c*) die Leistung, die nötig ist, die Platte weiterzubewegen. (Benutze w = 1,200 kp/m³).

Lösung:

(*a*) Widerstandskraft $= C_D(\frac{w}{g})A\,\frac{V^2}{2}$

$$= 0{,}17(\frac{1{,}200}{9{,}8})(1{,}08)\frac{(12)^2}{2} = 1{,}62 \text{ kp}$$

Auftriebskraft $= C_L(\frac{w}{g})A\,\frac{V^2}{2}$

$$= 0{,}72(\frac{1{,}200}{9{,}8})(1{,}08)\frac{(12)^2}{2} = 6{,}85 \text{ kp}$$

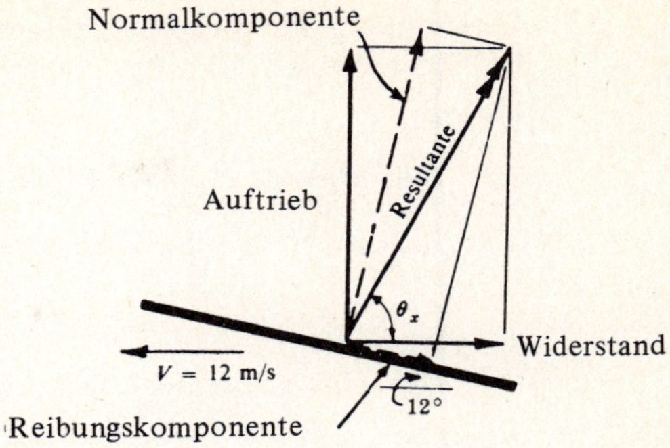

Abb. 11-13

Nach Abb. 11–13 ist die Resultierende aus Widerstandskraft und Auftriebskraft

$R = \sqrt{(1{,}62)^2 + (6{,}85)^2} = 7{,}02$ kp. Sie wirkt unter einem Winkel von $\theta_x = \arctan(6{,}85/1{,}62) = 76°42'$.

(*b*) Man könnte die resultierende Kraft auch in eine Normalkomponente und eine Reibungskomponente zerlegen (in der Abb. gestrichelt). Aus dem Vektordreieck ergibt sich

$$\text{Reibungskomponente} = R\cos(\theta_x + 12°) = (7{,}02)(0{,}0227) = 0{,}16 \text{ kp}$$

(*c*) Leistung = (Kraft in Bewegungsrichtung x Geschwindigkeit)/75 = (1,62 x 12)/75 = 0,259 PS

29. Ein Flugzeug wiegt 1800 kp, seine Tragflügelfläche ist 28 m². Welchen *Anstellwinkel* mit der Horizontalen müssen die Flügel bei einer Geschwindigkeit von 160 km/h haben? Nimm an, daß sich der Auftriebskoeffizient linear von 0,35 bei 0° auf 0,80 bei 6° ändert. Benutze für Luft $w = 1{,}200$ kp/m³.

Lösung:

Bei Gleichgewicht ist in vertikaler Richtung $\Sigma\, Y = 0$. Daher Auftrieb – Gewicht = 0, oder

$$\text{Gewicht} = C_L w A\,\frac{V^2}{2g}, \qquad 1800 = C_L(1{,}200)(28)\frac{(160 \times 1000/3600)^2}{2g}, \qquad C_L = 0{,}53$$

Durch Interpolation zwischen 0° und 6° ergibt sich ein Anstellwinkel von 2,4°.

30. Welche Tragflügelfläche wird benötigt, um ein 2300 kp schweres Flugzeug zu tragen, wenn es bei einem *Anstellwinkel* von 5° mit 28 m/s fliegt? Benutze die Koeffizienten aus Aufgabe 29.

Lösung:

Aus den gegebenen Daten (oder aus einer Kurve) berechnen wir für 5° $C_L = 0{,}725$ durch Interpolation. Wie in Aufgabe 29 ist

$$\text{Gewicht} = \text{Auftrieb} \quad 2300 = 0{,}725(1{,}200/9{,}8)A(28)^2/2, \quad A = 66{,}16 \text{ m}^2$$

31. Ein Tragflügel von 40 m² Fläche und einem Anstellwinkel von 6° bewegt sich mit 25 m/s. Welche Leistung wird benötigt, die Geschwindigkeit in Luft von 5°C und 0,90 kp/cm² Absolutdruck zu halten, wenn sich der Widerstandskoeffizient linear von 0,040 bei 4° auf 0,120 bei 14° ändert?

Lösung:

$$w = \frac{p}{RT} = \frac{0{,}90 \times 10^4}{29{,}3(273 + 5)} = 1{,}105 \text{ kp/m}^3 \text{ für Luft}$$

Für 6° Anstellwinkel ist $C_D = 0{,}056$ (durch Interpolation).

$$\text{Widerstandskraft} = C_D \rho A\, V^2/2 = 0{,}056(1{,}105/9{,}8)(40)(25)^2/2 = 79 \text{ kp}$$

$$\text{Leistung} = (79 \text{ kp})(25 \text{ m/s})/75 = 26{,}3 \text{ PS}$$

32. Bestimme in der vorhergehenden Aufgabe für einen Auftriebskoeffizienten von 0,70 und eine Profillänge von 1,50 m (*a*) die Auftriebskraft und (*b*) die Reynolds-Zahl und die Mach-Zahl.

Lösung:

(*a*) Auftriebskraft $F_L = C_L \rho A\, V^2/2 = 0{,}70(1{,}105/g)(40)(25)^2/2 = 985$ kp.

(*b*) Die charakteristische Länge in der Reynolds-Zahl ist die Profillänge. Dann

$$R_E = \frac{VL\rho}{\mu} = \frac{25 \times 1{,}5 \times 1{,}105}{(1{,}77 \times 10^{-6})(9{,}8)} = 2\,386\,400$$

Man sollte sich erinnern, daß sich die dynamische Viskosität nicht mit dem Druck ändert.

$$N_M = V/\sqrt{E/\rho} = V/\sqrt{kgRT} = 25/\sqrt{(1{,}4)(9{,}8)(29{,}3)(278)} = 0{,}075$$

33. Ein Tragflügel (Fläche 25 m²) bewegt sich mit 25,0 m/s. Man benötigt 14,0 PS, den Flügel in Bewegung zu halten. Welcher Anstellwinkel wird benötigt, wenn man dieselbe Änderung für den Widerstandskoeffizienten wie in Aufgabe 31 annimmt? Benutze wie in Aufgabe 31

$$w = 1{,}105 \text{ kp/m}^3.$$

Lösung:

$$14{,}0 \text{ PS} = (\text{Kraft})\,(25{,}0 \text{ m/s})/75, \quad \text{Kraft} = 42 \text{ kp.}$$

$$\text{Kraft} = C_D \rho A V^2/2, \qquad 42{,}0 = C_D(1{,}105/9{,}8)(25)(25)^2/2, \qquad C_D = 0{,}0477$$

Mit den angegebenen Werten für den Anstellwinkel und mit C_D erhalten wird durch Interpolations 5° Anstellwinkel.

34. Ein Lastwagen habe eine Seitenfläche von 50 m². Bestimme die resultierende Kraft auf die Seitenfläche des Lastwagens, wenn Wind mit 16 km/h senkrecht zur Fläche weht, (*a*) wenn der LKW steht, und (*b*), wenn er sich mit 45 km/h senkrecht zur Windrichtung bewegt. Benutze in (*a*) $C_D = 1{,}30$ und in (*b*) $C_D = 0{,}25$ und $C_L = 0{,}60$ ($\rho = 0{,}1245$ TME/m³).

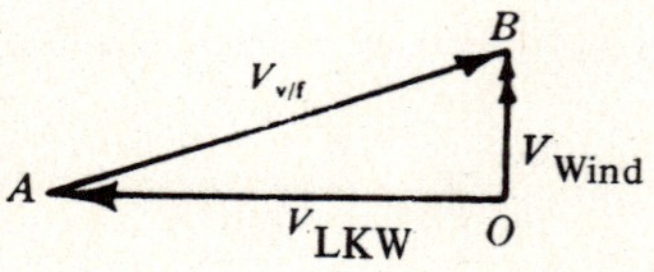

(*a*)

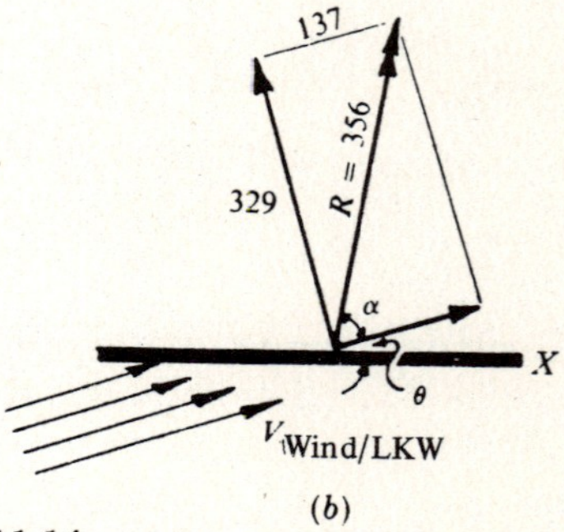

(*b*)

Abb. 11-14

Lösung:

(*a*) Kraft senkrecht zur Fläche = $C_D(\rho/2)AV^2$. Dann

Resultierende Kraft = $1{,}30(0{,}1245/2)(50)(16\,000/3600)^2 = 80$ kp senkrecht zur Fläche

(*b*) Man muß die Relativgeschwindigkeit zwischen Wind und LKW berechnen. Aus der Mechanik weiß man, daß

$$V_{Wind} = V_{Wind/LKW} + V_{LKW} \quad \text{(Vektoraddition)}$$

Abb. (*a*) zeigt diese Vektorbeziehung, d. h.

$$OB = OA \leftrightarrow AB = 45{,}0 \leftrightarrow V_{W/L}$$

Daher ist die Relativgeschwindigkeit = $\sqrt{(45)^2 + (16)^2} = 47{,}8$ km/h nach rechts oben unter einem Winkel von $\theta = \arctan(16/45) = 19{,}6°$.

Die Komponente der resultierenden Kraft senkrecht zur Relativgeschwindigkeit von Wind und LKW ist

$$\text{Auftriebskraft} = C_L(\rho/2)AV^2 = 0{,}60(0{,}1245/2)(50)(47800/3600)^2$$

$$= 329 \text{ kp senkrecht zur Relativgeschwindigkeit.}$$

Die Komponente der resultierenden Kraft parallel zur Relativgeschwindigkeit von Wind und LKW ist

$$\text{Widerstandskraft} = C_D(\rho/2)AV^2 = 0{,}25(0{,}1245/2)(50)(47800/3600)^2$$

$$= 137 \text{ kp parallel zur Relativgeschwindigkeit.}$$

Nach Abb. 11–14 (b) ist die resultierende Kraft $= \sqrt{(329)^2 + (137)^2} = 356$ kp unter einem Winkel von $\alpha =$ arc tan (329/137) = 67,4. Daher ist der Winkel zur X-Achse 19,6 + 67,4° = 87,0°.

35. Ein Drache wiegt 1,10 kp und hat eine Fläche von 0,75 m². Die Spannung in der Drachenschnur beträgt 3,00 kp, wenn die Schnur einen Winkel von 45° mit der Horizontalen bildet. Der Wind hat eine Geschwindigkeit von 32 km/h. Wie groß sind Auftriebs- und Widerstandskoeffizienten, wenn der Drache einen Winkel von 8° mit der Horizontalen einnimmt? Betrachte den Drachen als flache Platte und $w_{Luft} = 1{,}205$ kp/m³.

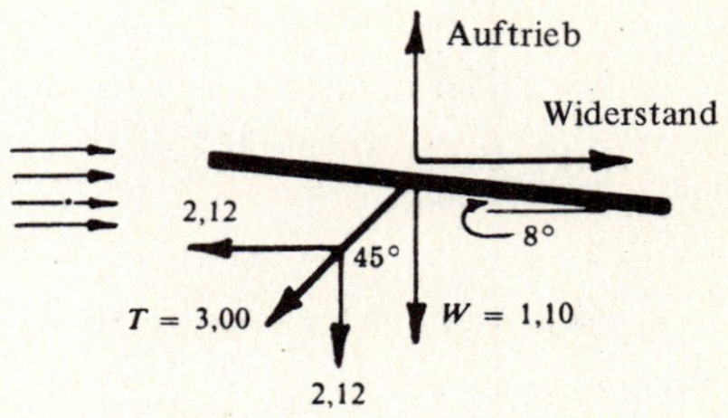

Abb. 11-15

Lösung:

Abb. 11–15 zeigt die Kräfte auf den Drachen, der als freier Körper angenommen wird. Die Komponenten der Spannung sind jeweils 2,12 kp.

Aus $\Sigma X = 0$, Widerstand = 2,12 kp.

Aus $\Sigma Y = 0$, Auftrieb = 2,12 + 1,10 = 3,22 kp.

$$\text{Widerstandskraft} = C_D\rho AV^2/2, \quad 2{,}12 = C_D(1{,}205/9{,}8)(0{,}75)(32\,000/3600)^2/2, \quad C_D = 0{,}58.$$

$$\text{Auftriebskraft} = C_L\rho AV^2/2, \quad 3{,}22 = C_L(1{,}205/9{,}8)(0{,}75)(32\,000/3600)^2/2, \quad C_L = 0{,}88.$$

36. Ein 77 kp schwerer Mann springt aus einem Flugzeug mit einem Fallschirm von 5,50 m Durchmesser ab. Welche maximale Endgeschwindigkeit wird erreicht, wenn der Widerstandskoeffizient 1 ist und das Gewicht des Fallschirms vernachlässigt wird?

Lösung:

Auf den Fallschirm wirken als Kräfte das Gewicht nach unten und der Widerstand nach oben.

Im Gleichgewicht ist $\Sigma Y = 0$ (Geschwindigkeit konstant)

$$W = C_D\rho AV^2/2, \qquad 77 = 1{,}00(1{,}205/9{,}8)(\pi 2{,}75^2)V^2/2, \quad V = 7{,}3 \text{ m/s}$$

37. Eine Stahlkugel von 3 mm Durchmesser und einem spezifischen Gewicht von 7,87 p/cm³ fällt in Öl des rel. spez. Gew. 0,908 und der kinematischen Viskosität $1{,}46 \times 10^4$ m²/s. Wie groß ist die Endgeschwindigkeit der Kugel?

Lösung:

Auf die Kugel wirken ihr Gewicht nach unten und Auftriebs- und Widerstandskräfte nach oben. Bei konstanter Geschwindigkeit ist $\Sigma Y = 0$, und daher

$$\text{Gewicht der Kugel} - \text{Auftriebskraft} = \text{Widerstandskraft}$$

oder

$$w_k\,(\text{Volumen}) - w_o\,(\text{Volumen}) = C_D\rho AV^2/2$$

oder

$$\frac{4}{3}\pi(0.15)^3(0.00787 - \frac{0{,}908 \times 1000}{10^6}) = C_D(\frac{0{,}908 \times 1000}{9{,}8})\pi(\frac{0{,}003}{2})^2\frac{V^2}{2}$$

Wir nehmen für C_D einen Wert von 3,00 an (siehe Diagramm F für Kugeln) und lösen

$$V^2 = 0{,}30/C_D = 0{,}100 \quad \text{und} \quad V = 0{,}316 \text{ m/s}$$

Wir überprüfen den angenommenen Wert von C_D, indem wir die Reynolds-Zahl berechnen und Diagramm F benutzen.

$$R_E = \frac{Vd}{\nu} = \frac{0{,}316 \times 0{,}003}{1{,}46 \times 10^{-4}} = 6{,}5 \text{ und } C_D = 6{,}0; \ (C_D \text{ muß größer sein})$$

Wir rechnen neu und überprüfen mit $C_D = 7{,}0$

$$V^2 = 0{,}30/7{,}0 = 0{,}0428, \quad V = 0{,}207, \quad R_E = 4{,}22, \quad C_D = 8{,}1 \ (C_D \text{ muß größer sein})$$

Versuche $C_D = 8{,}5$

$$V^2 = 0{,}30/8{,}5 = 0{,}0353, \quad V = 0{,}188, \quad R_E = 3{,}86, \quad C_D = 8{,}5 \text{ (stimmt)}$$

Die Endgeschwindigkeit ist also 0,19 m/s.

Wäre die Reynolds-Zahl kleiner als 0,60, so hätte man die Gleichung für die Widerstandskraft schreiben können als

$$C_D\rho A V^2/2 = (24/R_E)\rho A V^2/2 = (24\nu/Vd)\rho(\pi d^2/4)V^2/2.$$

Da $\mu = \rho\nu$, Widerstandskraft $= 3\,\pi\mu\, dV$.

38. Eine Bleikugel von 25 mm Durchmesser (spez. Gewicht = 11 400 kp/m³) fällt in Öl mit konstanter Geschwindigkeit von 35 cm/s. Berechne die dynamische Viskosität des Öls, wenn sein rel. spez. Gew. 0,93 ist.

Lösung:

Wie in der vorherigen Aufgabe hat man

$$(w_k - w_o)\,(\text{Volumen}) = C_D \rho A V^2/2$$

Dann $(11.400 - 0{,}93 \times 1000)(4\pi/3)(0{,}0125)^3 = C_D(0{,}93 \times 1000/9{,}8)\pi(0{,}0125)^2(0{,}35)^2/2$ und $C_D = 30{,}0$.

Aus Diagramm F ist für $C_D = 30{,}0$ $R_E = 0{,}85$ und

$$0{,}85 = Vd/\nu = (0{,}35)(0{,}025)/\nu, \qquad \nu = 0{,}0103 \text{ m}^2/\text{s}$$

Daher

$$\mu = \nu\rho = 0{,}0103(0{,}93 \times 1000)/9{,}8 = 0{,}978 \text{ kp s/m}^2$$

39. Eine Kugel von 13 mm Durchmesser steigt in Öl mit einer Maximalgeschwindigkeit von 3,6 cm/s. Wie groß ist das spezifische Gewicht der Kugel, wenn das Öl 93 TME/m³ Dichte und 0,00347 kp s/m² Viskosität hat?

Lösung:

Bei konstanter Geschwindigkeit nach oben ist $\Sigma Y = 0$, also

Auftrieb – Gewicht – Widerstand = 0

$$(4\pi/3)(0{,}013/2)^3(93 \times 9{,}8 - w_k) = C_D(93)\pi(0{,}013/2)^2(0{,}036)^2/2$$

$$(911 - w_k) = 6{,}96 C_D \qquad (1)$$

Der Widerstandskoeffizient kann mit Hilfe der Reynolds-Zahl aus Diagramm F abgelesen werden.

$$\text{Reynolds-Zahl} = \frac{Vd\rho}{\mu} = \frac{0{,}036 \times 0{,}013 \times 93}{0{,}00347} = 12{,}53$$

Dann ist nach Diagramm F $C_D = 3{,}9$ (für eine Kugel) und, aus (1)

$$w_k = 911 - 6{,}96 \times 3{,}9 = 884 \text{ kp/m}^3$$

40. Zeige, daß der Widerstandskoeffizient für eine Kugel bei laminarer Störung und kleinen Reynolds-Zahlen gleich 24 dividiert durch die Reynolds-Zahl ist. (Das ist graphisch in Diagramm F im Anhang gezeigt).

Lösung:

Wie früher schon festgestellt, ist die Widerstandskraft $F_D = C_D \rho A V^2/2$,

Bei laminarer Strömung hängt sie von der Viskosität und Geschwindigkeit der Flüssigkeit und dem Durchmesser d der Kugel ab. Daher

$$F_D = f(\mu, V, d) = C\,\mu^a V^b d^c$$

Dann
$$F^1 L^0 T^0 = (F^a T^a L^{-2a})(L^b T^{-b})(L^c)$$

und
$$1 = a, \qquad 0 = -2a + b + c, \qquad 0 = a - b$$

also $a = 1$, $b = 1$ und $c = 1$. Daher ist die Widerstandskraft $F_D = C(\mu\ Vd)$. G. G. Stokes hat mathematisch nachgewiesen, daß $C = 3\pi$, was durch viele Experimente bestätigt wurde.

Wir können nun die beiden Ausdrücke für die Widerstandskraft gleichsetzen, setzen $\frac{1}{4}\pi d^2$ für die Flächenprojektion A ein und lösen nach C_D auf.

$$3\pi\mu V d = C_D \rho(\tfrac{1}{4}\pi d^2)V^2/2 \qquad \text{und} \qquad C_D = \frac{24\mu}{Vd\rho} = \frac{24}{R_E}$$

41. Leite für laminare Strömung einer Flüssigkeit entlang einer dünnen Platte einen Ausdruck für die Dicke δ der Grenzschicht ab, wenn die Gleichung der Geschwindigkeitsverteilung $v = V(\frac{2y}{\delta} - \frac{y^2}{\delta^2})$ ist.

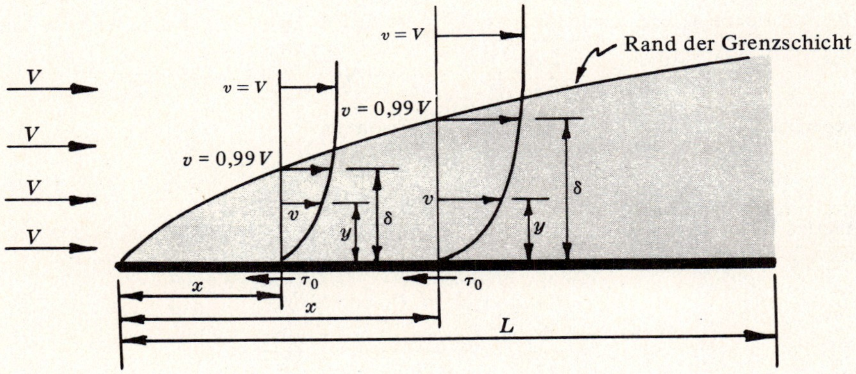

Abb. 11-16

Lösung:

Wir nehmen an, daß stationäre Strömung $(\partial v/\partial t = 0)$ vorliegt, daß die Geschwindigkeit außerhalb der Grenzschicht konstant V ist, daß δ sehr klein im Vergleich zum Abstand x ist, und daß $dp/dy = 0 = dp/dx$ sowohl außerhalb als auch innerhalb der Grenzschicht ist. Unter dem Rand der Grenzschicht verstehen wir die Menge aller Punkte, an denen die Geschwindigkeit 99 % der ungestörten Geschwindigkeit V beträgt.

Die Masse, die durch jeden Abschnitt der Grenzschicht pro Einheitsbreite geht, ist $\int_0^\delta \rho v(dy \times 1)$, der Geschwindigkeitsunterschied an jedem Punkt ist $(V\text{-}v)$. Da sich die Druckkräfte in jedem Abschnitt gegenseitig aufheben und daher nicht zur Impulsänderung beitragen, wird diese durch die Scherkraft $\tau_0\, dA$ oder $\tau_0\ (dx \times 1)$. verursacht. Nach oben ist die Impulsänderung pro Zeiteinheit

$$\int_0^\delta \rho(V - v)v(dy \times 1)$$

Dieser Ausdruck ist gleich der Scherkraft für eine Zeiteinheit, oder

$$\text{Widerstandskraft / Einheitsbreite } F_D' = \int_0^x \tau_0(dx \times 1) = \int_0^\delta \rho(V - v)v(dy \times 1)$$

Setzen wir die parabolische Geschwindigkeitsverteilung in die Gleichung ein, so erhalten wir

$$F'_D = \int_0^\delta \rho(V - 2yV/\delta + y^2V/\delta^2)(V)(2y/\delta - y^2/\delta^2)\,dy$$

$$= \rho V^2 \int_0^\delta (1 - 2y/\delta + y^2/\delta^2)(2y/\delta - y^2/\delta^2)\,dy = \tfrac{2}{15}\rho V^2 \delta \qquad (A)$$

Um einen brauchbaren Ausdruck für δ zu erhalten, beachten wir, daß $\tau_0 dx$ die differentielle Widerstandskraft dF'_D ist, und daß die Strömung laminar ist. Dann ist in $\tau_0 = \mu(dv/dy)_0$ der Term

$$\left(\frac{dv}{dy}\right)_0 = \frac{d}{dy}[V(2y/\delta - y^2/\delta^2)] = \frac{2V}{\delta}(1 - y/\delta) \qquad (B)$$

Setzen wir die obigen Werte in $\mu(dv/dy)_0 = dF'_D/dx$ ein, und denken wir daran, daß bei $y = 0$ die Schubspannung τ_0 ist, so erhalten wir $\mu(2V/\delta) = \frac{2}{15}\rho V^2 (d\delta/dx)$

oder
$$\int_0^\delta \delta\,d\delta = \frac{15\mu}{\rho V}\int_0^x dx$$

Daraus ergibt sich
$$\delta^2 = \frac{30\mu x}{\rho V} \qquad \text{oder} \qquad \frac{\delta}{x} = \sqrt{\frac{30\nu}{xV}} = \frac{5{,}48}{\sqrt{R_{E_x}}} \qquad (C)$$

Die exaktere Lösung von Blasius hat in (*C*) 5,20 im Zähler stehen.

42. Leite für laminare Strömung den Ausdruck (*a*) für die Schubspannung an der Begrenzung (Platte) in der vorigen Aufgabe und (*b*) für den lokalen Widerstandskoeffizienten C_D ab.

Lösung:

(*a*) Aus (*B*) in Aufgabe 41 ergibt sich für $y = 0$, $\tau_0 = 2\mu V/\delta$. Dann ist mit dem Wert für δ aus (*C*) oben

$$\tau_0 = \frac{2\mu V}{\sqrt{30\mu x/\rho V}} = 0{,}365\sqrt{\frac{\rho V^3 \mu}{x}} = 0{,}365\frac{\rho V^2}{\sqrt{R_{E_x}}} \qquad (A)$$

Aus Experimenten hat man die exaktere Formel gewonnen:

$$\tau_0 = 0{,}33\sqrt{\frac{\rho V^3 \mu}{x}} = 0{,}33\frac{\rho V^2}{\sqrt{R_{E_x}}} \qquad (B)$$

(*b*) Den lokalen Widerstandskoeffizienten C_{D_x} erhält man durch Gleichsetzen von $\tau_0 A$ mit der lokalen Widerstandskraft, d. h.

$$F_D = \tau_0 A = C_{D_x}\rho A V^2/2$$

$$C_{D_x} = \frac{2\tau_0}{\rho V^2} = \frac{0{,}66\rho V^2}{\rho V^2\sqrt{R_{E_x}}} = \frac{0{,}66}{\sqrt{R_{E_x}}} \qquad (C)$$

Man kann sich überlegen, daß die totale Widerstandskraft auf einer Plattenseite gleich der Summe aller $(\tau_0 dA)$ ist

$$F_D = \int_0^L \tau_0(dx \cdot 1) = \int_0^L 0{,}33\sqrt{\rho V^3 \mu}\,(x^{-1/2}\,dx) = 0{,}33(2L^{1/2})\sqrt{\rho V^3 \mu}$$

In der üblichen Form ist $F_D = C_D \rho A V^2/2$. Da in diesem Fall, $A = L \times 1$, ist

$$C_D \rho L V^2/2 = 0{,}33(2)\sqrt{\rho V^3 \mu L} \qquad \text{und} \qquad C_D = 1{,}32\sqrt{\frac{\mu}{\rho V L}} = \frac{1{,}32}{\sqrt{R_E}} \qquad (D)$$

43. Eine 1,20 m x 1,20 m große, dünne Platte wird parallel zu einem Luftstrom gehalten, der sich unter Standardbedingungen mit 3 m/s bewegt. Berechne (*a*) den Oberflächenwiderstand der Platte, (*b*) die Dicke der Grenzschicht an der hinteren Kante und (*c*) die Schubspannung an der hinteren Kante.

Lösung:

(*a*) Da sich die Oberflächenreibungszahl mit der Reynolds-Zahl ändert, muß R_E bestimmt werden.

$$R_E = VL/\nu = 3(1{,}2)/(1{,}48 \times 10^{-5}) = 243\,000 \text{ (laminarer Bereich)}$$

Wir nehmen laminare Grenzschichtbedingungen über die gesamte Platte an.

Koeffizient $C_D = 1{,}328/\sqrt{R_E} = 1{,}328/\sqrt{243\,000} = 0{,}00269$

Widerstandskraft D (zwei Seiten) $= 2C_D\rho AV^2/2 = (0{,}00269)(1{,}205/9{,}8)(1{,}2 \times 1{,}2)(3)^2 = 0{,}0042$ kp

(*b*) $\dfrac{\delta}{x} = \dfrac{5{,}20}{\sqrt{R_{E_x}}}$ y $\delta = \dfrac{5{,}20(1{,}2)}{\sqrt{243\,000}} = 0{,}0126 \text{ m} = 12{,}6 \text{ mm}.$

(*c*) $\tau = 0{,}33\dfrac{\mu V}{x}\sqrt{R_{E_x}} = 0{,}33\dfrac{(1{,}84 \times 10^{-6})10^3}{1{,}2}\sqrt{243\,000} = 0{,}00075 \text{ kp/m}^2.$

44. Eine glatte Platte, 3,0 m x 1,2 m groß, bewegt sich parallel zu Fläche und Länge durch Luft (15°C) mit einer relativen Geschwindigkeit von 1,2 m/s. Bestimme die Widerstandskraft auf eine Seite der Platte (*a*) für laminare und (*b*) für turbulente Bedingungen über die gesamte Platte. (*c*) Schätze für laminare Bedingungen die Dicke der Grenzschicht in der Mitte der Platte und am hinteren Ende ab.

Lösung:

(*a*) Berechnung der Reynolds-Zahl: $R_E = VL/\nu = 1{,}2(3)/(1{,}47 \times 10^{-5}) = 245\,000.$

Für laminare Bedingungen ist $C_D = \dfrac{1{,}328}{\sqrt{R_E}} = \dfrac{1{,}328}{\sqrt{245\,000}} = 0{,}00268$ (siehe auch Diagramm *G*).

Widerstandskraft $= C_D\rho AV^2/2 = 0{,}00268(0{,}1245)(3 \times 1{,}2)(1{,}2)^2/2 = 0{,}000865 \text{ kg} = 0{,}865$

(*b*) Für turbulente Bedingungen mit $R_E < 10^7$ ist $C_D = \dfrac{0{,}074}{R_E^{0{,}20}}$ (siehe Gleichung (*12*)).

Dann ist $C_D = \dfrac{0{,}074}{(245\,000)^{0{,}20}} = \dfrac{0{,}074}{11{,}97} = 0{,}00618$ (siehe auch Diagramm *G*).

Widerstandskraft $= C_D\rho AV^2/2 = 0{,}00618(0{,}1245)(3 \times 1{,}2)(1{,}2)^2/2 = 0{,}00200$ kp

(*c*) Für $x = 1{,}5$ m ist $R_{E_x} = 1{,}2(1{,}5)/(1{,}47 \times 10^{-5}) = 122\,500.$

Beachte, daß die Reynolds-Zahl für $L = x$ m berechnet wurde. Diesen Wert nennt man die lokale Reynolds-Zahl. Dann

$$\delta = \frac{5{,}20x}{\sqrt{R_{E_x}}} = \frac{(5{,}20)1{,}5}{\sqrt{122\,500}} = 0{,}0222 \text{ m} = 22{,}2 \text{ mm}$$

Für $x = 3$ m, $R_{Ex} = 245\,000$ und $\delta = \dfrac{5{,}20x}{\sqrt{R_{E_x}}} = \dfrac{5{,}20(3)}{\sqrt{245\,000}} = 0{,}0315 \text{ m} = 31{,}5 \text{ mm}$

45. Eine glatte, 1,2 m mal 24 m große, rechteckige Platte bewegt sich in Längsrichtung durch Wasser von 21°C. Die Widerstandskraft auf die Platte (beide Seiten) beträgt 820 kp. Bestimme (*a*) die Geschwindigkeit der Platte, (*b*) die Dicke der Grenzschicht an der Hinterkante und (*c*) die Länge x_c der laminaren Grenzschicht, wenn man an der Anströmkante laminare Bedingungen hat.

Lösung:

(*a*) Bei dieser Plattenlänge und bei Wasser als Medium kann man mit ziemlicher Gewißheit turbulente Strömungsbedingungen annehmen. Nach Diagramm *G* nehmen wir $C_D = 0{,}002$ an.

Widerstandskraft $= 2C_D\rho AV^2/2, \quad 820 = C_D(102)(1{,}2 \times 24)V^2$

und $V^2 = \dfrac{0{,}278}{C_D} = \dfrac{0{,}278}{0{,}002}, \quad V = 11{,}8 \text{ m/s}$

Reynolds-Zahl $R_E = 11{,}8(24)/(9{,}8 \times 10^{-7}) = 289 \times 10^6$. Daher ist, wie angenommen, die Grenzschicht turbulent.

$$C_D = \frac{0{,}455}{(\lg\ 289 \times 10^6)^{2,58}} = 0{,}00186, \qquad V^2 = \frac{0{,}278}{0{,}00186} = 150, \qquad V = 12{,}2\ \text{m/s}$$

Neuberechnung der Reynolds-Zahl ergibt 298×10^6. Dann ist

$$C_D = \frac{0{,}455}{(\lg\ 298 \times 10^6)^{2,58}} = 0{,}00184 \quad \text{und} \quad V = 12{,}3\ \text{m/s}$$

Dieser Wert liegt innerhalb der angestrebten Genauigkeit.

(*b*) Die Dicke der Grenzschicht bei turbulenter Strömung wird mit Hilfe von Gleichung (*15*) abgeschätzt:

$$\frac{\delta}{x} = \frac{0{,}22}{R_E^{0,167}} \quad \text{und} \quad \delta = \frac{0{,}22(24)}{(298 \times 10^6)^{0,167}} = 0{,}204\ \text{m}$$

(*c*) Wir nehmen als kritische Reynolds-Zahl etwa 500 000 an, d. h., das ist die unterste Grenze des Übergangsbereiches.

$$R_{E_c} = \frac{Vx_c}{\nu}, \qquad 500\,000 = \frac{12{,}3x_c}{9{,}8 \times 10^{-7}}, \qquad x_c = 0{,}04\ \text{m}$$

46. Die 3 m x 1,2 m Platte aus Aufgabe 44 wird in Wasser von 10°C gehalten, das mit 1,2 m/s parallel zu ihrer Länge fließt. An der Anströmkante der Platte sollen laminare Grenzschichtbedingungen vorliegen. Bestimme (*a*) die Stelle, an der das Strömungsverhalten der Grenzschicht von laminar in turbulent übergeht, schätze (*b*) die Dicke der Grenzschicht an dieser Stelle ab, und berechne (*c*) den Reibungswiderstand der Platte.

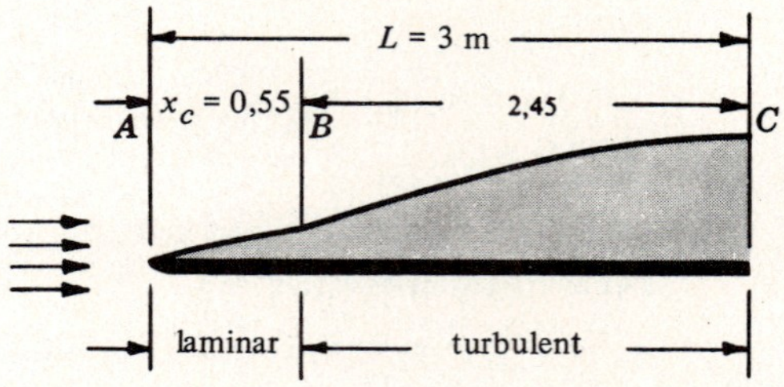

Abb. **11-17**

Lösung:

(*a*) Reynolds-Zahl $R_E = VL/\nu = 1{,}2(3)/(1{,}31 \times 10^{-6}) = 2\,740\,000$.

Dieser Wert der Reynolds-Zahl zeigt an, daß sich die Grenzschichtströmung im Übergangsbereich befindet. Nehmen wir eine kritische Reynolds-Zahl von 500 000 an, so können wir die Stelle, an der die laminaren Strömungsbedingungen aufhören, abschätzen durch

$$\frac{x_c}{L} = \frac{\text{kritische } R_E}{R_E \text{ der ganzen Platte}} \qquad \text{oder} \qquad x_c = 3\left(\frac{500\,000}{2\,740\,000}\right) = 0{,}55\ \text{m}$$

(*b*) Die Dicke der Grenzschicht an dieser Stelle wird abgeschätzt zu

$$\delta_c = \frac{5{,}20x_c}{\sqrt{R_{E_c}}} = \frac{5{,}20(0{,}55)}{\sqrt{500\,000}} = 0{,}00405\ \text{m} = 4{,}05\ \text{mm}$$

(*c*) Der Reibungswiderstand kann berechnet werden, indem man zu dem Widerstand der laminaren Grenzschicht bis zu x_c (in der obigen Abbildung) den Widerstand der turbulenten Grenzschicht zwischen *B* und *C* addiert. Den letzteren berechnet man, indem man von dem Gesamtwiderstand der Platte für turbulente Strömung (von *A* bis *C*) den Widerstand der fiktiven turbulenten Grenzschicht zwischen *A* und *B* abzieht.

(1) Laminarer Widerstand zwischen *A* und *B* auf einer Seite

$$\text{Widerstandskraft} = C_D\rho A\frac{V^2}{2} = \frac{1{,}328}{\sqrt{R_{E_c}}}\rho A\frac{V^2}{2} = \frac{1{,}328}{\sqrt{500\,000}}(102)(1{,}2 \times 0{,}55)\frac{1{,}2^2}{2} = 0{,}091\ \text{kp}$$

(2) Turbulenter Widerstand zwischen A und C, wenn die Bedingungen über die gesamte Plattenlänge turbulent sind.

Widerstandskraft $= C_D\,\rho A\,\dfrac{V^2}{2}$ (eine Seite)

$$= \frac{0{,}074}{R_E^{0{,}20}}\rho A\frac{V^2}{2} = \frac{0{,}074}{(2\,740\,000)^{0{,}20}}(102)(1{,}2\times 0{,}55)\frac{1{,}2^2}{2} = 1{,}010\ \text{kp}$$

(3) Angenommener turbulenter Widerstand zwischen A und B.

Widerstandskraft $= C_D\rho A\,\dfrac{V^2}{2}$ (eine Seite)

$$= \frac{0{,}074}{R_{E_c}^{0{,}20}}\rho A\frac{V^2}{2} = \frac{0{,}074}{(500\,000)^{0{,}20}}(102)(1{,}2\times 0{,}55)\frac{1{,}2^2}{2} = 0{,}260\ \text{kp}$$

Gesamte Widerstandskraft (zwei Seiten) $= 2[0{,}091 + (1{,}010 - 0{,}260)] = 1{,}682$ kp

Wäre die Reynolds-Zahl für die gesamte Platte größer als 10^7 gewesen, hätte man Gleichung (*13*) vom Beginn dieses Kapitels in Teil (*2*) oben benutzen sollen.

Man kann einen gewichteten Wert C'_D für die gesamte Platte erhalten, wenn man die obige gesamte Widerstandskraft dem Ausdruck der Widerstandskraft gleichsetzt:

$$\text{Gesamtwiderstandskraft} = 2C'_D\rho A\frac{V^2}{2},\qquad 1{,}682 = 2C'_D(102)(1{,}2\times 3)\frac{1{,}2^2}{2},\qquad C'_D = 0{,}00318$$

47. Bei Messungen an einer glatten Kugel von 15 cm Durchmesser benötigte man in einem Luftstrom (20°C) für das Gleichgewicht eine Kraft von 0,114 kp. Wie groß war die Luftgeschwindigkeit?

Lösung:

Gesamtwiderstand $= C_D\rho A V^2/2$, wobei C_D der Gesamtwiderstandskoeffizient ist.

Da weder die Reynolds-Zahl noch C_D direkt bestimmt werden können, nehmen wir $C_D = 1{,}00$ an. Dann ist

$$0{,}114 = C_D(0{,}123)\tfrac{1}{4}\pi(0{,}15)^2(V^2/2),\qquad V^2 = \frac{105}{C_D},\qquad V = 10{,}2\ \text{m/s}$$

und $R_E = \dfrac{Vd}{\nu} = \dfrac{10{,}2(0{,}15)}{1{,}488\times 10^{-5}} = 103\,000$. Aus Diagramm F entnimmt man $C_D = 0{,}59$ (für Kugeln).

Dann ist $V^2 = \dfrac{105}{0{,}59} = 178$, $V = 13{,}3$ m/s. In Vorwegnahme des Ergebnisses benutzen wir $V = 13{,}6$ m/s und

bekommen $R_E = \dfrac{Vd}{\nu} = \dfrac{13{,}6(0{,}15)}{1{,}488\times 10^{-5}} = 137\,500$ und damit aus Diagramm F $C_D = 0{,}56$.

Dann ist $V^2 = 105/0{,}56 = 188$, $V = 13{,}7$ m/s (hinreichend genau).

48. Bestimme den durch plötzliches Schließen eines Ventils in einer Rohrleitung entstehenden Druckanstieg.

Lösung:

p' sei die durch das Schließen des Ventils entstehende Druckänderung. Wir können die Impulsgleichung aufstellen, um die Impulsänderung zu bestimmen:

$$F_x = \frac{wQ}{g}(V_2 - V_1)\quad \text{in } X\text{-Richtung} \qquad (A)$$

Bei Vernachlässigung von Reibung ist die resultierende Kraft, die die Impulsänderung der Flüssigkeit in der Rohrleitung hervorruft, $p'A$. Dann wird aus Gleichung (A)

$$-p'A = \frac{w(Ac)}{g}(0 - V_1) \qquad (B)$$

wobei wAc/g die Flüssigkeitsmasse bedeutet, die ihren Impuls geändert hat. c ist die Geschwindigkeit der Druckwelle. Diese Druckwelle reduziert ihre Geschwindigkeit nach Durchlaufen jedes Abschnittes auf Null. Dann ist

$$p' = \rho c V_1 \qquad (C)$$

Gleichung (C) kann auch mit Hilfe der Druckhöhe h' geschrieben werden

$$h' = \frac{cV_1}{g} \qquad (D)$$

49. Wie lautet die Formel für die Geschwindigkeit einer Druckwelle in einer Rohrleitung, die durch plötzliches Schließen eines Ventils hervorgerufen wird, wenn man das Rohr als starr annimmt?

Lösung:

Unter plötzlichem Schließen versteht man Schließen in einer Zeit $t \leqslant 2L/c$. Um einen Ausdruck für die Geschwindigkeit c aufstellen zu können, müssen wir Arbeit, Energie und Impuls betrachten. Die kinetische Energie des Wassers wird umgewandelt in elastische Energie, wobei sich das Wasser komprimiert. Die kinetische Energie ist $MV_1^2/2 = \frac{1}{2}(wAL/g)\,V_1^2/2$, wobei A die Querschnittsfläche und L die Länge des Rohres ist.

Der Kompressionsmodul für Wasser ist $E_B = \dfrac{-\Delta p}{(\Delta \text{ Volumen})/(\text{Volumen})}$

Daher gilt für die Volumenänderung Δ Volumen $= \dfrac{\text{Volumen} \times \Delta p}{E_B} = \dfrac{(AL)(wh)}{E_B}$

Kompressionsarbeit = Durchschnittsdruck x Volumenverminderung

$$\tfrac{1}{2}(wAL/g)V_1^2 = \tfrac{1}{2}wh(ALwh/E_B) \qquad (A)$$

$$h^2 = V_1^2 E_B/gw \qquad (B)$$

Unter Vernachlässigung von Reibung ergibt der Impulssatz

$$MV_1 - \Sigma(F_x\,dt) = MV_2, \qquad -whA = (wQ/g)(0 - V_1), \qquad whA = (w/g)(Ac)V_1$$

$$h = cV_1/g \qquad (C)$$

Wir setzen oben in (B) ein und erhalten $c^2\;V_1^2/g^2 = V^2 E_B/gw$, und daraus (D)

$$c = \sqrt{E_B/\rho}$$

50. Stelle eine Formel für die Geschwindigkeit der Druckwelle auf, die in einer Rohrleitung durch plötzliches Schließen eines Ventils hervorgerufen wird, wenn das Rohr nicht starr ist.

Lösung:

In dieser Lösung muß zusätzlich zu den Größen aus der vorhergehenden Aufgabe die Elastizität der Rohrwände betrachtet werden.

Für ein Rohr ist die Arbeit beim Dehnen der Rohrwände gleich der durchschnittlichen Kraft in den Rohrwänden mal der Dehnung. Für einen Kräfteplan eines halben Rohrquerschnitts ergibt sich mit $\Sigma Y = 0$, $2T = pdL = whdL$. Darüberhinaus ist die Einheitsdeformation $\epsilon = \sigma/E$ wobei $\sigma = pr/t = whr/t$ (siehe Ringspannung in Kapitel 2). In dieser Ableitung stellt die Höhe h die Druckhöhe über der Normalen dar, die durch das plötzliche Schließen des Ventils hervorgerufen wird.

$$\text{Arbeit} = \text{Durchschnittskraft} \times \text{Dehnung} = \tfrac{1}{2}(\tfrac{1}{2}\,whdL)(2\pi r\epsilon) \text{ in kp m}$$

$$= \tfrac{1}{4}\,whdL\;(2\pi r)\,(whr/tE)$$

Fügt man diesen Ausdruck in Gleichung (A) der vorherigen Aufgabe hinzu, so ergibt sich

$$\tfrac{1}{2}(wAL/g)V_1^2 = \tfrac{1}{2}wh(ALwh/E_B) + whdL(2\pi whr^2/tE)$$

was nach Substitution von $h = cV_1/g$, aus (C) von Aufgabe 49

$$\frac{V_1^2}{g} = \frac{c^2V_1^2}{g^2}\left(\frac{w}{E_B} + \frac{wd}{tE}\right) \quad \text{ergibt.}$$

$$\text{Geschwindigkeit } c = \sqrt{\frac{1}{\rho(1/E_B + d/Et)}} = \sqrt{\frac{E_B}{\rho(1 + E_B d/Et)}}$$

51. Vergleiche die Geschwindigkeiten von Druckwellen, die in einem starren Rohr verlaufen, das (*a*) Wasser von 15°C, (*b*) Glyzerin von 20°C und (*c*) Öl des rel. spez. Gew. 0,800 enthält. Benutze als Kompressionsmodul für Glyzerin und Öl 44350 bzw. 14100 kp/m².

Lösung:

$$c = \sqrt{\frac{\text{Elastizitätsmodul in kp/m}^2}{\text{Dichte der Flüssigkeit}}}$$

(*a*) $$c = \sqrt{\frac{22\,000 \times 10^4}{102}} = 1470 \text{ m/s}$$

(*b*) $$c = \sqrt{\frac{44\,350 \times 10^4}{1{,}262 \times 1000/9{,}8}} = 1850 \text{ m/s}$$

(*c*) $$c = \sqrt{\frac{14\,100 \times 10^4}{0{,}800 \times 1000/9{,}8}} = 1310 \text{ m/s}$$

52. Welchen Druckanstieg könnte man erwarten, wenn die Flüssigkeiten in Aufgabe 51 mit 1,2 m/s in einem starren 30 cm weiten Rohr fließen und plötzlich abgestoppt würden?

Lösung:

Änderung (Anwachsen) des Drucks = ρc × Geschwindigkeitsänderung.

(*a*) Druckanstieg = $102(1470)(1{,}2 - 0) = 180\,000 \text{ kp/m}^2 = 18{,}0 \text{ kp/cm}^2$.

(*b*) Druckanstieg = $129(1850)(1{,}2) = 286\,000 \text{ kp/m}^2 = 28{,}6 \text{ kp/cm}^2$.

(*c*) Druckanstieg = $82(1310)(1{,}2) = 129\,000 \text{ kp/m}^2 = 12{,}9 \text{ kp/cm}^2$.

53. Ein Stahlrohr von 1,20 m Durchmesser und 9,5 mm Wandstärke befördert Wasser von 15°C mit 1,8 m/s Geschwindigkeit. Welchen Spannungsanstieg in den Rohrwänden kann man erwarten, wenn das Rohr 3000 m lang ist, und das Ventil am Ausflußende in 2,50 s geschlossen wird?

Lösung:

Die Druckwelle würde vom Ventil zum anderen Ende und zurück laufen in

$$\text{Zeit (Rundlauf)} = 2 \times \left(\frac{\text{Rohrlänge}}{\text{Druckwellengeschwindigkeit}}\right)$$

Die Geschwindigkeit in einem nicht-starren Rohr ist gegeben durch

$$c = \sqrt{\frac{E_B\ (\text{kp/m}^2)}{\rho[1 + (E_B/E)(d/t)]}}$$

wobei bei geeigneter Wahl der Einheiten die zwei Verhältnisse dimensionslos sind.

Mit E für Stahl = $2{,}10 \times 10^6$ kp/m² ist $c = \sqrt{\dfrac{22\,000 \times 10^4}{102\left[1 + \dfrac{22\,000}{2{,}10 \times 10^6}\left(\dfrac{120}{0{,}95}\right)\right]}} = 964$ m/s

und Zeit = $2\,(3000/964) = 6{,}22$ s.

Aber das Ventil wurde in 2,50 s geschlossen. Das bedeutet ein *plötzliches Schließen*, da die Druckwelle bei Erreichen des geschlossenen Ventils umkehren muß.

Druckanstieg = $\rho c(dV) = 102(964)(1{,}8) = 176\,990 \text{ kp/m}^2 = 17{,}70 \text{ kp/cm}^2$.

Aus der Ringspannungsformel für dünnwandige Zylinder ergibt sich

$$\text{Zugspannung } \sigma = \frac{\text{Druck} \times \text{Radius}}{\text{Dicke}} = \frac{17{,}70 \times 60}{0{,}95} = 1120 \text{ kp/cm}^2 \text{ Anstieg.}$$

Bei einem solchen Anstieg in der Spannung zusätzlich zu dem durch die Konstruktion vorgegebenen Wert von 1130 kp/cm^2 erreicht der Stahl seine Elastizitätsgrenze. Man sollte die Zeit zum Schließen des Ventils mindestens auf 6,5 Sekunden erhöhen, möglichst jedoch auf ein Vielfaches von 6,35 s.

Für langsames Schließen von Ventilen, bei dem die Zeit größer als $2\,L/c$ ist, schlug Norman R. Gibson eine arithmetische Integration vor, die man in Band 83 von "Transactions of the American Society of Civil Engineers" von 1919 findet.

54. Ein Ventil in einem 7,5 cm Rohr, das Glyzerin von 20°C befördert, wird plötzlich geschlossen. Der Druckanstieg beträgt 7,0 kp/cm^2. Wie groß ist der vermutliche Volumenstrom? Benutze $\rho = 129$ TME/m^3 und $E_B = 44\,350$ kp/m^2.

Lösung:

Die Druckwellengeschwindigkeit wurde in Aufgabe 51 berechnet und ist 1850 m/s.

Druckänderung = $\rho\, c$ x Geschwindigkeitsänderung

$$7{,}0 \times 10^4 = 129(1850)V \qquad \text{und} \qquad V = 0{,}293 \text{ m/s.}$$

Daher $Q = AV = \frac{1}{4}\pi(0{,}075)^2 \times 0{,}293 \times 10^3 = 1{,}29$ l/s

55. Luft von 27°C fließt mit 6,0 m/s Geschwindigkeit durch eine quadratische Frischluftleitung von 1,5 m Kantenlänge. Wie groß ist die Kraft auf die 1,5 m x 1,5 m große Verschlußfläche, wenn die Regelventile plötzlich geschlossen werden?

Lösung:

Für Luft von 27°C ist $\rho = 120$ TME/m^3 und

$$c = \sqrt{kgRT} = \sqrt{1{,}4(9{,}8)(29{,}3)(273 + 27)} = 347{,}5 \text{ m/s}$$

Dann ist mit $\Delta p = \rho c V$ die Kraft

$$F = \Delta p \times \text{Fläche} = (\rho c V)A = 0{,}120(347{,}5)(6)(1{,}5 \times 1{,}5) = 563 \text{ kp}$$

56. Ein Unterwasserschallsender gibt zwei Impulse pro Sekunde ab. Wie tief ist das Wasser, wenn das Gerät auf die Oberfläche von Süßwasser (2°C) gehalten wird und das Echo mitten zwischen zwei Impulsen empfangen wird? (Es ist bekannt, daß die Tiefe geringer als 600 m ist).

Lösung:

Die Schallgeschwindigkeit in Wasser von 2°C wird berechnet mit

$$= \sqrt{\frac{20\,830 \times 10^4}{102}} = 1430 \text{ m/s}$$

(*a*) Die Strecke, die von der Schallwelle (hin und zurück) in 1/2 von 1/2 s oder in 1/4 s zurückgelegt wird, ist

2 x Tiefe = Geschwindigkeit x Zeit

$= 1430 \times \frac{1}{4}$ und Tiefe = 179 m (mindestens).

(*b*) Wäre das Wasser tiefer als 179 m, und hätte man das Echo mitten zwischen zwei Impulsen gehört, so wäre der Schall 3/2 von 1/2 s oder 3/4 s gelaufen und es wäre

$$\text{Tiefe} = \frac{1}{2}(1430) \times \frac{3}{4} = 537 \text{ m.}$$

(*c*) Für Tiefen über 600 m erhalten wir

$$\text{Tiefe} = \frac{1}{2}(1430) \times \frac{5}{4} = 895 \text{ m.}$$

$$\text{Tiefe} = \frac{1}{2}(1430) \times \frac{7}{4} = 1253 \text{ m, und so weiter.}$$

57. Ein Geschoß fliegt mit 660 m/s durch ruhende Luft von 38°C und 1,02 kp/cm² (abs.). Bestimme (*a*) die Mach-Zahl, (*b*) den Mach-Winkel und (*c*) die Widerstandskraft für die Form *B* in Diagramm *H* für einen Durchmesser von 20 cm.

Lösung:

(*a*) Schallgeschwindigkeit $c = \sqrt{kgRT} = \sqrt{1{,}4(9{,}8)(29{,}3)(273 + 38)} = 354$ m/s

$$\text{Mach-Zahl } N_M = \frac{V}{c} = \frac{660}{354} = 1{,}86$$

(*b*) Mach-Winkel $\alpha = \text{arc sin } \dfrac{1}{N_M} = \text{arc sin } \dfrac{1}{1{,}86} = 32{,}5°$.

(*c*) Nach Diagramm *H*, Form *B*, ist bei einer Mach-Zahl von 1,86 die Widerstandszahl 0,60.

Das spezifische Gewicht von Luft ist $w = \dfrac{p}{RT} = \dfrac{1{,}02 \times 10^4}{29{,}3(273 + 38)} = 1{,}1193$ kp/m³.

Widerstandskraft $= C_D \rho A V^2/2 = 0{,}60(1{,}1193/9{,}8) \times \frac{1}{4}\pi(0{,}20)^2 \times (660)^2/2 = 468$ kp.

58. Nach einer Photographie war der Mach-Winkel eines Projektils, das durch Luft flog, 40°. Berechne die Geschwindigkeit des Geschosses für die Luftbedingungen der vorigen Aufgabe (Schallgeschwindigkeit $c = 354$ m/s).

Lösung:

$$\sin \alpha = \frac{c}{V} = \frac{1}{N_M}. \quad \text{Dann } \sin 40° = \frac{354}{V} \text{ und } V = 550 \text{ m/s}$$

59. Wie groß sollte der Durchmesser einer Kugel (r. s. G. = 2,50) sein, damit sie frei fallend gerade Schallgeschwindigkeit erreicht? Benutze für Luft $\rho = 0{,}1245$ TME/m³.

Lösung:

Für den frei fallenden Körper ist Widerstandskraft − Gewicht = 0 und, aus Diagramm *H*, $C_D = 0{,}80$.

Für Luft von 15°C ist $c = \sqrt{kgRT} = \sqrt{1{,}4(9{,}8)(29{,}3)(273 + 15)} = 340$ m/s

Wegen Gewicht = Widerstandskraft $(2{,}50 \times 1000)(4\pi/3)(d/2)^3 = 0{,}80(0{,}1245)(\pi d^2/4)(340)^2/2, \quad d = 3{,}45$ m

Ergänzungsaufgaben

60. Zeige, daß in Aufgabe 74 von Kapitel 6 der Impuls-Korrekturfaktor β 1,20 beträgt.

61. Zeige, daß in Aufgabe 72 von Kapitel 6 der Impuls-Korrekturfaktor β 1,02 beträgt.

62. Bestimme den Impuls-Korrekturfaktor β für Aufgabe 79 in Kapitel 6.
Lösung: $$\frac{(K+1)^2(K+2)^2}{2(2K+1)(2K+2)}$$

63. Zeige, daß in Aufgabe 59 von Kapitel 7 der Impuls-Korrekturfaktor β 1,12 beträgt.

64. Ein Ölstrahl von 5 cm Durchmesser trifft auf eine flache Platte, die senkrecht zur Strahlachse gehalten wird. Berechne für eine Geschwindigkeit von 25 m/s die Kraft, die durch das Öl (r. s. G. = 0,85) auf die Platte ausgeübt wird.
Lösung: 106 kp.

65. Welche Kraft würde in Aufgabe 64 durch das Öl auf die Platte ausgeübt, wenn sich diese mit 9 m/s in Strahlrichtung bewegen würde? Wie wäre die Kraft, wenn sie sich mit derselben Geschwindigkeit in entgegengesetzter Richtung bewegen würde?
Antwort: 44 kp, 197 kp.

66. Ein Wasserstrahl von 5 cm Durchmesser übt eine Kraft von 270 kp auf eine flache Platte aus, die senkrecht zur Strahlrichtung gehalten wird. Wie groß ist der Volumenstrom? *Antwort:* 72 l/s.

67. Wasser, das mit 35 l/s fließt, trifft auf eine flache Platte, die senkrecht zur Strahlrichtung gehalten wird. Berechne den Strahldurchmesser, wenn die Kraft auf die Platte 75 kp beträgt.
Lösung: 4,6 cm.

68. Ein Wasserstrahl von 5 cm Durchmesser trifft auf eine ruhende, gebogene Schaufel und wird um 135° aus seiner Richtung abgelenkt. Bestimme unter Vernachlässigung von Reibung für eine Strahlgeschwindigkeit von 28 m/s die Kraft auf die Schaufel.
Lösung: 290 kg, $\theta_x = 22{,}5°$.

69. Welche Kraft würde auf die Schaufel in der vorhergehenden Aufgabe wirken, wenn sie sich mit 6 m/s gegen die Wasserrichtung bewegen würde? Welche Leistung wäre nötig, diese Bewegung aufrecht zu erhalten?
Antwort: 428 kp, 31,6 PS.

70. Eine stationäre Schaufel lenkt einen 5 cm Strahl, der sich mit 35 m/s bewegt, um 180° ab. Welche Kraft übt die Schaufel auf das Wasser aus?
Antwort: 492 kp. 290 kg, $\theta_x = 22{,}5°$.

71. Ein waagerechtes 30 cm Rohr verjüngt sich auf 15 cm. Wie groß ist bei Vernachlässigung von Reibung die Kraft auf den sich verjüngenden Rohrabschnitt, wenn 130 l/s Öl des rel. spez. Gew. 0,88 fließen und der Druck im dünneren Rohr 2,70 kp/cm² beträgt?
Antwort: 1525 kp.

72. Der in Abb. 11–18 gezeigte, vertikale, sich verjüngende Krümmer befördert bei einem Eintrittsdruck in A von 1,40 kp/cm² 350 l/s Öl des rel. spez. Gew. 0,85. Die Durchmesser bei A und B sind 40 cm und 30 cm, das Volumen zwischen A und B beträgt 0,10 m³. Bestimme unter Vernachlässigung von Reibung die Kraft auf den Krümmer.
Lösung: 2220 kg, $\theta_x = -76{,}2°$.

73. Das Modell eines Motorbootes erreicht eine Geschwindigkeit von 450 cm/s. Es wird angetrieben durch einen 25 mm dicken Wasserstrahl, der direkt nach hinten ausgestoßen wird. Die Relativgeschwindigkeit zwischen Strahl und Modell beträgt 36 m/s. Wie groß ist die Antriebskraft?
Antwort: 50 kp.

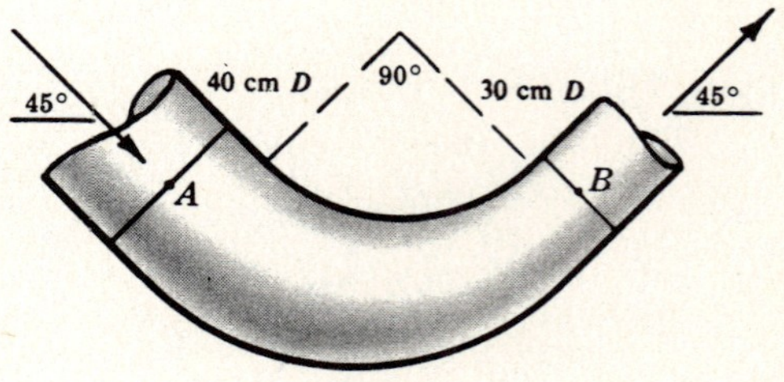

Abb. 11-18

74. Eine Düse von 5 cm Durchmesser und $c_v = 0{,}97$ ist an einem Behälter angebracht. Aus ihr ergißt sich Öl des rel. spez. Gew. 0,80 horizontal unter einer Druckhöhe von 12 m. Wie groß ist die auf den Behälter ausgeübte horizontale Kraft?
Antwort: 35,5 kp.

75. Ein Spielzeugballon wiegt 0,10 kp und ist mit Luft der Dichte $\rho = 0{,}132$ TME/m^3 gefüllt. Der kleine Einfüllstutzen von 6 mm Durchmesser zeigt nach unten, wenn der Ballon losgelassen wird. Wie groß ist unter Vernachlässigung von Reibung die anfängliche Beschleunigung, wenn die Luft mit 8 l/s entweicht?
Antwort: 19,5 m/s^2.

76. Ein Wasserfahrzeug mit Strahlantrieb bewegt sich mit einer Absolutgeschwindigkeit von 8,60 m/s flußaufwärts. Die Geschwindigkeit des Flusses beträgt 2,30 m/s. Der Wasserstrahl tritt mit einer Relativgeschwindigkeit von 18,0 m/s aus dem Fahrzeug aus. Bestimme die Schubkraft auf das Fahrzeug, wenn der Strahlstrom 1400 l/s beträgt.
Lösung: 1015 kp.

77. Welches Gewicht kann ein Flügel bei einer Fläche von 50 m^2, einem Anstellwinkel von 4° und bei einer Luftgeschwindigkeit von 30 m/s tragen? Benutze $C_L = 0{,}65$ und 15°C Lufttemperatur.
Lösung: 1830 kp.

78. Mit welcher Geschwindigkeit sollte ein Flugzeug, das eine Tragflügelfläche von 50 m^2 und ein Gewicht von 2700 kp hat, fliegen, wenn der Anstellwinkel 8° beträgt? Benutze $C_L = 0{,}90$.
Lösung: 31,0 m/s.

79. Welche Tragflügelfläche sollte ein 900 kp schweres Flugzeug haben, damit es mit einer Geschwindigkeit von 56 km/h landen kann? Benutze als Maximalwert $C_L = 1{,}50$.
Lösung: 39,7 m^2.

80. Mit welcher Geschwindigkeit wird ein Tragflügel von 30 m^2 Fläche bei einem Anstellwinkel von 7° bewegt, wenn die Widerstandskraft auf den Flügel 310 kp beträgt? Benutze $C_D = 0{,}05$.
Antwort: 58 m/s.

81. Wind bläst mit 46 km/h unter einem Winkel von 8° gegen ein 3,60 m langes und 0,60 m breites Schild. Berechne unter Benutzung von $C_L = 0{,}52$ und $C_D = 0{,}09$ (*a*) die Kraft auf das Schild rechtwinklig zur Windrichtung und (*b*) die Kraft in Windrichtung. Nimm für die Luft Normaldruck und 15°C an.
Lösung: 11,5 kp, 2,0 kp.

82. Zeige, daß bei gegebenem Anstellwinkel die Widerstandskraft auf eine Tragfläche für alle Höhen dieselbe ist (bei gegebenem Anstellwinkel ändert sich C_D nicht mit der Höhe).

83. Ein Tragflügelmodell von 1 m Spannweite und 10 cm Profillänge wird bei festem Anstellwinkel in einem Windkanal getestet. Die Luft hat bei Standarddruck und 27°C Temperatur eine Geschwindigkeit von 100 km/h. Auftrieb und Widerstand betragen 2,80 kp bzw. 0,23 kp. Bestimme die Auftriebs- und Widerstandskoeffizienten.
Lösung: 0,605, 0,050.

84. Berechne die Mach-Zahl (*a*) für ein Flugzeug, das mit 480 km/h durch Luft von 20°C und Normaldruck fliegt, (*b*) für eine Rakete, die sich mit 3840 km/h durch Luft von 20°C bewegt und (*c*) für ein Projektil, das mit 1920 km/h durch Normalluft von 20°C fliegt.
Lösung: 0,388, 3,106, 1,553.

85. Ein Strahltriebwerk nimmt bei einer Geschwindigkeit von 210 m/s 20 kp/s Luft auf. Wieviel Treibstoff wird pro Sekunde verbraucht, wenn der Vortrieb bei einer Austrittsgeschwindigkeit von 750 m/s 1220 kp beträgt?
Antwort: 1,28 kp/s.

86. Luft tritt mit Atmosphärendruck und einer Geschwindigkeit von 150 m/s in ein Strahltriebwerk ein. Das Triebwerk verbraucht auf 50 Teile Luft einen Teil Treibstoff. Die Lufteintrittsfläche beträgt 1550 cm^2, die Luftdichte ist 0,126 TME/m^3. Wie groß ist der Vortrieb, wenn das Gas mit einer Geschwindigkeit von 1500 m/s unter Atmosphärendruck aus dem Triebwerk austritt?
Antwort: 4045 kp.

87. Ein Automobil hat eine Flächenprojektion von 3,20 m^2 und bewegt sich mit 80 km/h in ruhender Luft von 27°C. Welche Leistung ist nötig, den Luftwiderstand zu überwinden, wenn $C_D = 0{,}45$?
Antwort: 12,6 PS.

88. Ein 150 m langer Zug fährt mit 120 km/h durch Normalluft von 15°C. Nimm an, daß die 1500 m^2 große Fläche des Zuges einer glatten, flachen Platte äquivalent ist. Wie groß ist der Oberflächenreibungswiderstand bei einer turbulenten Anströmkante?
Antwort: 187 kp.

89. Ein 4,5 m langer Zylinder von 60 cm Durchmesser bewegt sich mit 50 km/h in Längsrichtung durch Wasser von 15°C. Wie groß ist der Widerstandskoeffizient, wenn die Oberflächenreibungskraft 165 kp beträgt?
Antwort: $C_D = 0{,}002$.

90. Berechne den Reibungswiderstand auf eine 30 cm breite und 90 cm lange Platte, die longitudinal (*a*) in einen Wasserstrahl (21°C, Geschwindigkeit 30 cm/s) und (*b*) in einen Strahl schweren Heizöls (21°C, Geschwindigkeit 30 cm/s) gehalten wird.
Lösung: 0,0064 kp, 0,0696 kp.

91. Auf einen Ballon von 1,20 m Durchmesser und 1,80 kp Gewicht wirkt eine mittlere Auftriebskraft von 2,25 kp. Benutze $\rho = 0{,}120$ TME/m^3 und $v = 1{,}58 \times 10^{-5}$ m^2/s. Schätze die Geschwindigkeit ab, mit der er aufsteigt.
Lösung: 6,07 m/s.

92. Schätze für eine Lufttemperatur von 4,5°C die Endgeschwindigkeit eines Hagelkorns von 13 mm Durchmesser ab, wenn das rel. spez. Gew. des Korns 0,90 beträgt.
Lösung: 16,5 m/s.

93. Ein Objekt hat eine Projektionsfläche von 0,60 m^2 und bewegt sich mit 50 km/h. Berechne mit einem Widerstandskoeffizienten von 0,30 die Widerstandskraft in Wasser von 15°C und in Normalluft von 15°C.
Antwort: 1770 kp, 2,16 kp.

94. Ein Körper bewegt sich mit 80 km/h durch Luft von 15°C und Normaldruck. Man benötigt 5,5 PS, um diese Geschwindigkeit aufrecht zu erhalten. Bestimme den Widerstandskoeffizienten, wenn die Flächenprojektion 1,20 m^2 beträgt.
Lösung: 0,503.

95. Eine glatte, 0,60 m breite und 24,0 m lange Platte bewegt sich mit 12,0 m/s in Längsrichtung durch Öl. Berechne die Widerstandskraft auf die Platte und die Dicke der Grenzschicht an der Abströmkante. Wie lang ist die laminare Grenzschicht? Benutze als kinematische Viskosität $1{,}49 \times 10^{-5}$ m^2/s und $w = 850$ kp/m^3.
Lösung: 471 kp ; 0,321 m ; 0,622 m.

96. Gegeben ist ein starres 60 cm Rohr. Welcher Druckanstieg ergibt sich, wenn ein Ölfluß von 560 l/s (r. s. G. = 0,85, Kompressionsmodul = 17 000 kp/m^2) plötzlich abgestoppt wird?
Antwort: 24,4 kp/cm^2.

97. Die Rohrleitung in Aufgabe 96 sei 2400 m lang. Wieviel Zeit benötigt man mindestens zum Schließen eines Ventils, wenn man einen Wasserschlag verhindern will?
Antwort: 3,38 s.

98. Ein 2400 m langes 60 cm Rohr ist konstruiert für eine Spannung von 1050 kp/cm^2 bei einer maximalen statischen Höhe von 325 m Wasser. Wie stark wird die Spannung in den Rohrwänden ansteigen, wenn durch ein schnell schließendes Ventil ein Volumenstrom von 840 l/s gestoppt wird? ($E_B = 21000$ kp/cm^2).
Antwort: 33,90 kp/cm^2.

99. Berechne den Machwinkel für ein Geschoß, das sich mit 510 m/s durch Luft von 1,033 kp/cm^2 und 15°C bewegt.
Lösung: 41°51′.

100. Wie groß ist die Widerstandskraft eines Projektils (Form *A* in Diagramm *H*) von 10 cm Durchmesser, wenn es mit 570 m/s durch Luft von 10°C und 1,033 kp/cm^2 fliegt?
Antwort: 84,3 kp.

KAPITEL 12

Strömungsmaschinen

STRÖMUNGSMASCHINEN

Wir werden hier nur die grundlegenden Prinzipien behandeln, auf denen die Konstruktion von Pumpen, Gebläsen, Turbinen und Propellern basiert. Als wesentliche Hilfsmittel hat man den Impulssatz (Kapitel 11), die Gesetze über rotierende Flüssigkeiten (Kapitel 4) und die Ähnlichkeitsgesetze (Kapitel 5). Moderne Turbinen und Kreiselpumpen sind höchst leistungsfähige Maschinen, die sich in ihren Leistungsmerkmalen nur wenig voneinander unterscheiden. Für jede Konstruktion besteht eine bestimmte Beziehung zwischen Rotationsgeschwindigkeit N, Durchfluß oder Volumenstrom Q, Druckhöhe H, Durchmesser D der rotierenden Teile und Leistung P.

ROTIERENDE KANÄLE

Drehmoment und Leistung rotierender Kanäle werden berechnet mit

$$\text{Drehmoment } T \text{ in kp m} = \frac{wQ}{g}(V_2 r_2 \cos \alpha_2 - V_1 r_1 \cos \alpha_1) \tag{1}$$

$$\text{Leistung } P \text{ in kp m/s} = \frac{wQ}{g}(V_2 u_2 \cos \alpha_2 - V_1 u_1 \cos \alpha_1) \tag{2}$$

Ableitung und Notation sind in Aufgabe 1 erklärt.

WASSERRÄDER, TURBINEN, PUMPEN UND GEBLÄSE

Für diese Geräte gibt es gewisse Kennzahlen, die man häufig benutzt. Details findet man in Aufgabe 5.

1. *Der Geschwindigkeitsfaktor* ϕ ist definiert als

$$\phi = \frac{\text{periphäre Bahngeschwindigkeit des rotierenden Elementes}}{\sqrt{2gH}} = \frac{u}{\sqrt{2gH}} \tag{3}$$

wobei u = Radius des rotierenden Elementes in m x Winkelgeschwindigkeit in rad/s = $r\omega$ m/s ist.

Dieser Faktor kann auch ausgedrückt werden als

$$\phi = \frac{\text{Durchmesser in cm x Umdrehungen pro Minute}}{8460\sqrt{H}} = \frac{D_1 N}{8460\sqrt{H}} \tag{4}$$

2a. *Das Geschwindigkeitsverhältnis* kann ausgedrückt werden als

$$\frac{\text{Durchmesser } D \text{ in m x Drehzahl } N \text{ in UpM}}{\sqrt{g \text{ x Höhe } H \text{ in m}}} = \text{Konstante } C_N' \tag{5 a}$$

Also

$$H = \frac{D^2 N^2}{C_N^2} \tag{5b}$$

wobei g in den Faktor C_N einbezogen ist.

2*b*. *Die Einheitsdrehzahl* ist definiert als die Drehzahl eines geometrisch ähnlichen (homologen), rotierenden Elementes mit einem Durchmesser von 1 cm, das unter einer Höhe von 1 m arbeitet. Diese Einheitsdrehzahl N_u in UpM (unit) wird gewöhnlich als Funktion D_1 in cm und N in UpM ausgedrückt. Daher

$$N_u = \frac{D \text{ in cm} \times \text{UpM}}{\sqrt{H}} = \frac{D_1 N}{\sqrt{H}} \tag{6a}$$

und

$$N = N_u \frac{\sqrt{H}}{D_1} \tag{6b}$$

3*a*. *Das Durchflußverhältnis* kann ausgedrückt werden als

$$\frac{\text{Durchfluß } Q \text{ in m}^3/\text{s}}{(\text{Durchmesser } D \text{ in m})^2 / \sqrt{\text{Höhe } H \text{ in m}}} = \text{Konstante } C_Q \tag{7 a}$$

Also

$$Q = C_Q D^2 \sqrt{H} = C_Q D^2 \left(\frac{DN}{C_N}\right) = C'_Q D^3 N \tag{7 b}$$

Sorgt man dafür, daß die C_Q – Werte für zwei homologe Anlagen übereinstimmen, so gilt das auch für C_N, C_P und den Wirkungsgrad, wenn man es nicht mit sehr zähen Flüssigkeiten zu tun hat.

3*b*. *Der Einheitsdurchfluß* ist definiert als Durchfluß durch ein homolog rotierendes Element mit 1 cm Durchmesser, das unter einer Höhe von 1 m arbeitet. Der Einheitsfluß Q_u in m³/s wird geschrieben als

$$Q_u = \frac{\text{Volumenstrom } Q \text{ in m}^3/\text{s}}{(\text{Durchmesser } D \text{ in cm})^2 \sqrt{\text{Höhe } H \text{ in m}}} = \frac{Q}{D_1^2 \sqrt{H}} \tag{8a}$$

$$Q = Q_u D_1^2 \sqrt{H} \tag{8b}$$

4*a*. *Das Leistungsverhältnis* erhält man mit den Werten Q und H aus den Gleichungen (*7 b*) und (*5 a*)

$$\text{Leistung } P \text{ in Ps} = \frac{wQH}{75e} = \frac{w(C_Q D^2 \sqrt{H})H}{75e} = C_P D^2 H^{3/2} \tag{9a}$$

Also

$$P = \frac{w(C'_Q D^3 N)}{75e} \times \frac{D^2 N^2}{g(C'_N)^2} = C'_P \rho D^5 N^3 \tag{9b}$$

4*b*. *Die Einheitsleistung* ist definiert als die Leistung eines homolog rotierenden Elementes von 1 cm Durchmesser, das unter einer Höhe von 1 m arbeitet. Die Einheitsleistung P_u ist

$$P_u = \frac{P}{D_1^2 H^{3/2}} \quad \text{und} \quad P = P_u D_1^2 H^{3/2} \tag{10}$$

SPEZIFISCHE DREHZAHL

Unter spezifischer Drehzahl versteht man die Geschwindigkeit eines homolog rotierenden Elementes, dessen Durchmesser so gewählt ist, daß es bei einer Höhe von 1 m 1 PS leistet (siehe Aufgabe 5). Die spezifische Drehzahl N_S kann wie folgt auf zwei Arten ausgedrückt werden:

1. *Für Turbinen:*

$$N_S = \frac{N\sqrt{P}}{\sqrt{\rho}(gH)^{5/4}}, \text{ stellt die allgemeine Gleichung dar.} \tag{11 a}$$

$$N_S = N_u \sqrt{P_u} = \frac{N\sqrt{P}}{H^{5/4}} \text{ wird normalerweise für Wasserturbinen angewendet.} \tag{11 b}$$

2. *Für Pumpen und Gebläse:*

$$N_S = \frac{N\sqrt{Q}}{(gH)^{3/4}} \text{ stellt die allgemeine Gleichung dar.} \qquad (12\,a)$$

$$N_S = N_u\sqrt{Q_u} = \frac{N\sqrt{Q}}{H^{3/4}} \text{ wird normalerweise verwendet.} \qquad (12\,b)$$

WIRKUNGSGRAD

Der Wirkungsgrad wird als Verhältnis ausgedrückt. Er ändert sich mit der Geschwindigkeit und der Durchflußmenge.

Für Turbinen

$$\text{Gesamtwirkungsgrad } e = \frac{\text{an der Welle entnommene Leistung}}{\text{vom Wasser gelieferte Leistung}}$$

$$\text{Hydraulischer Wirkungsgrad } e_h = \frac{\text{durch das Gerät genutzte Leistung}}{\text{vom Wasser gelieferte Leistung}} \qquad (13)$$

Für Pumpen:

$$\text{Wirkungsgrad } e = \frac{\text{Leistungsabgabe}}{\text{Leistungsaufnahme}} = \frac{wQH}{\text{Leistungsaufnahme}} \qquad (14)$$

KAVITATION

Kavitation verursacht eine schnelle Zerstörung des Metalls von Laufrädern und Schaufeln bei Turbinen und Pumpen, von Venturirohren und gelegentlich von Rohrleitungen. Sie tritt auf, wenn der Flüssigkeitsdruck unter den Dampfdruck der Flüssigkeit fällt. Der Leser wird auf Werke wie „Engineering Hydraulics, Proceedings of the Fourth Hydraulics Conference" hingewiesen, die dieses Spezialthema umfassend behandeln.

VORTRIEB DURCH PROPELLER

Durch Propeller werden Flugzeuge und Schiffe angetrieben. Darüberhinaus werden sie als Ventilatoren und bei Geräten benutzt, die dem Wind Leistung entziehen. Wir beschäftigen uns hier nicht mit Fragen zur Konstruktion von Propellern, Ausdrücke für Vortrieb und Leistung sind jedoch Gegenstand der Strömungslehre. Solche Ausdrücke werden in Aufgabe 23 abgeleitet und lauten:

$$\text{Schubkraft } F = \frac{wQ}{g}(V_f - V_i) \text{ in kp} \qquad (15)$$

$$\text{Nutzleistung } P_0 = \frac{wQ}{g}(V_f - V_i)\,V_i \text{ in kpm/s.} \qquad (16)$$

$$\text{Leistungsaufnahme } P_i = \frac{wQ}{g}\left(\frac{V_f^2 - V_i^2}{2}\right) \qquad (17)$$

$$\text{Wirkungsgrad } e = \frac{\text{Nutzleistung}}{\text{Leistungsaufnahme}} = \frac{2V_i}{V_f + V_i} \qquad (18)$$

Hierbei stehen V_i für Anfangsgeschwindigkeit (initial) und V_f für Endgeschwindigkeit (final).

PROPELLER – KOEFFIZIENTEN

Propeller – Koeffizienten betreffen Schub, Drehmoment und Leistung. Sie können folgendermaßen ausgedrückt werden:

$$\text{Schubzahl } C_F = \frac{\text{Vortrieb } F \text{ in kp}}{\rho N^2 D^4} \qquad (19)$$

Hohe Werte für C_F bedeuten guten Vortrieb.

$$\text{Drehmomentzahl } C_T = \frac{\text{Drehmoment } T \text{ (torque) in kp m}}{\rho N^2 D^5} \qquad (20)$$

Bei Turbinen und Windmühlen hat man gewöhnlich hohe Werte für C_T.

$$\text{Leistungszahl } C_P = \frac{\text{Leistung } P \text{ in kp m/s}}{\rho N^3 D^5} \qquad (21)$$

Dieser Koeffizient hat dieselbe Form wie der in Gleichung (*9 b*).

Alle drei Koeffizienten sind dimensionslos, wenn N in Umdrehung pro Sekunde angegeben wird.

Aufgaben mit Lösungen

1. Bestimme das Drehmoment und die Leistung eines rotierenden Gegenstandes (z. B. eines Laufrades einer Pumpe oder einer Turbine) unter stationären Strömungsbedingungen.

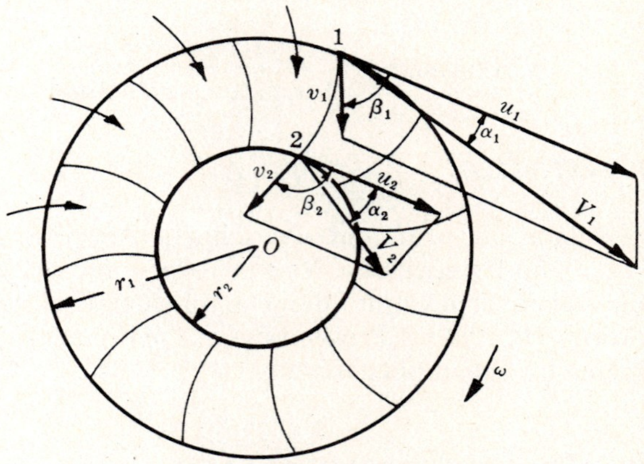

Abb. 12-1

Lösung:

In Abb. 12-1 ist Wasser dargestellt, das in die gebogenen Kanäle, die durch den rotierenden Gegenstand gebildet werden, beim Radius r_1 eintritt und bei r_2 wieder austritt. Die Relativgeschwindigkeiten des Wassers bezüglich einer Schaufel sind als v_1 am Eintrittspunkt (1) und als v_2 am Austrittspunkt (2) gezeigt. Die Bahngeschwindigkeit der Schaufel ist u_1 in (1) und u_2 in (2). Die Vektordiagramme zeigen die absoluten Wassergeschwindigkeiten V_1 und V_2.

Für die Elementarmasse des Wassers, die in der Zeit dt fließt, wird die Drehimpulsänderung durch das in dieser Zeit von dem Laufrad ausgeübte Drehmoment verursacht. Dann ist

Anfangsdrehimpuls + übertragener Drehimpuls = Enddrehimpuls

oder

$$(dM)V_1 \times r_1 \cos\alpha_1 + \text{Drehmoment} \times dt = (dM)V_2 \times r_2 \cos\alpha_2$$

Aber $dM = (w/g)\,Q\,dt$. Einsetzen und Lösen für das auf das Wasser ausgeübte Drehmoment führt zu

$$\text{Drehmoment } T = \frac{w}{g}Q(V_2 r_2 \cos\alpha_2 - V_1 r_1 \cos\alpha_1)$$

Daher ist das von der Flüssigkeit auf den rotierenden Körper ausgeübte Drehmoment

$$T = \frac{w}{g}Q(V_1 r_1 \cos\alpha_1 - V_2 r_2 \cos\alpha_2) \quad \text{in kp m}$$

Die Leistung ist gleich Drehmoment mal Winkelgeschwindigkeit. Dann

$$P = T\omega = \frac{w}{g}Q(V_1 r_1 \cos\alpha_1 - V_2 r_2 \cos\alpha_2)\omega$$

Da $u_1 = r_1\omega$ und $u_2 = r_2\omega$, wird aus dem Ausdruck

$$P = \frac{w}{g}Q(V_1 u_1 \cos\alpha_1 - V_2 u_2 \cos\alpha_2) \quad \text{in kp m/s} \qquad (1)$$

Die hier abgeleiteten Ausdrücke sind sowohl auf Pumpen, als auch auf Turbinen anwendbar. Der wichtige Punkt in der Ableitung ist der, daß Punkt (1) der *stromaufwärts* und Punkt (2) der *stromabwärts* gelegene Punkt ist.

2. Stelle die Bernoulli-Gleichung für ein rotierendes Turbinenlaufrad auf.

Lösung:

Wir schreiben die Bernoulli-Gleichung zwischen den Punkten (1) und (2) in der Abbildung von Aufgabe 1 auf und erhalten

$$\left(\frac{V_1^2}{2g} + \frac{p_1}{w} + z_1\right) - H_T - \text{Verlusthöhe } H_L = \left(\frac{V_2^2}{2g} + \frac{p_2}{w} + z_2\right)$$

Aus dem Vektordiagramm von Aufgabe 1 und dem Kosinussatz ergeben sich

$$V_1^2 = u_1^2 + v_1^2 + 2u_1 v_1 \cos\beta_1$$

und

$$V_2^2 = u_2^2 + v_2^2 + 2u_2 v_2 \cos\beta_2$$

Setzen wir $V_1 \cos\alpha_1 = a_1$ und $V_2 \cos\alpha_2 = a_2$, so können wir aus dem Vektordiagramm ablesen:

$$a_1 = u_1 + v_1\cos\beta_1 \qquad \text{und} \qquad a_2 = u_2 + v_2\cos\beta_2$$

Darüberhinaus

$$H_T \text{ m kp/kp} = \frac{wQ}{g}(V_1 u_1 \cos\alpha_1 - V_2 u_2 \cos\alpha_2) \ : \ wQ$$

$$= \frac{1}{g}(u_1 V_1 \cos\alpha_1 - u_2 V_2 \cos\alpha_2) \qquad (1)$$

Die Geschwindigkeits- und Fallhöhenterme (H_T) in der obigen Bernoulli-Gleichung werden dann zu

$$\frac{u_1^2 + v_1^2 + 2u_1 v_1 \cos\beta_1}{2g}, \quad \frac{2(u_1 a_1 - u_2 a_2)}{2g}, \quad \frac{u_2^2 + v_2^2 + 2u_2 v_2 \cos\beta_2}{2g}$$

Vereinfachen und Einsetzen dieser Terme in die Bernoulli-Gleichung liefert

$$\left(\frac{v_1^2}{2g} - \frac{u_1^2}{2g} + \frac{p_1}{w} + z_1\right) + \frac{u_2^2}{2g} - H_L = \left(\frac{v_2^2}{2g} + \frac{p_2}{w} + z_2\right)$$

oder

$$\left(\frac{v_1^2}{2g} + \frac{p_1}{w} + z_1\right) - \left(\frac{u_1^2 - u_2^2}{2g}\right) - H_L = \left(\frac{v_2^2}{2g} + \frac{p_2}{w} + z_2\right) \qquad (2)$$

wobei die Geschwindigkeiten v relative Größen sind. Der Term in der zweiten Klammer stellt die Höhe infolge der erzwungenen Wirbel dar.

3. Eine Turbine rotiert bei einem Volumenstrom von 0,810 m³/s mit 100 UpM. Am Austrittsstutzen ist die Druckhöhe 0,30 m, der hydraulische Wirkungsgrad unter diesen Verhältnissen beträgt 78,5 %. Die geometrischen Daten sind $r_1 = 0{,}45$ m, $r_2 = 0{,}21$ m, $\alpha_1 = 15°$, $\beta_2 = 135°$, $A_1 = 0{,}115$ m², $A_2 = 0{,}075$ m², $z_1 = z_2$. Bestimme für eine angenommene Verlusthöhe von 1,20 m (*a*) die der Turbine zugeführte Leistung, (*b*) die verfügbare Gesamthöhe und die ausgenutzte Höhe und (*c*) den Druck am Eintrittsstutzen.

Lösung:

(*a*) Wir müssen einige vorbereitende Berechnungen durchführen, bevor wir an die Lösung der Leistungsgleichung gehen können (Gleichung (*1*) von Aufgabe 1).

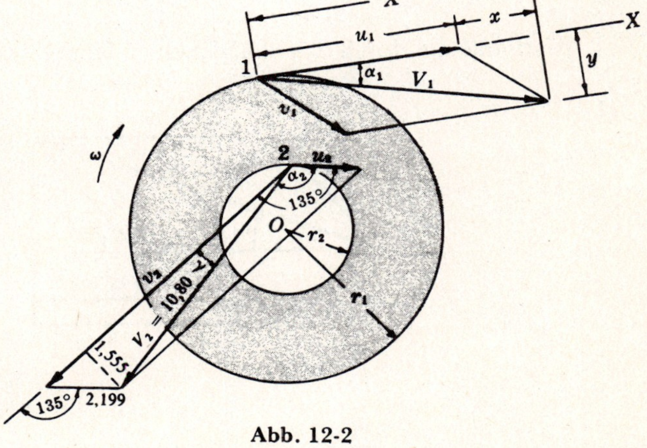

Abb. 12-2

$V_1 = Q/A_1 = 0{,}810/0{,}115 = 7{,}043$ m/s $\quad V_2 = 0{,}810/0{,}075 = 10{,}800$ m/s
$V_1 \cos\alpha_1 = 7{,}043 \times 0{,}966 = 6{,}804$ m/s
$u_1 = 0{,}45(2\pi)(100/60) = 4{,}712$ m/s $\quad u_2 = 0{,}21(2\pi)(100/60) = 2{,}199$ m/s

Aus dem Vektordiagramm in Abb. 12–2, in den $\gamma = \arcsin 1{,}555/10{,}800 = 8°17'$ ist, ergibt sich

$$\alpha_2 = 135° - \gamma = 126°43' \quad \text{und} \quad V_2 \cos\alpha_2 = 10{,}800(-0{,}598) = -6{,}458 \text{ m/s}$$

Dann Leistung $P = \dfrac{1000 \times 0{,}810}{75 \times 9{,}8}[6{,}804(4{,}712) - 2{,}199(-6{,}458)] = 50{,}98$ PS.

(*b*) Wirkungsgrad $= \dfrac{\text{durch die Turbine aufgenommene Energie}}{\text{im Strahl enthaltene Energie}} = \dfrac{\text{ausgenutzte Höhe}}{\text{verfügbare Höhe}}$

Aber es ist
ausgenutzte Höhe $= \dfrac{\text{aufgenommene Leistung in PS} \times 75}{w\,Q}$ oder $H_T = \dfrac{50{,}98 \times 75}{1000 \times 0{,}810} = 4{,}720$ m

Daher verfügbare Höhe $= 4{,}720/0{,}785 = 6{,}013$ m

(*c*) Um Gleichung (*2*) aus der vorherigen Aufgabe benutzen zu können, müssen wir die beiden Relativgeschwindigkeiten berechnen. Wir benutzen wieder das obige Vektordiagramm und erhalten

$X = 7{,}043 \cos 15° = 7{,}043(0{,}966) = 6{,}804$ m/s (wie oben in (*a*))
$y = 7{,}043 \sin 15° = 7{,}043(0{,}259) = 1{,}824$ m/s
$x = (X - u_1) = 6{,}804 - 4{,}712 = 2{,}092$ m/s
$v_1 = \sqrt{(1{,}824)^2 + (2{,}092)^2} = \sqrt{7{,}703} = 2{,}775$ m/s

Ähnlich ergibt sich

$$v_2 = V_2 \cos\gamma + u_2 \cos 45° = 10{,}800(0{,}990) + 2{,}199(0{,}707) = 12{,}247 \text{ m/sec}$$

Die Bernoulli-Gleichung wird zu

$$\left[\frac{(2{,}775)^2}{2g} + \frac{p_1}{w} + 0\right] - \left[\frac{(4{,}712)^2 - (2{,}199)^2}{2g}\right] - 1{,}200 = \left[\frac{(12{,}247)^2}{2g} + 0{,}300 + 0\right]$$

woraus man $p_1/w = 9{,}646$ m erhält.

4. Bestimme die durch das Laufrad einer Pumpe hervorgerufene Förderhöhe.

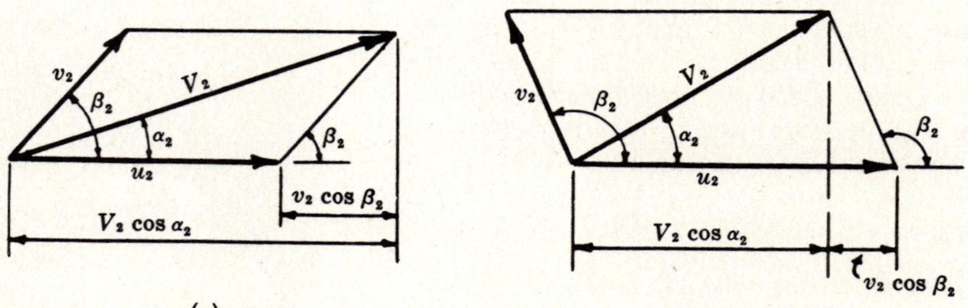

Abb. 12-3

Lösung:

Wir wenden Ausdruck (*1*) von Aufgabe 1 in Strömungsrichtung auf eine Pumpe an (r_1 ist der Innenradius usw.) und erhalten

$$\text{Leistungsaufnahme} = \frac{wQ}{g}(u_2 V_2 \cos\alpha_2 - u_1 V_1 \cos\alpha_1)$$

Man erhält die durch das Laufrad verursachte Höhe durch Division durch $w\,Q$. Daher

$$\text{Höhe } H' = \frac{1}{g}(u_2 V_2 \cos\alpha_2 - u_1 V_1 \cos\alpha_1)$$

Für die meisten Pumpen kann man in (*1*) radiale Strömung annehmen, $u_1 V_1 \cos\alpha_1$ ist dann Null. Damit wird die obige Gleichung zu

$$\text{Höhe } H' = \frac{1}{g}(u_2 V_2 \cos\alpha_2) \qquad (1)$$

Wie man den Abbildungen 12–3 (*a*) und (*b*) entnimmt, kann $V_2 \cos\alpha_2$ mit Hilfe von u_2 und v_2 ausgedrückt werden. Daher ist

$$V_2 \cos\alpha_2 = u_2 + v_2 \cos\beta_2$$

wobei man auf das Vorzeichen von $\cos\beta_2$ achten muß. Dann ist

$$\text{Höhe } H' = \frac{u_2}{g}(u_2 + v_2 \cos\beta_2) \qquad (2)$$

Darüberhinaus ergibt sich aus den Vektordreiecken

$$V_2^2 = u_2^2 + v_2^2 - 2u_2 v_2 \cos(180° - \beta_2)$$

oder

$$u_2 v_2 \cos\beta_2 = \tfrac{1}{2}(V_2^2 - u_2^2 - v_2^2)$$

Aus der Höhengleichung (*2*) wird

$$\text{Höhe } H' = \frac{u_2^2}{2g} + \frac{V_2^2}{2g} - \frac{v_2^2}{2g}$$

Aufgrund der Verluste im Laufrad und beim Austritt ist die von der Pumpe gelieferte Förderhöhe kleiner. Dann ist

$$\text{Abgegebene Höhe } H = \left(\frac{u_2^2}{2g} + \frac{V_2^2}{2g} - \frac{v_2^2}{2g}\right) - \text{Laufradverluste} - \text{Austrittsverluste}$$

$$H = \left(\frac{u_2^2}{2g} + \frac{V_2^2}{2g} - \frac{v_2^2}{2g}\right) - K_L \frac{v_2^2}{2g} - K_A \frac{V_2^2}{2g}$$

5. Berechne für Pumpen und Turbinen (*a*) den Geschwindigkeitsfaktor ϕ, (*b*) die Einheitsdrehzahl N_u, (*c*) den Einheitsvolumenstrom Q_u, (*d*) die Einheitsleistung P_u und (*e*) die spezifische Drehzahl.

Lösung:

(*a*) Nach Definition ist $\phi = \dfrac{u}{\sqrt{2gH'}}$. Aber $u = r\omega = r\dfrac{2\pi N}{60} = \dfrac{\pi D N}{60} = \dfrac{\pi D_1 N}{6000}$ wobei D_1 der Durchmesser in cm und N die Drehzahl in Umdrehungen pro Minute ist. Damit ergibt sich

$$\phi = \frac{\pi D_1 N}{6000} \times \frac{1}{\sqrt{2gH}} = \frac{D_1 N}{8\,460\sqrt{H}} \qquad (1a)$$

(*b*) Für $D_1 = 1$ cm und $H = 1$ m erhalten wir aus Gleichung (*1 a*) die Einheitsdrehzahl N_u. Es ist

$$N_u = 8\,460\,\phi \qquad (1b)$$

Dieser Wert ist konstant für alle Laufräder gleicher Gestalt, wenn sich ϕ auf die optimale Geschwindigkeit bezieht. Nach (*1 a*) oben erhält man

$$N_u = \frac{D_1 N}{\sqrt{H}} \text{ in UpM} \qquad (2)$$

Daher ist bei homolog rotierenden Elementen die optimale Drehzahl N proportional zur Quadratwurzel aus H und umgekehrt proportional zum Durchmesser.

(*c*) Für die Tangentialturbine kann der Volumenstrom Q ausgedrückt werden als

$$Q = cA\sqrt{2gH} = c\frac{\pi d_1^2}{4 \times 10.000}\sqrt{2gH} = \frac{c\pi\sqrt{2g}}{40.000}\left(\frac{d_1}{D_1}\right)^2 D_1^2\sqrt{H}$$

$$= (\text{Faktor})\ D_1^2\sqrt{H} = Q_u D_1^2\sqrt{H} \qquad (3)$$

Für $D_1 = 1$ cm und $H = 1$ m ist der Faktor definiert als Einheitsstrom Q_u.

Für Überdruckturbinen und Pumpen kann der Volumenstrom Q ausgedrückt werden als Produkt von

$$(c)\ (A)\ (\text{Geschwindigkeitskomponente})$$

Die Geschwindigkeitskomponente hängt von der Quadratwurzel aus H und vom Sinus des Winkels α_1 ab (siehe Abb. 12–1 von Aufgabe 1). Daher kann der Volumenstrom in der obigen Form (*3*) geschrieben werden.

(*d*) Mit Ausdruck (*3*) ist

$$\text{Leistung } P = \frac{wQH}{75} = \frac{w(Q_u D_1^2\sqrt{H})H}{75}$$

Für $D_1 = 1$ cm und $H = 1$ m ist Leistung $= wQ_u/75 =$ (Faktor). Ist der Wirkungsgrad in der Leistungsabgabe von Turbinen und der Wasserleistung von Pumpen enthalten, so wird aus dem Faktor die Einheitsleistung P_u. Dann

$$\text{Leistung } P = P_u D_1^2 H^{3/2} \qquad (4)$$

(*e*) In Gleichung (*4*) können wir den Wert für D_1 aus (*2*) einsetzen und erhalten

$$\text{Leistung } P = P_u \frac{N_u^2 H}{N^2} H^{3/2}$$

Also

$$P_u N_u^2 = \frac{PN^2}{H^{5/2}} \quad \text{oder} \quad N_u\sqrt{P_u} = \frac{N\sqrt{P}}{H^{5/4}} \qquad (5)$$

Der Term $N_u\sqrt{P_u}$ heißt spezifische Drehzahl N_S. Ausdruck (*5*) lautet dann

$$N_s = \frac{N\sqrt{P}}{H^{5/4}} \text{ (für Turbinen)} \qquad (6)$$

Ersetzt man durch Elimination von D in den Gleichungen (*2*) und (*3*) P durch Q, so erhalten wir

$$N_u^2 Q_u = \frac{QN^2}{H^{3/2}}$$

und

$$N_s = \frac{N\sqrt{Q}}{H^{3/4}} \text{ (für Pumpen)} \qquad (7)$$

wobei die spez. Drehzahl betraglich gleich der Geschwindigkeit ist, die man bei $Q = 1\ m^3/s$ und $H =$ 1 m erhält.

Das sind die üblichen Formeln für Pumpen und Turbinen. Betrachte für homolog rotierende Elemente, in denen unterschiedliche Flüssigkeiten benutzt werden können, die Ausdrücke (*9 b*), (*11 a*) und (*12 a*) zu Beginn dieses Kapitels.

6. Eine Tangentialturbine gibt bei 200 UpM und einem Wirkungsgrad von 82 % unter einer Fallhöhe von 240 m 7300 PS Leistung ab. (*a*) Berechne für einen Geschwindigkeitsfaktor von 0,46 Laufraddurchmesser, Volumenstrom, Einheitsdrehzahl, Einheitsleistung, Einheitsfluß und spez. Drehzahl. (*b*) Wie wären für diese Turbine Geschwindigkeit, Leistung und Volumenstrom unter einer Höhe von 161 m? (*c*) Welchen Laufraddurchmesser sollte eine Turbine der gleichen Form haben, wenn sie bei 180 m Höhe 3850 PS leistet. Wie wären Drehzahl und Volumenstrom? Nimm konstanten Wirkungsgrad an.

Lösung:

Wir benutzen die Formeln aus Aufgabe 5 und gehen wie folgt vor:

(*a*) Da $\phi = \dfrac{D_1 N}{8460\sqrt{H}}$, $D_1 = \dfrac{8460\sqrt{240} \times 0{,}46}{200} = 301{,}44$ cm

Aus Nutzleistung in PS $= \dfrac{wQHe}{75}$, ergibt sich $Q = \dfrac{7300 \times 75}{1000 \times 240 \times 0{,}82} = 2{,}782\ m^3/s$.

$$N_u = \frac{ND_1}{\sqrt{H}} = \frac{200 \times 301{,}4}{\sqrt{240}} = 3891 \text{ UpM}$$

$$P_u = \frac{P}{D_1^2 H^{3/2}} = \frac{7300}{(301{,}4)^2(240)^{3/2}} = 0{,}0000216 \text{ PS}$$

$$Q_u = \frac{Q}{D_1^2\sqrt{H}} = \frac{2{,}782}{(301{,}4)^2 240} = 0{,}000001977 \text{ m}^3/\text{s}$$

$$N_S = \frac{N\sqrt{P}}{H^{5/4}} = \frac{200\sqrt{7300}}{(240)^{5/4}} = 18{,}09 \text{ UpM}$$

(*b*) Geschwindigkeit $N = \dfrac{N_u\sqrt{H}}{D_1} = \dfrac{3891\sqrt{161}}{301{,}4} = 163{,}8$ UpM

Leistung $P = P_u D_1^2 H^{3/2} = 0{,}0000216(301{,}4)^2(161)^{3/2} = 4010$ PS

Volumenstrom $Q = Q_u D_1^2\sqrt{H} = 0{,}000001977(301{,}4)^2\sqrt{161} = 2{,}279$ m³/s

Die obigen drei Werte könnte man auch bekommen, wenn man beachtet, daß für dieselbe Turbine (D_1 unverändert) die Geschwindigkeit proportional zu $H^{1/2}$, die Leistung proportional zu $H^{3/2}$ und Q proportional zu $H^{1/2}$ ist. Daher

$$N = 200\sqrt{\frac{161}{240}} = 163{,}8 \text{ UpM} \qquad P = 7300\left(\frac{161}{240}\right)^{3/2} = 4010 \text{ PS} \qquad Q = 2{,}782\sqrt{\frac{161}{240}} = 2{,}279 \text{ m}^3/s$$

(*c*) Aus $P = P_u D_1^2 H^{3/2}$ erhalten wir

$3850 = 0{,}0000216(D_1)^2(180)^{3/2}$. Also $D_1^2 = 73\,807$ und $D_1 = 271{,}7$ cm

$$N = \frac{N_u\sqrt{H}}{D_1} = \frac{3891\sqrt{180}}{271{,}7} = 192 \text{ UpM}$$

$$Q = Q_u D_1^2\sqrt{H} = 0{,}000001977(73807)\sqrt{180} = 1{,}958 \text{ m}^3/\text{s}$$

7. Eine Turbine leistet bei 100 UpM unter 8 m Höhe 144 PS. (*a*) Welche Leistung ergibt sich bei gleichem Volumenstrom unter einer Höhe von 11,0 m? (*b*) Mit welcher Drehzahl sollte die Turbine laufen?

Lösung:

(*a*) Leistungsabgabe = $wQHe/75$ oder $wQe/75 = P/H = 144/8$.

Für denselben Fluß (und Wirkungsgrad) erhalten wir unter 11,0 m Höhe

$$wQe/75 = 144/8 = P/11 \text{ oder } P = 198 \text{ PS}$$

(*b*)
$$N_S = \frac{N\sqrt{P}}{H^{5/4}} = \frac{100\sqrt{144}}{(8)^{5/4}} = 89{,}19 \text{ UpM}$$

Dann ist
$$N = \frac{N_S H^{5/4}}{\sqrt{P}} = \frac{89{,}19(11)^{5/4}}{\sqrt{198}} = 127 \text{ UpM}$$

8. Eine Freistrahlturbine leistet bei optimaler Geschwindigkeit unter einer Höhe von 64 m 125 PS. (*a*) Um wieviel Prozent sollte die Drehzahl bei einer Höhe von 88 m anwachsen? (*b*) Welche Leistung ergäbe sich bei gleichem Wirkungsgrad?

Lösung:

(*a*) Bei einem Laufrad ist die Geschwindigkeit proportional zur Quadratwurzel aus der Höhe. Daher

$$N_1/\sqrt{H_1} = N_2/\sqrt{H_2} \quad \text{oder} \quad N_2 = N_1\sqrt{H_2/H_1} = N_1\sqrt{88/64} = 1{,}1726 N_1$$

Die Geschwindigkeit sollte um 17,26 % anwachsen.

(*b*) Wir benutzen die Beziehung für die spez. Drehzahlen, um die neue Leistung zu bestimmen.

Aus $N_S = \frac{N\sqrt{P}}{H^{3/4}}$ ergibt sich $\frac{N_1\sqrt{125}}{(64)^{6/4}} = \frac{N_1\sqrt{P_2}}{(88)^{5/4}}$ Wir lösen nach der Leistung auf und erhalten

$$P_2 = [\frac{N_1}{1{,}1726 N_1}\sqrt{125}(\frac{88}{64})^{5/4}]^2 = 201{,}54 \text{ PS}$$

Denselben Wert erhält man, wenn man berücksichtigt, daß für ein und dasselbe Rad die Leistung proportional zu $H^{3/2}$ ist: $P_2 = 125(88/64)^{3/2} = 201{,}54$ PS.

9. Bestimme ungefähr Durchmesser und Winkelgeschwindigkeit eines Pelton-Laufrades, wenn der Wirkungsgrad 85 %, die effektive Höhe 67 m und der Volumenstrom 0,027 m^3/s sind. Nimm $\phi = 0{,}46$ und $c = 0{,}975$ an.

Lösung:

Für eine Freistrahlturbine ist der allgemeine Ausdruck für die Leistung

$$P = \frac{wQHe}{75} = \frac{1000(cA\sqrt{2gH})He}{75} = \frac{1000c\pi\sqrt{2g}e}{75 \times 4 \times 10.000} d^2 H^{3/2} = 0{,}00384 d^2 H^{3/2} \qquad (1)$$

wobei d = Düsendurchmesser in cm, $c = 0{,}975$ und $e = 0{,}85$ sind. Aus den gegebenen Daten können wir dann die Leistung berechnen:

$$\text{Leistung} = \frac{wQHe}{75} = \frac{1000 \times 0{,}027 \times 66 \times 0{,}85}{75} = 20{,}5 \text{ PS}$$

Setzen wir diesen Wert oben in (*1*) ein, so erhalten wir $d = 3{,}12$ cm. (Denselben Durchmesser d erhält man durch Anwendung von Gleichung $Q = cA\sqrt{2gH}$ aus Kapitel 9).

Nun stellen wir das Verhältnis von Düsendurchmesser zu Laufraddurchmesser auf. Wir erhalten dieses Verhältnis, wenn wir die spezifische Drehzahl durch die Einheitsdrehzahl dividieren:

$$\frac{N_S}{N_u} = \frac{N\sqrt{P}}{H^{5/4}} : \frac{ND_1}{\sqrt{H}} = \frac{\sqrt{P} \times \sqrt{H}}{D_1 H^{5/4}}$$

Wir setzen den Wert für P aus (*1*) ein:

$$\frac{N_S}{N_u} = \frac{\sqrt{0{,}00384 d^2 H^{3/2}}\sqrt{H}}{D_1 H^{5/4}} = 0{,}062\frac{d}{D_1}$$

Aber $N_u = 8460\ \phi$ (siehe Aufgabe 5 oben). Dann ist

$$N_S = (8460 \times 0{,}46)(0{,}062\frac{d}{D_1}) = 241{,}28\frac{d}{D_1} \qquad (2)$$

Wir müssen für N_S in (*2*) einen Wert annehmen. Mit $N_S = 10$ haben wir

$$10 = \frac{N\sqrt{P}}{H^{5/4}} = \frac{N\sqrt{20{,}5}}{(67)^{5/4}} \quad \text{oder} \quad N = 423 \text{ UpM}$$

Ein Freistrahllaufrad muß synchron mit dem Generator laufen. Für einen 50 Hertz Generator mit 8 Polpaaren ist die Drehzahl $N = 6000/(2 \times 8) = 275$ Umdr./Min., mit 7 Polpaaren ist sie $N = 6000\ (2 \times 7) =$ 429 U/min. Nehmen wir den Generator mit 7 Polpaaren als Beispiel und rechnen zurück, so erhalten wir

$$N_S = \frac{429\sqrt{20{,}5}}{(67)^{5/4}} = 10{,}133$$

Dann ergibt sich aus (*2*) oben $D_1 = 241{,}28 d/N_s = 241{,}28(3{,}12)/10{,}133 = 74{,}29$ cm, und wie oben für den 7 – Polpaar – Generator $N = 429$ Umdrehungen pro Minute.

10. Die Überdruckturbinen im Hoover-Damm haben bei 180 UpM und einer Höhe von 148 m eine geschätzte Leistung von 116 600 PS. Der Durchmesser jeder Turbine ist 3,35 m, der Volumenstrom 66,5 m^3/s. Berechne Geschwindigkeitsfaktor, Einheitsdrehzahl, Einheitsfluß, Einheitsleistung und spezifische Drehzahl.

Lösung:

Mit den Gleichungen (*4*) bis (*11*) vom Beginn des Kapitels erhalten wir das Folgende:

$$\phi = \frac{D_1 N}{8460\sqrt{H}} = \frac{(3{,}35 \times 100)180}{8460\sqrt{148}} = 0{,}586$$

$$N_u = \frac{D_1 N}{\sqrt{H}} = \frac{(3{,}35 \times 100)180}{\sqrt{148}} = 4957 \text{ UpM}$$

$$Q_u = \frac{Q}{D_1^2\sqrt{H}} = \frac{66{,}5}{(335)^2\sqrt{148}} = 0{,}0000487 \text{ m}^3/\text{s}$$

$$P_u = \frac{P}{D_1^2 H^{3/2}} = \frac{116.600}{(335)^2(148)^{3/2}} = 0{,}000577 \text{ PS}$$

$$N_S = N_u\sqrt{P_u} = 119{,}1$$

11. Ein Freistrahlturbinenrad rotiert mit 400 UpM bei einer effektiven Höhe von 60 m und gibt dabei 90 PS Leistung ab. Es seien $\phi = 0{,}46$, $c_v = 0{,}97$ und Wirkungsgrad $e = 83\ \%$. Bestimme (*a*) den Strahldurchmesser, (*b*) den Volumenstrom, (*c*) den Raddurchmesser und (*d*) die Druckhöhe an der 20 cm dicken Düsenbasis.

Lösung:

(*a*) Die Strahlgeschwindigkeit ist $v = c_v\sqrt{2gh} = 0{,}97\sqrt{19{,}6 \times 60} = 33{,}264$ m/s

Bevor man den Strahldurchmesser bestimmen kann, muß der Volumenstrom bestimmt werden.

Leistungsabgabe = $wQHe/75$, $90 = 1000Q(60)(0{,}83)/75$ und $Q = 0{,}137$ m³/s

Dann ist Strahlfläche = $Q/v = 0{,}00407$ m² und Strahldurchmesser = 0,072 m = 7,20 cm.

(*b*) Ist unter (*a*) gelöst.

(*c*) $\phi = \dfrac{D_1 N}{8460\sqrt{H}}$, $\quad 0{,}46 = \dfrac{D_1(400)}{8460\sqrt{60}}$ und $D_1 = 75{,}36$ cm

(*d*) Effektive Höhe $h = (p/w + V^2/2g)$, wobei p und V die am Düseneingang gemessenen Durchschnittswerte für Druck und Geschwindigkeit sind. Dann ist $\mathbf{V}_{20} = Q/A_{20} = 4{,}314$ m/s.

Also $\dfrac{p}{w} = h - \dfrac{V_{20}^2}{2g} = 60 - \dfrac{(4{,}314)^2}{2g} = 59{,}05$ m.

12. Die Leistungsabgabe eines Pelton-Laufrades beträgt 6 000 PS bei einer eff. Höhe von 120 m und einer Geschwindigkeit von 200 UpM. Bestimme für $c_v = 0{,}98$, $\phi = 0{,}46$, Wirkungsgrad = 88 % und Strahldurchmesser-Laufraddurchmesser-Verhältnis 1 : 9 (*a*) den benötigten Volumenstrom, (*b*) den Laufraddurchmesser, (*c*) den Strahldurchmesser und die Anzahl der benötigten Strahlen und (*d*) die spezifische Drehzahl.

Lösung:

(*a*) Wasserleistung = $wQH/75$, $6000/0{,}88 = 1000Q120/75$ und $Q = 4{,}261$ m³/s

(*b*) Strahlgeschwindigkeit $v = c_v\sqrt{2gh} = 0{,}98\sqrt{19{,}6(120)} = 47{,}527$ m/s

Umfanggeschwindigkeit $u = \phi\sqrt{2gh} = 0{,}46\sqrt{19{,}6(120)} = 22{,}309$ m/s

Dann ist $u = r\omega = \pi DN/60$, $\quad 22{,}309 = \pi D(200/60)$ und $D = 2{,}13$ m.

(*c*) Da $d/D = 1/9$, ist $d = 2{,}13/9 = 0{,}237$ m Durchmesser.

Anzahl der Strahlen = $\dfrac{\text{Gesamtstrom } Q}{\text{Fluß pro Strahl}} = \dfrac{Q}{A_{jet}v_{jet}} = \dfrac{4{,}261}{\frac{1}{4}\pi(0{,}237)^2(47{,}527)} = 2{,}03$. Benutzte zwei Strahlen.

(*d*) Die spezifische Drehzahl für zwei Düsen ist $N_S = \dfrac{N\sqrt{P}}{H^{5/4}} = \dfrac{200\sqrt{6000}}{(120)^{5/4}} = 39{,}0.$

13. Die Propellerturbinen auf der Pickwick-Anlage von TVA leisten bei 81,8 UpM und 13 m Höhe 48 000 Ps. Der Austrittsdurchmesser beträgt 742,4 cm. Welche Geschwindigkeit und welcher Durchmesser muß für eine geometrisch ähnliche Turbine genommen werden, die bei 11 m Höhe 36 000 PS leistet? Welche prozentuale Volumenstromänderung ist wahrscheinlich?

Lösung:

Die spez. Drehzahl von geometrisch ähnlichen Turbinen kann ausgedrückt werden als

$$N_S = \frac{N\sqrt{P}}{H^{5/4}}. \quad \text{Also} \quad \frac{81{,}8\sqrt{48\,000}}{(13)^{5/4}} = \frac{N\sqrt{36\,000}}{(11)^{5/4}} \quad \text{und} \quad N = 76{,}6 \text{ UpM}$$

Dasselbe Ergebnis können wir durch Berechnung von N_u, P_u und N_S erhalten, wenn wir diese Ergebnisse auf die zu konstruierende Turbine anwenden.

$$N_u = \frac{D_1 N}{\sqrt{H}} = \frac{742{,}4(81{,}8)}{\sqrt{13}} = 16\,843$$

$$P_u = \frac{P}{D_1^2 H^{3/2}} = \frac{48\,000}{(742{,}4)^2(13)^{3/2}} = 0{,}00186$$

$$N_S = N_u\sqrt{P_u} = 16\,843\sqrt{0{,}00186} = 726{,}4$$

und

$$N = \frac{N_S H^{5/4}}{\sqrt{P}} = \frac{726{,}4(11)^{5/4}}{\sqrt{36\,000}} = 76{,}6 \quad \text{UpM wie oben.}$$

Zur Berechnung des Durchmessers der neuen Turbine benutzen wir

$$N_u = \frac{D_1 N}{\sqrt{H}}, \; D_1 = \frac{N_u\sqrt{H}}{N} = \frac{16\,843\sqrt{11}}{76{,}6} = 729 \text{ cm.}$$

Um die prozentuale Änderung im Volumenstrom Q zu bekommen, stellen wir das Flußverhältnis zwischen den Turbinen von Pickwick und der neuen auf:

$$\text{neu} \quad \frac{Q}{D_1^2 H^{1/2}} = \text{Pickwick} \; \frac{Q}{D_1^2 H^{1/2}}, \quad \frac{Q_{\text{Pick}}}{(742{,}4)^2(13)^{1/2}} = \frac{Q_{\text{neu}}}{(729)^2(11)^2}$$

und neu $Q = 0{,}893\, Q_{\text{Pick}}$, der Abfall in Q beträgt etwa 11 %.

14. Ein Turbinenmodell, Durchmesser 37,5 cm, leistet bei 1500 UpM und einer Höhe von 7,5 m 12 PS. Eine geometrisch ähnliche Turbine mit 187,5 cm Durchmesser arbeitet unter einer Höhe von 14,7 m mit demselben Wirkungsgrad. Welche Geschwindigkeit und Leistung kann man erwarten?

Lösung:

Nach Gleichung (*5 a*) vom Beginn dieses Kapitels ist $C_N' = \dfrac{ND}{\sqrt{gH}}$ = constant für homologe Turbinen.

$$\text{Daher} \; \frac{ND}{\sqrt{gH}} \; \text{Modell} = \frac{ND}{\sqrt{gH}} \; \text{Prototyp} \qquad \frac{1500 \times 37{,}5}{\sqrt{g \times 7{,}5}} = \frac{N \times 187{,}5}{\sqrt{g \times 14{,}7}} \quad \text{und} \quad N = 420 \text{ UpM}$$

Nach Ausdruck (*9 a*) ist $C_p = \dfrac{P}{D^2 H^{3/2}}$ = constant. Daher

$$\text{Modell} \; \frac{P}{D^2 H^{3/2}} = \text{Prototyp} \; \frac{P}{D^2 H^{3/2}}, \qquad \frac{12}{(37{,}5)^2(7{,}5)^{3/2}} = \frac{P}{(187{,}5)^2(14{,}7)^{3/2}}, \qquad P = 823{,}2 \text{ PS}$$

15. Eine Überdruckturbine (50 cm Durchmesser) gibt bei 600 UpM und einem Volumenstrom von 0,710 m^3/s 261 PS Leistung ab. Die Druckhöhe am Turbineneintritt beträgt 27,50 m, das Turbinengehäuse liegt 1,88 m über dem Unterwasserspiegel. Das Wasser tritt mit einer Geschwindigkeit von 3,6 m/s in die Turbine ein. Berechne (*a*) die effektive Höhe, (*b*) den Wirkungsgrad, (*c*) die bei einer Höhe von 67,50 m zu erwartende Drehzahl und (*d*) die Leistungsabgabe und die Durchflußmenge bei 67,50 m Höhe.

Lösung:

(*a*) Effektive Höhe $H = \dfrac{P}{w} + \dfrac{V^2}{2g} + z = 27{,}50 + \dfrac{(3{,}60)^2}{2g} + 1{,}88 = 30{,}0$ m

(b) Leistungsabgabe des Wassers = $wQH/75$ = 1000(0,710)(30,0)/75 = 284 PS

$$\text{Wirkungsgrad} = \frac{\text{Leistungsgrad der Welle}}{\text{Leistungsaufnahme}} = \frac{261}{284} = 91{,}9\,\%.$$

(c) Für dieselbe Turbine ist das Verhältnis $\dfrac{ND_1}{\sqrt{H}}$ konstant. Dann ist $\dfrac{N \times 50}{\sqrt{67{,}50}} = \dfrac{600 \times 50}{\sqrt{30}}$ oder $N = 900$ UpM

(d) Für dieselbe Turbine sind die $\dfrac{P}{D_1^2 H^{3/2}}$ und $\dfrac{Q}{D_1^2\sqrt{H}}$ Verhältnisse konstant. Dann

$$\frac{P}{(50)^2(67{,}50)^{3/2}} = \frac{261}{(50)^2(30)^{3/2}}, \quad P = 881 \text{ PS und} \quad \frac{Q}{(50)^2\sqrt{67{,}50}} = \frac{0{,}710}{(50)^2\sqrt{30}}, \quad Q = 1{,}065 \text{ m}^3/\text{s}$$

16. Ein Pumpenlaufrad, Durchmesser 30 cm, fördert bei 1200 UpM 0,142 m³/s. Der Schaufelwinkel β_2 ist 160°, die Austrittsfläche A_2 beträgt 0,023 m². Berechne unter der Annahme von Verlusten von $2{,}8\ (v_2^2/2g)$ und von $0{,}38\ (V_2^2/2g)$ den Wirkungsgrad der Pumpe (die Austrittsfläche A_2 ist senkrecht zu v_2 gemessen).

Lösung:

Als erstes müssen die absoluten und relativen Geschwindigkeiten beim Austritt berechnet werden. Die Geschwindigkeiten u_2 und v_2 sind

$$u_2 = r_2\omega = (15/100)(2\pi \times 1200/60) = 18{,}850 \text{ m/s} \qquad v_2 = Q/A_2 = 0{,}142/0{,}023 = 6{,}174 \text{ m/s}$$

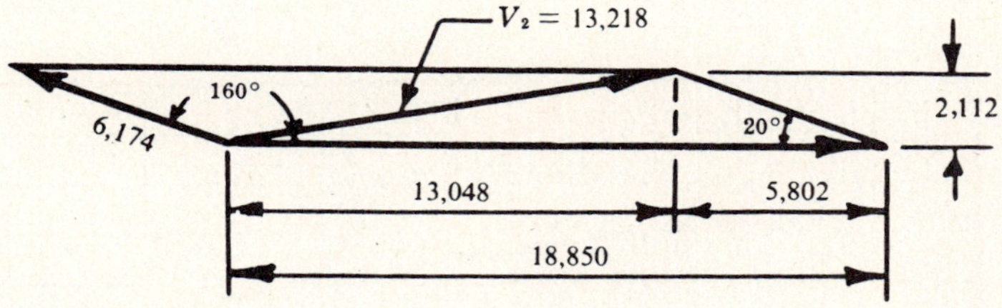

Abb. 12-4

Aus dem Vektordiagramm in Abb. 12–4 ergibt sich für die absolute Geschwindigkeit beim Austritt ein Wert von $V_2 = 13{,}218$ m/s. Nach Aufgabe 4 ist

$$\text{Vom Laufrad gelieferte Höhe} = H' = \frac{u_2^2}{2g} - \frac{v_2^2}{2g} + \frac{V_2^2}{2g} = \frac{(18{,}850)^2}{2g} - \frac{(6{,}174)^2}{2g} + \frac{(13{,}218)^2}{2g} = 25{,}1 \text{ m}$$

Für die Höhe des Wassers gilt dann $H = H' - \text{Verluste} = 25{,}1 - \left(2{,}8\dfrac{(6{,}174)^2}{2g} + 0{,}38\dfrac{(13{,}218)^2}{2g}\right) = 16{,}3$ m.

Wirkungsgrad $e = H/H' = 16{,}3/25{,}1 = 64{,}9\,\%$.

H' könnte auch mit dem normalerweise benutzten Ausdruck berechnet werden:

$$H' = \frac{u_2}{g}(u_2 + v_2 \cos \beta_2) = \frac{18{,}850}{g}[18{,}850 + 6{,}174(-0{,}940)] = 25{,}1 \text{ m}$$

17. Eine Kreiselpumpe liefert bei 1500 UpM 1000 l/min gegen eine Höhe von 15 m. Der Laufraddurchmesser ist 30 cm, die Leistungsabgabe 6 PS. Eine geometrisch ähnliche Pumpe von 35 cm Durchmesser läuft mit 1750 UpM. Die Wirkungsgrade beider Pumpen sollen gleich sein. (a) Welche Höhe ergibt sich? (b) Wieviel Wasser wird gepumpt? (c) Wie ist die Leistungsabgabe?

Lösung:

(a) Nach dem Geschwindigkeitsverhältnis sind die $\dfrac{DN}{\sqrt{H}}$ – Verhältnisse für die beiden Pumpen gleich. Dann ist

$$\frac{30 \times 1500}{\sqrt{15}} = \frac{35 \times 1750}{\sqrt{H}} \quad \text{und} \quad H = 27{,}789 \text{ m}$$

(*b*) Nach der Volumenstromrelation sind die $\dfrac{Q}{D^2\sqrt{H}}$ – Verhältnisse gleich. Dann ist

$$\frac{1000}{(30)^2\sqrt{15}} = \frac{Q}{(35)^2\sqrt{27{,}789}} \quad \text{und} \quad Q = 1852{,}6 \text{ l/min}$$

Eine andere nützliche Durchflußmengenbeziehung ist $\dfrac{Q}{D^2N}$ = constant. Daraus ergibt sich

$$\frac{Q}{(35)^3(1750)} = \frac{1000}{(30)^3(1500)} \quad \text{und} \quad Q = 1852{,}6 \text{ l/min}$$

(*c*) Die Geschwindigkeitsbeziehung $\dfrac{P}{D^5N^3}$ = constant kann für beide Pumpen benutzt werden. Dann ist

$$\frac{P}{(35)^5(1750)^3} = \frac{6}{(30)^5(1500)^3} \quad \text{und} \quad P = 20{,}593 \text{ PS}$$

18. Eine 15 cm Pumpe befördert bei 1750 UpM 5200 l/min gegen eine Höhe von 22,5 m. Die Austrittshöhen- und Wirkungsgradkurven sind in Abb. 12–5 gezeigt. Bestimme für eine geometrisch ähnliche 20 cm Pumpe, die bei 1450 UpM 7200 l/min fördert (*a*) die von der 20 cm Pumpe hervorgerufene Höhe. (*b*) Welche Leistung wird benötigt, um mit der Pumpe 7200 l/min zu fördern, wenn man eine ähnliche Wirkungsgradkurve für die 20 cm Pumpe annimmt?

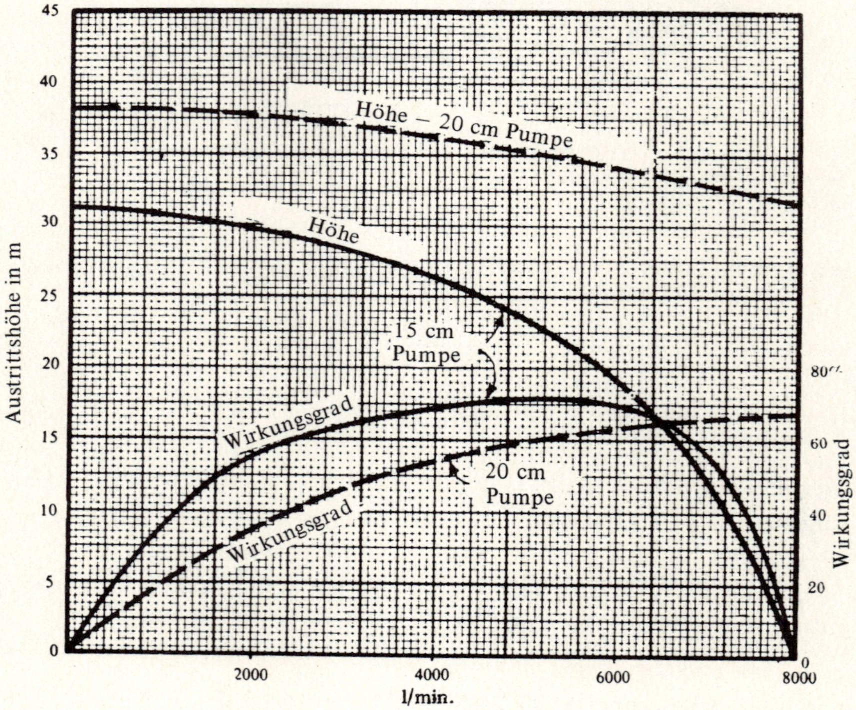

Abb. 12-5

Lösung:

(*a*) Die homologen Pumpen werden identische Charakteristiken bei entsprechenden Volumenströmen haben. Wähle verschiedene Flußraten für die 15 cm Pumpe und lese die entsprechenden Höhen ab. Berechne die Werte für Q und H, damit die Kurve für die 20 cm Pumpe gezeichnet werden kann. Eine solche Rechnung wird unten explizit durchgeführt, die anderen in der Tabelle aufgeführten Werte sind aus ähnlichen Rechnungen gewonnen worden.

Mit den gegebenen 5200 l/min und der Höhe von 22,5 m erhalten wir aus der Geschwindigkeitsbeziehung

$$H_{20} = (D_{20}/D_{15})^2(N_{20}/N_{15})^2 H_{15} = (20/15)^2(1450/1750)^2 H_{15} = 1{,}221 H_{15} = 1{,}221(22{,}5) = 27{,}5 \text{ m}$$

Aus der Durchflußbeziehung $\frac{Q}{D^3 N}$ = constant erhalten wir

$$Q_{20} = (D_{20}/D_{15})^3(N_{20}/N_{15})Q_{15} = (20/15)^3(1450/1750)Q_{15} = 1{,}964 Q_{15} = 1{,}964(5200) = 10\,213 \text{ l/min}$$

Einige zusätzliche Werte, die in Abb. 12–5 als gestrichelte Linie eingezeichnet sind, sind die folgenden:

Für die 15 cm Pumpe bei 1750 UpM			Für die 20 cm Pumpe bei 1450 UpM		
Q in l/min	H in m	Wirkungsgrad	Q in l/min	H in m	Wirkungsgrad
0	31,0	4	0	37,8	0
2000	29,5	54 %	3928	36,0	54 %
3200	28,0	64 %	6285	34,2	64 %
4000	26,0	68 %	7856	31,7	68 %
5200	22,5	70 %	10213	27,5	70 %
6400	17,0	67 %	12570	20,7	67 %

Aus der Austrittshöhenkurve ergibt sich für Q = 7200 l/min eine Höhe von 32,5 m.

(*b*) Der Wirkungsgrad der 20 cm Pumpe wäre wahrscheinlich etwas höher als der der 15 cm Pumpe bei vergleichbaren Durchflußmengen. In unserem Fall nehmen wir an, daß die Wirkungsgradkurven für vergleichbare Durchflußmengen übereinstimmen. In der obigen Tafel sind die Werte für die entsprechenden Volumenströme angegeben. Abb. 12–5 gibt die Wirkungsgradkurve für die 20 cm Pumpe wieder, bei 7200 l/min beträgt der Wirkungsgrad 67 %. Dann

$$P = \frac{wQH}{75e} = \frac{1000[7200/(60 \times 1000)](32{,}5)}{75(0{,}67)} = 77{,}6 \text{ PS}$$

19. Es sollen bei 3600 UpM 1225 l/min gegen eine Höhe von 126 m gepumpt werden. Wieviel Pumpstellen sollte man benutzen, wenn man für spezifische Laufraddrehzahlen zwischen 6 000 und 19 000 annehmbare Wirkungsgrade der Pumpen hat?

Lösung:

Für 1 Pumpe ist $N_S = \frac{N\sqrt{Q}}{H^{3/4}} = \frac{3600\sqrt{1225}}{(126)^{3/4}} = 3350$. Dieser Wert ist zu niedrig. Versuche 3 Pumpen. Dann ist Höhe pro Pumpstelle $= 126/3 = 42$ m und $N_S = \frac{3600\sqrt{1225}}{(42)^{3/4}} = 7640$. Wir vergleichen diesen Wert mit dem für 4 Pumpstellen. Für diese sind $H = 126/4 = 31{,}5$ m, also

$$N_S = \frac{3600\sqrt{1225}}{(31{,}5)^{3/4}} = 9480$$

Diese spezifische Drehzahl scheint die günstigste zu sein. Trotzdem wird in der Praxis der Nachteil der zusätzlichen Kosten den Vorteil des höheren Wirkungsgrades pro Einheit überwiegen. Man sollte in solchen Fällen eine genaue Kosten-Nutzen-Rechnung aufstellen.

20. Um Aussagen über das Verhalten kleiner Ölpumpen machen zu können, werden Modelltests mit Luft durchgeführt. Während die Ölpumpe durch einen Motor von 1/20 PS bei 1800 UpM angetrieben wird, leistet der Motor für die Modellpumpe bei 600 UpM 1/4 PS. Welche Modellgröße muß benutzt werden, wenn man Öl des rel. spez. Gew. 0,912 verwendet und die Dichte der Luft konstant 1,227 kg/m³ ist?

Lösung:

Aus der Leistungsbeziehung erhalten wir $\frac{P}{\rho D^5 N^3}$ Prototyp $= \frac{P}{\rho D^5 N^3}$ Modell.

Dann ist $\frac{1/20}{0{,}912(1000)D_p^5(1800)^3} = \frac{1/4}{1{,}227 D_m^5(600)^3}$ und $\frac{D_m}{D_p} = 10$

Das Modell sollte 10 mal so groß sein wie die Ölpumpe.

21. Eine Pumpe, die mit 1750 UpM rotiert, hat die in Abb. 12–6 gezeigte Höhen- Durchflußmengen-Kurve. Die Pumpe muß Wasser 450 m weit durch ein 15 cm Rohr pumpen ($f = 0{,}025$). Der statische Anstieg beträgt 10,0 m, kleinere Verluste können vernachlässigt werden. Berechne Fluß und Höhe unter diesen Verhältnissen.

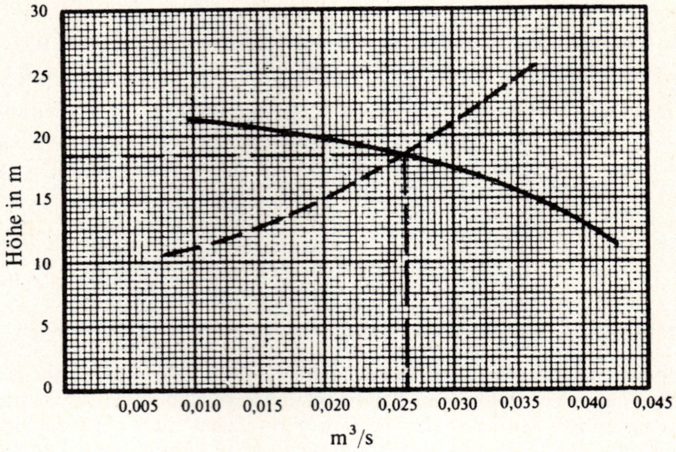

Abb. 12-6

Lösung:

Der Höhenverlust in der Rohrleitung wird mit wachsendem Volumenstrom ansteigen. Man kann eine Linie zeichnen, die die Gesamthöhe, gegen die gepumpt werden muß, als Funktion des Flusses angibt (gestrichelt eingezeichnet). Aber

Höhe, gegen die gepumpt werden muß = Anstieg + Rohrverlust

$$= 10{,}0 + 0{,}025\left(\frac{450}{0{,}15}\right)\frac{V^2}{2g} = 10{,}0 + 75{,}0\frac{V^2}{2g}$$

Wir können diese Höhe wie folgt berechnen:

$Q =$	0,010	0,015	0,020	0,025	0,030	m^3/s
$V = Q/A =$	0,566	0,849	1,132	1,415	1,698	m/s
$75V^2/2g =$	1,226	2,758	4,903	7,662	11,033	m (Verlust)
Gesamthöhe =	11,226	12,758	14,903	17,662	21,033	m

Abb. 12–6 zeigt, daß bei einem Fluß von 0,0265 m^3/s die Pumphöhe gleich der Höhe ist, gegen die angepumpt werden muß, d. h. 18,5 m.

Zur Frage der Wirtschaftlichkeit siehe Kapitel 8, Aufgabe 18.

22. Wie ist das Leistungsverhältnis zwischen einer Pumpe und ihrem Modell im Maßstab 1 : 5, wenn das Höhenverhältnis 4 zu 1 ist?

Lösung:

Für geometrisch ähnliche Pumpen gilt: $\dfrac{P}{D^2H^{3/2}}$ für die Pumpe $= \dfrac{P}{D^2H^{3/2}}$ für das Modell. Dann ist

$$\frac{P_b}{(5D)^2(4H)^{3/2}} = \frac{P_m}{D^2H^{3/2}} \quad \text{und} \quad P_b = 25(4)^{3/2}P_m = 200P_m$$

23. Stelle die Ausdrücke für Schubkraft und Nutzleistung eines Propellers, für die Geschwindigkeit durch den Propeller und für seinen Wirkungsgrad auf.

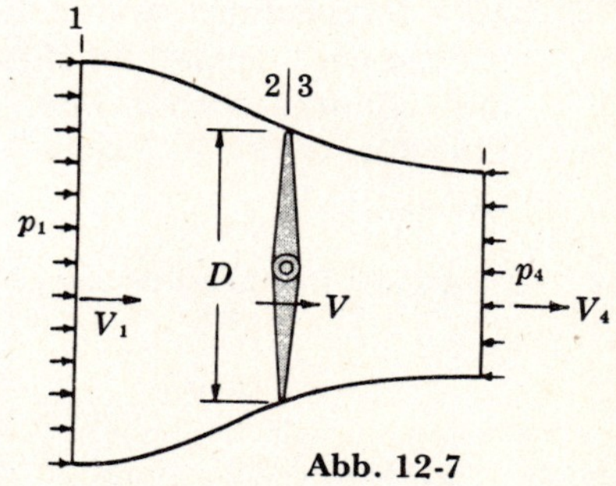

Abb. 12-7

Lösung:

(a) Nach dem Impulssatz ändert die Vortriebskraft F des Propellers den Impuls der Luftmasse M. Der Propeller kann sowohl stationär in einer Flüssigkeit sein, die sich mit einer Annäherungsgeschwindigkeit V_1 bewegt, als auch sich nach links mit einer Geschwindigkeit V_1 durch ruhende Luft bewegen. Daher ergibt sich unter Vernachlässigung von Wirbeln und Reibung

$$\text{Schubkraft } F = \frac{wQ}{g}(\Delta V) = \frac{wQ}{g}(V_4 - V_1) \quad (1a)$$

$$= \frac{w}{g}(\tfrac{1}{4}\pi D^2 V)(V_4 - V_1) \quad (1b)$$

(*b*) Die Nutzleistung ist einfach P = Vortriebskraft × Geschwindigkeit

$$= \frac{wQ}{g}(V_4 - V_1)V_1 \quad (2)$$

(*c*) Die Vortriebskraft F ist auch gleich $(p_3 - p_2)(\frac{1}{4}\pi D^2)$. Deshalb aus (*1 b*)

$$p_3 - p_2 = \frac{w}{g}V(V_4 - V_1) \quad (3)$$

Die Betrachtung der Arbeit und der kinetischen Energie pro 1 m^3 Flüssigkeit liefert das Folgende (unter Vernachlässigung von Verlusthöhen):

kin. Energie am Anfang/m^3 + verrichtete Arbeit/m^3 = kin. Energie am Ende/m^3

$$\tfrac{1}{2}(w/g)V_1^2 + (p_3 - p_2) = \tfrac{1}{2}(w/g)V_4^2$$

und daraus

$$p_3 - p_2 = \frac{w}{g}\left(\frac{V_4^2 - V_1^2}{2}\right) \quad (4)$$

Dasselbe Resultat erhielte man nach Aufstellen der Bernoulli-Gleichung zwischen 1 und 2 und zwischen 3 und 4 durch Auflösen nach $(p_3 - p_2)$. Beachte, daß $(p_3 - p_2)$ die Einheiten kp/m^2 x m/m oder kp m/m^3 darstellt.

Gleichsetzen von (*3*) und (*4*) führt zu

$$V = \frac{V_1 + V_4}{2} = \frac{V_1 + (V_1 + \Delta V)}{2} = V_1 + \frac{\Delta V}{2} \quad (5)$$

was besagt, daß die Geschwindigkeit durch den Propeller gleich dem Durchschnitt der Geschwindigkeiten vorher und nachher ist.

Der Volumenstrom Q der Flüssigkeit kann mit Hilfe dieser Geschwindigkeit V folgendermaßen ausgedrückt werden:

$$Q = AV = \tfrac{1}{4}\pi D^2 V = \tfrac{1}{4}\pi D^2\left(\frac{V_1 + V_4}{2}\right) \quad (6a)$$

$$Q = \tfrac{1}{4}\pi D^2(V_1 + \tfrac{1}{2}\Delta V) \quad (6b)$$

(*d*) Der Wirkungsgrad des Propellers ist

$$e = \frac{\text{Leistungsabgabe}}{\text{Leistungsaufnahme}} = \frac{(wQ/g)(V_4 - V_1)V_1}{\frac{1}{2}(wQ/g)(V_4^2 - V_1^2)} = \frac{2V_1}{V_4 + V_1} = \frac{V_1}{V} \quad (7)$$

Der Nenner stellt die Änderung der kinetischen Energie durch die zugeführte Leistung dar.

24. Das Modell eines Propellers, Durchmesser 36 cm, liefert bei einer Geschwindigkeit von 3 m/s in Wasser eine Vortriebskraft von 22 kp. (*a*) Welchen Schub würde ein ähnlicher 180 cm Propeller bei derselben Geschwindigkeit in Wasser erzielen? (*b*) Welchen bei einer Geschwindigkeit von 6 m/s? (*c*) Wie wären in (*b*) die Geschwindigkeiten des Propellerstroms?

Lösung:

(*a*) Die Bahngeschwindigkeit $V = r\omega$ ändert sich wie DN. Daher können wir schreiben

$$V_m \propto 36 N_m \quad \text{und} \quad V_p \propto 180 N_p$$

Da die Geschwindigkeit gleich sind, ist 36 N_m = 180 N_p. Benutzen wir die Beziehung für den Vortriebskoeffizienten (Gleichung (*19*), so erhalten wir

$$\frac{F}{\rho N^2 D^4}\text{ Modell} = \frac{F}{\rho N^2 D^4}\text{ Prototyp},\qquad \frac{22}{\rho(\frac{180}{36}N_p)^2(36)^4} = \frac{F}{\rho(N_p)^2(180)^4},\qquad F = 550\text{ kp}$$

In Gleichung (*19*) sind Durchmesser D in m und N in Umdrehungen pro Sekunde angegeben. Trotzdem erhält man bei Gleichsetzen der Verhältnisse auch bei Verwendung anderer Einheiten das richtige Ergebnis, wenn man nur auf beiden Seiten der Gleichung für die sich entsprechenden Ausdrücke dieselben Einheiten benutzt (m/m, cm/cm, UpM/UpM).

(*b*) Hier ist $V_m \propto 36N_m$ $(2V_m = V_p) \propto 180\,N_p$. Das ergibt $72N_m = 180\,N_p$. Dann ist

$$\frac{22}{\rho(\frac{180}{72}N_p)^2(36)^4} = \frac{F}{\rho N_p^2(180)^4}\quad\text{und}\quad F = 2200\text{ kp}$$

Beachte: Die obige Bahngeschwindigkeit-Winkelgeschwindigkeit-Durchmesser-Beziehung läßt sich schreiben als

$$\frac{V}{ND}\text{ für das Modell} = \frac{V}{ND}\text{ für den Prototyp} \tag{1}$$

Dieses Verhältnis heißt Steigungs-Durchmesser Verhältnis, da V/N die Strecke ist, die der Propeller bei einer Umdrehung in Vorwärtsrichtung zurücklegt (steigt).

(*c*) Die Propellerstrahlgeschwindigkeit (oder Geschwindigkeitsänderung) erhält man durch Lösen von Gleichung (*6 b*) in der vorigen Aufgabe für ΔV, nachdem man für Q $F/\rho\Delta V$ (aus Gleichung (*1 a*)) eingesetzt hat. Dann

$$\frac{F}{\rho\Delta V} = (\tfrac{1}{4}\pi D^2)V_1 + (\tfrac{1}{4}\pi D^2)(\tfrac{1}{2}\Delta V)\quad\text{und}\quad(\Delta V)^2 + 2V_1\Delta V - \frac{8F}{\rho\pi D^2} = 0$$

Als Lösung für Δ V ergibt sich die reelle Wurzel

$$\Delta V = -V_1 + \sqrt{V_1^2 + \frac{8F}{\rho\pi D^2}} \tag{2}$$

Aus den obigen Werten (D in m) ergibt sich

$$\Delta V = -6{,}0 + \sqrt{(6{,}0)^2 + \frac{8\times 2200}{(1000/9{,}8)\pi(1{,}8)^2}} = 1{,}28\text{ m/s}\quad\text{oder}\quad V_4 = 7{,}28\text{ m/s}$$

25. Bestimme die Schubzahl eines Propellers von 10 cm Durchmesser, der bei 1800 UpM in Süßwasser einen Vortrieb von 1,25 kp leistet.

Lösung:

$$\text{Schubzahl} = \frac{F}{\rho N^2 D^4} = \frac{1{,}25}{(1000/9{,}8)(1800/60)^2(0{,}1)^4} = 0{,}136.$$

Der Koeffizient ist dimensionslos, wenn F in kp, N in Umdrehungen pro Sekunde und D in m angegeben werden.

26. Die Leistungs- und Schubzahlen eines 2,4 m Propellers, der sich bei 2400 UpM mit einer Geschwindigkeit von 30 m/s vorwärts bewegt, sind 0,068 bzw. 0,095. (*a*) Bestimme die benötigte Leistung und die Vortriebskraft in Luft (ρ = 0,125 TME/m³). (*b*) Wie groß ist bei maximalem Wirkungsgrad die Luftgeschwindigkeit, wenn bei diesem Wirkungsgrad das Steigungs-Durchmesser-Verhältnis 0,70 ist?

Lösung:

(*a*) Leistung $P = C_p\rho N^3 D^5$ in m kp/s $= \dfrac{0{,}068(0{,}125)(2400/60)^3(2{,}4)^5}{75} = 578$ PS

Schub $F = C_F\rho N^2 D^4$ in kp $= 0{,}095(0{,}125)(2400/60)^2(2{,}4)^4 = 630$ kp.

(*b*) Da $V/ND = 0{,}70$, ist $V = 0{,}70(2400/60)(2{,}4) = 67{,}2$ m/s

27. Ein Flugzeug fliegt mit 290 km/h in ruhender Luft (w = 1,200 kp/m³). Der Propeller hat 1,70 m Durchmesser, die Luftgeschwindigkeit durch den Propeller beträgt 97 m/s. Bestimme (*a*) die Propellerstrahlgeschwindigkeit, (*b*) den Schub, (*c*) die Leistungsaufnahme, (*d*) die Nutzleistung, (*e*) den Wirkungsgrad und (*f*) die Druckdifferenz über den Propeller.

Lösung:

Mit den in Aufgabe 23 eingeführten Ausdrücken erhalten wir aus (*5*)

(*a*) $V = \frac{1}{2}(V_1 + V_4)$, $97 = \frac{1}{2}[290(1000/3600) + V_4]$, $V_4 = 113{,}4$ m/s (relativ zum Flugzeugrumpf)

(*b*) Schub $F = \dfrac{w}{g}Q(V_4 - V_1) = \dfrac{1{,}200}{9{,}8}[\frac{1}{4}\pi(1{,}70)^2(97)](113{,}4 - 80{,}6) = 884$ kp.

(*c*) Leistungsaufnahme $P_e = FV/75 = 884(97)/75 = 1143$ PS.

(*d*) Leistungsabgabe $P_o = FV_1/75 = 884(80{,}6)/75 = 950$ PS.

(*e*) Wirkungsgrad $e = 950/1143 = 83{,}1\,\%$

oder, aus Gleichung (*7*) von Aufgabe 23, $e = \dfrac{2V_1}{V_4 + V_1} = \dfrac{2(80{,}6)}{113{,}4 + 80{,}6} = 83{,}1\,\%$.

(*f*) Druckdifferenz = $\dfrac{\text{Vortrieb } F}{\text{Fläche } (\frac{1}{4}\pi D^2)} = \dfrac{884}{\frac{1}{4}\pi(1{,}7)^2} = 389$ kp/m²

oder, aus Gleichung (*4*) von Aufgabe 23, Druckdifferenz = $\dfrac{1{,}200}{8{,}8}\left(\dfrac{(113{,}4)^2 - (80{,}6)^2}{2}\right) = 389$ kp/m².

Ergänzungsaufgaben

28. Ein Freistrahlturbinenrad arbeitet unter einer effektiven Höhe von 190 m. Der Strahldurchmesser ist 10 cm. Berechne für $\phi = 0{,}45$, $c_v = 0{,}98$, $\beta = 160°$ und $v_2 = 0{,}85\,(V_1 - u)$ die Leistung an der Welle.
Lösung: 972 PS.

29. Ein Freistrahlturbinenrad leistet unter einer eff. Höhe von 274 m 2500 PS. Es sind Düsendurchmesser 12,50 cm, $c_v = 0{,}98$, $\phi = 0{,}46$ und $D/d = 10$. Berechne den Wirkungsgrad und die Rotationsgeschwindigkeit.
Lösung: 77,7 %, 515 UpM.

30. Ein Turbinenmodell im Maßstab 1 : 5 leistet bei 400 UpM unter einer Höhe von 1,80 m 4,25 PS. Welche Drehzahl und welche Leistung kann man für die Großausführung bei gleichen Wirkungsgraden unter einer Höhe von 9 m erwarten?
Antwort: 178,9 UpM, 1188 PS.

31. Bestimme aus den folgenden Daten den Durchmesser eines Freistrahlturbinenrades und seine Rotationsgeschwindigkeit: $\phi = 0{,}46$, $e = 82\,\%$, $c_v = 0{,}98$, $D/d = 12$, Höhe = 400 m und Leistungsabgabe = 4800 PS.
Lösung: 152,4 cm, 510,4 UpM.

32. Eine Überdruckturbine liefert bei 620 UpM, der besten Geschwindigkeit, unter einer Höhe von 30 m 34 PS. Der Wirkungsgrad beträgt 70,0 %, das Geschwindigkeitsverhältnis ist $\phi = 0{,}75$. Bestimme (*a*) den Laufraddurchmesser, (*b*) den Volumenstrom, (*c*) die spezifische Drehzahl N_S und (*d*) Nutzleistung und Durchfluß für eine Höhe von 60 m.
Lösung: 56,1 cm, 0,121 m³/s, 51,49 UpM., 96,2 PS und 0,171 m³/s.

33. Unter einer Höhe von 4,5 m hat eine 125 cm Turbine bei 95 UpM maximalen Wirkungsgrad und leistet 300 PS. Bei welcher Geschwindigkeit sollte eine homologe Turbine von 62,5 cm Durchmesser bei einer Höhe von 7,5 m arbeiten? Welche Leistung ergibt sich?
Antwort: 245,3 UpM, 161,4 PS.

34. Ein 150 cm Freistrahlturbinenlaufrad leistet bei 360 UpM unter einer Höhe von 120 m 625 PS. (*a*) Unter welcher Höhe sollte ein ähnliches Rad bei gleicher Drehzahl arbeiten, um 2500 PS zu leisten? (*b*) Welcher Durchmesser sollte für die gerade berechnete Höhe benutzt werden.
Antwort: 208,8 m, 197,9 m.

35. Das Geschwindigkeitsverhältnis ϕ einer Turbine ist 0,70, die spez. Drehzahl beträgt 90. Welcher Durchmesser wird für einen Läufer benötigt, wenn er unter 100 m Höhe 2500 PS leisten soll?
Antwort: 104 m.

36. Ein Turbinentest ergibt die folgenden Daten: Nutzleistung = 22,5 PS, Höhe = 4,80 m, N = 140 U/min, Laufraddurchmesser = 90 cm und Q = 0,380 m^3/s. Berechne die Leistungsaufnahme, den Wirkungsgrad, das Geschwindigkeitsverhältnis und die spez. Drehzahl.
Lösung: 24,32 PS, 92,5 %, 0,70, 96,25.

37. Eine Kreiselpumpe rotiert mit 600 UpM. Man hat die folgenden Daten: r_1 = 5 cm, r_2 = 20 cm, A_1 radial = $75\,\pi$ cm^2, A_2 radial = $180\,\pi$ cm^2, β_1 = 135° ; β_2 = 120°, radiale Strömung beim Eintritt in die Schaufelkanäle. Berechne unter Vernachlässigung von Reibung die Relativgeschwindigkeiten beim Ein- und Austritt und die auf das Wasser übertragene Leistung.
Lösung: 4, 433 m/s, 1,451 m/s, 14,4 PS.

38. Bei welcher Größe wird eine Kreiselpumpe, die mit 750 UpM läuft, 0,250 m^3/s gegen eine Höhe von 9 m pumpen? Benutzte C_N = 80.
Antwort: 32 cm.

39. Eine Kreisepumpe, die 0,070 m^3/s gegen 7,50 m Höhe bei 1450 UpM pumpt, benötigt 9,0 PS. Berechne für eine auf 1200 UpM reduzierte Drehzahl Volumenstrom, Höhe und Leistung, wenn der Wirkungsgrad unverändert bleibt.
Lösung: **0,058 m^3/s, 5,14 m, 5,1 PS.**

40. Ein Propeller von 200 cm Durchmesser rotiert mit 1200 UpM in einem Luftstrahl, der sich mit 40 m/s Geschwindigkeit bewegt, Tests ergeben einen Vorschub von 325 kp und eine aufgenommene Leistung von 220 PS. Berechne für eine Luftdichte von 0,125 TME/m^3 Vortriebs- und Leistungskoeffizienten.
Lösung: 0,406, 0,516.

41. Ein 1,50 m Propeller bewegt sich mit 9 m/s durch Wasser und entwickelt dabei eine Vortriebskraft von 1600 kp. Wie groß ist der Geschwindigkeitsanstieg im Propellerstrahlstrom?
Antwort: 0,937 m/s.

42. Eine 20 cm Schiffsschraube liefert bei 140 UpM und einer Wassergeschwindigkeit von 3,6 m/s einen Vortrieb von 7,20 kp. Wie groß muß eine ähnliche Schraube eines Schiffes sein, das sich mit 7,2 m/s bewegt, wenn eine Vortriebskraft von 18000 kp benötigt wird? Mit welcher Drehzahl sollte sie laufen?
Antwort: 500 cm, 11,2 U/min.

43. Ein Gebläse liefert bei einer Drehzahl von 1200 UpM in einem Windkanal eine Luftgeschwindigkeit von 25 m/s. (*a*) Welche Geschwindigkeit ergibt sich bei 1750 UpM? (*b*) Wieviel muß der Antriebsmotor des Gebläses bei 1750 UpM leisten, wenn er bei 1200 UpM 3,25 PS leistet?
Antwort: 36,458 m/s, 10,08 PS.

44. Welche Leistung muß ein Antriebsmotor erbringen, wenn in einem Windkanal 2500 m^3/min Luft benötigt werden, die Verluste im Kanal 14,4 cm Wasser sind und das Gebläse einen Wirkungsgrad von 60 % hat? Nimm w_{Luft} = 1,200 kp/m^3.
Antwort: 117,65 PS.

45. Ein Propeller von 3 m Durchmesser bewegt sich mit 90 m/s durch Luft von w = 1,222 kp/m^3. Wie groß sind Schubkraft und Wirkungsgrad des Propellers, wenn ihm 1200 PS zugeführt werden?
Antwort: 941,5 kp, 94,15 %.

ANHANG

Tafeln und Diagramme

TAFEL 1

(*A*) EIGENSCHAFTEN EINIGER GASE

Gas	Spezifisches Gewicht w bei 20 °C und 1 atm kp/m³ [1]	Gaskonstante R m/K *	Isentropen-exponent k	Kinematische Viskosität ν bei 20 °C und 1 atm m²/s
Luft	1,2047	29,3	1,40	$1{,}488 \times 10^{-5}$
Ammoniak	0,7177	49,2	1,32	1,535
Kohlendioxyd	1,8359	19,2	1,30	0,846
Methan	0,6664	53,0	1,32	1,795
Stickstoff	1,1631	30,3	1,40	1,590
Sauerstoff	1,3297	26,6	1,40	1,590
Schwefeldioxyd	2,7154	13,0	1,26	0,521

* Zu den Einheiten von R siehe S. 2 und Tafel 15.

(*B*) EINIGE EIGENSCHAFTEN VON LUFT BEI ATMOSPHÄRENDRUCK

Temperatur °C	Dichte ρ TME/m³ [2]	Spezifisches Gewicht w kp/m³ [1]	Kinematische Viskosität ν m²/s	Dynamische Viskosität μ kp s/m² [3]
−20	0,1424	1,3955	$1{,}188 \times 10^{-5}$	$16{,}917 \times 10^{-7}$
−10	0,1370	1,3426	1,233	16,892
0	0,1319	1,2926	1,320	17,411
10	0,1273	1,2475	1,415	18,013
20	0,1229	1,2047	1,488	18,288
30	0,1188	1,1642	1,600	19,008
40	0,1150	1,1270	1,688	19,412
50	0,1115	1,0927	$1{,}769 \times 10^{-5}$	$19{,}724 \times 10^{-7}$

(*C*) MECHANISCHE EIGENSCHAFTEN VON WASSER BEI ATMOSPHÄRENDRUCK

Temp. °C	Dichte ρ TME/m³ [2]	Spezifisches Gewicht w kp/m³ [1]	Dynamische Viskosität μ kp s/m² [3]	Oberflächen-spannung kp/m	Dampf-druck kp/cm² (abs.)[4]	Elastizitäts-modul kp/cm² [4]
0	101,96	999,87	$18{,}27 \times 10^{-5}$	0,00771	0,0056	20200
5	101,97	999,99	15,50	0,00764	0,0088	20900
10	101,95	999,73	13,34	0,00756	0,0120	21500
15	101,88	999,12	11,63	0,00751	0,0176	22000
20	101,79	998,23	10,25	0,00738	0,0239	22400
25	101,67	997,07	9,12	0,00735	0,0327	22800
30	101,53	995,68	8,17	0,00728	0,0439	23100
35	101,37	994,11	7,37	0,00718	0,0401	23200
40	101,18	992,25	6,69	0,00711	0,0780	23300
50	100,76	988,07	$5{,}60 \times 10^{-5}$	0,00693	0,1249	23400

[1] 1 kp/m³ = 9,8067 N/m³
[2] 1 TME/m³ = 9,8067 kg/m³
[3] 1 kp s/m² = 9,8067 Ns/m²
[4] 1 kp/cm² = 9,8067 N/cm²

TAFEL 2
RELATIVES SPEZIFISCHES GEWICHT UND KINEMATISCHE VISKOSITÄT EINIGER FLÜSSIGKEITEN

Kinematische Viskosität = Tafelwert × 10^{-6}

	Wasser		Handelsübliche Lösungsmittel		Tetrachlorkohlenstoff		Mittleres Schmieröl	
Temp. °C	Rel. spez. Gew.	Kin. Visk. m^2/s	Rel. spez. Gew.	Kin. Visk. m^2/s	Rel. spez. Gew.	Kin. Visk. m^2/s	Rel. spez. Gew.	Kin. Visk. m^2/s
5	1,000	1,520	0,728	1,476	1,620	0,763	0,905	471
10	1,000	1,308	0,725	1,376	1,608	0,696	0,900	260
15	0,999	1,142	0,721	1,301	1,595	0,655	0,896	186
20	0,998	1,007	0,718	1,189	1,584	0,612	0,893	122
25	0,997	0,897	0,714	1,101	1,572	0,572	0,890	92
30	0,995	0,804	0,710	1,049	1,558	0,531	0,886	71
35	0,993	0,727	0,706	0,984	1,544	0,504	0,883	54,9
40	0,991	0,661	0,703	0,932	1,522	0,482	0,875	39,4
50	0,990	0,556					0,866	25,7
65	0,980	0,442					0,865	15,4

	Dichtungsöl*		Mittelschweres Heizöl*		Schweres Heizöl*		Normalbenzin*	
Temp. °C	Rel. spez. Gew.	Kin. Visk. m^2/s	Rel. spez. Gew.	Kin. Visk. m^2/s	Rel. spez. Gew.	Kin. Visk. m^2/s	Rel. spez. Gew.	Kin. Visk. m^2/s
5	0,917	72,9	0,865	6,01	0,918	400	0,737	0,749
10	0,913	52,4	0,861	5,16	0,915	290	0,733	0,710
15	0,910	39,0	0,857	4,47	0,912	201	0,729	0,683
20	0,906	29,7	0,855	3,94	0,909	156	0,725	0,648
25	0,903	23,1	0,852	3,44	0,906	118	0,721	0,625
30	0,900	18,5	0,849	3,11	0,904	89	0,717	0,595
35	0,897	15,2	0,846	2,77	0,901	67,9	0,713	0,570
40	0,893	12,9	0,842	2,39	0,898	52,8	0,709	0,545

Einige andere Flüssigkeiten

Flüssigkeit und Temperatur	Rel. spez. Gew.	Kin. Visk. m^2/s
Terpentin, 20 °C	0,862	1,73
Leinöl, 30 °C	0,925	35,9
Ethylalkohol, 20 °C	0,789	1,54
Benzol, 20 °C	0,879	0,745
Glyzerin, 20 °C	1,262	662
Rizinusöl, 20 °C	0,960	1030
Maschinenöl, 16,5 °C	0,907	137

* Kessler und Lenz, Universität von Wisconsin, Madison.
** ASCE Manuel 25.

TAFEL 3

ROHRREIBUNGSZAHLEN f FÜR WASSER

(Temperaturbereich zwischen 10 °C und 21 °C)

Für alte Rohre – ungefährer Bereich für ϵ : 0,12 cm – 0,60 cm
Für normale Rohre – ungefährer Bereich für ϵ : 0,06 cm – 0,09 cm
Für neue Rohre – ungefährer Bereich für ϵ : 0,015 cm – 0,03 cm

(f = Tafelwert × 10^{-4})

Durchmesser und Art des Rohres		Geschwindigkeit (m/s)										
		0,3	0,6	0,9	1,2	1,5	1,8	2,4	3,0	4,5	6,0	9,0
10 cm	alt	435	415	410	405	400	395	395	390	385	375	370
	normal	355	320	310	300	290	285	280	270	260	250	250
	neu	300	265	250	240	230	225	220	210	200	190	185
	sehr glatt	240	205	190	180	170	165	155	150	140	130	120
15 cm	alt	425	410	405	400	395	395	390	385	380	375	365
	normal	335	310	300	285	280	275	265	260	250	240	235
	neu	275	250	240	225	220	210	205	200	190	180	175
	sehr glatt	220	190	175	165	160	150	145	140	130	120	115
20 cm	alt	420	405	400	395	390	385	380	375	370	365	360
	normal	320	300	285	280	270	265	260	250	240	235	225
	neu	265	240	225	220	210	205	200	190	185	175	170
	sehr	205	180	165	155	150	140	135	130	120	115	110
25 cm	alt	415	405	400	395	390	385	380	375	370	365	360
	normal	315	295	280	270	265	260	255	245	240	230	225
	neu	260	230	220	210	205	200	190	185	180	170	165
	sehr glatt	200	170	160	150	145	135	130	125	115	110	105
30 cm	alt	415	400	395	395	390	385	380	375	365	360	355
	normal	310	285	275	265	260	255	250	240	235	225	220
	neu	250	225	210	205	200	195	190	180	175	165	160
	sehr glatt	190	165	150	140	140	135	125	120	115	110	105
40 cm	alt	405	395	390	385	380	375	370	365	360	350	350
	normal	300	280	265	260	255	250	240	235	225	215	210
	neu	240	220	205	200	195	190	180	175	170	160	155
	sehr glatt	180	155	140	135	130	125	120	115	110	105	100
50 cm	alt	400	395	390	385	380	375	370	365	360	350	350
	normal	290	275	265	255	250	245	235	230	220	215	205
	neu	230	210	200	195	190	180	175	170	165	160	150
	sehr glatt	170	150	135	130	125	120	115	110	105	100	95
60 cm	alt	400	395	385	380	375	370	365	360	355	350	345
	normal	285	265	255	250	245	240	230	225	220	210	200
	neu	225	200	195	190	185	180	175	170	165	155	150
	sehr glatt	165	140	135	125	120	120	115	110	105	100	95
75 cm	alt	400	385	380	375	370	365	360	355	350	350	345
	normal	280	255	250	245	240	230	225	220	210	205	200
	neu	220	195	190	185	180	175	170	165	160	155	150
	sehr glatt	160	135	130	120	115	115	110	110	105	100	95
90 cm	alt	395	385	375	370	365	360	355	355	350	345	340
	normal	275	255	245	240	235	230	225	220	210	200	195
	neu	215	195	185	180	175	170	165	160	155	150	145
	sehr glatt	150	135	125	120	115	110	110	105	100	95	90
120 cm	alt	395	385	370	365	360	355	350	350	345	340	335
	normal	265	250	240	230	225	220	215	210	200	195	190
	neu	205	190	180	175	170	165	160	155	150	145	140
	sehr glatt	140	125	120	115	110	110	105	100	95	90	90

TAFEL 4

TYPISCHE VERLUSTHÖHEN IN ROHRLEITUNGSELEMENTEN

(Index 1 = Oberstrom, Indes 2 = Unterstrom)

Rohrleitungselemente	Mittlere Verlusthöhe
1. Rohreinlauf (Eintrittsverlust) – scharfkantige Verbindung	$0{,}50 \frac{V_2^2}{2g}$
– vorstehende Verbindung	$1{,}00 \frac{V_2^2}{2g}$
– abgerundete Verbindung	$0{,}05 \frac{V_2^2}{2g}$
2. Rohraustritt (Austrittsverlust)	$1{,}00 \frac{V_1^2}{2g}$
3. Plötzliche Erweiterung (siehe Tafel 5)	$\frac{(V_1 - V_2)^2}{2g}$
4. Allmähliche Erweiterung (siehe Tafel 5)	$K \frac{(V_1 - V_2)^2}{2g}$
5. Venturi-Rohre, Düsen und Blenden	$\left(\frac{1}{c_v^2} - 1\right) \frac{V_2^2}{2g}$
6. Plötzliche Verengung (siehe Tafel 5)	$K_c \frac{V_2^2}{2g}$
7. Richtungsändernde Einbauten und Ventile* Einige typische Werte für K sind: 45° Krümmer 0,35 bis 0,45 90° Krümmer 0,50 bis 0,75 T-Stücke 1,50 bis 2,00 Absperrschieber (offen) etwa 0,25 Ventile (offen) etwa 3,0	$K \frac{V^2}{2g}$

* Einzelheiten findet man in Hydraulik-Handbüchern.

TAFEL 5

WERTE VON K*

Verengungen und Erweiterungen

Plötzliche Verengung		Allmähliche Erweiterung unter Gesamtwinkeln für den Konus von						
d_1/d_2	K_c	4°	10°	15°	20°	30°	50°	60°
1,2	0,08	0,02	0,04	0,09	0,16	0,25	0,35	0,37
1,4	0,17	0,03	0,06	0,12	0,23	0,36	0,50	0,53
1,6	0,26	0,03	0,07	0,14	0,26	0,42	0,57	0,61
1,8	0,34	0,04	0,07	0,15	0,28	0,44	0,61	0,65
2,0	0,37	0,04	0,07	0,16	0,29	0,46	0,63	0,68
2,5	0,41	0,04	0,08	0,16	0,30	0,48	0,65	0,70
3,0	0,43	0,04	0,08	0,16	0,31	0,48	0,66	0,71
4,0	0,45	0,04	0,08	0,16	0,31	0,49	0,67	0,72
5,0	0,46	0,04	0,08	0,16	0,31	0,50	0,67	0,72

* Werte aus King, *Handbook of Hydraulics,* McGraw-Hill Book Company.

TAFEL 6

EINIGE WERTE DES HAZEN-WILLIAMS-KOEFFIZIENTEN C_1

Extrem glatte und gerade Rohre	140
Neue, glatte Gußeisenrohre	130
Normale Gußeisenrohre, neue genietete Stahlrohre	110
Glasierte Kanalisationsrohre	110
Gußeisenrohre, einige Jahre in Betrieb	100
Gußeisenrohre in schlechtem Zustand	80

TAFEL 7

AUSFLUSSZAHLEN FÜR SENKRECHTE, SCHARFKANTIGE, KREISFÖRMIGE AUSFLUSSÖFFNUNGEN

Für Wasser von 15 °C, das sich in Luft derselben Temperatur ergießt

Höhe in m	Öffnungsdurchmesser in cm					
	0,625	1,250	1,875	2,500	5,00	10,00
0,24	0,647	0,627	0,616	0,609	0,603	0,601
0,42	0,635	0,619	0,610	0,605	0,601	0,600
0,60	0,629	0,615	0,607	0,603	0,600	0,599
1,20	0,621	0,609	0,603	0,600	0,598	0,597
1,80	0,617	0,607	0,601	0,599	0,597	0,596
2,40	0,614	0,605	0,600	0,598	0,596	0,595
3,00	0,613	0,604	0,600	0,597	0,596	0,595
3,60	0,612	0,603	0,599	0,597	0,595	0,595
4,20	0,611	0,603	0,598	0,596	0,595	0,594
4,80	0,610	0,602	0,598	0,596	0,595	0,594
6,00	0,609	0,602	0,598	0,596	0,595	0,594
7,50	0,608	0,601	0,597	0,596	0,594	0,594
9,00	0,607	0,600	0,597	0,595	0,594	0,594
12,00	0,606	0,600	0,596	0,595	0,594	0,593
15,00	0,605	0,599	0,596	0,595	0,594	0,593
18,00	0,605	0,599	0,596	0,594	0,593	0,593

Quelle: F. W. Medaugh und G. D. Johnson, Civil Engr., Juli 1940, S. 424.

Tafel 8

EINIGE EXPANSIONSZAHLEN *Y* FÜR KOMPRESSIBLE STRÖMUNG DURCH DÜSEN UND VENTURI-ROHRE

p_2/p_1	k	Durchmesserverhältnis (d_2/d_1)				
		0,30	0,40	0,50	0,60	0,70
0,95	1,40	0,973	0,972	0,971	0,968	0,962
	1,30	0,970	0,970	0,968	0,965	0,959
	1,20	0,968	0,967	0,966	0,963	0,956
0,90	1,40	0,944	0,943	0,941	0,935	0,925
	1,30	0,940	0,939	0,936	0,931	0,918
	1,20	0,935	0,933	0,931	0,925	0,912
0,85	1,40	0,915	0,914	0,910	0,902	0,887
	1,30	0,910	0,907	0,904	0,896	0,880
	1,20	0,902	0,900	0,896	0,887	0,870
0,80	1,40	0,886	0,884	0,880	0,868	0,850
	1,30	0,876	0,873	0,869	0,857	0,839
	1,20	0,866	0,864	0,859	0,848	0,829
0,75	1,40	0,856	0,853	0,846	0,836	0,814
	1,30	0,844	0,841	0,836	0,823	0,802
	1,20	0,820	0,818	0,812	0,798	0,776
0,70	1,40	0,824	0,820	0,815	0,800	0,778
	1,30	0,812	0,808	0,802	0,788	0,763
	1,20	0,794	0,791	0,784	0,770	0,745

Für $p_2/p_1 = 1{,}00$, $Y = 1{,}00$.

TAFEL 9

EINIGE DURCHSCHNITTSWERTE FÜR *n* IN DER KUTTER- UND DER MANNING-FORMEL UND FÜR *m* IN DER BAZIN-FORMEL

Gerinnetyp	*n*	*m*
Zementglattstrich, sehr gut gehobeltes Holz	0,010	0,11
Gehobeltes Holz, beschichtetes Gußeisen	0,012	0,20
Gut glasiertes Kanalisationsrohr, gutes Mauerwerk, normales Betonrohr, ungehobeltes Holz, glattes Metall	0,013	0,29
Normale Steinzeug- und Gußeisenrohre, normale Auszementierung	0,015	0,40
Erdkanäle, gerade und gut gepflegt	0,023	1,54
Ausgebaggerte Erdkanäle, normaler Zustand	0,027	2,36
In Fels gehauene Kanäle	0,040	3,50
Flüsse in gutem Zustand	0,030	3,00

TAFEL 10

WERTE DES KOEFFIZIENTEN *C* AUS DER KUTTER-FORMEL

Gefälle *S*	*n*	Hydraulischer Radius *R* in Meter														
		0,06	0,09	0,12	0,18	0,24	0,30	0,45	0,60	0,75	0,90	1,20	1,80	2,40	3,00	4,50
0,00005	0,010	48	54	60	68	73	77	85	91	95	98	103	110	114	118	121
	0,012	38	43	49	54	59	62	70	75	78	82	87	93	97	100	104
	0,015	29	32	36	42	46	49	55	59	62	65	70	76	80	83	88
	0,017	24	28	31	36	40	43	47	51	54	57	62	67	71	74	78
	0,020	19	23	25	29	33	35	40	44	46	49	52	58	61	64	69
	0,025	14	17	19	23	25	27	31	34	36	39	43	47	51	53	57
	0,030	12	14	15	18	20	22	26	28	30	32	36	41	43	46	50
0,0001	0,010	54	60	65	72	77	81	87	92	95	98	103	108	112	114	117
	0,012	42	47	52	58	62	66	72	76	79	82	86	91	94	96	99
	0,015	31	35	40	45	49	51	57	60	63	65	69	74	77	79	83
	0,017	26	30	34	39	41	44	49	52	55	57	61	65	69	71	75
	0,020	21	25	28	31	35	37	41	45	47	49	52	56	59	61	65
	0,025	15	19	21	24	26	28	33	35	37	39	43	46	49	51	54
	0,030	13	15	17	19	22	23	26	29	30	33	35	40	41	44	47
0,0002	0,010	58	63	69	76	80	83	89	93	96	98	102	107	109	112	114
	0,012	46	51	55	61	65	68	73	77	79	82	85	89	92	94	97
	0,015	34	38	42	46	50	53	58	61	63	65	68	73	76	77	80
	0,017	29	33	36	40	43	46	50	54	55	57	61	65	67	69	72
	0,020	23	26	29	33	36	38	42	45	47	49	52	55	58	60	62
	0,025	17	19	22	25	28	30	33	36	38	39	42	46	47	50	52
	0,030	14	15	18	20	22	24	27	29	31	33	35	38	41	43	45
0,0004	0,010	61	67	71	77	82	84	91	94	96	98	102	106	108	110	112
	0,012	48	52	57	62	66	69	74	78	80	82	84	89	91	93	95
	0,015	35	40	43	48	51	54	59	62	63	65	68	72	74	76	78
	0,017	30	34	38	41	44	46	51	54	56	57	61	64	66	68	71
	0,020	24	28	30	34	37	39	43	46	47	49	52	55	57	59	61
	0,025	18	20	23	26	28	30	33	36	38	39	41	45	47	49	51
	0,030	14	17	18	21	23	24	28	30	31	33	35	38	40	41	44
0,001	0,010	62	68	73	79	83	86	91	95	97	98	102	105	108	109	111
	0,012	49	54	58	63	67	70	75	78	80	82	85	88	91	92	94
	0,015	36	41	44	49	52	54	59	62	64	66	68	72	73	75	78
	0,017	30	35	38	42	45	47	51	54	56	58	61	63	66	67	70
	0,020	25	28	31	34	38	39	43	46	48	49	51	54	57	58	60
	0,025	18	21	24	26	29	30	34	36	38	39	41	45	46	48	50
	0,030	15	17	19	21	23	25	28	30	31	33	35	38	40	41	43
0,01	0,010	63	69	73	79	83	86	91	95	97	98	102	105	107	108	110
	0,012	49	55	59	64	67	71	75	78	80	82	85	88	90	92	94
	0,015	37	42	45	49	52	55	59	62	64	66	68	71	73	75	77
	0,017	31	35	38	43	45	47	51	55	57	58	60	63	65	67	70
	0,020	25	29	31	35	38	40	43	46	48	49	51	54	56	58	60
	0,025	19	22	24	27	29	31	34	36	38	39	41	44	46	47	50
	0,030	15	17	19	22	24	25	28	30	32	33	35	37	39	40	43

TAFEL 11 *

WERTE DER DURCHFLUSSZAHL K IN $Q = (K/n)y^{8/3}\ S^{1/2}$ FÜR TRAPEZFÖRMIGE KANÄLE

(y = Tiefe der Strömung, b = Sohlenbreite des Kanals)

Seitensteigungen des Kanals (horizontal zu vertikal)

y/b	Vertikal	$\frac{1}{4}$: 1	$\frac{1}{2}$: 1	$\frac{3}{4}$: 1	1 : 1	$1\frac{1}{2}$: 1	2 : 1	$2\frac{1}{2}$: 1	3 : 1	4 : 1
0,01	98,7	99,1	99,3	99,6	99,8	100,1	100,4	100,6	100,9	101,3
0,02	48,7	49,1	49,4	49,6	49,8	50,1	50,4	50,7	50,9	51,3
0,03	32,0	32,4	32,7	33,0	33,2	33,5	33,8	34,1	34,3	34,7
0,04	23,8	24,1	24,4	24,6	24,8	25,2	25,4	25,7	26,0	26,4
0,05	18,8	19,1	19,4	19,7	19,9	20,2	20,5	20,8	21,0	21,5
0,06	15,5	15,8	16,1	16,4	16,6	16,9	17,2	17,5	17,7	18,2
0,07	13,12	13,46	13,73	14,0	14,2	14,5	14,8	15,1	15,3	15,9
0,08	11,31	11,64	11,98	12,18	12,38	12,72	13,06	13,33	13,59	14,13
0,09	9,96	10,30	10,57	10,83	11,04	11,37	11,71	11,98	12,25	12,79
0,10	8,88	9,22	9,49	9,69	9,96	10,30	10,57	10,90	11,17	11,71
0,11	7,96	8,30	8,59	8,82	9,03	9,35	9,69	10,03	10,30	10,83
0,12	7,22	7,56	7,84	8,08	8,28	8,61	8,95	9,29	9,56	10,09
0,13	6,60	6,92	7,21	7,44	7,65	8,01	8,34	8,61	8,95	9,49
0,14	6,06	6,39	6,67	6,90	7,11	7,47	7,81	8,08	8,41	9,02
0,15	5,60	5,92	6,20	6,44	6,65	7,00	7,34	7,67	7,94	8,55
0,16	5,20	5,52	5,79	6,03	6,24	6,60	6,92	7,23	7,54	8,14
0,17	4,84	5,16	5,44	5,67	5,88	6,25	6,58	6,88	7,19	7,81
0,18	4,53	4,85	5,12	5,36	5,57	5,93	6,26	6,57	6,87	7,47
0,19	4,25	4,56	4,84	5,07	5,28	5,65	5,98	6,29	6,60	7,20
0,20	4,00	4,31	4,58	4,82	5,03	5,39	5,72	6,04	6,35	6,93
0,22	3,57	3,88	4,15	4,38	4,59	4,95	5,29	5,61	5,92	6,53
0,24	3,21	3,51	3,78	4,01	4,22	4,59	4,93	5,24	5,56	6,18
0,26	2,91	3,21	3,47	3,71	3,92	4,29	4,62	4,95	5,26	5,88
0,28	2,66	2,95	3,21	3,45	3,65	4,02	4,36	4,68	5,00	5,63
0,30	2,44	2,73	2,99	3,22	3,43	3,80	4,14	4,46	4,78	5,41
0,32	2,25	2,54	2,79	3,02	3,23	3,60	3,94	4,27	4,59	5,22
0,34	2,08	2,36	2,62	2,85	3,06	3,43	3,77	4,10	4,41	5,05
0,36	1,94	2,21	2,47	2,70	2,90	3,28	3,62	3,94	4,27	4,90
0,38	1,80	2,08	2,34	2,56	2,77	3,14	3,48	3,81	4,13	4,77
0,40	1,69	1,97	2,21	2,44	2,64	3,01	3,36	3,69	4,01	4,65
0,42	1,59	1,86	2,11	2,33	2,54	2,91	3,25	3,58	3,90	4,54
0,44	1,49	1,76	2,01	2,23	2,44	2,81	3,15	3,48	3,81	4,44
0,46	1,41	1,67	1,92	2,14	2,34	2,72	3,06	3,39	3,71	4,35
0,48	1,33	1,59	1,83	2,06	2,26	2,63	2,98	3,31	3,63	4,27
0,50	1,26	1,52	1,76	1,98	2,19	2,56	2,90	3,24	3,56	4,20
0,55	1,11	1,36	1,59	1,82	2,02	2,39	2,74	3,07	3,40	4,04
0,60	0,983	1,23	1,46	1,68	1,88	2,25	2,60	2,93	3,26	3,90
0,70	0,794	1,03	1,26	1,47	1,67	2,04	2,39	2,72	3,05	3,69
0,80	0,661	0,882	1,10	1,31	1,51	1,88	2,23	2,56	2,89	3,54
0,90	0,559	0,774	0,989	1,20	1,39	1,76	2,11	2,44	2,77	3,42
1,00	0,481	0,686	0,895	1,10	1,30	1,66	2,01	2,34	2,67	3,32
1,20	0,369	0,563	0,767	0,962	1,16	1,52	1,86	2,20	2,53	3,18
1,40	0,293	0,476	0,672	0,868	1,06	1,42	1,76	2,10	2,42	3,08
1,60	0,240	0,415	0,604	0,794	0,983	1,35	1,69	2,02	2,35	2,99
1,80	0,201	0,367	0,552	0,740	0,929	1,29	1,63	1,96	2,29	2,93
2,00	0,171	0,330	0,511	0,700	0,882	1,24	1,58	1,91	2,24	2,89
2,25	0,143	0,295	0,471	0,655	0,834	1,19	1,53	1,86	2,19	2,84

* Werte aus King, *Handbook of Hydraulics,* 4. Aufl., McGraw-Hill Co.

TAFEL 12*

WERTE DER DURCHFLUSSZAHL K' IN $Q = (K'/n)b^{8/3}S^{1/2}$ FÜR TRAPEZFÖRMIGE KANÄLE

(y = Tiefe der Strömung, b = Sohlenbreite des Kanals)

Seitensteigungen des Kanals (horizontal zu vertikal)

y/b	Vertikal	$\frac{1}{4}$: 1	$\frac{1}{2}$: 1	$\frac{3}{4}$: 1	1 : 1	$1\frac{1}{2}$: 1	2 : 1	$2\frac{1}{2}$: 1	3 : 1	4 : 1
0,01	0,00046	0,00046	0,00046	0,00046	0,00046	0,00046	0,00046	0,00046	0,00047	0,00047
0,02	0,00143	0,00145	0,00145	0,00146	0,00147	0,00148	0,00149	0,00149	0,00150	0,00151
0,03	0,00279	0,00282	0,00285	0,00287	0,00288	0,00291	0,00293	0,00295	0,00298	0,00302
0,04	0,00444	0,00451	0,00457	0,00461	0,00465	0,00471	0,00476	0,00482	0,00489	0,00495
0,05	0,00637	0,00649	0,00659	0,00667	0,00674	0,00686	0,00695	0,00705	0,00713	0,00731
0,06	0,00855	0,00875	0,00888	0,00902	0,00915	0,00929	0,00949	0,00962	0,00976	0,01009
0,07	0,01090	0,01117	0,01144	0,01164	0,01178	0,01211	0,01231	0,01258	0,01277	0,01326
0,08	0,01346	0,0139	0,0142	0,0145	0,0147	0,0151	0,0155	0,0159	0,0162	0,0168
0,09	0,0162	0,0168	0,0172	0,0176	0,0180	0,0185	0,0190	0,0194	0,0199	0,0209
0,10	0,0191	0,0198	0,0205	0,0209	0,0214	0,0221	0,0228	0,0234	0,0241	0,0253
0,11	0,0221	0,0231	0,0238	0,0245	0,0251	0,0260	0,0269	0,0278	0,0285	0,0301
0,12	0,0253	0,0264	0,0275	0,0283	0,0290	0,0303	0,0314	0,0324	0,0334	0,0355
0,13	0,0286	0,0300	0,0312	0,0323	0,0332	0,0347	0,0361	0,0374	0,0387	0,0413
0,14	0,0320	0,0338	0,0353	0,0365	0,0376	0,0395	0,0412	0,0428	0,0443	0,0475
0,15	0,0355	0,0376	0,0394	0,0409	0,0422	0,0445	0,0466	0,0485	0,0504	0,0542
0,16	0,0392	0,0417	0,0437	0,0455	0,0471	0,0498	0,0523	0,0546	0,0569	0,0614
0,17	0,0429	0,0458	0,0482	0,0503	0,0522	0,0554	0,0583	0,0610	0,0637	0,0690
0,18	0,0468	0,0501	0,0529	0,0553	0,0575	0,0612	0,0646	0,0678	0,0710	0,0773
0,19	0,0507	0,0544	0,0577	0,0605	0,0630	0,0764	0,0713	0,0750	0,0787	0,0859
0,20	0,0546	0,0590	0,0627	0,0659	0,0687	0,0738	0,0783	0,0826	0,0868	0,0952
0,22	0,0629	0,0683	0,0734	0,0774	0,0808	0,0875	0,0935	0,0989	0,1043	0,1151
0,24	0,0714	0,0781	0,0841	0,0895	0,0942	0,1023	0,1097	0,1164	0,1238	0,1373
0,26	0,0801	0,0882	0,0956	0,1023	0,1077	0,1178	0,1272	0,1359	0,1447	0,1622
0,28	0,0888	0,0989	0,108	0,116	0,122	0,135	0,146	0,157	0,168	0,189
0,30	0,0983	0,1097	0,120	0,130	0,138	0,153	0,167	0,180	0,193	0,218
0,32	0,1077	0,1211	0,134	0,145	0,155	0,172	0,189	0,205	0,220	0,250
0,34	0,1171	0,133	0,147	0,160	0,172	0,193	0,213	0,231	0,256	0,285
0,36	0,1272	0,145	0,162	0,177	0,190	0,215	0,238	0,259	0,280	0,322
0,38	0,137	0,157	0,177	0,194	0,210	0,238	0,264	0,289	0,313	0,361
0,40	0,147	0,170	0,192	0,212	0,229	0,262	0,292	0,320	0,349	0,404
0,42	0,157	0,184	0,208	0,230	0,251	0,287	0,322	0,354	0,386	0,450
0,44	0,167	0,197	0,225	0,250	0,273	0,314	0,353	0,390	0,426	0,498
0,46	0,178	0,211	0,242	0,270	0,295	0,343	0,386	0,428	0,468	0,549
0,48	0,188	0,225	0,259	0,291	0,319	0,372	0,421	0,468	0,513	0,604
0,50	0,199	0,239	0,277	0,312	0,344	0,402	0,457	0,509	0,561	0,662
0,55	0,225	0,276	0,324	0,369	0,410	0,486	0,556	0,623	0,690	0,821
0,60	0,252	0,315	0,375	0,431	0,483	0,577	0,666	0,752	0,834	1,003
0,70	0,308	0,398	0,485	0,568	0,645	0,787	0,922	1,050	1,178	1,427
0,80	0,365	0,488	0,610	0,725	0,834	1,036	1,231	1,413	1,595	1,952
0,90	0,423	0,585	0,747	0,902	1,050	1,332	1,588	1,844	2,093	2,577
1,00	0,480	0,688	0,895	1,104	1,299	1,662	2,012	2,342	2,672	3,318
1,20	0,600	0,915	1,245	1,568	1,878	2,470	3,035	3,580	4,112	5,162
1,40	0,720	1,171	1,649	2,127	2,591	3,479	4,320	5,141	5,949	7,537
1,60	0,841	1,454	2,113	2,786	3,445	4,704	5,908	7,079	8,210	10,498
1,80	0,962	1,763	2,645	3,553	4,441	6,157	7,806	9,421	10,969	14,065
2,00	1,083	2,100	3,244	4,428	5,599	7,873	10,027	12,180	14,266	18,371
2,25	1,238	2,564	4,098	5,693	7,268	10,363	13,324	16,218	19,112	24,697

* Werte aus King, *Handbook of Hydraulics,* 4. Aufl., McGraw-Hill Co.

TAFEL 13

KREISFLÄCHEN

Durchmesser (cm)	Fläche (cm^2)	Durchmesser (cm)	Fläche (cm^2)
2,0	3,14	25	490,9
2,5	4,91	30	706,9
3,0	7,07	35	962,1
3,5	9,62	40	1.257
4,0	12,57	45	1.590
4,5	15,90	50	1.964
5,0	19,64	75	4.418
5,5	23,76	100	7.854
6,0	28,27	125	12.272
7,0	38,48	150	17.672
8,0	50,27	175	24.053
9,0	63,62	200	31.416
10,0	78,54	225	39.761
15,0	176,7	250	49.087
20,0	314,2	300	70.686

TAFEL 14

GEWICHTE UND DIMENSIONEN VON GUSSEISENROHREN

Nennweite des Rohres		Rohr vom Typ A (Höhe 30 m)			Rohr von Typ B (Höhe 60 m)			Rohr von Typ C (Höhe 90 m)		
(in)	(cm etwa)	Wandstärke (cm)	Innendurchmesser (cm)	Gewicht (kp/m)	Wandstärke (cm)	Innendurchmesser (cm)	Gewicht (kp/m)	Wandstärke (cm)	Innendurchmesser (cm)	Gewicht (kp/m)
4	10	1,07	10,06	29,8	1,14	10,41	32,3	1,22	10,26	34,7
6	15	1,12	15,29	45,8	1,22	15,60	49,6	1,30	15,44	53,3
8	20	1,17	20,65	63,9	1,30	20,40	70,7	1,42	20,78	77,6
10	25	1,27	25,65	85,0	1,45	25,30	95,0	1,57	25,81	105,4
12	30	1,37	30,78	107,9	1,57	30,38	122,2	1,73	30,84	136,5
14	35	1,45	35,97	133,4	1,68	35,51	152,6	1,88	35,99	173,7
16	40	1,52	41,15	161,2	1,78	40,64	186,1	2,03	41,15	214,0
18	45	1,63	46,28	192,3	1,91	45,72	223,3	2,21	46,18	260,5
20	50	1,70	51,46	223,3	2,03	50,80	260,5	2,34	51,36	310,1
24	60	1,93	61,67	304,0	2,26	61,01	347,3	2,64	61,57	415,6
30	75	2,24	76,15	434,2	2,62	76,05	496,1	3,05	76,20	595,4
36	90	2,51	91,39	583,1	2,92	91,44	676,1	3,45	91,39	812,4
42	105	2,79	106,68	762,9	3,25	106,53	880,8	3,91	106,73	1 066,8
48	120	3,20	121,87	992,4	3,61	121,82	1 116,4	4,34	121,87	1 352,0
54	135	3,43	137,06	1 190,8	3,94	137,16	1 389,2	4,83	137,16	1 699,9
60	150	3,53	152,45	1 364,5	4,24	152,55	1 643,3	5,08	152,91	1 997,6
72	180	4,11	183,13	1 908,3	4,95	183,13	2 302,7	6,07	183,13	2 834,2
84	210	4,37	213,61	2 435,2	5,64	213,61	3 131,9			

TAFEL 15

UMRECHNUNG DER EINHEITEN DES TECHNISCHEN EINHEITENSYSTEMS IN DIE DES SI-SYSTEMS

Während dem technischen Maßsystem als Basisgrößen Länge, Zeit und Kraft mit den Basiseinheiten Meter (m), Sekunde (s) und Kilopond (kp) zugrunde liegen, hat man im SI-System Länge (m), Zeit (s) und Masse (Basiseinheit Kilogramm kg) als Grundgrößen. Aus diesen Basiseinheiten lassen sich alle in diesem Buch verwendeten Einheiten ableiten. Für den in der (sehr einfachen) Umrechnung ungeübten Leser wird im Folgenden für die wichtigsten Größen, deren Einheiten in den beiden Systemen unterschiedlich sind, die Umrechnung durchgeführt. Dabei werden wir die Beziehung

$$1 \text{ kp} = 9{,}8067 \frac{\text{kg m}}{\text{s}^2} = 9{,}8067 \text{ N}$$

als bekannt voraussetzen. Sie ergibt sich aus den Definitionen der Einheiten kp und kg und aus der Newtonschen Bewegungsgleichung.

Daraus ergibt sich dann die Umrechnung der Maßeinheit

$$1 \text{ TME} = 1 \text{ kp s}^2/\text{m} = 9{,}8067 \text{ N s}^2/\text{m} = 9{,}8067 (\text{kg m/s}^2)(\text{s}^2/\text{m}) = 9{,}8067 \text{ kg}$$

Größe	Techn. System	SI-System	Umrechnung	
Kraft	kp	N	1 kp	= 9,8067 N
Drehmoment (Kraftmoment)	kp m	N m	1 kp m	= 9,8067 N m
Arbeit, Energie	kp m	J = N m	1 kp m	= 9,8067 N m = 9,8067 J
Leistung	kp m/s (1 PS = 75 kp m/s)	W = J/s = N m/s	1 kp m/s	= 9,8067 N m/s = 9,8067 W
Oberflächenspannung	kp/m	N/m	1 kp/m	= 9,8067 N/m
Druck	kp/m^2 (1 atm = 1,033 x 10^4 kp/m^2)	Pa = N/m^2 = 10^{-5} bar	1 kp/m^2	= 9,8067 N/m^2 = 9,8067 Pa
Schubspannung	kp/m^2	N/m^2	1 kp/m^2	= 9,8067 N/m^2
Kompressionsmodul	kp/m^2	N/m^2	1 kp/m^2	= 9,8067 N/m^2
Spezifisches Gewicht	kp/m^3	N/m^3	1 kp/m^3	= 9,8067 N/m^3
Spezifisches Volumen	m^3/kp	m^3/N	1 m^3/kp	= 0,1020 m^3/N
Masse	TME	kg	1 TME	= 9,8067 kg
Dichte	TME/m^3	kg/m^3	1 TME/m^3	= 9,8067 kg/m^3
Impuls	TME m/s = kp s	kg m/s = N s	1 TME m/s	= 9,8067 kg m/s
Dynamische Viskosität	kp s/m^2	Pa s = N s/m^2	1 kp s/m^2	= 9,8067 N s/m^2

Da die Umrechnung der Gaskonstanten R häufig Schwierigkeiten bereitet, wollen wir noch einmal (s. S. 2) darauf eingehen. Auf Seite 2 war R durch $p \times v_s/T = R$ definiert worden und hatte die (SI-) Einheiten m/K. Das liegt an der Definition von v_s als Volumen pro kp. Definiert man, wie es häufig geschieht, v_s als Volumen pro kg Masse, so hat R bei gleichem Zahlenwert die Einheit

$\frac{\text{kp m}}{\text{kg K}}$. Die Umrechnung ergibt $1 \frac{\text{kp m}}{\text{kg K}} = 9{,}8067 \frac{\text{N m}}{\text{kg K}}$.

Entnimmt man den Wert der Gaskonstanten aus Tabellen, so muß man sorgfältig auf die benutzten Einheiten achten.

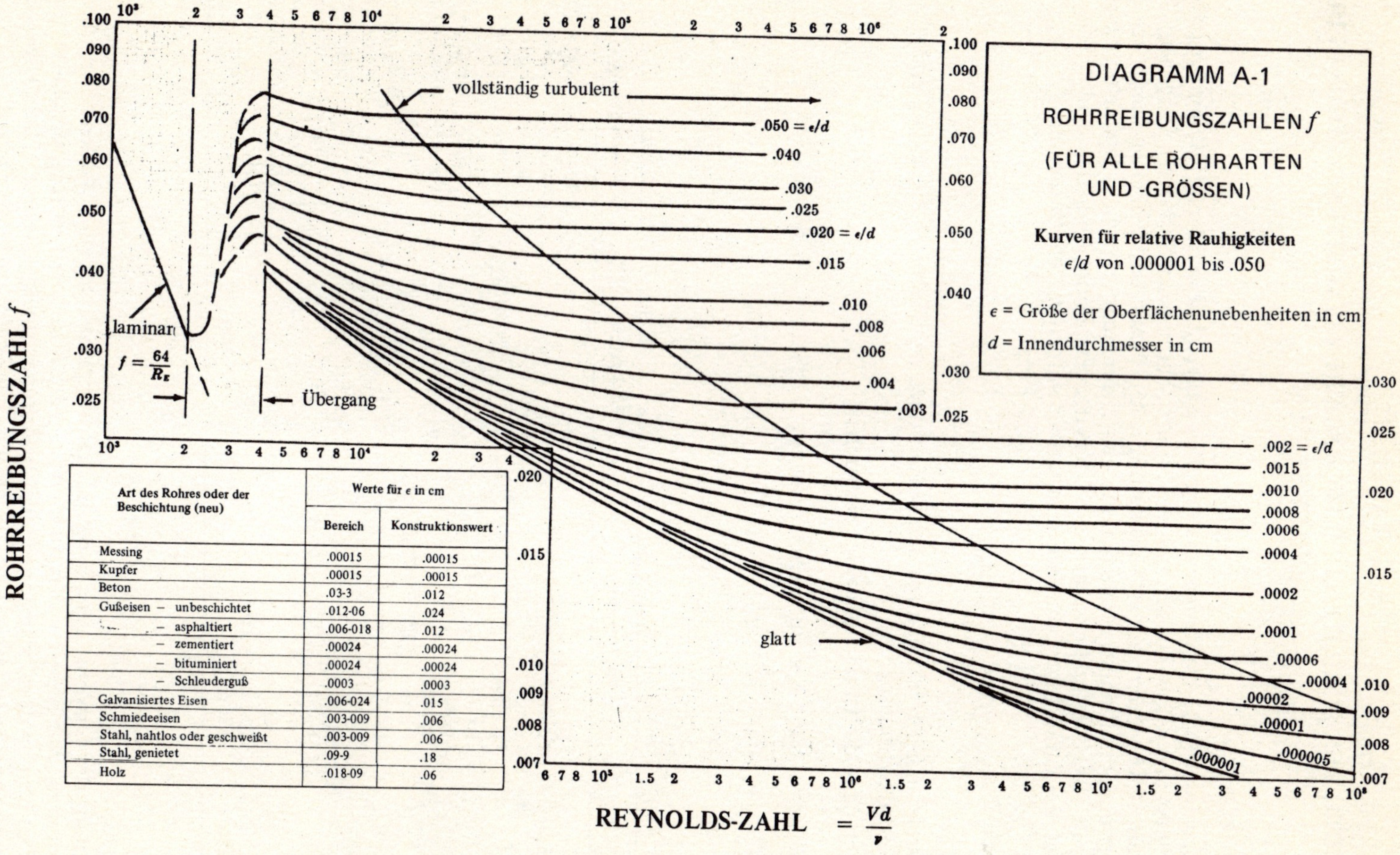

Art des Rohres oder der Beschichtung (neu)	Werte für ϵ in cm	
	Bereich	Konstruktionswert
Messing	.00015	.00015
Kupfer	.00015	.00015
Beton	.03-3	.012
Gußeisen – unbeschichtet	.012-06	.024
– asphaltiert	.006-018	.012
– zementiert	.00024	.00024
– bituminiert	.00024	.00024
– Schleuderguß	.0003	.0003
Galvanisiertes Eisen	.006-024	.015
Schmiedeeisen	.003-009	.006
Stahl, nahtlos oder geschweißt	.003-009	.006
Stahl, genietet	.09-9	.18
Holz	.018-09	.06

Beachte: Aus satztechnischen Gründen wurde hier die englische Dezimalschreibweise übernommen.

DIAGRAMM A-2*

ROHRREIBUNGSZAHLEN f

(FÜR ALLE ROHRARTEN UND GRÖSSEN)

Kurven für relative Rauhigkeiten
ϵ/d von .000001 bis .050

ϵ = Größe der Oberflächenunebenheiten in cm
d = Innendurchmesser in cm
* Für die direkte Lösung, wenn Q unbekannt ist berechne $R_E\sqrt{f}$, was gleich ist zu

$$\frac{d}{\nu}\sqrt{\frac{2g\,d\,h_L}{L}}$$ (siehe Kapitel 7)

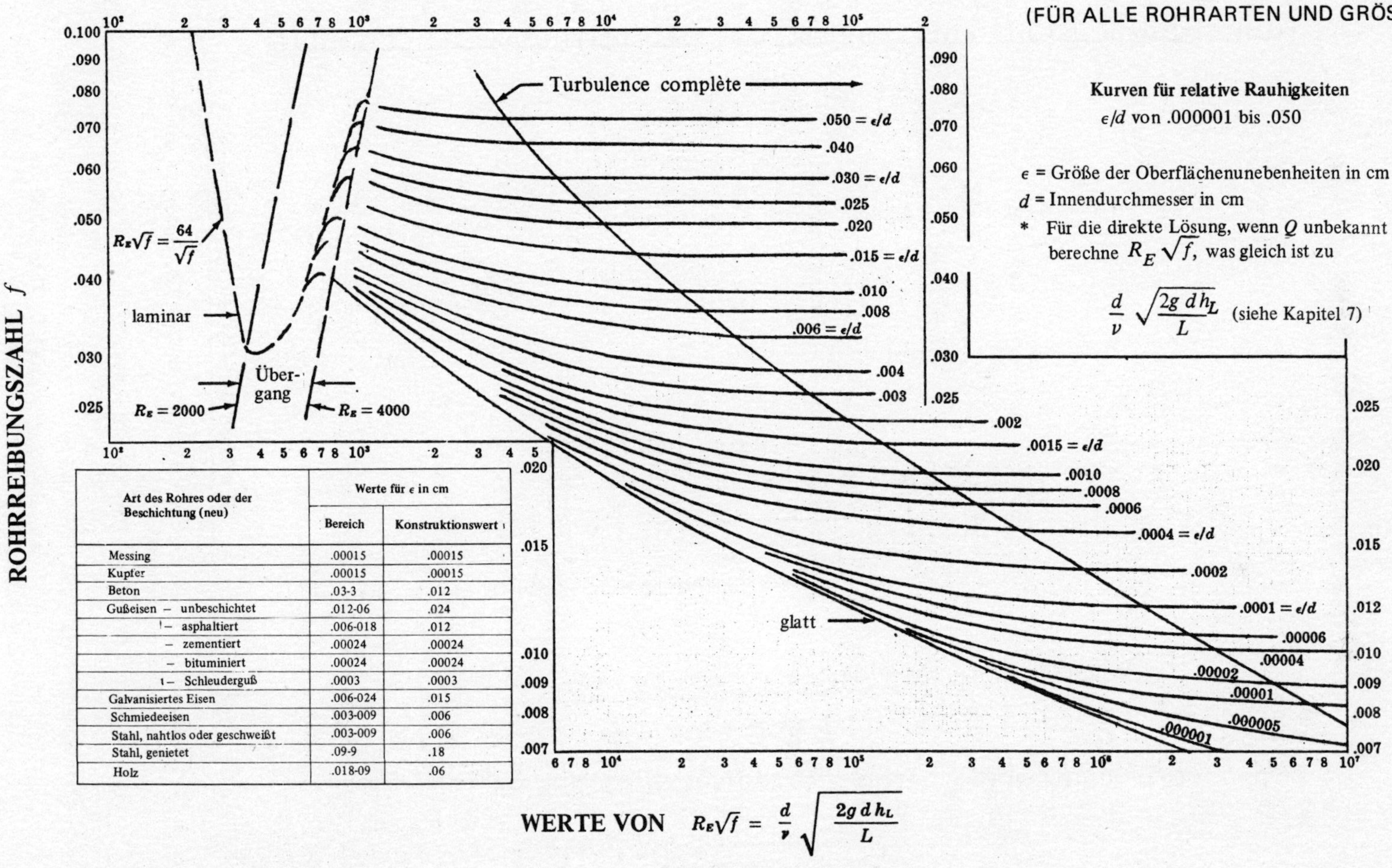

Art des Rohres oder der Beschichtung (neu)	Werte für ϵ in cm	
	Bereich	Konstruktionswert
Messing	.00015	.00015
Kupfer	.00015	.00015
Beton	.03-3	.012
Gußeisen – unbeschichtet	.012-06	.024
– asphaltiert	.006-018	.012
– zementiert	.00024	.00024
– bituminiert	.00024	.00024
– Schleuderguß	.0003	.0003
Galvanisiertes Eisen	.006-024	.015
Schmiedeeisen	.003-009	.006
Stahl, nahtlos oder geschweißt	.003-009	.006
Stahl, genietet	.09-9	.18
Holz	.018-09	.06

Beachte: Aus satztechnischen Gründen wurde hier die englische Dezimalschreibweise übernommen.

DIAGRAMM B

SCHAUBILD

FORMEL VON HAZEN-WILLIAMS, $C_1 = 100$

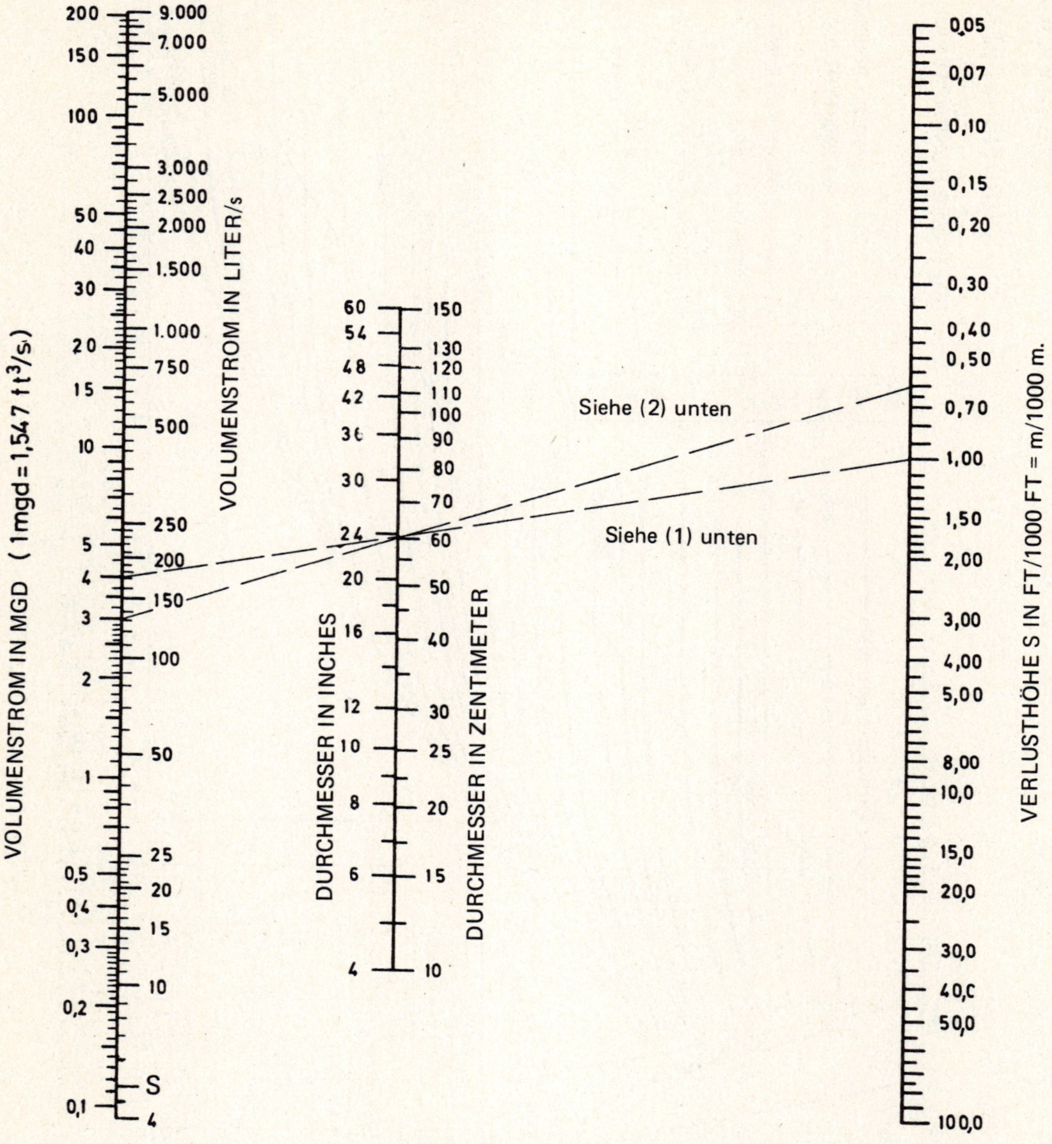

GEBRAUCH DES SCHAUBILDES

(1) Gegeben ist D = 60 cm, S = 1,0 m/1000 m, $C_1 = 120$. Bestimme den Volumenstrom Q.
Das Nomogramm liefert $Q_{100} = 170$ l/s.
Für $C_1 = 120$ ist Q = (120/100) 170 = 204 l/s.

(2) Gegeben ist Q = 156 l/s, D = 60 cm, $C_1 = 120$. Bestimme die Verlusthöhe.
Rechne Q_{120} um in Q_{100} : Q_{100} = (100/120) 156 = 130 l/s.
Das Nomogramm liefert S = 0,60 m/1000 m.

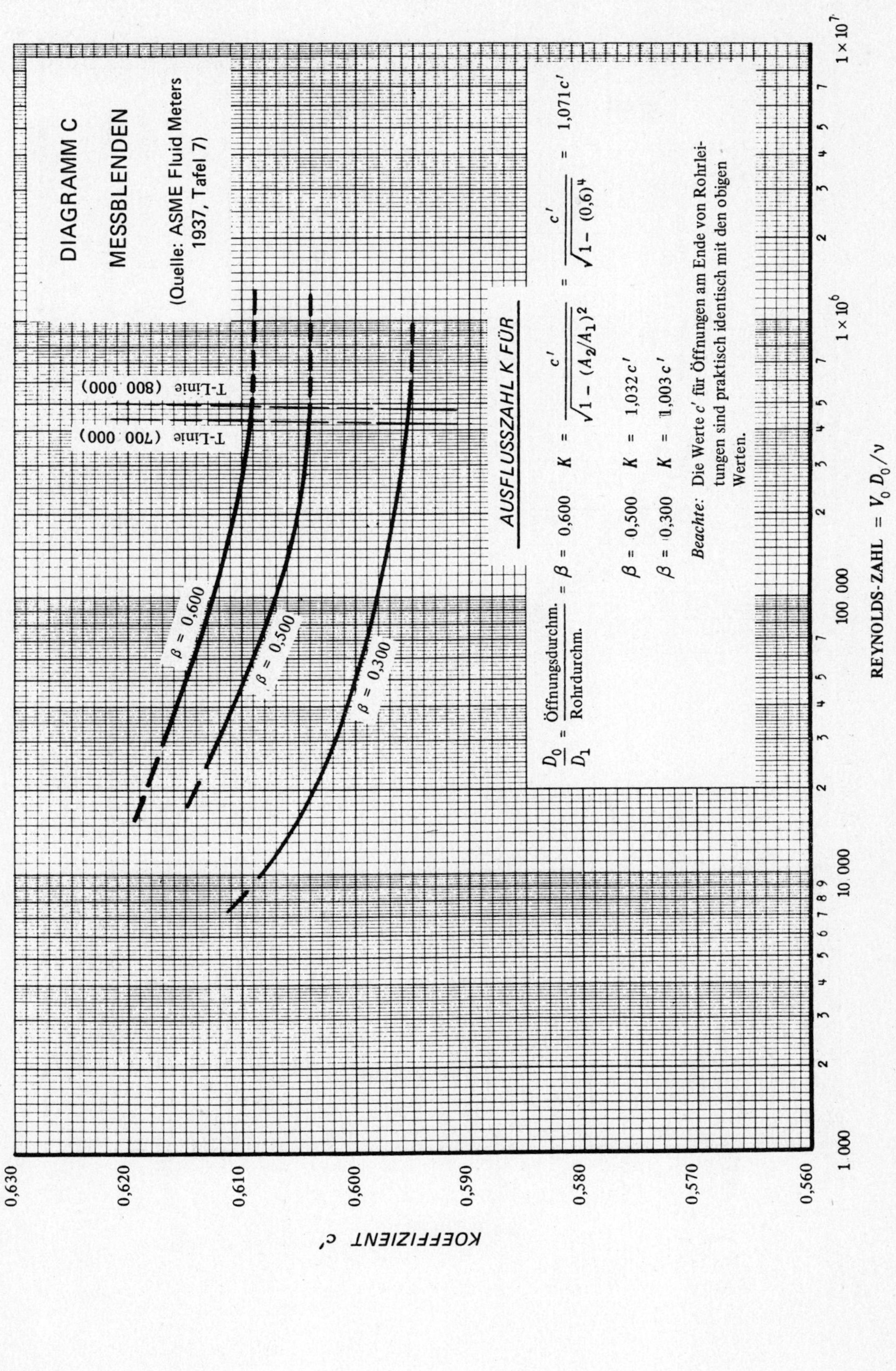
DIAGRAMM C
MESSBLENDEN
(Quelle: ASME Fluid Meters 1937, Tafel 7)
AUSFLUSSZAHL K FÜR
$\frac{D_0}{D_1} = \frac{\text{Öffnungsdurchm.}}{\text{Rohrdurchm.}} = \beta = 0{,}600 \quad K = \frac{c'}{\sqrt{1-(A_2/A_1)^2}} = \frac{c'}{\sqrt{1-(0{,}6)^4}} = 1{,}071\,c'$
$\beta = 0{,}500 \quad K = 1{,}032\,c'$
$\beta = 0{,}300 \quad K = 1{,}003\,c'$
Beachte: Die Werte c' für Öffnungen am Ende von Rohrleitungen sind praktisch identisch mit den obigen Werten.
T-Linie (800 000)
T-Linie (700 000)
β = 0,600
β = 0,500
β = 0,300
KOEFFIZIENT c'
0,630
0,620
0,610
0,600
0,590
0,580
0,570
0,560
1 000
2
3
4
5
6
7
8
9
10 000
100 000
1 × 10^6
1 × 10^7
REYNOLDS-ZAHL = $V_0 D_0/\nu$

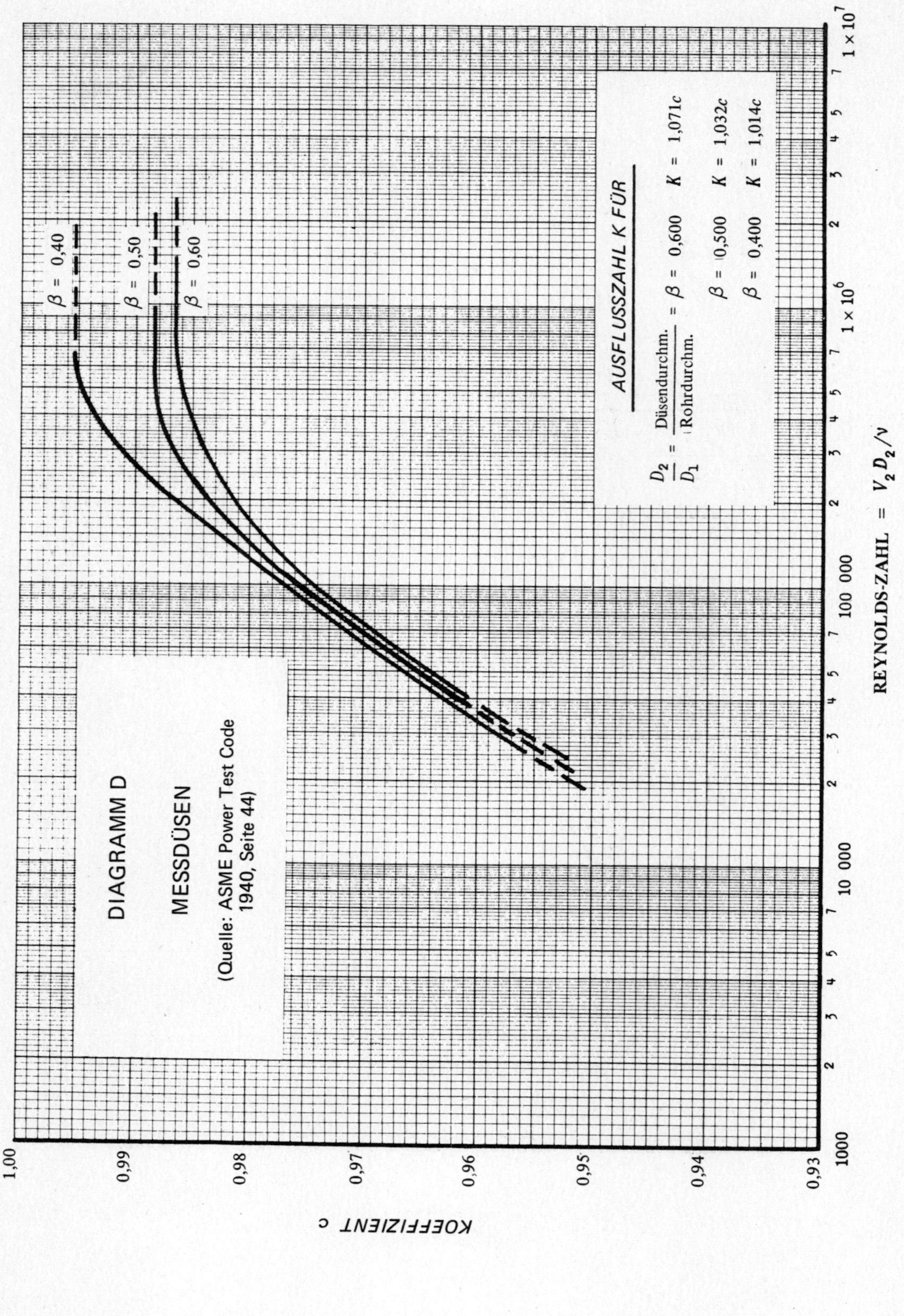
DIAGRAMM D
MESSDÜSEN
(Quelle: ASME Power Test Code 1940, Seite 44)
β = 0,40
β = 0,50
β = 0,60
AUSFLUSSZAHL K FÜR
$\frac{D_2}{D_1}$ = $\frac{\text{Düsendurchm.}}{\text{Rohrdurchm.}}$ = β = 0,600 K = 1,071c
β = 0,500 K = 1,032c
β = 0,400 K = 1,014c
1,00
0,99
0,98
0,97
0,96
0,95
0,94
0,93
KOEFFIZIENT c
1000
2
3
4
5
7
10 000
100 000
1 × 10^6
1 × 10^7
REYNOLDS-ZAHL = $V_2 D_2/\nu$

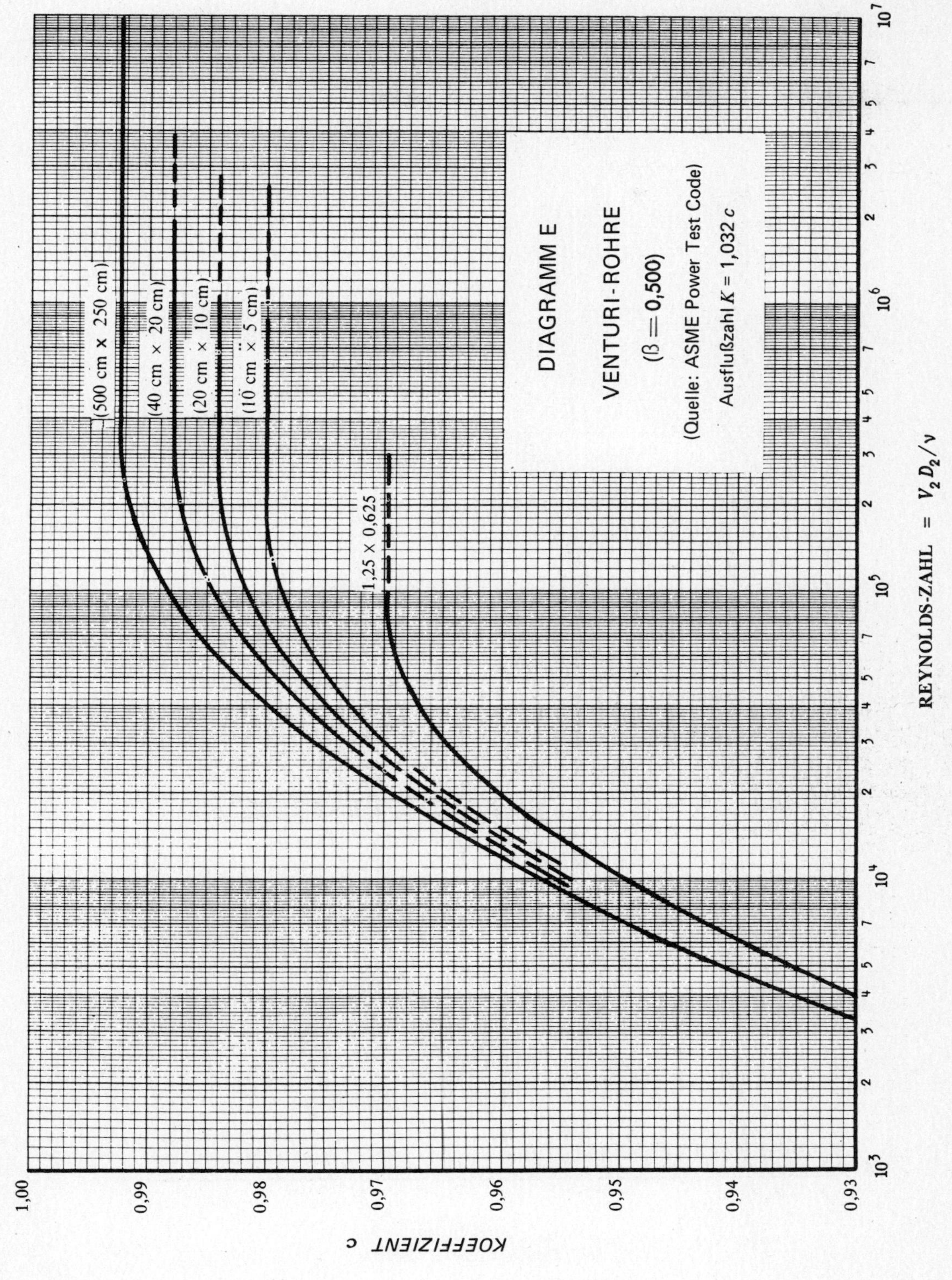
DIAGRAMM E
VENTURI-ROHRE
(β = 0,500)
(Quelle: ASME Power Test Code)
Ausflußzahl K = 1,032 c
(500 cm × 250 cm)
(40 cm × 20 cm)
(20 cm × 10 cm)
(10 cm × 5 cm)
1,25 × 0,625
KOEFFIZIENT c
1,00
0,99
0,98
0,97
0,96
0,95
0,94
0,93
REYNOLDS-ZAHL = $V_2 D_2/\nu$
10^3
10^4
10^5
10^6
10^7

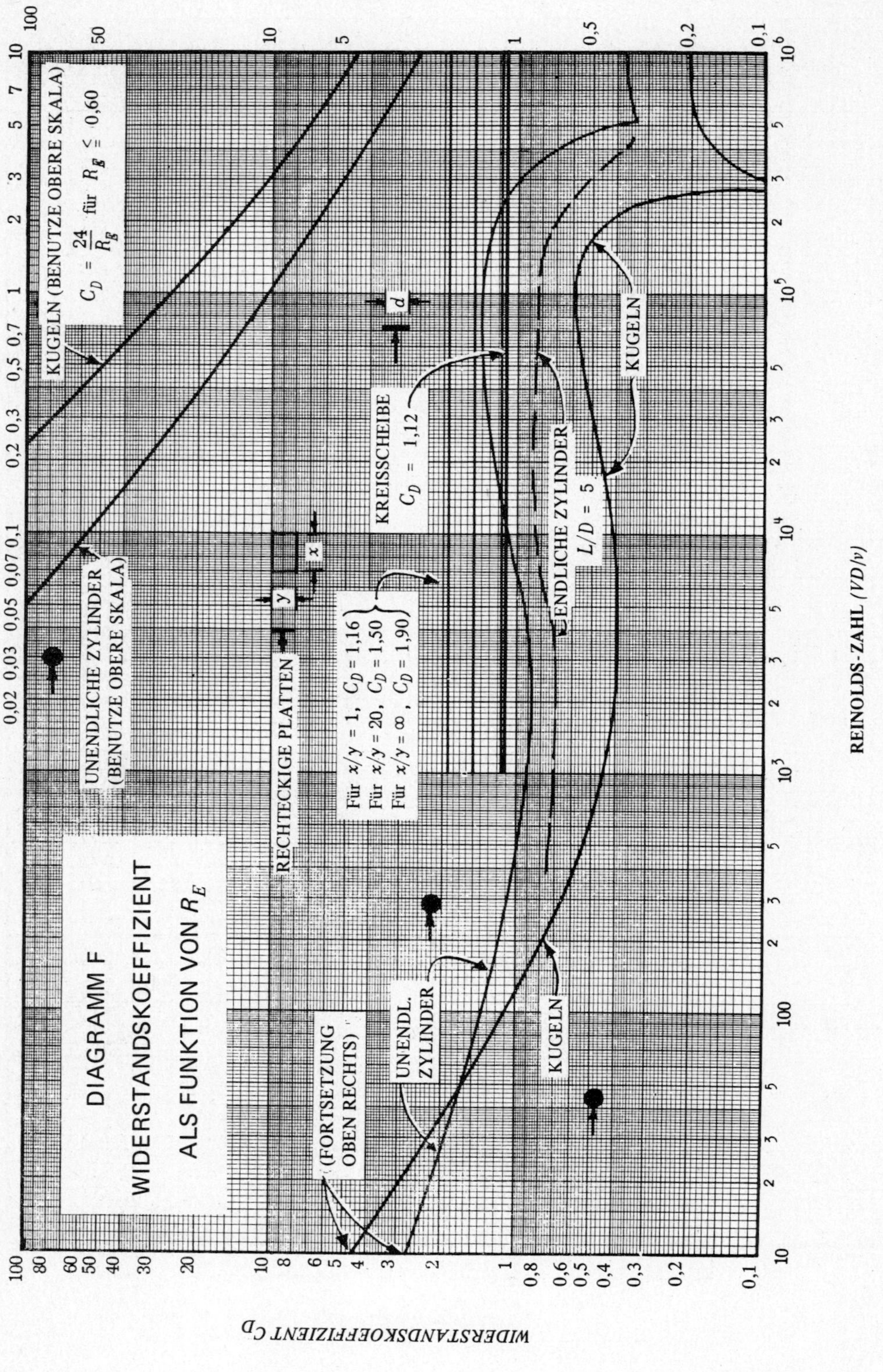
DIAGRAMM F
WIDERSTANDSKOEFFIZIENT
ALS FUNKTION VON R_E
KUGELN (BENUTZE OBERE SKALA)
$C_D = \frac{24}{R_E}$ für $R_E \leq 0{,}60$
UNENDLICHE ZYLINDER (BENUTZE OBERE SKALA)
RECHTECKIGE PLATTEN
Für $x/y = 1$, $C_D = 1{,}16$
Für $x/y = 20$, $C_D = 1{,}50$
Für $x/y = \infty$, $C_D = 1{,}90$
KREISSCHEIBE
$C_D = 1{,}12$
ENDLICHE ZYLINDER
$L/D = 5$
KUGELN
(FORTSETZUNG OBEN RECHTS)
UNENDL. ZYLINDER
KUGELN
REINOLDS-ZAHL (VD/ν)
WIDERSTANDSKOEFFIZIENT C_D

DIAGRAMM G

WIDERSTANDSKOEFFIZIENTEN FÜR GLATTE, FLACHE PLATTEN

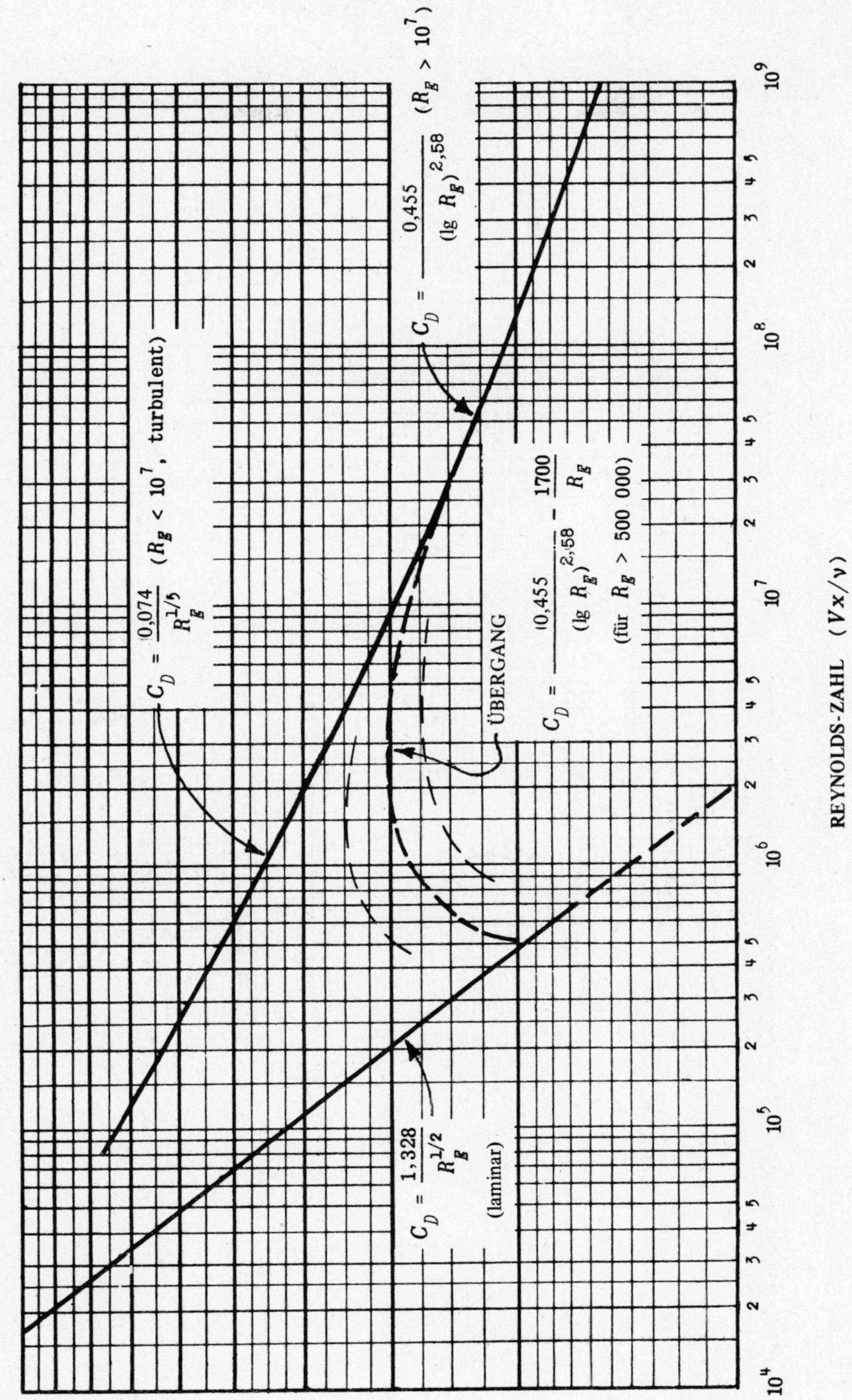

DIAGRAMM H

WIDERSTANDSKOEFFIZIENTEN BEI ÜBERSCHALLGESCHWINDIGKEITEN

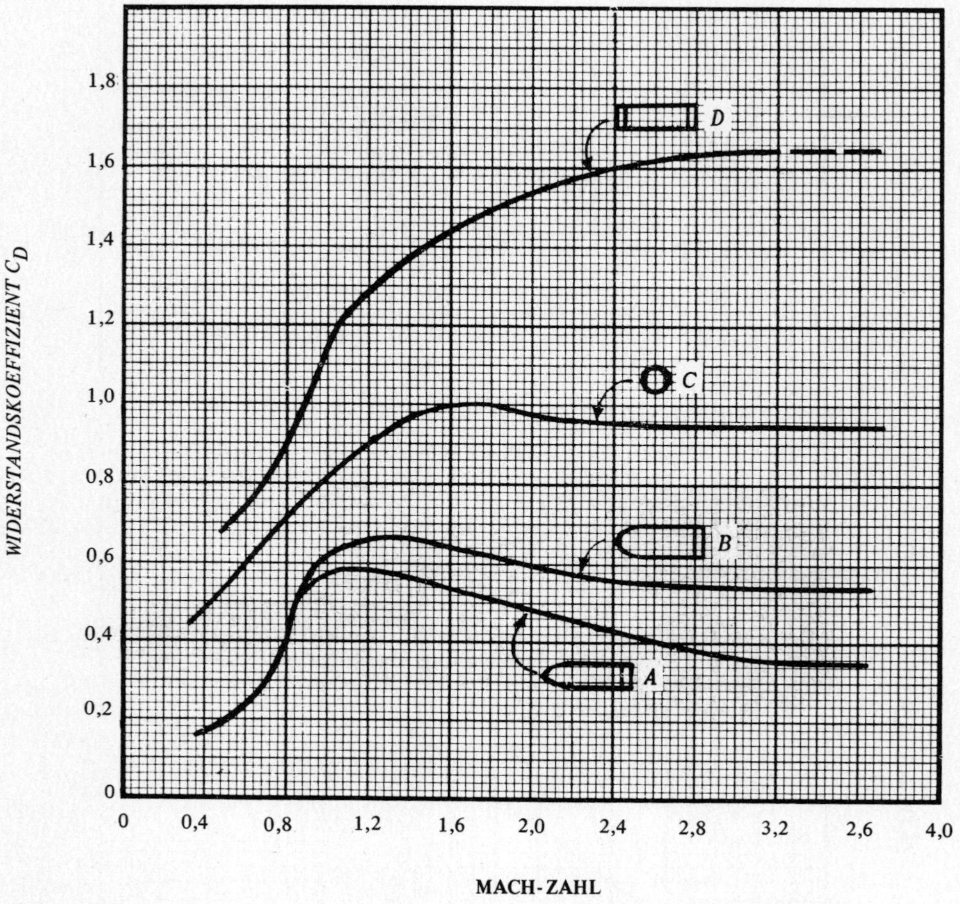

Sachwortverzeichnis